走向国际数学奥林匹克的
平面几何试题诠释

（第4卷）

主　编　沈文选
副主编　杨清桃　步　凡　昊　凡

 哈尔滨工业大学出版社
HARBIN INSTITUTE OF TECHNOLOGY PRESS

内容简介

全套书对 1978~2016 年的全国高中数学联赛(包括全国女子竞赛、西部竞赛、东南竞赛、北方竞赛)、中国数学奥林匹克竞赛(CMO,即全国中学生数学冬令营)、中国国家队队员选拔赛以及 IMO 试题中的 200 余道平面几何试题进行了诠释,每道试题给出了尽可能多的解法(多的有近 30 种解法)及命题背景,以 150 个专题讲座分 4 卷的形式对试题所涉及的有关知识或相关背景进行了深入的探讨,揭示了有关平面几何试题的一些命题途径.本套书极大地拓展了读者的视野,可全方位地开启读者的思维,扎实地训练其基本功.

本套书适合于广大数学爱好者、初、高中数学竞赛选手、初、高中数学教师和中学数学奥林匹克教练员使用,也可作为高等师范院校、教育学院、教师进修学院数学专业开设的"竞赛数学"课程教材及国家级、省级骨干教师培训班参考使用.

图书在版编目(CIP)数据

走向国际数学奥林匹克的平面几何试题诠释.第 4 卷/沈文选主编.—哈尔滨:哈尔滨工业大学出版社,2019.9
 ISBN 978-7-5603-7958-6

Ⅰ.①走… Ⅱ.①沈… Ⅲ.①几何课-高中-竞赛题-解题 Ⅳ.①G634.635

中国版本图书馆 CIP 数据核字(2019)第 015152 号

策划编辑	刘培杰 张永芹
责任编辑	张永芹 李 欣
封面设计	孙茵艾
出版发行	哈尔滨工业大学出版社
社 址	哈尔滨市南岗区复华四道街 10 号 邮编 150006
传 真	0451-86414749
网 址	http://hitpress.hit.edu.cn
印 刷	哈尔滨市石桥印务有限公司
开 本	787mm×1092mm 1/16 印张 40 字数 790 千字
版 次	2019 年 9 月第 1 版 2019 年 9 月第 1 次印刷
书 号	ISBN 978-7-5603-7958-6
定 价	98.00 元

(如因印装质量问题影响阅读,我社负责调换)

前　言

在国际数学奥林匹克(IMO)中,中国学生的突出成绩已得到世界公认.这优异的成绩,是中华民族精神的体现,是龙的传人潜质的反映,它是实现民族振兴的希望,它折射出国家富强的未来.

回顾我国数学奥林匹克的发展过程,可以说是一个由小到大的发展过程,是一个由单一到全面的发展过程.在开始举办数学奥林匹克活动时,只限于在少数的几个城市举行,而今天举办的数学奥林匹克活动,几乎遍及了全国各省、市、地区,这是一种规模最大,种类与层次最多的学科竞赛活动.有各省、市的初、高中竞赛,有全国的初、高中联赛,还有全国女子竞赛、西部竞赛、东南竞赛、北方竞赛,以及中国数学奥林匹克竞赛、国家队选拔赛,等等(本套书中的全国高中联赛题、中国数学奥林匹克题、国家队选拔赛题、国际数学奥林匹克题分别用 A,B,C,D 表示,其他有关赛题以其名冠之).

数学奥林匹克活动的中心环节是试题的命制,而平面几何能够提供各种层次、各种难度的试题,是数学奥林匹克竞赛的一个方便且丰富的题源,因而在各种类别、层次的数学奥林匹克活动中,平面几何试题始终占据着重要的地位.随着活动级别的升高,平面几何试题的分量也随之加重,甚至占到总题量的三分之一.因此,诠释走向 IMO 的平面几何试题,也是进行数学奥林匹克竞赛理论深入研究的一个重要方面.

诠释这些平面几何试题,可以使我们更清楚地看到平面几何试题具有重要的检测作用与开发价值:

它可以检测参赛者所形成的科学世界观和理性精神(平面几何知识是人们认识自然、认识现实世界的中介与工具,这种知识对于人的认识形成有较强的作用,是一种高级的认识与方法论系统)的某些侧面.

它可以检测参赛者所具有的思维习惯(平面几何材料具有深刻的逻辑结构、丰富的直观背景和鲜明的认知层次,处理时思维习惯的优劣对效果产生较大影响)的某些侧面.

它可以检测参赛者的演绎推理和逻辑思维能力(平面几何内容的直观性、难度的层次性、真假的实验性、推理过程的可预见性,成为训练逻辑思维和演绎推理的理想材料)的某些侧面.

试题内容的挑战性具有开发价值.平面几何是一种理解、描述和联系现实空间的工具(几何图形保持着与现实空间的直接且丰富的联系;几何直觉在数学活动中常常起着关键的作用;几何活动常常包含创造活动的各个方面,从构造猜想、表示假设、探寻证明、发现特例和反例到最后形成理论等,这些在各种水平的几何活动中都得到反映).

试题内容对进行创新教育具有开发价值.平面几何能为各种水平的创造活动提供丰富的素材(几何题的综合性便于学生在学习时能够借助于观察、实验、类比、直觉和推理等多种手段;几何题的层次性使得不同能力水平的学生都能从中得到益处;几何题的启发性可以使学生建立广泛的联系,并把它应用于更广的领域中).

试题内容对开展数学应用与建模教育具有开发价值.平面几何建立了简单直观、能被青少年所接受的数学模型,并教会他们用这样的数学模型去思考、探索、应用.点、线、面、三角形、四边形和圆——这是一些多么简单又多么自然的数学模型,却能让青少年沉醉在数学思维的天地里流连忘返,很难想象有什么别的模型能够这样简单,同时又这样有成效.平面几何又可作为多种抽象数学结构的模型(许多重要的数学理论都可以通过几何的途径以自然的方式组织起来,或者从几何模型中抽象出来).

诠释这些平面几何试题,可以使我们更理性地领悟到:几何概念为抽象的科学思维提供直观的模型,几何方法在所有的领域中都有广泛的应用,几何直觉是"数学地"理解高科技和解决问题的工具,几何的公理系统是组织科学体系的典范,几何思维习惯则能使一个人终身受益.

诠释这些平面几何试题,可以使我们更深刻地认识到:奥林匹克数学竞赛试题的综合基础性、实验发展性、创造问题性、艺趣挑战性等体系特征.

许多试题有着深刻的高等几何(如仿射几何、射影几何、几何变换等)和组合几何背景,它是高等数学思想与中学数学的精妙技巧相结合的基础性综合数学问题;试题中所涵盖的许多新思想、新方法,不断地影响着中学数学,从而促进中学数学课程的改革,为中学数学知识的更新架设了桥梁,为现代数学知识的传播和普及提供了科学的测度;许多试题既包含了传统数学的精华,又体现出很大的开放性、发展性、挑战性.

诠释这些平面几何试题,作者作为一种尝试,首先给出试题的尽可能多的解法,然后从试题所涉及的有关知识,或者有关背景进行深入的探讨,试图扩大读者的视野,开启思维,训练基本功.作者为图"文无遗珠"的效果,大量参考了多种图书杂志中发表的解法与探讨,并在书中加以注明,在此向他们表示谢意.

本套书于2007年1月出版了第1版,于2010年2月出版了第2版,这次修订是在第2版的基础上做了重大修改与补充,增加了历届国际数学竞赛试题,补充了8个年度的试题诠释,每章后的讲座都增加到3~5个,因而形成了各册书.

在本套书的撰写与修订过程中,得到了邹宇、羊明亮、肖登鹏、吴仁芳、彭熹、汤芳、张丹、陈丽芳、梁红梅、唐祥德、刘洁、陈明、刘文芳、谢立红、谢圣英、谢美丽、陈淼君、孔璐璐、谢罗庚、彭云飞等的帮助,他们帮助收集资料、抄录稿件、校对清样,付出了辛勤的汗水,在此也表示感谢.

衷心感谢刘培杰数学国际文化传播中心,感谢刘培杰老师、张永芹老师、李欣老师等诸位老师,是他们的大力支持,精心编辑,使得本书以新的面目呈现在读者面前!

限于作者的水平,书中的疏漏之处在所难免,敬请读者批评指正.

沈文选
2018年10月于长沙

目 录

第31章　2009~2010年度试题的诠释 ……………………（1）
　第1节　三角形的外接圆与其内(旁)切圆的性质 ……（17）
　第2节　调和四边形的性质及应用(一) …………（25）
　第3节　调和四边形的性质及应用(二) …………（38）
　第4节　两圆内切的性质及应用 …………………（47）
　第5节　两圆外切的性质及应用 …………………（63）

第32章　2010~2011年度试题的诠释 ……………………（91）
　第1节　三角形内切圆的性质及应用(二) ………（114）
　第2节　角的内切圆的性质及应用(二) …………（124）
　第3节　半圆的外切三角形的性质及应用 ………（131）
　第4节　勃罗卡定理及应用 ………………………（137）
　第5节　圆弧中点的性质及应用(一) ……………（146）

第33章　2011~2012年度试题的诠释 ……………………（155）
　第1节　三角形内切圆的性质及应用(三) ………（190）
　第2节　相交两圆的性质及应用(三) ……………（201）
　第3节　塞瓦定理角元形式的推论及应用 ………（207）
　第4节　半圆的性质及应用 ………………………（216）
　第5节　三角形的心径公式及应用 ………………（229）

第34章 2012~2013年度试题的诠释 ……………………… (236)
第1节 等角线的性质及应用 ……………………………… (261)
第2节 相交两圆的性质及应用(四) ……………………… (273)
第3节 一组对边相等的四边形的性质及应用 …………… (283)
第4节 三角形的密克尔定理及应用 ……………………… (292)
第5节 试题B的背景探讨 ………………………………… (300)

第35章 2013~2014年度试题的诠释 ……………………… (305)
第1节 三角形共轭中线的性质及应用(一) ……………… (339)
第2节 三角形共轭中线的性质及应用(二) ……………… (349)
第3节 相切问题的证明思路 ……………………………… (357)
第4节 一组对角相等的四边形的性质及应用 …………… (367)
第5节 具有几何条件 $AB = AE + BC$ 的图形问题 ……… (378)

第36章 2014~2015年度试题的诠释 ……………………… (383)
第1节 相交两圆的性质及应用(五) ……………………… (421)
第2节 圆弧中点的性质及应用(二) ……………………… (432)
第3节 四边形中对边对应线段成比例条件的问题求解 … (434)
第4节 数学竞赛中的四点共圆问题 ……………………… (441)
第5节 面积坐标及应用 …………………………………… (453)
第6节 三角形的垂心与一边中点的关系问题 …………… (465)

第37章 2015~2016年度试题的诠释 ……………………… (478)
第1节 由变式得推广 ……………………………………… (512)
第2节 借助相切处理问题 ………………………………… (515)
第3节 与三角形的垂心图有关的几道竞赛题 …………… (525)
第4节 完全四边形的优美性质(八) ……………………… (537)

第38章 2016~2017年度试题的诠释 ……………………… (544)
第1节 调和点列与调和四边形的性质及应用 …………… (570)
第2节 与三角形内一点有关的三角形面积问题 ………… (584)
第3节 三角形内切圆的性质 ……………………………… (601)

第31章 2009～2010年度试题的诠释

东南赛试题1 在凸五边形 $ABCDE$ 中,已知 $AB=DE$, $BC=EA$, $AB \neq EA$,且 B,C,D,E 四点共圆. 证明: A,B,C,D 四点共圆的充分必要条件是 $AC=AD$.

证明 必要性 若 A,B,C,D 四点共圆,则由 $AB=DE$, $BC=EA$,得
$$\angle BAC = \angle EDA, \angle ACB = \angle DAE$$
所以, $\angle ABC = \angle DEA \Rightarrow AC = AD$.

充分性 记 B,C,D,E 所共的圆为圆 O. 若 $AC=AD$,则圆心 O 在 CD 的中垂线 AH 上.

如图31.1,设点 B 关于 AH 的对称点为 F,则点 F 在圆 O 上.

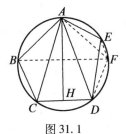

图31.1

因为 $AB \neq EA$,即 $DE \neq DF$,所以, E,F 不共点,且 $\triangle AFD \cong \triangle ABC$.
又由 $AB=DE$, $BC=EA$,知
$$\triangle AED \cong \triangle CBA$$
因此, $\triangle AED \cong \triangle DFA$.
故 $\angle AED = \angle DFA$,得 A,E,F,D 四点共圆,即点 A 在 $\triangle DEF$ 的外接圆上,也即点 A 在圆 O 上. 从而, A,B,C,D 四点共圆.

东南赛试题2 如图31.2,已知圆 O、圆 I 分别是 $\triangle ABC$ 的外接圆、内切圆. 证明:过圆 O 上的任意一点 D,都可以作一个 $\triangle DEF$,使得圆 O、圆 I 分别是 $\triangle DEF$ 的外接圆、内切圆.

证明 如图31.2,设 $OI=d$. R,r 分别是 $\triangle ABC$ 的外接圆、内切圆的半径,延长 AI 交圆 O 于点 K,则 $KI=KB=2R\sin\dfrac{A}{2}$, $AI=\dfrac{r}{\sin\dfrac{A}{2}}$.

图 31.2

延长 OI 交圆 O 于点 M,N,则
$$(R+d)(R-d)=IM\cdot IN=AI\cdot KI=2Rr$$
即 $R^2-d^2=2Rr$.

过点 D 分别作圆 I 的切线 DE,DF,点 E,F 在圆 O 上,联结 EF,则 DI 平分 $\angle EDF$.

接下来只需证明:EF 也与圆 I 相切.

设 DI 交圆 O 于点 P,则 P 是 $\overset{\frown}{EF}$ 的中点,联结 PE,有
$$PE=2R\sin\frac{D}{2}, DI=\frac{r}{\sin\frac{D}{2}}$$
$$ID\cdot IP=IM\cdot IN=(R+d)(R-d)=R^2-d^2$$
故
$$PI=\frac{R^2-d^2}{DI}=\frac{R^2-d^2}{r}\sin\frac{D}{2}=2R\sin\frac{D}{2}=PE$$

由于点 I 在 $\angle FDE$ 的平分线上,易知 I 是 $\triangle DEF$ 的内心(这是由于 $\angle PEI=\angle PIE=\frac{1}{2}(180°-\angle P)=\frac{1}{2}(180°-\angle F)=\frac{\angle D+\angle E}{2}$,而 $\angle PEF=\frac{\angle D}{2}$,故 $\angle FEI=\frac{\angle E}{2}$).

因此,弦 EF 与圆 I 相切.

女子赛试题 1 在 $\triangle ABC$ 中,$\angle BAC=90°$,点 E 在 $\triangle ABC$ 的外接圆圆 Γ 的 $\overset{\frown}{BC}$(不含点 A)内,$AE>EC$. 联结 EC 并延长至点 F,使得 $\angle EAC=\angle CAF$,联结 BF 交圆 Γ 于点 D,联结 ED,记 $\triangle DEF$ 的外心为 O. 求证:A,C,O 三点共线.

证明 用同一方法.

如图 31.3,设 $\triangle AEF$ 的外接圆圆 Γ 与 AC 的延长线交于点 P,联结 PE,PF.

因为 $\angle EAC=\angle FAC$,所以四边形 $AEPF$ 是圆内接四边形.

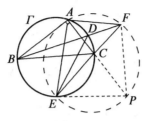

图 31.3

故 $\angle PEF = \angle PFE = \angle EAP$

$\Rightarrow PE = PF$

$\Rightarrow \angle EPF = 180° - 2\angle EAP$ ①

又 E,D,A,B 四点共圆,则

$\angle BDE = \angle EAB = 90° - \angle EAC = 90° - \angle EAP$ ②

由式①②得

$\angle BDE = \dfrac{1}{2} \angle EPF$ ③

以点 P 为圆心、PE 为半径作圆 P,则点 E,F 在圆 P 上. 结合式③知,点 D 也在圆 P 上. 故 P 为 $\triangle DEF$ 的外心.

这就表明,点 P 与 O 重合,即 $\triangle AEF$ 的外心 O 位于 AC 的延长线上.

女子赛试题 2 圆 Γ_1,Γ_2 内切于点 S,圆 Γ_2 的弦 AB 与圆 Γ_1 切于点 C,M 是 $\overset{\frown}{AB}$(不含点 S)的中点,过点 M 作 $MN \perp AB$,垂足为 N. 记圆 Γ_1 的半径为 r. 求证:$AC \cdot CB = 2rMN$.

证法 1 如图 31.4,记圆 Γ_1,Γ_2 的圆心分别为 O_1,O_2,半径分别为 r,R.

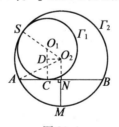

图 31.4

由垂径定理知,MN 的延长线经过 O_2,且 N 是弦 AB 的中点.

因为圆 Γ_1,Γ_2 内切于点 S,所以 S,O_1,O_2 三点共线.

又 AB 与圆 Γ_1 切于点 C,联结 O_1C,则 $O_1C \perp AB$.

再作 $O_2D \perp O_1C$ 于点 D.

注意到
$$AC \cdot CB = (AN - CN)(AN + CN) = AN^2 - CN^2 \qquad ①$$
联结 AO_2,由勾股定理得
$$AN^2 = R^2 - (R - MN)^2 = 2RMN - MN^2 \qquad ②$$
而
$$\begin{aligned} CN^2 &= O_1O_2^2 - O_1D^2 \\ &= (R - r)^2 - (r + MN - R)^2 \\ &= 2(R - r)MN - MN^2 \end{aligned} \qquad ③$$
将式②③代入式①得
$$AC \cdot CB = AN^2 - CN^2 = 2[R - (R - r)]MN = 2rMN$$

证法2 如图31.5,作出圆 Γ_1 的直径 CD.

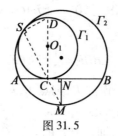

图31.5

因 S 是两圆 Γ_1,Γ_2 的切点,即位似中心,而 C,M 为两圆上的位似对应点,故 S,C,M 三点共线.

由相交弦定理得 $AC \cdot CB = SC \cdot CM$.

又由 $Rt\triangle SCD \backsim Rt\triangle NMC$,得
$$SC \cdot CM = CD \cdot MN = 2rMN$$

西部赛试题1 设 H 为锐角 $\triangle ABC$ 的垂心,D 为边 BC 的中点.过点 H 的直线分别交边 AB,AC 于点 F,E,使得 $AE = AF$,射线 DH 与 $\triangle ABC$ 的外接圆交于点 P.求证:P,A,E,F 四点共圆.

证明 如图31.6,延长 HD 至点 M,使 $HD = DM$,联结 BM,CM,BH,CH.

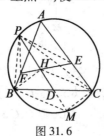

图31.6

因为 D 为边 BC 的中点,所以四边形 $BHCM$ 为平行四边形. 于是
$$\angle BMC = \angle BHC = 180° - \angle BAC$$
即
$$\angle BMC + \angle BAC = 180°$$
因此,点 M 在 $\triangle ABC$ 的外接圆上.

如图 31.6,联结 PB, PC, PE, PF.

因为 $AE = AF$, H 为 $\triangle ABC$ 的垂心,所以
$$\angle BFH = \angle CEH \qquad ①$$
$$\angle HBF = 90° - \angle BAC = \angle HCE \qquad ②$$

结合式①②知
$$\triangle BFH \backsim \triangle CEH \Rightarrow \frac{BF}{BH} = \frac{CE}{CH}$$

由四边形 $BHCM$ 是平行四边形知
$$BH = CM, CH = BM$$

于是
$$\frac{BF}{CM} = \frac{CE}{BM} \qquad ③$$

又 D 为边 BC 的中点,则 $S_{\triangle PBM} = S_{\triangle PCM}$. 故
$$\frac{1}{2} BP \cdot BM \sin \angle MBP = \frac{1}{2} CP \cdot CM \sin \angle MCP$$

由 $\angle MBP + \angle MCP = 180°$,得
$$BP \cdot BM = CP \cdot CM \qquad ④$$

结合式③④知
$$\frac{BF}{BP} = \frac{CE}{CP}$$

因为 $\angle PBF = \angle PCE$,所以
$$\triangle PBF \backsim \triangle PCE \Rightarrow \angle PFB = \angle PEC$$

于是, $\angle PFA = \angle PEA$.

从而, P, A, E, F 四点共圆.

西部赛试题 2 如图 31.7,设 D 是锐角 $\triangle ABC$ 的边 BC 上的一点,以线段 BD 为直径的圆分别交直线 AB, AD 于点 X, P(异于点 B, D),以线段 CD 为直径的圆分别交直线 AC, AD 于点 Y, Q(异于点 C, D). 过点 A 作直线 PX, QY 的垂

线,垂足分别为 M,N. 求证:$\triangle AMN \backsim \triangle ABC$ 的充分必要条件是直线 AD 过 $\triangle ABC$ 的外心.

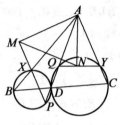

图 31.7

证明 如图 31.8,联结 XY,DX,BP,DY.
由已知有 B,P,D,X 及 C,Y,Q,D 分别四点共圆,故
$$\angle AXM = \angle BXP = \angle BDP = \angle QDC = \angle AYN$$

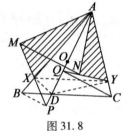

图 31.8

所以,$Rt\triangle AMX \backsim Rt\triangle ANY$.

于是,$\angle MAX = \angle NAY, \dfrac{AM}{AX} = \dfrac{AN}{AY}$.

从而,$\angle MAN = \angle XAY$.

结合 $\dfrac{AM}{AX} = \dfrac{AN}{AY}$,得 $\triangle AMN \backsim \triangle AXY$.

故
$$\triangle AMN \backsim \triangle ABC \Leftrightarrow \triangle AXY \backsim \triangle ABC$$
$$\Leftrightarrow XY \parallel BC$$
$$\Leftrightarrow \angle DXY = \angle XDB$$

而由 A,X,D,Y 四点共圆知
$$\angle DXY = \angle DAY$$

又 $\angle XDB = 90° - \angle ABC$,则
$$\angle DXY = \angle XDB$$
$$\Leftrightarrow \angle DAC = 90° - \angle ABC$$

⇔ 直线 AD 过 $\triangle ABC$ 的外心

因此,结论成立.

北方赛试题 1 如图 31.9,在锐角 $\triangle ABC$ 中,已知 $AB>AC$,$\cos B+\cos C=1$,E,F 分别是 AB,AC 延长线上的点,且满足 $\angle ABF=\angle ACE=90°$.

(1) 求证:$BE+CF=EF$;

(2) 设 $\angle EBC$ 的平分线与 EF 交于点 P,求证:CP 平分 $\angle BCF$.

证明 (1) 因为 $\angle ABF=\angle ACE=90°$,所以 E,B,C,F 四点共圆. 于是
$$\angle CFE=\angle ABC,\angle BEF=\angle ACB$$
故
$$\cos\angle CFE+\cos\angle BEF=\cos\angle ABC+\cos\angle ACB=1$$
即 $\dfrac{CF}{EF}+\dfrac{BE}{EF}=1$.

因此,$BE+CF=EF$.

(2) 如图 31.9,在线段 EF 上取一点 Q,使
$$EQ=EB$$

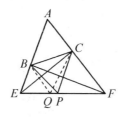

图 31.9

由(1)的结论知
$$FQ=FC$$
因为 $\angle FQC=\dfrac{1}{2}(180°-\angle CFQ)=\dfrac{1}{2}\angle EBC=\angle PBC$

所以 B,C,P,Q 四点共圆.

故 $\angle BCP=\angle BQE=\dfrac{1}{2}(180°-\angle BEQ)=\dfrac{1}{2}\angle BCF$

于是,CP 平分 $\angle BCF$.

北方赛试题 2 如图 31.10,在给定的扇形 AOB 中,圆心角为锐角. 在 $\overparen{AB}$ 上取异于 A,B 的一点 C,在线段 OC 上取一点 P,联结 AP,过点 B 作直线 $BQ\parallel AP$ 交射线 OC 于点 Q. 证明:封闭图形 $OAQPBO$ 的面积与点 C,P 的选取无关.

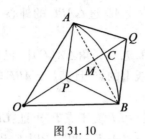

图 31.10

证明 联结 AB 交 OC 于点 M.

由于 $BQ // AP$,则四边形 $APBQ$ 是梯形.

所以,$S_{\triangle AQM} = S_{\triangle BPM}$.

故 $\qquad S_{OAQPB} = S_{OAMPB} + S_{\triangle AQM} = S_{OAMPB} + S_{\triangle BMP} = S_{\triangle OAB}$

为定值,即五边形 $OAQPB$ 的面积与点 C,P 的选取无关.

试题 A 如图 31.11,M,N 分别为锐角 $\triangle ABC(\angle A < \angle B)$ 的外接圆圆 Γ 上 $\overset{\frown}{BC},\overset{\frown}{AC}$ 的中点. 过点 C 作 $PC // MN$ 交圆 Γ 于点 P,I 为 $\triangle ABC$ 的内心,联结 PI 并延长交圆 Γ 于点 T. 求证:

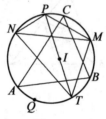

图 31.11

(1) $MP \cdot MT = NP \cdot NT$;

(2) 在 $\overset{\frown}{AB}$(不含点 C)上任取一点 $Q(Q \neq A, T, B)$,记 $\triangle AQC$,$\triangle QCB$ 的内心分别为 I_1, I_2,则 Q, I_1, I_2, T 四点共圆.

证法 1 (1) 如图 31.12,联结 NI, MI.

由于 $PC // MN$ 且 P, C, M, N 四点共圆,故四边形 $PCMN$ 是等腰梯形. 因此
$$NP = MC, PM = NC$$

联结 AM, CI,则 AM 与 CI 交于点 I.

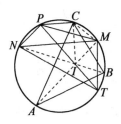

图 31.12

因为 $\angle MIC = \angle MAC + \angle ACI = \angle MCB + \angle BCI = \angle MCI$

所以,$MC = MI$.

同理,$NC = NI$.

于是,$NP = MI, PM = NI$.

故四边形 $MPNI$ 为平行四边形.

因此,$S_{\triangle PMT} = S_{\triangle PNT}$.

又 P, N, T, M 四点共圆,故

$$\angle TNP + \angle PMT = 180°$$

由三角形面积公式得

$$S_{\triangle PMT} = \frac{1}{2} PM \cdot MT \sin \angle PMT$$

$$S_{\triangle PNT} = \frac{1}{2} PN \cdot NT \sin \angle PNT$$

于是,$PM \cdot MT = PN \cdot NT$.

(2)如图 31.13,联结 $QM, QN, I_1 T, I_2 T$.

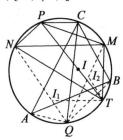

图 31.13

因为 $\angle NCI_1 = \angle NCA + \angle ACI_1 = \angle NQC + \angle QCI_1 = \angle CI_1 N$

所以,$NC = NI_1$.

同理,$MC = MI_2$.

由 $MP \cdot MT = NP \cdot NT$,得 $\dfrac{NT}{MP} = \dfrac{MT}{NP}$.

由(1)所证 $MP = NC, NP = MC$,故
$$\dfrac{NT}{NI_1} = \dfrac{MT}{MI_2}$$

又　　　$\angle I_1NT = \angle QNT = \angle QMT = \angle I_2MT$
$$\Rightarrow \triangle I_1NT \backsim \triangle I_2MT$$
$$\Rightarrow \angle NTI_1 = \angle MTI_2$$

故 $\angle I_1QI_2 = \angle NQM = \angle NTM = \angle I_1TI_2$.

因此,Q, I_1, I_2, T 四点共圆.

证法 2　(由山东的李耀文给出)

为了证明该题,先给出一个引理.

引理 1　设 I 为 $\triangle ABC$ 内一点,AI 所在直线交 $\triangle ABC$ 的外接圆于点 D,则 I 为 $\triangle ABC$ 内心的充要条件是 $BD = DI = DC$.

证明略(可参见本章第 1 节性质 2).

回到原题.

(1)如图 31.14,联结 TA, AN, NC, CM, MB, BT,易知 A, I, M 及 B, I, N 分别三点共线.

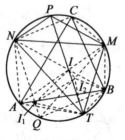

图 31.14

由于 $PC \parallel MN$,则 P, C, M, N 四点共圆.

故四边形 $PCMN$ 是等腰梯形.

结合引理 1 得
$$PN = CM = MB = MI, PM = NC = NI = NA$$

又因为
$$\angle ANT = \angle AMT = \angle IMT$$
$$\angle ATN = \angle NBC = \angle CMN = \angle PNM = \angle PTM = \angle ITM$$

所以,$\triangle ANT \backsim \triangle IMT$.

则 $$\frac{AT}{IT} = \frac{NT}{MT} = \frac{AN}{IM} = \frac{PM}{PN}$$

于是 $MP \cdot MT = NP \cdot NT$.

注 同样利用 $\triangle INT \backsim \triangle BMT$ 或 $\triangle PMI \backsim \triangle NTM$ 可证结论(1).

(2)如图 31.14,联结 AI_1, BI_2, II_1, II_2,易知 Q, I_1, N 及 Q, I_2, M 分别三点共线.

由引理 1 得
$$AN = NI_1 = NI = NC = PM$$
$$BM = MI_2 = MI = MC = PN$$

又 $$\angle ANI_1 = \angle ANQ = \angle AMQ = \angle IMI_2$$
$$\angle ANI = \angle BMI, \angle I_1NI = \angle BMI_2$$

则 $$\triangle ANI_1 \backsim \triangle IMI_2, \triangle I_1NI \backsim \triangle I_2MB, \triangle ANI \backsim \triangle IMB$$

从而 $$\frac{AI_1}{II_2} = \frac{AI}{IB} = \frac{II_1}{BI_2} = \frac{AN}{IM}$$

故 $\triangle AII_1 \backsim \triangle IBI_2 \Rightarrow \angle IAI_1 = \angle BII_2$

又 $\angle IAT = \angle IPM = \angle NIP = \angle BIT$,则
$$\angle TAI_1 = \angle TII_2$$

由(1)所证知 $\frac{AT}{IT} = \frac{AN}{IM}$. 于是,$\frac{AT}{IT} = \frac{AI_1}{II_2}$.

则 $\triangle AI_1T \backsim \triangle II_2T \Rightarrow \angle ATI_1 = \angle ITI_2$

故 $\angle I_1TI_2 = \angle ATI = \angle ATP = \angle MQN = \angle I_1QI_2$

因此,Q, I_1, I_2, T 四点共圆.

证法 3 (由湖北的齐博给出)

(1)显然,A, I, M 及 B, I, N 分别三点共线.

对 $\triangle PMN$ 及点 I 由角元塞瓦定理得
$$\frac{\sin \angle NPI}{\sin \angle IPM} \cdot \frac{\sin \angle PMI}{\sin \angle IMN} \cdot \frac{\sin \angle MNI}{\sin \angle INP} = 1 \qquad ①$$

而由 $CP // MN$,易得 $PA = PB$.

因此,$\angle PMI = \angle INP$.

式①即为 $\dfrac{NT}{MT} = \dfrac{\sin \dfrac{B}{2}}{\sin \dfrac{A}{2}} = \dfrac{CN}{CM} = \dfrac{MP}{NP}$.

(2)同证法 1(1)的证法.

试题B 如图31.15,两圆 Γ_1,Γ_2 交于点 A,B,过点 B 的一条直线分别交圆 Γ_1,Γ_2 于点 C,D,过点 B 的另一条直线分别交圆 Γ_1,Γ_2 于点 E,F,直线 CF 分别交圆 Γ_1,Γ_2 于点 P,Q. 设 M,N 分别是 $\overparen{PB},\overparen{QB}$ 的中点. 若 $CD=EF$,求证:C,F,M,N 四点共圆.

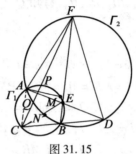

图 31.15

证明 联结 AC,AD,AE,AF,DF.

由 $\quad\angle ADB=\angle AFB,\angle ACB=\angle AEF,CD=EF$

$\Rightarrow \triangle ACD \cong \triangle AEF$

$\Rightarrow AD=AF$

$\Rightarrow \angle ADF=\angle AFD$

$\Rightarrow \angle ABC=\angle AFD=\angle ADF=\angle ABF$

$\Rightarrow AB$ 是 $\angle CBF$ 的角平分线①.

联结 CM,FN. 因为 M 是 $\overparen{PB}$ 的中点,所以 CM 是 $\angle DCF$ 的角平分线.

同理,FN 是 $\angle CFB$ 的角平分线.

于是,BA,CM,FN 三线共点. 设交点为 I.

在圆 Γ_1,Γ_2 中,由圆幂定理得

$$CI \cdot IM = AI \cdot IB, AI \cdot IB = NI \cdot IF \Rightarrow NI \cdot IF = CI \cdot IM$$

从而,C,F,M,N 四点共圆.

试题C 在锐角 $\triangle ABC$ 中,$AB>AC,M$ 是边 BC 的中点,P 是 $\triangle AMC$ 内一点,使得 $\angle MAB=\angle PAC$. 设 $\triangle ABC,\triangle ABP,\triangle ACP$ 的外心分别为 O,O_1,O_2. 证明:直线 AO 平分线段 O_1O_2.

证法1 如图 31.16,作出 $\triangle ABC,\triangle ABP,\triangle ACP$ 的外接圆,延长 AP 交圆 O 于点 D,联结 BD,并作出圆 O 在点 A 处的切线,分别与圆 O_1、圆 O_2 交于点 E,

---

① 此结论即为一组对边相等的四边形的一条性质,参见第34章第3节.

F,联结 BE.

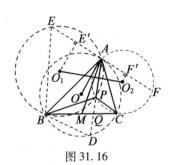

图 31.16

易证 $\triangle AMC \backsim \triangle ABD \Rightarrow \dfrac{AB}{BD} = \dfrac{AM}{MC}$.

又 $\triangle EAB \backsim \triangle PDB$,得 $\dfrac{AB}{BD} = \dfrac{AE}{PD}$.

所以,$\dfrac{AM}{MC} = \dfrac{AE}{PD}$,即 $AE = \dfrac{AM \cdot PD}{MC}$.

同理,$AF = \dfrac{AM \cdot PD}{MB}$.

因此
$$AE = AF \qquad ①$$

再分别作 $O_1E' \perp AE$,$O_2F' \perp AF$ 于点 E',F'. 由垂径定理知,E',F' 分别是 AE,AF 的中点. 故由式①即知 A 也是 $E'F'$ 的中点.

在直角梯形 $O_1E'F'O_2$ 中,OA 即直角梯形 $O_1E'F'O_2$ 的中位线所在直线,故它一定平分 O_1O_2.

证法 2 如图 31.17,联结 AO_1,OO_1,AO_2,OO_2. 记直线 AO 与线段 O_1O_2 的交点为 Q,则
$$\dfrac{O_1Q}{QO_2} = \dfrac{S_{\triangle AOO_1}}{S_{\triangle AOO_2}} = \dfrac{AB \cdot OO_1}{AC \cdot OO_2}$$

其中,$\dfrac{AB}{AC} = \dfrac{\sin \angle ACB}{\sin \angle ABC}$.

而
$$\angle OO_1Q = \angle BAP = \angle CAM$$
$$\angle OO_2Q = \angle CAP = \angle BAM$$

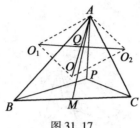

图 31.17

则 $\dfrac{OO_1}{OO_2} = \dfrac{\sin\angle OO_2Q}{\sin\angle OO_1Q} = \dfrac{\sin\angle BAM}{\sin\angle CAM}$

故 $\dfrac{O_1Q}{QO_2} = \dfrac{\sin\angle ACM}{\sin\angle CAM} \cdot \dfrac{\sin\angle BAM}{\sin\angle ABM} = \dfrac{AM}{CM} \cdot \dfrac{BM}{AM} = \dfrac{BM}{CM}$

注意到 M 是 BC 的中点,则 $O_1Q = O_2Q$,故直线 AO 平分线段 O_1O_2.

证法 3 由于 M 为 BC 的中点,$\angle MAB = \angle PAC(AB > AC$ 时),知 AP 为 $\triangle ABC$ 的共轭中线. 设直线 AP 交 BC 于点 Q,交圆 O 于点 D,则有 $\dfrac{AB^2}{AC^2} = \dfrac{BQ}{QC}$.

于是, $\dfrac{AB^2}{AC^2} = \dfrac{BQ}{QC} = \dfrac{S_{\triangle ABD}}{S_{\triangle ACD}} = \dfrac{AB \cdot BD}{AC \cdot CD}$,即有 $\dfrac{AB}{AC} = \dfrac{BD}{CD}$,亦即 $AB \cdot CD = AC \cdot BD$.

上式表明圆内接四边形 $ABDC$ 为调和四边形.

注意到调和四边形的性质①,即知 AO 平分线段 O_1O_2.

证法 4 由于 M 为 BC 的中点,$\angle MAB = \angle PAC(AB > AC$ 时),知 AP 为 $\triangle ABC$ 的共轭中线,由共轭中线性质知:存在过 A,B 且与 AC 切于点 A 的圆 O'_1 和过 A,C 且与 AB 切于点 A 的圆 O'_2,这两圆的公共弦 AR 与直线 AP 重合(图略).

此时, O'_1,O_1,O 及 O'_2,O_2,O 分别三点共线,且 $O_1O_2 \perp AP$,$O'_1O'_2 \perp AR$,从而 $O_1O_2 // O'_1O'_2$.

注意到 $O'_1A \perp AC, OO_2 \perp AC$,知 $O'_1A // OO_2$.

同理 $AO'_2 // O'_1O$. 从而 $OO'_2AO'_1$ 为平行四边形.

于是 AO 平分 $O'_1O'_2$,即 AO 为 $\triangle OO'_1O'_2$ 的中线.

此时,AO 也为 $\triangle OO_1O_2$ 的中线,故 AO 平分线段 O_1O_2.

试题 D1 设 $\triangle ABC$ 的内心为 I,外接圆为 Γ,直线 AI 交圆 Γ 于另一点 D. 设 E 是 $\overset{\frown}{BDC}$ 上的一点,F 是边 BC 上的一点,使得

---

① 此性质可参见本章第 3 节性质 12.

$$\angle BAF = \angle CAE < \frac{1}{2}\angle BAC$$

设 G 是线段 IF 的中点. 证明:直线 DG 与 EI 的交点在圆 Γ 上.

证明 如图 31.18,设直线 AD 与 BC 交于点 H,射线 DG 与 AF 交于点 K,射线 DG 与 EI 交于点 T,联结 CE.

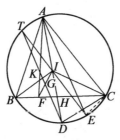

图 31.18

注意到
$$\angle DIC = \angle IAC + \angle ICA = \angle BCD + \angle ICB = \angle ICD$$
所以,$ID = DC$.

由
$$\angle ADC = \angle ABC = \angle ABH, \angle DAC = \angle BAH$$
得 $\triangle DAC \backsim \triangle BAH$.

故
$$\frac{AB+BH}{AH} = \frac{AD+DC}{AC} = \frac{AD+ID}{AC}$$

由
$$\angle ABI = \angle HBI \Rightarrow \frac{AB}{AI} = \frac{BH}{HI} \Rightarrow \frac{AB+BH}{AH} = \frac{AB}{AI}$$

故 $AB \cdot AC = AI(AD + ID)$.

由
$$\angle ABF = \angle ABC = \angle AEC, \angle BAF = \angle EAC$$
得 $\triangle ABF \backsim \triangle AEC$.

故
$$AE \cdot AF = AB \cdot AC = AI(AD+ID) \qquad ①$$

对 $\triangle AFI$ 与截线 KGD 应用梅涅劳斯定理得
$$\frac{AK}{KF} \cdot \frac{FG}{GI} \cdot \frac{ID}{DA} = 1$$

注意到
$$FG = GI \Rightarrow \frac{AK}{KF} = \frac{DA}{DI} \Rightarrow \frac{AK}{AF} = \frac{DA}{DA+DI} \qquad ②$$

式①×②得 $AK \cdot AE = DA \cdot AI$,即 $\dfrac{AK}{AD} = \dfrac{AI}{AE}$.

又 $\angle KAD = \angle IAE$,则
$$\triangle KAD \sim \triangle IAE \Rightarrow \angle KDA = \angle IEA$$
因此,$\angle TDA = \angle TEA$.

故 A,T,D,E 四点共圆,点 T 在圆 Γ 上,即 DG 与 EI 的延长线交于圆 Γ 上一点.

试题 D2 设 P 是 $\triangle ABC$ 内的一点,直线 AP,BP,CP 与 $\triangle ABC$ 的外接圆 Γ 的另一个交点分别为 K,L,M,圆 Γ 在点 C 处的切线与直线 AB 交于点 S. 若 $SC = SP$,证明:$MK = ML$.

证明 不妨设 $CA > CB$,则点 S 在射线 AB 上.

如图 31.19,设直线 SP 与 $\triangle ABC$ 的外接圆交于点 E,F.

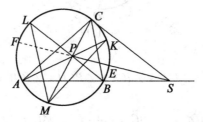

图 31.19

由题设及圆幂定理得
$$SP^2 = SC^2 = SB \cdot SA$$
则
$$\frac{SP}{SB} = \frac{SA}{SP} \Rightarrow \triangle PSA \sim \triangle BSP \Rightarrow \angle SAP = \angle BPS$$
注意到
$$2\angle BPS = \widehat{BE} + \widehat{LF}$$
$$2\angle SAP = \widehat{BE} + \widehat{EK}$$
所以
$$\widehat{LF} = \widehat{EK} \qquad ①$$
由 $\angle SPC = \angle SCP$,得
$$\widehat{EC} + \widehat{MF} = \widehat{EC} + \widehat{EM}$$
所以
$$\widehat{MF} = \widehat{EM} \qquad ②$$
由式①②得

$$\overparen{MFL} = \overparen{MF} + \overparen{FL} = \overparen{ME} + \overparen{EK} = \overparen{MEK}.$$

因此,$MK = ML$.

第1节 三角形的外接圆与其内(旁)切圆的性质

东南赛试题 2 涉及了三角形的外接圆与其内切圆的问题,在此,我们介绍几条三角形的外接圆与其内(旁)切圆的有关特性.

性质 1 三角形的角平分线长与角平分线所在外接圆弦的乘积等于夹这条角平分线两边的乘积.

如图 31.20,设 I(或 I_B)为 $\triangle ABC$ 的内心(或 $\angle B$ 内的旁心),直线 AI(或 AI_B)交 $\triangle ABC$ 的外接圆于点 D,交直线 BC 于点 T,则 $AT \cdot AD = AB \cdot AC$.

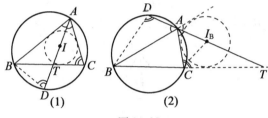

图 31.20

事实上,如图 31.20,联结 BD,则由 $\triangle ABD \backsim \triangle ATC$ 有 $\dfrac{AB}{AT} = \dfrac{AD}{AC}$.

故 $AT \cdot AD = AB \cdot AC$.

性质 2 三角形外接圆上每边所在弓形弧的中点是边的两端点,内心为顶点所构成三角形的外心.

证明 如图 31.21,设 M 为 $\overparen{BC}$ 的中点.I 为 $\triangle ABC$ 的内心.

由 $\angle MBI = \angle MBC + \angle CBI = \angle MAC + \angle ABI = \angle MIB$

知 $MI = MB$

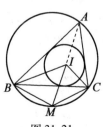

图 31.21

又 $MB=MC$,即知 M 为 $\triangle BCI$ 的外心.

注 若将内心 I 改为旁心 I_A,则 M 为 $\triangle BCI_A$ 的外心.

性质3 三角形的一顶点到内心及这个顶点对应的旁心的两线段的乘积等于夹这两线段的两边的乘积,且内心与这个旁心之间的线段被外接圆平分,即 $AI \cdot AI_A = AB \cdot AC$,且 $ID = DI_A$.

事实上,如图 31.22,联结 BI, I_AC. 由

$$\angle AIB = 90° + \frac{1}{2}\angle C = \angle ICI_A + \angle ACI = \angle ACI_A$$

(或 $\angle AI_AC = 180° - \frac{1}{2}\angle A - [\angle C + \frac{1}{2}(180° - \angle C)] = \frac{1}{2}\angle B = \angle ABI$)

知 $\triangle ABI \sim \triangle AI_AC$,有

$$\frac{AB}{AI_A} = \frac{AI}{AC}$$

故 $AI \cdot AI_A = AB \cdot AC$. 由 $BI \perp BI_A$ 及性质2 知 $ID = DI_A$.

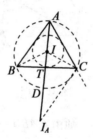

图 31.22

推论1 $AI \cdot TI_A = AI_A \cdot IT$.

事实上,由 $\frac{AI}{IT} = \frac{CA}{CT} = \frac{AI_A}{TI_A}$,即得结论,即知 I, I_A 调和分割 AT.

推论2 $AT \cdot AD = AI \cdot AI_A$,其中 D 为直线 AI_A 与圆 ABC 的交点.

事实上,由

有
$$AI \cdot TI_A = TI \cdot AI_A = TI \cdot (AI + IT + TI_A) = TI \cdot AI + IT^2 + TI \cdot TI_A$$
$$2AI \cdot TI_A = TI \cdot AI + IT^2 + TI \cdot TI_A + AI \cdot TI_A$$
$$= (AI + IT)(IT + TI_A) = AT \cdot II_A$$

于是 $AT \cdot II_A = 2AI \cdot TI_A \Leftrightarrow \frac{TI_A}{AT} = \frac{\frac{1}{2}II_A}{AI} = \frac{ID}{AI}$

$$\Leftrightarrow \frac{AT + TI_A}{AT} = \frac{AI + ID}{AI} \Leftrightarrow \frac{AI_A}{AT} = \frac{AD}{AI}$$

$$\Leftrightarrow AT \cdot AD = AI \cdot AI_A$$

性质 4 圆 O_1 切 $\triangle ABC$ 的两边 AB,AC 及外接圆圆 O 于点 P,Q,T, $\triangle ABC$ 的内心为 I,则:(1) $\angle O_1 TI = \angle O_1 AT$;(2) $\angle ITP = \angle ATQ$.

证明 (1)如图 31.23,当 $AB = AC$ 时,结论显然成立.

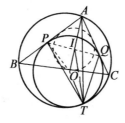

图 31.23

不妨设 $AB > AC$. 由曼海姆定理,知 I 为 PQ 的中点,则 A,I,O_1 三点共线,且 $AO_1 \perp PQ$. 联结 $O_1 P$,则 $O_1 I \cdot O_1 A = O_1 P^2 = O_1 T^2$,注意 $\angle IO_1 T$ 公用,知 $\triangle O_1 IT \backsim \triangle O_1 TA$,故 $\angle O_1 TI = \angle O_1 AT$.

(2)注意到 AT 为 $\triangle PTQ$ 的共轭中线,则 $\angle ITP = \angle ATQ$.

性质 5 圆 O_1 切 $\triangle ABC$ 的两边 AB,AC 及外接圆圆 O 于点 P,Q,T, $\triangle ABC$ 的内心为 I,延长 TI 交外接圆于点 N,则:(1)B,T,I,P 及 T,C,Q,I 分别四点共圆;(2)AN 为 $\angle BAC$ 的外角平分线(或 N 为 $\overparen{BAC}$ 的中点).

证明 (1)如图 31.24,延长 TQ 交外接圆于点 K,则由相切两圆的性质,知 K 为 $\overparen{AC}$ 的中点,从而 B,I,K 三点共线.由曼海姆定理,知 I 为 PQ 的中点.

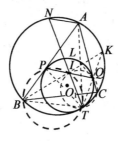

图 31.24

令 AT 交圆 O_1 于点 L,则由 $\triangle AQL \backsim \triangle ATQ$ 及 $\triangle APL \backsim \triangle ATP$ 推知四边形 $PTQL$ 为调和四边形,从而 TA,TI 为 $\angle PTQ$ 的等角线. 于是
$$\angle PTI = \angle ATQ = \angle ABK = \angle PBI$$
故 B,T,I,P 四点共圆.

同理，T, C, Q, I 四点共圆.

(2) 如图 31.24，联结 BT，由 B, T, I, P 四点共圆，有 $\angle NAB = \angle BTN = \angle BTI = \angle API$，从而 $AN \parallel IP$. 注意到 $AI \perp PQ$，从而 $AN \perp AI$. 故 AN 为 $\angle BAC$ 的外角平分线.

推论 3 圆 O_1 切 $\triangle ABC$ 的两边 AB, AC 及外接圆圆 O 于点 P, Q, T. 线段 PQ 的中点为 I，N 为 $\overset{\frown}{BAC}$ 的中点，则 N, I, T 三点共线.

性质 6 设圆 O、圆 I 分别为 $\triangle ABC$ 的外接圆和内切圆，$\angle A$ 的外角平分线交圆 O 于点 N. 直线 NI 交圆 O 于点 T. 圆 I 切 BC 于点 D，则 $\angle ATN = \angle DTN$.

证法 1 如图 31.25，设圆 O、圆 I 的半径分别为 R, r，延长 AI 交圆 O 于点 Q，则 Q 为 $\overset{\frown}{BC}$ 的中点，从而 NQ 为圆 O 的直径，且 $NQ \perp BC$. 联结 ID，则 $NQ \parallel ID$，从而 $\angle QNI = \angle DIT$.

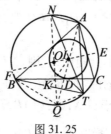

图 31.25

注意到欧拉公式 $2Rr = R^2 - OI^2 = FI \cdot IE = NI \cdot IT$，从而 $\triangle INQ \sim \triangle DIT$. 于是
$$\angle DTN = \angle DTI = \angle IQN = \angle ATN$$

证法 2 如图 31.25，由内心性质，有 $QI^2 = QB^2 = QK \cdot QN$.
从而 $\triangle KIQ \sim \triangle INQ \Rightarrow \angle KIQ = \angle INQ = \angle DIT \Rightarrow \angle KID = \angle QIT$.

注意 $\angle IDK = 90° = \angle ITQ$，即知 $\triangle IDK \sim \triangle ITQ \Rightarrow \dfrac{ID}{IT} = \dfrac{IK}{IQ}$.

注意 $\angle KIQ = \angle DIT$，则 $\triangle DIT \sim \triangle KIQ \sim \triangle INQ$.

故 $\angle DTN = \angle DTI = \angle IQN = \angle ATN$.

推论 4 在性质 6 条件下，有 $\angle BTD = \angle ATC$.

事实上，由 AN 为 $\angle BAC$ 的外角平分线，知 N 为 $\overset{\frown}{BAC}$ 的中点，即 TN 平分 $\angle BTC$，而 $\angle ATN = \angle DTN$，故 $\angle BTD = \angle ATC$.

注 将圆 I 改为 $\angle BAC$ 内的旁切圆圆 I_A，也有 $\angle ATN = \angle DTN$.

性质 7 （曼海姆定理）一圆切 $\triangle ABC$ 的两边 AB, AC 及外接圆于点 P, Q，

T,则 PQ 的中点为 $\triangle ABC$ 的内心 I.

证明 如图 31.26,设已知圆和 $\triangle ABC$ 的外心分别为 O_1,O,则 A,I,O_1 三点共线. 延长 AI 交圆 O 于点 M,注意 O,O_1,T 三点共线,延长 TO 交圆 O 于点 L,则

$$O_1L \cdot O_1T = O_1A \cdot O_1M \qquad ①$$

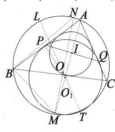

图 31.26

由 $O_1P \perp AB, O_1A \perp PQ$,有

$$O_1P^2 = O_1I \cdot O_1A \qquad ②$$

注意 $O_1P = O_1T$,式 ① + ② 有

$$O_1P \cdot TL = O_1A \cdot MI \qquad ③$$

作圆 O 的直径 MN,由 $\mathrm{Rt}\triangle BMN \backsim \mathrm{Rt}\triangle PO_1A$,有

$$O_1P \cdot MN = O_1A \cdot BM \qquad ④$$

由式 ③④,并注意 $TL = MN$,知 $BM = MI$.

又 M 为 $\overset{\frown}{BC}$ 的中点,于是,知 I 为 $\triangle ABC$ 的内心.

注 将已知圆改为与边 AB, AC 的延长线相切,则 PQ 的中点为 $\triangle ABC$ 的一个旁心.

事实上,如图 31.27,可设已知圆和 $\triangle ABC$ 的外心分别为 O_1, O,$\triangle ABC$ 的在 $\angle BAC$ 内的旁心为 I_A,设 PQ 的中点为 J,则 A,J,O_1 三点共线.

令 AJ 交圆 O 于点 M,注意 O,T,O_1 共线,延长 TO 交圆 O 于点 L,则

$$O_1L \cdot O_1T = O_1A \cdot O_1M \qquad ①$$

由 $O_1P \perp AB, O_1A \perp PQ$,有

$$O_1P^2 = O_1J \cdot O_1A \qquad ②$$

注意 $O_1P = O_1T$,由式 ① - ② 有

$$O_1P \cdot (O_1L - O_1P) = O_1A(O_1M - O_1J)$$

即

$$O_1P \cdot TL = O_1A \cdot MJ \qquad ③$$

作圆 O 的直径 MN,由 $Rt\triangle BMN \backsim Rt\triangle PO_1A$,有
$$O_1P \cdot MN = O_1A \cdot BM \qquad ④$$

注意 $TL = MN$,由式③④有 $MJ = BM$.

注意 M 为 $\overset{\frown}{BC}$ 的中点,从而知 J 为 $\angle BAC$ 内的旁心 I_A.

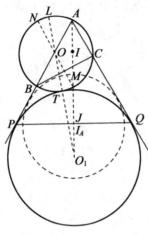

图 31.27

性质 8 三角形外心、内心及内切圆的切点三角形的重心三点共线.

证明 如图 31.28,设 O,I 分别为 $\triangle ABC$ 的外心、内心. 圆 I 分别切边 BC, CA,AB 于点 D,E,F. G' 为 $\triangle DEF$ 的重心.

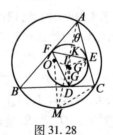

图 31.28

联结 AI 并延长交圆 O 于点 M,交 EF 于点 K,则 M 为 $\overset{\frown}{BC}$ 的中点,且在 BC 的中垂线上,AK 垂直平分 EF.

联结 OM,MC,ID,IE,则由 $OM \perp BC$,$ID \perp BC$,知 $ID \parallel OM$,且由性质 1 知 $IM = MC$.

令 $\angle MAC = \theta$,则 $\angle KEI = \theta$,设圆 O 的半径为 R,直线 OI 与 KD 交于点 G,则

$$\frac{DG}{GK} = \frac{S_{\triangle DIG}}{S_{\triangle KIG}} = \frac{ID \cdot \sin\angle DIG}{IK \cdot \sin\angle KIG} = \frac{ID \cdot \sin\angle IOM}{IK \cdot \sin\angle OIM} = \frac{ID}{IK} \cdot \frac{IM}{OM}$$

$$= \frac{IE}{IK} \cdot \frac{IM}{R} = \frac{AI}{IE} \cdot \frac{IM}{R} = \frac{IM}{\sin\theta \cdot R} = \frac{2IM}{MC} = 2$$

从而知 G 为 $\triangle DEF$ 的重心,即 G 与 G' 重合,故 O,I,G' 三点共线.

注 将内心 I 改为某旁心,$\triangle DEF$ 为这个旁切圆的切点三角形,G 为 $\triangle DEF$ 的重心,则 O,I_X,G 三点共线.

事实上,如图 31.29,联结 AI_A 交圆 O 于点 M,交 EF 于点 H,联结 I_AE,MC,则 $I_AM = MC$.

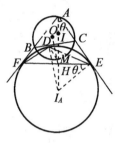

图 31.29

设直线 OI_A 交 DH 于点 G',$\angle MAC = \theta$,则 $\angle HEI_A = \theta$,且

$$\frac{DG'}{G'H} = \frac{S_{\triangle DI_AG'}}{S_{\triangle HI_AG'}} = \frac{I_AD \cdot \sin\angle DI_AG'}{I_AH \cdot \sin\angle HI_AG'} = \frac{I_AD \cdot \sin\angle I_AOM}{I_AH \cdot \sin\angle OI_AM} = \frac{I_AD}{I_AH} \cdot \frac{I_AM}{OM}$$

$$= \frac{I_AE}{I_AH} \cdot \frac{I_AM}{R} = \frac{I_AM}{\sin\theta \cdot R} = \frac{2I_AM}{MC} = 2$$

从而 G' 为 G,即证.

性质 9 设圆 O、圆 I 分别为 $\triangle ABC$ 的外接圆和内切圆.

(1)过顶点 A 可作两圆圆 P_A、圆 Q_A 均在点 A 处与圆 O 内切,且圆 P_A 与圆 I 外切,圆 Q_A 与圆 I 内切;

(2)设圆 O 的半径为 R,则 $P_AQ_A = \dfrac{\sin\dfrac{A}{2} \cdot \cos^2\dfrac{A}{2}}{\cos\dfrac{B}{2} \cdot \cos\dfrac{C}{2}} R$.

证明 (1)如图 31.30,过点 I 作 $EF /\!/ AO$ 交圆 I 分别于点 E,F. 联结 AE 交圆 I 于点 T,直线 IT 交 AO 于点 P_A,以 P_A 为圆心,以 AP_A 为半径作圆,则圆 P_A 符合题设. 这是因为,$AO /\!/ FE$,有 $\angle P_AAT = \angle IET = \angle ITE = \angle P_ATA$,即知 $P_AA = P_AT$. 从而知圆 P_A 与圆 I 外切.

显然圆 P_A 与圆 O 内切.

设过点 A、点 T 的公切线交于点 S，从点 S 作圆 I 的切线，切点为 K，直线 KI 交 AO 于点 Q_A.

以 Q_A 为圆心，以 Q_AK 为半径作圆，则圆 Q_A 符合题设. 这是因为，点 S 为根心，由此即证得 $\mathrm{Rt}\triangle ASQ_A \cong \mathrm{Rt}\triangle KSQ_A$，有 $Q_AA = Q_AK$. 故得证.

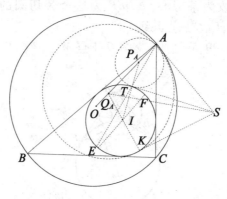

图 31.30

(2) 设圆 P_A、圆 Q_A 的半径分别为 u, v，圆 I 的半径为 r，则 $AP_A = u, P_AO = R - u, IP_A = r + u$.

在 $\triangle AOI$ 中应用斯特瓦尔特定理，有
$$(r+u)^2 = \frac{u \cdot OI^2 + (R-u) \cdot IA^2}{R} - u(R-u)$$

将欧拉定理 $OI = \sqrt{R(R-2r)}$ 代入，得 $u = \dfrac{(IA^2 - r^2)R}{IA + 4Rr}$.

又 $IA = \dfrac{r}{\sin\dfrac{A}{2}} = 4R \cdot \sin\dfrac{B}{2} \cdot \sin\dfrac{C}{2}$，则

$$u = \frac{(4R)^2 \cdot \sin^2\dfrac{B}{2} \cdot \sin^2\dfrac{C}{2} \cdot \cos^2\dfrac{A}{2}}{(4R)^2 \cdot \sin\dfrac{B}{2} \cdot \sin\dfrac{C}{2}(\sin\dfrac{A}{2} + \sin\dfrac{B}{2} \cdot \sin\dfrac{C}{2})} \cdot R$$

$$= \frac{\sin\dfrac{B}{2} \cdot \sin\dfrac{C}{2} \cdot \cos^2\dfrac{A}{2}}{\sin\dfrac{A}{2} + \sin\dfrac{B}{2} \cdot \sin\dfrac{C}{2}} \cdot R$$

同理，由 $AQ_A = v, Q_AO = R - v, IQ_A = v - r$，有

$$(u-r)^2 = \frac{v \cdot OI^2 + (R-v) \cdot IA^2}{R} - v(R-v)$$

则 $v = \frac{(IA^2 - r^2)R}{IA^2} = \cos^2\frac{A}{2} \cdot R$. 故 $P_A Q_A = v - u = \frac{\sin\frac{A}{2} \cdot \cos\frac{A}{2}}{\cos\frac{B}{2} \cdot \cos\frac{C}{2}} R$.

性质 10 非等腰 $\triangle ABC$ 的内切圆圆 I 与边 BC 切于点 D, $\angle A$ 的平分线与 $\triangle ABC$ 的外接圆圆 O 交于点 M, 直线 DM 与圆 O 交于点 $P(P \neq M)$, 则 $\angle API$ 为直角.

证明 如图 31.31, 设 AE 为圆 O 的直径. 由 $\angle MPC = \frac{1}{2}\angle A = \angle DCM$, 知 $\triangle PMC \backsim \triangle CMD$.

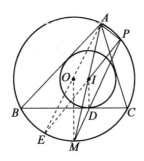

图 31.31

于是 $MI^2 = MC^2 = MD \cdot MP$

即有 $\triangle MID \backsim \triangle MPI$, 从而

$$\angle MID = \angle IPM$$

由 $OM \parallel ID$, 得

$$\angle OAM = \angle OMA = \angle MID$$

因此 $\angle EPM = \angle EAM = \angle OAM = \angle MID = \angle IPM$

于是, E, I, P 三点共线.

因为 AE 为直径, 所以 $\angle API = 90°$.

第2节 调和四边形的性质及应用(一)

试题 A 涉及了对边乘积相等的圆内接四边形.

我们称对边乘积相等的圆内接四边形为调和四边形, 调和四边形有如下有

趣的性质.①

性质 1 圆内接四边形为调和四边形的充要条件是对角平分线的交点在另一对顶点的对角线上.

证明 如图 31.32,设 $ABCD$ 是圆内接四边形.

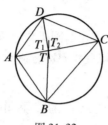

图 31.32

充分性 设 $\angle B$ 的平分线与 $\angle D$ 的平分线的交点 T 在对角线 AC 上,则由角平分线的性质知

$$\frac{AT}{TC}=\frac{BA}{BC},\frac{AT}{TC}=\frac{DA}{DC}$$

从而
$$\frac{BA}{BC}=\frac{DA}{DC}$$

即
$$AB\cdot CD=BC\cdot DA$$

必要性 由 $AB\cdot CD=BC\cdot DA$,得

$$\frac{BA}{BC}=\frac{DA}{CD}$$

设 $\angle B$ 的平分线交 AC 于点 T_1,$\angle D$ 的平分线交 AC 于点 T_2,则

$$\frac{AT_1}{T_1C}=\frac{BA}{BC},\frac{AT_2}{T_2C}=\frac{DA}{DC}$$

从而
$$\frac{AT_1}{T_1C}=\frac{AT_2}{T_2C}$$

即
$$\frac{AT_1}{AT_1+T_1C}=\frac{AT_2}{AT_2+T_2C}$$

因此 $AT_1=AT_2$,即点 T_1 与 T_2 重合,故 $\angle B$ 的角平分线与 $\angle D$ 的角平分线的交点在对角线 AC 上.

性质 2 圆内接四边形为调和四边形的充要条件是两条对角线的中点是

---

① 沈文选.论调和四边形的性质及应用——兼谈全国高中数学联赛 2 道加试题的解法[J].中学教研(数学),2010(10):35-39.

四边形的等角共轭点.

证明 如图 31.33,设 M,N 分别是圆内接四边形 $ABCD$ 的对角线 AC,BD 的中点.

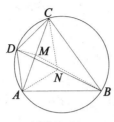

图 31.33

充分性 若 M,N 是四边形 $ABCD$ 的等角共轭点,即

$$\angle CDM = \angle ADN = \angle ADB \qquad ①$$

$$\angle DAM = \angle DAC = \angle BAN \qquad ②$$

由式①,并注意到

$$\angle DCM = \angle DCA = \angle DBA$$

得

$$\triangle DCM \backsim \triangle DBA$$

即

$$\frac{DC}{CM} = \frac{DB}{BA}$$

因此

$$\frac{DC}{\frac{1}{2}AC} = \frac{DB}{BA}$$

故

$$AB \cdot CD = \frac{1}{2} AC \cdot BD \qquad ③$$

由式②得 $\angle DAN = \angle CAB$,再注意到 $\angle ADN = \angle ADB = \angle ACB$,则 $\triangle ABC \backsim \triangle AND$,得

$$\frac{BC}{AC} = \frac{DN}{DA}$$

于是

$$DC \cdot DA = \frac{1}{2} AC \cdot BD \qquad ④$$

由式③④得

$$AB \cdot CD = BC \cdot DA$$

必要性 若 $AB \cdot CD = BC \cdot DA$,由托勒密定理 $AB \cdot CD + BC \cdot DA = AC \cdot$

BD,得
$$AB \cdot CD = BC \cdot DA = \frac{1}{2} AC \cdot BD$$
即
$$\frac{DA}{\frac{1}{2}AC} = \frac{BD}{BC}$$

又由 $\angle DAM = \angle DAC = \angle DBC$,得
$$\triangle DAM \backsim \triangle DBC \qquad ⑤$$
从而 $\angle ADM = \angle BDC = \angle NDC$

同理可得 $\angle DCM = \angle BCN, \angle CBN = \angle ABM, \angle BAN = \angle DAM$,故 M, N 为四边形 $ABCD$ 的等角共轭点.

性质 3 圆内接四边形为调和四边形的充要条件是以每边为弦且与相邻的一边相切于弦的端点的圆交过切点的一条对角线于中点.

证明 如图 31.34,设 M, N 分别是圆内接四边形 $ABCD$ 的对角线 AC, BD 的中点.

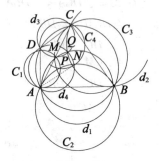

图 31.34

充分性 记过点 D 与 AB 切于点 A 的圆为 C_1,过点 A 与 BC 切于点 B 的圆为 C_2,依次得 C_3, C_4;记过点 B 与 DA 切于点 A 的圆为 d_1,过点 C 与 AB 切于点 B 的圆为 d_2,依次得 d_3, d_4.

当 C_1 过点 M 时,由弦切角定理知
$$\angle ADM = \angle MAB = \angle CAB = \angle CDB = \angle CDN$$
即
$$\angle ADM = \angle CDN$$

当 C_2 过点 N 时,由弦切角定理知
$$\angle BAN = \angle NBC = \angle DBC = \angle DAC = \angle DAM$$
即
$$\angle BAN = \angle DAM$$

同理可得

$$\angle ABM = \angle CBN, \angle BCN = \angle DCM$$

从而点 M,N 为四边形 $ABCD$ 的等角共轭点. 又 M,N 分别为 AC,BD 的中点, 由性质 2 知 $ABCD$ 为调和四边形.

必要性 由性质 2 证明中的式⑤得
$$\triangle DAM \backsim \triangle DBC$$
从而
$$\angle ADM = \angle BDC = \angle CAB = \angle MAB$$

由弦切角定理的逆定理,知点 M 在圆 C_1 上. 同理可得, M 在圆 d_1, C_3, d_3 上; N 在圆 C_2, d_2, C_4, d_4 上.

推论 1 在调和四边形 $ABCD$ 中, 性质 3 中的圆 C_1, d_1, C_3, d_3 共点于 AC 的中点 M, 圆 C_2, d_2, C_4, d_4 共点于 BD 的中点 N.

推论 2 在调和四边形 $ABCD$ 中, 性质 3 中的圆 C_1, C_2, C_3, C_4 共点, 圆 d_1, d_2, d_3, d_4 共点.

又
$$\angle MPB = \angle MDA + \angle PAB + \angle PBA$$
$$= \angle CDB + \angle PAB + \angle PBA$$
$$= \angle CAB + \angle PBC + \angle PBA$$
$$= \angle CAB + \angle ABC = 180° - \angle MCB$$

从而 M,P,B,C 四点共圆,即圆 C_3 过点 P. 同理, C_4 也过点 P,故 C_1, C_2, C_3, C_4 共点于 P. 同理可得, d_1, d_2, d_3, d_4 共点于 Q.

注 还可证得 P,Q 也是四边形 $ABCD$ 的等角共轭点.

性质 4 圆内接四边形为调和四边形的充要条件是对顶点处的两条切线与另一对顶点的对角线所在直线三线共点或互相平行.

证明 当四边形为筝形时,对顶点处的两条切线与另一对顶点的对角线所在直线互相平行.

下面讨论四边形不为筝形的情形.

如图 31.35, 点 Q 是圆内接四边形 $ABCD$ 的分别过顶点 A,C 的切线的交点.

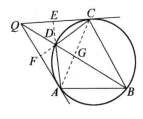

图 31.35

充分性 当点 Q 在直线 DB 上时,则由 $QA = QC$,$\triangle QAD \backsim \triangle QBA$,$\triangle QCD \backsim \triangle QBC$,得

$$\frac{AD}{BA} = \frac{QD}{QA} = \frac{QD}{QC} = \frac{CD}{BC}$$

故 $AB \cdot CD = BC \cdot DA$

必要性 当 $AB \cdot CD = BC \cdot DA$ 时,由正弦定理得

$$\sin\angle ADB \cdot \sin\angle DBC = \sin\angle BDC \cdot \sin\angle DBA$$

联结 AC 交 BD 于点 G,延长 AD 交 QC 于点 E,延长 CD 交 QA 于点 F,则

$$\angle CAF = \angle ECA$$

从而

$$\frac{AG}{GC} \cdot \frac{CF}{FD} \cdot \frac{DE}{EA} = \frac{\sin\angle ADG}{\sin\angle GDC} \cdot \frac{\sin\angle CAF}{\sin\angle FAD} \cdot \frac{\sin\angle DCE}{\sin\angle ECA}$$

$$= \frac{\sin\angle ADG}{\sin\angle GDC} \cdot \frac{\sin\angle DCE}{\sin\angle FAD}$$

$$= \frac{\sin\angle ADB}{\sin\angle BDC} \cdot \frac{\sin\angle DBC}{\sin\angle DBA}$$

$$= 1$$

对 $\triangle ACD$ 应用塞瓦定理的逆定理,知 AF, GD, CE 共点于 Q. 故过 A, C 的两条切线与直线 DB 共点于 Q.

注 此性质提供了作调和四边形的一种方法:先作出一个圆内接三角形,在一顶点处作圆的切线,再将此顶点所对的边延长. 若这 2 条线相交,则由交点作圆的另一条切线,所得切点与原三角形 3 个顶点组成调和四边形的 4 个顶点;若这 2 条线平行,则作与前面切线平行的圆的另一切线,所得切点与原三角形 3 个顶点组成调和四边形的 4 个顶点.

性质 5 圆内接四边形 $ABCD$ 为调和四边形的充要条件是过点 C 作 $CT/\!/DB$ 交圆于 T,点 T 与 DB 的中点 M,A 三点共线.

证明 如图 31.36,由 $CT/\!/DB$ 知,$DBTC$ 为等腰梯形,联结 BT, DT,则

$$DC = BT, DT = BC$$

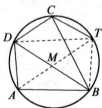

图 31.36

注意到 $\angle ABT$ 与 $\angle TDA$ 互补, 则
$$AB \cdot CD = BC \cdot DA$$
即
$$AB \cdot BT = DT \cdot D$$
从而
$$\frac{1}{2}AB \cdot BT \cdot \sin\angle ABT = \frac{1}{2}DT \cdot DA \cdot \sin\angle TDA$$
即
$$S_{\triangle ABT} = S_{\triangle ADT}$$
从而直线 AT 过 DB 的中点 M, 故 T, M, A 三点共线.

注 此性质也提供了作调和四边形的一种方法: 先作出一个圆内接三角形, 在一顶点处作与所对边的平行线交圆于一点, 此点与这条边的中点的连线交圆于另一点, 这另一点和三角形3个顶点组成调和四边形的4个顶点.

性质 6 圆内接四边形 $ABCD$ 为调和四边形的充要条件是某一顶点(不妨设为 C)位于劣弧 $\overset{\frown}{DB}$ 上, 而在优弧 $\overset{\frown}{DB}$ 上取2个点 E, F, 使得 D, B 分别为 $\overset{\frown}{EC}, \overset{\frown}{CF}$ 的中点, 过点 C 作 $CT \parallel DB$ 交圆于点 T 时, 点 T 与 $\triangle CEF$ 的内心 I, A 三点共线.

证明 如图 31.37, 由题设知 D, I, F 三点共线, B, I, E 三点共线. 由 I 为 $\triangle CEF$ 的内心, 注意 $CT \parallel DB$, 有 $ID = DC = BT, IB = BC = DT$. 从而 $IBTD$ 为平行四边形, 即 TI 过 DB 的中点 M. 故由性质 5 知
$$AB \cdot CD = BC \cdot DA$$

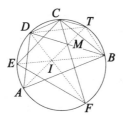

图 31.37

即 T, M, A 三点共线, TI 过 BD 的中点 M.

性质 7 圆内接四边形 $ABCD$ 为调和四边形的充要条件是某一顶点(不妨设为 C)位于劣弧 $\overset{\frown}{DB}$ 上, 而在优弧 $\overset{\frown}{DB}$ 上取点 E, F, 使得 D, B 分别为 $\overset{\frown}{EC}, \overset{\frown}{FC}$ 的中点. 又在劣弧 $\overset{\frown}{EF}$ 上任取点 P, 设 I_1, I_2 分别为 $\triangle CEP, \triangle CFP$ 的内心时, A, P, I_2, I_1 四点共圆.

证明 如图 31.38, 由题设知 P, I_1, D 及 P, I_2, B 分别三点共线. 联结 $I_1 A$,

I_2A，则
$$\angle I_1DA = \angle I_2BA, \angle I_1PI_2 = \angle BPD = \angle BAD$$

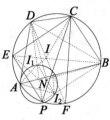

图 31.38

又由内心的性质，得
$$CD = I_1D, BC = I_2B$$
于是
$$AB \cdot CD = BC \cdot DA$$
即
$$\frac{CD}{BC} = \frac{AD}{AB}$$
从而
$$\frac{I_1D}{I_2B} = \frac{AD}{AB}$$
得
$$\frac{I_1D}{AD} = \frac{I_2B}{AB}$$
于是
$$\triangle I_1DA \backsim \triangle I_2BA$$
得
$$\angle I_1AD = \angle I_2AB$$
即
$$\angle I_1AI_2 = \angle I_1PI_2$$
于是 A, P, I_2, I_1 四点共圆.

推论3 设 $\triangle CEF$ 的内心为 I，则 $I_1I \perp I_2I$.

证明 如图 31.38，注意内心所张的角与对应顶角的关系，知
$$\angle EI_1C = 90° + \frac{1}{2}\angle EPC = 90° + \frac{1}{2}\angle EFC = \angle EIC$$
即 E, I_1, I, C 四点共圆，则
$$\angle I_1EI = \angle I_1CI = \frac{1}{2}\angle ECF - \angle ECI_1$$
$$= \frac{1}{2}(\angle ECF - \angle ECP) = \frac{1}{2}\angle ECP$$
$$= \angle FCI_2$$
同理可得
$$\angle EII_1 = \angle IFI_2$$
从而
$$\triangle EI_1I \backsim \triangle II_2F$$

于是
$$\angle EII_1 + \angle FII_2 = \angle EII_1 + \angle I_1EI = 180° - \angle EI_1I$$
$$= \angle ECI = \frac{1}{2}\angle ECF$$

所以
$$\angle I_1II_2 = \angle EIF - (\angle EII_1 + \angle FII_2)$$
$$= 90° + \frac{1}{2}\angle ECF - \frac{1}{2}\angle ECF = 90°$$

故 $I_1I \perp I_2I$.

推论4 设 N 为 I_1I_2 的中点,则 $BN \perp DN$.

证明 如图31.38,由 D,I,F 三点共线及内心的性质得
$$DI = DC, DI_1 = DC$$

从而 $DI = DI_1$.

由推论3知 $I_1I \perp I_2I$,有 $IN = I_1N$. 注意到 DN 为公共线,则 $\triangle DNI_1 \cong \triangle DNI$,从而
$$\angle NDI = \frac{1}{2}\angle I_1DI \stackrel{m}{=} \frac{1}{2}\overset{\frown}{PF}$$

同理可得 $\angle NBI \stackrel{m}{=} \frac{1}{2}\overset{\frown}{EP}$.

又
$$\angle IDB + \angle IBD \stackrel{m}{=} \frac{1}{2}\overset{\frown}{FC} + \frac{1}{2}\overset{\frown}{CE}$$

所以
$$\angle NDB + \angle NBD = \angle NDI + \angle IDB + \angle IBD + \angle NBI$$
$$\stackrel{m}{=} \frac{1}{2}(\overset{\frown}{PF} + \overset{\frown}{FC} + \overset{\frown}{CE} + \overset{\frown}{EP}) = 90°$$

即
$$\angle BND = 90°$$

故
$$BN \perp DN$$

下面给出上述性质应用的一些例子.

例1 (2003年中国国家集训队培训题)点 P 为 $\triangle ABC$ 的外接圆上劣弧 $\overset{\frown}{BC}$ 内的动点,I_1,I_2 分别为 $\triangle PAB, \triangle PAC$ 的内心. 求证:

(1)$\triangle PI_1I_2$ 的外接圆过定点;

(2)以 I_1I_2 为直径的圆过定点;

(3)I_1I_2 的中点在定圆上.

事实上,可参见图31.38,利用性质7及推论3、推论4即可证得结论成立.

对于第(1)小题,视例1中的 $\triangle ABC$ 为图31.38中的 $\triangle CEF$,则 $\triangle PI_1I_2$ 的外接

圆过定点为图 31.38 中的点 A；对于第 (2) 小题，由推论 3 有 $I_1I \perp I_2T$，知以 I_1I_2 为直径的圆过定点 I；对于第 (3) 小题，由推论 4 知，I_1I_2 的中点在图 31.38 中的以 DB 为直径的定圆上.

例 2 (2008 年中国国家集训队测试题) 已知 M,N 分别是锐角 $\triangle ABC$ 的外接圆圆 O 的劣弧 $\overset{\frown}{CA}, \overset{\frown}{AB}$ 的中点，D 是 MN 的中点，G 是劣弧 $\overset{\frown}{BC}$ 上的一点. 设 $\triangle ABG, \triangle ACG$ 的内心分别为 I_1, I_2. 若 $\triangle GI_1I_2$ 的外接圆与圆 O 的另外一个交点为 P，$\triangle ABC$ 的内心为 I，证明：D, I, P 三点共线.

事实上，可参见图 31.38、图 31.37，利用性质 7、性质 6 即可证得结论.

例 3 (第 45 届 IMO 预选题) 已知直线上的 3 个定点依次为 A, B, C, Γ 为过点 A, C 且圆心不在 AC 上的圆，分别过点 A, C 且与圆 Γ 相切的直线交于点 P，PB 与圆 Γ 交于点 Q，证明：$\angle AQC$ 的平分线与 AC 的交点不依赖于圆 Γ 的选取.

证明 如图 31.39，点 Q 可在劣弧 $\overset{\frown}{AC}$ 上，也可在优弧 $\overset{\frown}{AC}$ 上. 由性质 1 知，不管 Q 在劣弧 $\overset{\frown}{AC}$ 上，还是在优弧 $\overset{\frown}{AC}$ 上，$\angle AQC$ 的平分线与 AC 的交点 T 是同一点. 为方便起见，设点 Q 在劣弧 $\overset{\frown}{AC}$ 上.

设直线 QT 交圆于另一点 S，则 S 为优弧 $\overset{\frown}{AC}$ 的中点. 由 $\triangle PAC$ 是等腰三角形，则

$$\frac{AB}{BC} = \frac{\sin \angle APB}{\sin \angle CPB}$$

同理在等腰 $\triangle ASC$ 中，有

$$\frac{AT}{TC} = \frac{\sin \angle ASQ}{\sin \angle CSQ}$$

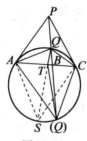

图 31.39

在 $\triangle PAC$ 中，视 Q 为塞瓦点，由角元形式的塞瓦定理得

$$\frac{\sin\angle APB}{\sin\angle CPB} \cdot \frac{\sin\angle QAC}{\sin\angle QAP} \cdot \frac{\sin\angle QCP}{\sin\angle QCA} = 1$$

注意到 $\angle PAQ = \angle ASQ = \angle QCA$,$\angle PCQ = \angle CSQ = \angle QAC$,则

$$\frac{\sin\angle APB}{\sin\angle CPB} = \frac{\sin\angle PAQ \cdot \sin\angle QCA}{\sin\angle QAC \cdot \sin\angle PCQ} = \frac{\sin^2\angle ASQ}{\sin^2\angle CSQ}$$

即

$$\frac{AB}{BC} = \frac{AT^2}{TC^2}$$

亦即

$$\frac{AT}{TC} = \sqrt{\frac{AB}{BC}}$$

故 T 不依赖于圆 Γ 的选取.

例 4 设 $\triangle ABC$ 的内切圆分别切 BC,CA,AB 于点 D,E,F,点 M 是圆上任一点,且 MB,MC 分别交圆于点 Y,Z. 证明:EY,FZ,MD 三线共点.

证明 如图 31.40,联结有关点得圆内接六边形 $FYDZEM$. 根据塞瓦定理的推论(即对塞瓦定理的角元形式应用正弦定理推得),有 EY,FZ,MD 三线共点,从而

$$\frac{FY}{YD} \cdot \frac{DZ}{ZE} \cdot \frac{EM}{MF} = 1$$

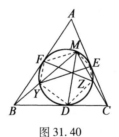

图 31.40

由性质 4,在四边形 $FYDM$ 中,得

$$\frac{FY}{YD} = \frac{FM}{DM}$$

在四边形 $DZEM$ 中,有 $\dfrac{DZ}{ZE} = \dfrac{DM}{ME}$,从而

$$\frac{FY}{YD} \cdot \frac{DZ}{ZE} \cdot \frac{EM}{MF} = \frac{FM}{DM} \cdot \frac{DM}{ME} \cdot \frac{EM}{MF} = 1$$

故结论获证.

例 5 设 $\triangle ABC$ 的内切圆分别切 BC,CA,AB 于点 D,E,F,AD 与圆交于点 M,AB,MC 分别交圆于 Y,Z. 证明:$FY /\!/ MD /\!/ EZ$ 的充要条件是点 M 为 AD 的中

点.

证明 如图 31.41,联结 FM,YD. 由性质 4,在四边形 $FYDM$ 中,有 $\dfrac{FY}{YD} = \dfrac{FM}{MD}$. 又 $\angle FYD = \angle FMA$,当 $AM = MD$ 时,有 $\dfrac{FY}{YD} = \dfrac{FM}{AM}$,则 $\triangle FYD \sim \triangle FMA$. 从而 $\angle FAM = \angle FDY = \angle BFY$,故 $FY \parallel AD$. 同理,$EZ \parallel AD$,充分性得证.

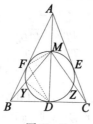

图 31.41

反之,由 $FY \parallel AD$,得
$$\angle FAM = \angle BFY = \angle FDY$$
又由 $\angle FMA = \angle FYD$,得
$$\triangle FMA \sim \triangle FYD$$
即
$$\dfrac{FM}{AM} = \dfrac{FY}{DY}$$
注意到性质 4,有
$$\dfrac{FY}{DY} = \dfrac{FM}{MD}$$

故 $AM = MD$. 必要性得证.

例6 (2003 年全国高中联赛试题) $\angle APB$ 内有一内切圆与边切于点 A,B,PCD 是任一割线,交圆于点 C,D,点 Q 在 CD 上,且 $\angle QAD = \angle PBC$. 证明:$\angle PAC = \angle QBD$.

证明 如图 31.42,由弦切角定理得
$$\angle PAC = \angle ADQ, \angle PBC = \angle QDB$$

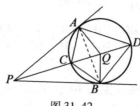

图 31.42

从而由 $\angle QAD = \angle PBC$,得
$$\angle QDB = \angle QAD \qquad \text{①}$$
联结 AB,则
$$\angle CBA = \angle CDA = \angle QDA$$
$$\angle CAB = \angle PBC = \angle QAD$$
即知 $\triangle ACB \backsim \triangle AQD$,从而
$$\frac{AC}{CB} = \frac{AQ}{QD}$$
由性质 4,在四边形 $ACBD$ 中,有 $\frac{AC}{CB} = \frac{AD}{DB}$,于是 $\frac{AD}{DB} = \frac{AQ}{QD}$.再注意到式①,得 $\triangle QDB \backsim \triangle QAD$,故 $\angle QBD = \angle ADQ = \angle PAC$.

例 7 (2009 年全国高中联赛加试题)如图 31.43,M,N 分别为锐角 $\triangle ABC$ ($\angle A < \angle B$) 的外接圆 Γ 上 $\overset{\frown}{BC},\overset{\frown}{AC}$ 的中点,过点 C 作 $PC \parallel MN$ 交圆 Γ 于点 P,I 为 $\triangle ABC$ 的内心,联结 PI 并延长交圆 Γ 于点 T.

(1)求证:$MP \cdot MT = NP \cdot NT$;

(2)在 $\overset{\frown}{AB}$(不含点 C)上任取一点 $Q(Q \neq A,T,B)$,记 $\triangle AQC$,$\triangle QCB$ 的内心分别为 I_1,I_2,求证:Q,I_1,I_2,T 四点共圆.

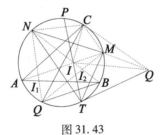

图 31.43

证明 (1)**证法 1** 因 P,I,T 共线,由性质 6,即知 $TMCN$ 为调和四边形,即
$$MT \cdot NC = NT \cdot MC$$
又由 $PC \parallel NM$ 知 $NMCP$ 为等腰梯形,得
$$NC = MP, MC = NP$$
故
$$MP \cdot MT = NP \cdot NT$$

证法 2 如图 31.43,分别过点 C,T 作圆的切线相交于点 Q.下证点 Q 在直线 NM 上.

事实上,可知 A,I,M 共线,B,I,N 共线,由内心性质知

$$MC = MI, NC = NI$$

从而 $MN \perp CI$. 又 $PC // NM$, 得 $PC \perp CI$, 即 $\angle PCI = 90°$, 于是

$$\angle CIP = 90° - \angle CPI = 90° - \angle CPT = 90° - \angle CTQ = \frac{1}{2} \angle CQT$$

从而点 Q 为 $\triangle CTI$ 的外心, 即 $QI = QC$, 从而 Q 在 CI 的中垂线 MN 上, 故点 Q, M, N 共线.

注意到性质4, 即知 $TMCN$ 为调和四边形, 下同证法1.

(2) 由性质7即可证得.

第3节 调和四边形的性质及应用(二)

试题C又涉及了调和四边形的性质.

我们在上一节中介绍了调和四边形的7条性质及7道应用的例题. 在此, 再介绍调和四边形的一些有趣性质及应用的例子, 并接着上节排序.[①]

性质8 圆内接四边形为调和四边形的充要条件是该四边形4个顶点与不在其圆上一点的连线交圆于4点为一正方形4个顶点.

证明 如图31.44, 四边形 $ABCD$ 内接于圆 O, 点 P 不在圆 O 的圆周上, 直线 PA, PB, PC, PD 分别交圆 O 于点 A', B', C', D'. 由割线或相交弦定理得

$$PA \cdot PA' = PB \cdot PB'$$

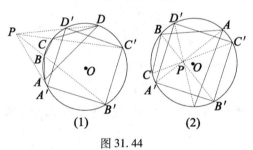

图 31.44

因此 $\triangle APB \sim \triangle B'PA'$

从而 $$\frac{AB}{A'B'} = \frac{PA}{PB'}$$

令点 P 对圆 O 的幂为 k, 则

[①] 沈文选. 再谈调和四边形的性质及应用[J]. 中学教研(数学), 2010(12): 21-34.

$$AB = A'B' \cdot \frac{PA}{PB'} = A'B' \cdot \frac{k}{PA' \cdot PB'}$$

同理可得
$$CD = C'D' \cdot \frac{k}{PC' \cdot PD'}$$

从而
$$\frac{AB \cdot CD}{A'B' \cdot C'D'} = \frac{PA' \cdot PB' \cdot PC' \cdot PD'}{k^2}$$

同理
$$\frac{BC \cdot DA}{B'C' \cdot D'A'} = \frac{PA' \cdot PB' \cdot PC' \cdot PD'}{k^2}$$

于是
$$\frac{AB \cdot CD}{A'B' \cdot C'D'} = \frac{BC \cdot DA}{B'C' \cdot D'A'}$$

充分性 当 A',B',C',D' 为正方形的 4 个顶点时,显然 $AB \cdot CD = BC \cdot DA$.

必要性 当 $AB \cdot CD = BC \cdot DA$ 时,由
$$PA \cdot PA' = PB \cdot PB' = PC \cdot PC' = PD \cdot PD' = k$$
可视点 A,B,C,D 的反演点为 A',B',C',D'. 由反演变换的性质,可知 A',B',C',D' 在 $AB \cdot CD = BC \cdot DA$ 的条件下为一正方形的 4 个顶点.

注 由性质 8 给出了作调和四边形的又一种方法. 在文献①中,也有如下定义:如果一个四边形的顶点是一个正方形顶点的反形,那么被称为调和四边形.

性质 9 圆内接四边形为调和四边形的充要条件是其一顶点对其余三顶点为顶点的三角形的西姆松线段被截成相等的两段.

证明 如图 31.45,设 $ABCD$ 为圆内接四边形,不失一般性,设点 D 在 $\triangle ABC$ 的 3 条边 BC,CA,AB 上的射影分别为 L,K,T,则 LKT 为点 D 的西姆松线段. 此时 L,D,K,C 及 D,A,T,K 分别四点共圆,且 CD,AD 分别为其直径. 设此圆的半径为 R,由正弦定理得

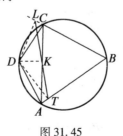

图 31.45

---

① 沈文选. 几何瑰宝——平面几何 500 名题暨 1 000 条定理[M]. 哈尔滨:哈尔滨工业大学出版社,2010.

$$LK = CD \cdot \sin \angle LCK = CD \cdot \sin(180° - \angle ACB)$$
$$= CD \cdot \sin \angle ACB = \frac{CD \cdot AB}{2R}$$
$$KT = AD \cdot \sin \angle BAC = \frac{AD \cdot BC}{2R}$$

于是 $LK = KT$

因此 $CD \cdot AB = AD \cdot BC$

从而四边形 $ABCD$ 为调和四边形.

性质 10 圆内接四边形为调和四边形的充要条件是一条对角线 2 个端点处的切线交点(或无穷远点)与两对角线的交点调和分割另一条对角线.

证明 当圆内接四边形为筝形时,易证得结论,这留给读者自行证明. 下证非筝形时的情形.

如图 31.46,设圆内接四边形 $ABCD$ 的 2 条对角线相交于点 Q,在 A,C 处的 2 条切线相交于点 P. 由 $\triangle QCD \sim \triangle QBA$,$\triangle QAD \sim \triangle QBC$,得

$$\frac{QD}{QA} = \frac{CD}{BA}, \frac{QA}{QB} = \frac{AD}{BC}$$

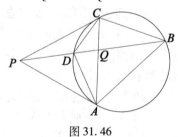

图 31.46

从而

$$\frac{DQ}{QB} = \frac{QD}{QA} \cdot \frac{QA}{QB} = \frac{CD}{BA} \cdot \frac{AD}{BC} \qquad ①$$

充分性 如图 31.46,当点 P,Q 调和分割 DB 时

$$\frac{PD}{PB} = \frac{DQ}{QB} \qquad ②$$

此时点 P,D,Q,B 共线. 由 $\triangle PDC \sim \triangle PCB$ 得

$$\frac{PD}{PC} = \frac{PC}{PB} = \frac{CD}{BC}$$

从而

$$\frac{PD}{PB} = \frac{PD}{PC} \cdot \frac{PC}{PB} = \frac{CD}{BC} \cdot \frac{CD}{BC} \qquad ③$$

又由式①②③得
$$\frac{AD}{AB} = \frac{CD}{BC}$$
即
$$AD \cdot BC = AB \cdot CD$$
于是四边形 $ABCD$ 为调和四边形.

必要性 如图 31.46,当 $ABCD$ 为调和四边形时,由性质 1,知点 P,D,Q,B 共线,且有式③成立. 由 $AD \cdot BC = AB \cdot CD$,得
$$\frac{AD}{AB} = \frac{CD}{BC}$$
再注意到式①与式③,得
$$\frac{PD}{PB} = \frac{DQ}{QB}$$
即
$$\frac{PD}{DQ} = \frac{PB}{QB}$$
于是点 P,Q 调和分割 DB.

性质 11 圆内接四边形为调和四边形的充要条件是 2 条邻边之比等于此 2 条邻边所夹对角线分另一条对角线为 2 段对应之比开平方.

证明 如图 31.47,设圆内接四边形 $ABCD$ 的 2 条对角线 AC 与 BD 交于点 Q.

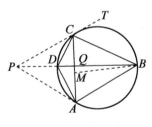

图 31.47

当圆内接四边形为筝形时,易证得结论,这也留给读者自行证明.下证非筝形时的情形.

充分性 不失一般性,设 $\dfrac{AB}{AD} = \sqrt{\dfrac{QB}{QD}}$ 成立,则
$$\frac{AB^2}{AD^2} = \frac{QB}{QD} = \frac{S_{\triangle ABC}}{S_{\triangle ADC}} = \frac{AB \cdot BC}{AD \cdot DC}$$
得
$$\frac{AB}{AD} = \frac{BC}{DC}$$

即
$$AB \cdot DC = AD \cdot BC$$
从而 $ABCD$ 为调和四边形.

必要性 当 $ABCD$ 为调和四边形时,由性质1,知点 A,C 处的切线与直线 DB 共点于 P,如图31.47,于是,注意到面积关系与正弦定理,得

$$\frac{CQ}{QA} = \frac{S_{\triangle BCP}}{S_{\triangle BAP}}$$
$$= \frac{CB \cdot CP \cdot \sin\angle BCP}{AB \cdot AP \cdot \sin\angle BAP}$$
$$= \frac{CB \cdot \sin(180° - \angle BAC)}{AB \cdot \sin(180° - \angle ACB)}$$
$$= \frac{CB \cdot \sin\angle BAC}{AB \cdot \sin\angle ACB} = \frac{CB^2}{AB^2}$$

此时,亦有
$$\frac{CD^2}{AD^2} = \frac{CB^2}{AB^2} = \frac{CQ}{QA}$$

因此
$$\frac{CD}{AD} = \frac{CB}{AB} = \sqrt{\frac{CQ}{QA}}$$

又
$$\frac{AB^2}{AD^2} = \frac{CB^2}{CD^2} = \frac{CB \cdot \sin\angle BAC}{CD \cdot \sin\angle DBC}$$
$$= \frac{CB \cdot CP \cdot \sin\angle BCT}{CD \cdot CP \cdot \sin\angle DCP} = \frac{CB \cdot CP \cdot \sin\angle BCP}{CD \cdot CP \cdot \sin\angle DCP}$$
$$= \frac{S_{\triangle BCP}}{S_{\triangle DCP}} = \frac{PB}{PD} \qquad ①$$

注意到性质10,当 $ABCD$ 为调和四边形时,点 P,Q 调和分割 DB,即 $\frac{PB}{PD} = \frac{QB}{QD}$. 将其代入式①,得

$$\frac{AB}{AD} = \frac{CB}{CD} = \sqrt{\frac{QB}{QD}}$$

注 由性质4知,在调和四边形中,对角线的中点是其等角共轭点. 如图31.47,设 M 为 AC 的中点,则 $\angle ABM = \angle QBC$,即知 BQ 为 BM 的等角共轭线,亦即 BQ 为 BM 的共轭中线(即中线以该角角平分线为对称轴翻折后的直线). 三角形的3条共轭中线的交点称为共轭重心. 显然,BQ 过 $\triangle ABC$ 的共轭重心,

因此,对于过三角形共轭重心的线段 BQ,有 $\dfrac{AB^2}{BC^2} = \dfrac{AQ}{QC}$.

性质 12 在调和四边形 $ABCD$ 中,点 P 在对角线 BD 上,记 O, O_1, O_2 分别为四边形 $ABCD$, $\triangle BCP$, $\triangle ABP$ 的外接圆圆心,则直线 BO 平分线段 O_1O_2.

证法 1 如图 31.48,联结 BO_1, BO_2, OO_1, OO_2. 设 M 为 AC 的中点,则由调和四边形的性质 4,知 $\angle ABP = \angle CBM$,即 $\angle ABM = \angle CBP$. 设直线 BO 交 O_1O_2 于点 Q,此时

$$O_1O_2 \perp BP, OO_2 \perp AB, OO_1 \perp BC$$

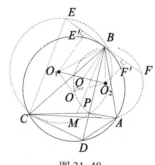

图 31.48

注意到当一个角的 2 条边与另一个角的 2 条边对应垂直时,这 2 个角相等或相补,得

$$\angle OO_2Q = \angle ABP, \angle OO_1Q = \angle CBP$$

于是,由正弦定理得

$$\dfrac{OO_1}{OO_2} = \dfrac{\sin \angle OO_2Q}{\sin \angle OO_1Q} = \dfrac{\sin \angle ABP}{\sin \angle CBP} = \dfrac{\sin \angle CBM}{\sin \angle ABM}$$

$$\dfrac{BC}{BA} = \dfrac{\sin \angle BAC}{\sin \angle BCA} = \dfrac{\sin \angle BAM}{\sin \angle BCM}$$

从而 $\dfrac{O_1Q}{OO_2} = \dfrac{S_{\triangle BO_1O}}{S_{\triangle BO_2O}} = \dfrac{BC \cdot OO_1}{BA \cdot OO_2} = \dfrac{\sin \angle BAM \cdot \sin \angle CBM}{\sin \angle BCM \cdot \sin \angle ABM}$

$$= \dfrac{\sin \angle BAM}{\sin \angle ABM} \cdot \dfrac{\sin \angle CBM}{\sin \angle BCM} = \dfrac{BM}{AM} \cdot \dfrac{CM}{BM} = 1$$

故 $O_1Q = QO_2$.

证法 2 如图 31.48,设 M 为 AC 的中点. 由性质 4,知 $\angle CBM = \angle ABP$,即 $\angle CBD = \angle ABM$. 又由 $\angle BDC = \angle BAM$,得 $\triangle DBC \sim \triangle ABM$,从而

$$\dfrac{BC}{CD} = \dfrac{BM}{MA} \qquad ①$$

作 $\triangle BCP$，$\triangle ABP$ 的外接圆，过点 B 作圆 O 的切线分别交圆 O_1、圆 O_2 于点 E，F，联结 CE，则由

$$\triangle EBC \backsim \triangle PDC$$

得

$$\frac{BE}{DP} = \frac{BC}{CD} \qquad ②$$

由式①②得

$$\frac{BM}{MA} = \frac{BE}{DP}$$

从而

$$BE = \frac{BM \cdot DP}{MA}$$

同理可得

$$BF = \frac{BM \cdot DP}{CM}$$

而 $MA = CM$，于是 $BE = BF$。作 $O_1E' \perp EB$ 于点 E'，作 $O_2F' \perp BF$ 于点 F'。由垂径定理，知 E'，F' 分别为 EB，BF 的中点。在直角梯形 $O_1E'F'O_2$ 中，BO 即为其中位线所在的直线，故它一定平分线段 O_1O_2。

下面给出一些应用的例子。

例1 （2003 年第 44 届 IMO 试题）设 $ABCD$ 是一个圆内接四边形，点 P，Q 和 R 分别是 D 到直线 BC，CA 和 AB 的射影，证明：$PQ = QR$ 的充要条件是 $\angle ABC$ 和 $\angle ADC$ 角平分线的交点在线段 AC 上。

证明 如图 31.49，由性质 9，知 $PQ = QR$ 的充要条件是 $ABCD$ 为调和四边形。又由调和四边形的性质 3，知 $\angle ABC$ 和 $\angle ADC$ 的角平分线的交点在线段 AC 上的充要条件是 $ABCD$ 为调和四边形。故 $PQ = QR$ 的充要条件是 $\angle ABC$ 和 $\angle ADC$ 的角平分的交点在线段 AC 上。

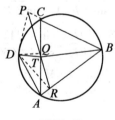

图 31.49

例2 （2004 年第 45 届 IMO 预选题）已知直线上的 3 个定点依次为 A，B，C，$\varGamma$ 为过点 A，C 且圆心不在 AC 上的圆，分别过点 A，C 且与圆 $\varGamma$ 相切的直线交于点 P，PB 与圆 $\varGamma$ 交于点 Q。证明：$\angle AQC$ 的平分线与 AC 的交点不依赖于圆

Γ 的选取.

证明 如图 31.50,点 Q 可在劣弧 $\overset{\frown}{AC}$ 上,也可在优弧 $\overset{\frown}{AC}$ 上,不失一般性,设点 Q 在劣弧 $\overset{\frown}{AC}$ 上,直线 PB 与圆 Γ 的另一交点为 Q'. 由调和四边形的性质 1,知 $AQ'CQ$ 为调和四边形. 设 $\angle AQC$ 的平分线交 AC 于点 T,则由角平分线的性质,知 $\dfrac{AT}{TC} = \dfrac{AQ}{QC}$. 又由性质 11,在调和四边形 $AQ'CQ$ 中,有

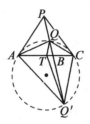

图 31.50

$$\frac{AQ}{QC} = \sqrt{\frac{AB}{BC}}$$

从而

$$\frac{AT}{TC} = \sqrt{\frac{AB}{BC}}$$

故点 T 不依赖于圆 Γ 的选取.

例 3 (2010 年中国国家集训队选拔赛试题)在锐角 $\triangle ABC$ 中,$AB > AC$,M 是边 BC 的中点,P 是 $\triangle ABC$ 内的一点,使得 $\angle MAB = \angle PAC$. 设 $\triangle ABC$,$\triangle ABP$,$\triangle ACP$ 的外心分别为 O,O_1,O_2,证明:直线 AO 平分线段 $O_1 O_2$.

证明 如图 31.51,由 M 是 BC 的中点,$\angle MAB = \angle PAC$(当 $AB > AC$ 时),知 AP 为 AM 的共轭中线. 设直线 AP 交 BC 于点 Q,交圆 O 于点 D. 由性质 11 的注,可知 $\dfrac{AB^2}{AC^2} = \dfrac{BQ}{QC}$,于是

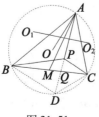

图 31.51

$$\frac{AB^2}{AC^2}=\frac{BQ}{QC}=\frac{S_{\triangle ABD}}{S_{\triangle ACD}}=\frac{AB\cdot BD}{AC\cdot CD}$$

即
$$\frac{AB}{AC}=\frac{BD}{CD}$$

从而
$$AB\cdot CD=AC\cdot BD$$

故圆内接四边形 $ABDC$ 为调和四边形. 于是由性质 12 知直线 AO 平分线段 O_1O_2.

注 由性质 12,知例 3 的条件"P 是 $\triangle ABC$ 内一点",可改为"P 是 $\triangle ABC$ 的外接圆内一点",即图 31.51 中的线段 AD 上的点(异于端点)均可.

例 4 (2005 年中国国家集训队测试题)设锐角 $\triangle ABC$ 的外接圆为 W,过点 B,C 作圆 W 的 2 条切线,相交于点 P. 联结 AP 交 BC 于点 D,点 E,F 分别在边 AC,AB 上,使得 $DE/\!/BA,DF/\!/CA$.

(1)求证:F,B,C,E 四点共圆;

(2)若记过点 F,B,C,E 的圆的圆心为 A_1,类似地定义 B_1,C_1,则直线 AA_1, BB_1,CC_1 共点.

证明 (1)如图 31.52,欲证 F,B,C,E 四点共圆,只需证
$$AF\cdot AB=AE\cdot AC \quad\quad\text{①}$$

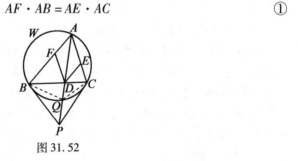

图 31.52

由于
$$AF=DE=AB\cdot\frac{CD}{BC},AE=FD=AC\cdot\frac{BD}{BC}$$

因此欲证式①,只需证
$$\frac{AB^2}{AC^2}=\frac{BD}{CD} \quad\quad\text{②}$$

设 AP 交圆 W 于点 Q,联结 BQ,QC. 由调和四边形性质 4,知 $ABQC$ 为调和四边形. 由性质 11,知在调和四边形 $ABQC$ 中,式②显然成立,故 F,B,C,E 四点共圆.

(2)由题设并注意到性质 11 的注,可知圆 A_1、圆 B_1、圆 C_1 均与共轭中线有关. 设 G 为 $\triangle ABC$ 的共轭重点, 如图 31.53(直线 AG 交 BC 于点 D, 直线 BG 交 AC 于点 J, 直线 CG 交 AB 于点 K, 则 $\dfrac{AB^2}{AC^2}=\dfrac{BD}{CD}, \dfrac{BA^2}{BC^2}=\dfrac{AJ}{JC}, \dfrac{CA^2}{CB^2}=\dfrac{AK}{BK}$). 过点 G 分别作 $M_1N_1 /\!/ BC, S_1E_1 /\!/ AB, F_1T_1 /\!/ AB$, 交点如图 31.53 所示. 下面证明: $F_1, M_1, S_1, T_1, N_1, E_1$ 六点共圆.

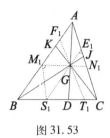

图 31.53

由 $\triangle AM_1N_1$ 与 $\triangle ABC$ 位似, 得
$$\dfrac{AM_1^2}{AN_1^2}=\dfrac{M_1G}{N_1G}$$

从而由第(1)小题知, F_1, M_1, N_1, E_1 四点共圆. 同理可得, F_1, M_1, S_1, T_1 及 S_1, T_1, N_1, E_1 分别四点共圆. 于是
$$\begin{aligned}\angle S_1M_1N_1 &= 180° - \angle BM_1S_1 - \angle N_1M_1A \\ &= 180° - \angle F_1T_1S_1 - \angle ABC \\ &= 180° - \angle ACB - \angle ABC = \angle BAC \\ &= \angle S_1E_1N_1\end{aligned}$$

即 M_1, S_1, T_1, N_1, E_1 五点共圆. 由对称性, 知点 F_1 也在此圆上, 即六点共圆.

设此六点圆的圆心为 O. 由于圆 A_1 与圆 O 的位似中心为 A, 因此直线 AA_1 过点 O. 同理可得, 直线 BB_1, CC_1 也过点 O.

第 4 节 两圆内切的性质及应用

女子赛试题 2 涉及了两圆的内切问题.

两圆内切是一种基本图形, 它具有一系列有趣的性质, 这些性质在处理有关问题中发挥着重要作用.[①]

---

① 沈文选. 两圆内切的性质及其应用[J]. 中学数学教学参考, 2010(1,2):121-123.

1. 基本性质

性质 1 两圆内切,是以公切点为外位似中心,以两圆半径之比为位似系数的位似图形;此时,两圆心间的距离等于大圆半径与小圆半径的差.

性质 2 两圆内切于点 T,过 T 作任意两弦 TAC, TBD 分别交小圆于点 A, B,交大圆于点 C, D,则 $AB /\!/ CD$.

事实上,由性质 1 即得,或者如图 31.54,过 T 作两圆的公切线 TL,由 $\angle BAT = \angle BTL = \angle DTL = \angle DCT$,从而 $AB /\!/ CD$.

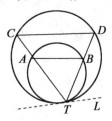

图 31.54

性质 3 两圆内切于点 T,一条直线依次与这两个圆交于点 M, N, P, Q,则 $\angle MTP = \angle NTQ$(或 $\angle MTN = \angle PTQ$).

事实上,由性质 1 即得. 或者如图 31.55,过 T 作两圆的公切线 TL,由 $\angle QMT = \angle QTL$,$\angle PNT = \angle PTL$,有 $\angle MTN = \angle PNT - \angle QMT = \angle PTL - \angle QTL = \angle PTQ$,故 $\angle MTP = \angle MTN + \angle NTP = \angle NTP + \angle PTQ = \angle NTQ$.

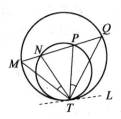

图 31.55

性质 4 两圆内切于点 T,大圆的弦 PQ 与小圆切于点 K,则 TK 平分 $\angle PTQ$.

事实上,此性质为性质 3 的特殊情形,由此易证.

或者如图 31.56,设 PT, QT 分别交小圆于 A, B,联结 AB,则由性质 2 知, $PQ /\!/ AB$,此时,对于小圆,有 $\overset{\frown}{AK} = \overset{\frown}{KB}$(同一个圆中,夹在两平行弦或一弦一切线间的弧相等),从而 $\angle ATK = \angle KTB$. 故 KT 平分 $\angle PTQ$.

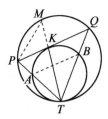

图 31.56

性质 5 两圆内切于点 T,大圆的弦 PQ 与小圆切于点 K,直线 TK 交大圆于点 M,则 M 为 $\overparen{PQ}$ 的中点,且 $MP^2 = MK \cdot MT$.

事实上,可由性质 4 即得,其中注意到 $\angle MPQ = \angle MTQ = \angle PTM$ 有 $\triangle MPT \backsim \triangle MKP$ 即可.

性质 6 设半径分别为 $R, r(R > r)$ 的两个圆内切于点 T. 自大圆上任一点 P 向小圆作切线(P 与 T 不重合),切点为 Q,则 $PT = PQ \cdot \sqrt{\dfrac{R}{R-r}}$.

证明 如图 31.57,设半径分别为 R, r 的两圆为圆 O、圆 O_1,则 O, O_1, T 三点共线. 设 PT 交圆 O_1 于点 A. 联结 OP, O_1A,则
$$\angle O_1AT = \angle O_1TA = \angle OPT$$
从而 $O_1A \parallel OP$(也可由位似得).

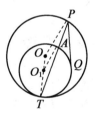

图 31.57

由 $\triangle O_1AT \backsim \triangle OPT$,有
$$\frac{AT}{PT} = \frac{O_1A}{OP} = \frac{r}{R}$$
即有
$$\frac{PA}{PT} = \frac{PT - AT}{PT} = 1 - \frac{r}{R} = \frac{R-r}{R} \qquad ①$$
又由切割线定理,有
$$PQ^2 = PA \cdot PT \qquad ②$$

由式①②知，$PQ^2 = PT^2 \cdot \dfrac{R-r}{R}$，故 $PT = PQ \cdot \sqrt{\dfrac{R}{R-r}}$.

性质 7 两圆切于点 T，大圆的内接 $\triangle ABC$ 的边 AB, AC 分别与小圆相切于点 P, Q，则 PQ 的中点 I 为 $\triangle ABC$ 的内心(曼海姆定理).

证法 1 如图 31.58，设直线 TP 交大圆于点 M，则由性质 5，知 M 为 $\overset{\frown}{AB}$ 的中点，从而 MC 为 $\angle ACB$ 的平分线.

同理，设直线 TQ 交大圆于点 N，则 NB 为 $\angle ABC$ 的平分线.

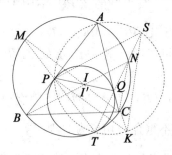

图 31.58

在圆内接六边形 $ABNTMC$ 中，由帕斯卡定理，知 P, Q 与 BN 和 CM 的交点 (即 $\triangle ABC$ 的内心) 共线.

而 $AP = AQ$，$\angle BAC$ 的平分线交 PQ 于 PQ 的中点.

故 PQ 的中点 I 为 $\triangle ABC$ 的内心.

证法 2 设过 A, P, T 的圆交直线 TQ 于点 S，交直线 AC 于点 K，则由 $\angle KST = \angle KAT = \angle CNT$，知 $NC \parallel SK$. 由 $\angle PST = \angle PAT = \angle BNT$，知 $BN \parallel PS$.

而 $\triangle ABC$ 的内心 I' 为 BN 与 CM 的交点.

又由 $\angle QKP = \angle ATP = \angle ACM$，知 $PK \parallel MC$.

于是 $\triangle SPK$ 与 $\triangle NI'C$ 位似，Q 为位似中心.

故 P, I', Q 三点共线.

注 此时，有 $\triangle PBI \backsim \triangle QIC \backsim \triangle IBC$.

性质 8 两圆内切于点 T，以公切线 BC 为公共边，分别作两圆的外切三角形，$\triangle ABC$ 的边 AB, AC 切大圆于点 E, F，$\triangle DBC$ 的边 DB, DC 切小圆于点 G, H，则直线 EF, GH, BC 要么相互平行，要么相交于一点.

证明 当 T 为 BC 的中点时，$\triangle ABC, \triangle DBC$ 均为等腰三角形，此时 EF, GH, BC 三条直线相互平行.

当 T 不是 BC 的中点时，如图 31.59. 设直线 EF 与 BC 交于点 P. 下面证 G，

H,P 三点共线.

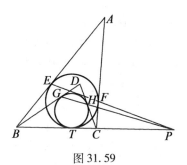

图 31.59

由切线长定理,知 $AE = AF, DG = DH, BE = BT = BG, CF = CT = CH$. 于是,对 $\triangle ABC$ 及截线 EFP 应用梅涅劳斯定理,有

$$1 = \frac{AE}{EB} \cdot \frac{BP}{PC} \cdot \frac{CF}{FA} = \frac{AE}{AF} \cdot \frac{BP}{PC} \cdot \frac{CF}{EB}$$

$$= \frac{DG}{DH} \cdot \frac{BP}{PC} \cdot \frac{CH}{BG} = \frac{DG}{GB} \cdot \frac{BP}{PC} \cdot \frac{CH}{HD}$$

从而,对 $\triangle DBC$ 应用梅涅劳斯定理的逆定理,知 G,H,P 三点共线.

性质 9 圆 O_1 内切圆 O 于点 T_1,圆 O_2 内切圆 O 于点 T_2,且与圆 O_1 交于点 M,N,A 为圆 O 上任一点,弦 AT_1, AT_2 分别交圆 O_1、圆 O_2 于 B_1, B_2,则 $B_1 B_2$ 是圆 O_1 与圆 O_2 的公切线的充要条件是点 A 在直线 MN 上.

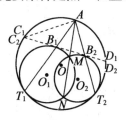

图 31.60

证明 如图 31.60,可设与圆 O_1 切于点 B_1 的直线交圆 O 于点 C_1, D_1,与圆 O_2 切于点 B_2 的直线交圆 O 于点 C_2, D_2,则由性质 5,知 A 分别为 $\overparen{C_1 D_1}, \overparen{C_2 D_2}$ 的中点,且

$$AC_1^2 = AB_1 \cdot AT_1, \quad AC_2^2 = AB_2 \cdot AT_2$$

于是

$B_1 B_2$ 是圆 O_1 与圆 O_2 的公切线

$\Leftrightarrow$ 弦 $C_1 D_1$ 与弦 $C_2 D_2$ 重合

$\Leftrightarrow AC_1^2 = AC_2^2$

$\Leftrightarrow AB_1 \cdot AT_1 = AB_2 \cdot AT_2$

$\Leftrightarrow$ 点 A 关于圆 O_1、圆 O_2 的幂相等

$\Leftrightarrow$ 点 A 在圆 O_1 与圆 O_2 的根轴上

$\Leftrightarrow$ 点 A 在直线 MN 上

性质 10 圆 O_1 内切圆 O 于点 T_1,圆 O_2 内切圆 O 于点 T_2,且于圆 O_1 交于点 M,N,直线 MN 交圆 O 于点 A,B,弦 T_1T_2 交 AB 于点 G,H 为 AB 的中点,则点 H 在公共弦 MN 上(外)的充要条件是点 G 也在公共弦 MN 上(外),且 $\angle GT_1N = \angle MT_1H$.

证明 可过 T_1 作公切线与直线 AB 交于点 P,则知 P 为根心,联结 OP,则 $OP \perp T_1T_2$.

用"∞"表示">"或"="或"<",则

点 H 在公共弦 MN 上(外)

$\Leftrightarrow$ 点 G 在公共弦 MN 上(外)

$\Leftrightarrow \angle T_1HP \infty \angle T_1MP$ 时,$\angle T_2T_1P \infty \angle NT_1P$

又点 H 为 AB 的中点 $\Leftrightarrow \angle OHP = 90°$,注意到

$\angle OT_1P = 90° \Leftrightarrow O, T_1, P, H$ 四点共圆 $\Leftrightarrow \angle T_2T_1P = \angle T_1OP = \angle T_1HP$

注意到 $|\angle T_2T_1P - \angle NT_1P| = \angle GT_1N, \angle MT_1H = |\angle T_1HP - \angle T_1MP|$

且 $\angle NT_1P = \angle T_1MN \Leftrightarrow \angle GT_1N = \angle MT_1H$

图 31.61 中的情形,是点 H 在弦 MN 上.

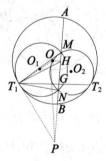

图 31.61

2. 应用举例

例 1 (2005 年新西兰数学奥林匹克选拔考试题)已知两个圆相内切于点 A,一条直线依次与这两个圆交于点 M,N,P,Q. 证明:$\angle MAP = \angle NAQ$.

事实上,由性质 3 即证得.

例 2 (1978 年 IMO20 试题)在 $\triangle ABC$ 中,$AB=AC$,有一个圆内切于 $\triangle ABC$ 的外接圆,并且与 AB,AC 分别相切于点 P,Q. 求证:P,Q 两点连线的中点是 $\triangle ABC$ 的内切圆圆心.

事实上,由性质 7 即证得.

例 3 (1995 年 IMO36 预选题)$\triangle ABC$ 的内切圆分别切三边 BC,CA,AB 于点 D,E,F,点 X 是 $\triangle ABC$ 的一个内点,$\triangle XBC$ 的内切圆也在点 D 处与 BC 边相切,并与 CX,XB 分别相切于点 Y,Z. 证明:$EFZY$ 是圆内接四边形.

事实上,由性质 8,有 $PE \cdot PF = PD^2 = PY \cdot PZ$,由此即知 E,F,Z,Y 四点共圆.

例 4 (2006 年意大利国家队选拔考试题)已知圆 Γ_1, Γ_2 交于点 Q,R,且内切于圆 Γ,切点分别为 A_1, A_2, P 为圆 Γ 上的任意一点,线段 PA_1, PA_2 分别与圆 Γ_1, Γ_2 交于点 B_1, B_2. 证明:(1)与圆 Γ_1 切于点 B_1 的直线和与圆 Γ_2 切于点 B_2 的直线平行;(2)B_1B_2 是圆 Γ_1 与圆 Γ_2 的公切线的充分必要条件是 P 在直线 QR 上.

事实上,由性质 1 及性质 9 即证得.

例 5 (1997 年全国高中联赛题)已知两个半径不等的圆,圆 O_1 与圆 O_2 相交于 M,N 两点,且圆 O_1、圆 O_2 分别与圆 O 内切于点 S,T. 求证:$OM \perp MN$ 的充要条件是 S,N,T 三点共线.

事实上,由性质 10,知 H 与 M 重合的充要条件是 G 与 N 重合. 证毕.

例 6 (2005 年第 19 届北欧数学竞赛题)已知圆 O_1 在圆 O_2 内部,且圆 O_1 与圆 O_2 相切于点 A,过 A 作直线交圆 O_1 于点 B,交圆 O_2 于点 C,过点 B 作圆 O_1 的切线,与圆 O_2 交于点 D 和 E,过点 C 作圆 O_1 的两条切线,切点分别为 F,G. 证明:D,E,F,G 四点共圆.

证明 如图 31.62,联结 CD,CE,则由性质 5,知
$$CD = CE$$
且
$$CD^2 = CB \cdot CA$$

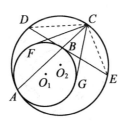

图 31.62

而 $CF = CG$,且 $CF^2 = CB \cdot CA$,从而
$$CD = CF = CG = CE$$
故 D,F,G,E 四点共圆.

例7 (2006年第32届俄罗斯数学奥林匹克题)圆 ω 与 $\triangle ABC$ 的外接圆相切于点 A,与边 AB 交于点 K,且和边 BC 相交,过点 C 作圆 ω 的切线,切点为 L,联结 KL,交边 BC 于点 T. 证明:线段 BT 的长等于点 B 到圆 ω 的切线长.

证明 如图31.63,联结 AT,AL,设 AC 交圆 ω 于点 M,联结 KM,则由性质2,知 $KM \parallel BC$. 于是,由 $\angle ALT = \angle ALK = \angle AMK = \angle ACT$,知 A,T,L,C 四点共圆.

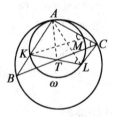

图 31.63

于是 $\angle ATC = \angle ALC = \angle AKL = \angle AKT$,从而 $\angle ATB = \angle BKT$,则 $\triangle BTA \backsim \triangle BKT$,由此有 $BT^2 = BK \cdot BA$.

另一方面,乘积 $BK \cdot BA$ 等于从点 B 到圆 ω 的切线长的平方. 证毕.

例8 (2005年中国国家集训队测试题)$\triangle ABC$ 内接于圆 ω,圆 γ 与边 AB,AC 分别切于点 P,Q,与圆 ω 相切于点 S,联结 AS 和 PQ,AS 与 PQ 的交点为 T,求证:$\angle BTP = \angle CTQ$.

证明 如图31.64,联结 BS,PS,QS,CS,则由性质4,知 PS 平分 $\angle ASB$,QS 平分 $\angle ASC$,于是
$$\frac{BS}{BP} = \frac{AS}{AP} = \frac{AS}{AQ} = \frac{SC}{CQ} \qquad ①$$

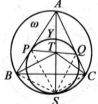

图 31.64

而
$$\frac{PT}{QT} = \frac{S_{\triangle APT}}{S_{\triangle AQT}} = \frac{\sin\angle BAS}{\sin\angle CAS} = \frac{SB}{SC} \qquad ②$$

由式①②得 $\dfrac{PT}{QT} = \dfrac{BP}{CQ}$，又 $\angle BPT = \angle CQT$，则

$$\triangle BPT \backsim \triangle CQT$$

故
$$\angle BTP = \angle CTQ$$

例9 （2003年第29届俄罗斯数学奥林匹克题）设 A_0 是 $\triangle ABC$ 的边 BC 的中点，A' 是 $\triangle ABC$ 的内切圆与边 BC 的切点. 以 A_0 为圆心，$A_0 A'$ 为半径作圆 ω_1. 同理定义 B_0, B' 及圆 ω_2 和 C_0, C' 及圆 ω_3. 证明：若圆 ω_1 与 $\triangle ABC$ 的外接圆在不包含 A 的 $\overset{\frown}{BC}$ 处相内切，则另两个圆中的一个也与 $\triangle ABC$ 的外接圆在相应的弧段处相内切.

证明 不妨设 $AB > AC$，如图 31.65，设圆 ω_1 与 $\triangle ABC$ 的外接圆圆 O 切于点 T，圆 O 的半径为 R，联结 OC，则 O, A_0, T 共线，且 $OA_0 \perp BC$，从而 $\angle A_0 OC = \dfrac{1}{2}\angle BOC = \angle A$. 由性质1，有

$$R - A_0 A' = R - A_0 T = OT - A_0 T = OA_0$$

而
$$R - A_0 A' = OA_0 \Leftrightarrow R - (BA' - BA_0) = OA_0$$

$$\Leftrightarrow R - \left(\frac{BC + AB - AC}{2} - \frac{BC}{2}\right) = R \cdot \cos A$$

$$\Leftrightarrow \frac{AB - AC}{2} = R(1 - \cos A)$$

$$\Leftrightarrow \sin C - \sin B = 1 - \cos A$$

$$\Rightarrow \sin\frac{1}{2}(C - B) = \sin\frac{1}{2}A$$

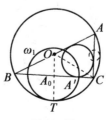

图 31.65

注意到

$$0 < \frac{1}{2}\angle A < \frac{\pi}{2}, 0 < \frac{1}{2}(\angle C - \angle B) < \frac{\pi}{2} \Rightarrow \angle A + \angle B = \angle C \Rightarrow \angle C = 90°$$

因此,在另一条直角边 AC 上,只需证 $\sin C - \sin A = 1 - \cos B$,这显然成立.

例10 (1999年 IMO40 试题)圆 Γ_1 和圆 Γ_2 被包含在圆 Γ 内,且分别与圆 Γ 相切于两个不同的点 M 和 N,圆 Γ_1 经过圆 Γ_2 的圆心,经过圆 Γ_1 和圆 Γ_2 的两个交点的直线与圆 Γ 交于点 A,B,直线 MA 和 MB 分别与圆 Γ_1 相交于点 C,D. 证明: CD 与 Γ_2 相切.

证明 如图 31.66,设圆 Γ_1,Γ_2 的圆心分别为 O_1,O_2,由性质9,知圆 O_1 的过点 C 的切线即为圆 O_1 与圆 O_2 的一条公切线 CE.

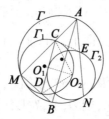

图 31.66

由圆 Γ 与圆 O_1 内切于点 M,则由性质2,知 $CD \parallel AB$. 于是连心线 O_1O_2 垂直平分弦 CD,所以,$\angle O_2DC = \angle DCO_2$.

又 O_2 在圆 O_1 上,而 CE 与圆 O_1 切于点 C,因此,$\angle O_2CE = \angle O_2DC = \angle DCO_2$,所以 O_2 在 $\angle DCE$ 的平分线上.

故由 CE 与圆 O_2 相切,即知 CD 与圆 O_2 相切,即 CD 与圆 Γ_2 相切.

例11 (2007年中国国家集训队测试题)如图 31.67,凸四边形 $ABCD$ 内接于圆 Γ,与边 BC 相交的一个圆与圆 Γ 内切,且分别与 BD,AC 相切于点 P,Q. 求证: $\triangle ABC$ 的内心与 $\triangle DBC$ 的内心皆在直线 PQ 上.

图 31.67

证明 设两圆公切点为 T,联结 TP 并延长交圆 Γ 于点 E,则由性质4,知 EC 平分 $\angle BCD$.

联结 TC,TD 分别交小圆于点 M,N，由性质 2，知 $MN/\!/CD$，有
$$\frac{TN}{TM}=\frac{DT}{CT}=\frac{DN}{CM}$$
应用切割线定理，有
$$\frac{DP^2}{CQ^2}=\frac{DN\cdot DT}{CM\cdot CT}=\frac{DT^2}{CT^2}$$
即有
$$\frac{DP}{CQ}=\frac{DT}{CT} \qquad ①$$

设 AC 与 BD 交于点 H，延长 PQ 交 CD 于点 R，联结 TR 并延长交圆 Γ 于点 F，对 $\triangle CDH$ 及截线 PQR 应用梅涅劳斯定理，有 $\frac{CR}{RD}\cdot\frac{DP}{PH}\cdot\frac{HQ}{QC}=1$，即
$$\frac{CR}{RD}=\frac{CQ}{DP} \qquad ②$$
又
$$\frac{CR}{RD}=\frac{S_{\triangle CFT}}{S_{\triangle DFT}}=\frac{CF\cdot CT}{DF\cdot DT} \qquad ③$$

由式①②③知，$\frac{CF}{DF}=1$，即知 F 为 $\overset{\frown}{CD}$ 的中点，亦知 BF 平分 $\angle DBC$.

易知，$\triangle BCD$ 的内心 I 为 CE 与 BF 的交点，在圆内接六边形 $ETFBDC$ 中，由帕斯卡定理，知 P,I,R 共线，所以 $\triangle BDC$ 的内心 I 在直线 PQ 上.

同理，$\triangle ABC$ 的内心 I' 也在直线 PQ 上.

注 此例的证明可参见第 30 章第 4 节例 4 及第 32 章第 5 节例 4.

例 12 （2003 年第 11 届土耳其数学奥林匹克题）已知一个圆与 $\triangle ABC$ 的边 AB,BC 相切，也和 $\triangle ABC$ 的外接圆相切于点 T. 若 I 是 $\triangle ABC$ 的内心，证明：$\angle ATI=\angle CTI$.

证明 当 $AB=BC$ 时，结论显然成立，不妨设 $AB>BC$，如图 31.68，过点 T 作公切线 KL，设与 $\triangle ABC$ 的边 AB,BC 切于点 E,D 的圆的圆心为 O_1，则由性质 7，知 I 为 DE 的中点，显然 B,I,O_1 共线，联结 BT,O_1T，则 $O_1T\perp KL$.

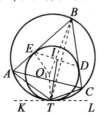

图 31.68

此时，联结 O_1E，则
$$O_1I \cdot O_1B = O_1E^2 = O_1T^2$$
于是，$\triangle O_1IT \sim \triangle O_1TB$，即有 $\angle O_1TI = \angle O_1BT$.

而 $\angle ATI = 90° - \angle ATK + \angle O_1TI = 90° - \angle ABT + \angle O_1TI$
$$= 90° - (\frac{1}{2}\angle B + \angle O_1BT) + \angle O_1TI = 90° - \frac{1}{2}\angle B$$

$\angle CTI + \frac{1}{2}\angle B = \angle CTI + \angle O_1BT + \angle TBC = \angle CTI + \angle O_1TI + \angle TBC$
$$= \angle CTO_1 + \angle CTL = \angle O_1TL = 90°$$

即 $\angle CTI = 90° - \frac{1}{2}\angle B$.

故 $\angle ATI = \angle CTI$.

例 13 （2007 年中国国家集训队测试题）设圆 Ω 过 $\triangle ABC$ 的顶点 B,C，圆 ω 内切圆 Ω 于点 T，并分别切边 AB,AC 于点 P,Q，记 M 为 $\overset{\frown}{BC}$（包含点 T）的中点. 求证：直线 PQ,BC,MT 三线共点.

证明 如图 31.69，设直线 BC,MT 交于点 K，下证 P,Q,K 三点共线即可.

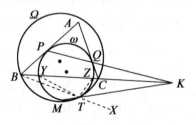

图 31.69

由梅涅劳斯定理及其逆定理，注意到 $AP = AQ$，则
$$P,Q,K \text{ 共线} \Leftrightarrow \frac{AP}{PB} \cdot \frac{BK}{KC} \cdot \frac{CQ}{QA} = 1 \Leftrightarrow \frac{BK}{KC} = \frac{PB}{CQ} \quad \text{①}$$

设 BC 交圆 ω 于点 Y,Z，联结 TC,TZ,TY,BT 并延长至 X，则由性质 3，知 $\angle BTY = \angle CTZ = \alpha$，$\angle BTZ = \angle YTC = \beta$. 由正弦定理，有
$$\frac{TB^2}{\sin\angle BZT \cdot \sin\angle BYT} = \frac{BY \cdot BZ}{\sin\alpha \cdot \sin\beta}, \frac{TC^2}{\sin\angle CYT \cdot \sin\angle CZT} = \frac{CY \cdot CZ}{\sin\alpha \cdot \sin\beta}$$

故
$$\frac{TB^2}{TC^2} = \frac{BY \cdot BZ}{CY \cdot CZ} \quad \text{②}$$

又由 $\angle XTK = \angle BTM = \angle BCM = \angle CBM = \angle CTK$,知 MT 是 $\angle BTC$ 的外角的平分线,从而有

$$\frac{BK}{KC} = \frac{TB}{TC} \qquad ③$$

利用式②③及切割线定理,可得

$$\frac{BK}{KC} = \sqrt{\frac{BY \cdot BZ}{CY \cdot CZ}} = \frac{BP}{CQ}$$

此即得式①.

故直线 PQ, BC, MT 三线共点.

例14（2006 年第 18 届亚太地区数学奥林匹克题）如图 31.70,从圆 O 上任取 A, B 两点,P 为线段 AB 的中点,圆 O_1 与 AB 相切于点 P 且与圆 O 相切,过点 A 作不同于 AB 的圆 O_1 的切线 l,点 C 是 l 与圆 O 的不同于点 A 的交点.设 Q 是 BC 的中点,圆 O_2 与 BC 相切于点 Q 且与线段 AC 相切.求证:圆 O_2 与圆 O 相切.

图 31.70

证明 设点 S 是圆 O 与圆 O_1 的切点,T 是 SP 与圆 O 的不同于 S 的交点,点 X 是 l 与圆 O_1 的切点,M 是线段 PX 的中点,则由性质 5,知 T 为不含点 C 的 $\overset{\frown}{AB}$ 的中点,有 $PT \perp AB, AM \perp PX$.

由 $\text{Rt}\triangle TBP \backsim \text{Rt}\triangle ASP$,有

$$\frac{PT}{PB} = \frac{PA}{PS}$$

由 $\text{Rt}\triangle PAM \backsim \text{Rt}\triangle SPX$,有

$$\frac{XS}{XP} = \frac{MP}{MA} = \frac{XP}{2MA}, \frac{XP}{PS} = \frac{MA}{AP}$$

从而

$$\frac{XS}{XP} \cdot \frac{PT}{PB} = \frac{XP}{2MA} \cdot \frac{PA}{PS} = \frac{XP}{2MA} \cdot \frac{MA}{XP} = \frac{1}{2} \qquad ①$$

设点 A' 是弦 BC 的垂直平分线与圆 O 的交点,使得点 A,A' 在直线 BC 的同侧,N 是 $A'Q$ 与 CT 的交点,则点 N 到 AC 的距离 $NY = NQ$.

由 $\mathrm{Rt}\triangle NCQ \backsim \mathrm{Rt}\triangle TBP$,$\mathrm{Rt}\triangle CA'Q \backsim \mathrm{Rt}\triangle SPX$,有 $\dfrac{QN}{QC} = \dfrac{PT}{PB}$,$\dfrac{QC}{QA'} = \dfrac{XS}{XP}$.

注意到式①,知 $QA' = 2QN$,即知 N 是线段 QA' 的中点.

由此即知,以点 N 为圆心,以点 NQ 为半径的圆过点 Y,A',且 $NY \perp AC$,即知圆 N 切 AC 边于点 Y,由此也即知点 N 与点 O_2 重合.

由于 QA' 为圆 O_2 的直径,且 A' 在圆 O 上,则圆 O_2 与圆 O 相切于点 A'.

例 15 (2002 年 IMO43 预选题)已知锐角 $\triangle ABC$ 的内切圆圆 I 与边 BC 切于点 K,AD 是 $\triangle ABC$ 的高,M 是 AD 的中点,如果 N 是圆 I 与 KM 的交点,证明:圆 I 与 $\triangle BCN$ 的外接圆相切于点 N.

证明 当 $AB = AC$ 时,显然这两个圆的圆心距等于这两个圆的半径之差,结论成立.

如图 31.71,当 $AB \neq AC$ 时,不妨设 $AB < AC$.

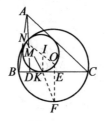

图 31.71

如果结论成立,则由性质 5,知直线 NK 与外接圆的交点为 $\overset{\frown}{BC}$ 的中点. 因此,若设 BC 的中垂线交直线 NK 于点 F,则要证点 F 在 $\triangle BCN$ 的外接圆上.

设 $\triangle BCN$ 的外心为 O,$\triangle ABC$ 的三边长分别为 a,b,c,$l = \dfrac{1}{2}(a+b+c)$,则 $BK = l - b$,$KC = l - c$.

于是
$$BK \cdot KC = (l-b)(l-c)$$

又
$$BD = c \cdot \cos B = \dfrac{1}{2a}(c^2 + a^2 - b^2)$$

$$KE = BE - BK = \dfrac{1}{2}(b-c)$$

$$DK = BK - BD = \dfrac{1}{a}(b-c)(l-a)$$

设 $\angle MKD = \varphi$,则

$$\tan \varphi = \frac{MD}{DK} = \frac{\frac{1}{2}a \cdot AD}{(b-c)(l-a)} = \frac{S_{\triangle ABC}}{(b-c)(l-a)}$$

设 r 为 $\triangle ABC$ 的内切圆半径,则

$$NK = 2r \cdot \sin \varphi, KF = KE \cdot \sec \varphi$$

于是
$$NK \cdot KF = 2r \cdot \tan \varphi \cdot KE = \frac{r \cdot S_{\triangle ABC}}{l-a} = \frac{S_{\triangle ABC}^2}{l(l-a)}$$
$$= (l-b)(l-c) = BK \cdot KC$$

因此,点 F 在 $\triangle BCN$ 的外接圆上.

由 $IK \parallel OF$,有 $\angle FNO = \angle NFO = \angle NKI = \angle FNI$,即知 N,I,O 三点共线.

因此,圆 I 与 $\triangle BCN$ 的外接圆相切于点 N.

例 16 (2009 年中国国家集训队测试题) 如图 31.72,圆 Γ 与圆 ω 内切于点 S,圆 Γ 的弦 AB 与圆 ω 相切于点 T,设圆 ω 的圆心为 O,P 为直线 AO 上一点. 求证:$PB \perp AB$ 的充分必要条件 $PS \perp TS$.

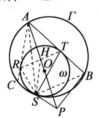

图 31.72

证明 设过点 A 的圆 ω 的另一条切线切圆 ω 于点 R,交圆 Γ 于点 C,则由性质 4,知 ST 平分 $\angle ASB$,SR 平分 $\angle ASC$.

由角平分线性质,有

$$\frac{SC}{CR} = \frac{SA}{AR} = \frac{SA}{AT} = \frac{SB}{BT} \qquad ①$$

在线段 RT 上找一点 H,使得 $\angle RHS = \angle TBS$,则 $\angle THS = 180° - \angle TBS = \angle RCS$.

又由于 $\angle HRS = \angle BTS$,则 $\triangle HRS \backsim \triangle BTS$.

同理 $\triangle HTS \backsim \triangle CRS$.

利用式①及相似,有

$$\frac{HR}{HS} = \frac{TB}{BS} = \frac{RC}{CS} = \frac{TH}{HS}$$

因此 $HR = HT$,即 H 是线段 RT 的中点,由 $\angle RHS = \angle TBS$ 知 H,T,B,S 四点

共圆.

因此,对直线 AO 上一点 P,有
$$PB \perp AB \Leftrightarrow P,B,T,H \text{ 四点共圆} \Leftrightarrow P,T,S,H \text{ 四点共圆} \Leftrightarrow PS \perp ST$$

例 17 (2006 年 IMO47 预选题) 设 M_a, M_b, M_c 分别是 $\triangle ABC$ 的三边 BC, CA, AB 的中点,T_a, T_b, T_c 是 $\triangle ABC$ 外接圆上不包含相对的顶点的 $\overset{\frown}{BC}, \overset{\frown}{CA}, \overset{\frown}{AB}$ 的中点,对于 $i \in \{a,b,c\}$,ω_i 是以 $M_i T_i$ 为直径的圆,p_i 是 ω_j 与 ω_k 的外公切线,且 ω_i 与 ω_j, ω_k 在 p_i 的异侧,其中 $\{i,j,k\} = \{a,b,c\}$. 证明:p_a, p_b, p_c 构成的三角形相似于 $\triangle ABC$,并求这两个三角形的相似比.

解 如图 31.73,设 $T_a T_b$ 与 ω_b,$T_a T_c$ 与 ω_c 分别交于另一点 U,V,过点 U,V 且分别与 ω_b, ω_c 相切的直线与 AC, AB 交于点 X, Y.

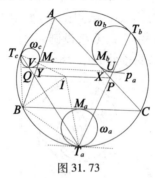

图 31.73

由性质 1,知以 T_b 为位似中心,$\dfrac{T_b T_a}{T_b U}$ 为位似比的位似变换将 UX 变到过 T_a 且与 $\triangle ABC$ 的外接圆相切的直线,由于该切线平行于 BC,所以 $UX /\!/ BC$.

同理,$VY /\!/ BC$.

设 $T_a T_b, T_a T_c$ 与 AC, AB 分别交于点 P, Q,由于 $M_b T_b$ 为直径,则 X 是 $\text{Rt}\triangle PUM_b$ 斜边 PM_b 的中点(因为 $M_b X = XU$). 同样,Y 是 $\text{Rt}\triangle QVM_c$ 斜边 $M_c Q$ 的中点.

设 $\triangle ABC$ 的内心为 I,则 $T_a I = T_a B$,$T_c I = T_c B$,于是,点 B, I 关于直线 $T_a T_c$ 对称,$\angle QIB = \angle QBI = \angle IBC$,所以 $BC /\!/ IQ$.

同理,$BC /\!/ IP$. 因此 $PQ /\!/ BC$,且点 I 在 PQ 上.

因为 $M_b M_c /\!/ BC$,所以四边形 $PM_b M_c Q$ 是梯形,且 XY 是中位线,于是 $XY /\!/ BC$.

结合 $UX /\!/ BC /\!/ VY$,得 U, X, Y, V 四点共线,且是 ω_b, ω_c 的公切线,ω_a 与 ω_b, ω_c 在其异侧,从而这条公切线就是 p_a,且 $p_a /\!/ BC$.

同理,$p_b /\!/ AC$,$p_c /\!/ AB$.

从而,p_a,p_b,p_c 构成的三角形相似于 $\triangle ABC$,且该三角形与 $\triangle M_a M_b M_c$ 的位似中心为 I,相似比为 $\frac{1}{2}$. 故该三角形与 $\triangle ABC$ 的相似比为 $\frac{1}{4}$.

第5节 两圆外切的性质及应用

西部赛试题涉及了两圆外切的问题.

两圆外切和两圆内切一样,也有一系列有趣的性质.[①]

1. 基本性质

性质1 两圆外切,是以公切点为内位似中心,以两圆半径之比为位似系数的位似图形,或以两圆外公切线所在直线的交点(包括无穷远点)为外位似中心的位似图形;此时,两圆心间的距离等于两圆半径之和.

性质2 两圆外切,过切点任作一条割线,分别与两圆相交,交点处的两条圆的切线平行.

事实上,这可由性质1即得.

性质3 两圆外切,过切点任作两条割线,同一圆上两交点所得的弦平行.

事实上,由性质1即得.或者如图31.74,过切点 T 作切线 LK,由于割线 AD,BC 均过点 T,则 $\angle ABT = \angle ATL = \angle DTK = \angle DCT$,故 $AB /\!/ CD$.

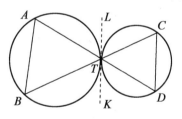

图 31.74

性质4 两圆外切于点 T,与其中一圆相切于点 K 的直线交另一圆于点 P,Q,则 TK 平分 $\angle PTQ$ 的外角.

证明 如图31.75,延长 PT,QT 交另一圆分别于点 P',Q',联结 $Q'P'$,则由性质3知 $Q'P' /\!/ PQ$.

[①] 沈文选. 两圆外切的性质及应用[J]. 中学数学教学参考,2010(3):47-49.

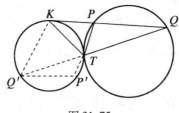

图 31.75

联结 KQ'，则

$$\angle KTP = \angle TPQ - \angle TKP$$
$$= \angle TP'Q' - \angle TQ'K \stackrel{m}{=} \frac{1}{2}(\overset{\frown}{Q'KT} - \overset{\frown}{KT})$$
$$= \frac{1}{2}\overset{\frown}{KQ'} = \angle KTQ'$$

故 KT 平分 $\angle PTQ'$，即 KT 平分 $\angle PTQ$ 的外角.

性质 5 两圆外切于点 T，与其中一圆相切于点 K 的直线交另一圆于点 P，Q，联结 KT 并延长与点 P，Q 所在圆交于点 M，则 M 为优弧 $\overset{\frown}{PQ}$ 的中点，且 $MP^2 = MK \cdot MT$.

证明 如图 31.76，过点 M 作圆的切线 ML，则由性质 2，知 $KPQ \parallel ML$，则 $\overset{\frown}{PM} = \overset{\frown}{MQ}$，即 M 为优弧 $\overset{\frown}{PQ}$ 的中点.

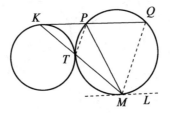

图 31.76

联结 TP，MQ，则 $\angle PTM = 180° - \angle PQM = 180° - \angle QPM = \angle KPM$，从而 $\triangle PTM \backsim \triangle KPM$，故有 $MP^2 = MK \cdot MT$.

性质 6 如图 31.77，两圆外切于点 T，一直线依次与两圆相交于 P，Q，K，L 四点，则 $\angle PTL + \angle QTK = 180°$.

事实上，可过点 T 作两圆的公切线，交 QL 于点 S，则

$$\angle PTL + \angle QTK = \angle PTL + \angle QTS + \angle STK$$
$$= \angle PTL + \angle TPQ + \angle KLT = 180°$$

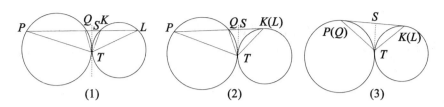

图 31.77

推论 1 两圆外切于点 T,一直线与其中一圆相交于点 P,Q,且与另一圆切于点 $K(L)$,则
$$\angle PTL + \angle QTK = 180°\text{或 }TK\text{ 平分}\triangle PQT\text{ 的外角}$$

推论 2 两圆外切于点 T,作两圆的外公切线 $P(Q)K(L)$,则
$$\angle PTL + \angle QTK = 180°\text{或}\angle PTK = 90°$$

性质 7 两圆外切于点 T,一条外公切线切两圆于点 P,K,过点 T 的直线分别交两圆于点 A,B,直线 AP 与 BK 交于点 C,则 P,T,K,C 四点共圆,且 PK 为其直径,求过 T,K,P 的三直线且两顶点在相切两圆的三角形是相似的直角三角形.

事实上,如图 31.78,作 $\triangle A'B'C'$,联结 PT,KT,可证 $\triangle ABC \backsim \triangle A'B'C'$.

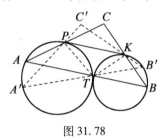

图 31.78

性质 8 如图 31.79,设半径分别为 R,r 的两个圆外切于点 T,自一圆上任意一点 P(异于点 T)向另一圆作切线,切点为 Q,联结 PT,则
$$PT = PQ \cdot \sqrt{\frac{R}{R+r}}$$

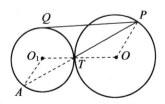

图 31.79

证明 设半径分别为 R,r 的两圆为圆 O、圆 O_1,则 O_1,T,O 三点共线. 又设直线 PT 交圆 O_1 于点 A,联结 OA,OP,则 $\angle O_1AT = \angle O_1TA = \angle OTP = \angle OPT$,从而 $O_1A \parallel OP$(也可由位似形得),于是,有 $\triangle O_1AT \sim \triangle OPT$,即有

$$\frac{AT}{PT} = \frac{O_1A}{OP} = \frac{r}{R}$$

则

$$\frac{PA}{PT} = \frac{PT+AT}{PT} = 1 + \frac{r}{R} = \frac{R+r}{R} \qquad ①$$

又由切割线定理,有

$$PQ^2 = PA \cdot PT \qquad ②$$

由式①②知

$$PQ^2 = PT^2 \cdot \frac{R+r}{R}$$

故

$$PT = PQ \cdot \sqrt{\frac{R}{R+r}}$$

性质9 两圆外切于点 T,内公切线与外公切线 AB 或 CD 的交点 M 或 N 是外公切线线段的中点,$\triangle ATB$,$\triangle CTD$ 是直角三角形,且内公切线被两条外公切线所截得的线段 MN 等于外公切线线段 AB 或 CD 的长.

证明 如图 31.80,由 $MA = MT = MB$,$NC = NT = ND$,即知 M 为 AB 的中点,N 为 CD 的中点,显然 $\triangle ATB$,$\triangle CTD$ 为直角三角形.

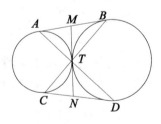

图 31.80

此时,有 $AB = MN = CD$.

性质10 设 T 是凸四边形 $ABCD$ 内的一点,$\triangle BCT$ 与 $\triangle ADT$ 的外接圆切于点 T 的充分必要条件是 $\angle ADT + \angle BCT = \angle ATB$.

证明 如图 31.81,若 $\triangle BCT$ 与 $\triangle ADT$ 的外接圆切于点 T,过 T 作这两个圆的公切线与 AB 交于点 Z,于是,$\angle ADT + \angle BCT = \angle ATZ + \angle BTZ = \angle ATB$.

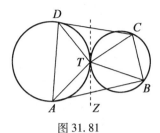

图 31.81

反之,若 $\angle ADT + \angle BCT = \angle ATB$,过点 T 作直线 TZ,与 AB 交于点 Z,且满足 $\angle ATZ = \angle ADT$,$\angle BTZ = \angle BCT$,于是,TZ 与 $\triangle ADT$ 的外接圆相切,也和 $\triangle BCT$ 的外接圆相切. 故这两个圆切于点 T.

注 显然,若 T 是梯形 $ABCD$(其中 $AD \parallel BC$)两对角线 AC,BD 的交点,则 $\triangle BCT$ 与 $\triangle ADT$ 的外接圆切于点 T.

性质 11 两圆外切于点 T,过点 T 的割线分别交两圆于 A,D,过点 A 的切线与过点 D 的割线相交于点 B,设 BD 与点 D 所在的圆交于点 C,则 A,B,C,T 四点共圆.

证明 如图 31.82,联结 TC,过点 T 作切线 TL,则 $\angle TCD$ 等于 $\angle ATL$ 的对顶角,即有

$$\angle TAB = \angle ATL = \angle TCD$$

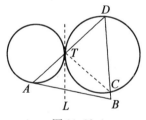

图 31.82

从而,A,B,C,T 四点共圆.

性质 12 圆 O_1 与圆 O_2 外切于点 T,且分别与圆 O 内切于点 T_1,T_2,则直线 OT,O_1T_2,O_2T_1 共点,且 $\angle OO_2O_1 = 2\angle TT_1T_2$(或 $\angle OO_1O_2 = 2\angle TT_2T_1$).

证明 如图 31.83,可设圆 O_1、圆 O_2、圆 O 的半径分别为 r_1,r_2,r. 显然,T_1,O_1,O;O,O_2,T_2;O_1,T,O_2 分别三点共线.

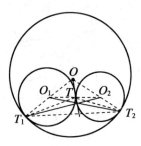

图 31.83

在 $\triangle OO_1O_2$ 中,有

$$\frac{OT_1}{T_1O_1} \cdot \frac{O_1T}{TO_2} \cdot \frac{O_2T_2}{T_2O} = \frac{r}{r_1} \cdot \frac{r_1}{r_2} \cdot \frac{r_2}{r} = 1$$

由塞瓦定理的逆定理,知 OT, O_1T_2, O_2T_1 三直线共点. 有

$$\angle OO_2O_1 = 180° - (\angle T_1OT_2 + \angle OO_1O_2)$$
$$= 180° - [180° - 2(\angle OT_1T + \angle TT_1T_2) + 2\angle OT_1T]$$
$$= 2\angle TT_1T_2$$

性质 13 圆 O_1 与圆 O_2 外切于点 T,且分别与圆 O 内切于点 T_1, T_2. 设圆 O_1、圆 O_2、圆 O 的半径分别为 r_1, r_2, r,则

$$T_1T_2 = \frac{2r\sqrt{r_1r_2}}{\sqrt{(r-r_1)(r-r_2)}}$$

证明 如图 31.83,在 $\triangle OO_1O_2$ 中,由余弦定理,有

$$\cos\angle O_1OO_2 = \frac{OO_1^2 + OO_2^2 - O_1O_2^2}{2OO_1 \cdot OO_2} = \frac{(r-r_1)^2 + (r-r_2)^2 - (r_1+r_2)^2}{2(r-r_1)(r-r_2)} \quad ①$$

同理,在 $\triangle OT_1T_2$ 中,有

$$\cos\angle O_1OO_2 = \cos\angle T_1OT_2 = \frac{OT_1^2 + OT_2^2 - T_1T_2^2}{2OT_1 \cdot OT_2} = \frac{2r^2 - T_1T_2^2}{2r^2} \quad ②$$

由式①②即得 $T_1T_2 = \dfrac{2r\sqrt{r_1r_2}}{\sqrt{(r-r_1)(r-r_2)}}$.

性质 14 若半径为 r_1, r_2, r_3 的三个圆两两外切,又都与半径为 r_4 的圆外切,则 $r_4 = \dfrac{r_1r_2r_3}{2\sqrt{r_1r_2r_3(r_1+r_2+r_3)} + r_1r_2 + r_2r_3 + r_3r_1}$.

证明 如图 31.84,令

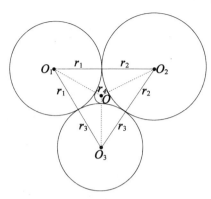

图 31.84

$$O_1O_2 = r_1 + r_2 = a, O_1O_3 = r_1 + r_3 = b, O_2O_3 = r_2 + r_3 = c$$
$$O_3O = r_3 + r_4 = x, O_2O = r_2 + r_4 = y, O_1O = r_1 + r_4 = z$$

记 $\angle O_1OO_2 = \alpha, \angle O_2OO_3 = \gamma, \angle O_3OO_1 = \beta$，则 $\alpha + \beta + \gamma = 2\pi$.
由余弦定理，得

$$\cos \alpha = \frac{y^2 + z^2 - a^2}{2yz} \qquad ①$$

$$\cos \beta = \frac{z^2 + x^2 - b^2}{2zx} \qquad ②$$

$$\cos \gamma = \frac{x^2 + y^2 - c^2}{2xy} \qquad ③$$

而 $\cos \gamma = \cos(2\pi - \alpha - \beta) = \cos(\alpha + \beta) = \cos \alpha \cdot \cos \beta - \sin \alpha \cdot \sin \beta$
$= \cos \alpha \cdot \cos \beta - \sqrt{(1 - \cos^2\alpha)(1 - \cos^2\beta)}$

由式①②③得

$$\frac{x^2 + y^2 - c^2}{2xy} = \frac{y^2 + z^2 - a^2}{2yz} \cdot \frac{z^2 + x^2 - b^2}{2zx} - \sqrt{\left[1 - \left(\frac{y^2 + z^2 - a^2}{2yz}\right)^2\right] \cdot \left[1 - \left(\frac{z^2 + x^2 - b^2}{2zx}\right)^2\right]}$$

化简得 $2z^2(x^2 + y^2 - c^2) - (y^2 + z^2 - a^2)(z^2 + x^2 - b^2)$
$= -\sqrt{[4y^2z^2 - (y^2 + z^2 - a^2)^2] \cdot [4z^2x^2 - (z^2 + x^2 - b^2)^2]}$

平方并化简得

$$\sum a^2(x^2 - y^2)(x^2 - z^2) - \sum a^2(b^2 + c^2 - a^2) \cdot x^2 + a^2b^2c^2 = 0$$

其中 $\sum$ 表示将 a, b, c 轮换，x, y, z 对应轮换而得出的三个式子的和.

再将 $a = r_2 + r_1, b = r_3 + r_1 c = r_3 + r_2, x = r_3 + r_4, y = r_2 + r_4, z = r_1 + r_4$ 代入并化简，得

$$r_4 = \frac{r_1 r_2 r_3}{2\sqrt{r_1 r_2 r_3 (r_1 + r_2 + r_3)} + r_1 r_2 + r_2 r_3 + r_3 r_1}.$$

下面,考虑外切与内切的综合问题:

性质 15 两圆外切于点 T,且均与一大圆内切,切点分别为 T_1, T_2,则 T_1, T, T_2 共线的充要条件是弦 $T_1 T_2$ 为大圆的直径.

证明 如图 31.85,设大圆、两个小圆的圆心分别为 O, O_1, O_2.

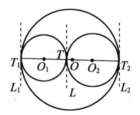

图 31.85

充分性 若 $T_1 T_2$ 为圆 O 的直径,由 O, O_1, T_1 三点共线知 O_1 在 $T_1 T_2$ 上. 同理, O_2 也在 $T_1 T_2$ 上,又 O_1, T, O_2 三点共线,从而 T 在 $T_1 T_2$ 上.

必要性 若 T_1, T, T_2 三点共线,分别过 T_1, T, T_2 作切线 $T_1 L_1, TL, T_2 L_2$,则

$$\angle T T_1 L_1 = \angle T T_2 L_2, \angle T T_1 L_1 = \angle T_1 T L, \angle T_2 T L = \angle T T_2 L_2$$

于是 $\angle T_1 T L = \angle T_2 T L$,即 $TL \perp T_1 T_2$,从而 $T_1 L_1 \perp T_1 T_2, T_2 L_2 \perp T_1 T_2$,即有 $T_1 L_1 // T_2 L_2$. 故 $T_1 T_2$ 为大圆的直径.

性质 16 两圆外切于点 T,则在过点 T 的切线夹在两条外公切线以外的部分上任一点 P,可同时作两个圆,一个与前面的两圆外切,另一个与前面的两圆内切.

证明 如图 31.86,设 $T_1 T_2, T'_1 T'_2$ 为两已知外切圆的公切线, T_1, T_2, T'_1, T'_2 为切点,联结 PT_1, PT_2 分别交两已知圆于另一点 P_1, P_2,则过 P, P_1, P_2 可作圆 O 分别与两已知圆外切. 这是因为

$$PT_1 \cdot PP_1 = PT^2 = PT_2 \cdot PP_2$$

知 P_1, T_1, T_2, P_2 四点共圆. 从而

$$\angle PP_1 P_2 = \angle PT_2 T_1$$

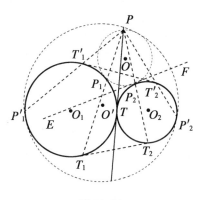

图 31.86

设两已知圆中的圆 O_2 在 P_2 处的切线为 EF,则 $\angle PT_2T_1 = \angle EP_2T_2 = \angle PP_2F$,$\angle PP_2F = \angle PP_1P_2$.

因此,EF 也与圆 O 相切,于是圆 O 与圆 O_2 相切.

同理,圆 O 与圆 O_1 也相切.

反之,若圆 O 过点 P 并且与圆 O_1、圆 O_2 分别相切于点 P_1,P_2. 设 PP_1,PP_2 分别再交圆 O_1、圆 O_2 于点 T_1,T_2,则易知 T_1T_2 是圆 O_1、圆 O_2 的公切线.

因此,过点 P 可作圆 O 与圆 O_1、圆 O_2 均外切.

同理,过点 P 可作圆 O' 与圆 O_1、圆 O_2 均内切(如图 31.86 所示).

性质 17 如图 31.87,两圆圆 O_1、圆 O 内切于点 T_1,过点 T_1 作割线交小圆圆 O_1 于点 T,交大圆圆 O 于点 T_2,过点 T_2 作与 O_1T_2 垂直的直线交圆 O 于点 Q,过点 T_2 且与圆 O_1 相外切于点 T 的圆 O_2 交直线 QT_2 于点 P,则 $QT_2 = T_2P$.

证明 设 T'_1,T' 是 T_1,T 关于直线 O_1T_2 的对称点,则 T'_1,T' 均在圆 O_1 上,且 $T'_1T_1 \parallel T'T \parallel QP$.

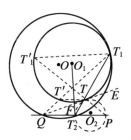

图 31.87

过点 T 作圆 O 与圆 O_2 的公切线 FE，则 $\angle T_1 T_1' T = \angle E T T_1 = \angle F T T_2 = \angle T P T_2$.

又 $\angle T_1' T_1 T = \angle T T_2 P$，因此，$T_1'$，$T$，$P$ 三点共线.

同理，T_1，T'，Q 三点共线.

于是，直线 $T T_1'$ 与 $T' T_1$ 关于直线 $O_1 O_2$ 对称，而 P 在直线 $T T_1'$ 上，Q 在直线 $T' T_1$ 上，从而 P 与 Q 关于直线 $O_1 O_2$ 对称. 故 $QT_2 = T_2 P$.

性质 18 设圆 O、圆 I 分别为 $\triangle ABC$ 的外接圆和内切圆.

(1) 过顶点 A 可作两圆圆 P_A、圆 Q_A 均在点 A 处与圆 O 内切，且圆 P_A 与圆 I 外切，圆 Q_A 与圆 I 内切；

(2) 设圆 O 的半径为 R，则 $P_A Q_A = \dfrac{\sin\dfrac{A}{2} \cdot \cos^2 \dfrac{A}{2}}{\cos\dfrac{B}{2} \cdot \cos\dfrac{C}{2}} R$.

(参见本章第 1 节性质 9.)

性质 19 如图 31.88，两圆圆 O_1、圆 O_2 外切于点 T，且均与大圆圆 O 内切，切点分别为 T_1，T_2（$T_1 T_2$ 不为圆 O 的直径），弦 $T_2 T$ 交圆 O 于另一点 A，弦 $T_1 T$ 交圆 O 于另一点 B.

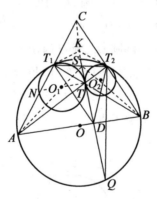

图 31.88

(1) 设直线 AT_1 与 BT_2 交于点 C，则 T 为 $\triangle ABC$ 的垂心；

(2) 设过点 T 的内公切线与 AB 交于点 D，则 T 为 $\triangle T_1 D T_2$ 的内心；

(3) 设过点 T 的内公切线与 $T_1 T_2$ 交于点 P，则 A，O_1，P 三点共线，B，O_2，P 三点也共线；

(4) 设过点 T 的内公切线交圆 O 于点 Q,则 $\dfrac{QT_1^2}{QT_2^2}=\dfrac{r-r_2}{r-r_1}$,其中 r_1,r_2,r 分别为圆 O_1、圆 O_2、圆 O 的半径;

(5) 直线 OT,O_1T_2,T_1O_2 三线共点;

(6) $\angle OO_2O_1=2\angle TT_1T_2$,$\angle OO_1O_2=2\angle TT_2T_1$.

证明 (1) 先证明一条引理:两圆内切于点 T_2,大圆的弦 SQ 与小圆切于点 T,直线 T_2T 交大圆于点 A,则点 A 为 $\overset{\frown}{SQ}$ 的中点(即两圆内切性质4).

事实上,如图 31.89,联结 ST_2,QT_2 分别交小圆于点 E,F,联结 EF,则 $EF \parallel SQ$,在小圆中,有 $\overset{\frown}{ET}=\overset{\frown}{TF}$,即有 $\angle ET_2T=\angle TT_2F$,即直线 AT_2 平分 $\angle ST_2Q$,故 A 为 $\overset{\frown}{SQ}$ 的中点.

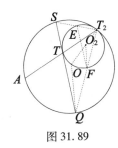

图 31.89

在图 31.88 中,设过 T 的内公切线交圆 O 于 S,Q,由引理1,知 A 为 $\overset{\frown}{SQ}$ 的中点. 同理,B 为另一段 $\overset{\frown}{SQ}$ 的中点,从而 AB 为圆 O 的直径,即 O 在 AB 上.

于是 $AT_2 \perp BC$,$BT_1 \perp AC$,故 T 为 $\triangle ABC$ 的垂心.

(2) 设过 T_1,T_2 的圆的切线交于点 K,则知 K 为圆 O、圆 O_1、圆 O_2 的根心,又由 $OD \perp SQ$,知 K,T_1,O,D,T_2 五点共圆,且 $\overset{\frown}{T_1K}=\overset{\frown}{KT_2}$,即知 KD 平分 $\angle T_1DT_2$,又 $KT_1=KT=KT_2$,由三角形内心性质的逆用,知 T 为 $\triangle T_1DT_2$ 的内心.

(3) 由于圆 O_1 与圆 O 内切于点 T,设 AC 与圆 O_1 的第二个交点为 N,则知 NT 是圆 O_1 的直径,即 N,O_1,T 三点共线,且 $NT \parallel AB$. 此时,有 $\dfrac{CA}{AN}=\dfrac{CD}{DT}$.

在完全四边形 CT_1ATBT_2 中,由对角线调和分割的性质,有 P,D 调和分割 CT,即有 $\dfrac{CD}{DT}=\dfrac{CP}{PT}$,于是,有 $\dfrac{CA}{AN}=\dfrac{CP}{PT}$.

注意到，$NO_1 = O_1T$，则 $\dfrac{CA}{AN} \cdot \dfrac{NO_1}{O_1T} \cdot \dfrac{TP}{PC} = 1$，于是，对 $\triangle CNT$ 应用梅涅劳斯的逆定理，知 A, O_1, P 三点共线，同理，B, O_2, P 三点共线．

(4) 由于圆 O 与圆 O_2 内切于点 T_2，则 O, O_2, T 三点共线．如图 31.89，设 QT_2 交圆 O_2 于点 F，联结 O_2F, OQ，则由 $\angle O_2FT_2 = \angle O_2T_2Q = \angle OQT_2$，知 $O_2F \parallel OQ$，于是，有 $\dfrac{T_2F}{T_2Q} = \dfrac{O_2F}{OQ} = \dfrac{r_2}{r}$，亦即 $\dfrac{QF}{QT_2} = \dfrac{QT_2 - FT_2}{QT_2} = \dfrac{r - r_2}{r}$．

注意到 $QT^2 = QT_2 \cdot QF$，则 $QT^2 = QT_2^2 \cdot \dfrac{r - r_2}{r}$，即 $QT_2^2 = QT^2 \cdot \dfrac{r}{r - r_2}$．

同理，$QT_1^2 = QT^2 \cdot \dfrac{r}{r - r_1}$，故 $\dfrac{QT_1^2}{QT_2^2} = \dfrac{r - r_2}{r - r_1}$．

(5) 由于 $O, O_1, T_1; O, O_2, T_2; O_1, T, O_2$ 分别三点共线，在 $\triangle OO_1O_2$ 中，由于 $\dfrac{OT_1}{T_1O_1} \cdot \dfrac{O_1T}{TO_2} \cdot \dfrac{O_2T_2}{T_2O} = \dfrac{r}{r_1} \cdot \dfrac{r_1}{r_2} \cdot \dfrac{r_2}{r} = 1$，由塞瓦定理之逆知 OT, O_1T_2, T_1O_2 共线．

(6) 由
$$\angle OO_2O_1 = 180° - (\angle T_1OT_2 + \angle OO_1O_2)$$
$$= 180° - [(180° - 2\angle OT_1T - 2\angle TT_1T_2) + 2\angle OT_1T]$$
$$= 2\angle TT_1T_2$$

即证．

同理，$\angle OO_1O_2 = 2\angle TT_2T_1$．

2. 应用举例

例 1 （1980 年卢森堡等五国国际数学竞赛题）设两圆相切于点 P，与其中一圆相切于点 A 的直线交另一圆于点 B, C，证明：PA 是 $\angle BPC$ 的平分线或外角平分线．

事实上，两圆外切时，由性质 4 即证．当两圆内切时，设 PB, PC 分别交小圆于 B', C'，则 $B'C' \parallel BC$，有 $\stackrel{\frown}{AB'} = \stackrel{\frown}{AC'}$，故 PA 平分 $\angle BPC$．

例 2 （2004 年芬兰高中数学竞赛题）已知半径分别为 R, r 的两圆外切，求内公切线被两条外公切线所截得的线段长．

事实上，由性质 9，即求得其长为 $2\sqrt{Rr}$．

类似地，应用性质 9，可证得如下莫斯科数学奥林匹克题：向两个相互外切的圆引外公切线,并将切点联结起来,求证:所得的四边形中,两组对边的和相等.

例 3 (2006 年英国数学奥林匹克题)两个相切圆 Γ_1, Γ_2 的公切线分别切圆 Γ_1, Γ_2 于点 A, B. 设 AP 是圆 Γ_1 的直径,点 P 到圆 Γ_2 的切线切 Γ_2 于点 Q,求证:$AP = PQ$.

事实上,由性质 9,知公切点 T 与 P, B 三点共线,且 $AT \perp PB$,有 $AP^2 = PT \cdot PB$. 又由切割线定理,有 $PQ^2 = PT \cdot PB$,故 $AP = PQ$.

例 4 (1992 年亚太地区数学奥林匹克题)在以 O 为圆心,r 为半径的圆 C 内,有两个互相外切点 A 的圆 C_1、圆 C_2. 圆 C_1, C_2 分别与圆 C 内切于点 A_1, A_2,圆 C_1, C_2 的圆心分别为 O_1, O_2. 求证:OA, O_1A_2, O_2A_1 三线共点.

事实上,由性质 12 即证.

例 5 (1988 年 IMO39 预选题)给定七个圆,六个小圆在大圆内,每个小圆与大圆相切,且与相邻两个小圆相切,若六个小圆与大圆的切点依次为 $A_1, A_2, A_3, A_4, A_5, A_6$. 证明:$A_1A_2 \cdot A_3A_4 \cdot A_5A_6 = A_2A_3 \cdot A_4A_5 \cdot A_6A_1$.

事实上,由性质 13 即证.

例 6 (2002 年第 10 届土耳其数学奥林匹克题)两圆外切于点 A,且内切于另一圆 O,切点为 B, C. 令 D 是小圆内公切线割圆 O 的弦的中点. 证明:当 B, C, D 不共线时,A 是 $\triangle BCD$ 的内切圆的圆心.

证明 如图 31.90,设三圆的根心为 P,则 B, O, D, C, P 五点共圆. 由 $PB = PA = PC$,知 A 为 $\triangle BCD$ 的内心.

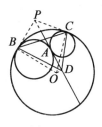

图 31.90

注 此例也可作为两圆外切的一条性质.

例 7 (2004 年泰国数学奥林匹克题)已知圆 ω 是等边 $\triangle ABC$ 的外接圆,设圆 ω 与圆 ω_1 外切且切点异于 A, B, C,点 A_1, B_1, C_1 在圆 ω_1 上,使得 AA_1, BB_1, CC_1 与圆 ω_1 相切. 证明:线段 AA_1, BB_1, CC_1 中的一线段的长度等于另两

线段长度之和.

证法1 如图 31.91,设圆 ω 与圆 ω_1 外切点 T,联结 AT,BT,CT,则由性质 8,知 $AT = AA_1 \cdot \sqrt{\dfrac{R}{R+r}}, BT = BB_1 \cdot \sqrt{\dfrac{R}{R+r}}, CT = CC_1 \cdot \sqrt{\dfrac{R}{R+r}}$,其中 R,r 分别为圆 ω,ω_1 的半径.

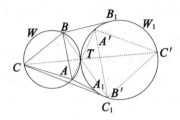

图 31.91

在四边形 $ATBC$ 中应用托勒密定理,有
$$AT \cdot BC + BT \cdot AC = CT \cdot AB$$
而
$$BC = AC = AB$$
则有 $AT + BT = CT$,将前述式子代入即知 $AA_1 + BB_1 = CC_1$.

证法2 如图 31.91,分别延长 AT,BT,CT 交圆 ω_1 于 A',B',C',设圆 ω,ω_1 的半径分别为 R,r,则由性质1知,$AA' = \dfrac{R+r}{R} \cdot AT, BB' = \dfrac{R+r}{R} \cdot BT, CC' = \dfrac{R+r}{R} \cdot CT$.

同前述证法有 $AT + BT = CT$,亦有 $\sqrt{AT \cdot (\dfrac{R+r}{R} AT)} + \sqrt{BT \cdot (\dfrac{R+r}{R} BT)} = \sqrt{CT \cdot (\dfrac{R+r}{R} CT)}$.

亦即 $\sqrt{AT \cdot AA'} + \sqrt{BT \cdot BB'} = \sqrt{CT \cdot CC'}$. 由点 A,B,C 是圆 ω_1 的幂相等,得
$$AA_1 + BB_1 = CC_1$$

证法3 直接由推广的托勒密定理,有 $BC \cdot AA_1 + CA \cdot BB_1 = AB \cdot CC_1$,由此即证.

注 此例中,若考虑两圆内切和外切,则为1972年奥地利数学奥林匹克题.

例8 (1985年IMO26预选题)圆 (O_1, r_1) 与圆 (O_2, r_2) 外切于 $A, r_1 > r_2$,外

公切线切圆(O_1,r_1)于B,切圆(O_2,r_2)于C. 直线O_1O_2交圆(O_2,r_2)于$D(D\neq A)$,交BC于E. 若$BC=6DE$,求证:(1)$\triangle O_1BE$的边长成等差数列;(2)$AB=2AC$.

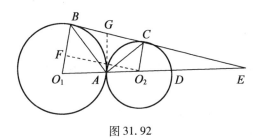

图31.92

证明 (1)如图31.92,由性质9及例2的结论知

$$BC = 2\sqrt{r_1r_2}$$

$$DE = \frac{1}{6}BC = \frac{1}{3}\sqrt{r_1r_2}$$

由$\triangle O_2CE \sim \triangle O_1FO_2$(其中$F$为过$O_2$的$BC$的平行线与$O_1B$的交点),有$\dfrac{O_2E}{O_2C} = \dfrac{O_2O_1}{O_1F}$,即$\dfrac{r_2+\frac{1}{3}\sqrt{r_1r_2}}{r_2} = \dfrac{r_1+r_2}{r_1-r_2}$,亦即$r_1^3 - 2r_2r_1^2 + r_2^2r_1 - 36r_2^3 = 0$. 这是关于$r_1$的三次方程,且仅有一个实根,即有$r_1 = 4r_2$.

于是$\dfrac{O_1B}{O_1E} = \dfrac{4r_2}{6r_2+\frac{2}{3}r_2} = \dfrac{3}{5}$. 从而$\triangle O_1BE$三边之比为$3:4:5$,故三边成等差数列.

(2)设过点A的切线交BC于G,则G为BC中点,且$\dfrac{1}{2}BC = \sqrt{r_1r_2} = \dfrac{r_1}{2} = \dfrac{1}{2}O_1A$,$\angle CGA = 180° - \angle AGB = \angle AO_1B$,注意到$CG = GA$,$O_1A = O_1B$,则知

$$\triangle O_1AB \sim \triangle GCA$$

于是$AC = \dfrac{1}{2}AB$,故$AB = 2AC$.

例9 (1974年第8届全苏数学奥林匹克题)已知:半径为R和r的两个圆彼此外切,作不同的梯形,使得每个圆切梯形的两腰和一个底,求梯形腰长最小的可能长度.

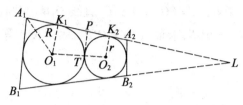

图 31.93

解 如图 31.93，梯形 $A_1B_1B_2A_2$ 的腰 A_1A_2 切两圆于 K_1,K_2，两圆圆心分别为 O_1,O_2.

设 $R>r$，则可设直线 A_1A_2,B_1B_2 交于点 L.

由性质 9 及例 2 的结论知，P 为内公切线与外公切线 K_1K_2 的交点时，有 $K_1P=PK_2=\sqrt{Rr}$.

由 $\triangle A_1K_1O_1 \backsim \triangle A_2K_2O_2$，有 $A_1K_1 \cdot K_2A_2=Rr$.

于是，$A_1K_1+A_2K_2 \geq 2\sqrt{A_1K_1 \cdot K_2A_2}=2\sqrt{Rr}$.

若使 $K_2A_2=\sqrt{Rr}$ 的点 A_2 在 K_2 和 L 之间，则梯形的最短腰的长度等于 $A_1K_1+K_1K_2+K_2A_2=4\sqrt{Rr}$.

若 $A_2K_2 \geq K_2L$，即 $\sqrt{Rr} \geq \sqrt{Rr} \cdot \sqrt{\dfrac{2r}{R-r}}=q$，且 $R \geq 3r$，那么

$$A_1A_2 > 2\sqrt{Rr}+q+\dfrac{\sqrt{Rr}}{q}=\dfrac{\sqrt{Rr}(R+r)^2}{2r(R-r)}$$

于是，若 $3r>R$，那么腰的最小长度等于 $4\sqrt{Rr}$；若 $3r \leq R$，具有最短腰长的梯形不存在，此时，腰长大于 $\dfrac{\sqrt{Rr}(R+r)^2}{2r(R-r)}$.

例 10 （1989 年 IMO30 试题）如图 31.94，设 $ABCD$ 是一个凸四边形，它的三边 AB,AD,BC 满足 $AB=AD+BC$，在四边形内距离 CD 为 h 的地方有一点 P，使得 $AP=h+AD,BP=h+BC$，求证：$\dfrac{1}{\sqrt{h}} \geq \dfrac{1}{\sqrt{AD}}+\dfrac{1}{\sqrt{BC}}$.

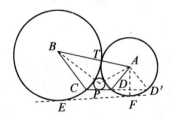

图 31.94

证明 分别以 A,B,P 为圆心,以 AD,BC 和 h 为半径作三个圆. 由 $AB = AD + BC, AP = h + AD, BP = h + BC$,注意性质1,知三个圆两两相外切.

设圆 A 与圆 B 外切于点 T,则圆 P 为曲边三角形 TCD 的内切圆(若给定四边形为 $ABCD'$,则考虑四边形 $ABCD$).

作圆 A 与圆 B 的外公切线 EF,易知当 C,D 沿着所在的圆周移到 E,F 时,圆 P 的半径达到最大值,记为 m,即有 $m \geq h$.

设 $AD = r, BC = R$,当圆 P 与 EF 相切时考察 AB, BP, PA 在 EF 上的投影 p, a, b,则

$$p = 2\sqrt{Rr}, a = \sqrt{(R+m)^2 - (R-m)^2} = 2\sqrt{Rm}$$
$$b = \sqrt{(r+m)^2 - (r-m)^2} = 2\sqrt{rm}$$

从而 $\sqrt{Rr} = \sqrt{Rm} + \sqrt{rm}$,即 $\frac{1}{\sqrt{m}} = \frac{1}{\sqrt{R}} + \frac{1}{\sqrt{r}}$,而 $m > h$,故 $\frac{1}{\sqrt{h}} \geq \frac{1}{\sqrt{m}} = \frac{1}{\sqrt{R}} + \frac{1}{\sqrt{r}}$.

例 11 (2005年保加利亚国家数学奥林匹克题)已知圆 O_1 与圆 O_2 外切于点 T,一直线与圆 O_2 相切于点 X,与圆 O_1 交于点 A,B,且点 B 在线段 AX 的内部,直线 XT 与圆 O_1 交于另一点 S. C 是不包含点 A,B 的 $\overparen{TS}$ 上的一点,过点 C 作圆 O_2 的切线,切点为 Y,且线段 CY 与线段 ST 不相交,直线 SC 与 XY 交于点 I. 证明:(1)C,T,I,Y 四点共圆;(2)I 是 $\triangle ABC$ 的 $\angle A$ 内的旁切圆的圆心.

证明 (1)如图31.95,联结 AT, TC, AS, TY,则由性质5,知 S 为优弧 $\overparen{AB}$ 的中点,从而 $\angle BAS = \angle ABS$,由四点共圆,有 $\angle BAT = \angle BST, \angle TCI = \angle TAS$.

而 $\angle TAS = \angle BAS - \angle BAT = \angle ABS - \angle BST$
$= \angle BXS = \angle BXT = \angle TYX$

所以 C,T,I,Y 四点共圆.

(2)延长 AC 至 L,延长 BC 至 K,注意到 $AS = BS$,由 $\angle BCI = \angle SCK = \angle BAS = \angle ABS = \angle ACS = \angle ICL$,即知 CI 是 $\angle ACB$ 的外角平分线.

由 $\angle CIT = \angle CYT = \angle TXY$,知 $\triangle SXI \sim \triangle SIT$,即有 $SI^2 = ST \cdot SX$.

又由性质5(或 $\triangle SAT \sim \triangle SXA$),有 $SA^2 = ST \cdot SX$,从而 $SI = SA$.

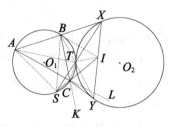

图 31.95

令 $\angle BAC = \alpha, \angle ABC = \beta, \angle ACB = \gamma$,则 $\angle BSI = \angle BSC = \alpha$,从而

$$\angle BIS = \frac{1}{2}(180° - \angle BSI) = 90° - \frac{\alpha}{2}$$

在 $\triangle BCI$ 中

$$\angle CBI = \angle SBI - \angle SBC = \angle BIS - (\angle ABC - \angle ABS)$$
$$= 90° - \frac{\alpha}{2} - (\beta - \frac{180° - \gamma}{2})$$
$$= 90° - \frac{\beta}{2}$$

即知 BI 平分 $\angle ABC$ 的外角,所以,点 I 是 $\triangle ABC$ 的 $\angle A$ 内的旁切圆的圆心.

例12 (2006 年 IMO47 预选题)如图 31.96,已知圆 O_1、圆 O_2 外切于点 D,并同时与圆 ω 内切,切点分别为 E, F,过 D 作圆 O_1、圆 O_2 的公切线 l,设圆 ω 的直径 $AB \perp l$,使得 A, E, O_1 在 l 的同侧,证明: AO_1, BO_2, EF 三线共点.

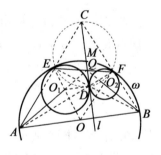

图 31.96

证明 设 AB 的中点为 O,由性质 1 知 E 为圆 ω 与圆 O_1 的位似中心,由 $OB \parallel O_1D$,知 E, D, B 三点共线,同理 F, D, A 三点共线. 由此可得 D 为 $\triangle ABC$ 的垂心.

设 M 为 CD 中点,则 M 为圆 CED 的圆心.

又可证得 $O_1O_2 /\!/ AB, MO_1 /\!/ AC, MO_2 /\!/ BC$.

因此，$\triangle ABC$ 与 $\triangle O_1O_2M$ 的对应边平行，且不全等，于是，对应顶点的连线交于一点 Q，且 Q 为这两个三角形的位似中心.

考虑直线 AOB 和 O_1DO_2，由于 AD, OO_2 交于点 F, AO_1, BO_2 交于点 Q, OO_1, BD 交于点 E，由帕普斯定理知 F, Q, E 三点共线，即 Q 是 AO_1, BO_2, EF 的公共点.

例 13 (2008 年第 15 届土耳其数学奥林匹克题) 在 Rt$\triangle ABC$ 中，已知 $\angle B = 90°$，$\triangle ABC$ 的内切圆切边 BC 于点 D，X, Z 分别是 $\triangle ABD, \triangle ADC$ 的内心，XZ 与 AD 交于点 K，与 $\triangle ABC$ 的外接圆交于点 U, V，M 为弦 UV 的中点，Y 为 AD 与 $\triangle ABC$ 外接圆的交点 ($Y \ne A$)，求证：$YC = 2MK$.

证明 如图 31.97，设 $\triangle ABD, \triangle ADC$ 的内切圆切 BC 于点 T, S，其内切圆半径分别为 r_1, r_2.

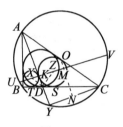

图 31.97

下面证明圆 X、圆 Z 外切于点 K.

由 $DS = \dfrac{1}{2}(AD + DC - AC) = \dfrac{1}{2}(AD + BC - BD - AC)$

$= \dfrac{1}{2}(AB + BC - AC) - \dfrac{1}{2}(AB + BD - AD) = BD - BT = TD$

注意到 $XD \perp DZ$，有
$$XZ^2 = XD^2 + DZ^2 = r_1^2 + r_2^2 + 2TD^2$$

且
$$XZ^2 = (r_1 - r_2)^2 + TS^2 = (r_1 - r_2)^2 + 4TD^2$$

则 $r_1 r_2 = TD^2$ (或由性质 7 及例 2 结论得)，故 $XZ = r_1 + r_2$.

又 $XK \geq r_1, ZK \geq r_2, XK + ZK = XZ$，则 $XK = r_1, ZK = r_2$，于是圆 X 与圆 Z 切于点 K.

因此,$AD \perp UV$.

设 O 为 $\triangle ABC$ 的外心,由 M 为 UV 中点,则由 $OM \perp UV$, $CY \perp AY$,知 $UV \parallel YC$.

设 OM 交 YC 于点 N,则 N 为 YC 中点,由四边形 $KYNM$ 为矩形,知 $YC = 2MK$.

例14 (2008年第57届捷克和斯洛伐克数学奥林匹克题)半径不同的两个圆 Γ_1, Γ_2 外切于点 T, A, B 分别为 Γ_1, Γ_2 异于 T 的点,且 $\angle ATB = 90°$. (1)证明:直线 AB 经过定点;(2)求 AB 中点的轨迹.

证明 (1)不妨设圆 Γ_1 的半径大于圆 Γ_2 的半径.

如图 31.98,设圆 Γ_1, Γ_2 的圆心分别为 O_1, O_2,直线 O_1O_2 分别交两圆于 C, D(异于点 T),则

$$\angle CAT = \angle TBD = 90°$$

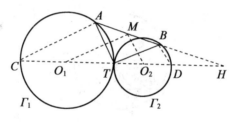

图 31.98

又 $\angle ATB = 90°$,则 $CA \parallel TB$, $AT \parallel BD$,有 $\triangle CAT \sim \triangle TBD$.

设 AB 与 CD 所在直线交于点 H,则由性质1知,H 为圆 Γ_1 与圆 Γ_2 的外位似中心,故 AB 经过定点.

(2)设 M 为线段 AB 的中点,则 O_1M, O_2M 分别为梯形 $BACT, ATDB$ 的中位线,则 $O_1M \parallel BT$, $O_2M \parallel AT$,从而 $O_1M \perp O_2M$. 因此点 M 在以 O_1O_2 为直径的圆上,但 $M \neq O_1, M \neq O_2$.

反过来,对以 O_1O_2 为直径的圆上异于 O_1, O_2 的任意一点 M 来说,作 $TA \perp O_1M$ 交圆 Γ_1 于点 A, $TB \perp O_2M$ 交圆 Γ_2 于点 B,则 $\angle ATB = 90°$.

因 AT 为圆 Γ_1 的弦,则 O_1M 垂直平分 AT,即 $MT = MA$,同理 $MT = MB$.

故 M 为 $\triangle ATB$ 的外心,又 $\triangle ATB$ 为直角三角形,所以 M 为 AB 的中点.

综上,所求线段 AB 的中点轨迹是以 O_1O_2 为直径的圆,除去 O_1, O_2 这两个点.

例15 (2006年IMO47预选题)设凸四边形$ABCD$中,过点A,D的圆与过点B,C的圆外切于点P,且P在四边形$ABCD$的内部,设$\angle PAB + \angle PDC \leq 90°$,$\angle PBA + \angle PCD \leq 90°$. 证明:$AB + CD \geq BC + AD$.

证明 如图31.99,设$\triangle ABP$与$\triangle CDP$的外接圆交于点P,Q,由于点A在圆BCP外,则$\angle BCP + \angle BAP < 180°$,从而点$C$在圆$ABP$外. 同理点$D$在圆$ABP$外,故$P,Q$均在圆$CDP$的$\overset{\frown}{CD}$上.

因此,点Q或在$\angle BPC$内,或在$\angle APD$内. 不失一般性,设点Q在$\angle BPC$内,则$\angle AQD = \angle PQA + \angle PQD = \angle PBA + \angle PCD \leq 90°$.

由于$\angle PAB$,$\angle PDC$均为锐角,则$\angle PQB$,$\angle PQC$均为钝角,即Q既在$\angle BPC$内,也在$\triangle BPC$内,从而点Q在四边形$ABCD$内部.

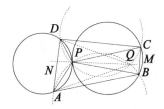

图31.99

又$\angle BQC = \angle PAB + \angle PDC \leq 90°$,$\angle PCQ = \angle PDQ$,则$\angle ADQ + \angle BCQ = \angle ADP + \angle PDQ + \angle BCP - \angle BCQ = \angle ADP + \angle BCP$. 从而,由性质8,知$\angle ADP + \angle BCP = \angle APB$,且$\angle APB = \angle AQB$. 于是,$\angle ADQ + \angle BCQ = \angle AQB$.

又由性质8,知$\triangle BCQ$与$\triangle DAQ$的外接圆切于点Q(此处$P \neq Q$,若$P = Q$结论也成立).

在四边形$ABCD$的内侧分别作以BC,DA为直径的半圆,圆心分别为M,N.

因$\angle BQC \leq 90°$,$\angle AQD \leq 90°$,则两个半圆分别在圆BCQ和圆ADQ内. 由于圆BCQ与圆ADQ相切,则这两个半圆不可能重叠,于是$MN \geq \frac{1}{2}BC + \frac{1}{2}DA$,而$\overrightarrow{MN} = \frac{1}{2}(\overrightarrow{BA} + \overrightarrow{CD})$,所以,$MN \leq \frac{1}{2}(AB + CD)$. 故$AB + CD \geq BC + DA$.

注 此例又作为2007年捷克—斯洛伐克—波兰数学竞赛题.

例16 (1991年亚太地区数学奥林匹克题)两圆C_1,C_2相切,P在它们的根轴上,试用直尺、圆规作出所有过点P且与圆C_1,C_2都相切的圆C.

解 (1)当 P 恰为 C_1 与 C_2 的切点时,在连心线上任取一点(不同于 C_1,C_2 的圆心)为圆心,过 P 作圆,则此圆过点 P 且与 C_1,C_2 均相切(外切与内切).

(2)若 C_1,C_2 相内切,则不能作出这样的圆.

(3)若 C_1,C_2 外切于点 T,设 T_1T_2(或 $T_1'T_2'$)为两圆外公切线(T_1,T_2 为切点,或 T_1',T_2' 为切点,下均同).

联结 PT_1,PT_2 分别交两圆于另一点 P_1,P_2,过 P_1,P_2,P 作圆 O,则可证圆 O 与圆 C_1,C_2 均相切.

因 $PT_1 \cdot PP_1 = PT^2 = PT_2 \cdot PP_2$,则 P_1,T_1,T_2,P_2 共圆,有 $\angle PP_1P_2 = \angle PT_2T_1$.

设圆 C_2 在 P_2 处的切线为 EF,则 $\angle PT_2T_1 = \angle EP_2T_2 = \angle PP_2F$,$\angle PP_2F = \angle PP_1P_2$.

因此,EF 也与圆 O 相切,于是圆 O 与圆 C_2 相切,同理圆 O 与圆 C_1 相切.

反之,若圆 O 过 P 并且与圆 C_1,C_2 分别切于 P_1,P_2,设 PP_1,PP_2 再交圆 C_1,C_2 于 T_1,T_2,则易知 T_1T_2 是圆 C_1,C_2 的公切线.

因此,如图 31.100,在圆 C_1,C_2 外切且 P 在外公切线所夹部分外时,恰可作出 2 个符合要求的圆.

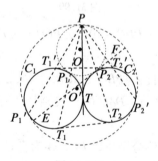

图 31.100

这也可由性质 16 即证.

例 17 如图 31.101,两圆外切于点 T,PQ 为圆 O_1 的弦,直线 PT,QT 分别交圆 O_2 于点 R,S,分别过 P,Q 作圆 O_1 的切线依次交圆 O_2 于 A,B,D,C,直线 RD,SA 分别交 PQ 于 E,F. 求证:$\angle EAF = \dfrac{1}{2}\angle BAC$.

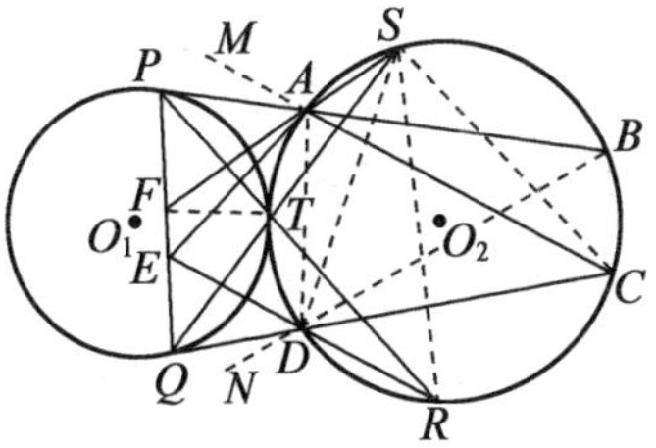

图 31.101

证明 延长 CA 至点 M,联结 TA,TF,SR,SD,SC,AD,易知 $SR // PQ$,则 $\angle PFA = \angle ASR = \angle PTA$,从而 P,F,T,A 四点共圆. 于是

$$\angle FAD = \angle FAT + \angle TAD = \angle FPT + \angle TSD$$
$$= \angle TQD + \angle TSD = \angle SDC = \angle SAC$$

则 AF 平分 $\angle DAM$.

同理,延长 BD 至点 N,可证 DE 平分 $\angle ADN$.

又 $\angle SFT = \angle APT = \angle SQP$,有 $\triangle SFT \backsim \triangle SQF$,于是 $SF^2 = ST \cdot SQ$.

同理可得 $SD^2 = ST \cdot SQ, SC^2 = ST \cdot SQ$.

故 $SF = SD = SC$,即 S 为 $\triangle FCD$ 的外心. 从而

$$\angle FCD = \frac{1}{2}\angle FSD = \frac{1}{2}\angle ACD$$

即 CF 平分 $\angle ACD$,所以 F 为 $\triangle ADC$ 的旁心.

同理,知 E 为 $\triangle DAB$ 的旁心.

因此

$$\angle EAF = \angle FAD - \angle EAD$$
$$= \frac{1}{2}(\angle ACD + \angle ADC) - \frac{1}{2}(\angle ABD + \angle ADB)$$
$$= \frac{1}{2}(\angle ADC - \angle ADB)$$
$$= \frac{1}{2}\angle BDC = \frac{1}{2}\angle BAC$$

例 18 如图 31.102,圆 O_1 与圆 O_2 外切于点 D,等腰直角 $\triangle ACB$ 内接于圆 O_1,切点 D 在半圆 $\overset{\frown}{AB}$ 上. 过点 A,B,C 分别作圆 O_2 的切线 AM,BN,CP,M,N,P 分别为切点. 求证:$AM + BN = \sqrt{2}CP$.

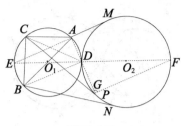

图 31.102

证明 如图 31.102,作直线 O_1O_2 分别与圆 O_1、圆 O_2 交于点 E,F,则切点 D 在连心线 O_1O_2 上.

设圆 O_1、圆 O_2 的半径分别为 r,R,则 $ED=2r,DF=2R$.

联结 AD 并延长交圆 O_2 于点 G,联结 AE,GF,由切割线定理得 $AM^2 = AD \cdot AG$,则

$$\frac{AM^2}{AD^2} = \frac{AD \cdot AG}{AD^2} = \frac{AG}{AD} \qquad ①$$

易知 $\angle EAD = \angle DGF = 90°$,所以 $AE \parallel GF$,故

$$\frac{AG}{AD} = \frac{EF}{ED} = \frac{2r+2R}{2r} = \frac{r+R}{r} \qquad ②$$

由式①②得 $\dfrac{AM^2}{AD^2} = \dfrac{r+R}{1}$,即

$$AD = AM \cdot \sqrt{\frac{r}{R+r}} \qquad ③$$

联结 BD,CD,同理可证

$$BD = BN \sqrt{\frac{r}{R+r}} \qquad ④$$

$$CD = CP \cdot \sqrt{\frac{r}{R+r}} \qquad ⑤$$

因为 Rt$\triangle ACB$ 内接于圆 O_1,所以 AB 为圆 O_1 的直径,则 $\angle ADB = 90°$.
故 $\angle AHC = \angle ADB = 90°$.

因为 A,B,C,D 四点共圆,所以 $\angle ACH = \angle ABD$.

即有 Rt$\triangle ADB \backsim$ Rt$\triangle AHC$,故 $\dfrac{AD}{AH} = \dfrac{BD}{CH} = \dfrac{AB}{AC} = \sqrt{2}$,即 $\dfrac{AD+BD}{AH+HC} = \sqrt{2}$.

在 Rt$\triangle AHD$ 中,$\angle ADH = \angle ABC = 45°$,所以 $AH = DH$.

从而,$AH + HC = DH + HC = CD$,因此$\dfrac{AD+BD}{CD} = \sqrt{2}$. 故 $AD + BD = \sqrt{2}CD$.

把式③④⑤分别代入上式,消去常数$\sqrt{\dfrac{r}{R+r}}$,即得 $AM + BN = \sqrt{2}CP$.

例19 (2002年第10届土耳其数学奥林匹克题)两圆外切于点A,且切于另一圆O,切点为B,C. 令D是小圆内公切线割圆O的弦的中点. 证明:当B,C,D不共线时,A是$\triangle BCD$的内切圆的圆心.

事实上,由性质19(2)即证.

例20 (1993年中国高中数学联赛预选题)设l为圆O外的一条直线,圆心O在l上的射影为M,过点M作两圆:圆O_1与圆O外切于点A,圆O_2与圆O内切于点B,圆O_1与圆O_2分别交直线l于另外的点P,Q. 证明:如果M,A,Q三点共线,则$PM = MQ$.

事实上,由性质17即证.

例21 (2007年第36届美国数学奥林匹克题)已知$\triangle ABC$的外接圆为Ω,内切圆为ω,外接圆半径为R. 圆ω_A与Ω内切于点A且与ω外切,圆Ω_A与Ω内切于点A与ω内切. 记ω_A, Ω_A的圆心分别为P_A, Q_A. 类似地,定义点P_B, Q_B, P_C, Q_C. 证明:$8P_AQ_A \cdot P_BQ_B \cdot P_CQ_C \leq R^3$.

证明 由性质18(2),有

$$P_AQ_A = \dfrac{\sin\dfrac{A}{2} \cdot \cos^2\dfrac{A}{2}}{\cos\dfrac{B}{2} \cdot \cos\dfrac{C}{2}} \cdot R$$

$$P_BQ_B = \dfrac{\sin\dfrac{B}{2} \cdot \cos^2\dfrac{B}{2}}{\cos\dfrac{A}{2} \cdot \cos\dfrac{C}{2}} \cdot R$$

$$P_CQ_C = \dfrac{\sin\dfrac{C}{2} \cdot \cos^2\dfrac{C}{2}}{\cos\dfrac{A}{2} \cdot \cos\dfrac{B}{2}} \cdot R$$

从而 $8P_AQ_A \cdot P_BQ_B \cdot P_CQ_C = 8R^3 \cdot \sin\dfrac{A}{2} \cdot \sin\dfrac{B}{2} \cdot \sin\dfrac{C}{2}$.

注意到$\triangle ABC$中,有熟知的不等式(或运用上凸函数的性质),即

$$\sin\frac{A}{2}\cdot\sin\frac{B}{2}\cdot\sin\frac{C}{2}\leq\frac{1}{8}$$

故 $$8P_AQ_A\cdot P_BQ_B\cdot P_CQ_C\leq R^3.$$

例22 (1992年亚太地区数学奥林匹克题)在以 O 为圆心、r 为半径的圆 C 内,有两个互相外切于点 A 的圆 C_1、圆 C_2,圆 C_1,C_2 分别与圆 C 内切于 A_1,A_2 点,圆 C_1,C_2 的圆心分别为 O_1,O_2. 求证:OT,O_1A_2,O_2A_1 共点.

事实上,由性质19(5)即证.

例23 (1988年IMO29预选题)给定七个圆,六个小圆在一个大圆内,每个小圆与大圆相切,且与相邻两个小圆相切,若六个圆与大圆切点依次为 A_1,A_2,A_3,A_4,A_5,A_6. 证明:$A_1A_2\cdot A_3A_4\cdot A_5A_6=A_2A_3\cdot A_4A_5\cdot A_6A_1$.

事实上,由性质13即证.

例24 (2006年IMO47预选题)已知圆 O_1、圆 O_2 外切于点 D,并同时与圆 ω 内切,切点分别为 E,F,过 D 作圆 O_1、圆 O_2 的公切线 l. 设圆 ω 的直径 $AB\perp l$,使得 A,E,O_1 在 l 的同侧. 证明:AO_1,BO_2,EF 三线共点.

证明 如图31.103,设 AB 的中点为 O,直线 AE,BF 交于点 C,则由性质19(1),知点 D 为 $\triangle ABC$ 的垂心,亦知点 C 在直线 l 上,即知点 D 在 $\triangle ABC$ 内.

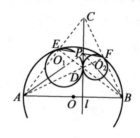

图31.103

设 EF 交直线 l 于点 P,则由结论5(3)知,A,O_1,P 三点共线,B,O_2,P 三点也共线.

故 AO_1,BO_2,EF 三线共点于 P.

例25 设圆 O 与圆 O' 内切于点 A_0,在这两圆间隙中,依次作四个内切圆 圆 O_1、圆 O_2、圆 O_3、圆 O_4. 这四个圆均与圆 O 内切,与圆 O' 外切,且各依次相外切. 设圆 O 的半径为 R,圆 O' 的半径为 r_0,这四个圆的半径依次为 r_1,r_2,r_3,r_4,则 $\dfrac{1}{r_1}-\dfrac{3}{r_2}+\dfrac{3}{r_3}-\dfrac{1}{r_4}=0$.

证明 如图 31.104,设圆 O'、圆 O_1、圆 O_2、圆 O_3、圆 O_4 与圆 O 依次切于点 A_0, A_1, A_2, A_3, A_4,则由性质 13 知

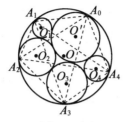

图 31.104

$$A_0A_1 = \frac{2R\sqrt{r_0 r_1}}{\sqrt{(R-r_0)(R-r_1)}}$$

$$A_1A_2 = \frac{2R\sqrt{r_1 r_2}}{\sqrt{(R-r_1)(R-r_2)}}$$

$$A_2A_3 = \frac{2R\sqrt{r_2 r_3}}{\sqrt{(R-r_2)(R-r_3)}}$$

$$A_3A_4 = \frac{2R\sqrt{r_3 r_4}}{\sqrt{(R-r_3)(R-r_4)}}$$

$$A_0A_2 = \frac{2R\sqrt{r_0 r_2}}{\sqrt{(R-r_0)(R-r_2)}}$$

$$A_0A_3 = \frac{2R\sqrt{r_0 r_3}}{\sqrt{(R-r_0)(R-r_3)}}$$

对四边形 $A_0A_1A_2A_3$ 应用托勒密定理,求得

$$A_1A_3 = \frac{4R\sqrt{r_1 r_3}}{\sqrt{(R-r_1)(R-r_3)}}$$

同理 $A_2A_4 = \dfrac{4R\sqrt{r_2 r_4}}{\sqrt{(R-r_2)(R-r_4)}}, A_1A_4 = \dfrac{6R\sqrt{r_1 r_4}}{\sqrt{(R-r_1)(R-r_4)}}$

注意到 $S_{\triangle ABC} = \dfrac{abc}{4R}$ 及

$$S_{A_1A_2A_3A_4} = S_{\triangle A_1A_2A_3} + S_{\triangle A_1A_4A_3} = S_{\triangle A_1A_2A_4} + S_{\triangle A_2A_3A_4}$$

求得 $\dfrac{A_1A_3}{A_2A_4} = \dfrac{A_1A_2 \cdot A_1A_4 + A_2A_3 \cdot A_3A_4}{A_1A_4 \cdot A_3A_4 + A_1A_2 \cdot A_2A_4}$. 由前述各式代入定理即得结论.

例26 如图 31.105，在以 AB 为直径的半圆内作两个半圆及圆 O，设 C 为 AB 上一点，且 $AC:CB=3:2$，即分别以 AC,CB 为直径作半圆，作圆 O 与大的半圆内切且与这两个小的半圆外切．求圆 O 的直径与 AB 的比.

解 设圆 O 与以 AB 为直径的半圆（即大的半圆）切于点 D，联结 AD,BD 分别交圆 O 于 G,H，则由相切两圆是以切点为位似中心的位似形，知 GH 为圆 O 的直径，且 $GH//AB$. 同理，若设圆 O 切以 AC,CB 为直径的半圆于点 E,F，则 $A,E,H;B,F,G;C,E,G;C,F,H$ 分别三点共线.

设 AD 交半圆 AC 于点 I，BD 交半圆 BC 于点 K，联结 CI,CK 分别交 AE,BF 于 L,M，GL,HM 的延长线交 AB 于 N,P.

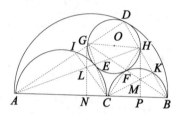

图 31.105

注意到 L,M 分别是 $\triangle ACG,\triangle CBH$ 的垂心，则 $CK//AD,CI//BD$，且 $GH=NP$.

于是，$AC:CB=AL:LH=AN:NP,BC:CA=BM:MG=BP:PN$.

即有 $AN:NP=NP:PB$.

又 $AC:CB=3:2$，则 $AN=\frac{3}{2}NP=\frac{9}{4}PB$，即 $BP:PN:NA:AB=4:6:9:19$.

故 $GH=NP=\frac{6}{19}AB$.

第32章 2010～2011年度试题的诠释

东南赛试题1 如图32.1,已知 $\triangle ABC$ 内切圆圆 I 分别与边 AB,BC 切于点 F,D,直线 AD,CF 分别与圆 I 交于另一点 H,K. 求证: $\dfrac{FD \cdot HK}{FH \cdot DK} = 3$.

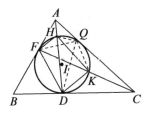

图 32.1

证法1 设 $AF = x$,$BF = y$,$CD = z$.

由斯特瓦尔特定理得

$$AD^2 = \dfrac{BD}{BC} \cdot AC^2 + \dfrac{CD}{BC} \cdot AB^2 - BD \cdot DC$$

$$= \dfrac{y(x+z)^2 + z(x+y)^2}{y+z} - yz = x^2 + \dfrac{4xyz}{y+z}$$

由切割线定理得 $AH = \dfrac{AF^2}{AD} = \dfrac{x^2}{AD}$,故

$$HD = AD - AH = \dfrac{AD^2 - x^2}{AD} = \dfrac{4xyz}{AD(y+z)}$$

同理,$KF = \dfrac{4xyz}{CF(x+y)}$.

因为 $\triangle CDK \backsim \triangle CFD$,所以

$$DK = \dfrac{DF \cdot CD}{CF} = \dfrac{DF}{CF} \cdot z$$

又因为 $\triangle AFH \backsim \triangle ADF$,所以

$$FH = \dfrac{DF \cdot AF}{AD} = \dfrac{DF}{AD} \cdot x$$

由余弦定理得

$$DF^2 = BD^2 + BF^2 - 2BD \cdot BF\cos B$$
$$= 2y^2\left[1 - \frac{(y+z)^2 + (x+y)^2 - (x+z)^2}{2(x+y)(y+z)}\right]$$
$$= \frac{4xy^2z}{(x+y)(y+z)}$$

故

$$\frac{KF \cdot HD}{FH \cdot DK} = \frac{\dfrac{4xyz}{CF(x+y)} \cdot \dfrac{4xyz}{AD(y+z)}}{\dfrac{DF}{AD} \cdot x \cdot \dfrac{DF}{CF} \cdot z}$$

$$= \frac{16xy^2z}{DF^2(x+y)(y+z)} = 4 \qquad ①$$

对圆内接四边形 $DKHF$ 应用托勒密定理得

$$KF \cdot HD = DF \cdot HK + FH \cdot DK$$

再结合式①即得 $\dfrac{FD \cdot HK}{FH \cdot DK} = 3$.

证法2 设内切圆切 AC 于点 Q,联结 FQ,DQ,KQ,HQ,则知四边形 $FDKQ$, $FDQH$ 分别为调和四边形,注意到托勒密定理,有

$$KF \cdot DQ = 2DK \cdot FQ, HD \cdot FQ = 2FH \cdot DQ$$

上述两式相乘,得 $\dfrac{KF \cdot HD}{FH \cdot DK} = 4$.

又由托勒密定理,有

$$KF \cdot HD = DF \cdot HK + FH \cdot DK$$

故 $\dfrac{KF \cdot HD}{FH \cdot DK} = 4 \Leftrightarrow \dfrac{FD \cdot HK}{FH \cdot DK} = 3$.

东南赛试题2 如图 32.2, $\triangle ABC$ 为直角三角形, $\angle ACB = 90°$, M_1, M_2 为 $\triangle ABC$ 内任意两点, M 为线段 M_1M_2 的中点, 直线 BM_1, BM_2, BM 与边 AC 分别交于点 N_1, N_2, N. 求证: $\dfrac{M_1N_1}{BM_1} + \dfrac{M_2N_2}{BM_2} \geq \dfrac{2MN}{BM}$.

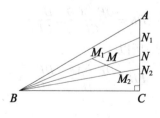

图 32.2

证明 设 H_1, H_2, H 分别为点 M_1, M_2, M 在直线 BC 上的投影,则

$$\frac{M_1N_1}{BM_1} = \frac{H_1C}{BH_1}, \frac{M_2N_2}{BM_2} = \frac{H_2C}{BH_2}$$

$$\frac{MN}{BM} = \frac{HC}{BH} = \frac{H_1C + H_2C}{BH_1 + BH_2}$$

不妨设 $BC = 1, BH_1 = x, BH_2 = y$,则

$$\frac{M_1N_1}{BM_1} = \frac{H_1C}{BH_1} = \frac{1-x}{x}, \frac{M_2N_2}{BM_2} = \frac{H_2C}{BH_2} = \frac{1-y}{y}$$

$$\frac{MN}{BM} = \frac{HC}{BH} = \frac{1-x+1-y}{x+y}$$

于是,原不等式等价于

$$\frac{1-x}{x} + \frac{1-y}{y} \geq 2 \cdot \frac{1-x+1-y}{x+y} \Leftrightarrow \frac{1}{x} + \frac{1}{y} \geq \frac{4}{x+y}$$

即 $(x-y)^2 \geq 0$.

这显然成立,故原不等式成立.

女子赛试题 1 如图 32.3,在 $\triangle ABC$ 中,$AB = AC$,D 是边 BC 的中点,E 是 $\triangle ABC$ 外一点,满足 $CE \perp AB$,$BE = BD$. 过线段 BE 的中点 M 作直线 $MF \perp BE$,交 $\triangle ABD$ 的外接圆的劣弧 $\overset{\frown}{AD}$ 于点 F. 求证:$ED \perp DF$.

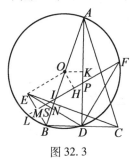

图 32.3

证明 如图 32.3,易知 $AD \perp BC$. 由此可知 $\triangle ABD$ 的外接圆的圆心为线段 AB 的中点 O.

延长 FM 交圆 O 于点 L,联结 OE,过点 O 作 $OH \perp FL$,$OK \perp AD$,分别交 FL,AD 于点 H, K. 设直线 FM 分别与直线 ED, AB, AD 交于点 S, I, P,直线 CE 与 AB 交于点 N.

由条件知 $CN \perp AB$,所以,A, N, D, C 四点共圆.

故 $BD \cdot BC = BN \cdot AB$.

因为 $BC = 2BE, AB = 2BO$, 所以
$$BE^2 = BN \cdot BO$$

由射影定理得 $OE \perp BE$. 从而, 四边形 $OEMH$ 是矩形.

则 $OH = EM = \dfrac{1}{2}BE$.

因为 O 是 AB 的中点, 且 $OK \parallel BD$, 所以
$$OK = \frac{1}{2}BD = \frac{1}{2}BE = OH$$

于是, $FL = AD$. 从而
$$\overset{\frown}{LD} = \overset{\frown}{AF} \Rightarrow \angle PFD = \angle PDF$$

因为 $MF \perp BE$, 所以
$$\angle BED + \angle MSE = 90°$$

而 $\angle PDS + \angle BDE = 90°$, 且
$$\angle BED = \angle BDE$$

于是, $\angle PDS = \angle MSE = \angle DSP$.

因此, $\angle FDS = 90°$, 即 $ED \perp FD$.

女子赛试题 2 如图 32.4, 在锐角 $\triangle ABC$ 中, $AB > AC$, M 为边 BC 的中点, $\angle BAC$ 的外角平分线交直线 BC 于点 P. 点 K, F 在直线 PA 上, 使得 $MF \perp BC$, $MK \perp PA$. 求证: $BC^2 = 4PF \cdot AK$.

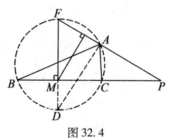

图 32.4

证明 如图 32.4, 设 $\triangle ABC$ 的外接圆圆 O 交直线 FM 于点 D, AD 交 BC 于点 E.

易知 AD 平分 $\angle BAC$.

所以, $AD \perp AP$, $AD \parallel MK$.

故 $\dfrac{MD}{FM} = \dfrac{AK}{FK}$.

因为 $\angle FMC = \angle FAD = 90°$,所以 F,M,E,A 四点共圆,有

$$\angle AFD = \angle AEC = \angle ABC + \frac{1}{2}\angle BAC$$

又 $\angle ABD = \angle ABC + \angle CBD = \angle ABC + \frac{1}{2}\angle BAC = \angle AFD$

则 A,F,B,D 四点共圆.

故 A,F,B,D,C 五点共圆.

根据圆幂定理得

$$\begin{aligned}PA \cdot PF &= PC \cdot PB \\ &= (PM-MC)(PM+BM) \\ &= PM^2 - BM^2 \end{aligned} \quad ①$$

对 $\mathrm{Rt}\triangle FMP$ 利用射影定理得

$$PM^2 = PK \cdot PF \quad ②$$

式② - ①得

$$\begin{aligned}BM^2 &= PK \cdot PF - PA \cdot PF \\ &= PF(PK-PA) = PF \cdot AK\end{aligned}$$

因为 $BM^2 = \left(\dfrac{BC}{2}\right)^2 = \dfrac{BC^2}{4}$,所以结论成立.

西部赛试题 1 如图 32.5,已知 AB 是圆 O 的直径,C,D 是圆周上异于点 A,B 且在 AB 同侧的两点,分别过点 C,D 作圆的切线,它们交于点 E,线段 AD 与 BC 的交点为 F,直线 EF 与 AB 交于点 M. 求证:E,C,M,D 四点共圆.

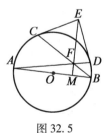

图 32.5

证明 联结 EO,CO,DO,CA. 由 $\angle COE = \angle CAF$,知 $\mathrm{Rt}\triangle COE \backsim \mathrm{Rt}\triangle CAF$. 所以 $\dfrac{CE}{CF} = \dfrac{CO}{CA}$.

又 $\angle ECF = 90° - \angle BCO = \angle OCA$,则 $\triangle ECF \backsim \triangle OCA$.

故 $\angle CAO = \angle CFE = \angle BFM$.

于是,$\angle FMB = \angle ACB = 90°$.

因此,O,M,E,D,C 五点共圆. 故结论获证.

西部赛试题2 在 $\triangle ABC$ 中,$\angle ACB = 90°$,以 B 为圆心、BC 为半径作圆,点 D 在边 AC 上,直线 DE 切圆 B 于点 E,过点 C 垂直于 AB 的直线与 BE 交于点 F,AF 与 DE 交于点 G,作 $AH // BG$ 与 DE 交于点 H. 证明:$GE = GH$.

证法1 如图 32.6,设 AB 分别与 DE,CF 交于点 K,M,联结 FK,AE,ME.

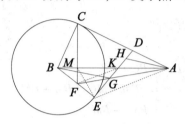

图 32.6

在 $\triangle ABC$ 中,由射影定理得
$$BM \cdot BA = BC^2 = BE^2$$
所以 $\triangle BEM \sim \triangle BAE$.
故 $\angle BEM = \angle BAE$.
又 M,F,E,K 四点共圆,故 $\angle BAE = \angle BEM = \angle FKM$.
所以 $\qquad FK // AE$
于是
$$\frac{BF}{FE} = \frac{BK}{KA} \qquad ①$$

由直线 FGA 截 $\triangle EBK$ 知
$$\frac{EG}{GK} \cdot \frac{KA}{AB} \cdot \frac{BF}{FE} = 1 \qquad ②$$

又 $BG // AH$,则 $\dfrac{BK}{AK} = \dfrac{GK}{KH}$,所以
$$\frac{BK}{AB} = \frac{GK}{HG} \qquad ③$$

由式①②③得 $EG = HG$.

证法2 如图 32.6,同证法 1 得
$$\frac{BK}{AB} = \frac{GK}{HG} \qquad ①$$
$$BE^2 = BM \cdot BA \qquad ②$$

又 M,F,E,K 四点共圆,故

$$BE \cdot BF = BM \cdot BK \qquad ③$$

式②÷③得 $\dfrac{BE}{BF} = \dfrac{BA}{BK}$.

所以, $KF /\!/ EA$.

故
$$\dfrac{KG}{GE} = \dfrac{FK}{AE} = \dfrac{BK}{BA} \qquad ④$$

由式①④得 $CE = GH$.

证法3 （由上海的李嘉昊给出）

如图 32.7, 设圆 B 的半径为 R, AB 与 DE 交于点 I.

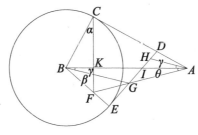

图 32.7

由正弦定理得
$$\dfrac{R}{BF} = \dfrac{\sin\angle BFC}{\sin\angle BCF} = \dfrac{\cos(\beta+\gamma)}{\sin\alpha} \qquad ①$$

$$\dfrac{BF}{FG} = \dfrac{\sin\angle BGF}{\sin\angle FBG} = \dfrac{\sin(\theta+\gamma)}{\sin\beta} \qquad ②$$

式①×②得
$$\dfrac{R}{FG} = \dfrac{\sin(\theta+\gamma) \cdot \cos(\beta+\gamma)}{\sin\alpha \cdot \sin\beta} \qquad ③$$

由 $FG = \dfrac{EG}{\sin\angle EFG} = \dfrac{R\tan\beta}{\sin(\beta+\theta+\gamma)}$, 代入式③得

$$\dfrac{\sin(\beta+\theta+\gamma)}{\tan\beta} = \dfrac{\sin(\theta+\gamma) \cdot \cos(\beta+\gamma)}{\sin\alpha \cdot \sin\beta}$$

故
$$\sin(\beta+\theta+\gamma) \cdot \sin\alpha \cdot \sin\beta = \sin(\theta+\gamma) \cdot \cos(\beta+\gamma) \qquad ④$$

由正弦定理得

$$\frac{GH}{\sin\angle GAH}=\frac{AH}{\sin\angle AGH}$$

$$\Rightarrow \frac{GH}{\sin(\theta+\gamma)}=\frac{AH}{\cos(\beta+\theta+\gamma)}$$

$$=\frac{AH}{AI}\cdot\frac{AI}{\cos(\beta+\theta+\gamma)}$$

$$=\frac{\cos(\beta+\gamma)}{\cos\beta}\cdot\frac{AB-BI}{\cos(\beta+\theta+\gamma)}$$

$$=\frac{\cos(\beta+\gamma)}{\cos\beta}\cdot\frac{\dfrac{R}{\sin\alpha}-\dfrac{R}{\cos(\beta+\gamma)}}{\cos(\beta+\theta+\gamma)}$$

$$=\frac{\cos(\beta+\gamma)}{\cos\beta\cdot\cos(\beta+\theta+\gamma)}\left[\frac{1}{\sin\alpha}-\frac{1}{\cos(\beta+\gamma)}\right]R$$

则 $$GH=\frac{\sin(\theta+\gamma)\cdot\cos(\beta+\gamma)}{\cos\beta\cdot\cos(\beta+\theta+\gamma)}\left[\frac{1}{\sin\alpha}-\frac{1}{\cos(\beta+\gamma)}\right]R$$

又 $GE=R\tan\beta$，则

$GE=GH$

$\Leftrightarrow \tan\beta=\dfrac{\sin(\theta+\gamma)\cdot\cos(\beta+\gamma)}{\cos\beta\cdot\cos(\beta+\gamma+\theta)}\left[\dfrac{1}{\sin\alpha}-\dfrac{1}{\cos(\beta+\gamma)}\right]$

$\Leftrightarrow \sin\alpha\cdot\sin\beta\cdot\cos(\beta+\theta+\gamma)=\sin(\theta+\gamma)[\cos(\beta+\gamma)-\sin\alpha]$

$\Leftrightarrow \sin\alpha\cdot\sin\beta\cdot\cos(\beta+\theta+\gamma)=\sin(\theta+\gamma)\cdot\cos(\beta+\gamma)-\sin\alpha\cdot\sin(\theta+\gamma)$

⑤

把式④代入得

式⑤

$\Leftrightarrow =\sin\alpha\cdot\sin\beta\cdot\cos(\beta+\theta+\gamma)$

$=\sin(\beta+\theta+\gamma)\cdot\sin\alpha\cdot\cos\beta-\sin\alpha\cdot\sin(\theta+\gamma)$

$\Leftrightarrow \sin\beta\cdot\cos(\beta+\theta+\gamma)=\sin(\beta+\theta+\gamma)\cdot\cos\beta-\sin(\theta+\gamma)$

$\Leftrightarrow \sin(\theta+\gamma)=\sin(\beta+\theta+\gamma)\cdot\cos\beta-\sin\beta\cdot\cos(\beta+\theta+\gamma)$

故 $GE=GH$.

北方赛试题1 已知 PA,PB 是圆 O 的切线, 切点分别是 A,B, PCD 是圆 O 的一条割线, 过点 C 作 PA 的平行线, 分别交弦 AB,AD 于点 E,F. 求证: $CE=EF$.

证法1 如图32.8, 设 G 为弦 CD 的中点, 联结 OG,BG,EG,BC, 则 $OG\perp CD$. 故点 A,B,G 均在以 OP 为直径的圆上.

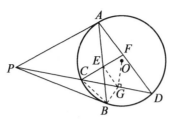

图 32.8

从而,$\angle APG = \angle ABG$.

因为 $CF /\!/ AP$,所以 $\angle APG = \angle ECG$.

于是 $$\angle ECG = \angle ABG = \angle EBG$$

故 E,C,B,G 四点共圆,有
$$\angle CBE = \angle CGE$$

又 $\angle CBE = \angle CBA = \angle CDA$,则
$$\angle CDA = \angle CGE$$

因此,$EG /\!/ DA$.

又 G 为弦 CD 的中点,则 E 为线段 CF 的中点,即 $CE = EF$.

证法 2 如图 32.9,作 $OM \perp CD$ 垂足为 M,联结 BC,BM,EM.

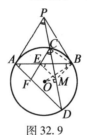

图 32.9

易说明 P,A,M,B 四点共圆(都在以 OP 为直径的圆上),故 $\angle APM = \angle ABM$;又 $CE /\!/ PA$,故 $\angle ECM = \angle APM$. 由此,$\angle ECM = \angle EBM$,得知 E,C,B,M 四点共圆.

得 $\angle BCM = \angle BEM$;但由 B,C,A,D 共圆得 $\angle BCD = \angle BAD$.

由此,$\angle BEM = \angle BAD$,得 $EM /\!/ AD$.

由垂径定理知,M 是 CD 中点. 故在 $\triangle CFD$ 中,可知 EM 是中位线,于是 E 是 CF 的中点.

证法 3 如图 32.10,设 PD 交 AB 于点 Q,联结 AC,BC,BD.

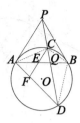

图 32.10

易证 $\triangle PAC \backsim \triangle PDA$，$\triangle PBC \backsim \triangle PDB$.

于是
$$\frac{AD}{AC} = \frac{PA}{PC} = \frac{BD}{BC} \qquad ①$$

另一方面
$$\frac{PD}{PC} = \frac{S_{\triangle PBD}}{S_{\triangle PBC}} = \frac{BD^2}{BC^2} \qquad ②$$

而
$$\frac{DQ}{QC} = \frac{S_{\triangle DAB}}{S_{\triangle CAB}} = \frac{\frac{1}{2} \times AD \times BD \sin \angle ADB}{\frac{1}{2} \times AC \times BC \sin \angle ACB} = \frac{AD \times BD}{AC \times BC}$$

再由式①进而可知
$$\frac{DQ}{QC} = \frac{BD^2}{BC^2} \qquad ③$$

最后，对 $\triangle CDF$ 和截线 AEQ 应用梅涅劳斯定理，得
$$\frac{CE}{EF} \cdot \frac{FA}{AD} \cdot \frac{DQ}{QC} = \frac{CE}{EF} \cdot \frac{CP}{PD} \cdot \frac{DQ}{QC} = 1$$

并将式②③代入，可得 $\frac{CE}{EF} = 1$.

证法 4 设 PD 交 AB 于点 Q，则 P，Q 调和分割弦 CD，即有 $\frac{PC}{CQ} = \frac{PD}{DQ}$，即
$$\frac{PC}{PD} = \frac{CQ}{DQ} \qquad ①$$

又 $FC /\!/ AP$，有 $\frac{PC}{PD} = \frac{AF}{AD}$，从而
$$\frac{CQ}{DQ} = \frac{AF}{AD}$$

即 $\frac{AD \cdot QC}{FA \cdot DQ} = 1$.

对 $\triangle CFD$ 及截线 AEQ 应用梅涅劳斯定理,有
$$\frac{CE}{EF} \cdot \frac{FA}{AD} \cdot \frac{DQ}{QC} = 1$$
故 $\frac{CE}{EF} = \frac{AD \cdot QC}{FA \cdot DQ} = 1$,因此 $CE = EF$.

证法 5 如图 32.11,设 PD 交 AB 于点 Q,则 P,Q 调和分割弦 CD①. 联结 AC,则 AP, AQ, AC, AD 为调和线束.

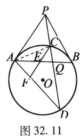

图 32.11

注意到 $FC // AP$,故 $CE = EF$.

北方赛试题 2 已知圆 O 是 $\triangle ABC$ 的内切圆,D, E, N 是切点,联结 NO 并延长交 DE 于点 K,联结 AK 并延长交 BC 于点 M. 求证:M 是 BC 的中点.

证明 如图 32.12,联结 OD, OE,则 O, D, B, N 四点共圆. 所以
$$\angle KOD = \angle B, \angle KOE = \angle C$$

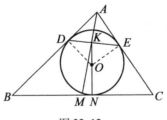

图 32.12

故
$$\frac{DK}{KE} = \frac{S_{\triangle ODK}}{S_{\triangle OEK}} = \frac{OD \cdot OK \sin \angle DOK}{OE \cdot OK \sin \angle KOE} = \frac{\sin \angle DOK}{\sin \angle KOE} = \frac{\sin B}{\sin C}$$

同理
$$\frac{DK}{KE} = \frac{\sin \angle DAK}{\sin \angle EAK}$$

则
$$\frac{BM}{MC} = \frac{AB \sin \angle BAM}{AC \sin \angle CAM} = \frac{AB \sin \angle DAK}{AC \sin \angle EAK} = \frac{AB \cdot DK}{AC \cdot EK} = \frac{AB \sin B}{AC \sin C} = \frac{AB}{AC} \cdot \frac{AC}{AB} = 1$$

---

① 参见本章第 2 节性质 2(3).

因此，M 是 BC 的中点.

试题 A 已知锐角 $\triangle ABC$ 的外心为 O，K 是边 BC 上一点（不是边 BC 的中点），D 是线段 AK 延长线上一点，直线 BD 与 AC 交于点 N，直线 CD 与 AB 交于点 M. 求证：若 $OK \perp MN$，则 A,B,D,C 四点共圆.

证法 1 用反证法.

若 A,B,D,C 不四点共圆，如图 32.13，设 $\triangle ABC$ 的外接圆与 AD 交于点 E，联结 BE 并延长交直线 AN 于点 Q，联结 CE 并延长交直线 AM 于点 P，联结 PQ.

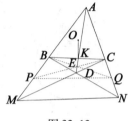

图 32.13

注意到
$$PK^2 = P\text{ 的幂} + K\text{ 的幂}(\text{关于圆 } O) = (PO^2 - r^2) + (KO^2 - r^2)$$

同理
$$QK^2 = (QO^2 - r^2) + (KO^2 - r^2)$$

故
$$PO^2 - PK^2 = QO^2 - QK^2$$

所以，$OK \perp PQ$.

由题设知 $OK \perp MN$，因此，$PQ \parallel MN$. 于是
$$\frac{AQ}{QN} = \frac{AP}{PM} \qquad ①$$

由梅涅劳斯定理得
$$\frac{NB}{BD} \cdot \frac{DE}{EA} \cdot \frac{AQ}{QN} = 1 \qquad ②$$

$$\frac{MC}{CD} \cdot \frac{DE}{EA} \cdot \frac{AP}{PM} = 1 \qquad ③$$

由式①②③得
$$\frac{NB}{BD} = \frac{MC}{CD} \Rightarrow \frac{ND}{BD} = \frac{MD}{DC} \Rightarrow BC \parallel MN$$

故 $OK \perp BC$，即 K 为 BC 的中点，矛盾.

从而，A,B,D,C 四点共圆.

注 (1) "$PK^2 = P$ 的幂 $+ K$ 的幂(关于圆 O)"的证明:

延长 PK 至点 F,使得
$$PK \cdot KF = AK \cdot KE \qquad ①$$
则 P, E, F, A 四点共圆.

故 $\angle PFE = \angle PAE = \angle BCE$.

从而,E, C, F, K 四点共圆.

于是
$$PK \cdot PF = PE \cdot PC \qquad ②$$
式② - ①得
$$PK^2 = PE \cdot PC - AK \cdot KE$$
$$= P \text{ 的幂} + K \text{ 的幂} \quad (\text{关于圆 } O)$$

(2) 若点 E 在线段 AD 的延长线上,完全类似.

证法2 (由天津的史德祥给出)

如图 32.14,设 AK 与圆 O 交于点 D_1,CD_1,BD_1 分别与 AB,AC 交于点 M_1,N_1.

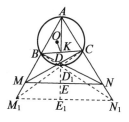

图 32.14

由于 KN_1 为点 M_1 关于圆 O 的极线,则
$$OM_1 \perp KN_1$$
同理,$ON_1 \perp KM_1$.

因此,O 为 $\triangle KM_1N_1$ 的垂心.

所以,$OK \perp M_1N_1$.(也可由配极原则得到 M_1N_1 是点 K 关于圆 O 的极线,同样有 $OK \perp M_1N_1$.)

又因为 $OK \perp MN$,所以,$M_1N_1 \parallel MN$.

若 $D_1 \neq D$,设 AK 的延长线与 MN,M_1N_1 分别交于点 E,E_1.由塞瓦定理得
$$\frac{ME}{EN} \cdot \frac{NC}{CA} \cdot \frac{AB}{BM} = 1, \frac{M_1E_1}{E_1N_1} \cdot \frac{N_1C}{CA} \cdot \frac{AB}{BM_1} = 1$$

又因 $\dfrac{ME}{EN} = \dfrac{M_1E_1}{E_1N_1}$,所以

$$\dfrac{N_1C}{NC} = \dfrac{BM_1}{BM}$$

于是,$BC \parallel MN$.

或由 $M_1N_1 \parallel MN$,得 $\dfrac{AM_1}{MM_1} = \dfrac{AN_1}{NN_1}$,即

$$\dfrac{AC\sin\angle ACM_1}{CM\sin\angle MCM_1} = \dfrac{AB\sin\angle ABN_1}{BN\sin\angle NBN_1}$$

故

$$\dfrac{AC}{CM} \cdot \dfrac{CD}{DD_1\sin\angle AD_1C} = \dfrac{AB}{BN} \cdot \dfrac{BD}{DD_1\sin\angle AD_1B}$$

即

$$\dfrac{CD}{CM} = \dfrac{BD}{BN}$$

从而,$BC \parallel MN$.

则由 $OK \perp BC$,知 K 为 BC 中点,矛盾.

证法 3 (由山东的刘才华给出)

如图 32.15,设 AK 与圆 O 交于点 E,直线 AB 与 CE 交于点 P,直线 BE 与 AC 交于点 Q,圆 O 的半径为 R.

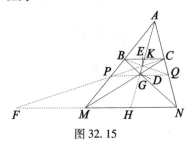

图 32.15

在 $\triangle APE$ 中,由斯特瓦尔特定理得

$$PK^2 = \dfrac{EK}{AE} \cdot PA^2 + \dfrac{AK}{AE} \cdot PE^2 - AK \cdot KE$$

由直线 BKC 截 $\triangle APE$ 及梅涅劳斯定理得

$$\dfrac{AB}{BP} \cdot \dfrac{PC}{CE} \cdot \dfrac{EK}{KA} = 1$$

将 $PB \cdot PA = PE \cdot PC$,代入上式得

$$\dfrac{EK}{KA} \cdot \dfrac{PA}{PE} \cdot \dfrac{AB}{CE} = 1$$

$$\Rightarrow EK(PA^2 - PA \cdot PB) = AK \cdot PE(PC - PE)$$
$$\Rightarrow EK(PA^2 - PE \cdot PC) = AK \cdot PE(PC - PE)$$
$$\Rightarrow EK \cdot PA^2 + AK \cdot PE^2 = AE \cdot PE \cdot PC$$
$$\Rightarrow \frac{EK}{AE} \cdot PA^2 + \frac{AK}{AE} \cdot PE^2 = PE \cdot PC$$
$$\Rightarrow PK^2 = PE \cdot PC - AE \cdot KE$$
$$= OP^2 - R^2 - (R^2 - OK^2)$$
$$= OP^2 + OK^2 - 2R^2$$

同理,$QK^2 = OQ^2 + OK^2 - 2R^2$.

于是,$PK^2 - QK^2 = OP^2 - OQ^2$,则 $OK \perp PQ$.

若点 D 在 $\triangle ABC$ 外接圆圆 O 外,设直线 CE 与 MN 交于点 F,AD 分别与 PQ,MN 交于点 G,H.

由 $OK \perp MN$,得 $PQ // MN$. 则

$$\frac{PG}{GQ} = \frac{MH}{HN} \qquad ①$$

$$\frac{CP}{PF} = \frac{CQ}{QN} \qquad ②$$

在 $\triangle APQ$ 和 $\triangle AMN$ 中,分别应用塞瓦定理得

$$\frac{AB}{BP} \cdot \frac{PG}{GQ} \cdot \frac{QC}{CA} = 1 \qquad ③$$

$$\frac{AB}{BM} \cdot \frac{MH}{HN} \cdot \frac{NC}{CA} = 1 \qquad ④$$

综合式①至④得

$$\frac{BP}{BM} = \frac{CQ}{CN} \Rightarrow \frac{BG}{BN} = \frac{CQ}{CN} \Rightarrow BC // MN \Rightarrow OK \perp BC \Rightarrow K 是边 BC 的中点$$

这与 K 不是边 BC 的中点矛盾.

所以,点 D 不能在圆 O 外.

同理,点 D 也不能在圆 O 内.

故点 D 一定在圆 O 上,即 A,B,D,C 四点共圆.

证法 4 (由陕西的金磊给出)

如图 32.16,设 CB 与 NM 交于点 G.

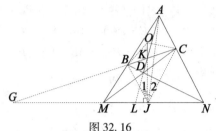

图 32.16

由直线 GMN 截 $\triangle BCD$ 及梅涅劳斯定理得

$$\frac{BG}{GC} \cdot \frac{CM}{MD} \cdot \frac{DN}{NB} = 1$$

由点 A 及 $\triangle BCD$,利用塞瓦定理得

$$\frac{BK}{KC} \cdot \frac{CM}{MD} \cdot \frac{DN}{NB} = 1$$

两式相除得 $\dfrac{BG}{GC} = \dfrac{BK}{KC}$,即

$$\frac{BJ\sin(90°-\angle 1)}{CJ\sin(90°-\angle 2)} = \frac{BJ\sin\angle 1}{CJ\sin\angle 2}$$

故 $\tan\angle 1 = \tan\angle 2$,则 $\angle 1 = \angle 2$.

由正弦定理得

$$\frac{OJ}{\sin\angle OBJ} = \frac{OB}{\sin\angle 1} = \frac{OC}{\sin\angle 2} = \frac{OJ}{\sin\angle OCJ}$$

从而,$\sin\angle OBJ = \sin\angle OCJ$.

又因 K 不是边 BC 的中点,故

$$\angle OBJ = 180° - \angle OCJ$$

所以,O,B,J,C 四点共圆. 则

$$\angle MJB = \angle NJC = \frac{1}{2}(180° - \angle BJC) = \frac{1}{2}\angle BOC = \angle BAC$$

故 B,J,N,A 及 A,C,J,M 分别四点共圆.

于是

$$\angle ABN = \angle AJN = \angle AJC + \angle CJN$$
$$= \angle AMC + \angle MAC = 180° - \angle ACM = \angle MCN$$

因此,A,B,D,C 四点共圆.

证法 5 (由黑龙江的赵天骁给出)

如图 32.17,延长 OK 与 MN 交于点 P,联结 BP,CP,AP. 作 $BB' \perp MN$ 于点

B', $CC' \perp MN$ 于点 C'.

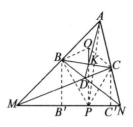

图 32.17

对点 D 及 $\triangle ABC$, 由塞瓦定理得
$$\frac{BK}{KC} \cdot \frac{CN}{NA} \cdot \frac{AM}{MB} = 1 \Rightarrow \frac{BK}{KC} = \frac{BM}{MA} \cdot \frac{AN}{NC}$$

设 $\triangle AMN$ 底边 MN 上的高为 h. 则
$$\frac{BB'}{CC'} = \frac{BB'}{h} \cdot \frac{h}{CC'} = \frac{BM}{MA} \cdot \frac{AN}{NC} = \frac{BK}{KC} = \frac{B'P}{C'P}$$

所以, $\text{Rt}\triangle BB'P \backsim \text{Rt}\triangle CC'P$.

故
$$\angle BPK = 90° - \angle BPB'$$
$$= 90° - \angle CPC' = \angle CPK$$

因为 $OB = OC$, 所以
$$\frac{\sin \angle OPB}{\sin \angle OBP} = \frac{OB}{OP} = \frac{OC}{OP} = \frac{\sin \angle OPC}{\sin \angle OCP}$$

则
$$\sin \angle OBP = \sin \angle OCP$$

若 $\angle OBP = \angle OCP$, 则
$$\angle KBP = \angle KCP$$

于是, $BP = CP$.

故 OP 是 BC 的中垂线, 与 K 不是边 BC 的中点矛盾.

所以, 只能是 $\angle OBP + \angle OCP = 180°$, 即 O,B,P,C 四点共圆. 则
$$\angle BPM = 90° - \angle BPK = 90° - \angle BCO = \angle BAC$$

于是, B,P,N,A 四点共圆.

同理, C,P,M,A 四点共圆.

故 $\angle PMC = \angle PAC = \angle PBN = \angle PBD$.

因此, P,M,B,D 四点共圆.

所以, $\angle BAC = \angle MPB = \angle MDB$, 即 A,B,D,C 四点共圆.

证法6、证法7(参见本章第4节例3).

试题B 如图32.18,设 D 是锐角 $\triangle ABC$ 外接圆 Γ 上 $\overset{\frown}{BC}$ 的中点,点 X 在 $\overset{\frown}{BD}$ 上,E 是 $\overset{\frown}{ABX}$ 的中点. S 是 AC 上一点直线 SD 与 BC 交于点 R,SE 与 AX 交于点 T. 证明:若 $RT \parallel DE$,则 $\triangle ABC$ 的内心在直线 RT 上.

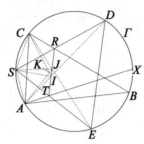

图32.18

证法1 如图32.18,联结 AD 与 RT 交于点 I.

因为 D 是 $\overset{\frown}{BC}$ 的中点,所以,AI 为 $\angle BAC$ 的角平分线.

联结 AS,SI,则由 $RT \parallel DE$,知
$$\angle STI = \angle SED = \angle SAI$$

故 A,T,I,S 四点共圆(记此圆为 ω_1).

联结 CE 与 RT 交于点 J,联结 SC,则
$$\angle SRJ = \angle SDE = \angle SCE$$

于是,S,J,R,C 四点共圆(记此圆为 ω_2).

设圆 ω_1,ω_2 除点 S 外另一个交点为 K. 接下来证明:AJ 与 CI 交于点 K.

设圆 ω_1 与 AJ(除点 A 外)的交点为 K_1. 由于 E 是 $\overset{\frown}{AX}$ 的中点,于是
$$\angle SK_1A = \angle STA$$
$$= \frac{1}{2}(\overset{\frown}{SA} + \overset{\frown}{XE}) = \frac{1}{2}(\overset{\frown}{SA} + \overset{\frown}{AE})$$
$$= \angle SDE = \angle SRT = \angle SRJ$$

故 S,K_1,J,R 四点共圆.

于是,点 K_1 在圆 ω_2 上.

同理,设圆 ω_2 与 CI(除点 C 外)另一个交点为 K_2,则点 K_2 在圆 ω_1 上. 所以,点 K_1 与 K_2 垂合,且为 AJ 与 CI 的交点,即 K 为 AJ 与 CI 的交点.

因为 $\angle CAD = \angle CAI$,且

$$\angle TJE = \angle CJR = \angle CED = \angle CAD$$

所以,A,I,J,C 四点共圆.

因而,$\angle ACI = \angle AJI$.

又由 C,K,J,R 四点共圆知

$$\angle BCI = \angle ICR = \angle AJI$$

因此,$\angle ACI = \angle BCI$.

故 I 为 $\triangle ABC$ 的内心.

证法 2 如图 32.19,作 $\triangle STR$ 的外接圆.

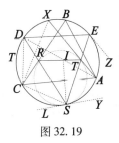

图 32.19

由 $RT /\!/ DE$,知 $\triangle STR$ 和 $\triangle ABC$ 的外接圆内切于点 S(可作点 S 处的切线来证).

因 D 是 $\overset{\frown}{BC}$ 的中点,E 是 $\overset{\frown}{AX}$ 的中点,过点 E 作圆 Γ 的切线,则

$$\angle STA = \angle SEZ = \angle EDS = \angle TRS$$

即知 $\triangle STR$ 的外接圆切 AX 于点 T.

同理,$\triangle STR$ 的外接圆切 BC 于点 R.

联结 AD 交 TR 于点 I,联结 SI.

由 $\angle ASE = \angle ADE = \angle AIT$,知 A,T,I,S 四点共圆. 从而 $\angle AIS = \angle ATS = \angle SRT$.

于是有 $\angle DIS = \angle DRI$,即有 $\triangle DIS \backsim \triangle DRI$.

从而 $DI^2 = DR \cdot DS$.

又由 $\triangle DCR \backsim \triangle DSC$ 有 $DC^2 = DR \cdot DS$.

从而 $DI = DC$,而 AD 平分 $\angle BAC$.

故 I 为 $\triangle ABC$ 的内心.

证法 3 联结 AD 与 RT 交于点 I,联结 SA,SB,SC,CI,CD.

设 $\angle CAB = 2\alpha$,$\angle ABC = 2\beta$,$\angle BCA = 2\gamma$,$\angle XAB = 2\delta$,$\angle SBC = \theta$.

由正弦定理得

$$\frac{SR}{SC} = \frac{\sin\angle SCR}{\sin\angle SRC} = \frac{\sin\angle SCB}{\sin\angle SED} = \frac{\sin\angle SAB}{\sin\angle SED}$$

$$\frac{ST}{SA} = \frac{\sin\angle SAT}{\sin\angle STA} = \frac{\sin\angle SAX}{\sin\angle SDE}$$

故

$$\frac{SR}{ST} = \frac{SC}{SA} \cdot \frac{\sin\angle SAB \cdot \sin\angle SDE}{\sin\angle SAX \cdot \sin\angle SED} \qquad ①$$

又

$$RT \parallel DE \Rightarrow \frac{SR}{ST} = \frac{SD}{SE} \cdot \frac{\sin\angle SED}{\sin\angle SDE} \qquad ②$$

由式①②得

$$\frac{SC}{SA} \cdot \frac{\sin\angle SAB}{\sin\angle SAX} = \frac{\sin^2 SED}{\sin^2 \angle SDE}$$

$$\Rightarrow \frac{\sin\theta}{\sin(2\beta-\theta)} \cdot \frac{\sin(2\alpha+\theta)}{\sin(2\alpha+\theta-2\delta)} = \frac{\sin^2(\alpha+\theta)}{\sin^2(\gamma+\delta+2\beta-\theta)}$$

$$\Rightarrow \frac{\cos 2\alpha - \cos(2\alpha+2\theta)}{\cos(2\alpha+2\theta-2\beta-2\delta)-\cos(2\alpha+2\beta-2\delta)} = \frac{\sin^2(\alpha+\theta)}{\cos^2(\alpha+\theta-\beta-\delta)}$$

$$\Rightarrow \frac{\sin^2(\alpha+\theta)-\sin^2\alpha}{\cos^2(\alpha+\theta-\beta-\delta)-\cos^2(\alpha+\beta-\delta)} = \frac{\sin^2(\alpha+\theta)}{\cos^2(\alpha+\theta-\beta-\delta)}$$

$$\Rightarrow \frac{\sin^2\alpha}{\cos^2(\alpha+\beta-\delta)} = \frac{\sin^2(\alpha+\theta)}{\cos^2(\alpha+\theta-\beta-\delta)} \qquad ③$$

由

$$\frac{CD}{DR} = \frac{\sin\angle CRD}{\sin\angle RCD} = \frac{\sin\angle SRC}{\sin\angle BCD}$$

$$= \frac{\sin\angle SED}{\sin\angle BAD}$$

$$\frac{ID}{DR} = \frac{\sin\angle IRD}{\sin\angle RID} = \frac{\sin\angle SRI}{\sin\angle IDE}$$

$$= \frac{\sin\angle SDE}{\sin\angle ADE}$$

得

$$\frac{CD}{DI} = \frac{\sin\angle SED}{\sin\angle SDE} \cdot \frac{\sin\angle ADE}{\sin\angle BAD}$$

$$= \frac{\sin(\alpha+\theta)}{\sin(\gamma+\delta+2\beta-\theta)} \cdot \frac{\sin(\gamma+\delta)}{\sin\alpha}$$

$$= \frac{\sin(\alpha+\theta)}{\cos(\alpha+\theta-\beta-\delta)} \cdot \frac{\sin(\alpha+\beta-\delta)}{\sin\alpha} \overset{③}{=} 1$$

故 $DI = DC$

$$\Rightarrow \angle CID = \angle ICD$$
$$\Rightarrow \angle CAI + \angle ACI = \angle DCB + \angle BCI$$
$$\Rightarrow \angle ACI = \angle BCI$$

因此，I 是 $\triangle ABC$ 的内心.

试题 C 如图 32.20，设 H 是锐角 $\triangle ABC$ 的垂心，P 是其外接圆弧 $\overparen{BC}$ 上一点，联结 PH 与 $\overparen{AC}$ 交于点 M，$\overparen{AB}$ 上有一点 K，使得直线 KM 平行于点 P 关于 $\triangle ABC$ 的西姆松线，弦 $QP /\!/ BC$，弦 KQ 与边 BC 交于点 J. 求证：$\triangle KMJ$ 是等腰三角形.

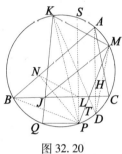

图 32.20

证明 首先证明 $JK = JM$.

如图 32.20，过点 P 作 BC 的垂线，与外接圆交于点 S、与 BC 交于点 L，设 P 在 AB 上的投影为 N，联结 AS, NL, NP, BP.

由 B, P, L, N 四点共圆知
$$\angle SLN = \angle NBP = \angle ABP = \angle ASP$$
所以，$NL /\!/ AS$.

又 $NL /\!/ KM$，则 $KM /\!/ SA$.

设 BC 与 PH 交于点 T，AH 与外接圆交于另一点 D.

由 K, Q, P, M 四点共圆及 $BC /\!/ PQ$，知 K, J, T, M 四点共圆，联结 KT, TD，则
$$\angle JKM = \angle MTC$$
故只需证 $\angle MTC = \angle KTJ$.

易知，点 D 与 H 关于直线 BC 对称. 则
$$\angle SPM = \angle SPH = \angle THD = \angle HDT$$

又 $\overparen{KS} = \overparen{AM}$，则 $\angle ADM = \angle KPS$.

故
$$\angle TDM = \angle HDT + \angle ADM$$
$$= \angle SPM + \angle KPS$$

$$= \angle KPM = \angle KDM$$

这表明 K, T, D 三点共线.

从而,$\angle KTJ = \angle DTC = \angle MTC$.

故 $\angle JKM = \angle KMJ$.

因此,$JK = JM$.

试题 D 设锐角 $\triangle ABC$ 的外接圆为圆 Γ,l 是圆 Γ 的一条切线. 记切线 l 关于直线 BC, CA, AB 的对称直线分别为 l_a, l_b, l_c. 证明:由直线 l_a, l_b, l_c 构成的三角形的外接圆与圆 Γ 相切.

证明 如图 32.21,分别记圆 Γ 关于 BC, CA, AB 的对称圆为圆 $\Gamma_a, \Gamma_b, \Gamma_c$,并记点 P 关于 BC, CA, AB 的对称点为 P_a, P_b, P_c,则它们分别在圆 $\Gamma_a, \Gamma_b, \Gamma_c$ 上,且以它们为切点的相应圆的切线就是 l_a, l_b, l_c.

记直线 l_a 与 l_b,l_b 与 l_c,l_c 与 l_a 分别交于点 C', A', B'.

接下来将使用有向角的概念,定义 $\measuredangle(m, n)$ 表示直线 m 到 n 的有向角,其大小等于从 m 开始逆时针旋转到 n 所经过的角度(加减 π 认为是等价的).

(1)P_a, P_b, P_c 三点共线.

事实上,PP_a, PP_b, PP_c 的中点分别是点 P 到 BC, CA, AB 的垂足,而这个垂足是共线的(西姆松定理). 故 P_a, P_b, P_c 三点共线.

(2)记 $\triangle A'P_bP_c, \triangle B'P_cP_a, \triangle C'P_aP_b$ 的外接圆分别为圆 $\Gamma_1, \Gamma_2, \Gamma_3$,$\triangle A'B'C'$ 的外接圆为 Ω,则圆 $\Gamma_1, \Gamma_2, \Gamma_3, \Omega$ 四圆共点.

事实上,此为完全四边形 $(A'P_cB'P_aC'P_b)$ 的密克尔定理. 记该交点为 Q.

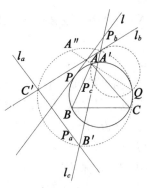

图 32.21

(3)点 A, B, C 分别在圆 $\Gamma_1, \Gamma_2, \Gamma_3$ 上.

事实上,考虑圆 Γ_b, Γ_c,这两圆交于点 A,且 $\overset{\frown}{AP_c} = \overset{\frown}{AP} = \overset{\frown}{AP_b}$.

作旋转变换 $S(A, \measuredangle(P_cA, P_bA))$，则
$$\Gamma_c \to \Gamma_b, P_c \to P_b$$
于是，切线 $l_c \to l_b$.
故 $\measuredangle(l_c, l_b) = \measuredangle(P_cA, P_bA)$，同时又有
$$\measuredangle(l_c, l_b) = \measuredangle(P_cA', P_bA')$$
从而，P_c, A, A', P_b 四点共圆，即点 A 在圆 Γ_1 上.
同理，点 B, C 分别在圆 Γ_2, Γ_3 上.
(4) 点 Q 在圆 Γ 上.
由点 Q 的定义知
$$\measuredangle(AQ, BQ)$$
$$= \measuredangle(AQ, P_cQ) + \measuredangle(P_cQ, BQ)$$
$$= \measuredangle(AP_b, P_bP_c) + \measuredangle(P_cP_a, BP_a)$$
$$= \measuredangle(AP_b, BP_a)$$
$$= \measuredangle(AP_b, AC) + \measuredangle(AC, BC) + \measuredangle(BC, BP_a)$$
$$= \measuredangle(AC, AP) + \measuredangle(AC, BC) + \measuredangle(BP, BC)$$
$$= \measuredangle(AC, BC)$$
故 A, B, C, Q 四点共圆，即点 Q 在圆 Γ 上.
(5) 圆 Γ 与圆 Ω 切于点 Q.
设直线 QA 与圆 Ω 交于点 Q, A''. 则
$$\measuredangle(A''B', B'Q)$$
$$= \measuredangle(A''B', B'A') + \measuredangle(A'B', B'Q)$$
$$= \measuredangle(A''Q, QA') + \measuredangle(A'B', B'Q)$$
$$= \measuredangle(AQ, A'Q) + \measuredangle(A'B', B'Q)$$
$$= \measuredangle(AP_c, A'P_c) + \measuredangle(A'B', B'Q)$$
$$= \measuredangle(AB, BP_c) + \measuredangle(A'B', B'Q)$$
$$= \measuredangle(AB, BP_c) + \measuredangle(P_cB', B'Q)$$
$$= \measuredangle(AB, BP_c) + \measuredangle(P_cB, BQ)$$
$$= \measuredangle(AB, BQ)$$
这表明，在圆 Ω 中 $\widehat{A''Q}$ 的度数与圆 Γ 中 $\widehat{AQ}$ 的度数相等.

注意到 A, Q, A'' 三点共线，且 Q 是圆 Ω 与圆 Γ 的公共点，可知两圆在点 Q 处的切线是重合的，也即圆 Ω 与圆 Γ 切于点 Q.

第1节 三角形内切圆的性质及应用(二)

东南赛试题1涉及了三角形的内切圆问题.

在第27章第3节中介绍了三角形内切圆的6条性质及应用. 第30章第1节中的三角形的内切圆问题许多都可以归结成三角形内切圆的性质. 下面继续给出几条性质及应用,接着第27章第3节的性质排序.[①]

性质7 设$\triangle ABC$的内切圆分别切边BC, CA, AB于点D, E, F,记以A为圆心,AE为半圆的圆为W,直线DE交圆W于点G,点H在圆W上,则GH为圆W的直径的充要条件是H, F, D三点共线.

证明 如图32.22,注意到$\triangle AEG$和$\triangle CED$均为等腰三角形,且底角相等,则知其顶角相等,即

$$\angle GAE = \angle ECD$$

从而
$$AG /\!/ DC$$

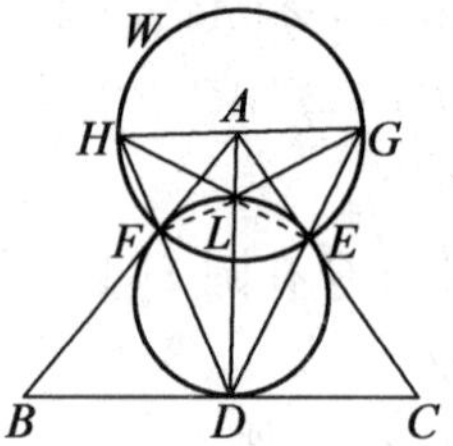

图32.22

于是GH为圆W的直径$\Leftrightarrow HA /\!/ BD \Leftrightarrow \angle HAF = \angle FBD$.

注意到$\triangle AHF$和$\triangle BDF$均为等腰三角形$\Leftrightarrow$其对应底角相等,即$\angle AFH = \angle BFD \Leftrightarrow H, F, D$三点共线.

推论1 设$\triangle ABC$的内切圆分别切边BC, CA, AB于点D, E, F,直线DE, DF分别交过点A且与BC平行的直线于点G, H,直线AD交内切圆于点L,则$AG = AH$,且$\angle GDH + \angle GLH = 180°$.

事实上,由$AE = AF$并注意到图中的等腰三角形可得$AG = AH$;由$\angle GAL = \angle LDB = \angle LED$知$A, L, E, G$四点共圆,于是$\angle ALG = \angle CDG$. 同理可得$\angle ALH = \angle BDH$,由此即可得

---

① 沈文选. 再谈三角形的内切圆的几个性质及应用[J]. 中学教研(数学), 2011(7): 31-35.

$$\angle GDH + \angle GLH = 180°$$

性质8 设$\triangle ABC$的内切圆圆I分别切边BC, CA, AB于点D, E, F, L为劣弧$\overparen{EF}$上一点,过点L作内切圆的切线与BC所在直线交于点G,则G, E, F三点共线的充要条件是A, L, D三点共线.

证明 **充分性** 当点A, L, D共线时,如图32.23所示,联结AI交EF于点K,则

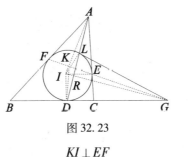

图32.23

$$KI \perp EF \qquad ①$$

联结EI, DI, KD,则

$$ID^2 = EI^2 = IK \cdot IA$$

即$\dfrac{ID}{IA} = \dfrac{IK}{ID}$.

注意到$\angle DIK$公用,则

$$\triangle IDA \backsim \triangle IKD$$

即

$$\angle IDA = \angle IKD \qquad ②$$

联结IL,则

$$\angle ILD = \angle IDA = \angle IKD$$

从而D, L, K, I四点共圆. 又由I, D, G, L四点共圆,知点I, D, G, L, K共圆,于是

$$\angle IKG = \angle ILG = 90°$$

即

$$KI \perp KG \qquad ③$$

由式①③可知,G, E, F三点共线.

必要性 当G, E, F三点共线时,如图32.23联结GI交DL于点R,则$IR \perp DL$.

类似于充分性证明,由$FI^2 = ID^2 = IR \cdot IG$,可证得$F, I, R, E$四点共圆. 又

A, F, I, E 四点共圆,得 $\angle IRA = \angle IEA = 90°$,从而 $IR \perp AR$,故 A, L, D 三点共线.

性质9 设 $\triangle ABC$ 的内切圆为圆 I,点 D, E, F 依次为圆 I 上 3 个点(点 D 在优弧 $\overparen{EF}$ 上,且与点 A, I 不共线),EF 与 AI 交于点 K,且 K 为 EF 的中点,则 E 为 AC 与圆 I 的切点(或 F 为 AB 与圆 I 的切点)的充要条件是 $\triangle IDK \backsim \triangle IAD$.

证明 如图 32.24,显然 $AI \perp EF$.

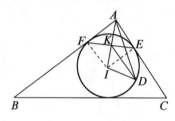

图 32.24

充分性 当 $\triangle IDK \backsim \triangle IAD$ 时,有 $\dfrac{IK}{ID} = \dfrac{ID}{IA}$,即
$$IK \cdot IA = ID^2 = IE^2.$$

于是 $\dfrac{IK}{IE} = \dfrac{IE}{IA}$.

注意到 $\angle EIK$ 公用,得 $\triangle IEK \backsim \triangle IAE$,即 $\angle IEA = \angle JKE = 90°$,因此 AE 与圆 I 切于点 E,且 AE 为过定点与圆 I 右侧相切的直线,而这样的直线是唯一的,于是 E 为 AC 与圆 I 相切的切点.

同理可得,F 为 AB 与圆 I 的切点.

必要性 当 E 为 AC 与圆 I 的切点时,则由对称性(即 K 为 EF 中点)知点 F 必为 AB 与圆 I 的切点,反之亦真. 此时,显然 $\triangle IDK \backsim \triangle IAD$.

性质10 设 $\triangle ABC$ 的内切圆分别切边 BC, CA, AB 于点 D, E, F,直线 AD 交 EF 于点 H,若直线 FE 与直线 BC 交于点 G,则 $\dfrac{FH}{HE} = \dfrac{FG}{GE}$.

证明 如图 32.25,对 $\triangle ABC$ 及截线 FEG 应用梅涅劳斯定理,得

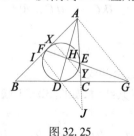

图 32.25

$$\frac{AF}{FB} \cdot \frac{BG}{GC} \cdot \frac{CE}{EA} = 1$$

注意到 $AF = AE, BF = DB, CE = DC$,可得

$$\frac{BG}{DB} = \frac{CG}{DC} \qquad ①$$

联结 AG,过点 D 作 $IJ \parallel AG$ 交 AB 于点 I,交直线 AC 于点 J,则

$$\frac{AG}{DI} = \frac{BG}{DB} = \frac{CG}{DC} = \frac{AG}{DJ}$$

从而 D 为 IJ 的中点. 过点 H 作 $XY \parallel IJ$ 交 AB 于点 X,交 AC 于点 Y,则知 H 为 XY 的中点,即 $XH = HY$,于是

$$\frac{FH}{FG} = \frac{XH}{AG} = \frac{HY}{AG} = \frac{HE}{EG}$$

故

$$\frac{FH}{HE} = \frac{FG}{GE}$$

推论 2 设 $\triangle ABC$ 的内切圆分别切边 BC, CA, AB 于点 D, E, F,直线 AD 交内切圆于点 L,过点 L 作内切圆的切线分别与直线 DF, DE, BC 交于点 S, T, G,则

$$\frac{SL}{LT} = \frac{SG}{GT}$$

证明 如图 32.26,由性质 8,知 F, E, C 三点共线. 设直线 AD 与 EF 交于点 H,则由性质 10 知

$$\frac{FH}{FG} = \frac{HE}{GE}$$

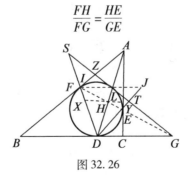

图 32.26

过点 H 作 $XY \parallel BC$ 交直线 DF 于点 X,交直线 DE 于点 Y,则

$$\frac{XH}{DG} = \frac{FH}{FG} = \frac{HE}{GE} = \frac{HY}{DG}$$

由上即知点 H 为 XY 的中点,过点 L 作 $IJ \parallel XY$ 交直线 DF 于点 I,交直线 DE 于点 J,则知点 L 为 IJ 的中点,即 $IL = LJ$,于是

$$\frac{SL}{SG}=\frac{IL}{DG}=\frac{LJ}{DG}=\frac{LT}{TG}$$

故 $\dfrac{SL}{LT}=\dfrac{SG}{GT}$.

特别地,设 AF 与 SL 交于点 Z,则对 $\triangle GZB$,应用上述性质 10,亦有 $\dfrac{DH}{HL}=\dfrac{DA}{AL}$.

推论 3 设 $\triangle ABC$ 的内切圆分别切边 BC,CA,AB 于点 D,E,F,联结 AD 交内切圆于点 L,过点 L 作内切圆的切线分别与直线 DF,DE 交于点 S,T,则直线 AD,BT,CS 共点.

证明 当 $ST \parallel BC$ 时,可知 $\triangle ABC$ 为等腰三角形,此时结论显然成立.

当 ST 与 BC 不平行时,如图 32.27,可设直线 ST 与直线 BC 交于点 G,于是由性质 8 知 F,E,G 三点共线.

由性质 10 证明中的式①,可知
$$\frac{BG}{DB}=\frac{CG}{DC}$$

又由推论 2,知
$$\frac{SL}{SG}=\frac{LT}{GT}$$

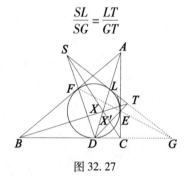

图 32.27

设 BT 交 AD 于点 X,CS 交 AD 于点 X',则对 $\triangle DGL$ 及截线 BXT,对 $\triangle DGL$ 及截线 $CX'S$ 分别应用梅涅劳斯定理,得

$$\frac{DB}{BG}\cdot\frac{GT}{TL}\cdot\frac{LX}{XD}=1$$

$$\frac{DC}{CG}\cdot\frac{GS}{SL}\cdot\frac{LX'}{X'D}=1$$

于是 $\dfrac{LX}{XD}=\dfrac{BG}{DB}\cdot\dfrac{TL}{GT}=\dfrac{CG}{DC}\cdot\dfrac{SL}{GS}=\dfrac{LX'}{X'D}$

由上式知点 X 与 X' 重合,故直线 AD,BT,CS 共点.

注 性质 10 及推论 2 中的结论,应用线段的调和分割性质证明更为简捷.

性质 11 设 $\triangle ABC$ 的内切圆圆 I 分别切边 BC,CA 于点 D,E,直线 DI 交圆 I 于另一点 P,直线 AP 交边 AB 于点 Q,点 S 在边 AC 上,BC 与 AQ 交于点 L,则 $SC = AE$ 的必要条件是 $AP = LQ$.

证明 如图 32.28 所示,由性质 5,知 $BQ = DC$. 令 $BC = a, CA = b, AB = c$, $p = \dfrac{1}{2}(a + b + c)$.

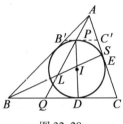

图 32.28

充分性 当 $AP = LQ$ 时,$PQ = AL$,应用正弦定理得

$$\dfrac{AS}{SC} = \dfrac{AS}{BS} \cdot \dfrac{BS}{SC} = \dfrac{\sin \angle ABS}{\sin \angle A} \cdot \dfrac{\sin \angle C}{\sin \angle CBS}$$

$$= \dfrac{\sin \angle C}{\sin \angle A} \cdot \dfrac{\sin \angle ABS}{\sin \angle BAQ} \cdot \dfrac{\sin \angle BQA}{\sin \angle CBS} \cdot \dfrac{\sin \angle BAQ}{\sin \angle BQA}$$

$$= \dfrac{c}{a} \cdot \dfrac{AL}{BL} \cdot \dfrac{BL}{LQ} \cdot \dfrac{BQ}{c} = \dfrac{p-c}{a} \cdot \dfrac{AL}{LQ} \quad ①$$

过点 P 作 $B'C' \parallel BC$ 交 AB 于点 B',交 AC 于点 C',则 $B'C'$ 为圆 I 的切线. 设 r, r_A 分别为 $\triangle AB'C'$ 与 $\triangle ABC$ 在 $\angle BAC$ 内的旁切圆半径,$S_\triangle$ 为 $\triangle ABC$ 的面积,则

$$\dfrac{AP}{AQ} = \dfrac{r}{r_A} = \dfrac{S_\triangle}{p} \cdot \dfrac{p-a}{S_\triangle} = \dfrac{p-a}{p} \quad ②$$

于是

$$\dfrac{LQ}{AL} = \dfrac{AP}{PQ} = \dfrac{AP}{AQ - AP} = \dfrac{p-a}{p-(p-a)} = \dfrac{p-a}{a} \quad ③$$

将式③代入式①得

$$\dfrac{AS}{SC} = \dfrac{p-c}{a} \cdot \dfrac{a}{p-a} = \dfrac{p-c}{p-a}$$

从而

$$\dfrac{AC}{SC} = \dfrac{AS + SC}{SC} = \dfrac{p-c+p-a}{p-a} = \dfrac{b}{p-a}$$

故 $SC = p - a = AE$.

必要性 当 $SC = AE$ 时,$SA = CE$,对 $\triangle AQC$ 及截线 BLS 应用梅涅劳斯定

理,得
$$\frac{AL}{LQ} \cdot \frac{QB}{BC} \cdot \frac{CS}{SA} = 1$$

即
$$\frac{AL}{LQ} = \frac{BC}{QB} \cdot \frac{SA}{SC} = \frac{BC}{CD} \cdot \frac{CE}{CS} = \frac{BC}{CS} = \frac{a}{p-a}$$

从而
$$\frac{AQ}{LQ} = \frac{AL+LQ}{LQ} = \frac{AL}{LQ} + 1 = \frac{a}{p-a} + 1 = \frac{p}{p-a}$$

再注意到式②,可得
$$\frac{AQ}{AP} = \frac{p}{p-a} = \frac{AQ}{LQ}$$

故 $AP = LQ$.

性质 12 设 $\triangle ABC$ 的内切圆分别切边 BC, CA, AB 于点 D, E, F,直线 FD, DE, EF 分别与直线 CA, AB, BC 交于点 U, V, W,则 U, V, W 三点共线.

证明 若 $FE // BC$,则视 W 为无穷远点;当 $UV // BC$ 时,也视 U, V, W 三点共线.

当 FE 与 BC 不平行时,如图 32.29,分别对 $\triangle AFE$ 及截线 WBC,对 $\triangle BDF$ 及截线 UAC,对 $\triangle DCE$ 及截线 VAB 应用梅涅劳斯定理,得

$$\frac{AB}{BF} \cdot \frac{FW}{WE} \cdot \frac{EC}{CA} = 1, \frac{BC}{CD} \cdot \frac{DU}{UF} \cdot \frac{FA}{AB} = 1$$

$$\frac{DB}{BC} \cdot \frac{CA}{AE} \cdot \frac{EV}{VD} = 1$$

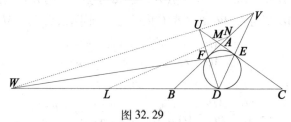

图 32.29

注意到 $AF = AE, BF = BD, CD = CE$,上述 3 个式子相乘,得

$$\frac{FW}{WE} \cdot \frac{EV}{VD} \cdot \frac{DU}{UF} = 1$$

对 $\triangle DEF$ 应用梅涅劳斯定理的逆定理,知 U, V, W 三点共线.

注 U, V, W 三点所在的直线称为勒莫恩(Lemoine)线.

下面介绍几个应用的例子.

例 1 (2001 年第 30 届美国数学奥林匹克竞赛试题)已知 $\triangle ABC$ 的内切圆

W 分别切边 BC,AC 于点 D_1,E_1, D_2,E_2 分别在 BC,AC 上,且 $CD_2 = BD_1$, $CE_2 = AE_1$. 记 AD_2 与 BE_2 的交点为 P,圆 W 与 AD_2 相交点中离 A 较近的点为 Q,求证:$AQ = D_2P$.

证明 如图 32.30,设圆 W 的圆心为 I. 因为 $CD_2 = BD_1$,所以由性质 5,知 D_1,I,Q 三点共线. 再由性质 11,知当 $CE_2 = AE_1$ 时,$AQ = D_2P$.

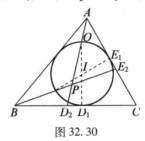

图 32.30

例 2 (2003 年第 20 届伊朗数学奥林匹克竞赛试题)设 I 是 $\triangle ABC$ 的内心,且圆 I 与 AB,BC 分别切于点 X,Y,XI 与圆 O 交于另一点 T,X' 是 AB 与 CT 的交点,L 在线段 $X'C$ 上,且 $X'L = CT$. 证明:当且仅当 A,L,Y 三点共线时,$AB = AC$.

证明 如图 32.31,设直线 AL 交 BC 于点 Y'. 由性质 11,知当 $X'L = CT$ 时,$BY' = CY$. 于是 A,L,Y 三点共线,即 Y' 与 Y 重合,Y 为 BC 的中点,从而 $AB = AC$.

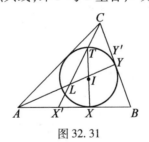

图 32.31

例 3 (2008 年印度国家队选拔竞赛试题)设 $\triangle ABC$ 是非等腰三角形,其内切圆为圆 Γ,圆 Γ 与三条边 BC,CA,AB 分别切于点 D,E,F. 若 FD,DE,EF 分别与 CA,AB,BC 交于点 U,V,W,DW,EU,FV 的中点分别为 L,M,N. 证明:L,M,N 三点共线.

证明 如图 32.29,由性质 12 知,U,V,W 三点共线. 在四边形 $VUFE$ 中(或完全四边形 $VUWFDE$ 中),应用牛顿线定理,即知 L,M,N 三点共线.

例 4 (1995 年第 24 届美国数学奥林匹克竞赛试题)设 $\triangle ABC$ 是非等腰非直角三角形,设点 O 是它的外接圆圆心,并且 A_1,B_1,C_1 分别是边 BC,CA,AB 的中点,点 A_2 在射线 OA_1 上,使得 $\triangle OAA_1 \backsim \triangle OA_2A$,点 B_2 和 C_2 分别在射线 OB_1

和 OC_1 上,使得 $\triangle OBB_1 \backsim \triangle OB_2B$ 和 $\triangle OCC_1 \backsim \triangle OC_2C$. 证明:直线 AA_2, BB_2, CC_2 共点.

证明 如图 32.32,由 $\triangle OAA_1 \backsim \triangle OA_2A$, $\triangle OBB_1 \backsim \triangle OB_2B$, $\triangle OCC_1 \backsim \triangle OC_2C$ 及性质 9,知 A_2B 与圆 O 相切于点 B, A_2C 与圆 O 相切于点 C, B_2C, B_2A, C_2A, C_2B 分别与圆 O 相切于点 C, A, A, B,于是圆 O 是 $\triangle A_2B_2C_2$ 的内切圆,切点分别为 A, B, C. 由切线长定理及应用塞瓦定理,知 AA_2, BB_2, CC_2 三线共点.

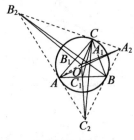

图 32.32

例 5 (2006 年第 16 届韩国数学奥林匹克竞赛试题) 在 $\triangle ABC$ 中, $\angle B \neq \angle C$, $\triangle ABC$ 的内切圆圆 I 与 BC, CA, AB 的切点分别为 D, E, F,记 AD 与圆 I 的不同于点 D 的交点为 P. 过点 P 作 AD 的垂线交 EF 于点 Q, X, Y 分别是 AQ 与直线 DE, DF 的交点. 求证: A 是线段 XY 的中点.

证明 如图 32.33,记过点 A 且平行于 BC 的直线与过点 P 且与 AD 垂直的直线交于点 Q',直线 DI 与 AQ' 交于点 U,直线 PQ' 与圆 I 交于点 $V(V \neq P)$. 由 $\angle VPD = 90°$, D, I, V, U 四点共线. 由 $\angle BDI = 90°$,知 $\angle AUI = 90°$. 又 $\angle AFI = 90° = \angle AEI$,知 A, F, I, E, U 五点共圆,记此圆为 W_1. 又由 $\angle APV = 90° = \angle AUV$,知 A, P, V, U 四点共圆,记此圆为 W_2. 注意到圆 I、圆 W_1、圆 W_2 两两相交的根轴 EF, PV, AU 相交于一点 (由 $\angle B \neq \angle C$ 知圆 W_1、圆 W_2、圆 I 的圆心不共线),而 EF 与 PV 相交于点 Q,直线 AU 与 PV 交于点 Q',故 Q 与 Q' 重合,即 $QA \parallel BC$. 于是由推论 1,知 $AX = AY$,故 A 是线段 XY 的中点.

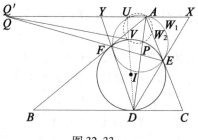

图 32.33

例6 (2008年中国国家代表队选拔赛试题)设圆 I 为 $\triangle ABC$ 的内切圆,切边 BC 于点 D, $AB > AC$,联结 AD 交圆 I 于点 E,在 DE 上取点 F,使得 $CF = CD$,延长 CF 交 BE 于点 G,则 $GF = FC$.

证明 如图 32.34,设圆 I 分别切边 AB, AC 于点 P, Q,过点 E 的切线与直线 BC 交于点 K. 由性质 8,知 P, Q, K 三点共线,再注意到性质 10 证明中的式①,可得

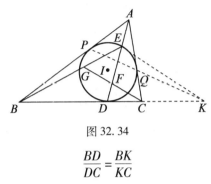

图 32.34

$$\frac{BD}{DC} = \frac{BK}{KC}$$

即 $\dfrac{BD}{DC} \cdot \dfrac{KC}{BK} = 1$.

由 $CF = CD$,得

$$\angle KED' = \angle ADC = \angle DFC$$

从而 $EK \parallel GC$.

于是 $\dfrac{GE}{EB} = \dfrac{KC}{KB}$.

对 $\triangle BCG$ 及截线 DFE 应用梅涅劳斯定理,得

$$1 = \frac{BD}{DC} \cdot \frac{CF}{FG} \cdot \frac{GE}{EB} = \frac{BD}{DC} \cdot \frac{CF}{FG} \cdot \frac{KC}{KB} = \frac{CF}{FG}$$

故 $GF = FC$.

例7 (第46届IMO预选题,2006年伊朗国家队选拔赛试题)已知 $\triangle ABC$ 的中线 AM 交其内切圆 Γ 于点 K, L,分别过 K, L 且平行于 BC 的直线交圆 Γ 于点 X, Y, AX, AY 分别交 BC 于点 P, Q. 证明:$BP = CQ$.

证明 如图 32.35,设 I 为 $\triangle ABC$ 的内心,圆 I 分别切边 BC, CA, AB 于点 D, E, F,直线 DI 与 EF 交于点 T. 由性质 6 知,点 T 在 AM 上. 设过点 K, L 的 2 条切线交于点 S,则由性质 8,知 F, E, S 共线. 又由性质 10,知

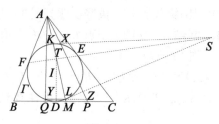

图 32.35

$$\frac{KA}{AL}=\frac{KT}{TL} \qquad ①$$

设直线 YL 交 AP 于点 Z,由 $KX\parallel YL$,得

$$\frac{KX}{LZ}=\frac{AK}{AL} \qquad ②$$

注意到等腰梯形 $YLXK$ 中对角线 KL 及其两底的公垂线为 TI,从而

$$\frac{KX}{YL}=\frac{KT}{TL}$$

再注意式①②,可得

$$\frac{KX}{LZ}=\frac{KX}{YL}$$

即知 L 是 YZ 的中点,因此 M 是 QP 的中点,故 $BP=CQ$.

第 2 节 角的内切圆的性质及应用(二)

西部赛试题 1、北方赛试题 2 等均涉及了角的内切圆图.

三角形的内切圆图去掉三角形的一边也就变成了角的内切圆图. 下面,我们介绍角的内切圆的性质及应用.[①]

一个圆与一个角的两边相切的图形称为角的内切圆. 角的内切圆图形是一个特殊的轴对称图形. 对这个图形将直线型图与曲线型图组合在一起,因而,其具有一系列美妙的性质,它是一系列数学竞赛题的命制背景图. 认识这些性质,在处理某些竞赛题时,可获得简捷思路.

我们在第 25 章第 1 节中给出了两条性质,接下来接着第 25 章第 1 节给出的性质 1 和 2 后继续给出:

---

① 沈文选. 角的内切圆的性质及应用[J]. 中等数学,2014(7):7-10.

性质3 设圆 O 与 $\angle APB$ 的两边分别切于点 A,B,弦 AB 的中点为 M,射线 PM 与圆 O 交于点 I, I_p(I 在点 P 与 M 之间),则:

(1) A,B 关于射线 PM 对称;

(2) 过点 M 的弦的两端点与 O,P 四点共圆;

(3) I,I_p 分别为过点 M 的弦的两端点与 P 构成顶点的三角形的内心与旁心.

由于篇幅所限,性质的证明留给有兴趣的读者.

性质4 设圆 O 与 $\angle APB$ 的两边分别切于点 A,B,过点 P 的射线与圆 O 交于点 C,D(C 在点 P 与 D 之间),且与 AB 交于点 Q. 则:

(1) $AC \cdot BD = AD \cdot BC$;(即四边形 $ACBD$ 为调和四边形,由两对三角形相似即证得结论.)

(2) N 为 CD 中点的充分必要条件为 P,A,N,B 四点共圆;

(3) $\dfrac{PC}{CQ} = \dfrac{PD}{DQ}$. (即 C,D 调和分割线段 PQ,或 P,Q 调和分割线段 CD,设 M 为 AB 中点,由 C,D,O,M 共圆,可证得 PM 平分 $\angle CMD$ 的外角,QM 平分 $\angle CMD$,即得结论.)

推论1 在性质4的条件下:

(1) 当 N 为 CD 的中点时,有
$$\angle CAB = \angle NAD, \angle CBA = \angle NBD$$
且 CN 平分 $\angle ANB$;

(2) 当 PO 与 AB 交于点 M 时,有
$$\angle ACD = \angle MCB, \angle ADQ = \angle MDB$$
且 AM 平分 $\angle CMD$;

(3) $PQ^2 = PC \cdot PD - QC \cdot QD$;

(4) $\dfrac{1}{CQ} = \dfrac{1}{PD} + \dfrac{1}{PC} + \dfrac{1}{QD}$.

推论2 在性质4的条件下:

(1) 设 N 为 CD 上一点,则 $\angle PAC = \angle DBN \Leftrightarrow \angle PBC = \angle DAN$;

(2) 设 M,N 分别为 AB,CD 的中点,则 AM 平分 $\angle CMD \Leftrightarrow CN$ 平分 $\angle ANB$;

(3) 过点 B(或 C)且平行于 PA 的直线被直线 AD,AC(或 AB)截出相等的线段.

性质5 设圆 O 与 $\angle APB$ 的两边分别切于点 A,B,过点 P 的两条割线分别与圆 O 交于点 C 和 D,E 和 F(C 在点 P 与 D 之间,E 在点 P 与 F 之间). 若直

线 CF 与 DE 交于点 Q,直线 CE 与 DF 交于点 R,则 A,Q,B,R 四点共线.

例 1 (2001 年中国西部数学奥林匹克题) P 为圆 O 外一点,过点 P 作圆 O 的两条切线,切点分别为 A,B. 设 Q 为 PO 与 AB 的交点,过点 Q 作圆 O 的任意一条弦 CD. 证明: $\triangle PAB$ 与 $\triangle PCD$ 有相同的内心.

事实上,由性质 3(3) 即证.

例 2 (2007 年泰国数学奥林匹克题) 已知 PA,PB 是圆 O 的两条切线,切点分别为 A,B; M,N 分别为线段 AP,AB 的中点,MN 的延长线与圆 O 交于点 C,点 N 在 M 与 C 之间,联结 PC 与圆 O 交于点 D, ND 的延长线与 PB 交于点 Q. 证明:四边形 $PMNQ$ 为菱形.

证明 如图 32.36,设 CM 与圆 O 交于点 E,联结 PE,EO,OC,OP.

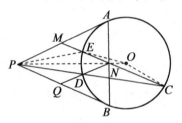

图 32.36

由性质 3(2),知 P,C,O,E 四点共圆.

显然,P,N,O 三点共线,且
$$PN \cdot PO = PB^2 = PD \cdot PC$$
于是,D,C,O,N 四点共圆.

故 $\angle PND = \angle PCO = \angle PCN + \angle NCO = \angle POE + \angle CEO = \angle PNE$.

从而,点 D 与 E 关于 PN 对称,即 ND 与 NE 关于 PN 对称,点 M 与 Q 关于 PN 对称.

于是,Q 为 PB 的中点.

由 $QN \underline{\underline{\parallel}} \frac{1}{2}PA = \frac{1}{2}PB \underline{\underline{\parallel}} MN$,知四边形 $PMNQ$ 为菱形.

例 3 (2003 年全国高中数学联赛题) 过圆外一点作圆的两条切线和一条割线,切点为 A,B,所作割线与圆交于点 C,D,C 在点 P,D 之间. 在弦 CD 上取一点 Q,使 $\angle DAQ = \angle PBC$. 证明: $\angle DBQ = \angle PAC$.

证明 如图 32.37,由性质 4(1),知四边形 $ACBD$ 为调和四边形. 故
$$AC \cdot BD = AD \cdot BC$$

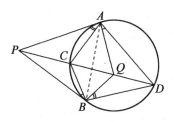

图 32.37

由托勒密定理得
$$2AD \cdot BC = AB \cdot CD \qquad ①$$

由
$$\angle DAQ = \angle PBC = \angle CAB$$
$$\angle ADQ = \angle ABC$$

知

$$\triangle ADQ \backsim \triangle ABC \Rightarrow \frac{AD}{AB} = \frac{DQ}{BC}$$
$$\Rightarrow AD \cdot BC = AB \cdot QD \qquad ②$$

由式①②知 Q 为 CD 的中点.

于是,由推论 1(1) 知
$$\angle DBQ = \angle ABC = \angle PAC$$

例 4 (2011 年全国高中联赛题) 如图 32.38, 已知 P, Q 分别是圆内接四边形 $ABCD$ 的对角线 AC, BD 的中点. 若 $\angle BPA = \angle DPA$, 证明: $\angle AQB = \angle CQB$.

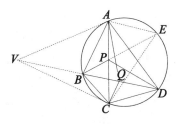

图 32.38

证明 如图 32.38, 延长 BP, 与圆交于点 E.

由 P 为 AC 的中点及 $\angle BPA = \angle DPA$, 知 E, D 关于 AC 的中垂线对称.

从而, $AE = CD, CE = AD$.

由
$$S_{\triangle ABE} = S_{\triangle BCE}$$
$$\Rightarrow AB \cdot AE \sin \angle BAE = BC \cdot CE \sin \angle BCE$$
$$\Rightarrow AB \cdot CD = BC \cdot AD$$

由调和四边形性质,知过点 A,C 的切线与直线 BD 交于点 V.

再由推论2(2),知 $\angle AQB = \angle CQB$.

注 可由 $AB \cdot CD = BC \cdot AD$,结合托勒密定理推知
$$\triangle AQD \sim \triangle ABC \sim \triangle DQC \Rightarrow \angle AQB = \angle CQB$$

例5 圆 O 为 $\triangle ABC$ 的外接圆, AM,AT 分别为中线和角平分线,过点 B,C 的圆的切线交于点 P,联结 AP,与 BC、圆 O 分别交于点 D,E. 证明: T 是 $\triangle AME$ 的内心.

证明 如图32.39,设直线 OP 与圆 O 交于点 N,L,则点 M 在 OP 上,点 L 在直线 AT 上.

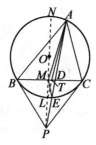

图 32.39

由性质4(3),知 M,P 调和分割 NL.

又 $NA \perp AL$,由线段调和分割的性质,知 AL 平分 $\angle MAP$.

又由性质2(3),知 P,D 调和分割 EA.

同理, MD 平分 $\angle AME$.

故 T 为 $\triangle AME$ 的内心.

例6 (1996年中国数学奥林匹克题)设 H 是锐角 $\triangle ABC$ 的垂心,由 A 向以 BC 为直径的圆作切线 AP,AQ,切点分别为 P,Q. 证明: P,H,Q 三点共线.

证明 如图32.40,设 AB,AC 分别与半圆交于点 E,F.

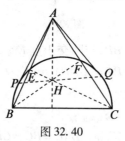

图 32.40

注意到, BC 为直径,则 BF 与 CE 的交点即为垂心 H.

由性质 5,知 P,H,Q 三点共线.

例 7 (1997 年中国数学奥林匹克题) 如图 32.41,四边形 $ABCD$ 内接于圆 O,其边 AB 与 DC 的延长线交于点 P,AD 与 BC 的延长线交于点 Q,过 Q 作圆 O 的两条切线,切点分别为 E,F. 证明:P,E,F 三点共线.

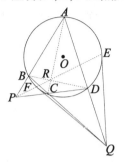

图 32.41

证明 由题设,知 QA,QB 为 $\angle EQF$ 的内切圆圆 O 的两条割线. 设 AC 与 BD 交于点 R,则由性质 5 知 P,F,R,E 四点共线.

故 P,E,F 三点共线.

为了介绍例 8,从性质 4(2) 所表示的图形谈起.

如图 32.42,圆 O 与 $\angle T'N'S'$ 的两边切于点 T',S',则 M 为过点 N' 的割线截圆 O 的弦 IJ 中点的充分必要条件为 N',T',M,S' 四点共圆.

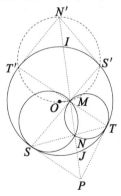

图 32.42

用反演变换处理这个图形,则可获得一个新命题:

设点 M 关于圆 O 的幂为 k,作反演变换 $I(M,k)$,则圆 O 是自反圆. 设点 X' 的反演点为 X,则直线 $N'S'$ 的反形为过点 M,N 且与圆 O 内切于点 S 的圆 O_1,直线 $N'T'$ 的反形为过点 M,N 且与圆 O 内切于点 T 的圆 O_2,直线 MN' 不变. 当

M 与圆心 O 不重合时,圆 O_1 与圆 O_2 不相等. 而 N',T',M,S' 四点共圆当且仅当 S,N,T 三点共线.

于是,得反演命题即为下面的例题.

例 8 (1997 年全国高中数学联赛题)已知两个半径不等的圆 O_1 与圆 O_2 交于 M,N 两点,且圆 O_1、圆 O_2 分别与圆 O 内切于点 S,T. 证明: $OM \perp MN$ 的充分必要条件是 S,N,T 三点共线.

证明 如图 32.42,设过点 S,T 的切线交于点 P. 则由根心定理,知点 P 在直线 MN 上.

由性质 4(2) 得

$OM \perp MN \Leftrightarrow M$ 为圆 O 弦 IJ 的中点

$\Leftrightarrow P,T,M,S$ 四点共圆

$\Leftrightarrow \angle PTN = \angle TMN = \angle TMP = \angle TSP = \angle PTS$

$\Leftrightarrow T,N,S$ 三点共线

练习题及解答提示

1. PA,PB 是圆 O 的两条切线,切点分别为 A,B. 过点 P 的直线与圆 O 交于 C,D 两点,与弦 AB 交于点 Q. 证明: $PQ^2 = PC \cdot PD - QC \cdot QD$.

提示:由推论 1(3) 即证.

2. (2010 年北方数学奥林匹克邀请赛题)已知 PA,PB 是圆 O 的切线,切点分别是 A,B, PCD 是圆 O 的一条割线,过点 C 作 PA 的平行线,分别与弦 AB,AD 交于点 E,F. 证明: $CE = EF$.

提示:由推论 2(3) 即证.

3. (第 21 届北欧数学竞赛题)已知 A 为圆 O 外一点,过 A 引圆 O 的割线与圆 O 交于点 B,C, 且点 B 在线段 AC 的内部,过点 A 引圆 O 的两条切线,切点分别为 S,T. 设 AC 与 ST 交于点 P. 证明: $\dfrac{AP}{PC} = 2\dfrac{AB}{BC}$.

提示:由性质 4(3),有 $\dfrac{AB}{BC - PC} = \dfrac{AB + BC}{PC}$,整理即得结论.

4. (第 26 届 IMO 预选题)设 $\triangle ABC$ 的外接圆的过点 B,C 的切线交于点 P, M 是 BC 的中点. 证明: $\angle BAM$ 与 $\angle CAP$ 相等或互补.

提示:由推论 1(2),分两种情形证明.

5. (第 47 届保加利亚数学竞赛题)凸四边形 $ABCD$ 内接于一圆,过点 A 和 C 作圆的两条切线交于点 P. 若点 P 不在直线 BD 上,且 $PA^2 = PB \cdot PD$, 证明:

BD 与 AC 的交点是 AC 的中点.

提示:设 PB 与圆交于点 E,PD 与圆交于点 F,圆心为 O,DB 与 EF 交于点 M.

由性质 5 知 M 在 AC 上.

再由 $PE \cdot PB = PD \cdot PF = PA^2 = PB \cdot PD$,得
$$\triangle OPE \cong \triangle OPD, \triangle OPF \cong \triangle OPB$$

故 D,E 及 F,B 分别关于 OP 对称.

于是,点 M 在 OP 上,即 M 为 AC 的中点.

6. (第 10 届土耳其数学奥林匹克题) 两圆外切于点 A,且内切另一圆 Γ 于点 B,C. 令 D 是小圆内公切线(过 A)割圆 Γ 的弦的中点. 证明:当 B,C,D 三点不共线时,A 是 $\triangle BCD$ 的内心.

提示:设过点 A 的内公切线与圆 Γ 交于点 P,Q. 由根心定理知过点 B,C 的切线与直线 PQ 共点于 K.

由性质 4(2),知 K,B,D,C 四点共圆.

又 $KB = KC$,故点 A 在 $\angle BDC$ 的平分线上.

由推论 1(1),知 $\angle PBC = \angle QBD$.

注意到两圆内切的性质,有 BA 平分 $\angle PBQ$.

从而,BA 平分 $\angle CBD$,即知 A 为 $\triangle BCD$ 的内心.

第 3 节 半圆的外切三角形的性质及应用

被过角的内切圆的圆心的直线所截得的图形即为半圆的外切三角形图形. 前面的西部赛试题 1 就涉及了半圆的外切三角形问题.

半圆的直径在三角形的一条边上,三角形的另两边均与半圆相切的图形我们称为半圆的外切三角形. 半圆的外切三角形有几条有趣的结论,注意到它们,常会给我们处理有关竞赛题带来方便. 我们以性质的形式介绍这几条有趣的结论.

性质 1 半圆 O 的直径 MN 在 $\triangle ABC$ 的 BC 边上,$\triangle ABC$ 的边 AB,AC 与半圆 O 分别切于点 F,E,作 $AD \perp BC$ 于点 D,则:(1)A,F,D,E 四点共圆;(2)AD 平分 $\angle EDF$.

证明 当 D 与 O 重合时,两个结论显然成立.

当 D 不与 O 重合时,如图 32.43 所示.

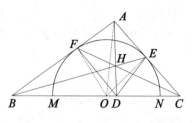

图 32.43

(1)联结 OF,OE,AO,由 $OF \perp AB, OE \perp AC$,知 A,F,O,E 四点共圆,且 AO 为其直径.

由于 $AD \perp BC$,即知点 D 也在这个圆上,从而 A,F,D,E 四点共圆.

(2)注意到在圆 $AFDE$ 中, $AF = AE$,则知 AD 平分 $\angle EDF$.

注 若直径 MN 上异于 O 的点 D 满足 A,F,D,E 四点共圆,则可证得 $AD \perp MN$.

推论 1 在性质 1 的条件下,设 BE 与 CF 交于点 H,则点 H 在线段 AD 上.

证明 如图 32.43,由性质 1,即 A,F,D,E 四点共圆及 AD 平分 $\angle EDF$,知 $\angle BDF = \angle CDE$,$\angle BFD$ 与 $\angle CED$ 互补.由三角形正弦定理,有

$$\frac{BF}{BD} = \frac{\sin \angle BDF}{\sin \angle BFD} = \frac{\sin \angle CDE}{\sin \angle CED} = \frac{CE}{CD}$$

亦有

$$\frac{AF}{FB} \cdot \frac{BD}{DC} \cdot \frac{CE}{EA} = 1 \qquad ①$$

于是,由塞瓦定理的逆定理知,AD,BE,CF 三直线共点. 故 BE 与 CF 的交点 H 在 AD 上.

注 式①也可这样证:由 A,F,O,D 及 A,O,D,E 分别四点共圆,有 $BO \cdot BD = BF \cdot BA$,$CO \cdot CD = CE \cdot CA$,此两式相除,并注意 $\frac{BO}{OC} = \frac{AB}{AC}$ 及 $AF = AE$,有

$$\frac{BD}{DC} \cdot \frac{CE}{EA} \cdot \frac{AF}{FB} = \frac{BD}{DC} \cdot \frac{CE}{FB} = 1.$$

性质 2 半圆 O 的直径 MN 在 $\triangle ABC$ 的边 BC 上,$\triangle ABC$ 的边 AB,AC 与半圆 O 分别切于点 F,E.作 $AD \perp BC$ 于点 D,设直线 MF 与直线 NE 的交点为 P,则:(1)点 P 在直线 AD 上;(2)设 ME 与 NF 交于点 J(此时点 J 在 AD 上)时,A 为 PJ 的中点.

证明 如图 32.44,(1)注意到 ME 与 NF 的交点 J 为 $\triangle PMN$ 的垂心,即有 $PJ \perp MN$.从而

又
$$\angle MPJ = \angle FNM, \angle JPN = \angle EMN$$
$$\angle AFE = \angle AEF$$

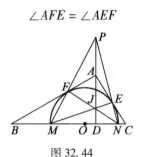

图 32.44

则
$$\frac{\sin \angle MPJ}{\sin \angle JPN} \cdot \frac{\sin \angle AFE}{\sin \angle AFP} \cdot \frac{\sin \angle AEP}{\sin \angle AEF} = \frac{\cos \angle FMN}{\cos \angle ENM} \cdot \frac{\sin \angle AFE}{\sin \angle FNM} \cdot \frac{\sin \angle EMN}{\sin \angle AEF}$$
$$= \frac{\sin \angle FNM}{\sin \angle EMN} \cdot \frac{\sin \angle EMN}{\sin \angle FNM} = 1$$

于是,由角元形式的塞瓦定理,知 PJ,AE,AF 三线共点于 A,即点 A 在直线 PJ 上,亦有 $PA \perp MN$.

而 $AD \perp MN$,即知点 P 在直线 AD 上.

(2)注意到在 $Rt\triangle PJE$ 中,$\angle AJE = \angle DNE = \angle MNE = \angle MEA = \angle JEA$,即有 $AE = AJ$. 同理 $AE = AP$. 故 A 为 PJ 的中点.

注 也可用同一法,取 PJ 的中点 A',证 A' 与 A 重合,先证得 A 为 PJ 的中点,再证点 P 在 AD 上.

性质 3 半圆 O 的直径 MN 在 $\triangle ABC$ 的边 BC 上,$\triangle ABC$ 的边 AB,AC 与半圆 O 分别切于点 F,E. 设过 EF 的中点 L 的直线交半圆 O 于点 S,T,则 AO 平分 $\angle SAT$.

证明 如图 32.45,联结 FO,SO,TO,则由
$$SL \cdot LT = FL \cdot LE = FL^2 = OL \cdot LA$$

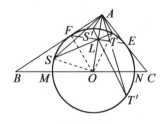

图 32.45

知 A,S,O,T 四点共圆. 在这个圆中,由 $OS = OT$,即知 AO 平分 $\angle SAT$.

注 可将半圆 O 上点 S,T 推广到整个圆 O 上.

推论 2 在性质 3 的条件下,设过 EF 的中点 L 的直线交圆 O 于点 S',T',则 AO 平分 $\angle S'AT'$.

其证明同性质 3 的证明(略).

性质 4 半圆 O 的直径 MN 在 $\triangle ABC$ 的边 BC 上,$\triangle ABC$ 的边 AB,AC 与半圆 O 均相切.若 AB 上的点 G,AC 上的点 H 满足 GH 与半圆 O 相切,且 B,C,H,G 四点共圆,则 $BC=BG+CH$.

证明 如图 32.46,当 $GH/\!/BC$ 时,结论显然成立.

图 32.46

下面讨论 $GH\not/\!/BC$ 的情形. 在 BC 上取点 K,使 $BK=BG$,联结 GO,GK,HO,HK. 注意到 B,C,H,G 四点共圆. 则

$$\angle BKG = \frac{1}{2}(180°-\angle B) = \frac{1}{2}\angle GHC = \angle GHO$$

从而知 G,O,K,H 四点共圆.

于是 $\angle CHK = \angle OKH - \angle C = (180°-\angle OGH) - (180°-2\angle OGH)$
$= \angle OGH = \angle CKH$

从而,在 $\triangle CHK$ 中,有 $CH=CK$. 故 $BC=BK+KC=BG+CH$.

注 性质 4 中,点 O 实质上就是 $\triangle AGH$ 的旁心. 在性质 4 的条件中,改变 GH 的条件,只满足 B,C,H,G 四点共圆,将 GH 与半圆 O 相切变为 O,H,G 为关于 $\triangle ABC$ 的内心 I 的密克尔三角形三顶点,则 I 为关于 O,H,G 的 $\triangle ABC$ 的密克尔点的充要条件是 $BC=BG+CH$. 即变为第 29 届中国数学奥林匹克中的平面几何题的等价说法:在锐角 $\triangle ABC$ 中,已知 $AB>AC,\angle BAC$ 的角平分线与边 BC 交于点 D,点 E,F 分别在边 AB,AC 上,使得 B,C,F,E 四点共圆. 证明:$\triangle DEF$ 的外心与 $\triangle ABC$ 的内心重合的充分必要条件是 $BE+CF=BC$.

下面给出应用上例性质处理有关竞赛题的例子.

例 1 (第 26 届 IMO 试题)已知圆内接四边形 $ABCD$,有一圆圆心在边 AB 上,且与三边都相切. 试证:$AD+BC=AB$.

事实上,这可由性质4即证.或者按性质4的证法来证,这有别于原试题的证法.

例2 (第35届IMO预选题)如图32.47,在直线 l 的一侧画一个半圆 Γ, C,D 是 Γ 上两点, Γ 上过 C 和 D 的切线交 l 于 B 和 A,半圆的圆心在线段 BA 上, E 是线段 AC 和 BD 的交点, F 是 l 上的点, $EF \perp l$. 求证: EF 平分 $\angle CFD$.

证明 如图32.47,设 AD,BC 的延长线交于点 P,作 $PF' \perp AB$ 于点 F'. 则由性质1,知 PF' 平分 $\angle DF'C$.

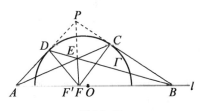

图32.47

又由推论1,知 AC 和 BD 的交点 E 在直线 PF' 上,即知 $EF' \perp AB$.
而 $EF \perp AB$,从而知 F' 与 F 重合,故 EF 平分 $\angle DFC$.

例3 (2003年中国国家队选拔赛题)在锐角 $\triangle ABC$ 中, AD 是 $\angle BAC$ 的内角平分线,点 D 在边 BC 上,过点 D 分别作 $DE \perp AC, DF \perp AB$,垂足分别为 E,F. 联结 BE, CF,它们相交于点 H, $\triangle AFH$ 的外接圆交 BE 于点 G. 求证:以线段 BG, GE, BF 组成的三角形是直角三角形.

证明 如图32.48,由题设知,存在以点 D 为圆心的半圆分别与 AB,AC 切于点 F,E,作 $AK \perp BC$ 于点 K,则由推论1知,点 H 在 AK 上.

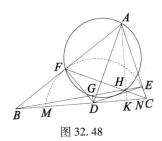

图32.48

注意到 A,F,G,H 及 A,F,D,K 分别四点共圆,有
$$BG \cdot BH = BF \cdot BA = BD \cdot BK$$
从而知 G,D,K,H 四点共圆.
又 $HK \perp DK$,则 $DG \perp GH$.

由勾股定理,有 $BD^2 - BG^2 = DE^2 - GE^2$.

从而, $BG^2 - GE^2 = BD^2 - DE^2 = BD^2 - DF^2 = BF^2$, 即 $BG^2 = BF^2 + GE^2$.

故以线段 BG, GE, BF 组成的三角形是直角三角形.

例4 (2010 年中国西部数学奥林匹克题) 如图 32.49, 已知 AB 是圆 O 的直径, C, D 是圆周上异于点 A, B 且在 AB 同侧的两点, 分别过点 C, D 作圆的切线, 其交于点 E, 线段 AD 与 BC 的交点为 F, 直线 EF 与 AB 交于点 M. 证明: E, C, M, D 四点共圆.

证法 1 如图 32.49, 延长 AC, BD 交于点 P, 延长 EC, ED 分别与直线 AB 交于点 G, H, 则 $\triangle EGH$ 为半圆 O 的外切三角形.

注意到, F 为 $\triangle PAB$ 的垂心, 知 $PF \perp AB$. 由性质 2, 知点 E 在直线 PF 上, 即知 $EF \perp AB$. 于是, 由性质 1(1), 知 E, C, M, D 四点共圆.

证法 2 如图 32.49, 作 $EM' \perp AB$ 于点 M', 则由性质 1(1) 知 E, C, M', D 四点共圆. 从而 $\angle CEM' = \angle CDM'$.

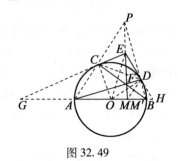

图 32.49

注意到, C, O, D, E 四点共圆, 有
$$\angle COA = \angle CDM' = \angle CEM' \quad ①$$

由 $\angle EOC = \frac{1}{2}\angle DOC = \angle CAF$, 知 $\text{Rt}\triangle COE \backsim \text{Rt}\triangle CAF$, 有 $\dfrac{CE}{CF} = \dfrac{CO}{CA}$.

又由 $\angle ECF = 90° - \angle BCO = \angle OCA$, 知 $\triangle ECF \backsim \triangle OCA$, 有
$$\angle CEF = \angle COA \quad ②$$

由式①②, 知 $\angle CEM' = \angle CEF$, 从而点 F 在 EM' 上. 于是点 M' 与 M 重合. 即知 $EF \perp AB$ 于 M. 由性质 1(1), 知 E, C, M, D 四点共圆.

注 由 M' 与 M 重合, 可直接得 E, C, M, D 四点共圆.

例5 (2001 年中国西部数学奥林匹克题) 如图 32.50, P 为圆 O 外一点, 过点 P 作圆 O 的两条切线, 切点分别为 A, B. 设 Q 为 PO 与弦 AB 的交点, 过点 Q 作圆 O 的任意一条弦 CD. 证明: $\triangle PAB$ 与 $\triangle PCD$ 有相同的内心.

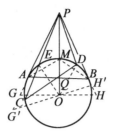

图 32.50

证明 如图 32.50,设 PO 交圆 O 于点 M,PC 与圆 O 交于点 E,联结 AM,MB,由题设知 Q 为 AB 中点,显然 AO 平分 $\angle APB$.

由 $\angle PAM = \angle MBA = \angle MAB$,知 AM 平分 $\angle PAB$.

从而,知 M 为 $\triangle PAB$ 的内心.

由性质 3 或推论 2,知 AO 平分 $\angle CPD$,即 AM 平分 $\angle CPD$. 联结 OE,OD,由对称性,知 $\overparen{ED} = 2\overparen{MD}$,或 $\angle MOD = \angle ECD$,即知 M 在 $\angle DCE$ 的平分线上.

即知 M 也为 $\triangle PCD$ 的内心.

故 $\triangle PAB$ 与 $\triangle PCD$ 有相同的内心.

第 4 节 勃罗卡定理及应用

试题 A 的逆命题即为勃罗卡(Brocard)定理,或者说,勃罗卡定理的一个逆命题即为试题 A.

勃罗卡定理 凸四边形 $ABCD$ 内接于圆 O,延长 AB,DC 交于点 E,延长 BC,AD 交于点 F,AC 与 BD 交于点 G. 联结 EF,则 $OG \perp EF$.

证法 1 如图 32.51,在射线 EG 上取一点 N,使得 N,D,C,G 四点共圆(即取完全四边形 $ECDGAB$ 的密克尔点 N),从而 B,G,N,A 及 E,D,N,B 分别四点共圆.

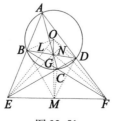

图 32.51

分别注意到点 E,G 对圆 O 的幂,圆 O 的半径为 R,则
$$EG \cdot EN = EC \cdot ED = OE^2 - R^2$$
$$EG \cdot GN = BG \cdot GD = R^2 - OG^2$$

以上两式相减得
$$EG^2 = OE^2 - R^2 - (R^2 - OG^2)$$

即
$$OE^2 - EG^2 = 2R^2 - OG^2$$

同理
$$OF^2 - FG^2 = 2R^2 - OG^2$$

又由上述两式,有
$$OE^2 - EG^2 = OF^2 - FG^2$$

于是,由定差幂线定理,知 $OG \perp EF$.

证法 2 如图 32.51,注意到完全四边形的性质.在完全四边形 $ECDGAB$ 中,其密克尔点 N 在直线 EG 上,且 $ON \perp EG$,由此知 N 为过点 G 的圆 O 的弦的中点,亦即知 O,N,F 三点共线,从而 $EN \perp OF$.

同理,在完全四边形 $FDAGBC$ 中,其密克尔点 L 在直线 FG 上,且 $OL \perp FG$,亦有 $FL \perp OE$.

于是,知 G 为 $\triangle OEF$ 的垂心,$OG \perp EF$.

证法 3 如图 32.51,注意到完全四边形的性质,在完全四边形 $ABECFD$ 中,其密克尔点 M 在直线 EF 上,且 $OM \perp EF$.联结 BM,CM,DM,OB,OD.

此时,由密克尔点的性质,知 E,M,C,B 四点共圆,M,F,D,C 四点共圆,即有
$$\angle BME = \angle BCE = \angle DCF = \angle DMF$$

从而
$$\angle BMO = \angle DMO = 90° - \angle DMF$$
$$= 90° - \angle DCF = 90° - (180° - \angle BCD)$$
$$= \angle BCD - 90° = \left(180° - \frac{1}{2}\angle BOD\right) - 90°$$
$$= 90° - \frac{1}{2}\angle BOD = \angle BOD$$

即知点 M 在 $\triangle OBD$ 的外接圆上.

同理,知点 M 也在 $\triangle OAC$ 的外接圆上,亦即知 OM 为圆 OBD 与圆 OAC 的公共弦.

由三圆圆 O、圆 OBD、圆 OAC 两两相交,及根心定理,知其三条公共弦 BD, AC,OM 共点于 G. 即知 O,G,M 共线,故 $OG \perp EF$.

该定理有如下推论:

推论 1 凸四边形 $ABCD$ 内接于圆 O,延长 AB,DC 交于点 E,延长 BC,AD 交于点 F,AC 与 BD 交于点 G,直线 OG 与直线 EF 交于点 M,则 M 为完全四边形 $ABECFD$ 的密克尔点.

事实上,若设 M' 为完全四边形 $ABECFD$ 的密克尔点,则 M' 在 EF 上,且 $OM' \perp EF$.

由勃罗卡定理,知 $OG \perp EF$,即 $OM \perp EF$. 而过同一点只能作一条直线与已知直线垂直,从而 OM 与 OM' 重合,即 M 与 M' 重合.

推论 2 凸四边形 $ABCD$ 内接于圆,延长 AB,DC 交于点 E,延长 BC,AD 交于点 F,AC 与 BD 交于点 G,M 为完全四边形 $ABECFD$ 的密克尔的点的充要条件是 $GM \perp EF$ 于 M.

推论 3 凸四边形 $ABCD$ 内接于圆 O,延长 AB,DC 交于点 E,延长 BC,AD 交于点 F,AC 与 BD 交于点 G,则 G 为 $\triangle OEF$ 的垂心.

事实上,由定理的证法 2 即得. 或者由极点公式:$EG^2 = OE^2 + OG^2 - 2R^2$, $FG^2 = OF^2 + OG^2 - 2R^2$, $EF^2 = OE^2 + OF^2 - 2R^2$ 两两相减,再由定差幂线定理即证.

下面给出定理及推论的应用实例.

例 1（2001 年北方数学邀请赛题）设圆内接四边形的两组对边的延长线分别交于点 P,Q,两对角线交于点 R,则圆心 O 恰为 $\triangle PQR$ 的垂心.

事实上,由推论 3 知 R 为 $\triangle OPQ$ 的垂心,再由垂心组的性质即知 O 为 $\triangle PQR$ 的垂心.

例 2 如图 32.52,凸四边形 $ABCD$ 内接于圆 O,延长 AB,DC 交于点 E,延长 BC,AD 交于点 F,AC 与 BD 交于点 P,直线 OP 交 EF 于点 G. 求证: $\angle AGB = \angle CGD$.

证明 由勃罗卡定理知,$OP \perp EF$ 于点 G.

延长 AC 交 EF 于点 Q,则在完全四边形 $ABECFD$ 中,点 P,Q 调和分割 AC,从而 GA,GC,GP,GQ 为调和线束,而 $GP \perp CQ$,于是 GP 平分 $\angle AGC$,即 $\angle AGP = \angle CGP$.

延长 DB 交直线 EF 于点 L(或无穷远点 L),则知 L,P 调和分割 BD,同样可得 $\angle BGP = \angle DGP$.

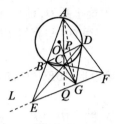

图 32.52

故 $\angle AGB = \angle CGD$.

例 3 (2010 年全国高中联赛题)如图 32.53,锐角 $\triangle ABC$ 的外心为 O,K 是边 BC 上一点(不是边 BC 的中点),D 是线段 AK 延长线上一点,直线 BD 与 AC 交于 N,直线 CD 与 AB 交于点 M. 求证:若 $OK \perp MN$,则 A,B,D,C 四点共圆.

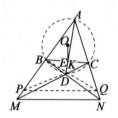

图 32.53

证法 1 用反证法. 若 A,B,D,C 四点不共圆,则可设 $\triangle ABC$ 的外接圆圆 O 与直线 AD 交于点 E,直线 CE 交直线 AB 于 P. 直线 BE 交直线 AC 于 Q. 联结 PQ,则由勃罗卡定理,知 $OK \perp PQ$.

由题设,$OK \perp MN$,从而知 $PQ // MN$.

即有

$$\frac{AQ}{QN} = \frac{AP}{PM} \qquad ①$$

对 $\triangle NDA$ 及截线 BEQ,对 $\triangle MDA$ 及截线 CEP 分别应用梅涅劳斯定理,有

$$\frac{NB}{BD} \cdot \frac{DE}{EA} \cdot \frac{AQ}{QN} = 1, \frac{MC}{CD} \cdot \frac{DE}{EA} \cdot \frac{AP}{PM} = 1 \qquad ②$$

由式①②得 $\frac{NB}{BD} = \frac{MC}{CD}$. 再应用分比定理有 $\frac{ND}{BD} = \frac{MD}{DC}$.

从而 $\triangle DMN \sim \triangle DCB$,即有 $\angle DMN = \angle DCB$,于是有 $BC // MN$.

从而 $OK \perp BC$,得到 K 为 BC 的中点,这与已知矛盾,故 A,B,D,C 四点共圆.

证法 2 如图 32.54,延长 OK 交 MN 于点 J,联结 BJ,CJ.

设直线 BC 与直线 MN 交于点 G(或无穷远点 G),则在完全四边形 $ABMDNC$ 中,有

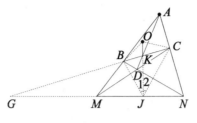

图 32.54

$$\frac{BG}{GC} = \frac{BK}{KC} \quad (即 G, K 调和分割 BC)$$

从而 JG, JK, JB, JC 为调和线束.

由题设 $OK \perp MN$,即 $JG \perp JK$,由调和线束的性质,知 $\angle BJC$ 被 JK 平分,即 $\angle 1 = \angle BJK = \angle KJC = \angle 2$. (或由 $\dfrac{BJ \cdot \sin(90° - \angle 1)}{CJ \cdot \sin(90° - \angle 2)} = \dfrac{BJ \cdot \sin \angle 1}{CJ \cdot \sin \angle 2}$ 有 $\tan \angle 1 = \tan \angle 2$ 得 $\angle 1 = \angle 2$.)

于是 $\dfrac{OJ}{\sin \angle OBJ} = \dfrac{OB}{\sin \angle 1} = \dfrac{OC}{\sin \angle 2} = \dfrac{OJ}{\sin \angle OCJ}$,从而 $\sin \angle OBJ = \sin \angle OCJ$.

又因 K 不是边 BC 的中点,故 $\angle OBJ = 180° - \angle OCJ$,所以 O, B, J, C 四点共圆.

从而 $\angle MJB = \angle NJC = \dfrac{1}{2}(180° - \angle BJC) = \dfrac{1}{2} \angle BOC = \angle BAC$,即知 B, J, N, A 及 A, C, J, M 分别四点共圆.

于是 $\angle ABN = \angle AJN = \angle AJC + \angle CJN = \angle AMC + \angle MAC = 180° - \angle ACM = \angle MCN$.

因此,A, B, D, C 四点共圆.

例4 (1997 年 CMO 试题)设四边形 $ABCD$ 内接于圆,边 AB 与 DC 的延长线交于点 P,AD 与 BC 的延长线交于点 Q.由点 Q 作该圆的两条切线 QE, QF,切点分别为 E, F.求证:P, E, F 三点共线.

证明 如图 32.55,设圆 $ABCD$ 的圆心为 O,AC 与 BD 交于点 G,联结 PQ,则由勃罗卡定理,知 $OG \perp PQ$.

设直线 OG 交 PQ 于点 M,则由推论 1,知 M 为完全四边形 $ABPCQD$ 的密克尔点,即知 M, Q, D, C 四点共圆.

又 O, E, Q, F 四点共圆,且 OQ 为其直径,注意到 $OM \perp MQ$,知点 M 也在圆

$OEQF$ 上.

此时,MQ,CD,EF 分别为圆 $MQDC$、圆 $OEMQF$、圆 $ABCD$ 两两相交的三条公共弦. 由根心定理, 知 MQ,CD,EF 三条直线共点于 P.

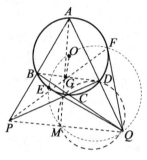

图 32.55

故 P,E,F 三点共线.

例 5 (2006 年瑞士国家队选拔赛题) 在锐角 $\triangle ABC$ 中, $AB \neq AC$, H 为 $\triangle ABC$ 的垂心, M 为 BC 的中点, D,E 分别为 AB,AC 上的点, 且 $AD = AE$, D,H,E 三点共线. 求证: $\triangle ABC$ 的外接圆与 $\triangle ADE$ 的外接圆的公共弦垂直于 HM.

证明 如图 32.56, 分别延长 BH,CH 交 AC,AB 于点 B',C', 则知 A,C',H,B' 及 B,C,B',C' 分别四点共圆, 且 AH 为圆 $AC'HB'$ 的直径, 点 M 为圆 $BCB'C'$ 的圆心.

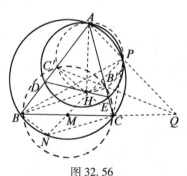

图 32.56

设直线 BC 与直线 $C'B'$ 交于点 Q, 联结 AQ, 则在完全四边形 $BCQB'AC'$ 中, 由勃罗卡定理, 知 $MH \perp AQ$.

设直线 MH 交 AQ 于点 P, 则由推论 1,2 知 $HP \perp AQ$, 且 P 为完全四边形 $BCQB'AC'$ 的密克尔点, 由此, 即知 P 为圆 ABC 与圆 $AC'HB'$ 的另一个交点, 亦即 AP 为圆 $AC'HB'$ 的公共弦. 也可由根心定理, 知三条公共弦 $BC,C'B',AP$ 所在直线共点于 Q. 故 $AP \perp HM$.

下证点 P 在 $\triangle ADE$ 的外接圆上.

延长 HM 至 N,使 $MN=HM$,则四边形 $BNCH$ 为平行四边形,由此亦推知 N 在圆 ABC 上.

由 $\triangle DBH \sim \triangle ECH$,有

$$\frac{BD}{BH}=\frac{CE}{CH} \qquad \text{①}$$

由 $S_{\triangle BPN}=S_{\triangle CPN}$,有 $BP \cdot BN=NC \cdot CP$. 并注意 $BN=CH$, $NC=BH$,于是由式①,有 $\frac{BD}{CE}=\frac{BH}{CH}=\frac{NC}{BN}=\frac{BP}{CP}$,即 $\frac{BD}{BP}=\frac{CE}{CP}$.

而 $\angle DBP=\angle ECP$,则 $\triangle DBP \sim \triangle ECP$,即有 $\angle BDP=\angle CEP$.

于是,$\angle ADP=\angle AEP$,即点 P 在 $\triangle ADE$ 的外接圆上.

故 $\triangle ABC$ 的外接圆与 $\triangle ADE$ 的外接圆的公共弦 AP 垂直于 HM.

勃罗卡定理有如下演变形式:

将定理中的凸四边形 $ABCD$ 内接于圆,演变成凸四边形外切于圆,则有:

例6 如图 32.57. 凸四边形 $ABCD$ 外切于圆 O,延长 AB, DC 交于点 E,延长 BC, AD 交于点 F,AC 与 BD 交于点 G,则 $OG \perp EF$.

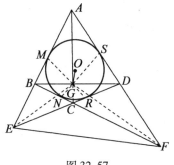

图 32.57

证明 设圆 O 与边 AB, BC, CD, DA 分别切于点 M, N, R, S,则由牛顿定理,知 AC, BD, MR, NS 四线共点于 G.

注意到 $EM=ER$. 在等腰 $\triangle ERM$ 中应用斯特瓦尔特定理,有 $EG^2=EM^2-MG \cdot GR$.

同理,$FG^2=FS^2-SG \cdot GN$.

由上述两式相减,得

$$EG^2-FG^2=EM^2-FS^2-MG \cdot GR+SG \cdot GN$$

联结 MO, EO, FO, SO,设圆 O 的半径为 r,则由勾股定理,有 $EM^2=OE^2-$

$r^2, FS^2 = OF^2 - r^2$.

又显然,有 $MG \cdot GR = SG \cdot GN$. 于是,$EG^2 - FG^2 = EO^2 - FO^2$.

由定差幂线定理,知 $OG \perp EF$.

由此例及勃罗卡定理,则可简捷处理如下问题:

例 7 (1989 年 IMO 预选题)证明:双心四边形的两个圆心与其对角线交点共线.(双心四边形指既有外接圆,又有内切圆的四边形.)

证明 如图 32.58,设 O, I 分别为四边形 $ABCD$ 的外接圆圆心和内切圆圆心,AC 与 BD 交于点 G. 当 $ABCD$ 为梯形时,结论显然成立,O, I, G 共线于上、下底中点的连线.

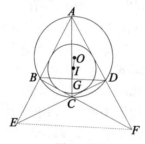

图 32.58

当 $ABCD$ 不为梯形时,可设直线 AD 与直线 DC 交于点 E,直线 BC 与直线 AD 交于点 F,联结 EF.

由勃罗卡定理,知 $OG \perp EF$;由例 6 的结论,知 $IG \perp EF$.

故 O, I, G 三点共线.

将推论 2 中的凸四边形内接于圆演变为一般的完全四边形,其密克尔点变为凸四边形对角线交点在完全四边形另一条对角线上的射影,则有:

例 8 (2002 年中国国家队选拔赛题)如图 32.59,设凸四边形 $ABCD$ 的两组对边所在直线分别交于 E, F 两点,两对角线的交点为 P,过 P 作 $PO \perp EF$ 于点 O. 求证:$\angle BOC = \angle AOD$.

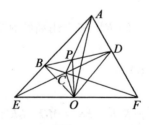

图 32.59

事实上,可类似于前面例2的证法即证得结论成立.

将勃罗卡定理中的凸四边形对角线的交点演变为三角形的垂心,则有:

例9 (2001年全国高中联赛题)如图32.60,在△ABC中,O为外心,三条高AD,BE,CF交于点H,直线ED和AB交于点M,FD和AC交于点N.求证:(1)$OB \perp DF$,$OC \perp DE$;(2)$OH \perp MN$.

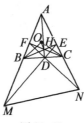

图32.60

证明 (1)由A,C,D,F四点共圆,知$\angle BDF = \angle BAC$.

又$\angle OBC = \frac{1}{2}(180° - \angle BOC) = 90° - \angle BAC$,即$\angle OBD = 90° - \angle BDF$,故$OB \perp DF$.

同理,$OC \perp DE$.

(2)要证$OH \perp MN$,由定差幂线定理知,只要证明有$MO^2 - MH^2 = NO^2 - NH^2$即可.

注意到,$CH \perp MA$,有
$$MC^2 - MH^2 = AC^2 - AH^2 \quad ①$$

$BH \perp NA$,有
$$NB^2 - NH^2 = AB^2 - AH^2 \quad ②$$

$DA \perp BC$,有
$$BD^2 - CD^2 = BA^2 - AC^2 \quad ③$$

$OB \perp DN$,有
$$BN^2 - BD^2 = ON^2 - OD^2 \quad ④$$

$OC \perp DM$,有
$$CM^2 - CD^2 = OM^2 - OD^2 \quad ⑤$$

由式① - ② + ③ + ④ - ⑤得
$$NH^2 - MH^2 = ON^2 - OM^2$$

即有$MO^2 - MH^2 = NO^2 - NH^2$.故$OH \perp MN$.

将例9中的外心O演变为一般的点,则有:

例10 如图32.61,设 H 是 $\triangle ABC$ 的垂心,O 是 $\triangle ABC$ 所在平面内一点,作 $HP \perp OB$ 于 P,交 AC 的延长线于点 N,作 $HQ \perp OC$ 于 Q 交 AB 的延长线于点 M. 求证:$OH \perp MN$.

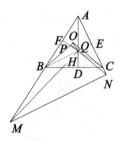

图 32.61

证明 要证 $OH \perp MN$,由定差幂线定理知,只要证明有 $OM^2 - ON^2 = HM^2 - HN^2$ 即可.

注意到 $HN \perp OB, HM \perp OC$,分别有
$$OH^2 - ON^2 = BH^2 - BN^2, OH^2 - OM^2 = CH^2 - CM^2$$
从而得
$$OM^2 - ON^2 = CM^2 - BN^2 + BH^2 - CH^2 \quad ①$$
由 $BH \perp AN$,有
$$BA^2 - BN^2 = HA^2 - HN^2$$
由 $CH \perp AM$,有
$$CA^2 - CM^2 = HA^2 - HM^2$$
由 $AH \perp BC$ 有
$$AB^2 - AC^2 = HB^2 - HC^2$$
从而得
$$HM^2 - HN^2 = CM^2 - BN^2 + BH^2 - CH^2 \quad ②$$
由式①②得 $OM^2 - ON^2 = HM^2 - HN^2$. 故 $OH \perp MN$.

第5节 圆弧中点的性质及应用(一)

试题 B 涉及了圆弧的中点.

圆弧的中点联系着相等的弦、相等的圆周角、角平分线、平行的直线等,这为处理某些平面几何问题可以建立一些平台,从而获得比较清晰的解题思路. 下面将这些平台以性质形式介绍之.

性质 1 设 M 为圆弧 $\overset{\frown}{BC}$ 上的一点,则 M 为 $\overset{\frown}{BC}$ 的中点的充分必要条件是 $MB = MC$.

性质 2 设 M 为圆弧 $\overset{\frown}{BC}$ 上的一点,则 M 为 $\overset{\frown}{BC}$ 的中点的充分必要条件是过点 M 的圆弧的切线与弦 BC 平行.

性质 3 如图 32.62,设 M 为圆弧 $\overset{\frown}{BC}$ 上的一点,该圆弧所在圆上的另一点 A 与 M 位于弦 BC 的异侧,点 I 在线段 AM 上,且满足 $IM = MB$,则 M 为 $\overset{\frown}{BC}$ 的中点的充要条件是 I 为 $\triangle ABC$ 的内心.

证明 **充分性** 当点 I 为 $\triangle ABC$ 的内心时,AM 为 $\angle BAC$ 的平分线,从而 M 为 $\overset{\frown}{BC}$ 的中点.

必要性 联结 BI,当 M 为 $\overset{\frown}{BC}$ 的中点时,则点 I 在 $\angle BAC$ 的平分线上,且有 $\angle BAM = \angle MAC = \angle MBC$.

因 $IM = MB$,知
$$\angle MBC + \angle IBC = \angle MBI = \angle MIB$$
$$= \angle ABI + \angle BAM = \angle ABI + \angle MBC.$$

从而,有 $\angle IBC = \angle ABI$,即 I 在 $\angle ABC$ 的平分线上.

故 I 为 $\triangle ABC$ 的内心.

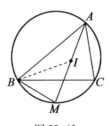

图 32.62

性质 4 设 M 为圆弧 $\overset{\frown}{BC}$ 的中点,A 是该圆弧所在圆周上另一点,直线 MA 与直线 BC 交于点 D.

(1)若 A 与 M 位于弦 BC 异侧,则 MA 平分 $\angle BAC$,且 $MC^2 = MD \cdot MA$;

(2)若 A 与 M 位于弦 BC 同侧,则 MA 平分 $\angle BAC$ 的外角,且 $MC^2 = MD \cdot MA$.

证明 (1)如图 32.63(1),由 $\overset{\frown}{BM} = \overset{\frown}{MC}$ 知 $\angle BAC$ 被 MA 平分.

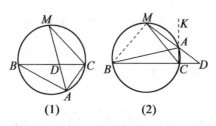

(1)　　　　　(2)

图 32.63

由 $\angle MAC = \angle BCM = \angle MCD$,知 $\triangle MAC \backsim \triangle MCD$,从而有 $MC^2 = MD \cdot MA$.

(2)如图 32.63(2),设 K 为 CA 延长线上一点,联结 MB,则 $\angle MAK = \angle MBC = \angle MCB = \angle MAB$,即知 MA 平分 $\angle BAC$ 的外角.

由 $\angle MAC = 180° - \angle DAC = 180° - \angle MAK = 180° - \angle MAB = 180° - \angle MCB = \angle MCD$,知 $\triangle MAC \backsim \triangle MCD$,从而有 $MC^2 = MD \cdot MA$.

注　在图 32.63 中,还可由 $\triangle ABD \backsim \triangle AMC$,有 $AD \cdot AM = AB \cdot AC$.

推论 1　两圆圆 O_1 与圆 O_2 相切于点 A(圆 O_1 的半径小于圆 O_2 的半径),D 为圆 O_1 上一点,过 D 的圆 O_1 的切线交圆 O_2 于 B,C 两点,直线 AD 交圆 O_2 于点 M.

(1)若圆 O_1 内切于圆 O_2,则 MA 平分 $\angle BAC$,且 $MC^2 = MD \cdot MA$;

(2)若圆 O_1 外切于圆 O_2,则 MA 平分 $\angle BAC$ 的外角,且 $MC^2 = MD \cdot MA$,M 为圆弧 $\overparen{BC}$ 的中点.

证明　如图 32.64,设直线 AB,AC 分别与圆 O_1 交于点 E,F,联结 EF,则由相切两圆的性质(或过 A 作公切线推证)知 $\overparen{ED} = \overparen{DF}$.

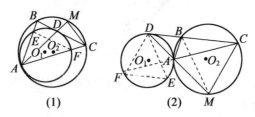

(1)　　　　　(2)

图 32.64

(1)如图 32.64(1),此时 $\angle BAD = \angle DAC$,即知 M 为 $\overparen{BC}$ 的中点,MA 平分 $\angle BAC$.

由 $\triangle MAC \backsim \triangle MCD$,有 $MC^2 = MD \cdot MA$.

(2)如图 32.64(2),联结 DE,DF,则有 $\angle DFE = \angle DEF$,于是

$$\angle EAM = \angle DAB = \angle DFE = \angle DEF = \angle DAF = \angle MAC$$

即 MA 平分 $\angle BAC$ 的外角.

由 $\angle MCB = \angle MAE = \angle MAC = \angle MBC$,知 M 为优弧 $\overparen{BC}$ 的中点.

由 $\triangle MAC \sim \triangle MCD$,有 $MC^2 = MD \cdot MA$.

性质 5 设 M 为圆弧 $\overparen{BC}$ 的中点,A 是该圆弧所在圆周上的另一点,且与 M 在弦 BC 同侧,满足 $AB > AC$,作 $MD \perp AB$ 于点 D,则点 D 平分折弦 ABC,即 $BD = DA + AC$.(阿基米德折弦定理)

证明 如图 32.65,在 BA 上取点 E,使 $BE = AC$.

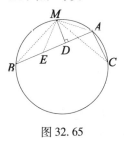

图 32.65

联结 MB, ME, MC, MA,因 M 为 $\overparen{BC}$ 中点,则 $MB = MC$,注意到 $\angle MBE = \angle MCA$,知 $\triangle MBE \cong \triangle MCA$.

从而 $ME = MA$,又 $MD \perp EA$,则知 $ED = DA$.

故 $BD = BE + ED = AC + DA$.

推论 2 设 M 为圆弧 $\overparen{BC}$ 的中点,A 是该圆弧所在圆周上的另一点,且 $AB > AC$.

(1)若 A 与 M 位于弦 BC 的同侧,则 $MB^2 - MA^2 = BA \cdot AC$(1997 年天津市竞赛题);

(2)若 A 与 M 位于弦 BC 的异侧,则 $MA^2 - MB^2 = BA \cdot AC$.

证明 (1)如图 32.65,作 $MD \perp BA$ 于点 D,则由性质 5,知 $BD = DA + AC$,即有 $BD - DA = AC$.

因 M 为 $\overparen{BAC}$ 的中点,则 $MB^2 = BD^2 + MD^2, MA^2 = DA^2 + MD^2$.

故 $MB^2 - MA^2 = BD^2 - DA^2 = (BD + DA)(BD - DA) = BA \cdot AC$.

(2)如图 32.66 取 $\overparen{BAC}$ 的中点 N,则由(1)知 $NB^2 - NA^2 = BA \cdot AC$.

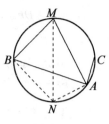

图 32.66

因 M,N 分别为 $\overparen{BC}$ 和 $\overparen{BAC}$ 的中点,则 MN 为圆的直径.

从而 $BM^2 + BN^2 = MN^2 = MA^2 + AN^2$,故 $MA^2 - MB^2 = BN^2 - AN^2 = BA \cdot AC$.

下面看上述结论的应用.

例1 (1989年全国高中联赛题)已知:在 $\triangle ABC$ 中,$AB > AC$,$\angle A$ 的一个外角的平分线交 $\triangle ABC$ 的外接圆于点 E,过 E 作 $EF \perp AB$ 于 F. 求证:$2AF = AB - AC$.

证明 如图 32.67,设 K 为 CA 延长线上一点,联结 EB,EC.

由 AE 平分 $\angle BAC$ 的外角,有

$$\angle EBC = \angle EAK = \angle EAB = \angle ECB$$

亦有 $EC = EB$,即知 E 为 $\overparen{BAC}$ 的中点.

由性质5,知 $BF = AF + AC$.

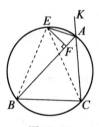

图 32.67

从而 $AB - FA = AF + AC$,故 $2AF = AB - AC$.

例2 在 $\triangle ABC$ 中,已知 $\angle A : \angle B : \angle C = 4 : 2 : 1$,$\angle A, \angle B, \angle C$ 的对边分别记为 a,b,c.

(1)证明:$\dfrac{1}{a} + \dfrac{1}{b} = \dfrac{1}{c}$;(2)求 $\dfrac{(a+b-c)^2}{a^2+b^2+c^2}$ 的值.

(1)**证明** 如图 32.68,作 $\angle ABC$ 的角平分线,与 $\triangle ABC$ 的外接圆交于点 M,作 $\angle BAC$ 的角平分线,与 $\triangle ABC$ 的外接圆交于点 N.

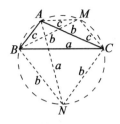

图 32.68

则 $$AM = MC = AB = c, AM // BC$$
$$CN = NB = AC = b, AB // CN$$

于是,四边形 $ABCM$ 及四边形 $ABNC$ 均为等腰梯形,有
$$BM = AC = b, AN = BC = a$$

注意到,M,N 分别为 $\overset{\frown}{AC},\overset{\frown}{BC}$(分别不含 B 或 A)的中点,由推论 2(2) 知
$$MB^2 - MA^2 = AB \cdot BC$$
$$NA^2 - NB^2 = AB \cdot AC$$

即 $b^2 - c^2 = ac, a^2 - b^2 = bc$.

两式相加得

$$a^2 - ac - c(b+c) \Rightarrow \frac{b+c}{a} = \frac{a-c}{c} = \frac{a}{c} - 1 \qquad ①$$

又由 $b^2 + bc = a^2$,有

$$\frac{b+c}{a} = \frac{a}{b} \qquad ②$$

由式①②得

$$\frac{a}{c} - \frac{a}{b} = 1 \Rightarrow \frac{1}{a} + \frac{1}{b} = \frac{1}{c} \qquad ③$$

(2)**解** 由式③得 $ab = ac + bc$.

故
$$\frac{(a+b-c)^2}{a^2+b^2+c^2}$$
$$= \frac{a^2+b^2+c^2+2(ab-bc-ac)}{a^2+b^2+c^2} = 1$$

例3 (2006 年波兰数学奥林匹克题)已知 C 是线段 AB 的中点,过点 A,C 的圆 O_1 与过点 B,C 的圆 O_2 交于 C,D 两点,P 是圆 O_1 上 $\overset{\frown}{AD}$(不包含点 C)的

中点,Q 是圆 O_2 上 $\overparen{BD}$(不包含点 C)的中点. 证明:$PQ \perp CD$.

证明 如图 32.69,联结 PA, PD, QD, QB,设 PC 与 AD 交于点 E,QC 与 BD 交于点 F.

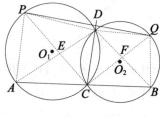

图 32.69

由性质 4 知
$$PD^2 = PE \cdot PC, \quad QD^2 = QF \cdot QC$$

及
$$CE \cdot CP = CA \cdot CD = CB \cdot CD = CF \cdot CQ$$

故
$$\begin{aligned}PD^2 - QD^2 &= PE \cdot PC - QF \cdot QC \\ &= (PC - CE) \cdot PC - (QC - CF) \cdot QC \\ &= PC^2 - QC^2 - CE \cdot PC + CF \cdot QC \\ &= PC^2 - QC^2\end{aligned}$$

由等差幂线定理知 $PQ \perp CD$.

例 4 (2007 年中国国家集训队测试题)凸四边形 $ABCD$ 内接于圆 Γ,与边 BC 相交的一个圆与圆 Γ 内切,且分别与 BD, AC 切于点 P, Q. 证明:$\triangle ABC$ 的内心与 $\triangle DBC$ 的内心均在直线 PQ 上.

证明 如图 32.70,设两圆内切于点 T,直线 TP, TQ 与圆 Γ 分别交于点 E, F.

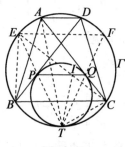

图 32.70

由相切圆性质知 $EF \parallel PQ$.

由推论1(1),知 E,F 分别为 $\overgroup{BAD},\overgroup{ADC}$ 的中点,即 TF 平分 $\angle ATC$,有
$$\angle FTC = \angle ATF \qquad ①$$
CE 平分 $\angle BCD$,有
$$EB^2 = EP \cdot ET \qquad ②$$
设直线 CE 与 PQ 交于点 I,联结 TC,TI.

由 $\angle PQT = \angle EFT = \angle ECT = \angle ICT$,知 T,C,Q,I 四点共圆.

故 $\angle QTI = \angle QCI = \angle ACE = \angle ATE$.

结合式①有
$$\angle EIP = \angle QIC = \angle QTC$$
$$= \angle ATQ = \angle ATI + \angle QTI$$
$$= \angle ATI + \angle ATE = \angle ETI$$

于是,由三角形相似知
$$EI^2 = EP \cdot ET \qquad ③$$

由式②③知 $EB = EI$.

利用性质3,知 I 为 $\triangle DBC$ 的内心.

这表明,$\triangle DBC$ 的内心在直线 PQ 上.

同理,$\triangle ABC$ 的内心也在直线 PQ 上.

例5 (2011年中国数学奥林匹克题)设 D 是锐角 $\triangle ABC$ 外接圆圆 Γ 上 $\overgroup{BC}$ 的中点,点 X 在 $\overgroup{BD}$ 上,E 是 $\overgroup{ABX}$ 的中点,S 是 $\overgroup{AC}$ 上一点,直线 SD 与 BC 交于点 R,SE 与 AX 交于点 T. 证明:若 $RT /\!/ DE$,则 $\triangle ABC$ 的内心在直线 RT 上.

证明 如图32.71,由 $RT /\!/ DE$,知 $\triangle DES$ 与 $\triangle RTS$ 位似.

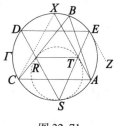

图 32.71

故 $\triangle TRS$ 的外接圆与圆 Γ 内切于点 S.

过点 E 作圆 Γ 的切线 EZ. 因为 E 为 $\overgroup{XA}$ 的中点,所以,由性质2,知 $EZ /\!/ XA$.

注意到，$DE \parallel RT$，故
$$\angle STA = \angle SEZ = \angle SDE = \angle SRT$$
由弦切角定理的逆定理，知过点 T,R,S 的圆与直线 XA 切于点 T.

同理，过点 T,R,S 的圆与直线 BC 切于点 R. 联结 CX,XB，则图 32.71 变成了例 4 的图 32.70，由例 4 知 $\triangle ABC$ 的内心在直线 RT 上.

练习题及解答提示

1. (1980 年卢森堡等五国数学竞赛题) 设两圆切于点 P，与其中一圆切于点 A 的直线与另一圆交于点 B,C. 证明：PA 是 $\angle BPC$ 的角平分线或外角平分线.

提示：应用性质 4 即证.

2. (2005 年北欧数学竞赛题) 已知圆 O_1 在圆 O_2 内部，且圆 O_1 与圆 O_2 切于点 A，过 A 作直线与圆 O_1 交于点 B，与圆 O_2 交于点 C. 过 B 作圆 O_1 的切线与圆 O_2 交于点 D,E，过点 C 作圆 O_1 的两条切线，切点分别为 F,G. 证明：D,E,F,G 四点共圆.

提示：由推论 1(1) 及切割线定理有
$$CD^2 = CB \cdot CA = CF^2$$
亦有 $CD = CF = CG = CE$，即知 D,E,F,G 四点共圆.

3. 圆 O_1 与 $\triangle ABC$ 的边 AB,BC 分别切于点 K,M，又与 $\triangle ABC$ 的外接圆圆 O 内切于点 N，不含点 N 的 $\overset{\frown}{AB},\overset{\frown}{BC}$ 的中点分别为 Q,P. 设 $\triangle KBQ$ 的外接圆与 $\triangle MPB$ 的外接圆的第二个交点为 B_1. 证明：四边形 BPB_1Q 为平行四边形.

提示：由推论 1(1) 知 Q,K,N 及 N,M,P 分别三点共线. 由
$$\angle BB_1K = 180° - \angle BQK = \angle BPM = 180° - \angle BB_1M$$
知 K,B_1,M 三点共线.

又 $\angle BB_1Q = \angle BKQ = \angle AKN = \angle KMN = \angle B_1BP$
知 $QB_1 \parallel BP$.

同理，$QB \parallel B_1P$.

4. 设圆 Ω 过 $\triangle ABC$ 的顶点 B,C，圆 ω 与圆 Ω 内切于点 T，并分别切边 AB,AC 于点 P,Q. 记 M 为 $\overset{\frown}{BC}$（包含点 T）的中点. 证明：直线 PQ,BC,MT 三线共点.

提示：设 BC 与圆 ω 交于 Y,Z 两点，并设直线 MT 与直线 BC 交于点 K. 只需证 P,Q,K 三点共线.

由性质 4(2) 及梅涅劳斯定理即证.

第33章 2011～2012年度试题的诠释

东南赛试题1 过△ABC 的外心 O 任作一直线,分别与边 AB,AC 交于点 M,N,E,F 分是 BN,CM 的中点. 证明:∠EOF = ∠A.

证明 首先证明:结论对任何三角形都成立.

分三种情形考虑.

对于 Rt△ABC,结论是显然的.

事实上,如图 33.1,若∠ABC 为直角,则外心 O 是斜边 AC 的中点.

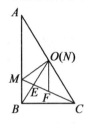

图 33.1

过 O 的直线分别与 AB,AC 交于点 M,N,则 O 与 N 重合.

由 F 是 CM 的中点知 OF∥AM.

故∠EOF = ∠OBA = ∠OAB = ∠A.

以下考虑△ABC 为锐角三角形或钝角三角形的情形.

先证明一个引理.

引理1 如图 33.2,过圆 O 的直径 KL 上的两点 A,B 分别作弦 CD,EF,联结 CE,DF 分别与 KL 交于点 M,N. 若 OA = OB,则 MA = NB.

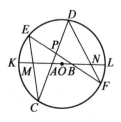

图 33.2

引理的证明 设 CD 与 EF 交于点 P.

注意到直线 CE, DF 分别截 $\triangle PAB$, 由梅涅劳斯定理分别得

$$\frac{AC}{CP} \cdot \frac{PE}{EB} \cdot \frac{BM}{MA} = 1, \frac{BF}{FP} \cdot \frac{PD}{DA} \cdot \frac{AN}{NB} = 1$$

故

$$\frac{MA}{NB} = \frac{AC \cdot AD \cdot PE \cdot PF \cdot BM}{BE \cdot BF \cdot PC \cdot PD \cdot AN} \quad \text{①}$$

而由相交弦定理得

$$PC \cdot PD = PE \cdot PF \quad \text{②}$$

设圆 O 的半径为 $R, OA = OB = a$, 则

$$AC \cdot AD = AK \cdot AL = R^2 - a^2$$
$$= BK \cdot BL = BE \cdot BF \quad \text{③}$$

由式①②③得 $\dfrac{MA}{NB} = \dfrac{MB}{NA}$, 即

$$\frac{MA}{NB} = \frac{MA + AB}{NB + AB} = \frac{AB}{AB} = 1$$

因此, $MA = NB$.

回到原题.

如图 33.3, 延长 MN 得直线 KK_1, 在 KK_1 上取点 M_1 使 $OM_1 = OM$. 设 CM_1 与圆 O 交于点 A_1, 联结 A_1B 与 KK_1 交于点 N_1.

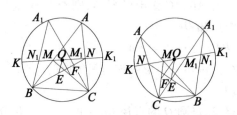

图 33.3

由引理得 $MN_1 = M_1N$ 或 $M_1N_1 = MN$, 因此, O 是 NN_1 的中点.

故 OE, OF 分别是 $\triangle NBN_1, \triangle MCM_1$ 的中位线.

于是, $\angle EOF = \angle BA_1C = \angle A$.

东南赛试题 2 如图 33.4, 设 AA_0, BB_0, CC_0 是 $\triangle ABC$ 的三条角平分线, 自点 A_0 作 $A_0A_1 \parallel BB_0, A_0A_2 \parallel CC_0$, 点 A_1, A_2 分别在 AC, AB 上, 直线 A_1A_2 与 BC 交于点 A_3; 类似地得到点 B_3, C_3. 证明: A_3, B_3, C_3 三点共线.

证明 由梅涅劳斯逆定理知, 只需证

$$\frac{AB_3}{B_3C} \cdot \frac{CA_3}{A_3B} \cdot \frac{BC_3}{C_3A} = 1 \qquad ①$$

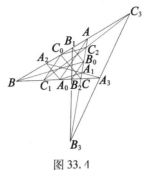

图 33.1

由直线 $A_1A_2A_3$ 截 $\triangle ABC$ 得

$$\frac{CA_3}{A_3B} \cdot \frac{BA_2}{A_2A} \cdot \frac{AA_1}{A_1C} = 1 \Rightarrow \frac{CA_3}{A_3B} = \frac{A_2A}{BA_2} \cdot \frac{A_1C}{AA_1} \qquad ②$$

由 $BA_2 = \dfrac{BC_0}{BC} \cdot BA_0, AA_2 = \dfrac{AA_0}{AI} \cdot AC_0$,得

$$\frac{AA_2}{BA_2} = \frac{AA_0 \cdot AC_0}{BA_0 \cdot BC_0} \cdot \frac{BC}{AI} \qquad ③$$

又由 $AA_1 = \dfrac{AA_0}{AI} \cdot AB_0, CA_1 = \dfrac{CA_0}{CB} \cdot CB_0$,得

$$\frac{A_1C}{AA_1} = \frac{CA_0 \cdot CB_0}{AA_0 \cdot AB_0} \cdot \frac{AI}{BC} \qquad ④$$

因为 AA_0, BB_0, CC_0 三线共点,所以,由塞瓦定理得

$$\frac{AB_0}{B_0C} \cdot \frac{CA_0}{A_0B} \cdot \frac{BC_0}{C_0A} = 1$$

由式②③④得

$$\frac{CA_3}{A_3B} = \frac{CA_0}{BA_0} \cdot \frac{AC_0}{BC_0} \cdot \frac{CB_0}{AB_0} = \left(\frac{CA_0}{A_0B}\right)^2$$

同理 $\dfrac{AB_3}{B_3C} = \left(\dfrac{AB_0}{B_0C}\right)^2, \dfrac{BC_3}{C_3A} = \left(\dfrac{BC_0}{C_0A}\right)^2$

故 $\dfrac{AB_3}{B_3C} \cdot \dfrac{CA_3}{A_3B} \cdot \dfrac{BC_3}{C_3A} = \left(\dfrac{AB_0}{B_0C} \cdot \dfrac{CA_0}{A_0B} \cdot \dfrac{BC_0}{C_0A}\right)^2 = 1$

即式①成立.

东南赛试题3 设 $P_1, P_2, \cdots, P_n$ 为平面上 n 个定点,M 是该平面内线段 AB

上任一点,记$|P_iM|$为点$P_i(i=1,2,\cdots,n)$与M的距离.证明
$$\sum_{i=1}^{n}|P_iM| \leq \max\{\sum_{i=1}^{n}|P_iA|,\sum_{i=1}^{n}|P_iB|\}$$

证明 设原点为O,则
$$\overrightarrow{OM}=t\overrightarrow{OA}+(1-t)\overrightarrow{OB} \quad (t\in(0,1))$$

$$\begin{aligned}
|P_iM| &= |\overrightarrow{OM}-\overrightarrow{OP_i}| \\
&= |t\overrightarrow{OA}+(1-t)\overrightarrow{OB}-t\overrightarrow{OP_i}-(1-t)\overrightarrow{OP_i}| \\
&\leq t|\overrightarrow{OA}-\overrightarrow{OP_i}|+(1-t)|\overrightarrow{OB}-\overrightarrow{OP_i}| \\
&= t|P_iA|+(1-t)|P_iB|
\end{aligned}$$

故
$$\sum_{i=1}^{n}|P_iM|$$
$$\leq t\sum_{i=1}^{n}|\overrightarrow{P_iA}|+(1-t)\sum_{i=1}^{n}|\overrightarrow{P_iB}|$$
$$\leq \max\{\sum_{i=1}^{n}|P_iA|,\sum_{i=1}^{n}|P_iB|\}$$

女子赛试题1 如图33.5,四边形$ABCD$的对角线AC与BD交于点E,边AB,CD的中垂线交于点F,M,N分别为边AB,CD的中点,直线EF分别与边BC,AD交于点P,Q. 若
$$MF\cdot CD=NF\cdot AB,DQ\cdot BP=AQ\cdot CP$$
则$PQ\perp BC$.

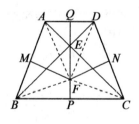

图33.5

证明 如图33.5,联结AF,BF,CF,DF.

由题设知,$\triangle AFB,\triangle CFD$都是等腰三角形,$FM,FN$分别为这两个等腰三角形底边上的高.

由$MF\cdot CD=NF\cdot AB$,知
$$\triangle AFB \backsim \triangle DFC \Rightarrow \angle AFB=\angle CFD, \angle FAB=\angle FDC$$

由 $\angle AFB = \angle CFD$,得
$$\angle BFD = \angle CFA$$
因为 $FB = FA, FD = FC$,所以
$$\triangle BFD \cong \triangle AFC \Rightarrow \angle FAC = \angle FBD, \angle FCA = \angle FDB$$
从而,A,B,F,E 和 C,D,E,F 分别四点共圆.

故
$$\angle FEB = \angle FAB = \angle FDC = \angle FEC$$
$\Rightarrow$ 直线 EP 是 $\angle BEC$ 的角平分线
$$\Rightarrow \frac{EB}{EC} = \frac{BP}{CP}$$

同理,$\dfrac{ED}{EA} = \dfrac{QD}{AQ}$.

由 $DQ \cdot BP = AQ \cdot CP$,得
$$EB \cdot ED = EC \cdot EA$$
由此知四边形 $ABCD$ 为圆内接四边形,且 F 为其外接圆的圆心.

因 $\angle EBC = \dfrac{1}{2} \angle DFC = \dfrac{1}{2} \angle AFB = \angle ECB$,所以
$$EP \perp BC$$

女子赛试题 2 如图 33.6,已知圆 O 为 $\triangle ABC$ 的边 BC 上的旁切圆,点 D,E 分别在线段 AB,AC 上,使得 $DE \parallel BC$,圆 O_1 为 $\triangle ADE$ 的内切圆,O_1B 与 DO,O_1C 与 EO 分别交于点 F,G,圆 O 与 BC 切于点 M,圆 O_1 与 DE 切于点 N. 证明: MN 平分线段 FG.

证法 1 若 $AB = AC$,则图形关于 $\angle BAC$ 的角平分线成轴对称,结论显然成立.

下面不妨设 $AB > AC$(图 33.6).

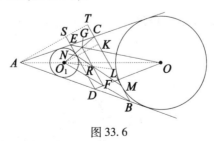

图 33.6

设线段 BC 的中点为 L. 联结 O_1L 与线段 FG 交于点 R,联结 O_1N 并延长与直线 BC 交于点 K,作 $AT \perp BC$ 于点 T,与直线 DE 交于点 S,联结 AO.

显然,点 O_1 在线段 AO 上.

首先由梅涅劳斯定理得

$$\frac{O_1F}{FB} \cdot \frac{BD}{DA} \cdot \frac{AO}{OO_1} = 1 \qquad ①$$

$$\frac{O_1G}{GC} \cdot \frac{CE}{EA} \cdot \frac{AO}{OO_1} = 1$$

因为 $DE/\!/BC$,所以 $\frac{BD}{DA} = \frac{CE}{EA}$.

因此 $\frac{O_1F}{FB} = \frac{O_1G}{GC}$,即 $FG/\!/BC$.

故 $\frac{FR}{GR} = \frac{BL}{CL} = 1$.

从而,R 是 FG 的中点.

其次只需证明:M,R,N 三点共线.

由梅涅劳斯定理的逆定理只需证明

$$\frac{O_1R}{RL} \cdot \frac{LM}{MK} \cdot \frac{KN}{NO_1} = 1 \qquad ②$$

由 $FR/\!/BL$ 及式①有

$$\frac{O_1R}{RL} = \frac{O_1F}{FB} = \frac{OO_1}{AO} \cdot \frac{AD}{DB}$$

故式②等价于

$$\frac{OO_1}{AO} \cdot \frac{AD}{DB} \cdot \frac{LM}{MK} \cdot \frac{KN}{NO_1} = 1 \qquad ③$$

由于 $O_1K \perp DE$,$OM \perp BC$,$AT \perp BC$,$DE/\!/BC$,故 O_1K,OM,AT 三条直线彼此平行.

由平行线分线段成比例定理得

$$\frac{OO_1}{AO} = \frac{MK}{MT}$$

则

$$式③ \Leftrightarrow \frac{AD}{DB} \cdot \frac{LM}{MT} \cdot \frac{KN}{NO_1} = 1 \qquad ④$$

由于 $DE/\!/BC$,$KN \perp DE$,$ST \perp BC$,故四边形 $KNST$ 为矩形. 因此 $KN = ST$.

再由 $DS/\!/BT$,得 $\frac{AD}{DB} = \frac{AS}{ST}$. 则

式④ $\Leftrightarrow \dfrac{LM}{MT} = \dfrac{NO_1}{AS}$ ⑤

记 $BC = a, AC = b, AB = c.$ 则

$$BM = \dfrac{a+b-c}{2}, BL = \dfrac{a}{2}$$

$$BT = c\cos\angle ABC = \dfrac{a^2 + c^2 - b^2}{2a}$$

故 $\dfrac{LM}{MT} = \dfrac{BL - BM}{BT - BM} = \dfrac{\dfrac{c-b}{2}}{\dfrac{c^2 - b^2 + a(c-b)}{2a}} = \dfrac{a}{a+b+c}$

又 $\dfrac{NO_1}{AS} = \dfrac{\dfrac{2S_{\triangle ADE}}{AD + DE + AE}}{\dfrac{2S_{\triangle ADE}}{DE}} = \dfrac{DE}{AD + DE + AE} = \dfrac{a}{a+b+c}$

故式⑤成立.

证法 2 采用面积法.

设圆 O、圆 O_1 半径分别为 r, r_1. 显然, O_1, O, A 三点共线. 由

$$\begin{cases} DE /\!/ BC \Rightarrow \dfrac{AB}{BD} = \dfrac{AC}{CE} \\ \dfrac{OF}{FD} = \dfrac{S_{\triangle BOO_1}}{S_{\triangle DBO_1}} = \dfrac{\dfrac{1}{2}\left(AB\sin\dfrac{A}{2}\right)OO_1}{\dfrac{1}{2}r_1 BD} \\ \dfrac{OG}{GE} = \dfrac{S_{\triangle OO_1 C}}{S_{\triangle EOO_1}} = \dfrac{\dfrac{1}{2}\left(AC\sin\dfrac{A}{2}\right)OO_1}{\dfrac{1}{2}r_1 CE} \end{cases}$$

$\Rightarrow \dfrac{OF}{FD} = \dfrac{OG}{GE} \Rightarrow FC /\!/ DE /\!/ BC$

联结 $O_1 N$ 并延长与 BC 交于点 K. 当 $\angle ABC = \angle ACB$ 时, 由对称性知命题成立.

下面不妨设 $\angle ABC < \angle ACB$.

如图 33.7, 联结 $OM, O_1 M, OB, MD, DO_1$.

由 $O_1 N /\!/ OM$, 知

$$S_{\triangle ONM} = S_{\triangle MOO_1} = \frac{1}{2} r OO_1 \sin \frac{C-B}{2} \qquad ①$$

$$\frac{OG}{GE} = \frac{OF}{DF} = \frac{S_{\triangle BOO_1}}{S_{\triangle BDO_1}}$$

$$= \frac{\frac{1}{2} BO \cdot OO_1 \sin \frac{C}{2}}{\frac{1}{2} BD \cdot DO_1 \sin \frac{B}{2}} = \frac{r OO_1 \sin \frac{C}{2}}{r_1 BD \cos \frac{B}{2}} \qquad ②$$

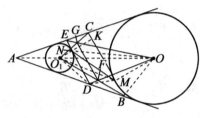

图 33.7

其中 $r = BO \cos \frac{B}{2}, r_1 = DO_1 \sin \frac{B}{2}$

$$S_{\triangle DMN} - S_{\triangle MEN} = \frac{1}{2} NK(DN - NE)$$

$$= \frac{1}{2} BD \sin B \cdot \left(r_1 \cot \frac{B}{2} - r_1 \cot \frac{C}{2} \right) \qquad ③$$

由式②③知

$$\frac{OG}{GE}(S_{\triangle DMN} - S_{\triangle MEN})$$

$$= \frac{1}{2} r_1 BD \sin B \cdot \left(\cot \frac{B}{2} - \cot \frac{C}{2} \right) \cdot \frac{r OO_1 \sin \frac{C}{2}}{r_1 BD \cos \frac{B}{2}}$$

$$= r OO_1 \sin \frac{B}{2} \cdot \sin \frac{C}{2} \cdot \left(\cot \frac{B}{2} - \cot \frac{C}{2} \right)$$

$$= r OO_1 \sin \frac{C-B}{2}$$

结合式①知

$$\frac{OG}{GE}(S_{\triangle DMN} - S_{\triangle MEN}) = 2 S_{\triangle MON}$$

因为 $\dfrac{OG}{GE} \cdot 2 = \dfrac{OG}{OE} \cdot \left(\dfrac{DF}{OD} + \dfrac{EG}{OE}\right)$，所以

$$\dfrac{OF}{OD} S_{\triangle MND} - \dfrac{OG}{OE} S_{\triangle MEN} = \left(\dfrac{DF}{OD} + \dfrac{EG}{OE}\right) S_{\triangle MON}$$

即

$$\dfrac{OF \cdot S_{\triangle MND} - DF \cdot S_{\triangle MON}}{OD} = \dfrac{OG \cdot S_{\triangle MEN} + EG \cdot S_{\triangle MON}}{OE} \quad ④$$

而 $S_{\triangle NMG} = \dfrac{OG \cdot S_{\triangle MEN} + EG \cdot S_{\triangle MON}}{OE}$，则

$$S_{\triangle NMG} = \dfrac{OF \cdot S_{\triangle MND} - DF \cdot S_{\triangle MON}}{OD}$$

同理，$S_{\triangle NMF} = \dfrac{OF \cdot S_{\triangle MND} - DF \cdot S_{\triangle MON}}{OD}$.

由式④知 $S_{\triangle NMG} = S_{\triangle NMF}$.

故 MN 平分线段 FG.

证法 3 若 $AB = AC$，则图形关于 $\angle BAC$ 的平分线对称，结论显然成立. 下面不妨设 $AB > AC$（图 33.8）.

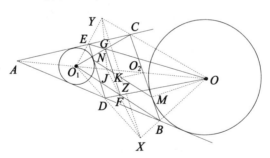

图 33.8

设 FG 与 MN 交于点 K. 题目要求证明 K 为 FG 的中点.

注意到 A 是圆 O_1 与圆 O 的外位似中心，N,M 为内位似的一双对应点，MN 与 O_1O 的交点 J 为圆 O_1、圆 O_2 的内位似中心，则知 A,J,O_1,O 为调和点列.

设直线 O_1D 与 OB 交于点 X，直线 O_1E 与 OC 交于点 Y，直线 XF,YG 分别与直线 AO 交于点 J_X, J_Y，则在完全四边形 $XBOFO_1D$ 与 YEO_1GOC 中，A,J_X,O_1,O 及 A,J_Y,O_1,O 分别为调和点列，则 J_X,J_Y,J 三点重合于点 J，即 X,F,J 及 Y,G,J 分别三点共线. 由题设知 $OX \perp O_1X, OY \perp O_1Y$，亦知 O_1,X,O,Y 四点共圆. 其圆心为 O_1O 的中点 O_2.

注意到 $BC /\!/ DE$,有
$$\frac{AD}{DB} = \frac{AE}{EC} \qquad ①$$

由梅涅劳斯定理有
$$\frac{BF}{FO_1} \cdot \frac{O_1O}{OA} \cdot \frac{AD}{DB} = 1, \frac{CG}{GO_1} \cdot \frac{O_1O}{OA} \cdot \frac{AE}{EC} = 1 \qquad ②$$

于是,由式①②,知 $\dfrac{BF}{FO_1} = \dfrac{CG}{GO_1}$,从而
$$FG /\!/ BC \qquad ③$$

又由梅涅劳斯定理,有
$$\frac{O_1F}{FB} \cdot \frac{BX}{XO} \cdot \frac{OJ}{JO_1} = 1, \frac{O_1G}{GC} \cdot \frac{CY}{YO} \cdot \frac{OJ}{JO_1} = 1 \qquad ④$$

于是,由式③④知 $\dfrac{BX}{XO} = \dfrac{CY}{YO}$,从而 $XY /\!/ BC$.

由 O_1D 平分 $\angle ADE$,在 Rt$\triangle DXB$ 中知 $\angle XDB = \dfrac{1}{2}\angle ADE = \angle O_1DE = \angle DXY$,从而知 XY 平分 BD, EC,亦平分 MN 于点 Z,于是 $O_2Z /\!/ OM$. 而 $OM \perp BC$,即知 $O_2Z \perp MN$. 在圆 O_2 中,即知 Z 为 XY 的中点. 在 $\triangle JXY$ 中,$FG /\!/ XY$,即知 K 为 FG 的中点.

证法 4 如图 33.9,设 T 为 DE 的中点,S 为 BC 的中点,OM 与 TN 交于点 X,SM 与 O_1N 交于点 Y,OS 与 O_1T 交于点 Z.

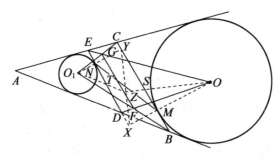

图 33.9

又设 O_1T 与 XY 交于点 Z_1,下证 Z_1 为 XY 的中点.

对 $\triangle XYN$ 及截线 O_1TZ_1 应用梅涅劳斯定理,有 $\dfrac{XZ_1}{Z_1Y} \cdot \dfrac{YO_1}{O_1N} \cdot \dfrac{NT}{TX} = 1$.

于是,Z_1 为 XY 的中点 $\Leftrightarrow YO_1 \cdot NT = O_1N \cdot TX$.

设 $DE = \lambda \cdot BC, BC = a, AC = b, AB = c$,并设 $\triangle ABC$ 的内切圆半径为 r. $\angle BAC = \angle A, \angle ABC = \angle C, \angle ACB = \angle C$,则

$$DN = \lambda \cdot \frac{a+c-b}{2}, BM = \frac{a+c-b}{2}$$

$$BD = (1-\lambda)c, YO_1 = \lambda \cdot r + (1-\lambda) \cdot c \cdot \sin B$$

$$O_1N = \lambda \cdot r, NT = \lambda \cdot \frac{c-b}{2}, TX = \frac{1}{2a}[(1-\lambda)(c+b)+a] \cdot (c-b)$$

因而 $YO_1 \cdot NT = O_1N \cdot TX = \lambda \cdot r \cdot a + 2(1-\lambda) \cdot S\angle \triangle ABC$. 故知 Z_1 为 XY 的中点.

类似地,可设 OS 与 XY 的交点也为 XY 的中点. 于是 Z_1, Z_2 与 Z 重合.

至此,X, Y, Z 三点共线,由戴沙格定理知 O_1S, OT, MN 三线共点.

再由 $FG \parallel BC \parallel DE$,知 O_1S, OT 必过 FG 的中点,故 MN 平分 FG 于 FG 的中点.

注 以上证法3、证法4由香港的卢永锋给出.

证法5 (由四川的沈毅给出)

如图 33.10,设圆 O_1、圆 O 分别切 AB 于点 H_1, H,切 AC 于点 K_1, K, O_1D 分别交 OB, BC 于点 R, L, O_1E 分别交 OC, BC 于点 S, T, OO_1 交 MN 于点 P, RS, FG 分别交 MN 于点 Q, X.

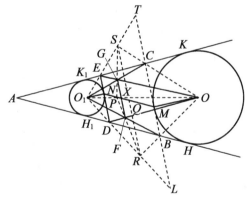

图 33.10

因为 $\angle RDB = \angle ADO_1 = \angle EDO_1 = \angle L$,所以

$$BD = BL$$

又 RB 平分 $\angle LBD$,则

$$\angle DRB = 90°, RL = RD$$

同理,$\angle ESC = 90°, SE = ST$.

于是，RS 是梯形 $DLTE$、梯形 $DNMB$、梯形 $ENMC$ 的中位线.

故
$$RQ = \frac{1}{2}(DN + LM)$$
$$= \frac{1}{2}(DN + DB + BM)$$
$$= \frac{1}{2}(DH_1 + DB + BH) = \frac{1}{2}HH_1$$

同理，$QS = \frac{1}{2}KK_1$.

所以，$RQ = QS$.

因为 $O_1N \parallel OM$，所以 $\dfrac{OP}{PO_1} = \dfrac{OM}{O_1N}$.

易证，$\triangle O_1DN \backsim \triangle BDR \backsim \triangle BOM$. 故

$$\frac{O_1D}{DR} \cdot \frac{RB}{BO} \cdot \frac{OP}{PO_1} = \frac{O_1D}{BO} \cdot \frac{RB}{DR} \cdot \frac{OM}{O_1N} = \frac{O_1N}{BM} \cdot \frac{BM}{OM} \cdot \frac{OM}{O_1N} = 1$$

由塞瓦定理逆定理知 P, F, R 三点共线.

同理，P, G, S 三点共线.

由直线 OD, OE 分别截 $\triangle RPO_1$，$\triangle SPO_1$，运用梅涅劳斯定理得

$$\frac{PF}{FR} \cdot \frac{RD}{DO_1} \cdot \frac{O_1O}{OP} = 1, \quad \frac{PG}{GS} \cdot \frac{SE}{EO_1} \cdot \frac{O_1O}{OP} = 1$$

因为 $\dfrac{RD}{DO_1} = \dfrac{SE}{EO_1}$，所以

$$\frac{PF}{FR} = \frac{PG}{GS} \Rightarrow FG \parallel RS$$

于是，$\dfrac{FX}{XG} = \dfrac{RQ}{QS} = 1$，即 MN 平分 FG.

西部赛试题 1 如图 33.11，AB, CD 是圆 O 中长度不相等的两条弦，AB 与 CD 交于点 E，圆 I 内切圆 O 于点 F，且分别与弦 AB, CD 切于点 G, H. 过点 O 的直线 l 分别与 AB, CD 交于点 P, Q，使得 $EP = EQ$，直线 EF 与直线 l 交于点 M. 证明：过点 M 且与 AB 平行的直线是圆 O 的切线.

证法 1 如图 33.11，作圆 O 与 AB 平行的切线，设切点为 L，作两圆的公切线交于点 S，并记 FS 与 BA 的延长线交于点 R，联结 LF, GF.

首先证明：L, G, F 三点共线.

因为 SL, SF 都是圆 O 的切线，所以

又 RG,RF 都是圆 I 的切线,则
$$RG = RF$$
由 $SL // RG$,得
$$\angle LSF = \angle GRF$$

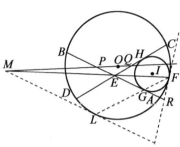

图 33.11

故 $\angle LFS = \dfrac{180° - \angle LSF}{2} = \dfrac{180° - \angle GRF}{2} = \angle GFR$

即 L,G,F 三点共线.

同理,作圆 O 与 CD 平行的切线,设切点为 J,则 F,H,J 三点共线.

如图 33.12,设过点 L,J 的切线分别与直线 EF 交于点 M_1,M_2.

下面证明:点 M_1 与 M_2 重合.

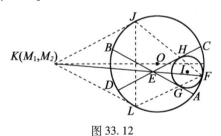

图 33.12

显然,有 $LJ // GH$. 故
$$\frac{M_1 E}{EF} = \frac{LG}{GF} = \frac{JH}{HF} = \frac{M_2 E}{EF}$$

即点 M_1 与 M_2 重合.

最后,证明这个点(记为 K)就是 M. 为此只需证点 K 在直线 l 上.

联结 KO,由 KL,KJ 是圆 O 的切线得
$$\angle LKO = \angle JKO$$

又 $KL\parallel AB, KJ\parallel CD$,故直线 KO 与 AB,CD 的夹角相等.

从而,直线 KO 就是直线 l,即点 K 在直线 l 上.

因此,点 K 就是直线 EF 与 l 的交点 M.

证法 2 (由四川的沈毅给出)

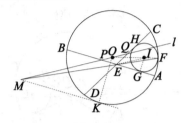

图 33.13

如图 33.13,联结 OIF,IE,IG,过点 O 作过点 M 且与 AB 平行的直线的垂线,垂足为 K.

由 $EP=EQ, MK\parallel AB$

$$\Rightarrow \angle EPQ = \frac{1}{2}\angle HEG = \angle IEG = \angle OMK$$

$\Rightarrow IE\parallel PQ, \triangle OMK \backsim \triangle IEG$

$\Rightarrow \dfrac{OK}{IG} = \dfrac{OM}{IE} = \dfrac{OF}{IF} = \dfrac{OF}{IG}$

$\Rightarrow OK = OF$

$\Rightarrow MK$ 是圆 O 的切线

西部赛试题 2 在 $\triangle ABC$ 中,$AB>AC$,内切圆 I 与边 BC,CA,AB 分别切于点 D,E,F,M 是边 BC 的中点,$AH\perp BC$ 于点 H,$\angle BAC$ 的平分线 AI 分别与直线 DE,DF 交于点 K,L. 证明:M,L,H,K 四点共圆.

证明 如图 33.14,联结 BI,DI,BK,ML,KH,联结 CL 并延长交边 AB 于点 N.

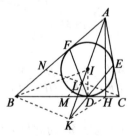

图 33.14

因为 CD,CE 都是圆 I 的切线,所以

$$CD = CE$$

由
$$\angle BIK = \angle BAI + \angle ABI$$
$$= \frac{1}{2}(\angle BAC + \angle ABC)$$
$$= \frac{1}{2}(180° - \angle ACB) = \angle EDC$$
$$= \angle BDK$$

知 B,K,D,I 四点共圆.

于是,$\angle BKI = \angle BDI = 90°$.

故 $BK \perp AK$.

同理,$CL \perp AL$.

因为,AL 是 $\angle BAC$ 的角平分线,所以,L 是 CN 的中点.

又 M 是 BC 的中点,则 $ML // AB$.

由 $\angle BKA = \angle BHA = 90°$,得 B,K,H,A 四点共圆.

于是,$\angle MHK = \angle BAK = \angle MLK$.

从而,M,L,H,K 四点共圆.

北方赛试题 1 如图 33.15,$\triangle ABC$ 的内切圆分别切 BC,CA,AB 于点 D,E,F,P 为内切圆内一点,线段 PA,PB,PC 分别与内切圆交于点 X,Y,Z. 证明:XD,YE,ZF 三线共点.

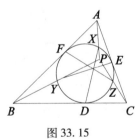

图 33.15

证法 1 由正弦定理得

$$\frac{XF}{XE} = \frac{\sin \angle XDF}{\sin \angle XDE} \qquad ①$$

注意到

$$\frac{XF}{\sin \angle XAF} = \frac{XA}{\sin \angle XDF}$$

$$\frac{XE}{\sin \angle XAE} = \frac{XA}{\sin \angle XDE}$$

则
$$\frac{XF}{XE} = \frac{\sin\angle XAF \cdot \sin\angle XDE}{\sin\angle XAE \cdot \sin\angle XDF} \quad ②$$

由式①②得
$$\frac{\sin\angle XAF}{\sin\angle XAE} = \frac{\sin^2\angle XDF}{\sin^2\angle XDE}$$

类似地有
$$\frac{\sin\angle YBD}{\sin\angle YBF} = \frac{\sin^2\angle YED}{\sin^2\angle YEF}$$

$$\frac{\sin\angle ECZ}{\sin\angle DCZ} = \frac{\sin^2\angle ZFE}{\sin^2\angle ZFD}$$

因为 AX, BY, CZ 共线于点 P, 所以
$$\frac{\sin\angle XAF \cdot \sin\angle YBD \cdot \sin\angle ZCE}{\sin\angle XAE \cdot \sin\angle YBF \cdot \sin\angle ZCD} = 1$$

$$\Rightarrow \frac{\sin\angle XDF \cdot \sin\angle YED \cdot \sin\angle ZFE}{\sin\angle XDE \cdot \sin\angle YEF \cdot \sin\angle ZFD} = 1$$

故 XD, YE, ZF 三线共点.

证法2 如图 33.16, 联结 FX, XE, EZ, ZD, DY, YF. 设 $\triangle ABC$ 的内切圆直径为 d.

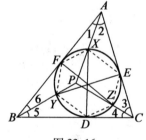

图 33.16

由
$$\frac{FX}{\sin\angle 1} = \frac{AX}{\sin\angle AFX}$$

$$\sin\angle AFX = \frac{FX}{d} \Rightarrow \sin\angle 1 = \frac{FX^2}{dAX}$$

同理, $\sin\angle 2 = \dfrac{XE^2}{dAX}$.

故 $\dfrac{\sin\angle 1}{\sin\angle 2} = \dfrac{FX^2}{XE^2}$.

类似地,$\dfrac{\sin\angle 3}{\sin\angle 4}=\dfrac{EZ^2}{ZD^2}$,$\dfrac{\sin\angle 5}{\sin\angle 6}=\dfrac{DY^2}{YF^2}$.

对 $\triangle ABC$ 及点 P 应用角元塞瓦定理得

$$1 = \dfrac{\sin\angle 1}{\sin\angle 2}\cdot\dfrac{\sin\angle 3}{\sin\angle 4}\cdot\dfrac{\sin\angle 5}{\sin\angle 6}$$

$$= \dfrac{FX^2}{XE^2}\cdot\dfrac{EZ^2}{ZD^2}\cdot\dfrac{DY^2}{YF^2}$$

即 $$\dfrac{FX}{XE}\cdot\dfrac{EZ}{ZD}\cdot\dfrac{DY}{YF}=1$$

对圆内接六边形 $FXEZDY$,由塞瓦定理角元形式的推论知 XD,YE,ZF 三线共点.

北方赛试题 2 如图 33.17,过点 P 引圆 O 的切线 PA 和割线 PBC,$AD\perp PO$,垂足为 D.证明:AC 是 $\triangle ABD$ 外接圆的切线.

证法 1 如图 33.17,联结 OA,OB,OC,CD,则 $OA\perp PA$.

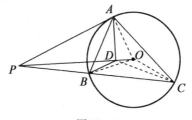

图 33.17

由射影定理及切割线定理得

$$PD\cdot PO = PA^2 = PB\cdot PC$$

于是,B,C,O,D 四点共圆,则

$$\angle PDB = \angle OCB = \angle OBC = \angle ODC$$

$$\angle PBD = \angle COD$$

故 $$\triangle PBD \backsim \triangle COD$$

$$\Rightarrow \dfrac{BD}{OD}=\dfrac{PD}{CD}$$

$$\Rightarrow BD\cdot CD = PD\cdot OD = AD^2$$

$$\Rightarrow \dfrac{BD}{AD}=\dfrac{AD}{CD}$$

又 $$\angle ADB = \angle PDA+\angle PDB = \angle ODA+\angle ODC = \angle CDA$$

$$\Rightarrow \triangle ABD \backsim \triangle CAD$$

$\Rightarrow \angle CAD = \angle ABD$

从而,AC 是 $\triangle ABD$ 外接圆的切线.

证法2 如图 33.18,延长 AD 交圆 O 于点 E,联结 PE, BE, CE.

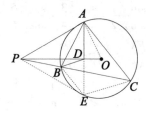

图 33.18

由圆的对称性易知,PE 是圆 O 的切线.

由切线长定理有 $PA = PE$.

因为 $AD \perp PO$,由垂径定理,得 $AD = DE = \dfrac{1}{2}AE$.

由弦切角定理得
$$\angle PAB = \angle PCA, \angle PEB = \angle PCE$$
则
$$\triangle PAB \backsim \triangle PCA, \triangle PEB \backsim \triangle PCE$$
即
$$\frac{PA}{PC} = \frac{AB}{CA}, \frac{PE}{PC} = \frac{EB}{CE}$$

亦即 $\dfrac{AB}{CA} = \dfrac{EB}{CE}$,故 $AB \cdot CE = CA \cdot EB$.

由托勒密定理得 $AE \cdot BC = AB \cdot CE + CA \cdot EB$.

由垂径定理得 $AE = 2AD$,则 $2AD \cdot BC = 2AB \cdot CE$,即
$$AD \cdot BC = AB \cdot CE$$

故 $\dfrac{AD}{CE} = \dfrac{AB}{BC}$.

又 $\angle BAD = \angle BCE$,则 $\triangle ABD \backsim \triangle CBE$,即 $\angle ABD = \angle CBE$.

又 $\angle CBE = \angle CAD$,则 $\angle CAD = \angle ABD$.

由弦切角定理的逆定理,知 AC 是 $\triangle ABD$ 外接圆的切线.

证法3 如图 33.19,联结 OA.

因 PA 是圆 O 的切线,A 是切点,PBC 是圆 O 的割线,则
$$OA \perp PA, PA^2 = PB \cdot PC$$

又 $AD \perp PO$,则 $PA^2 = PD \cdot PO$(射影定理).

从而 $PB \cdot PC = PD \cdot PO$.

故 B,D,O,C 四点共圆,四边形 $BDOC$ 的外接圆如图 33.19 所示.

作 $\triangle ABD$ 的外接圆圆 O',交 PO 于点 E,联结 EA, EB, OB, OC.

由 $AD \perp PO$,有 EA 是圆 O' 的直径.

由 $OA = OB = OC$,得

$$\angle OAB = \angle OBA$$

$$\angle OBC = \angle OCB, \angle OAC = \angle OCA$$

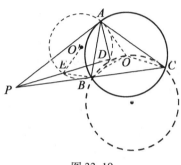

图 33.19

因 $\angle EAB = \angle EDB, \angle EDB = \angle OCB$ 则

$$\angle EAB = \angle OCB = \angle OBC$$

又 $\angle BAC + \angle ABC + \angle BCA = 180°$,则

$$\angle OAC + \angle OAB + \angle OBA + \angle OBC + \angle OCB + \angle OCA = 180°$$

即 $\qquad 2\angle OAB + 2\angle EAB + 2\angle OAC = 180°$

从而 $\qquad \angle OAB + \angle EAB + \angle OAC = 90°$

即 $\angle EAC = 90°$,故 AC 是 $\triangle ABD$ 外接圆的切线.

证法 4 如图 33.19,联结 OA, OC,作 $\triangle ABD$ 的外接圆圆 O' 交 PD 于点 E.

因 PA 是圆 O 的切线,则 $PA^2 = PB \cdot PC$.

由射影定理可得 $PA^2 = PD \cdot PO$,则 $PB \cdot PC = PD \cdot PO$,即

$$\frac{PD}{PC} = \frac{PB}{PO}$$

从而 $\angle PDB = \angle OCB = \angle EAB$. 又 PA 是圆 O 的切线,则

$$\angle PAB = \angle ACB$$

即 $\qquad \angle PAB - \angle EAB = \angle ACB - \angle OCB$

从而 $\qquad \angle PAE = \angle ACO = \angle OAC$

因 $\angle PAE + \angle EAO = \angle PAO = 90°$,则

$$\angle OAC + \angle EAO = 90°$$

即 $\angle EAC = 90°$.

故 AC 是 $\triangle ABD$ 的外接圆的切线.

证法 5 如图 33.20,延长 AD 交圆 O 于 E,联结 PE,BE,CE,则 $ABEC$ 是调和四边形,$AB \cdot EC = AC \cdot BE$.

根据托勒密定理得

$$AB \cdot EC + AC \cdot BE = AE \cdot BC, AD = DE$$

则 $AD \cdot BC = AB \cdot EC$,即 $\dfrac{AD}{EC} = \dfrac{AB}{BC}$.

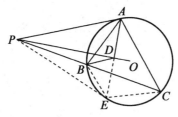

图 33.20

又 $\angle BAE = \angle BCE$,则 $\triangle ABD \backsim \triangle CBE$,即

$$\angle ABD = \angle CBE = \angle CAD$$

故 AC 是 $\triangle ABD$ 外接圆的切线.

注 以上证法均由安徽的汪宗兴给出.

试题 A 如图 33.21,P,Q 分别是圆内接四边形 $ABCD$ 的对角线 AC,BD 的中点. 若 $\angle BPA = \angle DPA$,证明:$\angle AQB = \angle CQB$.

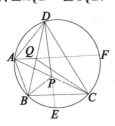

图 33.21

证法 1 如图 33.21 延长线段 DP,AQ 分别与圆交于点 E,F,则 $\angle CPE = \angle DPA = \angle BPA$.

由 P 是线段 AC 的中点,知 $\overset{\frown}{AB} = \overset{\frown}{CE}$,从而 $\angle CDP = \angle ADB$.

因为 $\angle ABD = \angle PCD$,所以 $\triangle ABD \backsim \triangle PCD$.

有 $\dfrac{AB}{BD} = \dfrac{PC}{CD}$，即 $AB \cdot CD = PC \cdot BD$.

故 $AB \cdot CD = \dfrac{1}{2}AC \cdot BD = AC \cdot \dfrac{1}{2}BD = AC \cdot BQ$，即
$$\dfrac{AB}{AC} = \dfrac{BQ}{CD}$$

又 $\angle ABQ = \angle ACD$，则 $\triangle ABQ \backsim \triangle ACD$，从而
$$\angle QAB = \angle DAC$$

故 $\angle CAB = \angle DAF$，有 $\overset{\frown}{BC} = \overset{\frown}{DF}$.

由 Q 为 BD 的中点，知
$$\angle CQB = \angle DQP = \angle AQB$$

证法 2　（由上海的戴昕悦给出）

首先给出几个引理.

引理 2　已知点 A,B,C,D 在一条直线上，P 为直线外一点. 如下条件可由任两个推出第三个：

(1) PC(或 PD) 为 $\angle APB$ 内（外）角的平分线；

(2) $PC \perp PD$；

(3) (A,C,B,D) 为调和点列.

引理 3　点 P 与圆和圆的一条弦依次交于点 A,P',B，则"(A,P,B,P') 为调和点列"是"该弦所在直线为点 P 的极线"的充要条件.

回到原题.

如图 33.22，设四边形 $ABCD$ 外接圆的圆心为 O，联结 OP 并延长与直线 DB 交于点 P'，联结 OQ 并延长与直线 CA 交于点 Q'.

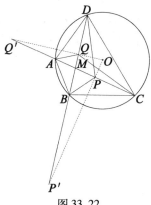

图 33.22

因为 P 为 AC 中点,所以,$OP \perp AC$.

又 AP 平分 $\angle BPD$,于是,由引理 2 知 (B, M, D, P') 为调和点列.

由引理 3 知直线 AC 为点 P' 的极线,则点 Q' 在点 P' 的极线上. 再由引理 3 得点 P' 在点 Q' 的极线上,知 (A, M, C, Q') 为调和点列.

又 $OQ \perp BD$,则由引理 2 知 QM 平分 $\angle AQC$,即证.

证法 3 (由哈尔滨的张智浩给出)

因为 $\angle DPA = \angle BPA$,所以 $\cos\angle DPA = \cos\angle BPA$.

故
$$\frac{DP^2 + AP^2 - AD^2}{2AP \cdot DP} = \frac{BP^2 + AP^2 - AB^2}{2AP \cdot BP}$$

又
$$DP^2 + AP^2 = \frac{1}{2}(AD^2 + DC^2)$$

$$BP^2 + AP^2 = \frac{1}{2}(AB^2 + BC^2)$$

则
$$\frac{DC^2 - AD^2}{2DP} = \frac{BC^2 - AB^2}{2BP}$$

故
$$BP(DC^2 - AD^2) = DP(BC^2 - AB^2)$$

由正弦定理知
$$\frac{BP}{\sin\angle BAC} = \frac{AB}{\sin\angle APB}$$

$$\frac{DP}{\sin\angle DAC} = \frac{AD}{\sin\angle APD}$$

故
$$\frac{BP}{DP} = \frac{AB}{AD} \cdot \frac{\sin\angle BAC}{\sin\angle DAC} = \frac{AB}{AD} \cdot \frac{BC}{DC}$$

$$\Rightarrow AB \cdot BC(DC^2 - AD^2) = AD \cdot DC(BC^2 - AB^2)$$

$$\Rightarrow BC \cdot DC(AB \cdot DC - AD \cdot BC)$$
$$= AB \cdot AD(BC \cdot AD - AB \cdot DC)$$

$$\Rightarrow (BC \cdot DC + AB \cdot AD)(AB \cdot DC - AD \cdot BC) = 0$$

$$\Rightarrow AB \cdot DC = AD \cdot BC$$

由托勒密定理得
$$AB \cdot DC + AD \cdot BC = AC \cdot BD$$

$$\Rightarrow 2AB \cdot DC = AC \cdot BD$$

$$\Rightarrow AB \cdot DC = AC \cdot DQ$$

$$\Rightarrow \frac{AB}{DQ} = \frac{AC}{DC}$$

又 $\angle BAC = \angle QDC$,则
$$\triangle BAC \backsim \triangle QDC \Rightarrow \angle ABC = \angle DQC$$
同理
$$\triangle AQD \backsim \triangle ABC \Rightarrow \angle AQD = \angle ABC$$
$$\Rightarrow \angle AQD = \angle DQC \Rightarrow \angle AQB = \angle CQB$$

证法 4　（由哈尔滨的李菁华给出）

如图 33.23,在圆 O 上取点 E,使 $AE \cdot BC = AB \cdot EC$,联结 AE,BE,CE,PE.

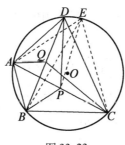

图 33.23

由托勒密定理得
$$AE \cdot BC + AB \cdot EC = AC \cdot BE$$
$$\Rightarrow AE \cdot BC = AB \cdot EC = \frac{1}{2} AC \cdot BE = BE \cdot CP$$
$$\Rightarrow \frac{AE}{BE} = \frac{CP}{CB}$$

由 $\angle AEB = \angle ACB$,知
$$\triangle AEB \backsim \triangle PCB$$
同理
$$\triangle ABE \backsim \triangle PCE$$
$$\Rightarrow \angle EAB = \angle CPB = \angle CPE$$
$$\Rightarrow \angle APE = \angle APB = \angle APD$$
$$\Rightarrow P,D,E \text{ 三点共线}$$

即点 D 与 E 重合.

故　$AD \cdot BC = AB \cdot CD = \frac{1}{2} AC \cdot BD = AC \cdot BQ \Rightarrow \dfrac{BC}{BQ} = \dfrac{AC}{AD}$

又 $\angle QBC = \angle DAC$,则
$$\triangle ADC \backsim \triangle BQC$$

同理,$\triangle ABQ \backsim \triangle ACD$.

于是,$\angle AQB = \angle ADC = \angle BQC$.

证法 5 （由浙江的王慧兴给出）

如图 33.24, 过点 B 作 $BE \parallel AC$ 与四边形 $ABCD$ 的外接圆交于点 E, 则四边形 $ABEC$ 是等腰梯形.

故 $\angle BAP = \angle ECP$.

由题意知 $AP = PC \Rightarrow \triangle PAB \cong \triangle PCE$.

故 $\quad \angle APB = \angle APD \Leftrightarrow \angle CPE = \angle APD$

$\Leftrightarrow D, P, E$ 三点共线

$\Leftrightarrow DE$ 过 AC 的中点 P

$\Leftrightarrow S_{\triangle ADE} = S_{\triangle CDE}$

$\Leftrightarrow \dfrac{1}{2} AD \cdot AE \sin \angle DAE = \dfrac{1}{2} CE \cdot CD \sin \angle DCE$

$\Leftrightarrow AD \cdot AE = CE \cdot CD$

$\Leftrightarrow AD \cdot BC = AB \cdot CD$

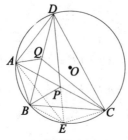

图 33.24

同理 $\quad \angle AQB = \angle CQB \Leftrightarrow AD \cdot BC = AB \cdot CD$

故 $\quad \angle APB = \angle APD \Leftrightarrow \angle AQB = \angle CQB$.

证法 6 （由广东的杨志明给出）

如图 33.25, 过点 B 作圆 O 的切线与 CA 交于点 E, 过点 E 作圆 O 的另一条切线与圆 O 交于点 D'.

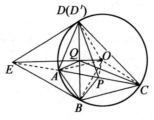

图 33.25

又 P 是 AC 的中点,由垂径定理知 $OP \perp AC$.

因为 BE 是圆 O 的切线,所以,$OB \perp BE$.

于是,O,P,B,E,D' 五点共圆.

故 $\angle D'PA = \angle D'OE = \angle BOE = \angle BPA = \angle DPA$.

从而,点 D' 与 D 重合.

由 $EQ \perp BD, OQ \perp BD$,知 O,Q,E 三点共线.

由射影定理知 $BE^2 = EQ \cdot OE$.

由切割线定理知 $BE^2 = EA \cdot EC$.

于是,$EQ \cdot OE = EA \cdot EC$.

从而,O,Q,A,C 四点共圆.

故 $\angle EQA = \angle OCA = \angle OAC = \angle OQC$.

而 $QB \perp EO$,则 $\angle AQB = \angle CQB$.

证法 7 (由四川的沈毅给出)

如图 33.26,以 P 为原点、AC 为 y 轴建立平面直角坐标系.

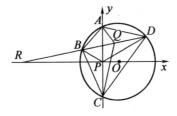

图 33.26

设外心 $O(m,0)$,$A(0,n)$,$B(0,-n)$,$l_{BD}:y = kx + b$,$B(x_1, y_1)$,$D(x_2, y_2)$,则四边形 $ABCD$ 的外接圆方程为 $x^2 - 2mx + y^2 = n^2$.

显然,x_1, x_2 是方程

$$(k^2 + 1)x^2 - 2(m - kb)x + b^2 - n^2 = 0$$

的两个根.

从而,$x_1 + x_2 = \dfrac{2(m-kb)}{k^2+1}$,$x_1 x_2 = \dfrac{b^2 - n^2}{k^2 + 1}$.

因为 $\angle BPA = \angle DPA$,所以 $k_{PB} + k_{PD} = 0$.

故 $x_1 y_2 + x_2 y_1 = x_1(kx_2 + b) + x_2(kx_1 + b) = 2k x_1 x_2 + b(x_1 + x_2) = \dfrac{2(mb - kn^2)}{k^2 + 1} = 0$.

当 $k \neq 0$ 时,直线 BD 过定点 $R\left(-\dfrac{n^2}{m}, 0\right)$. 此时,$k_{AR} k_{OA} = k_{CR} k_{OC} = -1$.

因此，$\angle OAR = \angle OCR = \angle OQR = 90°$.

于是，A, R, C, Q, O 五点共圆.

故 $\angle AQR = \angle AOR = \angle COR = \angle CQR$.

当 $k=0$ 时，$b=0$，直线 BD 与 x 轴重合.

由对称性知 $\angle AQB = \angle CQB$.

证法 8 见第 32 章第 2 节例 4.

试题 B 如图 33.27，在圆内接 $\triangle ABC$ 中，$\angle A$ 为最大角，不含点 A 的 $\overset{\frown}{BC}$ 上两点 D, E 分别为 $\overset{\frown}{ABC}, \overset{\frown}{ACB}$ 的中点. 记过点 A, B 且与 AC 相切的圆为圆 O_1，过点 A, E 且与 AD 相切的圆为圆 O_2，圆 O_1 与圆 O_2 交于点 A, P. 证明：AP 平分 $\angle BAC$.

证法 1 如图 33.27，联结 EP, AE, BE, BP, CD.

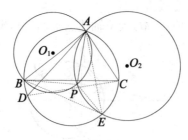

图 33.27

分别记 $\angle BAC, \angle ABC, \angle ACB$ 为 $\angle A, \angle B, \angle C$，$X, Y$ 分别为 CA 延长线，DA 延长线上的任意一点.

由已知条件易得

$$AD = DC, AE = EB$$

结合 A, B, D, E, C 五点共圆得

$$\angle BAE = 90° - \frac{1}{2}\angle AEB = 90° - \frac{\angle C}{2}$$

$$\angle CAD = 90° - \frac{1}{2}\angle ADC = 90° - \frac{\angle B}{2}$$

由 AC, AD 分别切圆 O_1、圆 O_2 于点 A 得

$$\angle APB = \angle BAX = 180° - \angle A, \angle ABP = \angle CAP$$

及

$$\angle APE = \angle EAY = 180° - \angle DAE$$
$$= 180° - (\angle BAE + \angle CAD - \angle A)$$

$$= 180° - \left(90° - \frac{\angle C}{2}\right) - \left(90° - \frac{\angle B}{2}\right) + \angle A$$

$$= 90° + \frac{\angle A}{2}$$

故
$$\angle BPE = 360° - \angle APB - \angle APE$$
$$= 90° + \frac{\angle A}{2} = \angle APE$$

在 $\triangle APE$ 与 $\triangle BPE$ 中,分别运用正弦定理并结合 $AE = BE$,得

$$\frac{\sin \angle PAE}{\sin \angle APE} = \frac{PE}{AE} = \frac{PE}{BE} = \frac{\sin \angle PBE}{\sin \angle BPE}$$

故 $\sin \angle PAE = \sin \angle PBE$.

又因为 $\angle APE, \angle BPE$ 均为钝角,所以, $\angle PAE, \angle PBE$ 均为锐角.于是, $\angle PAE = \angle PBE$.

故
$$\angle BAP = \angle BAE - \angle PAE$$
$$= \angle ABE - \angle PBE = \angle ABP = \angle CAP$$

证法 2 (由万喜人、刘才华给出)

如图 33.28,延长 CA 至点 X,联结 AE, PB, PE, BE. 记直线 BD 与 CE 交于点 K.

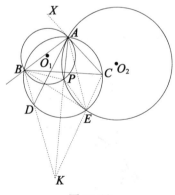

图 33.28

由点 D, E 分别为 $\overset{\frown}{ABC}, \overset{\frown}{ACB}$ 的中点,知 BD, CE 分别是 $\triangle ABC$ 中 $\angle B, \angle C$ 的外角平分线.

从而, K 是 $\triangle ABC$ 的旁心.

要证结论,只需证明: A, P, K 三点共线.

这只要证明: $\angle APB + \angle BPK = 180°$.

因为 AC 是圆 O_1 的切线,AD 是圆 O_2 的切线,所以

$$\angle PBK = \angle ABD - \angle ABP$$
$$= \angle ABC + \angle CBD - \angle ABP$$
$$= \angle ABC + \angle CAD - \angle CAP$$
$$= \angle ABC + \angle PAD$$
$$= \angle AEC + \angle PEA = \angle CEP$$

因此,P,B,K,E 四点共圆.

故 $\angle BPK = \angle BEK = \angle BAC$
$$= 180° - \angle XAB = 180° - \angle APB$$

即 $\angle APB + \angle BPK = 180°$.

证法 3 如图 33.29,延长 AC,BA 分别交圆 O_2 于另一点 F,G,联结 DE,EF,AE,BE,EG,BP,PF,PG,延长 DA 至点 Y.

由点 D 为 $\overset{\frown}{ABC}$ 的中点得
$$\angle DAC = \angle AED$$

又 AY 是圆 O_2 的切线,于是
$$\angle AED + \angle AEF = \angle DAC + \angle FAY = 180°$$

所以,D,E,F 三点共线.

从而,$\triangle ADF \backsim \triangle EDA$.

又 $\angle AGE = \angle AFE$,$\angle ABE = \angle ADE$,则
$$\triangle BEG \backsim \triangle DAF$$

故 $\dfrac{AF}{DF} = \dfrac{AE}{AD} = \dfrac{BE}{AD} = \dfrac{BG}{DF} \Rightarrow AF = BG.$

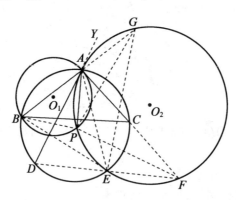

图 33.29

而 $\angle PFA = \angle PGA$,$\angle PAF = \angle PBA$,故
$$\triangle PAF \cong \triangle PBG \Rightarrow PA = PB$$
所以,$\angle PAB = \angle PBA = \angle PAC$,即 AP 平分 $\angle BAC$.

证法 4 同一法.

如图 33.30,设 $\angle ABC = \beta$,$\angle ACB = \gamma$,O 为 $\triangle ABC$ 的外心.

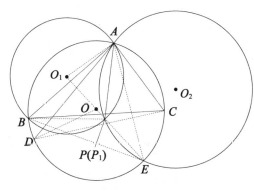

图 33.30

由 D,E 分别为 $\overparen{ABC}$,$\overparen{ACB}$ 的中点,知
$$OD \perp AC, OE \perp AB, \angle ADO = \frac{\beta}{2}, \angle AEO = \frac{\gamma}{2}, \angle DAE = \frac{\beta+\gamma}{2}$$
因为 AC 与圆 O_1 相切,所以 $AO_1 \perp AC$. 进而
$$OD /\!/ AO_1, \angle DAO_1 = \angle ADO = \frac{\beta}{2}$$
设 EO_1(即 EO)与圆 O_2 交于点 P_1. 因为 AD 与圆 O_2 相切,所以
$$\angle DAP_1 = \angle AEP_1 = \angle AEO = \frac{\gamma}{2}$$
由 $\angle DAE = \frac{\beta+\gamma}{2}$,得 $\angle EAP_1 = \frac{\beta}{2}$ 故
$$\angle AP_1O_1 = \angle AEP_1 + \angle EAP_1 = \frac{\beta+\gamma}{2}$$
又
$$\angle O_1AP_1 = \angle DAO_1 + \angle DAP_1$$
$$= \frac{\beta}{2} + \frac{\gamma}{2} = \frac{\beta+\gamma}{2}$$
则 $\angle AP_1O_1 = \angle O_1AP_1$,$O_1A = O_1P_1$,点 P_1 在圆 O_1 上.

故点 P_1 与 P 重合,$PB = PA$,$\angle PAC = \angle ABP = \angle PAB$.

试题C 如图33.31,在锐角△ABC中,∠A>60°,H为△ABC的垂心,点M,N分别在边AB,AC上,∠HMB=∠HNC=60°,O为△HMN的外心,点D与A在直线BC的同侧,使得△DBC为正三角形.证明:H,O,D三点共线.

证法1 如图33.31,设T为△HMN的垂心,延长HM,CA交于点P,延长HN,BA交于点Q.易知,N,M,P,Q四点共圆.

由∠THM = ∠OHN,知
$$\angle PQH - \angle OHN = \angle NMH - \angle THM = 90°$$

故
$$HO \perp PQ \qquad ①$$

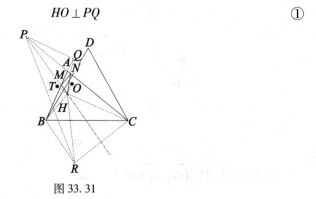

图33.31

设R为点C关于HP的对称点,则
$$HC = HR$$

由
$$\angle HPC + \angle HCP$$
$$= (\angle BAC - 60°) + (90° - \angle BAC)$$
$$= 30°$$

知∠CHR = 60°.

因此,△HCR为正三角形.

由
$$\angle HPC = \angle HQB, \angle HCP = \angle HBQ$$
$$\Rightarrow \triangle PHC \sim \triangle QHB$$
$$\Rightarrow \triangle PHR \sim \triangle QHB$$
$$\Rightarrow \triangle QHP \sim \triangle BHR$$

用∠(⃗UV, ⃗XY)表示向量$\overrightarrow{UV}$与$\overrightarrow{XY}$的夹角(逆时针方向为正).

由于∠PHR = 150°,于是
$$\angle(PQ, RB) = \angle(HP, HR) = 150°$$

因为△BCD与△RCH均为正三角形,所以

$$\triangle BRC \cong \triangle DHC$$

则 $\angle(RB, HD) = \angle(CR, CH) = -60°$.

故
$$\angle(PQ, HD)$$
$$= \angle(PQ, RB) + \angle(RB, HD)$$
$$= 150° - 60° = 90°$$
$$\Rightarrow DH \perp PQ \qquad ②$$

由式①②即知 H, O, D 三点共线.

证法 2 以 O 为原点建立复平面,以每点字母表示这点所对应的复数. 设 $H = 1, N = e^{2\alpha i}, M = e^{-2\beta i}$. 则

$$|NH| = 2\sin\alpha, |MH| = 2\sin\beta$$

$$\angle HCA = \angle HBA = \frac{5\pi}{6} - (\alpha + \beta)$$

由

$$\frac{C - H}{N - H} = e^{-(\alpha+\beta-\frac{\pi}{6})i} \cdot \frac{\sin\frac{\pi}{3}}{\sin\left(\frac{5\pi}{6} - \alpha - \beta\right)}$$

得

$$C = e^{-(\alpha+\beta-\frac{\pi}{6})i} \cdot \frac{\sin\frac{\pi}{3}}{\sin\left(\frac{5\pi}{6} - \alpha - \beta\right)} \cdot 2\sin\alpha \cdot e^{(\alpha+\frac{\pi}{2})i} + 1$$

$$= \frac{\sqrt{3}\sin\alpha \cdot e^{(\frac{2\pi}{3}-\beta)i}}{\cos\left(\alpha + \beta - \frac{\pi}{3}\right)} + 1 \qquad ①$$

同理

$$B = e^{(\alpha+\beta-\frac{\pi}{6})i} \cdot \frac{\sin\frac{\pi}{3}}{\sin\left(\frac{5\pi}{6} - \alpha - \beta\right)} \cdot 2\sin\beta \cdot e^{-(\beta+\frac{\pi}{2})i} + 1$$

$$= \frac{\sqrt{3}\sin\beta \cdot e^{(\alpha-\frac{2\pi}{3})i}}{\cos\left(\alpha + \beta - \frac{\pi}{3}\right)} + 1 \qquad ②$$

由 $\triangle BCD$ 为正三角形知

$$D = -\omega B - \omega^2 C \Rightarrow \overline{D} = -\omega^2 \overline{B} - \omega \overline{C}$$

于是,要证 H, O, D 三点共线,只需证

$$B + \omega C = \omega \overline{B} + \overline{C}$$

将式①②代入得

$$B+\omega C$$
$$=\frac{\sqrt{3}\sin\beta\cdot e^{\left(\alpha-\frac{2\pi}{3}\right)i}}{\cos\left(\alpha+\beta-\frac{\pi}{3}\right)}+1+\frac{\sqrt{3}\sin\alpha\cdot e^{\left(\frac{4\pi}{3}-\beta\right)i}}{\cos\left(\alpha+\beta-\frac{\pi}{3}\right)}+\omega$$

$$\omega\overline{B}+\overline{C}$$
$$=\frac{\sqrt{3}\sin\alpha\cdot e^{\left(\beta-\frac{2\pi}{3}\right)i}}{\cos\left(\alpha+\beta-\frac{\pi}{3}\right)}+1+\frac{\sqrt{3}\sin\beta\cdot e^{\left(\frac{4\pi}{3}-\alpha\right)i}}{\cos\left(\alpha+\beta-\frac{\pi}{3}\right)}+\omega$$

于是,只需证明

$$\sin\beta\cdot e^{\left(\alpha-\frac{2\pi}{3}\right)i}+\sin\alpha\cdot e^{\left(\frac{4\pi}{3}-\beta\right)i}$$
$$=\sin\beta e^{\left(\frac{4\pi}{3}-\alpha\right)i}+\sin\alpha\cdot e^{\left(\beta-\frac{2\pi}{3}\right)i}$$

比较左右两边的实部与虚部即知这是成立的,得证.

以下证法 3 和证法 4 均由湖南的万喜人给出.

证法 3 如图 33.32,联结 HO, HD. 易知

$$D,O,H \text{ 三点共线} \Leftrightarrow \angle BHO = \angle BHD$$

且

$$\angle BHO = \angle BHM + \angle MHO$$
$$= 180°-\angle BMH-\angle MBH+(90°-\angle MNH)$$
$$= 180°-60°-(90°-\angle BAC)+90°-\angle MNH$$
$$= \angle BAC+120°-\angle MNH$$
$$= \angle BAC+\angle ANM = \angle BMN$$

而 $\triangle DBC$ 为正三角形,则可把 $\triangle DBH$ 绕点 D 逆时针旋转 $60°$ 至 $\triangle DCK$ 位置,联结 HK. 显然,$\triangle DHK$ 是正三角形.

由

$$\angle BMH = \angle CNH, \angle MBH = \angle NCH$$
$$\Rightarrow \triangle MBH \backsim \triangle NCH$$
$$\Rightarrow \frac{HM}{HN}=\frac{HB}{HC}=\frac{CK}{CH}$$

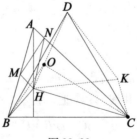

图 33.32

又 $\angle MHN = 120° - \angle BAC = \angle KCH$,则

$$\triangle HMN \backsim \triangle CKH$$
$$\Rightarrow \angle CKH = \angle HMN$$
$$\Rightarrow \angle BHD = \angle CKD = 60° + \angle HMN = \angle BMN$$
$$\Rightarrow \angle BHO = \angle BHD$$

证法 4 如图 33.32,联结 OB, OC. 故 D, O, H 三点共线

$$\Leftrightarrow \frac{S_{\triangle BDH}}{S_{\triangle CDH}} = \frac{S_{\triangle BOH}}{S_{\triangle COH}}$$

$$\Leftrightarrow \frac{BD \cdot BH \sin \angle DBH}{CD \cdot CH \sin DCH} = \frac{OH \cdot BH \sin \angle BHO}{OH \cdot CH \sin \angle CHO}$$

$$\Leftrightarrow \frac{\sin \angle DBH}{\sin \angle DCH} = \frac{\sin \angle BHO}{\sin \angle CHO} \quad \text{①}$$

由证法 3 得

$$\angle BHO = \angle BMN = 180° - \angle AMN$$

同理,$\angle CHO = \angle CNM = 180° - \angle ANM$.

所以,$\dfrac{\sin \angle BHO}{\sin \angle CHO} = \dfrac{\sin \angle AMN}{\sin \angle ANM} = \dfrac{AN}{AM}$.

又
$$\angle AHN = \angle CNH - \angle CAH$$
$$= \angle DBC - \angle CBH = \angle DBH$$

同理,$\angle AHM = \angle DCH$.

则
$$\frac{\sin \angle DBH}{\sin \angle DCH} = \frac{\sin \angle AHN}{\sin \angle AHM}$$
$$= \frac{AN}{AM} = \frac{\sin \angle BHO}{\sin \angle CHO}$$

从而,式①成立,进而命题得证.

证法 5 如图 33.33,联结 OH, DH, BH.

欲证 D, O, H 三点共线,只需证 $\angle DHB = \angle OHB$ 即可.

延长 BH 交 AC 于点 E,联结 CH 并延长交 AB 于点 F,则 $HE \perp AC, HF \perp AB$. 从而

$$\angle BHN = 180° - \angle NHE = 180° - (90° - \angle HNC) = 150°$$

$$\angle NHO = \frac{1}{2}(180° - \angle NOH) = 90° - (180° - \angle NMH)$$
$$= \angle NMH - 90°$$

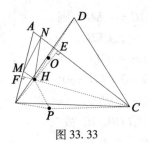

图 33.33

作正 $\triangle HBP$，联结 PC，则 $\triangle BPC$ 为 $\triangle BHD$ 绕点 B 顺时针方向旋转 $60°$ 所得. 从而
$$\angle DHB = \angle CPB = 60° + \angle CPH$$
又
$$\angle OHB = \angle BHN + \angle NHO = 150° + (\angle NMH - 90°)$$
$$= \angle NMH + 60°$$
于是，又转化为只需证 $\angle CPH = \angle NMH$.

在 $\triangle MHN$ 与 $\triangle PHC$ 中
$$\angle MHN = \angle BHN - \angle BHF - \angle FHM$$
$$= 150° - \angle A - 30° = 120° - \angle A$$
$$\angle PHC = 180° - \angle BHF - \angle BHP = 180° - \angle A - 60°$$
$$= 120° - \angle A = \angle MHN$$

又 $\dfrac{HM}{HN} = \dfrac{HF}{HE} = \dfrac{HB}{HC} = \dfrac{HP}{HC}$，从而
$$\triangle MHN \backsim \triangle PHC$$

故 $\angle NMH = \angle CPH$.

试题 D1　设 J 为 $\triangle ABC$ 顶点 A 所对旁切圆的圆心. 该旁切圆与边 BC 切于点 M，与直线 AB,AC 分别切于点 K,L，直线 LM 与 BJ 交于点 F，直线 KM 与 CJ 交于点 G. 设 S 是直线 AF 与 BC 的交点，T 是直线 AG 与 BC 的交点. 证明：M 是线段 ST 的中点.

注　$\triangle ABC$ 的顶点 A 所对的旁切圆是指与边 BC 相切，并且与边 AB,AC 的延长线相切的圆.

证明　如图 33.34，设 $\angle CAB = \alpha$，$\angle ABC = \beta$，$\angle BCA = \gamma$.

由于 AJ 是 $\angle CAB$ 的角平分线，于是
$$\angle JAK = \angle JAL = \dfrac{\alpha}{2}$$

因为 $\angle AKJ = \angle ALJ = 90°$，所以，点 K,L 在以 AJ 为直径的圆 ω 上.

又 BJ 是 $\angle KBM$ 的角平分线,因此
$$\angle MBJ = 90° - \frac{\beta}{2}$$

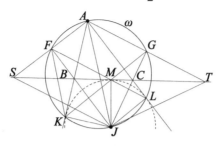

图 33.34

而 $\triangle KBM$ 是等腰三角形,于是
$$\angle BMK = \frac{\beta}{2}$$

同理,$\angle MCJ = 90° - \frac{\gamma}{2}$,$\angle CML = \frac{\gamma}{2}$. 故
$$\begin{aligned}\angle LFJ &= \angle MBJ - \angle MBF \\ &= \angle MBJ - \angle CML \\ &= \left(90° - \frac{\beta}{2}\right) - \frac{\gamma}{2} = \frac{\alpha}{2} = \angle LAJ\end{aligned}$$

所以,点 F 在圆 ω 上.

同理,点 G 也在圆 ω 上.

由于 AJ 为圆 ω 的直径,于是
$$\angle AFJ = \angle AGJ = 90°$$

因为直线 AB 与 BC 关于 $\angle ABC$ 的外角平分线 BF 对称,又 $AF \perp BF$,$KM \perp BF$,所以,线段 SM 与 AK 关于 BF 对称.

故 $SM = AK$.

同理,$TM = AL$.

因为 $AK = AL$,所以 $SM = TM$.

试题 D2 在 $\triangle ABC$ 中,已知 $\angle BCA = 90°$,D 是过顶点 C 的高的垂足. 设 X 是线段 CD 内部的一点,K 是线段 AX 上一点,使得 $BK = BC$,L 是线段 BX 上一点,使得 $AL = AC$. 设 M 是 AL 与 BK 的交点. 证明:$MK = ML$.

证明 如图 33.35,设 C' 是点 C 关于直线 AB 的对称点,圆 ω_1 和 ω_2 分别是以点 A 和 B 为圆心,AL 和 BK 为半径的圆.

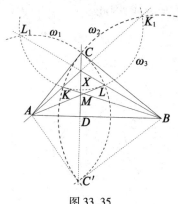

图 33.35

因为 $AC' = AC = AL, BC' = BC = BK$,所以,点 C, C' 均在圆 ω_1, ω_2 上.

由于 $\angle BCA = 90°$,于是,直线 AC 与圆 ω_2 切于点 C,直线 BC 与圆 ω_1 切于点 C.

设 K_1 是直线 AX 与圆 ω_2 的不同于点 K 的另一个交点,L_1 是直线 BX 与圆 ω_1 的不同于点 L 的另一个交点.

由圆幂定理得 $XK \cdot XK_1 = XC \cdot XC' = XL \cdot XL_1$.所以,$K_1, L, K, L_1$ 四点共圆,记该圆为 ω_3.

对圆 ω_2 应用圆幂定理得

$$AL^2 = AC^2 = AK \cdot AK_1$$

这说明直线 AL 与圆 ω_3 切于点 L.

同理,直线 BK 与圆 ω_3 切于点 K.

于是,MK, ML 是从点 M 到圆 ω_3 的两条切线,所以 $MK = ML$.

第 1 节　三角形内切圆的性质及应用(三)

女子赛试题 2、西部赛试题 2、北方赛试题 1 等试题均涉及了三角形的内切圆. 我们已在第 27 章及第 32 章中给出了三角形内切圆的 12 条性质及 5 条推论. 下面,接着排序继续给出三角形内切圆的 5 条性质及推论.[①]

性质 13　如图 33.36,$\triangle ABC$ 的内切圆圆 I 分别切边 BC, CA, AB 于点 D, E, F, S 和 T, M 和 N, G 和 H 分别为角平分线 AI, BI, CI 所在直线上的点. 则直线

---

① 沈文选. 三角形内切圆的几个结论及应用[J]. 中等数学,2012(6):6-11.

CI 上的点 G 满足 $CG \perp AG \Leftrightarrow D, F, G$ 三点共线.

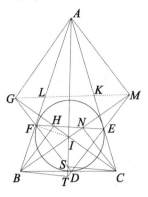

图 33.36

证明 **充分性** 当 D, F, G 三点共线时,联结 FI,则
$$\angle AIG = 180° - \angle AIC$$
$$= 180° - \left(90° + \frac{1}{2}\angle B\right)$$
$$= \angle BFD = \angle AFG$$

于是,A, G, F, I 四点共圆.

故 $\angle AGI = \angle AFI = 90° \Rightarrow CG \perp AG$.

必要性 当 $CG \perp AG$ 时,联结 FI.

由 $IF \perp AB$,知 A, G, F, J 四点共圆.

又 I 为内心,则
$$\angle AFG = \angle AIG = 180° - \angle AIC$$
$$= 180° - \left(90° + \frac{1}{2}\angle B\right) = 90° - \frac{1}{2}\angle B$$

由于 $BD = BF$,易知
$$\angle BFD = 90° - \frac{1}{2}\angle B = \angle AFG$$

故 D, F, G 三点共线.

类似地,可证直线 CI 上的点 H 满足 $CH \perp BH \Leftrightarrow E, H, F$ 三点共线.

同理,直线 BI 上的点 M 和 N,直线 AI 上的点 S 和 T 也有上述结论.

在图 33.36 中,设 L 为边 AB 的中点,联结 LM 与 AC 交于点 K.

则由 $AM \perp BM$,知 LM 为 Rt$\triangle AMB$ 斜边上的中线.

由此 $LM \parallel BC$,知 K 为 AC 的中点,即点 M 在中位线 LK 上.

同理,可证点 G 在中位线 LK 上.

于是,可得如下推论:

推论 6 三角形的一条中位线,与平行于此中位线的边的一端点处的内角平分线及另一端点关于内切圆的切点弦所在直线,这三条直线交于一点.该点为与中位线对应的顶点在这条内角平分线上的射影.

注 性质 13 及推论 6 中的内角平分线,内切圆的可改变为外角平分线,旁切圆后结论仍成立.

性质 14 如图 33.37,设 D,E,F 分别为 $\triangle ABC$ 的内切圆与边 BC,CA,AB 的切点,AD,BE,CF 分别交内切圆于另一点 P,Q,R. 则
$$PE \cdot FD = PF \cdot ED$$

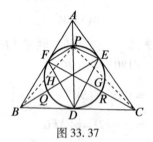

图 33.37

证明 由 $\triangle AEP \backsim \triangle ADE, \triangle AFP \backsim \triangle ADF$
$$\Rightarrow \frac{AE}{AD} = \frac{PE}{ED}, \frac{AF}{AD} = \frac{PF}{FD}$$

上述两式相除并结合 $AE = AF$,有
$$PE \cdot FD = PF \cdot ED$$

性质 15 如图 33.38,设 $\triangle ABC$ 的内切圆分别切边 BC,CA,AB 于点 D,E,F,直线 AD 交内切圆于点 P,直线 PC,PB 分别交内切圆于点 G,H. 则:

(1) 直线 AD,BE,CF 三线共点;

(2) 直线 AD,EH,FG 三线共点.

证明 (1) 运用塞瓦定理的逆定理及切线长定理即证 AD,BE,CF 三线共点于 N.

(2) 注意到,$\dfrac{HF}{FP} = \dfrac{BF}{BP} = \dfrac{HD}{DP}, \dfrac{PE}{EG} = \dfrac{PD}{DG}.$

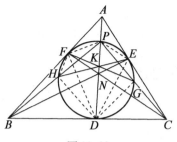

图 33.38

上述两式相乘得 $\dfrac{PE}{EG} \cdot \dfrac{GD}{DH} \cdot \dfrac{HF}{FP} = 1.$

于是,由角元塞瓦定理的推论,知直线 AD, EH, FG 三线共点于 K.

性质 16 如图 33.39,设 D, E, F 分别为 $\triangle ABC$ 的内切圆与边 BC, CA, AB 的切点,直线 FE 与 BC 交于点 T,则 $\dfrac{BD}{DC} = \dfrac{BT}{TC}.$

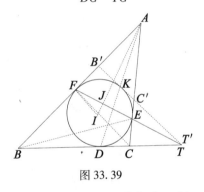

图 33.39

证明 对 $\triangle ABC$ 及直线 FET 应用梅涅劳斯定理得

$$\frac{AF}{FB} \cdot \frac{BT}{TC} \cdot \frac{CE}{EA} = 1$$

注意到,$AF = AE, BF = BD, CE = CD$. 故

$$\frac{BD}{DC} = \frac{BT}{TC}$$

上式表明,点 D, T 内分、外分边 BC 的比值相等.

同理,可证明其他边的情形.

注 当点 D, T 内分、外分 BC 所成的比相等时,亦称 D, T 调和分割线段 BC,或 B, C, D, T 成调和点列.

若 $FE \parallel BC$,则 T 为无穷远点,此时,D 为边 BC 的中点,也视为是内分、外分所成的比值相等.

在图 33.39 中,过点 K 作内切圆的切线,则该切线必过点 T.

事实上,可设过点 K 的切线与直线 BC 交于点 T'.

接下来证明:直线 FE 必过点 T'.

由上知 J,I,D,K 四点共圆,又 I,D,T',K 四点共圆,则 I,D,T',K,J 五点共圆.

故 $\angle IJT' = \angle IKT' = 90° \Rightarrow IJ \perp JT'$.

于是,由 $IJ \perp EF$,知 F,E,T' 三点共线,即知 T' 为直线 FE 与 BC 的交点,故点 T' 与 T 重合. 从而,过点 K 的切线必过点 T.

性质 17 设非等腰 $\triangle ABC(AB \neq AC)$ 的内切圆分别切边 BC,CA,AB 于点 D,E,F,边 BC 上的高线 AP 与 FE 交于点 H,则 H 为 $\triangle ABC$ 的垂心的充分必要条件是 $DH \perp FE$.

证明 如图 33.40,不妨设 $AB > AC$.

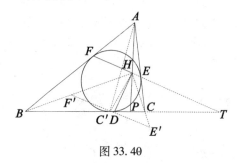

图 33.40

充分性 当 $DH \perp FE$ 时,设直线 FE 与 BC 交于点 T.

由性质 16 知

$$\frac{BD}{DC} = \frac{BT}{TC} \Rightarrow \frac{BD}{BT} = \frac{DC}{CT}$$

过点 D 作直线 $F'E' \parallel FE$ 与 BH,HC 分别交于点 F',E',则

$$\frac{F'D}{ET} = \frac{BD}{BT} = \frac{DC}{CT} = \frac{DE'}{ET}$$

于是,$F'D = DE'$.

又 $DH \perp F'E'$,则

$$\angle F'HD = \angle E'HD$$
$$\Rightarrow \angle FBH = \angle ECH$$
$$\Rightarrow \angle ABH = \angle ACH$$

作点 C 关于 AP 的对称点 C',联结 AC', HC',则
$$\angle AC'H = \angle ACH = \angle ECH = \angle ABH$$
$\Rightarrow A, B, C', H$ 四点共圆
$\Rightarrow \angle BAH = \angle HC'C = \angle HCC'$
$\Rightarrow \angle HCC' + \angle CBA = \angle BAH + \angle CBA = 90°$
$\Rightarrow CH \perp AB$
$\Rightarrow H$ 为 $\triangle ABC$ 的垂心.

必要性 当 H 为 $\triangle ABC$ 的垂心时,由
$$\angle FBH = 90° - \angle A = \angle ECH$$
及 $\angle BFH = \angle CEH$ 知
$$\triangle BFH \backsim \triangle CEH$$
于是, $\dfrac{BH}{CH} = \dfrac{BF}{CE} = \dfrac{BD}{CD}$.

从而, DH 平分 $\angle BHC$.

故
$$\angle FHD = \angle FHB + \angle BHD$$
$$= \angle ECH + \angle CHD = \angle EHD$$

因此, $DH \perp EF$.

例 1 (2011 年中国西部数学奥林匹克题) 在 $\triangle ABC$ 中, $AB > AC$, 内切圆圆 I 与边 BC, CA, AB 分别切于点 D, E, F, M 是边 BC 的中点, $AH \perp BC$ 于点 H, $\angle BAC$ 的平分线 AI 分别与直线 DE, DF 交于点 K, L. 证明: M, L, H, K 四点共圆.

证明 如图 33.41, 联结 BK, 联结 CL 并延长与 AB 交于点 N.

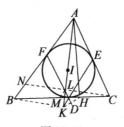

图 33.41

则由性质 13 知 $BK \perp AK, CL \perp AL$, 且 L 为 CN 的中点.

由 M 为边 BC 的中点知 $ML // AB$.

由 $\angle BKA = \angle BHA = 90°$, 知 B, K, H, A 四点共圆.

故 $\angle MHK = \angle BAK = \angle MLK$.

从而,M,L,H,K 四点共圆.

例2 (第45届IMO预选题)如图33.42,已知$\triangle ABC$,X 是直线 BC 上的动点,且点 C 在点 B,X 之间,又$\triangle ABX$,$\triangle ACX$ 的内切圆有两个不同的交点 P,Q. 证明:PQ 经过一个不依赖于 X 的定点.

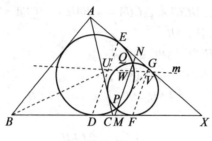

图33.42

证明 设$\triangle ABX$,$\triangle ACX$ 的内切圆与 BX 分别切于点 D,F,与 AX 分别切于点 E,G,则 $DE /\!/ FG$,且 DE,FG 与$\angle AXB$ 的平分线垂直.

设直线 PQ 分别交 BX,AX 于点 M,N,则
$$MD^2 = MP \cdot MQ = MF^2$$
$$NE^2 = NP \cdot NQ = NG^2$$
故 M,N 分别为 DF,EG 的中点,即
$$PQ /\!/ DE /\!/ FG$$
且 PQ 和 DE,FG 是等距的.

注意到,AB,AC,AX 的中点是共线的,设此线为 m. 则在$\triangle ABX$ 中应用推论6,知 DE 过直线 m 与$\angle ABX$ 平分线的交点 U,且 U 为定点.

同理,FG 过直线 m 与$\angle ACX$ 平分线的交点 V,且 V 为定点.

由于 UV 的中点 W 在直线 PQ 上,而 W 不依赖于点 X 的变动,故 PQ 经过不依赖于 X 的定点.

例3 (2008年中国国家队选拔考试题)在$\triangle ABC$ 中,$AB > AC$,其内切圆切边 BC 于点 E,联结 AE 交内切圆于点 D(不同于点 E),在线段 AE 上取异于 E 的一点 F,使得 $CE = CF$. 联结 CF 并延长交 BD 于点 G. 证明:$CF = FG$.

证明 如图33.43,设内切圆切 AB 于点 P,切 AC 于点 Q,过点 D 作内切圆的切线.

则由性质16后的注,知过点 D 的切线必过直线 PQ 与 BC 的交点 T.

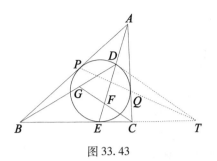

图 33.43

由 $CF = CE$

$\Rightarrow \angle TDE = \angle TED = \angle CFE$

$\Rightarrow DT // GC \Rightarrow \dfrac{GD}{DB} = \dfrac{TC}{TB}$

又由结论 4 知 $\dfrac{BE}{EC} = \dfrac{BT}{TC}$,即 $\dfrac{BE}{EC} \cdot \dfrac{TC}{BT} = 1$.

对 $\triangle BCG$ 及直线 EFD 应用梅涅劳斯定理有

$$1 = \dfrac{BE}{EC} \cdot \dfrac{CF}{FG} \cdot \dfrac{GD}{DB} = \dfrac{BE}{EC} \cdot \dfrac{CF}{FG} \cdot \dfrac{TC}{TB} = \dfrac{CF}{FG}$$

故 $CF = FG$.

例 4 (2006 年全国高中数学联赛福建赛区预赛题)如图 33.44,圆 O 为 $\triangle ABC$ 的外接圆,AM,AT 分别为中线和角平分线,过点 B,C 的圆 O 的切线交于点 P,联结 AP 和 BC 与圆 O 分别交于点 D,E.证明:T 是 $\triangle AME$ 的内心.

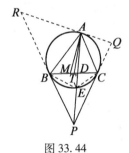

图 33.44

证明 设过点 A 的切线与 PB,PC 的延长线交于点 R,Q.

对四边形 $ABEC$,由性质 14 知

$$AB \cdot EC = BE \cdot AC$$

运用托勒密定理有

$$AB \cdot EC + BE \cdot AC = AE \cdot BC$$

$$\Rightarrow AB \cdot EC = BE \cdot AC = \frac{1}{2} AE \cdot BC = BM \cdot AE$$

$$\Rightarrow \frac{AB}{BM} = \frac{AE}{EC} \qquad ①$$

由 $\angle ABM = \angle AEC$,知

$$\triangle ABM \backsim \triangle AEC$$

$$\Rightarrow \angle BAM = \angle EAC$$

于是,可推知 AT 平分 $\angle MAE$.

此时,亦可推知

$$\angle AMB = \angle ACE \qquad ②$$

由式①有

$$BE \cdot AC = \frac{1}{2} AE \cdot BC = AE \cdot BM$$

同理

$$\angle BME = \angle ACE \qquad ③$$

由式②③有 $\angle AMB = \angle BME$.

由此知 BT 平分 $\angle AME$.

故 T 是 $\triangle AME$ 的内心.

例5 (2006 年中国数学奥林匹克题)在 $\mathrm{Rt}\triangle ABC$ 中,$\angle ACB = 90°$,$\triangle ABC$ 的内切圆圆 O 分别与边 BC,CA,AB 切于点 D,E,F,联结 AD 与圆 O 交于点 P,联结 BP,CP. 若 $\angle BPC = 90°$,证明:$AE + AP = PD$.

证明 辅助线及各点标记如图 33.45 所示. PC,PB 分别交圆 O 于点 G,H,GH 与 PD 交于点 R.

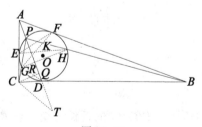

图 33.45

由性质 15(2),可设 AD,EH,FG 三线共点于 K.

由 $\angle GPH = 90°$,知圆心 O 在 GH 上.

因 $\angle OFG = \angle OGF = \angle HEF$,所以 OF 是 $\triangle KEF$ 外接圆的切线.

又 $OF \perp AF$,知 $\triangle KEF$ 的外心在 AF 上.

同理,$\triangle KEF$ 的外心在 AE 上.

故 A 为 $\triangle KEF$ 的外心.

于是,$AK = AE$,即
$$\angle AKE = \angle AEH = \angle EGH$$

从而,E,G,R,K 四点共圆.

所以,$\angle ORK = \angle GEK = 90°$,即
$$GH \perp PD$$

因此,点 G 为 $\overparen{PED}$ 的中点,即知 DG 平分 $\angle CDP$.

设 $AE = x, AP = m, PD = n, CE = CD = y$. 延长 AD 至点 T, 使 $DT = CD = y$. 作 $CQ \perp AT$ 于点 Q, 则
$$\angle T = \frac{1}{2}\angle CDP = \angle CPD$$

故 Q 为 PT 的中点.

于是,$PQ = \frac{1}{2}(n+y), DQ = \frac{1}{2}|n-y|$.

由定差幂线定理得
$$AC^2 - CD^2 = AQ^2 - DQ^2$$
$$\Rightarrow (AC+CD)(AC-CD)$$
$$= (AQ+DQ)(AQ-DQ)$$
$$\Rightarrow (x+2y)x = (m+n)(m+y)$$
$$\Rightarrow x^2 + 2xy = m(m+n) + y(m+n)$$

由切割线定理有 $x^2 = m(m+n)$.

代入上式得
$$m+n = 2x = 2\sqrt{m(m+n)}$$

解得 $n = 3m, x = 2m$.

故 $x + m = 3m = n$.

所以,$AE + AP = PD$.

注 题中的条件"$\angle ACB = 90°$"可去掉.

练习题及解答提示

1. (2008 年中国东南地区数学奥林匹克题) $\triangle ABC$ 的内切圆圆 I 分别切 BC, AC 于点 M, N, E, F 分别为边 AB, AC 的中点,D 是直线 EF 与 BI 的交点. 证

明:M,N,D 三点共线.

提示:应用推论 6.

2.(2009 年越南数学奥林匹克题)设 A,B 是定点,C 是动点,且 $\angle ACB=\alpha$ 是定角,其中,$0°<\alpha<180°$,$\triangle ABC$ 的内切圆圆 I 在边 BC,CA,AB 上的切点分别为 F,E,D,EF 分别与 AI,BI 交于点 M,N.证明:线段 MN 的长是定长,且 $\triangle DMN$ 的外接圆过一个定点.

提示:由性质 13 知 A,B,M,N 四点共圆,有 $MN=AB\sin\dfrac{\alpha}{2}$.可推知 $\triangle MND$ 的外接圆过 AB 的中点.

3.(2007 年保加利亚数学奥林匹克题)已知锐角 $\triangle ABC$ 的内切圆与三边 AB,BC,CA 分别切于点 P,Q,R,垂心 H 在线段 QR 上.证明:

(1)$PH\perp QR$;

(2)设 $\triangle ABC$ 的外心、内心分别为 O,I,$\angle C$ 内的旁切圆切 AB 于点 N,则 I,O,N 三点共线.

提示:(1)由性质 17 即证;

(2)注意四边形 $AHQI$ 为平行四边形及 $AH=2OM$,M 为 BC 和 PN 的中点即证.

4.(2010 年中国东南地区数学奥林匹克题)已知 $\triangle ABC$ 内切圆圆 I 分别与边 AB,BC 切于点 F,D,直线 AD,CF 分别与圆 I 交于另一个点 H,K.证明:$\dfrac{FD\cdot HK}{FH\cdot DK}=3$.

提示:由性质 14,在四边形 $FDEH$、四边形 $FDKE$ 中,有
$$FH\cdot DE=FD\cdot EH, FE\cdot DK=FD\cdot KE$$
由托勒密定理得
$$KF\cdot DE=2FE\cdot DK, HD\cdot FE=2FH\cdot DE$$
此两式相乘得 $\dfrac{KF\cdot HD}{FH\cdot DK}=4$.

又在四边形 $FDKH$ 中,有
$$DF\cdot HK=KF\cdot HD-FH\cdot DK$$
故 $\dfrac{FD\cdot HK}{FH\cdot DK}=3\Leftrightarrow FD\cdot HK=3FH\cdot DK\Leftrightarrow KF\cdot HD=4FH\cdot DK\Leftrightarrow \dfrac{KF\cdot HD}{FH\cdot DK}=4$.

第2节 相交两圆的性质及应用(三)

试题 B 的证法 3 利用相交两圆的内接三角形相似,给出该试题的一种简捷证法. 下面,我们继续介绍相交两圆的性质及应用(接着前文介绍的相交两圆的性质排序).①

性质 13 设圆 O_1 与圆 O_2 相交于 P,Q,AB 与 CD 是过点 Q 的两条割线段,M,N 分别为 AB,CD 的中点,则 $\triangle PAC \backsim \triangle PBD \backsim \triangle PMN$.

证明 如图 33.46,联结 PQ,由 $\angle PAC = \angle PQD = \angle PBD$,$\angle ACP = \angle AQP = \angle BDP$,知 $\triangle PAC \backsim \triangle PBD$.

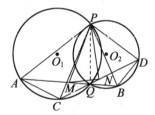

图 33.46

由相交两圆的内接三角形性质,知 $\triangle PAB \backsim \triangle PCD$. 因 M,N 分别为 AB,CD 的中点,则 $\dfrac{PA}{PM} = \dfrac{PC}{PN}$,且 $\angle APM = \angle CPN$,从而 $\angle APC = \angle MPN$,故 $\triangle PAC \backsim \triangle PMN$.

性质 14 两相交圆为等圆的充要条件是内接三角形为等腰三角形,且以割线段为底边.

证明 如图 33.47,设圆 O_1 与圆 O_2 相交于 P,Q,AB 为过点 Q 的割线段,令 $\angle PAQ = \alpha$,$\angle PBQ = \beta$.

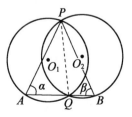

图 33.47

---

① 沈文选. 再谈相交两圆的性质及应用[J]. 数学通讯,2010(11):56-58.

由正弦定理,有圆 O_1 与圆 O_2 为等圆 $\Leftrightarrow \dfrac{PQ}{\sin \alpha}=\dfrac{PQ}{\sin \beta}\Leftrightarrow \alpha=\beta(\alpha,\beta\in(0,90°))\Leftrightarrow \triangle PAB$ 为等腰三角形.

性质 15 圆 O_1 与圆 O_2 相交于 P,Q,AB 是过点 Q 的一条割线段.M 为 AB 的中点,N 为 O_1O_2 的中点,则 $NM=NQ$.

证明 如图 33.48,设点 M_1,K,M_2 分别为点 O_1,N,O_2 在 AB 上的射影,由垂径定理,知 M_1,M_2 分别是 AQ,BQ 的中点.由梯形中位线定理,知 K 为 M_1M_2 的中点.

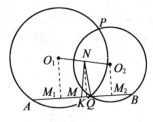

图 33.48

不妨设 $AQ>QB$,则

$$KQ=M_1Q-M_1K=\dfrac{AQ}{2}-\dfrac{M_1M_2}{2}=\dfrac{AQ}{2}-\dfrac{AQ+QB}{4}=\dfrac{AQ-QB}{4}$$

$$MK=MB-KQ-QB=\dfrac{AQ+QB}{2}-\dfrac{AQ-QB}{4}-QB=\dfrac{AQ-QB}{4}$$

于是,$MK=KQ$,即 K 为 MQ 的中点.注意到 $NK\perp MQ$,故 $NM=NQ$.

性质 16 设圆 O_1 与圆 O_2 相交于 P,Q,AB 是过点 Q 的割线段,K 为 PQ 上异于端点的一点,直线 AK 交圆 O_2 于 C,D,直线 BK 交圆 O_1 于 E,F,则 E,C,F,D 四点共圆于圆 O,且 $OQ\perp AB$.

证明 如图 33.49,由相交弦定理,有 $CK\cdot KD=PK\cdot KQ=EK\cdot KF$.

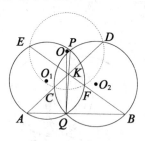

图 33.49

再由相交弦定理之逆定理知 E,C,F,D 四点共圆.

设圆 O 的半径为 r,注意到割线定理,则知 B 关于圆 O 的幂 $=BO^2-r^2=$

$BE \cdot BF = BA \cdot BQ$.

A 关于圆 O 的幂 $= AO^2 - r^2 = AC \cdot AD = AB \cdot AQ$.

于是，$AO^2 - BO^2 = AB \cdot AQ - BA \cdot BQ = AB(AQ - BQ) = (AQ + BQ)(AQ - BQ) = AQ^2 - BQ^2$.

故由定差幂线定理，知 $OQ \perp AB$.

性质 17　两圆圆 O_1 与圆 O_2 相交于 P,Q,K 为 PQ 上异于端点的一点，直线 O_1K 交圆 O_2 于 A,C，直线 O_2K 交圆 O_1 于 B,D. 若 A,B,C,D 四点共圆于圆 O，则圆心 O 在直线 PQ 上.

证明　如图 33.50，由于 PQ,AC,BD 分别是圆 O_1 与圆 O_2，圆 O_2 与圆 O，圆 O_1 与圆 O 的根轴，则知 K 为其根心.

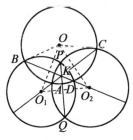

图 33.50

于是，$OO_1 \perp BD, OO_2 \perp AC$，即知 K 为 $\triangle OO_1O_2$ 的垂心，因此，$OK \perp O_1O_2$.

又 $PQ \perp O_1O_2$，且 K 在 PQ 上，故点 O 在直线 PQ 上.

注　此性质即表明：圆心不共线的三圆两两相交，若其中两圆的圆心在其中两条根轴上，则第三圆的圆心也在第三条根轴上.

性质 18　两圆圆 O_1 与圆 O_2 相交于 P,Q，圆 O_1 在点 P 处的切线 PB 交圆 O_2 于 B，圆 O_2 在点 P 处的切线交圆 O_1 于 A,M 为 AB 的中点，则 $\angle APQ = \angle BPM$.

证明　如图 33.51，延长 PM 到 P'，使 $MP' = PM$，则四边形 $PAP'B$ 为平行四边形.

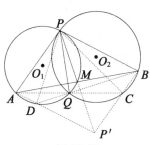

图 33.51

由弦切角与所夹弧上圆周角的关系,知
$$\angle APQ = \angle PBQ, \angle PAQ = \angle BPQ$$
于是 $\triangle PAQ \backsim \triangle BPQ$,即知 $\angle AQP = \angle PQB$.

联结 AQ 并延长交圆 O_2 于 C,联结 BQ 并延长交圆 O_1 于 D,则由第 2 章第 4 节中的性质 2 的推论 2,知
$$AC = DB, PB = PC, PA = PD$$
此时,$\angle PBC = \angle PCB = \angle BPA = 180° - \angle PBP'$,即知 P', B, C 三点共线.

同理,P', A, D 三点共线.

注意到 $PDP'B$ 为等腰梯形,则 $\angle DPP' = \angle DBP' = \angle QPC$.

又由性质 13 中的结论,知 $\angle DPA = \angle BPC$. 故
$$\angle APM = \angle DPP' - \angle DPA = \angle QPC - \angle BPC = \angle BPQ$$
从而 $\angle APQ = \angle BPM$.

下面,看几道应用的例子:

例 1 (2007 年第 57 届拉脱维亚数学奥林匹克题,2005 年德国数学竞赛第二试题)圆 ω_1 和 ω_2 交于点 A, B,一条直线 l_1 过点 B,与圆 ω_1, ω_2 的不同于点 B 的交点分别为 C, E(B 在 C 和 E 之间),另一条直线 l_2 过点 B,与圆心 ω_1, ω_2 的不同于点 B 的交点分别为 D, F(B 在 D 与 F 之间). 线段 CE, DF 的中点分别为 M, N. 求证:$\triangle ACD \backsim \triangle AEF \backsim \triangle AMN$.

证明 直接由性质 13 即得结论成立.

例 2 (2010 年《数学周报》杯竞赛题)如图 33.52,$\triangle ABC$ 为等腰三角形,AP 是底边 BC 上的高,点 D 是线段 PC 上的一点,BE, CF 分别是 $\triangle ABD, \triangle ACD$ 的外接圆的直径,联结 EF. 求证:$\tan \angle PAD = \dfrac{EF}{BC}$.

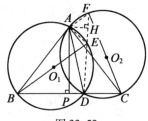

图 33.52

证明 联结 ED, FD. 因 BE, CF 都是圆的直径,所以 $ED \perp BC, FD \perp BC$,于是,知 D, E, F 三点共线.

由于 $\triangle ABC$ 为等腰三角形,则由性质 14,知 $\triangle ABD, \triangle ACD$ 的外接圆为等

圆,从而△DBF为等腰三角形,进而△AEF为等腰三角形,且∠AEF=∠ABC.

作$AH \perp EF$于H,则$AH=PD$.由$\triangle ABC \backsim \triangle AEF$,有$\dfrac{AH}{AP}=\dfrac{EF}{BC}$.

故$\tan \angle PAD = \dfrac{PD}{AP} = \dfrac{AH}{AP} = \dfrac{EF}{BC}$.

例3 (1999年第25届全俄数学奥林匹克题)点D是锐角$\triangle ABC$的外心,过A,B,D作圆分别交AC,BC于M,N.证明:$\triangle ABD$和$\triangle MNC$的外接圆相等.

证明 如图33.53,联结MB,则$\triangle ABD$与$\triangle MNB$内接于同一个圆.而$\triangle MNB$与$\triangle MNC$有公共边,因此由性质14知,要证明$\triangle ABD$与$\triangle MNC$的外接圆相等,只需证明$\triangle MBC$是等腰三角形,即证$\angle MBN = \angle MCN$.

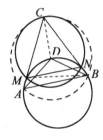

图33.53

事实上,由$DB=DC=DA$,有

$$\angle DBN = \angle DCN, \angle MAD = \angle MCD$$

在圆ABD中,有$\angle MAD = \angle MBD$,于是

$$\angle MBN = \angle MBD + \angle DBN = \angle MAD + \angle DCN = \angle MCD + \angle DCN = \angle MCN$$

故$\triangle ABD$和$\triangle MNC$的外接圆相等.

例4 (2003年中国国家集训队训练题)设D是$\triangle ABC$的边BC上一点,但不是其中点.设O_1和O_2分别是$\triangle ABD$和$\triangle ADC$的外心.求证:$\triangle ABC$的中线AK的垂直平分线过线段O_1O_2的中点.

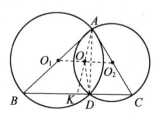

图33.54

证明 如图33.54,联结AD,O_1O_2,则由第2章第4节中性质1,知O_1O_2是

AD 的垂直平分线.

设 O 为 O_1O_2 的中点,则 $AO = OD$.

联结 OK,则由性质 15,知 $OK = OD$.

于是,$AO = OK$. 这说明 O 在线段 AK 的中垂线上.

故 AK 的垂直平分线过线段 O_1O_2 的中点.

例 5 (2007 年中国国家集训队训练题)锐角 $\triangle ABC$ 的外接圆在 A 和 B 处的切线相交于点 D,M 是 AB 的中点. 证明:$\angle ACM = \angle BCD$.

证明 如图 33.55,过点 A 作与 BC 切于点 C 的圆 O_1,圆 O_1 与 CD 交于点 Q,与 DA 的延长线交于点 K,联结 AQ,QB,则
$$\angle AQD = \angle AKC = \angle ACB = \angle ABD$$

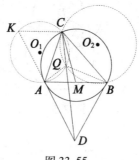

图 33.55

于是,A,D,B,Q 四点共圆. 注意到 $DA = DB$,则 $\angle AQD = \angle DQB$.

此时,$\angle AQC = 180° - \angle AQD = 180° - \angle DQB = \angle CQB$.

又 $\angle QAC = \angle QCB$,从而 $\triangle AQC \backsim \triangle CQB$.

于是 $\angle ACQ = \angle CBQ$,此说明过 B,Q,C 的圆即圆 O_2 与 AC 切于点 C.

由性质 18,知 $\angle ACM = \angle BCD$.

例 6 (2004 年中国国家集训队测试题)圆心为 O_1 和 O_2 的两个等圆相交于 P,Q 两点,O 是公共弦 PQ 的中点,过 P 任作两条割线 AB 和 CD(AB,CD 均不与 PQ 重合),点 A,C 在圆 O_1 上,点 B,D 在圆 O_2 上,联结 AD 和 BC,点 M,N 分别是 AD,BC 的中点,已知 O_1 和 O_2 不在两圆的公共部分内,点 M,N 均不与点 O 重合. 求证:M,N,O 三点共线.

证明 如图 33.56,设 S,T 分别为 CD,AB 的中点,联结 OS,OT,则由性质 15,知 $OS = OP = OT$,即知 $\triangle OST$ 为等腰三角形,亦即知点 O 在 ST 的中垂线上.

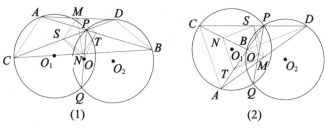

图 33.56

联结 AC, BD,则由第25章第3节性质9(2)或由正弦定理可推知 $AC = BD$. 又联结 MT, MS, NT, NS,则由中点性质,知 $SN \underline{\underline{\parallel}} \frac{1}{2} BD$, $MT \underline{\underline{\parallel}} \frac{1}{2} BD$, $NT \underline{\underline{\parallel}} \frac{1}{2} AC$, $MS \underline{\underline{\parallel}} \frac{1}{2} AC$. 从而,知 $MSNT$ 为菱形,它的对角线互相垂直平分,即 M, N 也在线段 ST 的中垂线上. 故 M, N, O 三点共线.

第3节 塞瓦定理角元形式的推论及应用

试题 A 的解答中有一种途径涉及塞瓦定理角元形式的推论的推广(塞瓦定理角元形式的推论可参见本套书第1章第1节中的式②).

下面,我们就来介绍这个推广命题:[①]

命题1 圆中的三弦 AD, BE, CF 所在直线共点(三直线互相平行视其共点于无穷远点处)的充分必要条件是 $\frac{AB}{BC} \cdot \frac{CD}{DE} \cdot \frac{EF}{FA} = 1$.

证明 由于命题中没有限定三弦的端点在圆周上的排列顺序,故可能的情形有多种. 图 33.57(1)(2)(3)是其中的三种情形(图 33.57(2)是由图 33.57(1)中 B, E 互换得到).

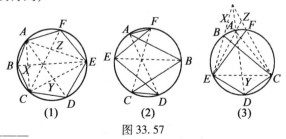

图 33.57

---

① 万喜人. 一个平面几何命题的应用[J]. 中等数学,2012(9):5-9.

设 AC 与 BE 交于点 X,CE 与 AD 交于点 Y,EA 与 CF 分别交于点 Z.
对 $\triangle ACE$,由塞瓦定理及其逆定理得 AD,BE,CF 三线共点

$$\Leftrightarrow \frac{AX}{XC} \cdot \frac{CY}{YE} \cdot \frac{EZ}{ZA} = 1$$

$$\Leftrightarrow \frac{S_{\triangle ABE}}{S_{\triangle CBE}} \cdot \frac{S_{\triangle CAD}}{S_{\triangle EAD}} \cdot \frac{S_{\triangle ECF}}{S_{\triangle ACF}} = 1$$

$$\Leftrightarrow \frac{AB \cdot AE}{BC \cdot CE} \cdot \frac{CD \cdot AC}{DE \cdot AE} \cdot \frac{EF \cdot CE}{FA \cdot AC} = 1$$

$$\Leftrightarrow \frac{AB}{BC} \cdot \frac{CD}{DE} \cdot \frac{EF}{FA} = 1$$

通过观察不难发现,三弦的交点在圆内或圆外,三弦端点所决定的圆内接六边形各是 4 个(包括凹六边形),因此,使用命题要注意灵活选择三弦的端点所决定的圆内接六边形,以得到有用的比例式,或者在证三弦共点时,便于证明其三组邻边之比的积为 1.

考查图 33.57(3) 中点 E 与 B 重合的特殊情形,可得命题的一个重要推论.

推论 1 过圆上一点 B 的切线,与圆的两弦 AD,CF 三线共点的充分必要条件是

$$\frac{AB}{BC} \cdot \frac{CD}{DB} \cdot \frac{BF}{FA} = 1$$

考虑图 33.57(3) 中点 E 与 B 重合,同时点 F 与 C 重合的情形,可得:

推论 2 分别过圆上两点 B,C 的切线,与圆的弦 AD 三线共点的充分必要条件是

$$AB \cdot CD = DB \cdot CA$$

下面给出上述命题及推论的应用例子:

例 1 (2011 年全国高中数学联赛题)如图 33.58,P,Q 分别是圆内接四边形 $ABCD$ 的对角线 AC,BD 的中点. 若 $\angle BPA = \angle DPA$,证明:$\angle AQB = \angle CQB$.

证明 如图 33.58,延长 DP,BP 分别与圆交于点 E,F,设 AC 与 BD 交于点 K.

由 $\angle CPE = \angle DPA = \angle BPA$,$P$ 是弦 AC 的中点,知 $AB = EC$.

同理,$CF = DA$.

对于圆内接六边形 $ABECFD$,由 AC,BF,ED 三弦共点得

$$\frac{AB}{BE} \cdot \frac{EC}{CF} \cdot \frac{FD}{DA} = 1$$

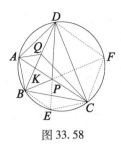

图 33.58

从而，$\dfrac{AB^2}{DA^2} = \dfrac{BE}{FD}$.

又 $\triangle PBE \backsim \triangle PDF$，$\angle BPK = \angle DPK$，则

$$\dfrac{AB^2}{DA^2} = \dfrac{BE}{FD} = \dfrac{PB}{PD} = \dfrac{BK}{DK}$$

$$= \dfrac{S_{\triangle ABC}}{S_{\triangle ADC}} = \dfrac{AB \cdot BC}{DA \cdot DC}$$

$$\Rightarrow BC \cdot AD = DC \cdot AB$$

由托勒密定理得

$$2BQ \cdot AC = BD \cdot AC = BC \cdot AD + DC \cdot AB = 2DC \cdot AB$$

即

$$\dfrac{BQ}{DC} = \dfrac{AB}{AC}$$

又 $\angle ABQ = \angle ACD$，于是

$$\triangle ABQ \backsim \triangle ACD \Rightarrow \angle AQB = \angle ADC$$

同理，$\angle CQB = \angle ADC$.

故 $\angle AQB = \angle CQB$.

注 类似地，考虑弦 AC, ED, BF 决定的圆内接六边形 $AEBCDF$，则

$$\dfrac{AE}{EB} \cdot \dfrac{BC}{CD} \cdot \dfrac{DF}{FA} = 1$$

又 $AE = BC, FA = CD$，则 $\dfrac{BC^2}{CD^2} = \dfrac{BE}{DF}$.

这样可得到 $BC \cdot AD = DC \cdot AB$.

例2 (2008年新加坡国家队选拔考试题) 已知 AB 是圆 O 的一条弦，点 P 在 AB 的延长线上，C 是圆 O 上一点，且 PC 与圆 O 相切，直径 CD 与 AB 的交点在圆 O 内，设 DB 与 OP 交于点 E. 证明：$AC \perp CE$.

证明 如图 33.59，PO 及其延长线与圆 O 交于点 G, H，延长 AO 与圆 O 交于点 F.

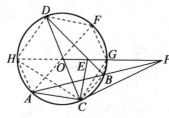

图 33.59

要证 $AC \perp CE$,即证 $\angle ACE = 90°$,只需证 F,E,C 三点共线,即证 GH,FC,DB 三弦共点.

对圆内接六边形 $GFDHCB$,由命题知只需证
$$\frac{GF}{FD} \cdot \frac{DH}{HC} \cdot \frac{CB}{BG} = 1$$

因为 $GF = AH, DH = CG, FD = AC$,所以只需证
$$\frac{AH}{AC} \cdot \frac{CG}{HC} \cdot \frac{CB}{BG} = 1$$

由 $\triangle PAH \backsim \triangle PGB$,$\triangle PCG \backsim \triangle PHC$,$\triangle PCB \backsim \triangle PAC$ 分别得
$$\frac{AH}{BG} = \frac{PH}{PB}, \frac{CG}{HC} = \frac{PC}{PH}, \frac{CB}{AC} = \frac{PB}{PC}$$

三式相乘即得证.

注 此证明对点 E 在圆外的情形也适用.

例3 如图 33.60,设圆 O_1、圆 O_2 相交,P 是其一个交点,两圆的一条外公切线与圆 O_1、圆 O_2 分别切于点 A,B. 过点 A 且垂直于 BP 的直线与线段 O_1O_2 交于点 C 交于点 C. 证明:$AP \perp PC$.

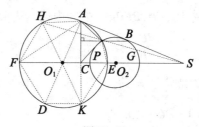

图 33.60

证明 设直线 AB 与 O_1O_2 交于点 S(若 $AB /\!/ O_1O_2$,则视 S 为无穷远点),SP 交圆 O_1、圆 O_2 的另一点分别为 H,G.

因为圆 O_1、圆 O_2 的位似中心是 S,所以
$$AP /\!/ BG$$

从而，$\angle APH = \angle BGP = \angle ABP$.

作圆 O_1 的直径 AD，延长 AC 与圆 O_1 交于点 K，延长 SO_1 与圆 O_1 交于点 E,F.

下面证明：P,C,D 三点共线.

由 $AD \perp AB, AC \perp BP$，得
$$\angle DAK = \angle ABP = \angle APH, DK = AH$$

又 AD 是圆 O_1 的直径，从而，HK 是圆 O_1 的直径，$FH = KE$.

易证 $\triangle SAP \backsim \triangle SHA, \triangle SAE \backsim \triangle SFA, \triangle SHF \backsim \triangle SEP$.

故 $\dfrac{PA}{AH} = \dfrac{SA}{SH}, \dfrac{AE}{AF} = \dfrac{SE}{SA}, \dfrac{FH}{EP} = \dfrac{SH}{SE}$.

三式相乘得
$$\dfrac{PA}{AH} \cdot \dfrac{AE}{AF} \cdot \dfrac{FH}{EP} = 1$$

又 $AH = DK, AE = FD, FH = KE$，则
$$\dfrac{PA}{AF} \cdot \dfrac{FD}{DK} \cdot \dfrac{KE}{EP} = 1$$

对圆内接六边形 $PAFDKE$，由命题知 PD, AK, FE 三线共点，即 P,C,D 三点共线. 于是，$\angle APC = 90°$，即 $AP \perp PC$.

例4（2009 年美国数学奥林匹克题）设梯形 $ABCD$ 内接于圆 ω，满足 $AB \parallel CD, G$ 为 $\triangle BCD$ 内一点，射线 AG, BG 分别与圆 ω 交于点 P, Q，过 G 且平行于 AB 的直线分别与 BD, BC 交于点 R, S. 证明：P, Q, R, S 四点共圆的充分必要条件是 BG 平分 $\angle CBD$.

证明　必要性　如图 33.61，设射线 CG, DG 分别交圆 ω 于点 E, F，QE 与 BD, QF 与 BC 分别交于点 R', S'.

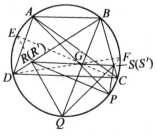

图 33.61

对圆内接六边形 $BDFQEC$，由帕斯卡定理知 R', G, S' 三点共线.

下面证明：直线 $R'S'$ 与 RS 重合.

事实上，由 BG 平分 $\angle CBD$，知
$$DQ = CQ$$
在圆内接六边形 $BEDQCF$ 中，由 BQ, EC, DF 三线共点
$$\Rightarrow \frac{BE}{ED} \cdot \frac{DQ}{QC} \cdot \frac{CF}{FB} = 1$$
$$\Rightarrow \frac{BE}{ED} = \frac{FB}{CF}$$
$$\Rightarrow \frac{BR'}{CF} \cdot \frac{S_{\triangle BEQ}}{S_{\triangle DEQ}} = \frac{BE \cdot BQ}{ED \cdot DQ}$$
$$= \frac{FB}{CF} \cdot \frac{BQ}{CQ} = \frac{S_{\triangle BFQ}}{S_{\triangle CFQ}} = \frac{BS'}{S'C}$$
所以，$R'S' \parallel DC$.
又 $RS \parallel DC$，$R'S'$ 与 RS 均过点 G，于是，$R'S'$ 与 RS 重合，则
$$\angle RQS = \angle EQB + \angle BQF = \angle GCS + \angle RDG$$
由四边形 $ABCD$ 为圆内接梯形，知四边形 $ABCD$ 为等腰梯形. 故
$$\angle BSR = \angle BCD = \angle ADC = \angle APC$$
从而，S, C, P, G 四点共圆.
所以，$\angle GPS = \angle GCS$.
同理，$\angle GPR = \angle RDG$.
故
$$\angle RPS = \angle GPS + \angle GPR = \angle GCS + \angle RDG$$
于是，$\angle RQS = \angle RPS$.
从而，P, Q, R, S 四点共圆.

充分性 如图 33.62，设射线 PR, DG 分别与圆 ω 交于点 M, F，射线 QS 与圆 ω 交于点 F'.
由 $\qquad \angle APM = \angle BDF \qquad$（已知 $\angle GPR = \angle RDG$）
$$\Rightarrow \overparen{AM} = \overparen{BF}$$
$$\Rightarrow MF \parallel AB \parallel RS$$
$$\Rightarrow \angle FMP = \angle SRP = \angle F'QP$$
$$\Rightarrow \overparen{FP} = \overparen{F'P}$$
$$\Rightarrow 点 F' 与 F 重合$$
$$\Rightarrow Q, S, F 三点共线$$

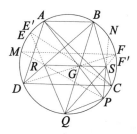

图 33.62

类似地,设射线 CG, PS 分别与圆 ω 交于点 E, N,射线 QR 与圆 ω 交于点 E'. 同理可证 Q, R, E 三点共线.

因为 $RS \parallel DC$,所以 $\dfrac{BR}{RD} = \dfrac{BS}{SC}$.

又

$$\dfrac{BR}{RD} = \dfrac{S_{\triangle BEQ}}{S_{\triangle DEQ}} = \dfrac{BE \cdot BQ}{DE \cdot DQ}, \dfrac{BS}{SC} = \dfrac{S_{\triangle BFQ}}{S_{\triangle CFQ}} = \dfrac{BF \cdot BQ}{CF \cdot CQ}$$

则

$$\dfrac{BE}{DE \cdot DQ} = \dfrac{BF}{CF \cdot CQ} \quad \text{①}$$

在圆内接六边形 $BEDQCF$ 中,由 BQ, EC, DF 三线共点得

$$\dfrac{BE}{DE} \cdot \dfrac{DQ}{CQ} \cdot \dfrac{CF}{BF} = 1 \quad \text{②}$$

由式①②得 $DQ = CQ$.

故 BQ 平分 $\angle CBD$.

例 5　(第七届北方数学奥林匹克邀请赛题)如图 33.63,$\triangle ABC$ 的内切圆分别切 BC, CA, AB 于点 D, E, F,P 为内切圆内一点,线段 PA, PB, PC 分别与内切圆交于点 X, Y, Z. 证明:XD, YE, ZF 三线共点.

证明　如图 33.63,联结 FX, XE, EZ, ZD, DY, YF. 设 $\triangle ABC$ 的内切圆直径为 d.

由 $\dfrac{FX}{\sin \angle 1} = \dfrac{AX}{\sin \angle AFX}, \sin \angle AFX = \dfrac{FX}{d} \Rightarrow \sin \angle 1 = \dfrac{FX^2}{dAX}$

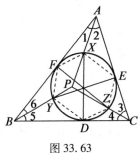

图 33.63

同理，$\sin\angle 2 = \dfrac{XE^2}{dAX}$.

故 $\dfrac{\sin\angle 1}{\sin\angle 2} = \dfrac{FX^2}{XE^2}$.

类似地，$\dfrac{\sin\angle 3}{\sin\angle 4} = \dfrac{EZ^2}{ZD^2}$，$\dfrac{\sin\angle 5}{\sin\angle 6} = \dfrac{DY^2}{YF^2}$.

对 $\triangle ABC$ 及点 P 应用角元塞瓦定理得

$$1 = \dfrac{\sin\angle 1}{\sin\angle 2} \cdot \dfrac{\sin\angle 3}{\sin\angle 4} \cdot \dfrac{\sin\angle 5}{\sin\angle 6}$$

$$= \dfrac{FX^2}{XE^2} \cdot \dfrac{EZ^2}{ZD^2} \cdot \dfrac{DY^2}{YF^2}$$

即 $\dfrac{FX}{XE} \cdot \dfrac{EZ}{ZD} \cdot \dfrac{DY}{YF} = 1$.

对圆内接六边形 $FXEZDY$，由命题知 XD,YE,ZF 三线共点.

注 （1）P 可推广为 $\triangle ABC$ 内任一点. 题目结论有重要应用，参看例6.

（2）图 33.63 中还有其他结论. 设 AP,BP,CP 与内切圆的另一交点分别为 M,N,L，则：

（ⅰ）EN,FL,XD 三线共点；

（ⅱ）NZ,LY,XD 三线共点；

（ⅲ）ZY,NL,DM 三线共点.

这些结论均可仿例5证明.

例6 已知 $\triangle ABC$ 内切圆圆 I 切 BC 于点 D，K 为 AD 上任意一点，BK,CK 与圆 I 交于点 E,F. 证明：BF,AD,CF 三线共点.

证明 如图 33.64，作出辅助线.

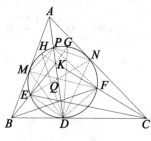

图 33.64

由例5知 MF,DP,NE 三线共点，记此点为 Q.

则
$$\frac{S_{\triangle PEN}}{S_{\triangle DEN}} = \frac{PQ}{DQ} = \frac{S_{\triangle PMF}}{S_{\triangle DMF}}$$

$$\Rightarrow \frac{PE \cdot PN}{DE \cdot DN} = \frac{PM \cdot PF}{DM \cdot DF}$$

又 $\triangle ANP \backsim \triangle ADN, \triangle AMP \backsim \triangle ADM$

$$\Rightarrow \frac{PN}{DN} = \frac{AN}{AD} = \frac{AM}{AD} = \frac{PM}{DM}$$

$$\Rightarrow \frac{PE}{DE} = \frac{PF}{DF}$$

由 $\triangle KEP \backsim \triangle KDG$ 有

$$\frac{KE}{KD} = \frac{PE}{GD}$$

由 $\triangle BDG \backsim \triangle BED$ 有

$$\frac{BD}{EB} = \frac{GD}{DE}$$

由 $\triangle CDF \backsim \triangle CHD$ 有

$$\frac{CF}{DC} = \frac{DF}{DH}$$

由 $\triangle KDH \backsim \triangle DFP$ 有

$$\frac{KD}{FK} = \frac{DH}{PF}$$

以上五式相乘得

$$\frac{KE}{EB} \cdot \frac{BD}{DC} \cdot \frac{CF}{FK} = 1$$

对 $\triangle KBC$，由塞瓦定理的逆定理知 BF, AD, CE 三线共点.

练习题及解答提示

1. (1997年中国数学奥林匹克题)已知四边形 $ABCD$ 内接于圆 O，其边 AB 和 DC 的延长线交于点 P，AD 和 BC 的延长线交于点 Q，过 Q 作该圆的两条切线，切点分别为 E, F. 证明：P, E, F 三点共线.

提示：要证 FE, CD, AB 三线共点，对圆内接六边形 $FCAEDB$ 只需证

$$\frac{FC}{CB} \cdot \frac{BD}{DE} \cdot \frac{EA}{AC} = 1$$

2. 从圆 O 外一点 P 作圆 O 的一条切线，A 为切点，再从点 P 引圆 O 的一条割线 PD，交圆 O 于点 $C, D(PC < PD)$，E 为 CD 上一点，AE 与圆 O 交于另一点

B,直线 BC 与 PA 交于点 F,FE 与 BD 交于点 H,联结 AH 并延长与圆 O 交于点 T,联结 FD 与圆 O 交于点 G. 证明:G,E,T 三点共线.

提示:只需证 DC,TG,BA 三线共点,对圆内接六边形 $DTBCGA$,只需证

$$\frac{DT}{TB} \cdot \frac{BC}{CG} \cdot \frac{GA}{AD} = 1$$

3. (2006 年中国数学奥林匹克题) 在 $\triangle ABC$ 中,$\angle ACB = 90°$,$\triangle ABC$ 的内切圆圆 I 分别与边 BC,CA,AB 切于点 D,E,F. 联结 AD,与内切圆圆 I 交于点 P,联结 BP,CP. 若 $\angle BPC = 90°$,证明:$AE + AP = PD$.

提示:设 PB,PC 分别与圆 I 交于点 H,G.

由例 6,可设 BG,CH,AD 三线共点于 R.

设 CH 与 DG 交于点 S.

由完全四边形 $CGPRBD$ 的调和性质,知 C,S,R,H 是调和点列.

由 $\angle HDS = 90°$,知 DS 平分 $\angle RDC$.

故 $\angle PDG = \angle GDC = \angle DPG$,$PG = DG$.

由推论 2 知 $DG \cdot PE = EG \cdot PD$.

故 $PG \cdot DE = DG \cdot PE + EG \cdot PD = 2DG \cdot PE \Rightarrow DE = 2PE$.

由 $\triangle APE \backsim \triangle AED \Rightarrow \dfrac{PE}{DE} = \dfrac{AE}{AD}$.

所以 $AD = 2AE$.

又 $AE^2 = AP \cdot AD$,得 $AE + AP = PD$.

第 4 节 半圆的性质及应用

半圆中有如下几条有趣的基本结论,它们是有关竞赛题的命制背景,因而在处理有关竞赛题时,注意到这些基本结论,则可快捷地解答这些竞赛题. 下面,我们以性质形式介绍这几条基本结论.

性质 1 以 AB 为直径的半圆圆 O 的内切圆切 AB 于点 T,则内切圆的半径 $r = \dfrac{AT \cdot TB}{AB}$.

证明 如图 33.65,设半圆的内切圆圆心为 O_1,切半圆于点 E,当 $AT \geq TB$ 时,则 $OE = \dfrac{1}{2}AB = \dfrac{1}{2}(AT + TB)$,$OT = \dfrac{AT + TB}{2} - TB = \dfrac{1}{2}(AT - TB)$.

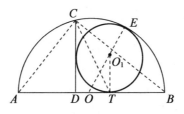

图 33.65

由勾股定理,有 $\left[\dfrac{1}{2}(AT+TB)-r\right]^2 - \left[\dfrac{1}{2}(AT-TB)\right]^2 = O_1T^2 = r^2.$

从而 $r = \dfrac{AT \cdot TB}{AT+TB} = \dfrac{AT \cdot TB}{AB}.$

推论 1 设圆 O_1 是半圆圆 O 的内切圆,圆 O_1 切半圆圆 O 的直径 AB 于点 T,又与 AB 垂直的直线 CD 相切,直线 CD 交 AB 于点 D,交半圆于点 C,则:

(1) $AC = AT$;(2) CT 平分 $\angle BCD.$

证明 如图 33.65,令 $AT = x, TB = y, AD = a, DB = b$,则当 $x \geqslant y$ 时

$$x = a+r, y = b-r \quad (\text{其中 } r \text{ 为圆 } O_1 \text{ 的半径})$$

由 $r = \dfrac{xy}{x+y} = \dfrac{(a+r)(b-r)}{a+b}$ 有

$$r^2 + 2ar - ab = 0$$

从而 $r = \sqrt{a(a+b)} - a.$ 于是 $AT = AD + DT = \sqrt{a(a+b)}.$

注意到直角三角形的射影定理,有 $AC^2 = AD \cdot AB$,即 $AC = \sqrt{a(a+b)}.$

故 $AC = AT.$

(2) 由 $AC = AT$ 知 $\triangle ACT$ 为等腰三角形,又注意到 $\angle DCB = \angle CAB$,则 $\angle DCT = 90° - \angle ATC = \dfrac{1}{2}\angle CAB = \dfrac{1}{2}\angle DCB$,即知 CT 平分 $\angle BCD.$

推论 2 设点 C 是以 AB 为直径的半圆圆 O 上一点,$CD \perp AB$ 于 D. 圆 O_1、圆 O_2 在 CD 的两侧均与 CD 相切且为半圆圆 O 的内切圆,则圆 O_1、圆 O_2 的半径 r_1, r_2 满足 $r_1 + r_2 = AC + BC - AB.$

证明 如图 33.65,设圆 O_1、圆 O_2 分别切 AB 于点 T, S,则由推论 1 知 $AT = AC, BS = BC.$ 于是,由性质 1,知

$$r_1 + r_2 = \dfrac{AT \cdot TB}{AB} + \dfrac{AS \cdot SB}{AC}$$

$$= \dfrac{AC(AB-AC)}{AB} + \dfrac{(AB-BC) \cdot BC}{AB}$$

$$= AC - \frac{AC^2}{AB} + BC - \frac{BC^2}{AB} = AC + BC - AB$$

推论 3 设圆 O_1 是半圆圆 O 的内切圆,圆 O_1 切半圆圆 O 的直径 AB 于点 T. 又与 AB 垂直的直线 CD 相切,直线 CD 交 AB 于点 D,交半圆于点 C,则存在一个圆圆 O_3 也与 AB 切于点 T,同时与 AC 相切,又与 BC 为直径的圆外切.

证明 如图 33.66,设 BC 的中点为 M,则以 BC 为直径的圆即为圆 M,设与圆 M 外切于点 P,又与 AC 切于点 Q 的圆 O_3 切 AB 于点 T'. 下证 T' 与 T 重合.

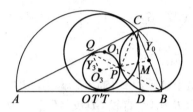

图 33.66

由 $\angle PQC = \frac{1}{2} \angle PO_3Q$,$\angle PCQ = \frac{1}{2} \angle PMC$,$O_3Q \parallel MC$ 及 O, P, M 三点共线,知 $\angle PQC + \angle PCQ = \frac{1}{2}(\angle PO_3Q + \angle PMC) = 90°$.

又 $\angle CPB = 90°$,从而 Q, P, B 三点共线.

由 $\mathrm{Rt}\triangle QCP \sim \mathrm{Rt}\triangle CPB$,有

$$\frac{CP}{CQ} = \frac{BP}{BC} \qquad ①$$

设圆 M、圆 O_3 的半径分别记为 r_0, r_3,则由

$$\triangle O_3 QP \sim \triangle MBP$$

有 $\frac{QP}{BP} = \frac{O_1P}{MP} = \frac{r_1}{r_0}$,即有 $\frac{BQ}{BP} = \frac{r_3 + r_0}{r_0}$.

注意到切割线定理,有 $BT'^2 = BP \cdot BQ = BP^2 \cdot \frac{r_3 + r_0}{r_0}$,从而 $\frac{BP}{BT'} = \sqrt{\frac{r_3}{r_3 + r_0}}$.

同理,$\frac{CP}{CQ} = \sqrt{\frac{r_0}{r_3 + r_0}}$. 即有

$$\frac{CP}{CQ} = \frac{BP}{BT'} \qquad ②$$

由式①②有 $BC = BT'$.

又由题设及推论 1,有 $BC = BT$. 故 T' 与 T 重合.

性质2 在以 AB 为直径的半圆圆 O 中,P 为 AB 延长线上一点,PE 切半圆圆 O 于点 E,$\angle APE$ 的平分线分别交 AE 于点 X,交 BE 于点 Y,则 $EX = EY$.

证明 如图 33.67,由 $\angle EXY = \angle EAP + \angle XPA = \angle BEP + \dfrac{1}{2}\angle PAE = \angle EYX$,知 $EX = EY$.

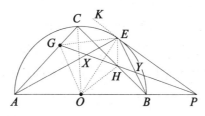

图 33.67

性质3 在以 AB 为直径的半圆圆 O 中,P 为 AB 延长线上一点,PE 切半圆圆 O 于点 E,C 为半圆弧的中点,$\angle APE$ 的平分线分别交 CA 于点 G,交 CB 于点 H,则 P,A,G,E 及 P,B,H,E 分别四点共圆.

证明 如图 33.67,注意到 $\angle AEB = 90°$,则由性质 2 知 $\angle EYX = \angle EXY = 45° = \angle ABC$.

于是,$\angle BHP = \angle ABC - \angle BPH = \angle EYX - \dfrac{1}{2}\angle BPE = \angle BEP$,即知 P,B,H,E 四点共圆.

此时,注意 $\angle GPE = \angle HPE = \angle HBE = \angle CBE = \angle CAE = \angle GAE$,即知 P,A,G,E 四点共圆.

推论4 在性质 3 的条件下,由性质 3 有:

(1) $AG = GE$,$BH = HE$;

(2) $\angle GEH = 90°$,且 G,H,E,C 四点共圆;

(3) H,G 分别为 $\triangle POE$ 的内心与旁心,且 $\angle GOH = 90°$ 及 C,G,O,H,E 五点共线;

(4) $OH \parallel AE$,$OG \parallel BE$;

(5) A,B,H,X 及 A,B,Y,G 分别四点共圆.

证明 如图 33.67,知(1)由圆中等圆周角对等弦即得;

(2) 由 $\angle HEP = \angle ABC = 45°$,$\angle KEG = \angle GAB = 45°$($K$ 为 PE 延长线上一点)即得;

(3) 由 $OE \perp EP$ 及 $\angle HEP = 45°$ 知 EH 平分 $\angle OEP$,由 $\angle GEH = 90°$ 知 GE 平

分 $\angle KEO$ 又 PHG 平分 $\angle OPE$,即得;

(4) 由 $\angle EAO = \frac{1}{2}\angle EOP = \angle HOP, \angle AOG = \frac{1}{2}\angle AOE = \angle OBE$ 即得;

(5) 由 $\angle BHP = \angle BEP = \angle BAE, \angle GAP = 45° = \angle EYX = \angle EYG$ 即得.

注 还可证得 $CE /\!/ GH, OG = OH$ 等结论.

性质 4 在以 AB 为直径的半圆中,点 F,E 在半圆上,直线 AF 与 BE 交于点 H,以 AH 为直径的圆交直线 BF 于点 Q,L,以 BH 为直径的圆交直线 AE 于点 K,P,公共弦 HD(显然 D 在 AB 上)交半圆圆 O 于点 C,则:(1) K,L,P,Q 四点共圆;(2) $AL = AC, BK = BC$.

证明 如图 33.68,(1) 由 $\angle HLA = \angle HKB = 90°$,有 $HL^2 = HF \cdot HA, HK^2 = HE \cdot HB$.

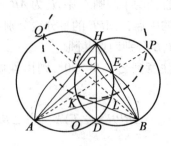

图 33.68

而 $HF \cdot HA = HE \cdot HB$,即知 $HL = HK$.

由对称性知 $HQ = HL, HP = HK$.

故 K,L,P,Q 在以 H 为圆心的圆上.

(2) 由 $BK^2 = BE \cdot BH = BD \cdot BA = BC^2$,即知 $BK = BC$.

同理 $AL = AC$.

推论 5 在性质 4 条件下,还可证 BK, AL 均为圆 $PLKQ$ 的切线.因由 $BK^2 = BC^2 = BD \cdot BA = BL \cdot BQ$ 等即得.

注 还可证直线 QK 与 PL 的交点在 AB 上.

性质 5 以 AB 为直径的半圆圆 O 的外切三角形为 $\triangle CEF, AB$ 在边 EF 上,圆 O 分别切 CE, CF 于点 $P, Q, CD \perp AB$ 于点 D,则 C, P, D, Q 四点共圆.

证明 如图 33.69,联结 OP, OQ, OC.

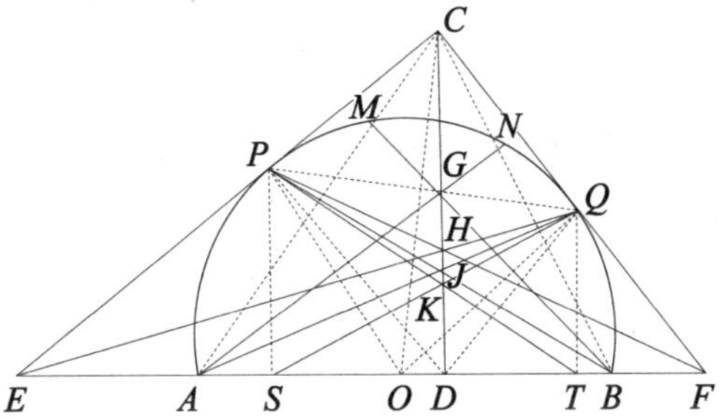

图 33.69

显然,C,P,O,Q 四点共圆,且 CO 为其直径. 注意到 $CD \perp AB$ 于点 D,则知点 D 也在此圆上. 故 C,P,D,Q 四点共圆.

推论 6 在性质 5 的条件下,则 CD 平分 $\angle PDQ$.

证明 由 C,P,D,Q 四点共圆,注意到 $CP = CQ$,则 CD 平分 $\angle PDQ$.

推论 7 在性质 5 的条件下,联结 AC,BC 分别交圆 O 于点 M,N,直线 AN 与 BM 交于点 G,则 P,G,Q 三点共线.

证明 如图 33.69,由 C,P,D,Q 四点共圆,知 $\angle CPD$ 与 $\angle CQD$ 相补.

注意到切割线定理,有 $CP^2 = CM \cdot CA$,又 G 为 $\triangle CAB$ 的垂心,知 G 在 CD 上,从而 $CG \cdot CD = CM \cdot CA = CP^2$,即知 $\triangle CPG \backsim \triangle CDP$,即有 $\angle CGP = \angle CPD$.

同理,$\angle CGQ = \angle CQD$. 故 $\angle CGP + \angle CGQ = \angle CPD + \angle CQD = 180°$,即 P,G,Q 三点共线.

推论 8 在性质 5 的条件下,设 PF 与 EQ 交于点 H,则点 H 在 CD 上.

证明 如图 33.69,由 C,P,D,Q 四点共圆,CD 平分 $\angle PDQ$,知 $\angle EDP = \angle FDQ$,$\angle EPD$ 与 $\angle FQD$ 相补. 注意到三角形的正弦定理,有

$$\frac{EP}{ED} = \frac{\sin \angle EDP}{\sin \angle EPD} = \frac{\sin \angle FDQ}{\sin \angle FQD} = \frac{FQ}{FD}$$

于是,有

$$\frac{CP}{PE} \cdot \frac{ED}{DF} \cdot \frac{FQ}{QC} = 1 \qquad ①$$

故由塞瓦定理的逆定理知,CD,PF,EQ 三直线共点于 H,即知点 H 在 CD 上.

推论 9 在性质 5 的条件下,作 $PS \perp AB$ 于 S,作 $QT \perp AB$ 于 T,令 SQ 与 PT 交于点 K,则点 K 在 CD 上.

证明 如图 33.69,由 $PS /\!/ CD /\!/ QT$,有 $ED = \frac{CD}{PS} \cdot ES, FQ = \frac{QT}{CD} \cdot FC, \frac{CP}{PE} =$

$\dfrac{DS}{SE}$.

将上述三式代入推论 8 证明中的式①,并注意 $\dfrac{QT}{PS} = \dfrac{QK}{KS}$,则有 $\dfrac{SD}{DF} \cdot \dfrac{FC}{CQ} \cdot \dfrac{QK}{KS} = 1$.

于是,对 $\triangle SFQ$ 应用梅涅劳斯定理的逆定理,知 C, K, D 三点共线,即知点 D 在 CD 上.

推论 10 在性质 5 的条件下,设 AQ 与 PB 交于点 J,则点 J 在 CD 上.

证明 如图 33.69,由 C, P, D, Q 四点共圆,知 $\angle PCD = \angle PQD$.

注意到 P, O, D, Q 四点共圆,有
$$\angle AOP = \angle PQD = \angle PCD \qquad ①$$

又由 $\angle POC = \dfrac{1}{2} \angle POQ = \angle PAJ$,知 $\text{Rt}\triangle POC \backsim \text{Rt}\triangle PAJ$,于是 $\dfrac{PC}{PJ} = \dfrac{PO}{PA}$.

注意到 $\angle CPJ = 90° - \angle BPO = \angle OPA$,则 $\triangle CPJ \backsim \triangle OPA$. 故
$$\angle PCJ = \angle POA \qquad ②$$

由式①②知 $\angle PCD = \angle PCJ$. 故点 J 在 CD 上.

下现给出应用上述性质及推论处理问题的例子.

例 1 已知 CD 为 $\text{Rt}\triangle ABC$ 斜边 AB 上的高,圆 O 是其外接圆. 圆 O_1 与 $\overparen{AC}$ 内切,且与 AB, CD 相切,E 为边 AB 上的切点;圆 O_2 与 $\overparen{CB}$ 内切且与 AB, CD 相切,F 为边 AB 上的切点. 求证:$\dfrac{AE}{ED} \cdot \dfrac{DF}{FB} \cdot \dfrac{BC}{CA} = 1$.

事实上,可参见图 33.65,应用推论 1,有 $AF = AC, BE = BC$,及 CE 平分 $\angle ACD, CF$ 平分 $\angle DCB$,应用角平分线性质,有 $\dfrac{AE}{ED} \cdot \dfrac{DF}{FB} \cdot \dfrac{BC}{CA} = \dfrac{CA}{CD} \cdot \dfrac{CD}{CB} \cdot \dfrac{BC}{CA} = 1$.

例 2 (1995 年以色列数学奥林匹克题)设半圆 $\varGamma$ 的直径为 AB,过半圆 $\varGamma$ 上一点 P 作 AB 的垂线交 AB 于点 Q,圆 ω 是曲边三角形 PAQ 的内切圆,且与 AB 切于点 L. 求证:PL 平分 $\angle APQ$.

事实上,应用推论 1 即证得结论.

例 3 (2004 年克罗地亚数学竞赛题)在 $\triangle ABC$ 中,$\angle BCA = 90°, a, b$ 是直角边,c 是斜边,圆 K 是 $\triangle ABC$ 的外接圆. 设圆 K_1 是与斜边 c、高 CD 及圆 K 的劣弧 $\overparen{BC}$ 相切的圆,圆 K_2 是与斜边 c、高 CD 及圆 K 的劣弧 $\overparen{AC}$ 相切的圆. 又设 r_1, r_2 分别是圆 K_1、圆 K_2 的半径. 证明:$r_1 + r_2 = a + b - c$.

事实上,应用推论4即得结论.

例4 (2009年福建省竞赛题)圆O与线段AB切于点M,且与以AB为直径的半圆切于点E,$CD \perp AB$于点D,CD与以AB为直径的半圆交于点C,且与圆O切于点F,联结AC,CM. 求证:(1)A,F,E三点共线;(2)$AC = AM$;(3)$MC^2 = 2MD \cdot MA$.

事实上,(1)设L为AB的中点,显然L,O,E三点共线. 由$\angle FOE = \angle ALE$,有$\angle FEO = \frac{1}{2}(180° - \angle FOE) = \frac{1}{2}(180° - \angle ALE) = \angle AEL$,即知$A$,$F$,$E$三点共线;

(2)由推论1即证;

(3)由推论1知$\triangle AMC$为等腰三角形,有$\frac{1}{2}CM = AM \cdot \cos \angle AMC$.

又在Rt$\triangle CDM$中,有$DM = CM \cdot \cos \angle AMC$. 故$CM^2 = CM \cdot CM = \frac{DM}{\cos \angle AMC} \cdot 2AM \cdot \cos \angle AMC = 2MD \cdot MA$.

例5 (2009年香港数学奥林匹克题) 在Rt$\triangle ABC$中,已知$\angle C = 90°$,作$CD \perp AB$于点D. 设O是$\triangle BCD$的外接圆的圆心,在$\triangle ACDM$内有一圆Γ_1分别与线段AD,AC切于点M,N,并与圆O相切. 证明:(1)$BD \cdot CN + BC \cdot DM = CD \cdot BM$;(2)$BM = BC$.

证明 如图33.70,(1)设圆O与圆Γ_1外切于点P,则由推论5中的式②及证明过程知$\frac{CP}{CN} = \frac{BP}{BM} = \frac{DP}{DM}$,令上述比值为$\lambda$. 在圆$O$中应用托勒密定理,有

$$BD \cdot CP + BC \cdot DP = CD \cdot BP$$

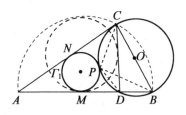

图33.70

于是,$BD \cdot \lambda CN + BC \cdot \lambda DM = CD \cdot \lambda BM$.

故$BD \cdot CN + BC \cdot DM = CD \cdot BM$.

(2)由于$\triangle ABC$可内接于直径为AB的半圆,由推论5,即可证$BM = BC$.

例6 (1996年CMO试题)设H为锐角$\triangle ABC$的垂心,由A向以BC为直

径的圆作切线 AP, AQ,切点分别为 P, Q. 求证:P, H, Q 三点共线.

事实上,由推论 7 即证.

例7 (2013 年陕西省竞赛题)如图 33.71, AB 是半圆 O 的直径, C 是半圆弧的中点, P 是 AB 延长线上一点, PD 与半圆 O 相切于点 D, $\angle APD$ 的平分线分别交 AC, BC 于点 E, F. 求证:线段 AE, BF, EF 可组成一个直角三角形.

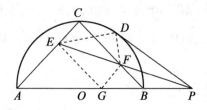

图 33.71

证法 1 由推论 4(1)(2),知 $AE = ED, DF = FB, \angle EDF = 90°$,即有
$$EF^2 = ED^2 + DF^2 = AE^2 + BF^2$$

证法 2 过 F 作 $FG /\!/ CA$ 交 AB 于点 G,则
$$\angle FGB = \angle CAB = 45° = \angle ABC$$
有 $FG = FB$.

由性质 3,知 $\angle PDF = \angle GBF = 45°$,且 $DF = FB = FG$,知 $\triangle PDF \cong \triangle PGF$,有 $PG = PD$. 从而 $PG^2 = PD^2 = BP \cdot PA$,即有
$$\frac{PB}{PG} = \frac{PG}{PA} = \frac{PF}{PE}$$
于是 $FB /\!/ EG$.

即知 $\angle EGA = \angle CBA = 45°$,亦即有 $AE = EG$,且 $\angle EGF = 90°$.

故
$$EF^2 = EG^2 + GF^2 = AE^2 + BF^2$$

例8 (2012 年 IMO 试题)在 $\triangle ABC$ 中,已知 $\angle BCA = 90°$, D 是过顶点 C 的高的垂足,设 X 是线段 CD 内部的一点, K 是线段 AX 上一点,使得 $BK = BC$, L 是线段 BX 上一点,使得 $AL = AC$. 设 M 是 AL 与 BK 的交点,证明:$MK = ML$.

证明 如图 33.72,分别以 A, B 为圆心,以 AC, BC 为半径作圆,分别交直线 AX 于点 P,交直线 BX 于点 Q.

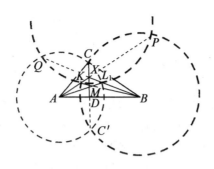

图 33.72

设圆 A 与圆 B 的另一交点为 C',则 C,D,C' 三点共线.

此时,$KX \cdot XP = CX \cdot XC' = QX \cdot XL$,即知 Q,K,L,P 四点共圆.

由推论 5 的证法,知
$$AL^2 = AC^2 = AK \cdot AP \quad (因 AC 为圆 B 的切线)$$
即知 AL 为圆 $QKLP$ 的切线.

同理,BK 也为圆 $QKLP$ 的切线. 故 $MK = ML$.

例 9 (2003 年中国国家集训队选拔考试题) 在锐角 $\triangle ABC$ 中,AD 是 $\angle BAC$ 的内角平分线,点 D 在边 BC 上,过点 D 分别作 $DE \perp AC$,$DF \perp AB$,垂足分别为 E,F. 联结 BE,CF,它们相交于点 H,$\triangle AFH$ 的外接圆交 BE 于点 G. 求证:以线段 BG,GE,BF 组成的三角形是直角三角形.

证明 如图 33.73,由题设知,存在以 D 为圆心,分别与 AC,AB 切于点 E,F 的半圆. 设 $AD' \perp BC$ 于点 D',则由推论 8,知 H 在 AD' 上,即 $AH \perp BC$.

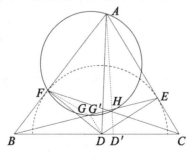

图 33.73

作 $DG' \perp BE$ 于点 G',由 $\angle BAH = 90° - \angle ABC = \angle FDB$,及注意 B,F,G',D 四点共圆,有 $\angle FG'B = \angle FDB = \angle BAH$,知 A,F,G',H 四点共圆. 从而 G' 与 G 重合,即有 $DG \perp BE$. 于是 $BG^2 = DG^2 + BD^2 = GE^2 - DF^2 + BD^2 = GE^2 + BF^2$.

因此,以 BG,GE,BF 为三边的三角形是直角三角形.

例10 (1996年中国国家集训队选拔考试题)以$\triangle ABC$的底边BC为直径作半圆,分别交AB,AC于点D和E,过点D和E分别作BC的垂线,垂足分别为F,G,线段DG和EF交于点M.求证:$AM\perp BC$.

事实上,由推论9即证.

例11 (2014年江西省竞赛题)如图33.74,C为半圆弧的中点,P为直径BA延长线上一点,过点P作半圆圆O的切线PD,D为切点,$\angle DPB$的平分线分别与AC,BC交于点E,F.证明:$\angle PDA=\angle CDF$.

证明 联结OD,DE,BD.由$OD\perp PD,CO\perp PO$,知
$$\angle DPB=\angle DOC=2\angle DAC=2\angle DBC=2\angle DPF$$
$$\Rightarrow \angle DAC=\angle DPE, \angle DPF=\angle DBF$$
$$\Rightarrow P,A,E,D \text{ 及 } P,B,F,D \text{ 分别四点共圆}$$
$$\Rightarrow \angle DEC=\angle DPA=\angle DFC\Rightarrow D,E,F,C \text{ 四点共圆}$$
$$\Rightarrow \angle CDE=\angle CEF=\angle PEA=\angle PDA$$

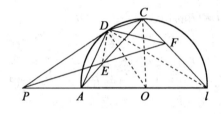

图33.74

例12 (2010年中国西部数学奥林匹克题)AB是圆O的直径,C,D是圆周上异于A,B且在AB同侧的两点,分别过C,D作圆的切线,它们相交于点E,线段AD与BC的交点为F,直线EF与AB交于点M.求证:E,C,M,D四点共圆.

事实上,由推论10知$EF\perp AB$,即$EM\perp AB$,又由性质5知,E,C,M,D共圆.

例13 (IMO35预选题)在直线l的一侧画一个半圆Γ,C,D是Γ上的两点,Γ上过C和D的切线交l于B和A,半圆的圆心在线段BA上,E是线段AC和BD的交点,F是l上的点,$EF\perp l$.求证:EF平分$\angle CFD$.

事实上,由推论8,知直线AD与BC的交点P,E的连线垂直于AB.由题设$EF\perp AB$,知P,E,F三点共线.又由推论6,知EF平分$\angle CFD$.

注 此例可推广为下述题(也为推论6的推广):

问题 设D是一个非直角$\triangle ABC$的边BC上一点,从点D分别作AC,AB

的垂线、垂足分别为 E,F,直线 BF 与 CE 交于点 H. 求证:$AH \perp BC$ 当且仅当 AD 平分 $\angle BAC$.

证明 如图 33.75,设 D' 是点 A 在直线 BC 上的射影,则 $\triangle ABD' \sim \triangle DBF$,有 $\dfrac{BD'}{AD'} = \dfrac{BF}{DF}$.

同理,$\dfrac{CD'}{AD'} = \dfrac{CE}{DE}$. 即有 $\dfrac{CE}{BF} = \dfrac{DE}{DF} \cdot \dfrac{CD'}{BD'}$.

于是
$$\dfrac{BD'}{D'C} \cdot \dfrac{CE}{EA} \cdot \dfrac{AF}{FB} = \dfrac{BD'}{CD'} \cdot \dfrac{AF}{EA} \cdot \dfrac{CE}{FB}$$
$$= \dfrac{BD'}{CD'} \cdot \dfrac{AF}{AE} \cdot \left(\dfrac{DE}{DF} \cdot \dfrac{CD'}{BD'}\right)$$
$$= \dfrac{AF}{AE} \cdot \dfrac{DE}{DF} = \dfrac{AF}{DF} \cdot \dfrac{DE}{AE}$$

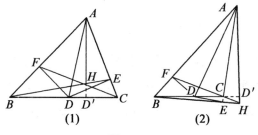

图 33.75

从而 AD', BE, CF 三线共点 $\Leftrightarrow \dfrac{BD'}{D'C} \cdot \dfrac{CE}{EA} \cdot \dfrac{AF}{FB} = 1$

$\Leftrightarrow \dfrac{AF}{DF} \cdot \dfrac{DE}{AE} = 1 \Leftrightarrow \dfrac{AF}{DF} = \dfrac{AE}{DE}$

$\Leftrightarrow \triangle ADF \sim \triangle ADE \Leftrightarrow \angle FAD = \angle EAD$

$\Leftrightarrow AD$ 平分 $\angle BAC$.

但 $AH \perp BC \Leftrightarrow A, H, D'$ 三点共线 $\Leftrightarrow AD', BE, CF$ 三线共点.

故 $AH \perp BC \Leftrightarrow AD$ 平分 $\angle BAC$.

注 此题当 $\triangle ABC$ 为锐角三角形时,即为 2006 年罗马尼亚国家队选拔考试题;此题的充分性则为 2000 年第 49 届保加利亚(冬季)数学竞赛题,也是 1997 年第 10 届韩国数学奥林匹克题.

下面介绍半圆的三个结论:

结论 1 在半圆弧 $\overparen{ACB}$ 中,$\angle ACB = 90°$,CD 为半圆弧的高线,圆 O、圆 O_1、

圆 O_2 分别为 $\triangle ABC$，$\triangle ACD$，$\triangle BCD$ 的外接圆，半径分别为 r，r_1，r_2，则 $r_1^2 + r_2^2 = r^2$.

证明 由于 r 是 $\text{Rt}\triangle ABC$ 的外接圆的半径，则

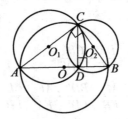

图 33.76

$$r = \frac{c}{2}$$

同理 $r_1 = \dfrac{b}{2}$，$r_2 = \dfrac{a}{2}$.

因为 $a^2 + b^2 = c^2$，所以

$$r_1^2 + r_2^2 = r^2$$

结论 2 在半圆弧 $\overparen{ACB}$ 中，$\angle ACB = 90°$，CD 为 AB 上的中线，圆 O、圆 O_1、圆 O_2 分别为 $\triangle ABC$，$\triangle ACD$，$\triangle BCD$ 的外接圆，半径分别为 r，r_1，r_2，则 $\dfrac{1}{r_1^2} + \dfrac{1}{r_2^2} = \dfrac{4}{r^2}$.

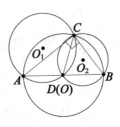

图 33.77

证明 由于 CD 为 $\text{Rt}\triangle ABC$ 斜边上的中线，则 $CD = \dfrac{c}{2}$.

在 $\triangle ACD$ 中，由正弦定理得 $\dfrac{CD}{\sin A} = 2r_1$，所以

$$r_1 = \frac{CD}{2\sin A} = \frac{c^2}{4a}$$

同理可得 $r_2 = \dfrac{c^2}{4b}$，又

$$r = \frac{c}{2}, a^2 + b^2 = c^2$$

所以 $\dfrac{1}{r_1^2} + \dfrac{1}{r_2^2} = \dfrac{16(a^2+b^2)}{c^4} = \dfrac{16c^2}{c^4} = \dfrac{16}{c^2} = \dfrac{4}{r^2}.$

结论 3 如图 33.78,在半圆弧 $\overparen{ACB}$ 中,$\angle ACB = 90°$,CD 为 $\angle ACB$ 的角平分线,圆 O、圆 O_1、圆 O_2 分别为 $\triangle ABC$,$\triangle ACD$,$\triangle BCD$ 的外接圆,半径分别为 r,r_1,r_2,则 $r_1 + r_2 = \sqrt{2}r$.

证明 由于 CD 为 $\mathrm{Rt}\triangle ABC$ 斜边上的角平分线,则 $\angle ACD = \angle BCD = 45°$.

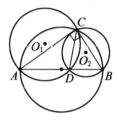

图 33.78

由角平分线定理知 $\dfrac{AD}{AC} = \dfrac{BD}{BC}$,所以 $\dfrac{AD}{DB} = \dfrac{b}{a}$.

则 $\dfrac{AD}{AB} = \dfrac{b}{a+b}$,即

$$AD = \dfrac{bc}{a+b}, DB = \dfrac{ac}{a+b}$$

在 $\triangle ACD$ 中,由正弦定理得 $\dfrac{AD}{\sin 45°} = 2r_1$,所以

$$r_1 = \dfrac{\sqrt{2}}{2} \cdot \dfrac{bc}{a+b}$$

同理 $r_2 = \dfrac{\sqrt{2}}{2} \cdot \dfrac{ac}{a+b}$.

又 $r = \dfrac{c}{2}$,所以

$$r_1 + r_2 = \dfrac{\sqrt{2}}{2} \cdot \dfrac{(a+b)c}{a+b} = \dfrac{\sqrt{2}}{2}c = \sqrt{2}r$$

第 5 节 三角形的心径公式及应用

三角形的心径指的是三角形的内心 I、垂心 H、外心 O、旁心 I_A(在 $\angle A$ 的旁

切圆圆心)、重心 G,它们分别到 $\triangle ABC$ 的各顶点的距离. 关于顶点 A 的内心径分别记为 $I_a, H_a, O_a, I_{Aa}, G_a$,其心径公式为:[①]

定理 1 (心径公式)(1) $O_a = O_b = O_c = R$;

(2) $H_a = 2R|\cos A|$;

(3) $I_a = 4R\sin\dfrac{B}{2}\sin\dfrac{C}{2} = \dfrac{r}{\sin\dfrac{A}{2}} = \dfrac{p-a}{\cos\dfrac{A}{2}}$;

(4) $I_{Ac} = 4R\sin\dfrac{A}{2}\cos\dfrac{B}{2} = \dfrac{r_a}{\cos\dfrac{C}{2}} = \dfrac{p}{\sin\dfrac{C}{2}}$,

$I_{Aa} = 4R\cos\dfrac{B}{2}\cos\dfrac{C}{2} = \dfrac{r_a}{\sin\dfrac{A}{2}} = \dfrac{p}{\cos\dfrac{A}{2}}$;

(5) $G_a = \dfrac{1}{3}\sqrt{2b^2 + 2c^2 - a^2}$.

证明 (1)显然成立.

(2)如图 33.79(不妨设 $\angle A < 90°$),在 $\mathrm{Rt}\triangle ABE$ 中 $\Rightarrow AE = AB\cos\angle BAC = c\cos A$,在 $\mathrm{Rt}\triangle AHE$ 中 $\Rightarrow AH = \dfrac{AE}{\sin\angle 1}$.

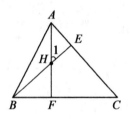

图 33.79

因 F, H, E, C 四点共圆,则 $\angle 1 = \angle C$.

从而 $AH = \dfrac{c\cos A}{\sin C} = 2R|\cos A|$ ($\angle A \geqslant 90°$同理可证).

(3)如图 33.80,在 $\triangle AIC$ 中由正弦定理可知

$$\dfrac{AI}{\sin\dfrac{C}{2}} = \dfrac{AC}{\sin\dfrac{A+C}{2}}$$

[①] 邹楼海.三角形的心径公式及其应用[J].中学数学,1994(4):43-45.

即
$$AI = \frac{b\sin\frac{C}{2}}{\cos\frac{B}{2}} = 4R\sin\frac{B}{2}\sin\frac{C}{2}$$

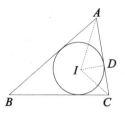

图 33.80

在 Rt$\triangle AID$ 中，$ID = r, AD = p - a$，则 $AI = \dfrac{r}{\sin\dfrac{A}{2}} = \dfrac{p-a}{\cos\dfrac{A}{2}}$. 故命题成立.

(4) 仿(3)去证.

(5) 利用 $\triangle ABC$ 的中线长公式可证，从略.

下面举例说明公式(1)~(5)的应用.

例1 （IMO30 预选题）$\triangle ABC$ 的顶点 A 到外心 O 与垂心 H 的距离相等. 求 $\angle A$ 的所有可能值.

略解 由 $O_a = H_a \Rightarrow R = 2R|\cos A|$，即 $A = 60°$ 或 $120°$.

例2 （IMO31 预选题）I 为 $\triangle ABC$ 的内心，C_1, B_1 分别为 AB, AC 的中点，直线 AC 与 $C_1 I$ 交于 B_2，直线 AB 与 $B_1 I$ 交于 C_2，若 $S_{\triangle ABC} = S_{\triangle AB_2 C_2}$，求 $\angle CAB$ 的大小.

略解 如图 33.81，在 $\triangle CB_1 D$ 中由角分线长公式得

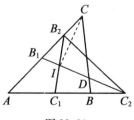

图 33.81

$$CI = \frac{2CB_1 \cdot CD\cos\dfrac{C}{2}}{CB_1 + CD} \qquad ①$$

将 $I_c = 4R\sin\dfrac{A}{2}\sin\dfrac{B}{2}$ 及 $CB_1 = \dfrac{1}{2}b = R\sin\dfrac{B}{2}\cos\dfrac{B}{2}$ 代入式①得到

$$CD = \dfrac{\dfrac{1}{2}b\sin\dfrac{A}{2}}{\sin\dfrac{B}{2}\sin\dfrac{C}{2}}$$

故

$$\dfrac{CB}{CD} = \dfrac{a}{CD} = \dfrac{2\cos\dfrac{A}{2}\sin\dfrac{C}{2}}{\cos\dfrac{B}{2}}$$

由梅涅劳斯定理 $\Rightarrow \dfrac{CB_1 \cdot AC_2 \cdot BD}{B_1A \cdot C_2B \cdot DC} = 1 \Rightarrow \dfrac{BD}{DC} = \dfrac{C_2B}{AC_2} \Rightarrow \dfrac{CB}{DC} = 2 - \dfrac{AB}{AC_2}$,于是可得

$$\dfrac{AB}{AC_2} = 2 - \dfrac{CB}{DC} = \dfrac{2\sin\dfrac{A}{2}\cos\dfrac{C}{2}}{\cos\dfrac{B}{2}}$$

同理

$$\dfrac{AC}{AB_2} = \dfrac{2\sin\dfrac{A}{2}\cos\dfrac{B}{2}}{\cos\dfrac{C}{2}}$$

由面积相等 $\Rightarrow AB \cdot AC = AC_2 \cdot AB_2 \Rightarrow \sin\dfrac{A}{2} = \dfrac{1}{2} \Rightarrow \angle A = 60°$.

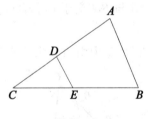

图 33.82

例3 O, H 为锐角 $\triangle ABC$ 的外心和垂心,M, N 分别在 AB, AC 上,且 $AM = AO, AN = AH$,则 $MN = R$.

略证 由心径公式得 $AM = R, AN = 2R\cos A$,在 $\triangle AMN$ 中由余弦定理得

$$MN^2 = R^2 + (2R\cos A)^2 - 2R(2R\cos A) \cdot \cos A = R^2$$

故 $MN = R$.

例4 (IMO30 中国国家队选拔试题)在 $\triangle ABC$ 中,$\angle C = 30°, D, E$ 分别在

AC,BC 上,且 $AD = BE = AB$,则 DE 等于 $\triangle ABC$ 的内心 I 与外心 O 之间的距离. 下面给出提示性的证明.

设 $R = 1, AD = BE = AB = 2R\sin C = 1, CD = b - 1, CE = a - 1$. 在 $\triangle CDE$ 中由余弦定理得 $DE^2 = (a-1)^2 + (b-1)^2 - 2(a-1)(b-1)\cos 30°$,利用 $a = 2\sin A$, $B = 2\sin B$,展开括号进行三角函数的积和互化 $(A + B = 150°) \Rightarrow DE^2 = 3 - \sqrt{3} + (\sqrt{2} - \sqrt{6})\cos\dfrac{A-B}{2}$,故问题得证.

例 5 设 G, H 分别为锐角 $\triangle ABC$ 的重心和垂心,若 $\tan A, \tan B, \tan C$ 成等差数列,则 $GH /\!/ AC$.

提示 设 BG, BH 的延长线交 CA 于 E, F,于是

$$BF = c\sin A = 2R\sin A\sin C, \frac{BH}{BF} = -\frac{\cos(A+C)}{\sin A\sin C} = 1 - \cot A\cot C$$

由 $2\tan B = \tan A + \tan C$ 及

$$\tan A + \tan B + \tan C = \tan A\tan B\tan C \Rightarrow \cot A\cot C = \frac{1}{3}$$

所以 $\dfrac{BH}{BF} = \dfrac{2}{3} = \dfrac{BG}{BE} \Rightarrow GH /\!/ AC$.

例 6 O, I 分别为 $\triangle ABC$ 的外心和内心,若 b, a, c 成等差数列,则 $OI \perp IA$.

证明 如图 33.83,知

$$\angle OAI = \frac{1}{2}(C - B), IA = 4R\sin\frac{B}{2}\cdot\sin\frac{C}{2} = 2R\left[\cos\frac{B-C}{2} - \cos\frac{B+C}{2}\right]$$

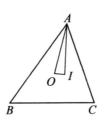

图 33.83

由

$$2a = b + c(\text{例 5}) \Rightarrow \cos\frac{B+C}{2} = \frac{1}{2}\cos\frac{B-C}{2}$$

故

$$IA = R\cos\frac{B-C}{2}$$

在 $\triangle OAI$ 中,由 $\angle OAI = \dfrac{1}{2}(\angle C - \angle B)$ 及 $AO = R$ 可得 $\angle OIA = 90°$.

例7 （IMO32）如图33.84，I 为 $\triangle ABC$ 的内心．求证：$\dfrac{AI \cdot BI \cdot CI}{AA' \cdot BB' \cdot CC'} \leq \dfrac{8}{27}$.

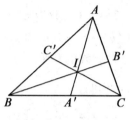

图 33.84

略证 由心径公式(3)可得

$$\frac{AI}{AA'} = \frac{r}{\sin\frac{A}{2}} \cdot \frac{b+c}{2bc\cos\frac{A}{2}} = \frac{r(b+c)}{bc\sin A} = \frac{r(b+c)}{2pr} = \frac{b+c}{a+b+c}$$

同理 $\dfrac{BI}{BB'} = \dfrac{a+c}{a+b+c}$，$\dfrac{CI}{CC'} = \dfrac{a+b}{a+b+c}$

故 $\dfrac{AI \cdot BI \cdot CI}{AA' \cdot BB' \cdot CC'}$

$$= \frac{(b+c)(c+a)(a+b)}{(a+b+c)^3}$$

$$\leq \frac{\left[\frac{1}{3}(b+c+c+a+a+b)\right]^3}{(a+b+c)^3} \leq \frac{8}{27}$$

例8 （IMO29）在 Rt$\triangle ABC$ 中，AD 是斜边 BC 上的高，过 $\triangle ABD$ 的内心与 $\triangle ACD$ 的内心的直线分别交边 AB 和 AC 于 K 和 L，$\triangle ABC$ 和 $\triangle AKL$ 的面积分别记为 S 和 T．求证：$S \geq 2T$.

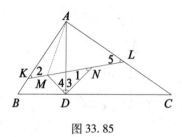

图 33.85

证明 因为 Rt$\triangle ABD$ 和 Rt$\triangle ADC$ 的外接圆半径分别为 $\dfrac{1}{2}c$ 和 $\dfrac{1}{2}b$，由心径公式(3)得

$$\frac{DM}{DN} = \frac{2c\sin\frac{B}{2}\sin\frac{C}{2}}{2b\sin\frac{C}{2}\sin\frac{B}{2}} = \frac{c}{b}$$

由 $\triangle ABD \backsim \triangle ACD$ 得

$$\frac{c}{b} = \frac{BD}{AD}$$

从而 $\frac{MD}{ND} = \frac{BD}{AD}$,结合 $\angle MDN = \angle ADB = 90° \Rightarrow \triangle ABD \backsim \triangle NMD$,而 $\angle KAD = \angle KND$,K,A,N,D 四点共圆,故 $\angle 2 = \angle 3 = 45°$.

同理 $\angle 5 = \angle 4 = 45°$,进而有 $\triangle AKL$ 为等腰直角三角形.

由 $\text{Rt}\triangle AKM \cong \text{Rt}\triangle ADM \Rightarrow AK = AD$. 故

$$2T = \frac{1}{2}AK^2 = \frac{b^2c^2}{b^2+c^2} \leq \frac{1}{2}bc = S$$

第34章　2012～2013年度试题的诠释

东南赛试题1　如图34.1，$\triangle ABC$ 的内切圆圆 I 在边 AB, BC, CA 上的切点分别为 D, E, F，直线 EF 分别与 AI, BI, DI 交于点 M, N, K. 证明：$DM \cdot KE = DN \cdot KF$.

证明　易知，I, D, E, B 四点共圆.

又　　　$\angle AID = 90° - \angle IAD$，$\angle MED = \angle FDA = 90° - \angle IAD$,

则 $\angle AID = \angle MED$.

于是，I, D, E, M 四点共圆.

从而，I, D, B, E, M 五点共圆.

故 $\angle IMB = \angle IEB = 90°$，即 $AM \perp BM$.

同理，I, D, A, N, F 五点共圆，且 $BN \perp AN$.

如图34.1，设直线 AN 与 BM 交于点 G，则 I 为 $\triangle GAB$ 的垂心.

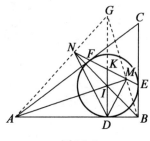

图 34.1

又 $ID \perp AB$，则 G, I, D 三点共线.

由 G, N, D, B 四点共圆知

$$\angle ADN = \angle AGB$$

同理，$\angle BDM = \angle AGB$.

所以，DK 平分 $\angle MDN$.

从而

$$\frac{DM}{DN} = \frac{KM}{KN}$$

①

又由 I,D,E,M 和 I,D,N,F 分别四点共圆知

$$KM \cdot KE = KI \cdot KD = KF \cdot KN \Rightarrow \frac{KM}{KN} = \frac{KF}{KE} \qquad ②$$

由式①②知

$$\frac{DM}{DN} = \frac{KF}{KE} \Rightarrow DM \cdot KE = DN \cdot KF$$

东南赛试题 2 如图 34.2，在 $\triangle ABC$ 中，D 为边 AC 上一点，且 $\angle ABD = \angle C$，点 E 在边 AB 上，且 $BE = DE$，M 为边 CD 中点，$AH \perp DE$ 于点 H. 已知 $AH = 2 - \sqrt{3}$，$AB = 1$. 求 $\angle AME$ 的度数.

解法 1 如图 34.2，$\triangle BCD$ 的外接圆圆 O 与直线 AB 切于点 B.

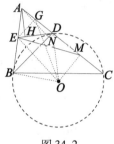

图 34.2

作 $AN \perp BD$ 于点 N，$EG \parallel BD$ 与 AC 交于点 G. 联结 OB, OE, OG, OD, OM.
因为 $OE \perp BD, OM \perp CD$，所以

$$\angle GEO = 90° = \angle GMO$$

则 E, G, M, O 四点共圆.

故 $\tan \angle AME = \tan \angle GOE = \dfrac{EG}{OE}$.

由 $\qquad \angle OBE = \angle BNA = 90°, \angle ABN = \angle C = \angle EOB$
则 $\qquad \triangle OBE \backsim \triangle BNA$

易知，A, H, N, D 四点共圆.
因此，$\angle EDG = \angle ANH$.
又 $\angle AHN = 180° - \angle ADN = \angle EGD$，故

$$\triangle EGD \backsim \triangle AHN$$

所以 $\qquad \dfrac{OE}{BA} = \dfrac{BE}{NA} = \dfrac{DE}{NA} = \dfrac{EG}{AH}$

于是，$\dfrac{EG}{OE} = \dfrac{AH}{AB} = 2 - \sqrt{3}$.

从而，$\angle AME = 15°$.

解法2 设 $\angle ABD = \angle C = \alpha, \angle DBC = \beta$. 由已知得
$$\angle BDE = \alpha, \angle AED = 2\alpha, \angle ADE = \angle ADB - \angle BDE = (\alpha+\beta) - \alpha = \beta$$
$$AB = AE + EB = AE + EH + HD$$

故
$$\frac{AB}{AH} = \frac{AE+EH}{AH} + \frac{HD}{AH} = \frac{1+\cos 2\alpha}{\sin 2\alpha} + \cot\beta = \cot\alpha + \cot\beta \qquad ①$$

如图 34.3, 作 $EK \perp AC, EL \perp BD$, 垂足分别为 K, L, 则 L 为 BD 的中点.

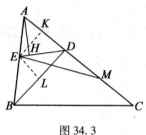

图 34.3

结合正弦定理得
$$\frac{EL}{EK} = \frac{DE\sin\angle EDL}{DE\sin\angle EDK} = \frac{\sin\alpha}{\sin\beta} = \frac{BD}{CD} = \frac{LD}{MD}$$

则
$$\cot\alpha = \frac{LD}{EL} = \frac{MD}{EK} = \frac{MK}{EK} - \frac{DK}{EK} = \cot\angle AME - \cot\beta \qquad ②$$

由式①②及题设条件知
$$\cot\angle AME = \frac{AB}{AH} = \frac{1}{2-\sqrt{3}} = 2+\sqrt{3}$$

从而，$\angle AME = 15°$.

女子赛试题1 如图 34.3, 圆 Γ_1, Γ_2 外切于点 T, 点 A, E 在圆 Γ_1 上, 直线 AB, DE 分别与圆 Γ_2 切于点 B, D, 直线 AE 与 BD 交于点 P. 证明:

(1) $\dfrac{AB}{AT} = \dfrac{ED}{ET}$;

(2) $\angle ATP + \angle ETP = 180°$.

证明 (1) 如图 34.4, 延长 AT, ET 与圆 Γ_2 分别交于点 H, G, 联结 GH.

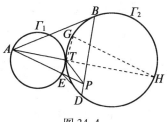

图 34.4

易知,$AE \parallel GH$.

故 $\triangle ATE \backsim \triangle HTG$.

所以,$\dfrac{AT}{TH} = \dfrac{ET}{TG}$.

从而,$\dfrac{AH}{TH} = \dfrac{EG}{TG}$.

由圆幂定理得

$$\dfrac{AB^2}{TH^2} = \dfrac{AT \cdot AH}{TH \cdot TH} = \dfrac{ET \cdot EG}{TG \cdot TG} = \dfrac{ED^2}{TG^2}$$

所以,$\dfrac{TH}{TG} = \dfrac{AB}{ED}$.

女子赛试题 2 如图 34.5,$\triangle ABC$ 的内切圆圆 I 与边 AB,AC 分别切于点 D,E,O 为 $\triangle BCI$ 的外心. 证明:$\angle ODB = \angle OEC$.

证法 1 辅助线如图 34.5 所示.

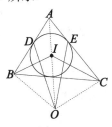

图 34.5

由 O 是 $\triangle BCI$ 的外心知,$\angle BOI = 2\angle BCI = \angle BCA$.

同理,$\angle COI = \angle CBA$.

则 $\angle BOC = \angle BOI + \angle COI = \angle BCA + \angle CBA = \pi - \angle BAC$.

于是,A,B,O,C 四点共圆.

由 $OB = OC$,知 $\angle BAO = \angle CAO$.

因为 $AD = AE$,$AO = AO$,所以

$$\triangle OAD \cong \triangle OAE$$

因此，$\angle ODA = \angle OEA$.

故 $\angle ODB = \angle OEC$.

证法 2 若 $AB = AC$，则由 $OB = OC$，知整个图形关于 BC 的中垂线对称，结论显然成立.

下面假设 $AB \neq AC$，由对称性不妨设 $AB < AC$.

如图 34.6，在射线 AB, AC 上分别取点 F, G，使得
$$AF = AC, AC = AB$$

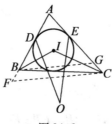

图 34.6

易知，四边形 $BFCG$ 是等腰梯形，即 B, F, C, G 四点共圆.

又
$$\angle BIC = \pi - (\angle IBC + \angle ICB)$$
$$= \pi - \frac{1}{2}(\angle ABC + \angle ACB)$$
$$= \pi - \frac{1}{2}(\pi - \angle BAC)$$
$$= \pi - \angle AFC = \pi - \angle BFC$$

故 B, F, I, C 四点共圆.

因此，B, F, I, C, G 五点共圆，而 O 是该圆的圆心.

所以，点 O 在 $\angle BAC$ 的角平分线上.

以下同证法 1.

西部赛试题 1 已知 P 为锐角 $\triangle ABC$ 内部任意一点，点 E, F 分别为 P 在边 AC, AB 上的射影. BP, CP 的延长线分别与 $\triangle ABC$ 的外接圆交于点 B_1, C_1，设 $\triangle ABC$ 的外接圆、内切圆的半径分别为 R, r. 证明：$\dfrac{EF}{B_1C_1} \geq \dfrac{r}{R}$，并确定等号成立时点 P 的位置.

证明 如图 34.7，作 $PD \perp BC$ 于点 D，联结 AP 并延长与 $\triangle ABC$ 的外接圆交于点 A_1，联结 DE, DF, A_1B_1, A_1C_1.

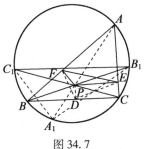

图 34.7

由 P,D,B,F 四点共圆知
$$\angle PDF = \angle PBF$$
由 P,D,C,E 四点共圆知
$$\angle PDE = \angle PCE$$
则
$$\angle FDE = \angle PDF + \angle PDE$$
$$= \angle PBF + \angle PCE$$
$$= \angle AA_1B_1 + \angle AA_1C_1 = \angle C_1A_1B_1$$

同理,$\angle DEF = \angle A_1B_1C_1$,$\angle DFE = \angle A_1C_1B_1$.

故 $\triangle DEF \backsim \triangle A_1C_1B_1$.

如图 34.8,注意到,$\triangle A_1B_1C_1$ 的外接圆半径为 R,设 $\triangle DEF$ 的外接圆半径为 R',圆心为 O',联结 AO',BO',CO'.

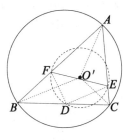

图 34.8

则
$$S_{\triangle ABC} = S_{\triangle O'AB} + S_{\triangle O'BC} + S_{\triangle O'AC}$$
$$\leqslant \frac{AB \cdot O'F}{2} + \frac{BC \cdot O'D}{2} + \frac{CA \cdot O'E}{2}$$
$$= \frac{(AB + BC + CA)R'}{2}$$

而 $S_{\triangle ABC} = \dfrac{(AB+BC+CA)r}{2}$,故 $r \leqslant R'$.

所以
$$\frac{EF}{B_1C_1} \geq \frac{r}{R} \qquad ①$$

当且仅当 $O'D \perp BC, O'E \perp CA, O'F \perp AB$，即当点 P 为 $\triangle ABC$ 内心时，式①等号成立.

西部赛试题 2 在锐角 $\triangle ABC$ 中，H 为垂心，O 为外心（A,H,O 三点不共线），点 D 是 A 在边 BC 上的射影，线段 AO 的中垂线与直线 BC 交于点 E. 证明：线段 OH 的中点在 $\triangle ADE$ 的外接圆上.

证明 如图 34.9，设 AO,HO 的中点分别为 F,N，延长 HD 与 $\triangle ABC$ 的外接圆交于点 H'，联结 FN,DN,BH,BH',OH'.

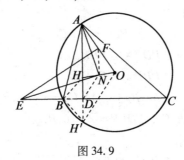

图 34.9

因为 H 是垂心，所以
$$\angle CBH' = \angle CAH' = \angle CBH$$
故 D 是 HH' 的中点，则 DN 是 $\triangle HOH'$ 的中位线.

因此，$DN = \frac{1}{2}OH'$.

由 $OH' = OA$，F 是 AO 的中点，知
$$DN = \frac{1}{2}OH' = \frac{1}{2}OA = AF$$

又 F,N 分别是 AO,OH 的中点，故 $FN // AH$.

所以，四边形 $AFND$ 是等腰梯形.

从而，A,F,N,D 四点共圆.

由 $\angle ADE = 90° = \angle AFE$，知 A,F,D,E 四点共圆.

所以，A,F,N,D,E 五点共圆.

因此，$\triangle ADE$ 的外接圆过线段 OH 的中点 N.

注 利用九点圆的半径等于外接圆半径的一半，及 N 是 $\triangle ABC$ 的九点圆圆心，即可得四边形 $AFND$ 是等腰梯形.

北方赛试题 1 如图 34.10,在 $\triangle ABC$ 中,$\angle C = 90°$,I 是内心,直线 BI 与 AC 交于点 D,过 D 作 $DE /\!/ AI$ 与 BC 交于点 E,直线 EI 与 AB 交于点 F. 证明:$DF \perp AI$.

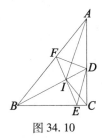

图 34.10

证明 因为 $\angle AID$ 是 $\triangle ABI$ 的外角,所以
$$\angle AID = \angle BAI + \angle ABI$$
$$= \frac{1}{2}\angle BAC + \frac{1}{2}\angle ABC = 45°$$

又 $DE /\!/ AI$,则
$$\angle EDI = \angle AID = 45°$$

而 $\angle ECI = \frac{1}{2}\angle ACB = 45°$,因此,$E,C,D,I$ 四点共圆.

从而,$\angle DIE = 180° - \angle ACB = 90°$.

故 $\angle DIF = 90°$.

又 $\angle AIF = 90° - 45° = \angle AID$,$\angle FAI = \angle DAI$

于是,$\triangle ADI \cong \triangle AFI$,有 $AD = AF$,即 $\triangle ADF$ 是等腰三角形,且 AI 是顶角的角平分线.

因此,$DF \perp AI$.

北方赛试题 2 如图 34.11,在五边形 $ABCDE$ 中,$BC = DE$,$CD /\!/ BE$,$AB > AE$. 若 $\angle BAC = \angle DAE$,且 $\dfrac{AB}{BD} = \dfrac{AE}{ED}$,证明:$AC$ 平分线段 BE.

证明 如图 34.11,设 AC 与 BE 交于点 M,BE 的中垂线为 m,则 m 也为 CD 的中垂线.

作点 A 关于 m 的对称点 F,则 $\triangle ADE$ 与 $\triangle FCB$ 关于 m 对称.

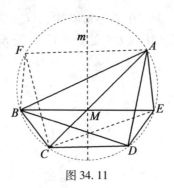

图 34.11

于是,$\angle BFC = \angle DAE = \angle BAC$.

从而,A,B,C,F 四点共圆.

又 $AF \perp m, BE \perp m$,则 $AF \parallel BE$,且 $FB = AE$.

因此,四边形 $AEBF$ 为等腰梯形.

故 A,E,B,F 四点共圆,即 F,A,B,C,E 五点共圆.

因为四边形 $BCDE$ 为等腰梯形,所以,B,C,D,E 四点共圆,即 A,B,C,D,E 五点共圆.

于是,$\angle ABC + \angle AEC = 180°$,即

$$\sin \angle ABC = \sin \angle AEC$$

又 $\dfrac{AB}{BD} = \dfrac{AE}{ED}, BD = CE, ED = BC$,则

$$\dfrac{AB}{CE} = \dfrac{AE}{BC} \Rightarrow AB \cdot BC = AE \cdot CE$$

故

$$S_{\triangle ABC} = \dfrac{1}{2} AB \cdot BC \sin \angle ABC$$
$$= \dfrac{1}{2} AE \cdot EC \sin \angle AEC = S_{\triangle AEC}$$

从而,$\dfrac{BM}{ME} = \dfrac{S_{\triangle ABC}}{S_{\triangle AEC}} = 1$,即 $BM = ME$.

试题 A 如图 34.12,在锐角 $\triangle ABC$ 中,$AB > AC, M, N$ 是边 BC 上不同的两点,使得 $\angle BAM = \angle CAN$. 设 $\triangle ABC, \triangle AMN$ 的外心分别为 O_1, O_2. 证明:O_1, O_2, A 三点共线.

证法 1 如图 34.12,联结 AO_1, AO_2,过点 A 作 AO_1 的垂线 AP 与 BC 的延长线交于点 P,则 AP 是圆 O_1 的切线.

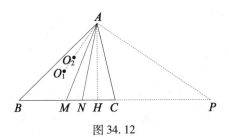

图 34.12

故 $\angle B = \angle PAC$.

因为 $\angle BAM = \angle CAN$, 所以
$$\angle AMP = \angle B + \angle BAM = \angle PAC + \angle CAN = \angle PAN$$

从而, AP 是 $\triangle AMN$ 外接圆圆 O_2 的切线.

故 $AP \perp AO_2$.

因此, O_1, O_2, A 三点共线.

证法 2 如图 34.12, 作 $AH \perp BC$ 于点 H, 则知 $\triangle ABC, \triangle AMN$ 的垂心均在直线 AH 上.

注意到三角形的外心, 垂心是一双等角共轭点, 知 $\angle BAO_1 = \angle CAH$, $\angle MAO_2 = \angle NAH$.

由题设 $\angle BAM = \angle CAN$, 因而
$$\angle O_2 AB = \angle BAM - \angle MAO_2 = \angle CAN - \angle NAH = \angle HAC = \angle O_1 AB$$

故知 O_1, O_2, A 三点共线.

证法 3 (由湖南的胡思宇给出)

如图 34.13, 设 AB 与圆 O_2 的另一个交点为 P, AC 与圆 O_2 的另一个交点为 Q, 联结 PQ, QM.

由 $\angle BAM = \angle CAN \Rightarrow \angle BAN = \angle CAM = \angle QAM$.

又 $\angle AQM = \angle ANM = \angle ANB$, 则
$$\triangle BAN \backsim \triangle MAQ \Rightarrow \angle B = \angle AMQ = \angle APQ$$

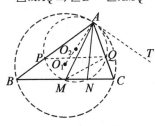

图 34.13

过点 A 作圆 O_1 的切线 AT,则
$$\angle APQ = \angle B = \angle CAT = \angle QAT$$
因此,直线 AT 切圆 O_2 于点 A.
故 $O_1A \perp AT, O_2A \perp AT \Rightarrow O_1, O_2, A$ 三点共线.

证法 4 (由哈尔滨的商亮给出)

如图 34.14,延长 AM, AN 分别与圆 O_1 交于 D, E 两点.

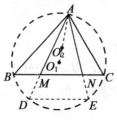

图 34.14

因为 $\angle BAM = \angle CAN$,所以 $\overset{\frown}{BD} = \overset{\frown}{CE}$.

故 $DE \parallel BC$,有 $\triangle AMN \sim \triangle ADE$.

于是,$\triangle AMN$ 与 $\triangle ADE$ 关于点 A 位似.

从而,A, O_1, O_2 三点共线.

证法 5 (由江西的梁瑛、邹晓浩给出)

先证明一个引理.

引理 在 $\triangle ABC$ 中,$\angle A < 90°, AB > AC, O, I$ 分别是 $\triangle ABC$ 的外心、内心,则
$$\angle OAI = 90° - \left(\angle B + \frac{1}{2}\angle A\right)$$

事实上,如图 34.15,延长 AI 与圆 O 交于点 M,与边 BC 交于点 K.

因为 $AB > AC$,所以 $BK > KC$.

于是,BC 的中点在线段 BK 内.

从而,不论 $\angle C$ 是锐角还是钝角,点 O 都在直线 AI 的左侧.

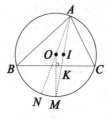

图 34.15

因此,AO 的延长线与圆 O 的交点 N 在 $\overset{\frown}{BM}$ 上.

故
$$\angle OAI = 90° - \angle ANM$$
$$\overset{m}{=} 90° - \frac{1}{2}(\overset{\frown}{AC}° + \overset{\frown}{CM}°)$$
$$= 90° - \left(\angle B + \frac{1}{2}\angle A\right)$$

回到原题:

如图 34.16,因为 $AB > AC$,所以
$$\angle C > \angle B$$

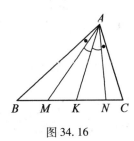

图 34.16

由 $\angle BAM = \angle CAN$,知
$$AM > AN$$

所以,$\triangle ABC$,$\triangle AMN$ 都满足引理中的条件.

作 $\angle BAC$ 的内角平分线 AK,则
$$\angle O_1AK = 90° - (\angle B + \angle KAC) \quad ①$$
$$\angle O_2AK = 90° - (\angle AMN + \angle KAC) \quad ②$$

又
$$\angle AMN + \angle KAN$$
$$= \angle B + \angle BAM + \angle KAN$$
$$= \angle B + \angle CAN + \angle KAN$$
$$= \angle B + \angle KAC \quad ③$$

则由式①②③知 $\angle O_1AK = \angle O_2AK$.

又由引理的证明知 O_1, O_2 都在直线 AK 的左侧.

于是,O_1, O_2, A 三点共线.

证法 6 如图 34.17,分别作 $O_1D \perp AB$,$O_1E \perp AN$,$O_2F \perp AN$,垂足分别为 D, E, F,联结 DE, AO_1, AO_2,则
$$\angle AO_2F = \angle AMN \quad ①$$

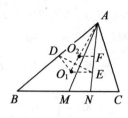

图 34.17

且 A,D,O_1,E 四点共圆.

所以
$$\angle AED = \angle AO_1D = \angle ACB, \angle ADE = \angle AO_1E \qquad ②$$

又因 $\angle BAM = \angle CAN$,所以 $\angle DAE = \angle MAC$.

所以 $\triangle ADE \backsim \triangle AMC$,从而
$$\angle ADE = \angle AMC \qquad ③$$

由式①②③得 $\angle AO_2F = \angle AO_1E$.

所以 $\text{Rt}\triangle AFO_2 \backsim \text{Rt}\triangle AEO_1$,有 $\angle O_2AF = \angle O_1AE$.

又因 O_1,O_2 在直线 AN 的同一侧,所以 O_1,O_2,A 三点共线.

证法 7 如图 34.18,分别作 $O_2D \perp AM, O_2E \perp AN, O_1F \perp AC$,则垂足 D,E,F 分别为 AM,AN,AC 的中点,从而 D,E,F 三点共线,且 $DF \parallel BC$.

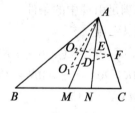

图 34.18

易知 A,D,O_2,E 四点共圆,所以 $\angle AO_2D = \angle AED = \angle ANM$.

所以 $\angle DAO_2 = 90° - \angle AO_2D = 90° - \angle ANM$.

因为
$$\angle MAO_1 = \angle BAO_1 - \angle BAM$$
$$= (90° - \angle ACB) - \angle CAN$$
$$= 90° - (\angle ACB + \angle CAN)$$
$$= 90° - \angle ANM$$

所以 $\angle DAO_2 = \angle MAO_1$.

故 O_1,O_2,A 三点共线.

证法 8 如图 34.19,设 AB 与圆 O_2 相交于点 D,联结 DM,O_1A,O_2A.

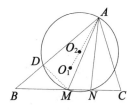

图 34.19

因为 A,D,M,N 四点共圆,所以 $\angle ADM = \angle ANC$.

又 $\angle DAM = \angle NAC$,所以
$$\triangle ADM \backsim \triangle ANC$$

则 $\angle AMD = \angle ACN$.

又 $\angle DAO_2 = 90° - \angle AMD$,$\angle BAO_1 = 90° - \angle ACB$,所以 $\angle DAO_2 = \angle BAO_1$.

故 O_1,O_2,A 三点共线.

证法 9 如图 34.20,联结 AO_1 并延长交圆 O_1 于点 D,联结 AO_2 并延长交圆 O_2 于点 E,联结 DC,EN,则 $\angle D + \angle DAC = 90°$,$\angle AEN + \angle EAN = 90°$.

所以
$$\angle D + \angle DAC = \angle AEN + \angle EAN \qquad ④$$

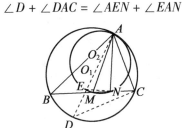

图 34.20

又 $\angle D = \angle B = \angle AMC - \angle BAM$,$\angle DAC = \angle DAM + \angle MAN + \angle NAC$,$\angle AEN = \angle AMN$,所以 $\angle EAN = \angle EAM + \angle MAN$.

由式④得 $\angle AMC - \angle BAM + \angle DAM + \angle MAN + \angle NAC = \angle AMN + \angle EAM + \angle MAN$.

因为 $\angle BAM = \angle NAC$,所以 $\angle DAM = \angle EAM$.

所以 AD 与 AE 重合,故 O_1,O_2,A 三点共线.

以下证法 10~14 均由上海的杨岚清给出.

证法 10 如图 34.21,作出 $\triangle ABC$ 与 $\triangle AMN$ 的外接圆圆 O_1 与圆 O_2. 因为

$\angle BAM = \angle CAN$,所以 $\angle BAC$ 与 $\angle MAN$ 的平分线相同. 作 $\angle BAC$ 的平分线交圆 O_1 于点 P,交圆 O_2 于点 Q.

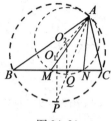

图 34.21

联结 O_1P, O_2Q,则由 $\overset{\frown}{BP} = \overset{\frown}{CP}, \overset{\frown}{MQ} = \overset{\frown}{NQ}$ 及垂径定理,得 $O_1P \perp BC, O_2Q \perp MN$,所以 $O_1P // O_2Q$,从而 $\angle O_1PA = \angle O_2QA$.

在圆 O_1 中,由 $O_1P = O_1A$,得 $\angle O_1AP = \angle O_1PA$;同理 $\angle O_2AQ = \angle O_2QA$.

所以 $\angle O_1AP = \angle O_2AQ = \angle O_2AP$,因此 O_1, O_2, A 三点共线.

证法 11 如图 34.22,作出 $\triangle ABC$ 的外接圆圆 O_1. 延长 AO_1, AM, AN 分别交圆 O_1 于点 P, Q, R;作 AN 的垂直平分线交 AP 于点 O;联结 $OM, ON, O_1Q, O_1R, PR, QR$.

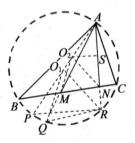

图 34.22

在圆 O_1 中,由 $\angle BAM = \angle CAN$,即
$$\angle BAQ = \angle CAR$$
可得 $QR // BC$.

故
$$\frac{AM}{AQ} = \frac{AN}{AR} \qquad ①$$

由作图,知 $\angle ANO = \angle ARO_1 = \angle O_1AR$,所以 $ON // O_1R$,从而
$$\frac{AN}{AR} = \frac{AO}{AO_1} \qquad ②$$

由式①②,得 $\dfrac{AM}{AQ} = \dfrac{AO}{AO_1}$,故 $OM \mathbin{/\mkern-5mu/} O_1Q$,所以 $\angle OMA = \angle O_1QA = \angle O_1AM$.

于是点 O 在线段 AM 的垂直平分线上,从而点 O 是 $\triangle AMN$ 的外心,即点 O 与点 O_2 重合. 因此 O_1, O_2, A 三点共线.

证法 12 如图 34.23,以顶点 A 为原点,$\angle BAC$ 的平分线为 x 轴,建立直角坐标系,则由已知条件,设直线 $AC: y = k_1 x$, $AN: y = k_2 x$, $AB: y = -k_1 x$, $AM: y = -k_2 x$,且 $1 > k_1 > k_2 > 0$;并设直线 $BC: y = -k_0 x + h \, (k_0 > k_1, h > 0)$,则易求得

$$C\left(\dfrac{h}{k_0+k_1}, \dfrac{k_1 h}{k_0+k_1}\right), N\left(\dfrac{h}{k_0+k_2}, \dfrac{k_2 h}{k_0+k_2}\right), B\left(\dfrac{h}{k_0-k_1}, \dfrac{-k_1 h}{k_0-k_1}\right), M\left(\dfrac{h}{k_0-k_2}, \dfrac{-k_2 h}{k_0-k_2}\right).$$

从而边 AC 的中点 $R\left(\dfrac{h}{2(k_0+k_1)}, \dfrac{k_1 h}{2(k_0+k_1)}\right)$,边 AC 的垂直平分线的法向量为 $\overrightarrow{AC} = \left(\dfrac{h}{k_0+k_1}, \dfrac{k_1 h}{k_0+k_1}\right)$,故其方程为

$$\dfrac{h}{k_0+k_1}\left(x - \dfrac{h}{2(k_0+k_1)}\right) + \dfrac{k_1 h}{k_0+k_1}\left(y - \dfrac{k_1 h}{2(k_0+k_1)}\right) = 0$$

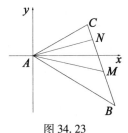

图 34.23

即

$$x + k_1 y = \dfrac{h(1+k_1^2)}{2(k_0+k_1)} \qquad ①$$

同样,边 AB 的中点 $S\left(\dfrac{h}{2(k_0-k_1)}, \dfrac{-k_1 h}{2(k_0-k_1)}\right)$,边 AB 的垂直平分线的法向量为 $\overrightarrow{AC} = \left(\dfrac{h}{k_0-k_1}, \dfrac{-k_1 h}{k_0-k_1}\right)$,故其方程为

$$x - k_1 y = \dfrac{h(1+k_1^2)}{2(k_0-k_1)} \qquad ②$$

由于三角形的外心是其三边的垂直平分线的交点,联立式①②得:$\triangle ABC$ 外心 O_1 的坐标为 $\left(\dfrac{k_0 h(1+k_1^2)}{2(k_0^2-k_1^2)}, -\dfrac{-h(1+k_1^2)}{2(k_0^2-k_1^2)}\right)$.

同理可得：$\triangle AMN$ 的外心 O_2 的坐标为 $\left(\dfrac{k_0 h(1+k_2^2)}{2(k_0^2-k_2^2)}, -\dfrac{-h(1+k_2^2)}{2(k_0^2-k_2^2)}\right)$.

于是可以求得：$k_{AO_1} = k_{AO_2} = -\dfrac{1}{k_0}$，故 O_1，O_2，A 三点共线.

证法 13 如图 34.23，以顶点 A 为原点，$\angle BAC$ 的平分线为 x 轴，建立直角坐标系.

设 $C(x_0, y_0)$，则由已知条件，可得 $B(tx_0, -ty_0)$（$t>1$，因 $AB>AC$）.

由于边 AC 的垂直平分线经过点 $\left(\dfrac{x_0}{2}, \dfrac{y_0}{2}\right)$，法向量为 $\vec{AC} = (x_0, y_0)$，故其方程为 $x_0\left(x - \dfrac{x_0}{2}\right) + y_0\left(y - \dfrac{y_0}{2}\right) = 0$.

即

$$x_0 x + y_0 y = \dfrac{x_0^2 + y_0^2}{2} \qquad ①$$

同理，边 AB 的垂直平分线方程为

$$x_0 x - y_0 y = t \cdot \dfrac{x_0^2 + y_0^2}{2} \qquad ②$$

由于三角形的外心是其三边的垂直平分线的交点，联立式①②得 $\triangle ABC$ 外心 O_1 的坐标为 $\left(\dfrac{x_0^2+y_0^2}{4x_0} \cdot (1+t), \dfrac{x_0^2+y_0^2}{4y_0} \cdot (1-t)\right)$.

设 $N(x_1, y_1)$，则由已知，有 $\angle NAx = \angle MAx$，可设 $M(sx_1, -sy_1)$ 且 $s>1$.

同理可得：$\triangle AMN$ 外心 O_2 的坐标为 $\left(\dfrac{x_1^2+y_1^2}{4x_1} \cdot (1+s), \dfrac{x_1^2+y_1^2}{4y_1} \cdot (1-s)\right)$.

由 B, M, N, C 共线，可知 $\vec{BC} \parallel \vec{MN}$. 而 $\vec{BC} = ((1-t)x_0, (1+t)y_0)$，$\vec{MN} = ((1-s)x_1, (1+s)y_1)$，故

$$\dfrac{(1+t)y_0}{(1-t)x_0} = \dfrac{(1+s)y_1}{(1-s)x_1} \qquad ③$$

由于 $k_{AO_1} = \dfrac{(1-t)x_0}{(1+t)y_0}$，$k_{AO_2} = \dfrac{(1-s)x_1}{(1+s)y_1}$，所以由式③可得 $k_{AO_1} = k_{AO_2}$. 因此 O_1，O_2，A 三点共线.

证法 14 建立直角坐标系，使点 B, M, N, C 在 x 轴上，点 A 在 y 轴上，这些点的坐标如图 34.24 所示，且 $a, b, c, m, n \in \mathbf{R}$.

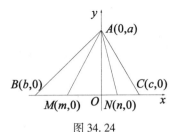

图 34.24

由于 $\angle BAM = \angle CAN$,所以 $\langle \vec{AB}, \vec{AM} \rangle = \langle \vec{AN}, \vec{AC} \rangle$,而 $\vec{AB} = (b, -a)$, $\vec{AM} = (m, -a)$, $\vec{AN} = (n, -a)$, $\vec{AC} = (c, -a)$.

故由复数除法的几何意义可知,存在正实数 λ,使得 $\dfrac{m-ai}{b-ai} = \lambda \cdot \dfrac{c-ai}{n-ai}$.

于是 $(mn - a^2) - a(m+n)i = \lambda[(bc - a^2) - a(b+c)i]$,即

$$\begin{cases} mn - a^2 = \lambda(bc - a^2) \\ m + n = \lambda(b+c) \end{cases} \qquad ①$$

因边 BC 的垂直平分线方程为

$$x = \dfrac{b+c}{2} \qquad ②$$

又边 AB 的垂直平分线经过点 $\left(\dfrac{b}{2}, \dfrac{a}{2}\right)$,法向量为 $\vec{AB} = (b, -a)$,其方程为

$$b\left(x - \dfrac{b}{2}\right) - a\left(y - \dfrac{a}{2}\right) = 0 \qquad ③$$

由于三角形的外心是其三边的垂直平分线的交点,联立式①②得:$\triangle ABC$ 外心 O_1 的坐标为 $\left(\dfrac{b+c}{2}, \dfrac{a^2 + bc}{2a}\right)$.同理可得:$\triangle AMN$ 外心 O_2 的坐标为 $\left(\dfrac{m+n}{2}, \dfrac{a^2 + mn}{2a}\right)$.

从而 $\vec{AO_1} = \left(\dfrac{b+c}{2}, \dfrac{bc - a^2}{2a}\right)$, $\vec{AO_2} = \left(\dfrac{m+n}{2}, \dfrac{mn - a^2}{2a}\right)$;故由式①可得 $\vec{AO_2} = \lambda \cdot \vec{AO_1}$,因此 O_1, O_2, A 三点共线.

注 从这个证明中,我们可得到

$$\dfrac{|AM| \cdot |AN|}{|AB| \cdot |AC|} = \dfrac{|AO_2|}{|AO_1|} = \lambda$$

试题 B 两个半径不相等的圆 Γ_1, Γ_2 交于点 A, B,点 C, D 分别在圆 Γ_1, Γ_2 上,且线段 CD 以 A 为中点,延长 DB 与圆 Γ_1 交于点 E,延长 CB 与圆 Γ_2 交

于点 F,设线段 CD, EF 的中垂线分别为 l_1, l_2. 证明:

(1) l_1 与 l_2 相交;

(2) 若 l_1 与 l_2 的交点为 P, 则三条线段 CA, AP, PE 能构成一个直角三角形.

证法1 (1) 因为 C, A, B, E 和 D, A, B, F 分别四点共圆, 且 $CA = AD$, 所以, 由圆幂定理得

$$CB \cdot CF = CA \cdot CD = DA \cdot DC = DB \cdot DE \qquad ①$$

假设 l_1 与 l_2 不相交. 则

$$CD \parallel EF \Rightarrow \frac{CF}{CB} = \frac{DE}{DB}$$

代入式①得 $CB^2 = DB^2 \Rightarrow CB = DB$.

故 $BA \perp CD$.

因此, CB, DB 分别是圆 Γ_1, Γ_2 的直径, 即圆 Γ_1, Γ_2 半径相等, 矛盾.

从而, l_1 与 l_2 必相交.

(2) 如图 34.25, 设 l_1 与 l_2 的交点为 P, 联结 AE, AF, PF.

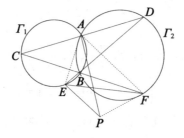

图 34.25

则 $\angle CAE = \angle CBE = \angle DBF = \angle DAF$.

由 $AP \perp CD$, 知 AP 平分 $\angle EAF$.

又点 P 在 EF 的中垂线上, 故 P 在 $\triangle AEF$ 的外接圆上.

则
$$\angle EPF = 180° - \angle EAF$$
$$= \angle CAE + \angle DAF$$
$$= 2\angle CAE = 2\angle CBE$$

从而, 点 B 在以 P 为圆心, PE 为半径的圆 Γ 上, 记其半径为 R.

由圆幂定理得

$$2CA^2 = CA \cdot CD = CB \cdot CF = CP^2 - R^2$$

则 $$AP^2 = CP^2 - CA^2$$

$$= (2CA^2 + R^2) - CA^2 = CA^2 + PE^2$$

故线段 CA, AP, PE 可构成直角三角形.

证法 2,3 参见本章第 5 节.

试题 C 如图 34.26,设 $\triangle ABC$ 内接于圆 O, P 为 $\overset{\frown}{BAC}$ 的中点,Q 为 P 的对径点,I 为 $\triangle ABC$ 的内心,PI 与边 BC 交于点 D,$\triangle AID$ 的外接圆与 PA 的延长线交于点 F,点 E 在线段 PD 上,满足 $DE = DQ$. 记 $\triangle ABC$ 的外接圆,内切圆的半径分别为 R, r. 若 $\angle AEF = \angle APE$,证明:$\sin^2 \angle BAC = \dfrac{2r}{R}$.

证明 由 $\angle AEF = \angle APE$,知
$$AF \cdot PF = EF^2$$
又由 A, I, D, F 四点共圆得
$$PA \cdot PF = PI \cdot PD$$
故
$$PF^2 = AF \cdot PF + PA \cdot PF = EF^2 + PI \cdot PD \qquad ①$$

如图 34.26,联结 PQ, AQ, DF.

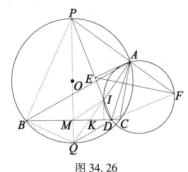

图 34.26

由于 PQ 为圆 O 的直径,且点 I 在 AQ 上,故 $AI \perp AP$.

从而,$\angle IDF = \angle IAP = 90°$,即
$$PF^2 - EF^2 = PD^2 - ED^2$$
结合式①得
$$PI \cdot PD = PD^2 - ED^2$$
$$QD^2 = ED^2 = PD^2 - PI \cdot PD = ID \cdot PD$$
于是
$$\triangle QID \backsim \triangle PQD \qquad ②$$
记 PQ 垂直平分 BC 于点 M,联结 MI, BP, BQ,则

$$BP \perp BQ$$

再由 I 为 $\triangle ABC$ 的内心得

$$QI^2 = QB^2 = QM \cdot QP$$

从而

$$\triangle QMI \sim \triangle QIP \qquad ③$$

由式②③知

$$\angle IQD = \angle QPD = \angle QPI = \angle QIM$$

所以，$MI \parallel QD$.

作 $IK \perp BC$ 于点 K，则 $IK \parallel PM$.

故

$$\frac{PM}{IK} = \frac{PD}{ID} = \frac{PQ}{MQ}$$

结合圆幂定理和正弦定理得

$$PQ \cdot IK = PM \cdot MQ = BM \cdot MC$$
$$= \left(\frac{1}{2}BC\right)^2 = (R\sin\angle BAC)^2$$

则

$$\sin^2\angle BAC = \frac{PQ \cdot IK}{R^2} = \frac{2Rr}{R^2} = \frac{2r}{R}$$

试题 D1 设 $\triangle ABC$ 的顶点 A 所对的旁切圆与边 BC 切于点 A_1. 类似地，分别用顶点 B,C 所对的旁切圆定义边 CA,AB 上的点 B_1,C_1. 假设 $\triangle A_1B_1C_1$ 的外接圆圆心在 $\triangle ABC$ 的外接圆上. 证明：$\triangle ABC$ 是直角三角形.

注 $\triangle ABC$ 的顶点 A 所对的旁切圆是指与边 BC 相切，且与边 AB,AC 的延长线相切的圆. 顶点 B,C 所对的旁切圆可类似定义.

证法 1 辅助线如图 34.27.

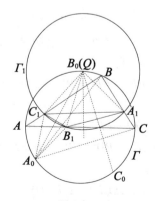

图 34.27

分别记 $\triangle ABC$,$\triangle A_1B_1C_1$ 的外接圆为圆 Γ、圆 Γ_1,圆 Γ 上 $\overset{\frown}{BC}$(含点 A)的中点为 A_0,类似地定义 B_0,C_0.

由题设知圆 Γ_1 的圆心 Q 在圆 Γ 上.

先证明一个引理.

引理 1 如图 34.27,$A_0B_1 = A_0C_1$,且 A,A_0,B_1,C_1 四点共圆.

事实上,若点 A_0 与 A 重合,则 $\triangle ABC$ 为等腰三角形.

从而,$AB_1 = AC_1$.

若点 A_0 与 A 不重合,由 A_0 的定义知 $A_0B = A_0C$.

易知 $BC_1 = CB_1 = \frac{1}{2}(b+c-a)$,且
$$\angle C_1BA_0 = \angle ABA_0 = \angle ACA_0 = \angle B_1CA_0$$

于是,$\triangle A_0BC_1 \backsimeq \triangle A_0CB_1$.

从而,$A_0B_1 = A_0C_1$,$\angle A_0C_1B = \angle A_0B_1C$.

因此,$\angle A_0C_1A = \angle A_0B_1A$.

故 A,A_0,B_1,C_1 四点共圆.

回到原题:

显然,点 A_1,B_1,C_1 在圆 Γ 的某个半圆弧上. 于是,$\triangle A_1B_1C_1$ 为钝角三角形,不妨设 $\angle A_1B_1C_1$ 为钝角. 从而,点 Q,B_1 在边 A_1C_1 的两侧. 又点 B,B_1 也在边 A_1C_1 的两侧,因此,点 Q,B 在边 A_1C_1 的同侧.

注意到,边 A_1C_1 的垂直平分线与圆 Γ_1 交于两点(在边 A_1C_1 的两侧),由上面的结论知 B_0,Q 是这些交点中的点.

因为点 B_0,Q 在边 A_1C_1 的同侧,所以,点 B_0 与 Q 重合.

由引理,知直线 QA_0,QC_0 分别为边 B_1C_1,A_1B_1 的垂直平分线,A_0,C_0 分别为 $\overset{\frown}{CB}$,$\overset{\frown}{BA}$ 的中点,于是
$$\begin{aligned}\angle C_1B_0A_1 &= \angle C_1B_0B_1 + \angle B_1B_0A_1 \\ &= 2\angle A_0B_0B_1 + 2\angle B_1B_0C_0 \\ &= 2\angle A_0B_0C_0 = 180° - \angle ABC.\end{aligned}$$

另一方面,又由引理 1 得
$$\angle C_1B_0A_1 = \angle C_1BA_1 = \angle ABC$$
则
$$\angle ABC = 180° - \angle ABC$$

从而,$\angle ABC = 90°$.

即 $\triangle ABC$ 是直角三角形.

证法 2 因 $\triangle A_1B_1C_1$ 的外心在 $\triangle ABC$ 的外接圆上,知 $\triangle A_1B_1C_1$ 的外心在 $\triangle A_1B_1C_1$ 外,即知 $\triangle A_1B_1C_1$ 为钝角三角形. 不妨设 $\angle B_1A_1C_1 > 90°$. 从而,知 $\triangle A_1B_1C_1$ 的外心 A_1 在 B_1C_1 的异侧.

记 $\overparen{BAC}$ 的中点为 O_1,则 $BO_1 = CO_1$.

注意到 $\angle O_1BC_1 = \angle O_1CB_1$,$BC_1 = CB_1$(旁切圆性质),因此 $\triangle O_1BC_1 \cong \triangle O_1CB_1$. 于是 $O_1C_1 = O_1B_1$,即 O_1 在 B_1C_1 的中垂线上,结合 O_1 在 $\triangle ABC$ 的外接圆上,因此知 O_1 就是 $\triangle A_1B_1C_1$ 的外心.

于是 $O_1A_1 = O_1B_1 = O_1C_1$.

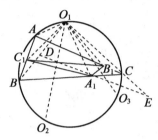

图 34.28

在线段 BO_1 内取点 D,又在 O_1C 的延长线上取点 E,使得 $BD = CE = AO_1$.
由 $\angle DBA_1 = \angle O_1AB_1$,$BA_1 = AB_1$(旁切圆性质),则 $\triangle DBA_1 \cong \triangle O_1AB_1$.
由 $\angle O_1AC_1 = \angle ECA_1$,$AC_1 = CA_1$(旁切圆性质),则 $\triangle O_1AC_1 \cong \triangle ECA_1$.
于是 $DA_1 = O_1B_1 = O_1C_1 = EA_1$.

由
$$\angle DA_1B = \angle O_1B_1A = 180° - \angle O_1B_1C$$
$$= 180° - \angle O_1C_1B = \angle O_1C_1A = \angle EA_1C$$

即知 D, A_1, E 三点共线.

结合 $A_1O_1 = A_1D = A_1E$ 推知 $\angle DO_1E = 90°$.

因 $\angle BAC = \angle DO_1E$,故 $\triangle ABC$ 是直角三角形.

试题 D2 设 $\triangle ABC$ 为一个锐角三角形,其垂心为 H,设 W 是边 BC 上一点,与顶点 B,C 均不重合,M 和 N 分别是过顶点 B 和 C 的高的垂足. 记 $\triangle BWN$ 的外接圆为圆 ω_1,设 X 是圆 ω_1 上一点,且 WX 是圆 ω_1 的直径. 类似地,记 $\triangle CWM$ 的外接圆为圆 ω_2,设 Y 是圆 ω_2 上一点,且 WY 是圆 ω_2 的直径. 证明:X, Y, H 三点共线.

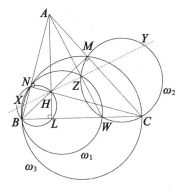

图 34.29

证法 1 如图 34.29,设 AL 是边 BC 上的高,Z 是圆 ω_1 与圆 ω_2 的不同于点 W 的另一个交点.

接下来证明:X,Y,Z,H 四点共线.

因为 $\angle BNC = \angle BMC = 90°$,所以,$B,C,M,N$ 四点共圆,记为圆 ω_3.

由于 WZ,BN,CM 分别为圆 ω_1 与圆 ω_2,圆 ω_1 与圆 ω_3,圆 ω_2 与圆 ω_3 的根轴,从而,三线交于一点.

又 BN 与 CM 交于点 A,则 WZ 过点 A.

由于 WX,WY 分别为圆 ω_1、圆 ω_2 的直径,故 $\angle WZX = \angle WZY = 90°$. 因此,点 X,Y 在过点 Z 且与 WZ 垂直的直线 l 上.

因为 $\angle BNH = \angle BLH = 90°$,所以,$B,L,H,N$ 四点共圆.

由圆幂定理知
$$AL \cdot AH = AB \cdot AN = AW \cdot AZ \qquad ①$$

若点 H 在直线 AW 上,则点 H 与 Z 重合.

若点 H 不在直线 AW 上,则由式①得
$$\frac{AZ}{AH} = \frac{AL}{AW}$$

于是,$\triangle AHZ \backsim \triangle AWL$.

故 $\angle HZA = \angle WLA = 90°$.

所以,点 H 也在直线 l 上.

证法 2 如图 34.30,显然,B,C,M,N 四点共圆,记此圆为 ω. ω 与 ω_1 的公共弦 BN 和 ω 与 ω_2 的公共弦 CM 的交点是 A,于是知 A 为 ω_1,ω_2 和 ω 的根心,ω_1 与 ω_2 的另一个交点 U 显然在 AW 上.

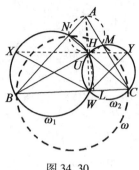

图 34.30

因 WX 和 WY 分别是 ω_1 和 ω_2 的直径. 因此 $WU \perp XU, WU \perp YU$, 从而推知 X, U, Y 三点共线.

又 HM, HN 分别与 AM, AN 垂直, 因此, AH 是 $\triangle AMN$ 外接圆的直径.

由三角形的密克尔定理, 知 U 也在 $\triangle AMN$ 的外接圆上.

从而 $HU \perp AU$, 故 X, H, U, Y 共线, 即 X, Y 和 H 共线.

证法 3 如图 34.31, 过 W 作 BC 的垂线交 BM 于点 P, 交 CN 于点 Q, 令 D 为过点 A 的高线的垂足, 则 $\angle BNQ = \angle BWQ = 90°$, 知 Q 在圆 BNW 上, 且 BQ 为其直径, 从而四边形 $BXQW$ 为矩形.

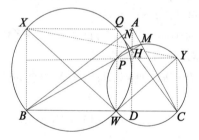

图 34.31

同理四边形 $CYPW$ 为矩形.

从而 $BX = WQ = \dfrac{WC \cdot DH}{DC}, CY = WP = \dfrac{WB \cdot DH}{DB}$.

于是 X, H, Y 共线 $\Leftrightarrow \dfrac{DH - CY}{XB - CY} = \dfrac{DC}{BC} \Leftrightarrow BC \cdot DH = DC \cdot BX + CY \cdot BD \Leftrightarrow BC \cdot DH = WC \cdot DH + WB \cdot DH \Leftrightarrow BC = BW + WC$.

而最后一式是恒等式, 故 X, H, Y 三点共线.

第1节　等角线的性质及应用

试题 A 涉及了等角线的问题.

定义 1　给定 $\angle AOB$,假定 OC 为其平分线,过点 O 作两条射线 OX,OY,若它们关于 OC 对称,则称这两条射线为 $\angle AOB$ 的一对等角线(图 34.32).

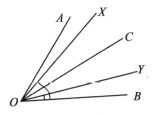

图 34.32

显然,射线 OX,OY 为 $\angle AOB$ 内的等角线. 此时, OA,OB 也可称为 $\angle XOY$ 的等角线,且 OA,OB 在 $\angle XOY$ 的外部.

判定方法 1　在 $\angle AOB$ 中,若 $\angle AOB$ 内的射线 OX,OY 满足 $\angle BOY + \angle BOX = \angle BOA$,则射线 OX,OY 为 $\angle AOB$ 的等角线.

事实上,因 $\angle BOY + \angle BOX = \angle BOA$,则 $\angle AOX = \angle BOY$.

判定方法 2　在 $\angle AOB$ 中,若 $\angle AOB$ 外的射线 OX',OY' 满足 $\angle BOX' + \angle AOY = 180°$,则射线 OX',OY' 为 $\angle AOB$ 的等角线(图 34.33).

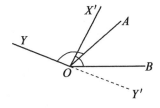

图 34.33

事实上,因 $\angle BOX' + \angle AOY = 180°$,则 Y' 为 $Y'D$ 延长线上一点时, $\angle Y'OB = \angle X'OA$.

性质 1　设 P,Q 是 $\angle AOB$ 的一对等角线 OX,OY 上的点,作 $PP_1 \perp OA$ 于点 P_1,作 $PP_2 \perp OB$ 于点 P_2,则 $OQ \perp P_1P_2$ (图 34.34).

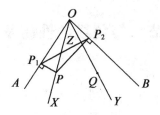

图 34.34

事实上,注意到 O, P_1, P, P_2 四点共圆,设 P_1P_2 交 OQ 于点 Z,则 $\angle OP_2Z = \angle OP_2P_1 = \angle OPP_1 = 90° - \angle AOX = 90° - \angle BOY = 90° - \angle P_2OZ$.

故 $\angle OZP_2 = 90°$,即 $OQ \perp P_1P_2$.

性质 2 如图 34.35,设 P, Q 是 $\angle AOB$ 的一对等角线 OX, OY 上的点,作 $PP_1 \perp OA$ 于点 P_1,作 $PP_2 \perp OB$ 于点 P_2,作 $QQ_1 \perp OA$ 于点 Q_1,作 $QQ_2 \perp OB$ 于点 Q_2,则:(1) $PP_1 \cdot QQ_1 = PP_2 \cdot QQ_2$;(2) $OP_1 \cdot OQ_1 = OP_2 \cdot OQ_2$.

事实上,由 $\text{Rt}\triangle POP_1 \backsim \text{Rt}\triangle QOQ_2, \text{Rt}\triangle POP_2 \backsim \text{Rt}\triangle QOQ_1$,有:

(1) $\dfrac{PP_1}{QQ_2} = \dfrac{PO}{QO} = \dfrac{PP_2}{QQ_1}$,故 $PP_1 \cdot QQ_1 = PP_2 \cdot QQ_2$.

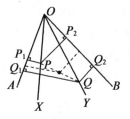

图 34.35

(2) $\dfrac{OP_1}{OQ_2} = \dfrac{OP}{OQ} = \dfrac{OP_2}{OQ_1}$,故 $OP_1 \cdot OQ_1 = OP_2 \cdot OQ_2$.

推论 1 图 34.35 中,P_1, Q_1, Q_2, P_2 四点共圆,其圆心为 PQ 的中点.

性质 3 设 P, Q 是 $\angle AOB$ 的一对等角线 OX, OY 上的点,作 $PP_1 \perp OA$ 于点 P_1,作 $PP_2 \perp OB$ 于点 P_2,作 $QQ_1 \perp OA$ 于点 Q_1,作 $QQ_2 \perp OB$ 于点 Q_2,联结 P_1P_2 与 Q_1Q_2 交于点 R,则 $OR \perp PQ$.

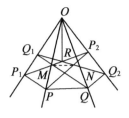

图 34.36

事实上,如图 34.36,由四边形 OP_1PP_2 ∽ 四边形 OQ_2QQ_1. 设 M,N 分别为其两四边形对角线交点,则 $\dfrac{OM}{MP} = \dfrac{ON}{NQ}$,从而 $MN \parallel PQ$.

由性质 1,知 $OP \perp Q_1Q_2$,$OQ \perp P_1P_2$,知 R 为 $\triangle OMN$ 的垂心. 故 $OR \perp PQ$.

性质 4 在 $\triangle ABC$ 中,点 A_1,A_2 在边 BC 上,AA_1 的延长线交 $\triangle ABC$ 的外接圆于点 D,则 $\angle BAA_1 = \angle A_2AC$ 的必要条件是 $AB \cdot AC = AD \cdot AA_2$.

证明 如图 34.37,联结 BD,则 $\angle ADB = \angle ACB = \angle ACA_2$.

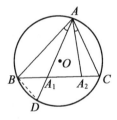

图 34.37

于是,$\angle BAA_1 = \angle A_2AC \Leftrightarrow \triangle ABD \backsim \triangle AA_2C \Rightarrow \dfrac{AB}{AA_2} = \dfrac{AD}{AC} \Leftrightarrow AB \cdot AC = AD \cdot AA_2$.

推论 2 在性质 5 的条件下,若 $AA_2 \perp BC$ 于点 A_2,则 AD 为圆的直径,且三角形的高 AA_2 与直径 AD 的乘积等于夹这条高 AA_2 的两条边 AB,AC 的乘积.

推论 3 在性质 5 的条件下,若 A_1 与 A_2 重合于 T,AD 为 $\angle BAC$ 的平分线,则 $AD \cdot AT = AB \cdot AC$.

性质 5 (斯坦纳定理)在 $\triangle ABC$ 中,则 AA_1,AA_2 是一对等角线(A_1,A_2 在 BC 边上)$\Leftrightarrow \dfrac{AB^2}{AC^2} = \dfrac{BA_1 \cdot BA_2}{CA_1 \cdot CA_2}$.

证明 如图 34.38,作 $\triangle AA_1A_2$ 的外接圆交 AB 于 B_1,交 AC 于 C_1,则

AA_1,AA_2 为一对等角线

$\Leftrightarrow \angle BAA_1 = \angle CAA_2$

$$\Leftrightarrow \widehat{A_1B} = \widehat{A_2C_1} \Leftrightarrow B_1C_1 /\!/ BC$$

$$\Leftrightarrow \frac{BA}{CA} = \frac{BB_1}{CC_1} \Leftrightarrow \frac{BA^2}{CA^2} = \frac{BA \cdot BB_1}{CA \cdot CA_1} = \frac{BA_1 \cdot BA_2}{CA_1 \cdot CA_2}$$

$$\Leftrightarrow \frac{AB^2}{AC^2} = \frac{BA_1 \cdot BA_2}{CA_1 \cdot CA_2}$$

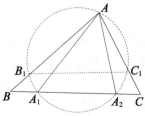

图 34.38

性质 6 自 △ABC 的顶点 A 引 2 条等角线 AD,AE,分别交对边 BC 于点 D,E,则：

(1) $AB \cdot AC = AD \cdot AE + \dfrac{AC}{AB} \cdot BD \cdot BE$；

(2) $AB \cdot AC = AD \cdot AE + \dfrac{AB}{AC} \cdot CD \cdot CE$.

证明 如图 34.39,作 △ABC 的外接圆,设 AD,AE 的延长线与 △ABC 的外接圆分别交于点 F,G,联结 BF,CG. 由 ∠BAD = ∠CAE, ∠ABC = ∠AGC 得

$$\triangle ABD \backsim \triangle AGC$$

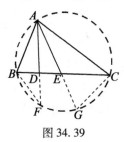

图 34.39

因此

$$\frac{AD}{AC} = \frac{BD}{CG} \qquad \qquad ①$$

又由 ∠BAD = ∠CAE, ∠ACB = ∠AFB 得

$$\triangle ACE \backsim \triangle AFB$$

从而

$$\frac{CE}{AE}=\frac{BF}{AB} \qquad ②$$

式①×②,并利用 $BF=CG$ 得

$$\frac{AD}{AC}\cdot\frac{CE}{AE}=\frac{BD}{CG}\cdot\frac{BF}{AB}=\frac{BD}{AB}$$

即

$$\frac{AD\cdot CE}{AE}=\frac{AC\cdot BD}{AB} \qquad ③$$

又由 $\triangle ABD\backsim\triangle AGC$ 得

$$\frac{AB}{AG}=\frac{AD}{AC}$$

于是

$$AB\cdot AC=AD\cdot AG=AD(AE+EG)=AD\cdot AE+AD\cdot EC \qquad ④$$

由相交弦定理得

$$AE\cdot EG=BE\cdot CE$$

即

$$EG=\frac{BE\cdot CE}{AE} \qquad ⑤$$

又由式③④⑤得

$$AB\cdot AC=AD\cdot AE+AD\cdot EG$$
$$=AD\cdot AE+\frac{AD\cdot BE\cdot CE}{AE}$$
$$=AD\cdot AE+\frac{AC}{AB}\cdot BD\cdot BE$$

同理可证,性质6的第2式也成立.

注 利用性质6也可以推证性质5:

由于

$$\frac{AC}{AB}\cdot BA_1\cdot BA_2=AB\cdot AC-AA_1\cdot AA_2,\frac{AB}{AC}\cdot CA_1\cdot CA_2=AB\cdot AC-AA_1\cdot AA_2$$

因此

$$\frac{AC}{AB}\cdot BA_1\cdot BA_2=\frac{AB}{AC}\cdot CA_1\cdot CA_2$$

故

$$\frac{AB^2}{AC^2}=\frac{BA_1\cdot BA_2}{CA_1\cdot CA_2}$$

性质7 在 $\triangle ABC$ 中,点 A_1,A_2 在边 BC 上,则 $\angle BAA_1=\angle A_2AC$ 的充要条

件是 $\triangle AA_1A_2$ 的外接圆与 $\triangle ABC$ 的外接圆内切于点 A.

证明 如图 34.40,过 A 分别作圆 ABC、圆 AA_1A_2 的切线 AT,AT_1. 设圆 AA_1A_2 与 AB,AC 分别交于点 B_1,C_1,联结 B_1C_1. 于是

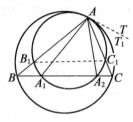

图 34.40

$\angle BAA_1 = \angle A_2AC \Leftrightarrow \widehat{B_1A_1} = \widehat{A_2C_1} \Leftrightarrow B_1C_1 // BC$
$\Leftrightarrow \angle ABC = \angle TAC, \angle AB_1C_1 = \angle T_1AC$
$\Leftrightarrow \angle TAC = \angle T_1AC \Leftrightarrow AT$ 与 AT_1 重合
$\Leftrightarrow$ 圆 AA_1A_2 与圆 ABC 内切于点 A

推论 4 在性质 6 的条件下,由性质 4,有 $\dfrac{AB^2}{AC^2} = \dfrac{BA_1 \cdot BA_2}{A_1C \cdot A_2C} \Leftrightarrow$ 圆 AA_1A_2 与圆 ABC 内切于点 A.

性质 8 在 $\triangle ABC$ 中,点 A_1,A_2 在边 BC 上,则 $\angle BAA_1 = \angle A_2AC$ 的充要条件是 $\triangle ABA_1,\triangle ABA_2,\triangle ACA_1,\triangle ACA_2$ 的外心共圆.

证明 如图 34.41,设 O_1,O_2,O_3,O_4 分别为 $\triangle ABA_1,\triangle ABA_2,\triangle ACA_1,\triangle ACA_2$ 的外心,则直线 $O_1O_2,O_1O_3,O_2O_4,O_3O_4$ 分别是线段 AB,AA_1,AA_2,AC 的中垂线.

注意到两边分别对应垂直的角相等,即有
$$\angle O_2O_1O_3 = \angle BAA_1, \angle O_2O_4O_3 = \angle A_2AC$$

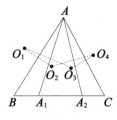

图 34.41

于是,$\angle BAA_1 = \angle A_2AC \Leftrightarrow \angle O_2O_1O_3 = \angle O_2O_4O_3 \Leftrightarrow O_1,O_2,O_3,O_4$ 四点共圆.

性质 9 在 $\triangle ABC$ 中,点 A_1,A_2 在边 BC 上,过点 A 与 BC 切于点 A_1 的圆和

△ABC 的外接圆交于点 D,直线 AA_2 交外接圆于点 E,则 $\angle BAA_1 = \angle A_2AC$ 的充要条件是 D,A_1,E 三点共线.

证明 **充分性** 如图 34.42,当 D,A_1,E 共线时,延长 AA_1 交外接圆于点 F,联结 EF,AD,则 $\angle DEF = \angle DAF = \angle DAA_1 = \angle DA_1B$,从而 BC // FE.

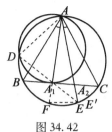

图 34.42

于是有 $\overset{\frown}{BF} = \overset{\frown}{EC}$,故 $\angle BAA_1 = \angle A_2AC$.

必要性 当 $\angle BAA_1 = \angle A_2AC$ 时,延长 DA_1 交直线 FE 于 E',此时,由 $\overset{\frown}{BF} = \overset{\frown}{EC}$,知 BC // FE,则 $\angle AE'F = \angle DA_1B = \angle DAA_1 = \angle DAF = \angle DEF$,即知 E' 在 △ABC 的外接圆上.

亦即 E' 与 E 重合,故 D,A_1,E 三点共线.

显然,对于三角形,有一对特殊的等角共轭点.

性质 10 三角形的外心、垂心是一双等角共轭点.

证明 如图 34.43,在锐角 △ABC 中,O,H 分别为其外心与垂心.

由 $\angle CAH = 90° - \angle C = 90° - \dfrac{1}{2}\angle AOB = 90° - \angle AOM = \angle BAO$,即知 AH,AO 为 $\angle A$ 的等角线.

同理,BH,BO 以及 CH,CO 均为 $\angle B$,$\angle C$ 的等角线.

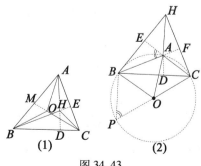

图 34.43

在钝角 △ABC 中,$\angle BAC$ 为钝角,O,H 分别是其外心与垂心,此时 A 为

△HBC 的垂心. 由 $\angle ABH = 90° - \angle BAE = 90° - \angle BPC = 90° - \angle PBO = \angle CBO$，即知 BH, BO 为 $\angle ABC$ 的等角线.

同理，CH, CO 为 $\angle ACB$ 的等角线.

由 $\angle EAH = 90° - \angle EHA = \angle HBD = \angle ABO = \angle BAO$，即知 AH, AO 为 $\angle BAC$ 的等角线.

从而，O, H 为钝角 △ABC 的一双等角共轭点.

注 三角形为直角三角形时，等角线即为其边.

例1 自 △ABC 的顶点 A 引 2 条等角线 AD, AE，交对边 BC 分别于点 D, E，则
$$BD \cdot BE \cdot CD \cdot CE = (AB \cdot AC - AD \cdot AE)^2$$

证明 由性质 6 的 2 个结论得

$$\frac{AC}{AB} \cdot BD \cdot BE = AB \cdot AC - AD \cdot AE \qquad ①$$

$$\frac{AB}{AC} \cdot CD \cdot CE = AB \cdot AC - AD \cdot AE \qquad ②$$

式①×②得

$$BD \cdot BE \cdot CD \cdot CE = (AB \cdot AC - AD \cdot AE)^2$$

例2 在 △ABC 中，M 为 BC 边上的任一点，$ME \perp AB$ 于点 E，$MF \perp AC$ 于点 F，$AN \perp EF$ 交 BC 于点 N，求证

$$AM \cdot AN + \sqrt{BM \cdot BN \cdot CM \cdot CN} = AB \cdot AC$$

证明 如图 34.44，因为 $ME \perp AB, MF \perp AC$，所以 A, E, M, F 四点共圆，因此
$$\angle MEF = \angle CAM$$

又因为 $AN \perp EF$，所以 $\angle BAN$ 与 $\angle AEF$ 互余. 又 $\angle MEF$ 与 $\angle AEF$ 互余，从而 $\angle BAN = \angle MEF$，于是 $\angle BAN = \angle CAM$，因此 AM, AN 是 △ABC 的 2 条等角线.

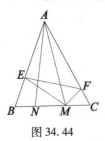

图 34.44

由性质 6 的 2 个结论得

$$AB \cdot AC - AM \cdot AN = \frac{AC}{AB} \cdot BM \cdot BN \qquad ①$$

$$AB \cdot AC - AM \cdot AN = \frac{AB}{AC} \cdot CM \cdot CN \qquad ②$$

式①×②得

$$(AB \cdot AC - AM \cdot AN)^2 = BM \cdot BN \cdot CM \cdot CN$$

所以 $\quad AB \cdot AC - AM \cdot AN = \sqrt{BM \cdot BN \cdot CM \cdot CN}$

即 $\quad AM \cdot AN + \sqrt{BM \cdot BN \cdot CM \cdot CN} = AB \cdot AC$

例 3 在 $\triangle ABC$ 中，AD 是 $\angle BAC$ 的平分线，则 $AD^2 = AB \cdot AC - BD \cdot DC$.

证明 当图 34.39 中的 2 条等角线 AD，AE 互相重合时便得到 AD 平分 $\angle BAC$（图 34.45），此时由性质 6 中的第 1 个结论可得

$$AB \cdot AC = AD^2 + \frac{AC}{AB} \cdot BD^2 \qquad ①$$

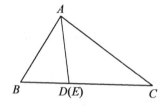

图 34.45

又由角平分线的性质定理得

$$\frac{AC}{AB} = \frac{DC}{BD} \qquad ②$$

把式②代入式①得

$$AB \cdot AC = AD^2 + \frac{DC}{BD} \cdot BD^2 = AD^2 + DC \cdot BD$$

即 $AD^2 = AB \cdot AC - BD \cdot DC$.

注 此例结论为斯特瓦尔特定理的特殊情形.

例 4 如图 34.46，已知非等腰 $\triangle ABC$，N 是其外接圆弧 $\overset{\frown}{BAC}$ 的中点，M 是边 BC 的中点，I_1，I_2 分别是 $\triangle ABM$，$\triangle ACM$ 的内心. 证明：I_1，I_2，A，N 四点共圆.

证明 如图 34.46，设 I'_2 是点 I_2 关于 MN 的对称点，联结 BI'_2，BI_1，MI'_2，MI_1，则

$$\angle BMI_1 + \angle BMI'_2 = \angle BMI_1 + \angle CMI_2$$
$$= \frac{1}{2}(\angle BMA + \angle CMA)$$
$$= 90° = \angle BMN$$

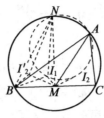

图 34.46

故 MI_1, MI'_2 关于 $\angle BMN$ 的平分线对称.

同理,BI_1, BI'_2 关于 $\angle MBN$ 的平分线对称.①

这表明,I_1, I'_2 是 $\triangle BMN$ 的一对等角共轭点.

因此,$\angle BNM = \angle MNI_1 + \angle MNI'_2$,从而

$$\angle I_1 AI_2 = \frac{1}{2}\angle BAC = \angle BNM = \angle MNI_1 + \angle MNI'_2$$

$$= \angle MNI_1 + \angle MNI_2 = \angle I_1 NI_2$$

故 I_1, I_2, A, N 四点共圆.

例 5 如图 34.47,已知 AD 为 $\triangle ABC$ 的内角平分线,I_1, I_2 分别为 $\triangle ABD$,$\triangle ACD$ 的内心,以 $I_1 I_2$ 为底向边 BC 作等腰 $\triangle EI_1 I_2$,使得 $\angle I_1 E I_2 = \frac{1}{2}\angle BAC$. 证明:$DE \perp BC$.

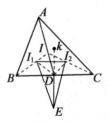

图 34.47

证明 设 I 为 $\triangle ABC$ 的内心,则 I 为直线 AD, BI_1, CI_2 的交点.

联结 DI_1, DI_2,并延长 ED 至 K. 由题设,知

---

① 由 $\angle MBI_1 + \angle MBI'_2 = \angle MBI_1 + \angle MCI_2 = \frac{1}{2}(\angle ABC + \angle ACB)$

$$= 90° - \frac{1}{2}\angle A = 90° - \angle BNM = \angle MBN$$

即得 BI_1, BI'_2 关于 $\angle MBN$ 的平分线对称.

$$\angle EI_1I_2 = 90° - \frac{1}{4}\angle BAC$$
$$\angle II_1D = 180° - (90° + \frac{1}{4}\angle BAC) = 90° - \frac{1}{4}\angle BAC$$

有 $\angle EI_1I_2 = \angle II_1D$.

同理, $\angle EI_2I_1 = \angle II_2D$. 即知 E,I 是 $\triangle DI_1I_2$ 的一对等角共轭点.①

于是, $\angle KDI_2 = \angle ADI_1 = \frac{1}{2}\angle ADB$, 从而

$$\angle KDC = \angle KDI_2 + \angle I_2DC = \frac{1}{2}\angle ADB + \frac{1}{2}\angle ADC = 90°$$

故 $DE \perp BC$.

例 6 点 P 在 $\triangle DEF$ 外角平分线上的射影依次为 S_1,S_2,S_3, 在内角平分线上的射影依次为 T_1,T_2,T_3, 则三直线 S_1T_1, S_2T_2, S_3T_3 共点.

证明 如图 34.48, 过点 D 作 S_1T_1 的平行线 DQ, 注意到四边形 PS_1DT_1 为矩形, 则 $\angle QDT_1 = \angle PS_1T_1 = \angle PDT_1$.

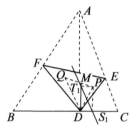

图 34.48

此说明直线 DQ 为 DP 的等角线.

设 Q 为点 P 关于 $\triangle DEF$ 的等角共轭点.

由于直线 S_1T_1 过 DP 的中点, 且 $S_1T_1 \parallel DQ$, 从而直线 S_1T_1 中过线段 PQ 的中点 M.

同理, 直线 S_2T_2, S_3T_3 均过 PQ 的中点 M.

故三直线 S_1T_1, S_2T_2, S_3T_3 共点.

注 此结论等价于: 点 P 在 $\triangle ABC$ 三边 BC,CA,AB 上的射影依次为 S_1, S_2, S_3, 又在三条高线 AD, BE, CF 上的射影依次为 T_1, T_2, T_3, 则三直线 S_1T_1,

---

① 也可由 $\angle BI_1D + \angle EI_1I_2 = (90° + \frac{1}{4}\angle BAC) + (90° - \frac{1}{4}\angle BAC) = 180°$ 来证.

S_2T_2, S_3T_3 共点.

例7 (IMO45 试题)在凸四边形 $ABCD$ 中,对角线 BD 既不是 $\angle ABC$ 的平分线,也不是 $\angle CDA$ 的平分线,点 P 在四边形 $ABCD$ 内部,满足 $\angle PBC = \angle DBA$ 和 $\angle PDC = \angle BDA$. 证明:四边形 $ABCD$ 为圆内接四边形的充分必要条件是 $AP = CD$.

证法 1 如图 34.49,不妨设点 P 在 $\triangle ABC$ 和 $\triangle BCD$ 内,直线 BP, DP 分别交 AC 于 K, L,注意到 A, C 是 $\triangle BPD$ 的等角共轭点,则

$$\angle APL = \angle CPK \quad \text{①}$$

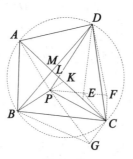

图 34.49

必要性 当 $ABCD$ 是圆内接四边形时,则

$$\angle PKL = \angle KBC + \angle KCB = \angle ABD + \angle ADB = \angle ACD + \angle LDC = \angle PLK$$

从而 $PL = PK$,且 $\angle PLA = \angle PKC$.

注意到式①,知 $\triangle APL \cong \triangle CPK$. 故 $AP = CP$.

充分性 当 $AP = CP$ 时,注意到式①,则 $\triangle APL \cong \triangle CPK$,有 $AL = CK, AK = CL$.

设 AC 与 BD 交于点 M,则

$$\frac{AM}{CM} \cdot \frac{AK}{CK} = \frac{S_{\triangle ABM}}{S_{\triangle BCM}} = \frac{S_{\triangle ABK}}{S_{\triangle CBK}}$$

$$= \frac{AB \cdot \sin \angle ABM}{BC \cdot \sin \angle MBC} \cdot \frac{AB \cdot \sin \angle ABK}{BC \cdot \sin \angle CBK} = \frac{AB^2}{BC^2} \quad (\text{斯坦纳定理})$$

同理

$$\frac{AM}{CM} \cdot \frac{AL}{CL} = \frac{AD^2}{CD^2}$$

上述两式相乘,得

$$\frac{AM}{CM} = \frac{AB \cdot AD}{BC \cdot CD} = \frac{S_{\triangle ABD}}{S_{\triangle CBD}}$$

于是 $\sin \angle BAD = \sin \angle BCD$.

易知 $\angle BAD \neq \angle BCD$(否则 $\angle ABD + \angle ADB = \angle CBD + \angle CDB$ 不存在点 P

满足条件).

故 $\angle BAD + \angle BCD = 180°$,即知 A,B,C,D 四点共圆.

证法2 如图 34.50,自点 P 分别向四边 AB,BC,CD,DA 作垂线,垂足依次为 E,F,G,H,由 $\angle PBC = \angle DBA$,知 $EF \perp BD$. 由 $\angle PDC = \angle BDA$,知 $GH \perp BD$,从而 $EF // HG$.

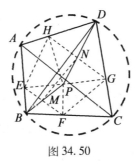

图 34.50

即知 $EFGH$ 为梯形.

分别取 BP,DP 的中点 M,N,则 $MN // BD$.

注意到 M 为圆 $BFPE$ 的圆心,则 MN 为 EF 的中垂线.

同理,MN 为 GH 的中垂线,从而 $EFGH$ 为等腰梯形,有 $EH = FG$.

在圆内接四边形 $AEPH$ 中,直径为 AP,由正弦定理,有

$$EH = AP \cdot \sin \angle BAD$$

同理,$FG = PC \cdot \sin \angle BCD$.

于是 $\dfrac{AP}{CP} = \dfrac{\sin \angle BCD}{\sin \angle BAD}$,故 $AP = CP \Leftrightarrow \sin \angle BAD = \sin \angle BCD$.

若 $\angle BAD = \angle BCD$,则导致 BD 为对称轴与题设矛盾.故 $\angle BAD$ 与 $\angle BCD$ 互补,即 A,B,C,D 共圆.

第2节 相交两圆的性质及应用(四)

本节再给出相交两圆的几条性质及应用的例子(接着前文叙述过的性质排序).

性质19 两圆圆 O_1 与圆 O_2 相交于 P,Q 两点,$\triangle PO_1O_2$ 的外接圆分别交圆 O_1 于 R,交圆 O_2 于 S,则点 Q 为 $\triangle PRS$ 的内心或旁心.

证明 如图 34.51(1),由 $\angle PRQ = \dfrac{1}{2} \angle PO_1Q = \angle PO_1O_2$ 及 $\angle PO_1O_2 =$

$\angle PRO_2$,有 $\angle PRQ = \angle PRO_2$,即知 R, Q, O_2 三点共线.

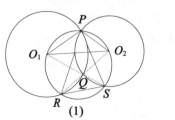
(1)

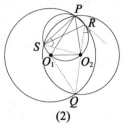
(2)

图 34.51

对于图 34.51(2),$\angle PRQ = 180° - \frac{1}{2}\angle PO_1Q = 180° - \angle PO_1O_2$ 及 $\angle PO_1O_2 = 180° - \angle PRO_2$,有 $\angle PRQ = \angle PRO_2$,即知 R, Q, O_2 三点共线.

注意到 $PO_2 = O_2S$,则在圆 PRS 中,有 $\overset{\frown}{PO_2} = \overset{\frown}{O_2S}$,即点 Q 在 $\angle PRS$ 的内角(或外角)平分线上.

同理,点 Q 在 $\angle PSR$ 的内角(或外角)平分线上.

故点 Q 为 $\triangle PRS$ 的内心或旁心.

性质 20 两圆圆 O_1 与圆 O_2 相交于 P, Q 两点,过点 Q 的割线段 AB 与圆 O_1 交于点 A,与圆 O_2 交于点 B.

(1)设 M 为 O_1O_2 的中点,则 $MQ \perp AB$ 的充要条件是点 Q 为 AB 的中点;

(2)设 C, D 分别为 $\overset{\frown}{AP}, \overset{\frown}{PB}$ 的中点,则 $PQ \perp CD$ 的充要条件是点 Q 为 AB 的中点.

证明 (1)作 $O_1G \perp AQ$ 于点 G,作 $O_2H \perp QB$ 于点 H,则 $MQ \perp AB \Leftrightarrow O_1G \parallel MQ \parallel O_2H \Leftrightarrow MQ$ 为直角梯形 O_1GHO_2 的中位线 $\Leftrightarrow GQ = QH \Leftrightarrow AQ = QB$.

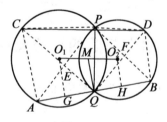

图 34.52

(2)如图 34.52 联结有关点,设 AP 与 CQ 交于点 E,BP 与 DQ 交于点 F,则由 $\overset{\frown}{AC} = \overset{\frown}{CP}$ 知 $\angle CPE = \angle CQP$. 又 $\angle PCE = \angle QCP$,则 $\triangle CPE \sim \triangle CQP$,即有 $\frac{CP}{CQ} =$

$\frac{CE}{CP}$,亦即 $CP^2 = CE \cdot CQ$.

同理,$DP^2 = DF \cdot DQ$.

由 $\triangle ACD \backsim \triangle QPE$,有
$$CQ \cdot QE = AQ \cdot QP$$

同理 $DQ \cdot QF = BQ \cdot QP$.

注意到
$$\begin{aligned}CP^2 - DP^2 &= CE \cdot CQ - DF \cdot DQ \\ &= (CQ - EQ) \cdot CQ - (DQ - FQ) \cdot DQ \\ &= CQ^2 - DQ^2 - EQ \cdot CQ + FQ \cdot DQ \\ &= CQ^2 - DQ^2 - AQ \cdot QP + BQ \cdot QP\end{aligned}$$

则
$$\begin{aligned}PQ \perp CD &\Leftrightarrow CP^2 - DP^2 = CQ^2 - DQ^2 \\ &\Leftrightarrow BQ \cdot QP = AQ \cdot QP \Leftrightarrow AQ = QB\end{aligned}$$

性质 21 两圆圆 O_1 与圆 O_2 相交于 P,Q 两点,离点 Q 较近的两圆外公切线切圆 O_1 于点 A,切圆 O_2 于点 B,则:

(1) $\angle APB + \angle AQB = 180°$,且较小者 $\angle APB = \frac{1}{2}\angle O_1PO_2$,较大者 $\angle AQB = 180° - \frac{1}{2}\angle O_1PO_2$;

(2) $\frac{PA}{PB} = \frac{QA}{AB}$.

证明 如图 34.53,联结 PQ, PO_1, PO_2, O_1O_2.

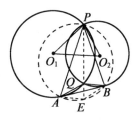

图 34.53

(1) 可知
$$\begin{aligned}\angle APB + \angle AQB &= \angle APQ + \angle QPB + \angle AQB \\ &= \angle QAB + \angle QBA + \angle AQB = 180°\end{aligned}$$

由
$$\begin{aligned}\angle AQB &= 180° - \angle APB = \angle PAB + \angle PBA \\ &= (\angle PAQ + \angle PBQ) + (\angle QAB + \angle QBA) \\ &= (\angle PO_1O_2 + \angle PO_2O_1) + \angle APB \\ &= 180° - \angle O_1PO_2 + 180° - \angle AQB\end{aligned}$$

有 $\angle AQB = 180° - \frac{1}{2}\angle O_1PO_2$,从而 $\angle APB = \frac{1}{2}\angle O_1PO_2$.

(2)设直线 PQ 交 $\triangle PAB$ 的外接圆于点 E,则 $\angle EAB = \angle EPB = \angle QBA$. 于是,$AE \parallel QB$. 同理,$AQ \parallel EB$. 从而四边形 $AEBQ$ 为平行四形.

此时 $\angle EAQ = \angle QBE$,由正弦定理,有

$$\frac{QA}{QB} = \frac{QA}{QE} \cdot \frac{QE}{QB} = \frac{\sin\angle PEA}{\sin\angle EAQ} \cdot \frac{\sin\angle QBE}{\sin\angle BEP} = \frac{\sin\angle PEA}{\sin\angle BEP} = \frac{PA}{PB}$$

故结论获证.

性质 22 两圆圆 O_1 与圆 O_2 相交于 P,Q 两点过点 P 的圆 O_1 的弦 PA 是圆 O_2 的切线,过点 P 的圆 O_2 的弦 PB 是圆 O_1 的切线.

(1)延长 AQ 交圆 O_2 于点 C,延长 BQ 交圆 O_1 于点 D,则 $AC = DB$;

(2)线段 AB 交圆 O_1 于点 E,交圆 O_2 于点 F,与直线 PQ 交于点 M,则 $\frac{AM}{BM} = \frac{AF}{BE}$.

证明

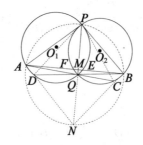

图 34.54

(1)如图 34.54,由题设知 $\angle PAQ = \angle BPQ$,$\angle APQ = \angle PBQ$,即有 $\angle AQP = \angle BQP$,从而 $\angle DQP = \angle CQP$.

此时,$\angle PDA = \angle CQP = \angle DQP = \angle DAP$.

于是,$PD = PA$. 注意到 $\triangle PDB \sim \triangle PAC$,则 $\triangle PDB \cong \triangle PAC$,故 $AC = DB$.

(2)如图 34.54,延长 PQ 交 $\triangle PAB$ 的外接圆于点 N,联结 AN, NB.

注意到 $\sin\angle PAN = \sin\angle PBN$,知

$$\frac{AM}{BM} = \frac{S_{\triangle PAN}}{S_{\triangle PBN}} = \frac{AP \cdot AN}{BP \cdot BN} \qquad ①$$

由 $\angle PAQ = \angle BPQ = \angle BAN$,$\angle APQ = \angle ABN$,有 $\triangle PAQ \sim \triangle BAN$,即有

$$\frac{PQ}{BN} = \frac{AP}{AB} \qquad ②$$

同理,由 $\triangle BPQ \sim \triangle BAN$,有

$$\frac{PQ}{AN} = \frac{BP}{AB} \qquad ③$$

式②÷③得

$$\frac{AN}{BN} = \frac{AP}{BP}$$

将其代入式①得

$$\frac{AM}{BM} = \frac{AP^2}{BP^2} = \frac{AF \cdot AB}{BE \cdot AB} = \frac{AF}{BE}$$

性质 23 两圆圆 O_1 与圆 O_2 相交于 P,Q 两点,离点 P 较近的外公切线切圆 O_1 于点 A,切圆 O_2 于点 B,过点 P 的圆 O_1 的弦 PC 是圆 O_2 的切线,过点 P 的圆 O_2 的弦 PD 是圆 O_1 的切线.直线 AP 交 BD 于点 T,交圆 O_2 于点 F,直线 BP 交 AC 于点 S,交圆 O_1 于点 E.则:

(1) A,S,Q,T,B 五点共圆;

(2) 当 M,N 分别为 AE,BF 上的点时,Q,S,M 及 Q,T,N 分别三点共线的充要条件是 M,N 分别为 AE,BF 的中点.

证明 如图 34.55,联结 PQ,AQ,BQ.

(1) 延长 DP 交 AB 于点 X,则 $\angle XAP = \angle XPA = \angle TPD$,从而 $\angle ATB = \angle PTB = \angle BDP + \angle TPD = \angle ABP + \angle BAP = \angle BQP + \angle AQP = \angle AQB$ 即知 A,Q,T,B 四点共圆.

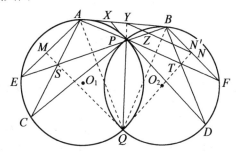

图 34.55

同理,A,S,Q,B 四点共圆.

故 A,S,Q,T,B 五点共圆.

(2) **充分性** 当 N 为 BF 的中点时,延长 QP 交 AB 于点 Y,则 $AY^2 = YP \cdot YQ = YB^2$,知 Y 为 AB 的中点,联结 YN 交 PB 于点 Z,则 $YN \parallel AF$,即有 $\angle BNY = \angle BFA$.

注意到 $\angle ABP = \angle BFA$,则 $\angle BNY = \angle ABP$,从而 $\triangle YBZ \backsim \triangle YNB$.于是,

$YZ \cdot YN = BY^2 = YP \cdot YQ$,由此即知 P, Q, N, Z 四点共圆,从而
$$\angle PQN = \angle BZN = \angle BPF \qquad ①$$
又由 A, Q, T, B 四点共圆知 $\angle BQT = \angle BAT$,于是
$$\angle PQT = \angle PQB + \angle BQT = \angle ABP + \angle BAT = \angle BPF \qquad ②$$
故 $\angle PQN = \angle PQT$,即知 Q, T, N 三点共线.

同理,Q, S, M 三点共线.

必要性 当 Q, T, N 三点共线时,有 $\angle PQN = \angle PQT$.

取 BF 的中点 N',则同式①的证法有 $\angle PQN' = \angle BPF$. 同样有式②,则 $\angle PQN' = PQN$,即知 N' 与 N 重合,从而 N 为 BF 的中点.

同理,当 Q, S, M 三点共线时,M 为 AE 的中点.

性质 24 两圆圆 O_1 与圆 O_2 相交于 P, Q 两点,圆 O_2 的弦 AB 为圆 O_1 的切线的充要条件是 AB 与圆 O_1 的公共点 E,满足 $\angle APE = \angle BQE$.

证明 如图 34.56,注意到 P, Q, B, A 四点共圆,则
$$\angle APE + \angle EPQ = \angle APQ = 180° - \angle ABQ$$
$$= \angle BQE + \angle BEQ$$

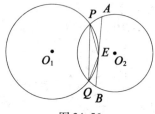

图 34.56

于是,$\angle APE = \angle BQE \Leftrightarrow \angle EPQ = \angle BEQ \Leftrightarrow AB$ 与圆 PQE(即圆 O_1)切于点 E.

性质 25 两圆圆 O_1 与圆 O_2 相交于 P, Q 两点,过点 P 的割线段 AF, BE 分别交圆 O_1 于 A, E,交圆 O_2 于 F, B,直线 EA 与直线 FB 交于 S,则 $\angle ASQ = \angle BSP$ 的充要条件是 $AB /\!/ EF$.

证明 如图 34.57,由 A, E, Q, P 及 P, Q, F, B 分别四点共圆,有 $\angle AEQ = \angle QPF = \angle QBF$,即知 S, E, Q, B 四点共圆.

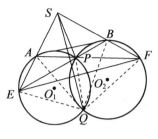

图 34.57

同理,S,A,Q,F 四点共圆.

于是
$$\angle ESQ = \angle EBQ = \angle PFQ \qquad ①$$

又 $\angle QES = \angle QPF$,知 $\triangle SEQ \backsim \triangle FPQ$.

同理,$\triangle EQP \backsim \triangle SQF$,从而
$$\frac{QF}{PQ} = \frac{SF}{EP} \qquad ②$$

充分性 若 $AB \parallel EF$,则 $\frac{SB}{SF} = \frac{AB}{EF} = \frac{PB}{EP}$,所以 $\frac{SF}{EP} = \frac{SB}{PB}$,故 $\frac{QF}{PQ} = \frac{SB}{PB}$.

又 $\angle SBP = \angle FQP$,即 $\triangle SPB \backsim \triangle FPQ \backsim \triangle SEQ$.

从而 $\angle ESQ = \angle PSB$,即 $\angle ASQ = \angle BSP$.

必要性 若 $\angle ASQ = \angle BSP$,即 $\angle ESQ = \angle PSB$,则由式①,有 $\angle PFQ = \angle PSB$.

又 $\angle SBP = \angle FQP$,则 $\triangle PQF \backsim \triangle PBS$,所以 $\frac{QF}{PQ} = \frac{SB}{PB}$.

注意到式②,则有 $\frac{SF}{EP} = \frac{SB}{PB}$,因而 $\frac{EP}{PB} = \frac{SF}{SB}$.

对 $\triangle SEB$ 及截线 APF 应用梅涅劳斯定理,有 $\frac{SA}{AE} \cdot \frac{EP}{PB} \cdot \frac{BF}{FS} = 1$.

因此,$\frac{SA}{AE} \cdot \frac{SF}{SB} \cdot \frac{BF}{SF} = 1$,从而 $\frac{SA}{AE} = \frac{SB}{BF}$,故 $AB \parallel EF$.

性质 26 两圆圆 O_1 与圆 O_2 相交于 P,Q 两点,一直线分别交圆 O_1 于点 B,E,交圆 O_2 于点 F,C. 设 A 为 QP 延长线上的一点,直线 QF 交 AB 于点 X,直线 QE 交 AC 于点 Y,则 $XY \parallel BC$.

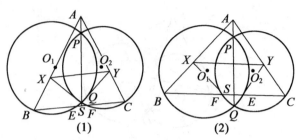

图 34.58

证明 如图 34.58,设直线 AP 交 BC 于点 S,分别对 $\triangle ABS$ 及截线 FQX,$\triangle ASC$ 及截线 EQY 应用梅涅劳斯定理,有 $\dfrac{AX}{XB} \cdot \dfrac{BF}{FS} \cdot \dfrac{SQ}{QA} = 1$, $\dfrac{AQ}{QS} \cdot \dfrac{SE}{EC} \cdot \dfrac{CY}{YA} = 1$.

上述两式相乘得

$$\dfrac{AX}{XB} \cdot \dfrac{BF}{FS} \cdot \dfrac{SE}{EC} \cdot \dfrac{CY}{YA} = 1 \qquad (*)$$

又由圆幂定理,有

$$SE \cdot SB = SQ \cdot SP = SF \cdot SC$$

于是

$$SE \cdot SB + SE \cdot SF = SF \cdot SC + SE \cdot SF$$

即

$$SE(SB + SF) = SF(SC + SE)$$

亦即 $SE \cdot BF = SF \cdot EC$,故 $\dfrac{BF}{FS} \cdot \dfrac{SE}{EC} = 1$.

将上式代入式($*$),得 $\dfrac{AX}{XB} \cdot \dfrac{CY}{YA} = 1$,即 $\dfrac{AX}{XB} = \dfrac{AY}{YC}$,故 $XY \parallel BC$.

性质 27 两圆圆 O_1 与圆 O_2 相交于 P,Q 两点,直线 O_1O_2 分别交圆 O_1 于 A,B,交圆 O_2 于 C,D,则 $\angle O_1PO_2 = 90°$ 的充要条件是 $\dfrac{AC}{CB} = \dfrac{AD}{DB}$. (即两圆正交的充分必要条件是两圆连心线所在直线与两圆的交点成调和点列.)

证明 充分性 如图 34.59,当 $\dfrac{AC}{CB} = \dfrac{AD}{DB}$ 时

$$\dfrac{AC}{CB} = \dfrac{AD}{DB} \Leftrightarrow \dfrac{AO_1 + O_1C}{AO_1 - O_1C} = \dfrac{DO_1 + AO_1}{DO_1 - AO_1}$$

$$\Leftrightarrow \dfrac{2AO_1}{2O_1C} = \dfrac{2DO_1}{2AO_1} \Leftrightarrow O_1C \cdot O_1D = AO_1^2$$

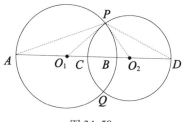

图 34.59

此时，$CO_1 \cdot O_1D = AO_1^2 = PO_1^2$，即知 PO_1 是圆 O_2 的切线，即 $\angle O_1PO_2 = 90°$.

必要性 由 $\angle O_1PO_2 = 90°$，则 $\angle PO_1O_2 + \angle PO_2O_1 = 90°$，即
$$2\angle APO_1 + 2\angle CDP = 90°$$
亦即 $\qquad 45° = \angle APO_1 + \angle CDP = \angle APO_1 + \angle O_1PC = \angle APC$

注意到 $\angle APB = 90°$，从而知 PC 平分 $\angle APB$. 由此亦知 PD 平分 $\angle APB$ 的外角.
故 $\dfrac{AC}{CB} = \dfrac{PA}{PB} = \dfrac{AD}{DB}$.

下面看几道例题：

例1 （2006年波兰数学奥林匹克题）已知 C 是线段 AB 的中点，过点 A,C 的圆圆 O_1 与过点 B,C 的圆圆 O_2 相交于 C,D 两点，P 是圆 O_1 上 $\overset{\frown}{AD}$（不包含点 C）的中点，Q 是圆 O_2 上 $\overset{\frown}{BD}$（不包含点 C）的中点. 求证：$PQ \perp CD$.

事实上，这可由性质20(2)即证.

例2 （2006年瑞士国家队选拔赛题）设 P 是 $\triangle ABC$ 内部一点，D 是 AP 上不同于 P 的一点，Γ_1, Γ_2 分别是过 B,P,D 三点的圆和过 C,P,D 三点的圆，圆 Γ_1, Γ_2 分别与 BC 交于 E,F，直线 PF 与 AB 交于 X，直线 PE 与 AC 交于点 Y. 求证：$XY /\!/ BC$.

事实上，这可由性质26即证.

例3 （2009年巴尔干地区数学奥林匹克题）在 $\triangle ABC$ 中，点 M,N 分别在边 AB,AC 上，且 $MN /\!/ BC$，BN 与 CM 交于点 P，$\triangle BMP$ 与 $\triangle CNP$ 的外接圆的另一个交点为 Q. 证明：$\angle BAQ = \angle CAP$.

事实上，这可由性质25即证.

例4 （2010年湖南省夏令营题）圆 O_1 与圆 O_2 相交于 D,P 两点，AB 为两圆的外公切线（离点 D 较近），AD 与圆 O_2 相交于点 C，线段 BC 的中点为 M，求证：$\angle DPM = \angle BDC$.

事实上，这可由性质23中的证明即得.

例 5 (IMO49 预选题) 设 P,Q 是凸四边形 $ABCD$ 内的两点,且满足四边形 $PQDA$ 和四边形 $QPBC$ 均为圆内四边形. 若在线段 PQ 上存在一点 E, 使得 $\angle PAE = \angle QDE, \angle PBE = \angle QCE$. 证明:四边形 $ABCD$ 为圆内接四边形.

证明 如图 34.60, 由性质 24, 知 PQ 与 $\triangle EAD$ 的外接圆切于点 E.

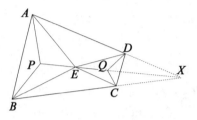

图 34.60

当直线 AD 与 PQ 交于点 X 时,则由切割线定理有 $XE^2 = XA \cdot XD$.

又因 $XA \cdot XD = XP \cdot XQ$, 所以 $XE^2 = XP \cdot XQ$.

此时必有直线 BC 与 PQ 交于点 Y, 亦有 $YE^2 = YP \cdot YQ$. 从而 X 与 Y 重合,即 AD, BC, PQ 三条直线交于一点. 由此即证 $ABCD$ 为圆内接四边形.

若不然, $BC \parallel PQ$, 则四边形 $QPBC$ 为等腰梯形. 由 $\angle PBE = \angle QCE$, 可得 E 是 PQ 的中点, 这与 $XE^2 = XP \cdot XQ$ 矛盾.

当 $AD \parallel PQ \parallel BC$ 时, 则四边形 $PQDA, QPBC$ 均为等腰梯形, 从而四边形 $ABCD$ 为等腰梯形. 因此, 四边形 $ABCD$ 为圆内接四边形.

例 6 (2010 年中国国家队集训队测试题) 如图 34.61, 在 $\triangle ABC$ 中, AD 是边 BC 上的高, 圆 Γ_1 与圆 Γ_2 相交于 D, K 两点, 且圆 Γ_1 过边 AB 的中点 M, 圆 Γ_2 过边 AC 的中点 N, 直线 MN 是圆 Γ_1 与圆 Γ_2 的一条公切线, 过 BC 边上的任一点 P 作直线 AB, AC 的平行线, 分别与边 AC, AB 交于 E, F. 求证: K, E, A, F 四点共圆.

证明 注意到 $MN \parallel BC$, 有 $\angle ANM = \angle NCD = \angle DNM, \angle AMN = \angle MBD = \angle NMD$, 从而有 $\triangle DMN \cong \triangle AMN$, 即有 $\angle NDM = \angle MAN, BM = MA = MD, CN = NA = ND$.

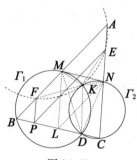

图 34.61

设 L 为 BC 的中点,则 $LN/\!/PE$, $LM/\!/PF$, $BL=LC$.

从而 $\dfrac{EN}{FM} = \dfrac{EN}{PL} \cdot \dfrac{PL}{FM} = \dfrac{CN}{LC} \cdot \dfrac{BL}{BM} = \dfrac{CN}{BM} = \dfrac{ND}{MD}$.

由性质 21(2),有 $\dfrac{ND}{MD} = \dfrac{KN}{KM}$. 因此 $\dfrac{EN}{FM} = \dfrac{KN}{KM}$.

另一方面,由性质 21(1),有 $\angle NDM + \angle NKM = 180°$.

但 $\angle NDM = \angle MAN$,所以 $\angle MAN + \angle NKM = 180°$,从而 A,M,K,N 四点共圆,于是,$\angle KNE = \angle KMF$.

综上所述即知 $\triangle KNE \backsim \triangle KMF$,所以 $\angle KEN = \angle KFM$.

不失一般性,设 P 在 B,L 之间,则 N 在 C,E 之间,F 在 M,B 之间,于是,$\angle KEN = \angle KFM$ 表明 $\angle KEC = \angle KFA$. 故 K,E,A,F 四点共圆.

第 3 节 一组对边相等的四边形的性质及应用

试题 D1 涉及了一组对边相等的四边形问题.

一组对边相等凸、凹、折四边形有如下一系列有趣的结论,我们作为性质介绍如下.①

性质 1 凸或折四边形中,一组对边相等且平行的充分必要条件是该四边形的四个顶点为平行四边形的四个顶点.

性质 2 凸或折四边形中,一组对边相等且不平行,另一组对边平行的充分必要条件是该四边形的四个顶点为等腰梯形的四个顶点.

证明 充分性显然,下证必要性.

如图 34.62,过点 D 作 $DE/\!/AB$ 交 BC 或所在直线于点 E,则 $DE=AB$(因 $AD/\!/BC$).

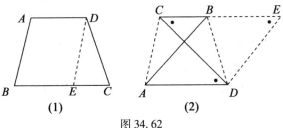

图 34.62

---

① 沈文选.一组对边相等的四边形的性质及应用[J].中学数学,2013(1):5-9.

在图 34.62(1) 中,凸四边形 ABCD 的 AB = DC,且 AB ∦ DC,AD ∥ BC,则知
$$\angle DCB = \angle DEC = \angle ABC$$
由此即知 ABCD 为等腰梯形.

在图 34.62(2) 中,折四边形 ABCD 的边 AB = DC,且 AB 与 DC 相交,AD ∥ BC,则知
$$\angle DEC = \angle DCE = \angle ADC$$
从而 △BED ≌ △ADC,有 BD = AC. 故 ADBC 是等腰梯形.

下面讨论非等腰梯形的四边形情形.

性质 3 在(凸、凹、折)四边形中,一组对边相等且不平行的充分必要条件是另一组对边中点的连线与相等两边所在直线成等角.

证明 如图 34.63,在(凸、凹、折)四边形 ABCD 中,AB 与 DC 相等且不平行,M,N 分别为 AD,BC 的中点,直线 MN 分别与直线 BA,CD 交于点 E,F,联结 BD,取 BD 的中点 P,则 MP ∥ AB,NP ∥ CD.

于是,$AB = DC$ 且 $AB \nparallel DC \Leftrightarrow MP = \frac{1}{2}AB = \frac{1}{2}DC = NP \Leftrightarrow \triangle PMN$ 为等腰三角形 $\Leftrightarrow \angle BEN = \angle PMN = \angle PNM = \angle DFM$(或 $\angle MFC$)$\Leftrightarrow$ 直线 MN 与直线 BA,CD 成等角.

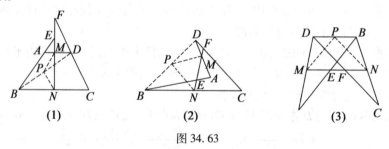

图 34.63

推论 1 一组对边相等且不平行的(凸、凹、折)四边形中,相等的对边所在直线所成角的一条平分线平行于另一组对边中点的连线.

推论 2 一组对边相等且不平行的(凸、凹、折)四边形中,相等的对边所在直线所成角的一条平分线截两条对角线至其交点所得线段与对角线长对应成比例.

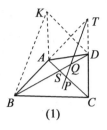
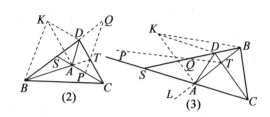

图 34.64

证明 如图 34.64,设四边形 $ABCD$ 中,$AB = CD$. 令对角线 AC,BD 所在直线交于点 S,直线 AB,DC 相交于点 T,$\angle BTD$ 的平分线分别交直线 AC,BD 于点 P,Q.

过点 D 作 $DK \underline{\parallel} CA$,联结 AK,BK,则 $AK // CD$,且 $AK = CD = AB$,从而

$$\angle ABK = \frac{1}{2}(180° - \angle BAK) - \frac{1}{2}\angle KAT(\text{或} \frac{1}{2}\angle KAL) = \frac{1}{2}\angle BTD(\text{或} \frac{1}{2}\angle BTC)$$

于是,$KB // TP$(或 $KB // PT$),即知 $\triangle SPQ \backsim \triangle DKB$. 故 $\dfrac{SP}{AC} = \dfrac{SP}{KD} = \dfrac{SQ}{BD}$.

性质 4 在(凸、凹、折)四边形中,一组对边相等且不平行的充分条件是以另一组对边中的一边为公共弦,以相等的边各自为弦的圆相等,且公共弦所在直线与该四边形的两条对角线成等角.

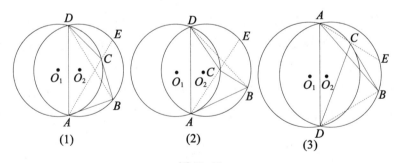

图 34.65

证明 如图 34.65,两圆圆 O_1、圆 O_2 相交于 A,D 两点,点 B,C 分别在圆 O_2、圆 O_1 上,设圆 O_1、圆 O_2 的直径分别为 d_1,d_2,则在圆 O_2、圆 O_1 中,分别有

$$\frac{AB}{\sin \angle ADB} = 2d_2, \frac{CD}{\sin \angle CAD} = 2d_1.$$

于是,$AB = CD \Leftrightarrow d_2 = d_1$ 且 $\angle ADB = \angle CAD \Leftrightarrow$ 圆 O_1 与圆 O_2 相等,且 AD 与 AC,BD 成等角.

性质 5 在(凸、凹、折)四边形中,一组对边相等且不平行的充分必要条件是以相等的边各自为弦,以另一组对边所在直线的交点(或对角线的交点)为一公共点的相交两圆为等圆.

证明 如图 34.66,两圆圆 O_1、圆 O_2 相交于 P,Q 两点. 点 A,B 在圆 O_1 上,点 C,D 在圆 O_2 上,直线 AD,BC 交于点 P(或 AC,BD 交于点 P).

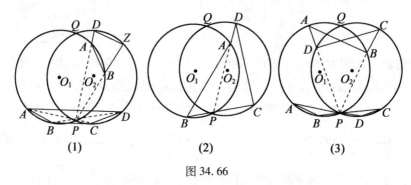

图 34.66

设圆 O_1、圆 O_2 的直径分别为 d_1,d_2,则在圆 O_1、圆 O_2 中,分别有

$$\frac{AB}{\sin\angle APB}=2d_1,\frac{CD}{\sin\angle CPD}=2d_2$$

于是,$AB=CD\Leftrightarrow d_1=d_2\Leftrightarrow$ 圆 O_1 与圆 O_2 相等.

性质 6 在(凸、凹、折)四边形中,一组对边相等且不平行的充分必要条件是以相等的两边为割线段(端点在不同圆上),以这两条边所在直线的交点为一公共点的相交两圆的公共弦平分这相等两边所在直线的夹角.

证明 如图 34.67,两圆圆 O_1、圆 O_2 相交于 P,Q 两点,点 A,C 在圆 O_1 上,点 B,D 在圆 O_2 上,直线 AB,DC 交于点 P.

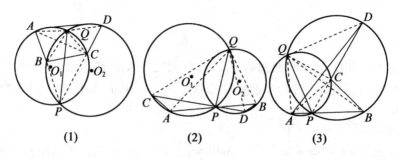

图 34.67

联结 QA, QB, QC, QD,则由 $\angle QAB = \angle QDC$(或 $\angle QCD$),$\angle QBA = \angle QCD$(或 $\angle QDC$),知 $\triangle QAB \backsim \triangle QCD$(或 $\triangle QDC$).

于是,$AB = CD \Leftrightarrow \triangle QAB \cong \triangle QCD \Leftrightarrow QA = QC \Leftrightarrow \angle QAC = \angle QCA \Leftrightarrow \angle QPC = \angle QAC = \angle QCA = \angle QPB \Leftrightarrow QP$ 与直线 AB, CD 成等角.

性质 7 折四边形相交两边相等(或凸四边形对角线相等)的充分必要条件是以另一组对边或两对角线(或一组对边)各自为弦,以相交两边(或对角线)的交点为一个公共点的两圆的另一个交点在以相交两边(或对角线)各自为直径的两圆的公共弦上.

证明 如图 34.68,在折四边形 $ABCD$ 中,AB 与 CD 交于点 G,圆 ADG 与圆 BCG 的另一交点为 X,设 M, N 分别为 AB, CD 的中点.圆 M 与圆 N 相交于 P, Q 两点.

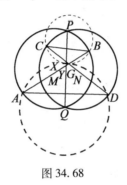

图 34.68

注意到圆 M、圆 N 的半径分别为 BM, CN,点 X 对圆 M、圆 N 的幂分别为 $BM^2 - XM^2, CN^2 - XN^2$.

当点 X 位于 PQ 上时,有
$$BM^2 - XM^2 = CN^2 - XN^2 \qquad ①$$

由同弧上的圆周角相等,有
$$\angle XAB = \angle XAG = \angle XDG = \angle XDC$$
$$\angle XBA = \angle XBG = \angle XCG = \angle XCD$$
则
$$\triangle XAB \backsim \triangle XDC$$

因此,式①中的平方差或者等于 0,或者是三角形相似比的平方.

若平方差为 0,即点 X 对两圆的幂为 0,即点 X 与 P 重合,显然不可能.

因此,只能是平方差为相似比的平方,又由 $\dfrac{XM}{XN} = \dfrac{BM}{CN} = k$,有

$$k^2(XN^2 - CN^2) = XM^2 - BM^2 = XN^2 - CN^2$$

即知 $k^2 = 1$.

从而 $\triangle XAB \cong \triangle XDC$, 故 $AB = AC$.

反之, 当 $AB = AC$ 时, 有 $\triangle XAB \cong \triangle XDC$, 因 M, N 分别为 AB, CD 的中点, 因此有 $XM = XN, AM = DN$.

从而, 有 $XM^2 - AM^2 = XN^2 - DN^2$, 即点 X 关于圆 M、圆 N 的幂相等. 故点 X 在直线 PQ 上.

同理, 可证圆 ACG 与圆 DBG 的另一交点 Y 也满足题意.

下面看上述性质的应用.

例1 (2010 年中国数学奥林匹克题) 两圆 Γ_1, Γ_2 交于点 A, B, 过点 B 的一条直线分别交圆 Γ_1, Γ_2 于点 C, D, 过点 B 的另一条直线分别交圆 Γ_1, Γ_2 于点 E, F, 直线 CF 分别交圆 Γ_1, Γ_2 于点 P, Q. 设 M, N 分别是 $\overset{\frown}{PB}, \overset{\frown}{QB}$ 的中点, 若 $CD = EF$, 求证: C, F, M, N 四点共圆.

证明 如图 34.69, 联结 ED, 在凹四边形 $CDEF$ 中, 应用性质 6, 即知 AB 平分 $\angle CBF$.

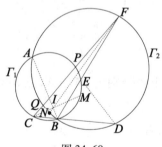

图 34.69

又 M, N 分别是 $\overset{\frown}{PB}, \overset{\frown}{QB}$ 的中点, 即知 CM, FN 分别平分 $\angle BCF, \angle BFC$. 于是 AB, CM, FN 共点于 $\triangle BCF$ 的内心 I. 从而在圆 Γ_1, Γ_2 中, 由相交弦定理有 $CI \cdot IM = AI \cdot IB = NI \cdot IF$.

故由相交弦定理的逆定理, 知 C, F, M, N 四点共圆.

例2 (IMO46 试题) 给定凸四边形 $ABCD, BC = AD$, 且 BC 不平行于 AD. 设点 E 和 F 分别在边 BC 和 AD 的内部, 满足 $BE = DF$, 直线 AC 和 BD 相交于点 P, 直线 EF 和 BD 交于点 Q, 直线 EF 和 AC 相交于点 R. 证明: 当点 E 和 F 变动

时,$\triangle PQR$ 的外接圆经过除点 P 外的另一个定点.①

证明 如图 34.70,由于 $BC \mathbin{\!/\mkern-5mu/\!} AD$,则知圆 APD 与圆 PBC 除交于点 P 外,必交于另一点 M,则 M 为定点.

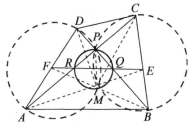

图 34.70

由 $BC = AD$,应用性质 5,知圆 APD 与圆 PBC 为等圆.联结 $MA, MF, MD, MP, MC, ME, MB$.

由 $\angle DAM = \angle BPM = \angle BCM$,知 $DM = BM$.

注意到 $DF = BE$,则 $\triangle FDM \cong \triangle EBM$.

从而 $MF = ME$,且 $\angle FMD = \angle EMB$.

同理 $\angle FMA = \angle EMC$.

同理 $AM = MC$.于是 $\angle EMF = \angle BMD = \angle CMA$,即三个等腰三角形 $\triangle MEF$,$\triangle MBD$,$\triangle MCA$ 的顶角相等.从而其底角相等,有 $\angle MEF = \angle MBD = \angle MCA$.

从而 M, B, E, Q 及 M, E, C, R 分别四点共圆.

于是 $\angle MQB = \angle MEB = \angle MRP$.故 Q, P, R, M 四点共圆.

例 3 (2004 年中国国家集训测试题)圆心为 O_1 和 O_2 的两个等圆相交于 P, Q 两点,O 是公共弦 PQ 的中点,过 P 任作两条割线 AB 和 CD(AB, CD 均不与 PQ 重合),点 A, C 在圆 O_1 上,点 B, D 在圆 O_2 上,联结 AD 和 BC,点 M, N 分别是 AD, BC 的中点,已知 O_1 和 O_2 不在两圆的公共部分内,点 M, N 均不与点 O 重合.求证:M, N, O 三点共线.

证明 如图 34.71,联结 $AC, BD, O_1A, O_1C, O_2D, O_2B$.

因圆 O_1 与圆 O_2 为等圆,故 $CO_1 = O_2B, AO_1 = DO_2$.

---

① 此例中的凸四边形 $ABCD$,可以为凹或折四边形,结论仍然成立.

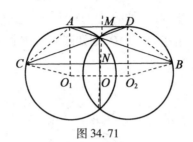

图 34.71

应用性质 5，知 $AC = DB$.

分别在四边形 $ACBD, O_1O_2BC, O_1O_2DA$ 中，应用性质 3，知直线 MN 与直线 AC, DB 成等角，直线 ON 与直线 O_1C, O_2B 成等角，直线 OM 与直线 O_1A, O_2D 成等角.

注意到同时与两相交（或平行）直线成等角的直线是相互平行的，从而知直线 MN, ON, OM 重合. 故 M, N, O 三点共线.

例 4 （第 29 届俄罗斯数学奥林匹克题）在锐角 $\triangle APD$ 的边 AP 和 PD 上各取一点 B 和 C，四边形 $ABCD$ 的两条对角线相交于点 Q. $\triangle APD$ 和 $\triangle BPC$ 的重心分别为 H_1, H_2. 证明：如果直线 H_1H_2 经过 $\triangle ABQ$ 和 $\triangle CDQ$ 的外接圆的交点 X，那么它必定经过 $\triangle BQC$ 和 $\triangle AQD$ 的外接圆的交点 $Y(X \neq Q, Y \neq Q)$.

证明 如图 34.72，因 $X \neq Q, Y \neq Q$，可知直线 AD 与 BC 必相交，设交于点 R，则在完全四边形 $ABPCRD$ 中，注意到：以完全四边形的三条对角线为直径的圆共轴，且完全四边形的四个三角形的垂心在这条根轴上，即知 H_1, H_2 在以 AC, BD 为直径的两相交圆的公共弦所在直线上.

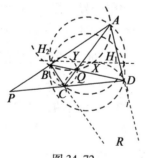

图 34.72

应用性质 7，即知点 X 也在这条公共弦所在直线上时，这两个圆为等圆，又应用性质 7，即知点 Y 在这条公共弦所在直线上.

例 5 （2007 年中国国家集训测试题）锐角 $\triangle ABC$ 的外接圆在 A 和 B 处的

切线相交于点 D,M 是 AB 的中点. 证明: $\angle ACM = \angle BCD$.

证明 如图 34.73,过点 A 作与 BC 切于点 C 的圆 O_1,圆 O_1 与 CD 交于点 Q,与 DA 的延长线交于点 F,联结 AQ,BQ,则 $\angle AQD = \angle AFC = \angle ACB = \angle ABD$,于是 A,D,B,Q 四点共圆,注意到 $DA = DB$,则 $\angle AQD = \angle DQB$. 从而
$$\angle AQC = \angle CQB \qquad (*)$$

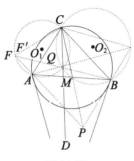

图 34.73

又由 $\angle QAC = \angle QCB$,知 $\angle ACQ = \angle CBQ$. 此说明过 B,Q,C 的圆即圆 O_2 与 AC 切于点 C.

延长 CM 至 P,使 $MP = CM$,则四边形 $CAPB$ 为平行四边形. 延长 AQ 交圆 O_2 于点 E,延长 BQ 交圆 O_1 于圆 O_1 于 F',联结 CF',CE.

注意到式 $(*)$,应用性质 6,即知 $AE = F'B$. 此时,有 $CF' = CA$,$CE = CB$.

于是,$\angle CBE = \angle CEB = \angle BCA = 180° - \angle CBP$,即知 E,B,P 三点共线.

又 $\angle CAF' = \angle CF'A = \angle BCA = 180° - \angle CAP$,即知 F',A,P 共线,即 F' 与 F 重合又可推证 $\angle ACF = \angle BCE$.

在等腰梯形 $CFPB$ 中,$\angle FCM = \angle FBP = \angle QCE$.

故 $\angle ACM = \angle FCM - \angle FCA = \angle QCE - \angle BCE = \angle BCQ = \angle BCD$.

注 此例应用调和四边形性质可简捷推证.

练习题及解答提示

1. (第 24 届全苏数学奥林匹克题)设在凸四边形中,经过一组对边中点的直线同两条对角线所成的角相等. 求证:这两条对角线相等.

提示:应用性质 3 即证.

2. (1992 年齐齐哈尔市竞赛题)已知 AH 是 $\triangle ABC$ 中 $\angle A$ 的平分线,在 AB,AC 边上截取 $BD = CE$,M 是 DE 的中点,N 是 BC 的中点. 求证:$MN \parallel AH$.

提示:应用性质 3 即证.

3. (IMO35 试题)△ABC 是一个等腰三角形,AB = AC. 假如(ⅰ)M 是 BC 的中点,O 是直线 AM 上的点,使得 OB 垂直于 AB;(ⅱ)Q 是线段 BC 上不同于 B 和 C 的任意点;(ⅲ)E 在直线 AB 上,F 在直线 AC 上,使得 E,Q 和 F 是不同的三个共线点. 求证:OQ 垂直于 EF 当且仅当 QE = QF.

提示:$OQ \perp EF, OB \perp AB \Leftrightarrow B, E, O, Q$ 共圆 $\Leftrightarrow \angle OEQ = \angle OBC = \angle OAC \Leftrightarrow A, E, O, F$ 共圆 $\Leftrightarrow \angle OFC = \angle AEO = \angle OQC \Leftrightarrow O, Q, F, C$ 共圆.

对 △AEF 及截线 BQC 应用梅涅劳斯定理有 $\dfrac{AB}{BE} \cdot \dfrac{EQ}{QF} \cdot \dfrac{FC}{CA} = 1 \Rightarrow \dfrac{EQ}{QF} = \dfrac{BE}{FC}$.

于是 $QE = QF \Leftrightarrow BE = FC \Leftrightarrow$ 圆 BEQ 与圆 QCF 相等 $\Leftrightarrow O$ 为两圆的公共点 $\Leftrightarrow$ 相交两圆的内接三角形相似 $\Leftrightarrow OQ \perp EF$.

4. (2010 年捷克 - 斯洛伐克数学奥林匹克题)求满足下列性质的三角形各个角的度数:若 K,M 分别为 AB,AC 上的点,BM 与 CK 交于点 L,则四边形 AKLM 的外接圆与四边形 KBCM 的外接圆相等.

提示:由 $\angle CMB = \angle CKB$ 及 $\angle AML + \angle AKL = 180°$,有 $\angle CMB = \angle CKB = \angle AML = \angle AKL = 90°$,即 L 为 △ABC 的垂心. 因此圆 AKLM 与圆 KBCM 相等 $\Leftrightarrow AL = BC \Leftrightarrow AK = CK$. 满足题意的解 $(\alpha, \beta, \gamma) = (45°, 45° + \varphi, 90° - \varphi)$,其中 $\varphi \in (0, 45°)$.

第 4 节 三角形的密克尔定理及应用

试题 D2 的证法 2 中涉及了三角形的密克尔定理.

三角形中的密克尔定理和其推论在处理平面几何中的有关问题,特别是有关竞赛题时,常发挥重要作用.[①]

定理 1 (密克尔定理)设在一个三角形每边所在直线上取一点,过三角形的每一顶点与两条邻边所在线上所取的点作圆,则这三个圆交于一点,该点称为"密克尔点".

利用四点共圆的性质易证此定理.

当上述三点共线时,可得如下推论:

推论 1 (完全四边形的密克尔定理)四条两两相交的直线形成四个三角形,它们的外接圆共点.

推论 2 在 △ABC 中,点 D,E,F 分别在边 BC,CA,AB 上,设 M 为其密克尔

---

① 沈文选. 三角形的密克尔定理及应用[J]. 中等数学,2011(11):7-11.

点. 当 $AD \perp BC$,且 M 在直线 AD 上时,点 E,F 与 $\triangle BDF,\triangle DCE$ 的外心 O_1,O_2 四点共圆的充要条件是 M 为 $\triangle ABC$ 的垂心.

推论2的证明 如图 34.74,由 $\angle MEC = 180° - \angle MDC = 90°$,知
$$ME \perp AC$$
同理,$MF \perp AB$.

由 $AF \cdot AB = AM \cdot AD = AE \cdot AC$,知 B,C,E,F 四点共圆.

又 $AD \perp BC$,则 O_1,O_2 分别为 BM,CM 的中点,即有 $O_1 O_2 /\!/ BC$.

从而,$\angle MO_2 O_1 = \angle MCB$.

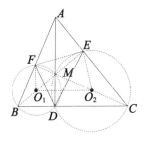

图 34.74

充分性 当 M 为 $\triangle ABC$ 的垂心时,由九点圆定理即知 O_1,O_2,E,F 四点共圆.

必要性 当 O_1,O_2,E,F 四点共圆时,有
$$\angle O_1 O_2 E + \angle EFO_1 = 180°$$
由 B,C,E,F 四点共圆有
$$\angle BFE + \angle BCE = 180°$$
设 R 为 $\triangle ABC$ 的外接圆半径,故
$$\angle ABM = \angle MCA$$
$$\Rightarrow \mathrm{Rt}\triangle BMF \backsim \mathrm{Rt}\triangle CME$$
$$\Rightarrow \frac{MF}{BF} = \frac{ME}{CE}$$
$$\Rightarrow \frac{AM\cos B}{AB - AM\sin B} = \frac{AM\cos C}{AC - AM\sin C}$$
$$\Rightarrow AM = \frac{AB\cos C - AC\cos B}{\sin B \cdot \cos C - \cos B \cdot \sin C} = 2R\cos A$$

从而,M 为 $\triangle ABC$ 的垂心.

推论3 在完全四边形 $ABCDEF$ 中,设 M 为其密克尔点,则:

(1)当 A,B,D,F 四点共圆于圆 O 时,M 在直线 CE 上,且 $OM \perp CE$;

(2)当 B,C,E,F 四点共圆于圆 O 时，M 在直线 AD 上，且 $OM \perp AD$.

推论3证明 (1)如图34.75,设 $\triangle BCD$ 的外接圆与 CE 交于点 M',联结 DM'.

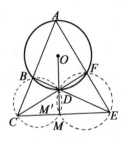

图 34.75

则 $\angle DM'C = \angle ABD = \angle DFE$,即知 E,F,D,M' 四点共圆.

从而,M' 为完全四边形的密克尔点.

故点 M' 与 M 重合.

设圆 O 的半径为 R,则

$$CM \cdot CE = CD \cdot CF = CO^2 - R^2$$

同理,$EM \cdot EC = EO^2 - R^2$.

故
$$CO^2 - EO^2 = EC(CM - EM)$$
$$= (CM + EM)(CM - EM)$$
$$= CM^2 - EM^2$$

由定差幂线定理知 $OM \perp CE$.

(2)类似可证.

下面给出上述定理及推论的应用例子.

例1 (2007年全国高中数学联赛题)在锐角 $\triangle ABC$ 中,$AB < AC$,AD 是边 BC 上的高,P 是线段 AD 内一点,过 P 作 $PE \perp AC$,垂足为 E,作 $PF \perp AB$,垂足为 F. O_1,O_2 分别是 $\triangle BDF$,$\triangle CDE$ 的外心. 证明:O_1,O_2,E,F 四点共圆的充要条件为 P 是 $\triangle ABC$ 的垂心.

事实上,由推论2即证.

例2 (第39届加拿大数学奥林匹克题)已知 $\triangle ABC$ 的内切圆分别切三边 BC,CA,AB 于点 D,E,F,$\triangle ABC$ 的外接圆圆 O 与 $\triangle AEF$ 的外接圆圆 O_1,$\triangle BFD$ 的外接圆圆 O_2,$\triangle CDE$ 的外接圆圆 O_3 分别交于点 A 和 P,B 和 Q,C 和 R. 证明:

(1)圆 O_1、圆 O_2、圆 O_3 交于一点；

(2)PD,QE,RF 三线交于一点.

证明 (1)如图 34.76,显然,圆 O_1、圆 O_2、圆 O_3 均过 $\triangle ABC$ 的内心.

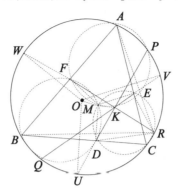

图 34.76

(2)如图 34.76,联结 RE,RD,RA,RB,则
$$\angle ERD = \angle ECD = \angle ACB = \angle ARB$$
从而,$\angle ARE = \angle BRD$.
又 $\angle RAC = \angle RBC$,得
$$\triangle ARE \sim \triangle BRD$$
故 $\dfrac{AR}{BR} = \dfrac{AE}{BD} = \dfrac{AF}{BF}$,即 RF 平分 $\angle ARB$.

因此,RF 过圆 O 的 $\overset{\frown}{AB}$ 的中点 W.

同理,PD,QE 分别过圆 O 上 $\overset{\frown}{BC},\overset{\frown}{CA}$ 的中点 U,V.

下面证明:DU,EV,FW 三线交于一点.

由 $MD \perp BC, OU \perp BC$,知 $MD \mathbin{/\mkern-5mu/} OU$.

同理,$ME \mathbin{/\mkern-5mu/} OV, MF \mathbin{/\mkern-5mu/} OW$.

设 $\triangle ABC$ 的外接圆、内切圆半径分别为 R,r,则
$$\frac{MD}{OU} = \frac{ME}{OV} = \frac{MF}{OW} = \frac{R}{r}$$

若设直线 OM 与 UD 交于点 K,则由上述比例式知,直线 VE,WF 均过点 K.

故直线 PD,QE,RF 三线共点于 K.

例 3 (2009 年土耳其数学奥林匹克题)已知圆 Γ 和直线 l 不相交,P,Q,R,S 为圆 Γ 上的点,PQ 与 RS 及 PS 与 QR 分别交于点 A,B,而 A,B 在直线 l 上. 试确定所有以 AB 为直径的圆的公共点.

证明 如图 34.77，由推论 3(1) 知，△ASP 和 △BRS 的外接圆交于点 K，且 K 在边 AB 上．

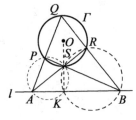

图 34.77

设圆 Γ 的圆心为 O，半径为 r，则
$$OK \perp AB$$

由圆幂定理有
$$BO^2 - r^2 = BS \cdot BP = BK \cdot BA$$
$$= BK(BK + AK) = BK^2 + AK \cdot KB$$

故 $AK \cdot KB = BO^2 - BK^2 - r^2 = OK^2 - r^2$．

对任何一对满足条件的点 (A, B)，因为 O, K, r 是固定的，所以，以 AB 为直径的圆一定过直线 OK 上的两点，每点到直线 l 的距离为 $\sqrt{AK \cdot KB}$，即 $\sqrt{OK^2 - r^2}$．

例 4 （第 35 届俄罗斯数学奥林匹克题）设 A_1, C_1 分别是 $\square ABCD$ 的边 AB, BC 上的点，线段 AC_1 与 CA_1 交于点 P，△AA_1P 和 △CC_1P 的外接圆的第二个交点 Q 位于 △ACD 内部．证明：$\angle PDA = \angle QBA$．

证明 如图 34.78，因为 △AA_1P 和 △CC_1P 的外接圆的第二个交点为 Q，所以，由推论 1 知 Q 为完全四边形 BC_1CPAA_1 的密克尔点．

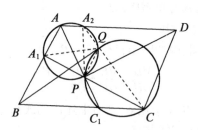

图 34.78

从而，A_1, B, C, Q 四点共圆．故
$$\angle QBA = \angle QBA_1 = \angle QCA_1$$

由于点 Q 位于 $\triangle ACD$ 内,可设直线 CQ 与 AD 交于点 A_2.

由 $\angle DA_2Q = \angle QCC_1 = \angle APQ$,知点 A_2 在 $\triangle APQ$ 的外接圆上.

联结 A_2P,由 A,A_1,P,A_2 四点共圆及 $AB /\!/ DC$,有
$$\angle A_2PC = \angle A_1AA_2 = 180° - \angle A_2DC$$

从而,A_2,P,C,D 四点共圆.

故 $\angle PDA = \angle PDA_2 = \angle PCA_2 = \angle QCA_1 = \angle QBA$.

例 5 (2010 年全国高中数学联赛题)如图 34.79,已知锐角 $\triangle ABC$ 的外心为 O,K 是边 BC 上一点(不是边 BC 的中点),D 是线段 AK 延长线上一点,直线 BD 与 AC 交于点 N,直线 CD 与 AB 交于点 M.证明:若 $OK \perp MN$,则 A,B,D,C 四点共圆.

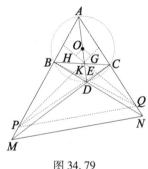

图 34.79

证明 用反证法.

若 A,B,D,C 四点不共圆,设 $\triangle ABC$ 的外接圆圆 O 与直线 AD 交于点 E,直线 CE 与 AB 和 BE 与 AC 分别交于点 P,Q.

由推论 3(2)知完全四边形 $PECKAB$ 的密克尔点 G 在直线 PK 上,且 $OG \perp PK$;完全四边形 $QCAKBE$ 的密克尔点 H 在直线 QK 上,且 $OH \perp QK$.

于是,O 是 $\triangle KPQ$ 的垂心,即 $OK \perp PQ$.

由 $OK \perp MN$,知 $PQ /\!/ MN$,即
$$\frac{AQ}{QN} = \frac{AP}{PM} \qquad ①$$

对 $\triangle NDA$ 及截线 BEQ 和 $\triangle MDA$ 及截线 CEP 分别应用梅涅劳斯定理有
$$\frac{NB}{BD} \cdot \frac{DE}{EA} \cdot \frac{AQ}{QN} = 1 \qquad ②$$

$$\frac{MC}{CD} \cdot \frac{DE}{EA} \cdot \frac{AP}{PM} = 1 \qquad ③$$

由式①②③得 $\dfrac{NB}{BD} = \dfrac{MC}{CD}$.

再应用分比定理有 $\dfrac{ND}{BD} = \dfrac{MD}{DC}$, 从而
$$\triangle DMN \backsim \triangle DCB$$
于是, $\angle DMN = \angle DCB$, 即 $BC \parallel MN$.

从而, $OK \perp BC$, 得到 K 为 BC 的中点, 矛盾.

故 A, B, D, C 四点共圆.

例6 (2007年IMO中国国家集训队测试题)凸四边形 $ABCD$ 内接于圆 O, BA, CD 的延长线交于点 H, 对角线 AC, BD 交于点 G, O_1, O_2 分别为 $\triangle AGD$, $\triangle BGC$ 的外心. 设 $O_1 O_2$ 与 OG 交于点 N, 射线 HG 分别与圆 O_1、圆 O_2 交于点 P, Q. 设 M 为 PQ 的中点. 证明: $NO = NM$.

证明 如图34.80,过点 G 作 $GT \perp O_1 G$, 知 TG 切圆 O_1 于点 G, 则

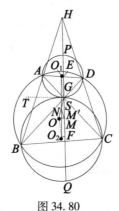

图34.80

$$\angle AGT = \angle ADG = \angle ACB$$

故 $TG \parallel BC$.

于是, $O_1 G \perp BC$.

而 $OO_2 \perp BC$, 则 $O_1 G \parallel OO_2$.

同理, $OO_1 \parallel GO_2$.

因此, 四边形 $O_1 O O_2 G$ 为平行四边形.

于是, N 分别为 $OG, O_1 O_2$ 的中点.

由推论3(2)知完全四边形 $HABGCD$ 的密克尔点 M' 在直线 HG 上, 且 $OM' \perp HG$.

设 E, S, F 分别为点 O_1, N, O_2 在直线 HG 上的射影,则 E, F, S 分别为 PG, GQ, EF 的中点,且 S 为 GM' 的中点.

故 $PM' = PG + GM' = 2EG + 2GS = 2ES$, $QM' = QG - GM' = 2FG - 2GS = 2ES$.

从而,M' 为 PQ 的中点,即点 M' 与 M 重合.

于是,$OM \perp GM$.

因此,$NM = \dfrac{1}{2}OG = NO$.

练习题及解答提示

1. 设 AB 是圆的直径,在直线 AB 的同侧引射线 AD 和 BE,交于点 C. 若 $\angle AEB + \angle ADB = 180°$,则 $AC \cdot AD + BC \cdot BE = AB^2$.

提示:设直线 AE 与 BD 交于点 P,则 P, E, C, D 四点共圆. 仿例 3 知
$$AC \cdot AD + BC \cdot BE = AM \cdot AB + BM \cdot BA = AB^2$$

2. (1997 年中国数学奥林匹克题)已知四边形 $ABCD$ 内接于圆,AB 与 DC 的延长线交于点 P,AD, BC 的延长线交于点 Q. 由 Q 作该圆的两条切线 QE, QF,切点分别为 E, F. 证明:P, E, F 三点共线.

提示:设已知圆的圆心为 O,则完全四边形 $ABPCQD$ 的密克尔点 M 在 PQ 上,且 $OM \perp PQ$. 于是,E, O, F, M, Q 五点共圆,且 EF 为圆 O 与该圆的根轴. 显然,点 P 也在此根轴上,故 P, E, F 三点共线.

3. (第 43 届 IMO 预选题)已知圆 S_1 与圆 S_2 交于 P, Q 两点,A_1, B_1 为圆 S_1 上不同于 P, Q 的两个点,直线 A_1P, B_1P 分别与圆 S_2 交于点 A_2, B_2,直线 A_1B_1 与 A_2B_2 交于点 C. 证明:当 A_1 和 B_1 变化时,$\triangle A_1A_2C$ 的外心总在一个定圆上.

提示:当 A_1, B_1 在圆 S_1 上变化时,完全四边形 $CB_1A_1PB_2A_2$ 中的 $\triangle A_1B_1P$, $\triangle A_2B_2P$ 的外接圆即圆 S_1,圆 S_2 是定圆,其圆心 O_1, O_2 是定点,其密克尔点 Q 是定点. 因而,$\triangle O_1O_2Q$ 的外接圆是定圆.

设 $\triangle A_1A_2C$ 的外心为 O.

注意到 C, A_1, Q, A_2 和 C, B_1, Q, B_2 分别四点共圆.

于是,$OO_1 \perp A_1Q, OO_2 \perp A_2Q$,则

$$\angle OO_1Q = 180° - \dfrac{1}{2}\angle A_1O_1Q$$
$$= 180° - \angle A_1PQ$$

$$\angle OO_2Q = 180° - \frac{1}{2}\angle B_2O_2Q$$
$$= 180° - \angle A_2PQ$$

故 $\angle OO_1Q + \angle OO_2Q = 180°$.

4. 给定凸四边形 $ABCD$, $BC = \lambda AD$, 且 BC 不平行于 AD. 设点 E, F 分别在边 BC, AD 的内部, 满足 $BE = \lambda DF$, 直线 AC 与 BD 和 EF 与 BD 以及 EF 与 AC 分别交于点 P, Q, R. 证明: 当点 E 和 F 变化时, $\triangle PQR$ 的外接圆经过点 P 外的另一个定点.

提示: 不妨设直线 AD 与 BC 交于点 S, 记 O 为完全四边形 $SDAPBC$ 的密克尔点, 则

$$\angle OCB = \angle OPB = \angle OAD$$
$$\angle BOC = \angle BPC = \angle APD = \angle AOD$$

故 $\triangle OCB \backsim \triangle OAD \Rightarrow \dfrac{OB}{OD} = \dfrac{OC}{OA} = \dfrac{BC}{AD} = \lambda$.

又 $\angle OBE = \angle ODF$, $\dfrac{BE}{DF} = \lambda$, 则

$$\triangle OBE \backsim \triangle ODF$$

于是, $\dfrac{OE}{OF} = \lambda$, 且 $\angle BOE = \angle DOF$.

从而, $\triangle EOF \backsim \triangle BOD \backsim \triangle COA$, 有

$$\angle OBD = \angle OEF = \angle OCA$$

故 O, B, E, Q 和 O, E, C, R 均四点共圆.

于是, $\angle OQB = \angle OEB = \angle ORP$.

所以, O, R, P, Q 四点共圆.

第5节 试题 B 的背景探讨

经过探讨, 试题 B 可以由 2010 年全国高中联赛题演变而来.

2010 年试题 A 如图 34.81, 锐角 $\triangle ABC$ 的外心为 O, K 是边 BC 上一点 (不是边 BC 的中点), D 是线段 AK 延长线上一点, 直线 BD 与 AC 交于点 N, 直线 CD 与 AB 交于点 M. 求证: 若 $OK \perp MN$, 则 A, B, D, C 四点共圆.

这道试题, 我们在第 32 章已给出了 7 种证法, 这里再给出一种证法.

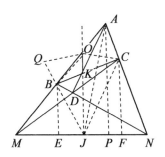

图 34.81

证明 设直线 $OK \perp MN$ 于点 J,过点 A 作 $AP \perp MN$ 于点 P,过点 B 作 $BE \perp MN$ 于点 E,过点 C 作 $CF \perp MN$ 于点 F,联结 JB,JC,OB,OC,则 $OB = OC$,且

$$\frac{JE}{JF} = \frac{BK}{KC} = \frac{S_{\triangle ABD}}{S_{\triangle ACD}} = \frac{S_{\triangle ABD}}{S_{\triangle BDC}} \cdot \frac{S_{\triangle BDC}}{S_{\triangle ACD}} = \frac{AN}{CN} \cdot \frac{MB}{MA} = \frac{AP}{CF} \cdot \frac{BE}{AP} = \frac{BE}{CF}$$

从而 $\triangle JEB \backsim \triangle JFC$,即有 $\angle EJB = \angle FJC$,于是 $\angle BJO = \angle CJO$.

若 $JB = JC$,则四边形 $JBOC$ 关于 JO 对称,从而 K 是边 BC 的中点,这与已知矛盾.

故 $JB \neq JC$,不妨设 $JB < JC$. 在射线 JB 上取一点 Q,使 $JQ = JC$.

联结 OQ,则 $\triangle JOQ \cong \triangle JOC$,即有 $OQ = OC = OB$,且 $\angle JBO + \angle JCO = \angle OQB + \angle OQJ = 180°$,从而 J,B,O,C 四点共圆.

由
$$\angle EJB = \angle FJC = 90° - \angle OJC = 90° - \angle OBC$$
$$= \frac{1}{2}(180° - 2\angle OBC) = \frac{1}{2}\angle BOC = \angle BAC$$

即知 J,B,A,N 及 J,C,A,M 分别四点共圆. 联结 JA,则 $\angle JBD = \angle JAC = \angle JMD$,即知 J,M,B,D 四点共圆. 从而知 $\angle MDB = \angle MJB = \angle BAC$.

故 A,B,D,C 四点共圆.

由 2010 年全国高中联赛试题改述变化得 2013 年中国数学奥林匹克题.

首先由 2010 年试题出发,将图形倒过来,再改变字母,如图 34.82(1)→(2)→(3),得到改述题.

改述题 如图 34.82(3),锐角 $\triangle GEF$ 的外心为 P,Q 是边 EF 上一点(不是边 EF 的中点),B 是线段 GQ 延长线上一点,直线 FB 与 GE 交于点 C. 直线 EB 与 GF 交于点 D,求证:若 $PQ \perp CD$,则 G,E,B,F 四点共圆. (K 为中点 L 时,则 OL 与 OJ 重合,即 $BC \parallel MN$,两圆为等圆.)

在图 34.82(3)中,设 G,E,B,F 四点共圆于圆 P,则 $\angle DFB = \angle GEB$.

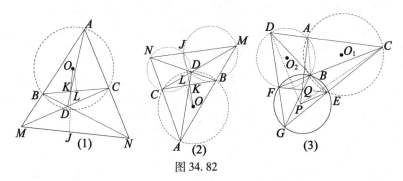

图 34.82

在 CD 上取一点 A,使 A,B,E,C 四点共圆,记该圆为圆 O_1,联结 AB,则有 $\angle GEB = \angle CAB$,从而有 $\angle DFB = \angle CAB$,故 A,B,F,D 四点共圆,记该圆为圆 O_2.

令圆 P 的半径为 r,联结 PC,PD,PA,则
$$CA \cdot CD = CB \cdot CF = CP^2 - r^2$$
$$DA \cdot DC = DB \cdot DE = DP^2 - r^2$$

两式相减得
$$CP^2 - DP^2 = CA \cdot CD - DA \cdot DC = CD(CA - DA)$$
$$= (CA + DA)(CA - DA) = CA^2 - DA^2$$

由定差幂线定理知 $PA \perp CD$.

注意到 $PQ \perp CD$,即知 P,Q,A 三点共线.

显然,图中的圆 O_1 与圆 O_2 不是等圆,且点 P 是线段 CD 的垂线 PA 与线段 EF 中垂线的交点,联结 PE,由 $PE = r$,知 $CA \cdot CD = CP^2 - PE^2$.

从而 $CP^2 = CA \cdot CD + PE^2$,于是
$$AP^2 = CP^2 - CA^2 = CA \cdot CD + PE^2 - CA^2$$
$$= CA(CD - CA) + PE^2 = CA \cdot AD + PE^2$$

于是有结论:两个半径不相等的圆 O_1、圆 O_2 交于点 A,B,点 C,D 分别在圆 O_1、圆 O_2 上,且点 A 在线段 CD 上,延长 DB 与圆 O_1 交于点 E,延长 CB 与圆 O_2 交于点 F.设过点 A 的线段 CD 和垂线为 l_1,EF 的中垂线为 l_2.证明:

(1) l_1 与 l_2 相交;(2) 若 l_1 与 l_2 的交点为 P,则 $AP^2 = CA \cdot AD + PE^2$.

特别地,若 A 为线段 CD 的中点,则为 2013 年 CMO 试题:

试题 B (2013 年中国数学奥林匹克题) 两个半径不相等的圆 Γ_1,Γ_2 交于点 A,B,点 C,D 分别在圆 Γ_1,Γ_2 上,且线段 CD 以 A 为中点,延长 DB 与圆 Γ_1 交于点 E,延长 CB 与圆 Γ_2 交于点 F,设线段 CD,EF 的中垂线分别为 l_1,l_2.证明:(1) l_1 与 l_2 相交;(2) 若 l_1 与 l_2 的交点为 P,则三条线段 CA,AP,PE 能构成一个直角三角形.

下面,我们再给出这道试题的两种证法:

证法1 (1)延长 CE,DF 交于点 G(圆 Γ_1 与 Γ_2 相交),联结 AB,则 $\angle CEB + \angle BFD = 180° - \angle CAB + 180° - \angle BAD = 180°$,即知 $\angle BEG + \angle BFG = 180°$,从而 B,E,G,F 四点共圆. 设其圆心为 P,显然,P 在弦 EF 的中垂线上.

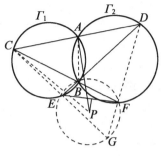

图 34.83

由完全四边形 $GFDBCE$ 的密克尔点性质,知过点 P 与其密克尔点 A 的连线垂直于 CD,这说明 l_1 与 l_2 相交于点 P.

(2)由 $PA \perp CD$,知
$$\begin{aligned} AP^2 &= PC^2 - CA^2 = (CB \cdot CF + PE^2) - CA^2 \\ &= (CA \cdot CD + PE^2) - CA^2 = 2CA^2 - CA^2 + PE^2 \\ &= CA^2 + PE^2 \end{aligned}$$

证法2 (1)略.

(2)如图 34.84,联结 AB, AE, AF, CE, DF, PF.

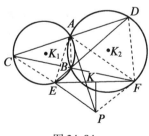

图 34.84

因为
$$\angle CAE = \angle CBE = \angle FBD = \angle FAD, \angle ACE = \angle ABD = \angle AFD$$
所以 $\triangle ACE \backsim \triangle AFD$,故 $\dfrac{AC}{AF} = \dfrac{AE}{AD}$.

又因为 $AC = AD$,所以

$$CA^2 = AE \cdot AF \qquad \text{①}$$

又 $AP \perp CD$,$\angle CAE = \angle FAD$,故

$$\angle PAE = \angle PAF$$

因此 $\dfrac{AP}{\sin\angle AEP} = \dfrac{PE}{\sin\angle PAE} = \dfrac{PF}{\sin\angle PAF} = \dfrac{AP}{\sin\angle AFP}$

因此 $\sin\angle AEP = \sin\angle AFP$

因为圆 K_1 与圆 K_2 的半径不相等,所以 $AE \neq AF$.

所以 $\angle AEP + \angle AFP = 180°$,因此 A,E,P,F 四点共圆.

设 AP 与 EF 的交点为 K,则 $\angle PEK = \angle PAF = \angle PAE$.

所以 $\triangle PEK \backsim \triangle PAE$,因此

$$PE^2 = AP \cdot KP \qquad \text{②}$$

又 $\angle AEK = \angle APF$,所以

$$\triangle AEK \backsim \triangle APF$$

故 $\dfrac{AE}{AP} = \dfrac{AK}{AF}$

即 $$AE \cdot AF = AP \cdot AK \qquad \text{③}$$

由式①②③得

$$CA^2 + PE^2 = AE \cdot AF + AP \cdot KP = AP \cdot PK + AP \cdot AK = AP^2$$

故线段 CA, AP, PE 能构成一个直角三角形.

注 证法 2 的关键是利用相似三角形的性质,得到三个等式①②③. 本题还可做如下的推广.

推广 如图 34.85,半径不相等的两个圆 O_1 与圆 O_2 交于 A,B 两点,过点 A 的直线分别交圆 O_1、圆 O_2 于另一点 C,D. DB 的延长线交圆 O_1 于点 E,CB 的延长线交圆 O_2 于点 F. 过点 A 作 CD 的垂线交线段 EF 的垂直平分线于点 P,求证:$PA^2 = PE^2 + AC \cdot AD$.

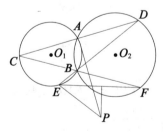

图 34.85

第35章 2013～2014年度试题的诠释

东南赛试题 如图35.1,在△ABC中,$AB > AC$,内切圆圆I与边BC切于点D,AD与圆I的另一交点为E,圆I的切线EP与BC的延长线交于点P,$CF \parallel PE$且与AD交于点F,直线BF与圆I交于点M,N,M在线段BF上,线段PM与圆I交于另一点Q. 证明:$\angle ENP = \angle ENQ$.

证法1 如图35.1,设圆I与AC,AB分别切于S,T,联结ST,AI,IT,设ST与AI交于点G,则$IT \perp AT$,$TG \perp AI$.

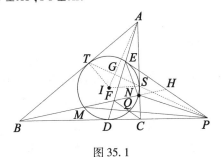

图35.1

于是,$AG \cdot AI = AT^2 = AD \cdot AE$.

从而,I,G,E,D四点共圆.

又$IE \perp PE$,$ID \perp PD$,故I,E,P,D四点共圆. 所以,I,G,E,P,D五点共圆.

则$\angle IGP = \angle IEP = 90°$,即$IG \perp PG$.

因此,P,S,T三点共线.

对直线PST截△ABC,由梅涅劳斯定理知

$$\frac{AS}{SC} \cdot \frac{CP}{PB} \cdot \frac{BT}{TA} = 1$$

又$AS = AT, CS = CD, BT = BD$,于是

$$\frac{PC}{PB} \cdot \frac{BD}{CD} = 1 \qquad ①$$

设BN的延长线与PE交于点H. 对直线BFH截△PDE,由梅涅劳斯定理知

$$\frac{PH}{HE} \cdot \frac{EF}{FD} \cdot \frac{DB}{BP} = 1$$

因为 $CF // BE$，所以

$$\frac{EF}{FD} = \frac{PC}{CD} \Rightarrow \frac{PH}{HE} \cdot \frac{PC}{CD} \cdot \frac{DB}{BP} = 1 \qquad ②$$

由式①②知

$$PH = HE \Rightarrow PH^2 = HE^2 = HM \cdot HN \Rightarrow \frac{PH}{HM} = \frac{HN}{PH}.$$

故 $\triangle PHN \backsim \triangle MHP \Rightarrow \angle HPN = \angle HMP = \angle NEQ.$

又 $\angle PEN = \angle EQN$，则

$$\angle ENP = \angle ENQ$$

证法 2 由 $PI \perp AD$，知

$$PA^2 - PD^2 = IA^2 - ID^2 = IA^2 - IT^2 = AT^2$$

$$\Rightarrow PA^2 - AT^2 = PD^2 = IP^2 - ID^2 = IP^2 - IT^2$$

于是，$AI \perp PT$.

又 $AI \perp ST$，从而，P,S,T 三点共线.

以下同证法 1.

女子赛试题 1 如图 35.2，在梯形 $ABCD$ 中，$AB // CD$，圆 O_1 分别与边 DA，AB，BC 相切，圆 O_2 分别与边 BC，CD，DA 相切. 设 P 为圆 O_1 与边 AB 的切点，Q 为圆 O_2 与边 CD 的切点. 证明：AC，BD，PQ 三线共点.

证明 如图 35.2，设直线 AC 与 BD 交于点 R. 联结 O_1A，O_1B，O_1P，O_2D，O_2Q，PR，QR.

由于 BA，BC 为圆 O_1 的切线，故

$$\angle PBO_1 = \angle CBO_1 = \frac{1}{2}\angle ABC$$

同理，$\angle QCO_2 = \frac{1}{2}\angle BCD.$

由 $AB // CD$，知 $\angle ABC + \angle BCD = 180°$.

因此，$\angle PBO_1 + \angle QCO_2 = 90°$.

故 $\text{Rt}\triangle O_1BP \backsim \text{Rt}\triangle CO_2Q \Rightarrow \dfrac{O_1P}{BP} = \dfrac{CQ}{O_2Q}$

同理，$\dfrac{AP}{O_1P} = \dfrac{O_2Q}{DQ}.$

两式相乘得 $\dfrac{AP}{BP} = \dfrac{CQ}{DQ}.$

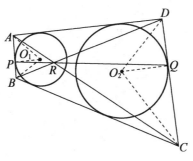

图 35.2

再由等比定理知

$$\frac{AP}{AP+BP}=\frac{CQ}{CQ+DQ}\Rightarrow \frac{AP}{AB}=\frac{CQ}{CD}$$

由 $AB \parallel CD \Rightarrow \triangle ABR \backsim \triangle CDR \Rightarrow \dfrac{AR}{AB}=\dfrac{CR}{CD}$

再与 $\dfrac{AP}{AB}=\dfrac{CQ}{CD}$ 比较得 $\dfrac{AR}{AP}=\dfrac{CR}{CQ}$.

又 $\angle PAR=\angle QCR$,则

$$\triangle PAR \backsim \triangle QCR \Rightarrow \angle PRA=\angle QRC$$

所以,P,R,Q 三点共线,即 AC,BD,PQ 三线共点.

女子赛试题 2 如图 35.3,已知圆 O_1 与圆 O_2 外切于点 T,四边形 $ABCD$ 内接于圆 O_1,直线 DA,CB 分别与圆 O_2 切于点 E,F,直线 BN 平分 $\angle ABF$,且与线段 EF 交于点 N,直线 FT 与 $\overparen{AT}$(不包含点 B 的弧)交于点 M. 证明:M 为 $\triangle BCN$ 的外心.

证明 如图 35.3,设 AM 的延长线与 EF 交于点 P. 联结 AT,BM,BP,BT,CM,CT,ET,TP.

由 BF 与圆 O_2 切于点 F 得

$$\angle BFT=\angle FET$$

由圆 O_1 与圆 O_2 外切于点 T 知

$$\angle MBT=\angle FET$$

因此,$\angle MBT=\angle BFM$.

故 $\triangle MBT \backsim \triangle MFB \Rightarrow MB^2=MT \cdot MF$

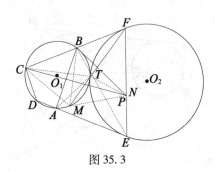

图 35.3

同理,$MC^2 = MT \cdot MF$.

又由圆 O_1 与圆 O_2 外切于点 T 得
$$\angle MAT = \angle FET$$

因此,A, E, P, T 四点共圆.

从而,$\angle APT = \angle AET$.

由 AE 与圆 O_2 切于点 E 得
$$\angle AET = \angle EFT$$

因此,$\angle MPT = \angle PFM$.

故 $\triangle MPT \backsim \triangle MFP \Rightarrow MP^2 = MT \cdot MF$

又 $MC = MB = MP$,则 M 为 $\triangle BCP$ 的外心.

于是,$\angle FBP = \dfrac{1}{2} \angle CMP$.

而 $\angle CMP = \angle CDA = \angle ABF$,由题意得
$$\angle FBN = \dfrac{1}{2} \angle ABF$$

从而,$\angle FBN = \angle FBP$,即点 P 与 N 重合.

西部赛试题 1 在 $\triangle ABC$ 中,已知 B_2 是边 AC 上旁切圆圆心 B_1 关于 AC 中点的对称点,C_2 是边 AB 上旁切圆圆心 C_1 关于 AB 中点的对称点,边 BC 上旁切圆切边 BC 于点 D. 证明:$AD \perp B_2C_2$.

注 边 AC 上旁切圆是指与 BA, BC 的延长线及线段 AC 均相切的圆.

证法 1 辅助线如图 35.4 所示,设边 BC 上的旁切圆圆心为 A_1.

由旁心性质知 B_1, A, C_1 和 A_1, C, B_1 及 C_1, B, A_1 分别三点共线,且 $A_1A \perp B_1C_1$.

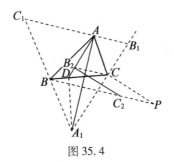

图 35.4

在平面上取点 P 使得 $\overrightarrow{C_2P} = \overrightarrow{B_2C}$,则由 $\overrightarrow{B_2C} = \overrightarrow{AB_1}$,知 $\overrightarrow{C_2P} = \overrightarrow{AB_1}$.

又 $\overrightarrow{BC_2} = \overrightarrow{C_1A}$,而 C_1,B,A_1 三点共线,故 B,C_2,P 三点共线,且 $\overrightarrow{BP} = \overrightarrow{C_1B_1}$.

由 $\angle AC_1B = 180° - \dfrac{180° - \angle BAC}{2} - \dfrac{180° - \angle ABC}{2}$

$= \dfrac{\angle BAC + \angle ABC}{2} = \dfrac{180° - \angle ACB}{2}$

$= \angle BCA_1$

知 $\triangle A_1BC \backsim \triangle A_1B_1C_1$.

又 A_1D, A_1A 分别是 $\triangle A_1BC, \triangle A_1B_1C_1$ 对应边上的高,则

$$\dfrac{B_1C_1}{BC} = \dfrac{A_1A}{A_1D}$$

因为 $\overrightarrow{BP} = \overrightarrow{C_1B_1}, A_1A \perp B_1C_1$,所以

$$\dfrac{BP}{BC} = \dfrac{A_1A}{A_1D}$$

且 $BP \perp A_1A, BC \perp A_1D$.

于是,$\triangle BPC \backsim \triangle A_1AD$.

从而,$CP \perp AD$.

又 $\overrightarrow{C_2P} = \overrightarrow{B_2C}$,则 $\overrightarrow{B_2C_2} = \overrightarrow{CP}$.

因此,$AD \perp B_2C_2$.

证法 2 如图 35.5,由题设知四边形 B_1AB_2C、四边形 AC_1BC_2 均为平行四边形,则

$$CB_2 /\!/ B_1A /\!/ C_2B$$

延长 BC_2 至 P,使 $C_2P = B_2C$,则 $PC /\!/ C_2B_2$ 且 $PB \underline{\underline{/\!/}} B_1C_1$,即有

$$BP \perp A_1A$$

①

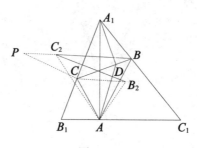

图 35.5

由 $\triangle A_1B_1C \backsim \triangle A_1BC$，且 $A_1A \perp B_1C_1$，

$$A_1D \perp BC$$

有 $\dfrac{B_1C_1}{BC} = \dfrac{A_1A}{A_1D}$，亦有 $\dfrac{BP}{BC} = \dfrac{A_1A}{A_1D}$.

②

注意式①②及 $\angle AA_1D = \angle PBC$，即知 $\triangle BPC \backsim \triangle A_1AD$.

于是 $CP \perp AD$.

又注意到 $CP \parallel B_2C_2$，故 $AD \perp B_2C_2$.

西部赛试题 2 如图 35.6，PA，PB 为圆 O 的切线，点 C 在劣弧 $\overset{\frown}{AB}$ 上（异于点 A，B），过点 C 作 PC 的垂线 l，与 $\angle AOC$ 的角平分线交于点 D，与 $\angle BOC$ 的角平分线交于点 E. 证明：$CD = CE$.

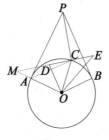

图 35.6

证法 1 由于点 C 与 A 不重合，且 $PC \perp CD$，$PA \perp AO$，故 CD 与 AO 不平行，因此，可设直线 l 与 OA 交于点 M，则 P，C，A，M 四点共圆.

给出的是点 M 在 OA 延长线上的情形，若点 M 与 A 重合或在线段 OA 内，则完全类似.

于是，$\angle APC = \angle AMC$.

联结 AC，则

$$\angle PAC = \dfrac{1}{2} \angle AOC = \angle MOD$$

由式①②得
$$\triangle PAC \backsim \triangle MOD \Rightarrow \frac{PC}{PA} = \frac{MD}{MO}$$

注意到,OD 平分 $\angle AOC$.

故由角平分线定理得
$$\frac{CD}{CO} = \frac{MD}{MO} = \frac{PC}{PA}$$

同理,$\frac{CE}{CO} = \frac{PC}{PB}$.

因为 $PA = PB$,所以 $CD = CE$.

证法 2 （由南京的康路给出）如图 35.6,联结 AC. 设 $\angle AOD = \angle COD = \alpha$,$\angle PAC = \beta$.

由 PA 与圆 O 相切知
$$OA \perp PA, \angle PAC = \frac{1}{2}\angle AOC = \alpha$$

又 $PC \perp DE$,即 $\angle PCD = 90°$,则在四边形 $PAOC$ 中
$$\angle PCO = 360° - \angle PAO - \angle AOC - \angle APC$$
$$= 360° - 90° - 2\alpha - \beta = 270° - 2\alpha - \beta$$

故
$$\angle OCD = \angle PCO - \angle PCD$$
$$= 270° - 2\alpha - \beta - 90° = 180° - 2\alpha - \beta$$
$$\Rightarrow \angle ODC = 180° - \angle COD - \angle OCD$$
$$= 180° - \alpha - (180° - 2\alpha - \beta) = \alpha + \beta$$

在 $\triangle OCD$ 中,由正弦定理得
$$\frac{CD}{\sin \alpha} = \frac{OC}{\sin(\alpha+\beta)} \Rightarrow \frac{\sin \alpha}{\sin(\alpha+\beta)} = \frac{CD}{OC}$$

在 $\triangle PAC$ 中,有
$$\angle PCA = 180° - \angle PAC - \angle APC$$
$$= 180° - \alpha - \beta$$

由正弦定理得
$$\frac{PA}{\sin(180°-\alpha-\beta)} = \frac{PC}{\sin \alpha}$$
$$\Rightarrow \frac{\sin \alpha}{\sin(\alpha+\beta)} = \frac{PC}{PA}$$
$$\Rightarrow \frac{CD}{OC} = \frac{PC}{PA} \Rightarrow CD = \frac{PC}{PA} \cdot OC$$

同理，$CE = \dfrac{PC}{PB} \cdot OC$.

又 $PA = PB$，于是，$CD = CE$.

证法 3 如图 35.6，延长 PC 交圆 O 于点 F，延长 CO 交圆 O 于点 G，延长 GB 交直线 DE 于点 H，延长 GA 交直线 DE 于点 K，联结 GF, AF, BF, AC, BC.

由 OE 平分 $\angle BOC$ 及 CG 为圆 O 的直径，知 $GH \parallel OE$，从而 $CE = \dfrac{1}{2}CH$. 同理 $CD = \dfrac{1}{2}KC$.

注意到 $AFBC$ 为调和四边形，则 GF, GC, GB, GA 为调和线束.

由 $PC \perp DE$ 及 CG 为直径，推知 $KH \parallel GF$. 由调和线束性质知 $KC = CH$，故 $CD = CE$.

北方赛试题 1 如图 35.7，已知 M 为 $\triangle ABC$ 边 BC 的中点，圆 O 过点 A, C 且与 AM 相切，BA 的延长线与圆 O 交于点 D，直线 CD 与 MA 交于点 P. 证明：$PO \perp BC$.

证法 1 如图 35.7，取 CD 的中点 N，联结 OA, AN, MN.

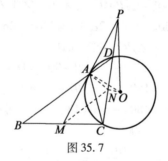

图 35.7

则 $OA \perp PA, ON \perp PN$.

于是，P, A, N, O 四点共圆.

又 $MN \parallel BD$，则
$$\angle AMN = \angle PAD = \angle ACD$$

从而，A, M, C, N 四点共圆.

故
$$\angle PMC + \angle APO = \angle PNA + \angle APO$$
$$= \angle POA + \angle APO = 90°$$

因此，$PO \perp BC$.

证法 2（由南京的康路给出）如图 35.8，延长 AM 到点 E，使得 $AM = ME$. 联结 OA, OM, OC, BE, CE，由 M 为 BC 的中点，$AM = ME$，知

四边形 $ABEC$ 为平行四边形 $\Rightarrow AD \parallel EC \Rightarrow \dfrac{AE}{PA} = \dfrac{CD}{PD}$

$$\Rightarrow AE = \dfrac{CD}{PD} \cdot PA$$

又 PM 与圆 O 相切 $\Rightarrow PA^2 = PD \cdot PC$.

故 $\qquad PM^2 - PC^2$
$= (PA + AM)^2 - PC^2$
$= PA^2 + 2PA \cdot AM + AM^2 - PC^2$
$= PA^2 + AE \cdot PA + AM^2 - PC^2$
$= PA^2 + \dfrac{CD}{PD} \cdot PA^2 + AM^2 - PC^2$
$= PA^2 \cdot \dfrac{PC}{PD} + AM^2 - PC^2$
$= PC^2 + AM^2 - PC^2 = AM^2$

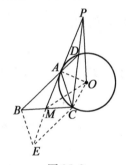

图 35.8

由 PA 与圆 O 相切
$\Rightarrow \triangle OMA$ 为直角三角形
$\Rightarrow OM^2 - OA^2 = AM^2$
$\Rightarrow OM^2 - OC^2 = OM^2 - OA^2$
$\qquad = AM^2 = PM^2 - PC^2$
$\Rightarrow PM^2 - PC^2 = OM^2 - OC^2$

知 $PO \perp MC$，即 $PO \perp BC$.

北方赛试题 2 如图 35.9，已知 A, B 是圆 O 上的两个定点，C 是优弧 $\overset{\frown}{AB}$ 的中点，D 是劣弧 $\overset{\frown}{AB}$ 上任意一点，过 D 作圆 O 的切线，与圆 O 在点 A, B 处的切线分别交于点 E, F, CE, CF 与弦 AB 分别交于点 G, H. 证明：线段 GH 的长为定值.

证法1 如图35.9,联结 CD,与 AB 交于点 K,过点 E 作 AB 的平行线,分别与 CA,CD 的延长线交于点 P,Q,联结 BC.

由 $\angle EAP = \angle CBA = \angle CAB = \angle EPA$,知
$$PE = AE$$

同理,$QE = DE$.

又 $EA = ED$,则 $PE = QE$,即 E 为 PQ 的中点.

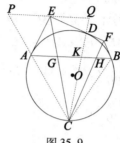

图 35.9

因为 $AK \parallel PQ$,所以,G 为 AK 的中点.

同理,H 为 BK 的中点.

故 $GH = GK + KH = \dfrac{1}{2}AK + \dfrac{1}{2}BK = \dfrac{1}{2}AB$(定值).

以下证法由陕西的刘康宁、焦宇给出.

证法2 如图35.10,设 CD 与弦 AB 交于点 K,CE 与圆 O 交于点 L,联结 AC,AD,AL,DL.

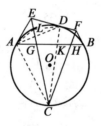

图 35.10

因为 C 为优弧 $\overset{\frown}{AB}$ 的中点,所以
$$\angle CAK = \angle CDA$$
故
$$\triangle ACK \backsim \triangle DCA$$
因此
$$\dfrac{CA}{CK} = \dfrac{DC}{CA}$$

又 $\triangle EAL \backsim \triangle ECA$, $\triangle EDL \backsim \triangle ECD$, 所以
$$\frac{AL}{CA} = \frac{EA}{EC} = \frac{ED}{EC} = \frac{DL}{DC}$$
即
$$\frac{AL}{DL} = \frac{CA}{DC}$$
所以 $\dfrac{AG}{GK} = \dfrac{S_{\triangle CAG}}{S_{\triangle CGK}} = \dfrac{CA\sin\angle ACL}{CK\sin\angle DCL} = \dfrac{CA}{CK} \cdot \dfrac{AL}{DL} = \dfrac{DC}{CA} \cdot \dfrac{CA}{DC} = 1$

即 $AG = GK$. 同理 $BH = HK$.

故 $GH = GK + HK = \dfrac{1}{2}(AK + BK) = \dfrac{1}{2}AB$ 为定值.

证法 3 如图 35.11, 设 CD 与 AB 交于点 K, CE 与 AD 及圆 O 分别交于点 M, L, 联结 AC, BC, AL, LD, DB.

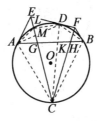

图 35.11

由证法 2, 有 $\dfrac{AL}{DL} = \dfrac{CA}{CD}$.

因为 $\triangle AML \backsim \triangle CMD$, $\triangle AMC \backsim \triangle LMD$, 所以
$$\frac{AM}{MD} = \frac{AM}{CM} \cdot \frac{CM}{DM} = \frac{AL}{CD} \cdot \frac{AC}{DL} = \frac{AL}{DL} \cdot \frac{AC}{CD} = \frac{AC^2}{CD^2}$$

由 $\triangle ADK$ 被直线 MGC 所截, 应用梅涅劳斯定理, 得
$$\frac{AM}{MD} \cdot \frac{CD}{CK} \cdot \frac{KG}{GA} = 1$$

所以 $\dfrac{AG}{GK} = \dfrac{AM}{MD} \cdot \dfrac{CD}{CK} = \dfrac{AC^2}{CD^2} \cdot \dfrac{CD}{CK} = \dfrac{AC^2}{CD \cdot CK}$

又由证法 1 知 $\triangle ACK \backsim \triangle DCA$, 所以
$$AC^2 = CD \cdot CK$$

所以 $\dfrac{AG}{GK} = 1$, 即 $AG = GK$.

同理 $BH = HK$.

下同证法2.

证法4 如图35.12,设 CD 与 AB 交于点 K, CE 与圆 O 交于点 L,过点 O 作 AB 的平行线,分别交 CA, CD, CE 于点 P, Q, M,联结 AD, AL, LD.

因为 C 为优弧 $\overparen{AB}$ 的中点,所以
$$\angle CPQ = \angle CAB = \angle CDA$$

所以 A, P, Q, D 四点共圆,则 $CP \cdot CA = CQ \cdot CD$,即 $\dfrac{CP}{CQ} = \dfrac{CD}{CA}$.

由证法2,有 $\dfrac{AL}{DL} = \dfrac{CA}{DC}$.

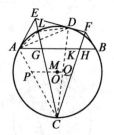

图 35.12

所以 $\dfrac{PM}{MQ} = \dfrac{S_{\triangle CPM}}{S_{\triangle CQM}} = \dfrac{CP\sin\angle ACL}{CQ\sin\angle DCL} = \dfrac{CP}{CQ} \cdot \dfrac{AL}{DL} = \dfrac{CD}{CA} \cdot \dfrac{CA}{DC} = 1$.

即 $PM = MQ$,亦即 M 为 PQ 的中点.

又 $AK \parallel PQ$,所以 G 为 AK 的中点.

同理,H 为 BK 的中点.

下同证法2.

证法5 如图35.13,设 CD 与弦 AB 交于点 K,过点 E 作 AB 的平行线,分别交 CA, CD 的延长线于点 P, Q,联结 BC.

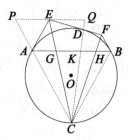

图 35.13

因为 $\angle EAP = \angle CBA = \angle CAB = \angle EPA$,所以

$$EP = EA$$

同理 $EQ = ED$.

又 $EA = ED$,所以 $EP = EQ$,即 E 为 PQ 的中点.

因为 $AK // PQ$,所以 G 为 AK 的中点.

同理,H 为 BK 的中点.

下同证法 2.

证法 6 如图 35.14,联结 OA,OB,OD,OE,OF,AC,BC,设 $\angle EOD = \angle EOA = \alpha$, $\angle FOD = \angle FOB = \beta$,则

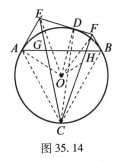

图 35.14

$$\angle ACB = \frac{1}{2}\angle AOB = \alpha + \beta, \angle EAG = \angle ACB = \alpha + \beta$$

所以
$$\angle GAC = 90° - \frac{1}{2}\angle ACB = 90° - \frac{\alpha + \beta}{2}$$

从而
$$\angle EAC = \angle EAG + \angle GAC = 90° + \frac{\alpha + \beta}{2}$$

在 $\triangle ACE$ 中,由张角公式,得

$$\frac{\sin \angle EAG}{AC} + \frac{\sin \angle GAC}{AE} = \frac{\sin \angle EAC}{AG}$$

即
$$\frac{\sin(\alpha + \beta)}{AC} + \frac{\sin\left(90° - \frac{\alpha + \beta}{2}\right)}{AE} = \frac{\sin\left(90° + \frac{\alpha + \beta}{2}\right)}{AG}$$

所以

$$\frac{2\sin\frac{\alpha + \beta}{2}}{AC} + \frac{1}{AE} = \frac{1}{AG} \qquad ①$$

设圆 O 的半径为 R,则 $AE = R\tan\alpha, AC = 2R \cdot \cos\frac{\alpha + \beta}{2}$,代入式①,得

$$AG = \frac{R\tan\alpha}{\tan\alpha\tan\frac{\alpha+\beta}{2}+1} = \frac{R\cdot\dfrac{\sin\alpha}{\cos\alpha}}{\dfrac{\sin\alpha}{\cos\alpha}\cdot\dfrac{\sin\frac{\alpha+\beta}{2}}{\cos\frac{\alpha+\beta}{2}}+1}$$

$$= \frac{R\sin\alpha\cos\frac{\alpha+\beta}{2}}{\sin\alpha\sin\frac{\alpha+\beta}{2}+\cos\alpha\cos\frac{\alpha+\beta}{2}}$$

$$= \frac{R\sin\alpha\cos\frac{\alpha+\beta}{2}}{\cos\frac{\alpha-\beta}{2}}$$

同理 $BH = \dfrac{R\sin\beta\cos\frac{\alpha+\beta}{2}}{\cos\frac{\alpha-\beta}{2}}$，所以

$$AG+BH = \frac{R\cos\frac{\alpha+\beta}{2}(\sin\alpha+\sin\beta)}{\cos\frac{\alpha-\beta}{2}}$$

$$= \frac{R\cos\frac{\alpha+\beta}{2}\cdot 2\sin\frac{\alpha+\beta}{2}\cos\frac{\alpha-\beta}{2}}{\cos\frac{\alpha-\beta}{2}}$$

$$= R\sin(\alpha+\beta)$$

又 $AB = 2R\sin(\alpha+\beta)$，所以

$$GH = AB-(AG+BH) = R\sin(\alpha+\beta) = \frac{1}{2}AB \quad （为定值）$$

证法 7 如图 35.15，设 CD 与 AB 交于点 K，联结 AC,OA,OD,OE，设 $\angle OAC = \angle OCA = \alpha$，$\angle ODC = \angle OCD = \beta$，则

$$\frac{S_{\triangle ACE}}{S_{\triangle DCE}} = \frac{AC\cdot AE\sin\angle CAE}{DC\cdot DE\sin\angle CDE} = \frac{AC\sin(90°+\alpha)}{DC\sin(90°+\beta)} = \frac{AC\cos\alpha}{DC\cos\beta}$$

又 $\dfrac{S_{\triangle ACE}}{S_{\triangle DCE}} = \dfrac{AC\sin\angle ACE}{DC\sin\angle DCE}$，所以

$$\frac{\cos\alpha}{\cos\beta} = \frac{\sin\angle ACE}{\sin\angle DCE}$$

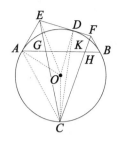

图 35.15

因为 $\cos\alpha = \dfrac{\frac{1}{2}AC}{OA}, \cos\beta = \dfrac{\frac{1}{2}DC}{OD}, OA = OD$

所以 $\dfrac{\cos\alpha}{\cos\beta} = \dfrac{AC}{DC}, \dfrac{\sin\angle ACE}{\sin\angle DCE} = \dfrac{AC}{DC}$

所以 $\dfrac{AG}{GK} = \dfrac{S_{\triangle ACG}}{S_{\triangle GCK}} = \dfrac{CA\sin\angle ACE}{CK\sin\angle DCE} = \dfrac{AC^2}{CK\cdot CD}$

由证法 3,知 $AC^2 = CK \cdot CD$.

所以 $\dfrac{AG}{GK} = 1$,即 $AG = GK$.

同理 $BH = HK$.

下同证法 2.

证法 8 如图 35.16,以圆心 O 为原点,过点 O 且与 AB 平行的直线为 x 轴建立直角坐标系. 不妨设圆 O 的半径为 1,则 $C(0, -1)$,圆 O 的方程为 $x^2 + y^2 = 1$.

图 35.16

根据对称性,切线 AE, BF 的交点 P 在 y 轴上,设 $P(0, b), D(x_0, y_0)$,则切点弦 AB 所在直线的方程为 $y = \dfrac{1}{b}$,切线 EF 所在直线的方程为 $x_0 x + y_0 y = 1$.

由 $\begin{cases} y = \dfrac{1}{b} \\ x^2 + y^2 = 1 \end{cases}$ 得 $A\left(-\dfrac{\sqrt{b^2-1}}{b}, \dfrac{1}{b}\right), B\left(\dfrac{\sqrt{b^2-1}}{b}, \dfrac{1}{b}\right).$

所以直线 PA 的方程为 $y = x\sqrt{b^2-1} + b$，直线 PB 的方程为
$$y = -x\sqrt{b^2-1} + b$$

由 $\begin{cases} y = x\sqrt{b^2-1} + b \\ x_0 x + y_0 y = 1 \end{cases}$ 得

$$E\left(\dfrac{1 - by_0}{x_0 + y_0\sqrt{b^2-1}}, \dfrac{bx_0 + \sqrt{b^2-1}}{x_0 + y_0\sqrt{b^2-1}}\right)$$

由 $\begin{cases} y = -x\sqrt{b^2-1} + b \\ x_0 x + y_0 y = 1 \end{cases}$ 得

$$F\left(\dfrac{1 - by_0}{x_0 - y_0\sqrt{b^2-1}}, \dfrac{bx_0 - \sqrt{b^2-1}}{x_0 - y_0\sqrt{b^2-1}}\right)$$

所以直线 CE 的方程为
$$y = \dfrac{(1+b)x_0 + (1+y_0)\sqrt{b^2-1}}{1 - bx_0} x - 1$$

直线 CF 的方程为
$$y = \dfrac{(1+b)x_0 - (1+y_0)\sqrt{b^2-1}}{1 - by_0} x - 1$$

由 $\begin{cases} y = \dfrac{1}{b} \\ y = \dfrac{(1+b)x_0 + (1+y_0)\sqrt{b^2-1}}{1 - by_0} x - 1 \end{cases}$ 得

$$x_G = \dfrac{(1+b)(1-by_0)}{b[(1+b)x_0 + (1+y_0)\sqrt{b^2-1}]}$$

由 $\begin{cases} y = \dfrac{1}{b} \\ y = \dfrac{(1+b)x_0 - (1+y_0)\sqrt{b^2-1}}{1 - by_0} x - 1 \end{cases}$ 得

$$x_H = \dfrac{(1+b)(1-by_0)}{b[(1+b)x_0 - (1+y_0)\sqrt{b^2-1}]}$$

所以
$$|GH| = x_H - x_G$$
$$= \frac{(1+b)(1-by_0)}{b}\left[\frac{1}{(1+b)x_0 - (1+y_0)\sqrt{b^2-1}} - \frac{1}{(1+b)x_0 + (1+y_0)\sqrt{b^2-1}}\right]$$
$$= \frac{(1+b)(1-by_0)}{b} \cdot \frac{2(1+y_0)\sqrt{b^2-1}}{(1+b)^2 x_0^2 - (1+y_0)^2(b^2-1)}$$
$$= \frac{1-by_0}{b} \cdot \frac{2(1+y_0)\sqrt{b^2-1}}{(1+b)(1-y_0^2) - (b-1)(1+y_0)^2}$$
$$= \frac{1-by_0}{b} \cdot \frac{2\sqrt{b^2-1}}{(1+b)(1-y_0) - (b-1)(1+y_0)}$$
$$= \frac{\sqrt{b^2-1}}{b}$$

又 $|AB| = \frac{2\sqrt{b^2-1}}{b}$,所以 $|GH| = \frac{1}{2}|AB|$ 为定值.

试题 A 如图 35.17,AB 是圆 Γ 的一条弦,P 为弧 AB 内一点,E,F 为线段 AB 上两点,满足 $AE = EF = FB$.联结 PE,PF 并延长,与圆 Γ 分别相交于点 C,D.求证:$EF \cdot CD = AC \cdot BD$.

证法 1 如图 35.17,联结 AD,BC,CF,DE.

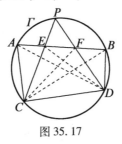

图 35.17

记 $d(A,l)$ 表示点 A 到直线 l 的距离.
由 $AE = EF = FB$,知
$$\frac{BC\sin\angle BCE}{AC\sin\angle ACE} = \frac{d(B,l_{CP})}{d(A,l_{CP})} = \frac{BE}{AE} = 2 \qquad ①$$

同理
$$\frac{AD\sin\angle ADF}{BD\sin\angle BDF} = \frac{d(A,l_{PD})}{d(B,l_{PD})} = \frac{AF}{BF} = 2 \qquad ②$$

另一方面,注意到

$$\angle BCE = \angle BCP = \angle BDP = \angle BDF$$
$$\angle ACE = \angle ACP = \angle ADP = \angle ADF$$

将式①②相乘得

$$\frac{BC \cdot AD}{AC \cdot BD} = 4 \Rightarrow BC \cdot AD = 4AC \cdot BD \qquad ③$$

由托勒密定理知

$$AD \cdot BC = AC \cdot BD + AB \cdot CD \qquad ④$$

故由式③④得

$$AB \cdot CD = 3AC \cdot BD$$

即

$$EF \cdot CD = AC \cdot BD$$

证法 2 （由湖北武汉的张鹄给出）要证命题成立,只需证

$$3AC \cdot BD = CD \cdot AB \Leftrightarrow 4AC \cdot BD = CD \cdot AB + AC \cdot BD$$

由托勒密定理知

$$CD \cdot AB + AC \cdot BD = AD \cdot BC$$

故只需证

$$4AC \cdot BD = AD \cdot BC \qquad ①$$

如图 35.18,延长 CE 到点 Q,使 $CE = EQ$. 联结 BQ, FQ,设 CA 与 BQ 交于点 H,则四边形 $ACFQ$ 为平行四边形.

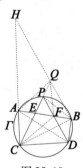

图 35.18

故 $\angle CQF = \angle ACQ = \angle PBA$.

于是,P, Q, B, F 四点共圆.

故 $\angle QBF = \angle CPF = \angle CPD = \angle CBD$.

所以,$\angle CBH = \angle DBA$.

故

$$\triangle DAB \backsim \triangle CHB \Rightarrow \frac{CH}{CB} = \frac{DA}{DB} \qquad ②$$

又 $QF /\!/ AH$,则 $\frac{QF}{AH} = \frac{BF}{BA} = \frac{1}{3}$.

故 $CH = CA + AH = 4AC$.

代入式②知式①成立.

证法 3 （由山东的刘才华、江苏的仇玉祥、上海的杨岚清给出）如图 35.19,联结 AD,BC,取线段 AD 的中点 Q,联结 CQ,EQ.

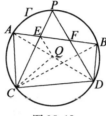

图 35.19

因为 $AE = EF$,所以 $EQ /\!/ PD$.

则 $\angle CEQ = \angle CPD = \angle CAD$.

于是,A,C,Q,E 四点共圆.

从而,$\angle QCE = \angle QAB = \angle DCB$.

进而,$\angle BCE = \angle DCQ$.

又 $\angle CDQ = \angle CBE$,知

$$\triangle CDQ \backsim \triangle CBE$$

$$\Rightarrow \frac{CD}{CB} = \frac{DQ}{BE} = \frac{\frac{1}{2}AD}{2EF}$$

$$\Rightarrow BC \cdot AD = 4EF \cdot CD \qquad ①$$

以下由证法 1 中的式③即证.

证法 4 （由陕西的杨同伟、江苏的姚广玉等给出）如图 35.20,延长 FB 到点 M,使得 $BM = FB$,联结 DM,AD.

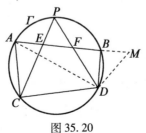

图 35.20

设 $AE = EF = FB = BM = x$.

由相交弦定理知
$$PF \cdot FD = AF \cdot FB = 2x^2 = EF \cdot FM$$

于是, P, E, D, M 四点共圆.

从而, $\angle BMD = \angle CPD = \angle CAD$.

又 $\angle DBM = \angle ACD$, 则

$$\triangle ACD \sim \triangle MBD \Rightarrow \frac{AC}{BM} = \frac{CD}{BD}$$

$$\Rightarrow AC \cdot BD = BM \cdot CD = EF \cdot CD$$

证法 5 如图 35.21, 联结 PB, CB, 则在 $\triangle BCD$ 中, 由正弦定理得

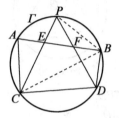

图 35.21

$$\frac{BD}{CD} = \frac{\sin \angle BCD}{\sin \angle CBD} = \frac{\sin \angle BPF}{\sin \angle EPF}$$

在 $\triangle PBE$ 中, 点 B, E 到其中线 PF 的距离相等, 有 $\dfrac{\sin \angle BPF}{\sin \angle EPF} = \dfrac{PE}{PB}$.

故 $\dfrac{BD}{CD} = \dfrac{PE}{PB} = \dfrac{AE}{AC} = \dfrac{EF}{AC}$.

从而, $EF \cdot CD = AC \cdot BD$.

证法 6 (由山东的王继忠给出) 注意到

$$S_{\triangle PAE} = S_{\triangle PEF}$$

$$\Rightarrow AP \sin \angle APC = PF \sin \angle CPD$$

$$\Rightarrow AP \cdot AC = PF \cdot CD \Rightarrow \frac{AP}{PF} = \frac{CD}{AC}$$

又 $\triangle APF \sim \triangle DBF$, 则 $\dfrac{AP}{FP} = \dfrac{DB}{BF}$.

故 $\dfrac{CD}{AC} = \dfrac{DB}{BF} \Rightarrow AC \cdot BD = CD \cdot BF = CD \cdot EF$.

证法 7 (由浙江的王剑明, 江苏的蔡祖才等给出) 如图 35.22, 延长 AC 到点 K, 使得 $AC = CK$, 联结 DK.

由于 $AE=EF$,则 $EC/\!/FK$.
故 $\angle AKF=\angle ACE=\angle ADF$.
所以,A,K,D,F 四点共圆.
因此,$\angle DKC=\angle BFD$.
又 $\angle KCD=\angle FBD$,则

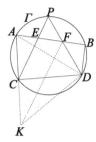

图 35.22

$\triangle DKC \backsim \triangle DFB$
$\Rightarrow \dfrac{AC}{DC}=\dfrac{KC}{DC}=\dfrac{BF}{BD}=\dfrac{EF}{BD}$
$\Rightarrow EF\cdot CD=AC\cdot BD$

证法 8 (由哈尔滨的孙铄给出)如图 35.23,延长 CE 到点 G,使 $EG=EC$,联结 GA,BG,GF,AD,CB,CF,BP,则四边形 $ACFG$ 为平行四边形.

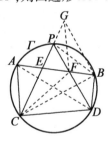

图 35.23

又 $EP\cdot EG=EP\cdot EC=AE\cdot BE=EF\cdot EB$,于是,$G,P,F,B$ 四点共圆.
则 $\angle CBD=\angle CPD=\angle GBF$
$\angle BCD=\angle BPD=\angle BGF$
故 $\triangle BCD\backsim \triangle BGF \Rightarrow \dfrac{BD}{CD}=\dfrac{BF}{GF}=\dfrac{EF}{AC}\Rightarrow EF\cdot CD=AC\cdot BD$

证法 9 (由哈尔滨的唐文威给出)如图 35.24,联结 PA,PB,联结 CB 与 PD 交于点 M.
对 $\triangle BCE$ 和割线 PFM 应用梅涅劳斯定理得

$$\frac{BF}{FE} \cdot \frac{EP}{PC} \cdot \frac{CM}{MB} = 1 \qquad ①$$

又 $\triangle PMC \backsim \triangle BMD$，则

$$\frac{PC}{BD} = \frac{PM}{MB} \qquad ②$$

因为 $BF = EF$，所以，由式①②得

$$\frac{EP \cdot CM}{BD \cdot PM} = 1 \qquad ③$$

又 $\triangle BMP \backsim \triangle DMC$，则

$$\frac{PM}{CM} = \frac{BP}{CD} \qquad ④$$

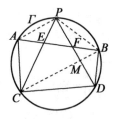

图 35.24

由式③④得

$$\frac{CD \cdot EP}{BP \cdot BD} = 1 \qquad ⑤$$

又 $\triangle ACE \backsim \triangle PBE$，则

$$\frac{EP}{BP} = \frac{AE}{AC} \qquad ⑥$$

由式⑤⑥得 $EF \cdot CD = AC \cdot BD$.

证法 10 （由湖南的徐伯儒、万喜人给出）如图 35.25，作 $BK \parallel PD$，与 EP 的延长线交于点 K，联结 BC, PB.

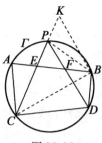

图 35.25

由 $EF = FB$,得 $EP = PK$.

因为 $\angle BCD = \angle BPD = \angle KBP, \angle BDC = \angle KPB$

所以 $\triangle BCD \backsim \triangle KBP$

又 $\triangle EPB \backsim \triangle EAC$,则

$$\frac{CD}{BD} = \frac{BP}{PK} = \frac{BP}{PE} = \frac{AC}{AE} = \frac{AC}{EF}$$

故 $EF \cdot CD = AC \cdot BD$.

以下证法由陕西的广隶、吕建恒等给出.

证法 11 如图 35.26,过点 E 作 BD 的平行线交直线 DP 于点 G,联结 AD, AP,AG,EG,则

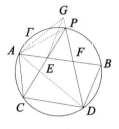

图 35.26

$$\angle PAE = \angle PDB = \angle PGE$$

所以 A,E,P,G 四点共圆.

则有 $\angle AGE = \angle APE = \angle ADC, \angle EAG = \angle CPD = \angle CAD$

所以 $\triangle AEG \backsim \triangle ACD$,则 $\frac{AE}{AC} = \frac{EG}{CD}$.

易知 $\triangle EFG \cong \triangle BFD$,所以 $EG = BD$.

又 $AE = EF$,所以 $\frac{EF}{AC} = \frac{BD}{CD}$,即

$$EF \cdot CD = AC \cdot BD$$

证法 12 如图 35.27,联结 PA,PB,AD,BC.

因为 $\triangle ACE \backsim \triangle PBE$,所以

$$\frac{AC}{PB} = \frac{AE}{PE}$$

因为 $AE = EF$,所以 $AC = \frac{EF \cdot PB}{PE}$.

同理,$BD = \frac{EF \cdot PA}{PF}$.

所以
$$AC \cdot BD = \frac{EF^2 \cdot PA \cdot PB}{PE \cdot PF} \quad ①$$

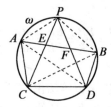

图 35.27

又因为 $\triangle AFD \backsim \triangle PFB$，所以 $\dfrac{AD}{PB} = \dfrac{AF}{PF}$.

因为 $AF = 2EF$，所以 $AD = \dfrac{2EF \cdot PB}{PF}$.

同理，$BC = \dfrac{2EF \cdot PA}{PE}$，所以
$$AD \cdot BC = \frac{4EF^2 \cdot PA \cdot PB}{PE \cdot PF} \quad ②$$

由式①②得 $AD \cdot BC = 4AC \cdot BD$.
在圆内接四边形 $ACDB$ 中，由托勒密定理，得
$$AB \cdot CD + AC \cdot BD = AD \cdot BC$$
即
$$3EF \cdot CD + AC \cdot BD = 4AC \cdot BD$$
故
$$EF \cdot CD = AC \cdot BD$$

证法 13 如图 35.28，取 CE 的中点 M，联结 AM, FM, PA, AD, BC，则

图 35.28

$$AE \cdot EF = \frac{1}{2} AE \cdot EB = \frac{1}{2} PE \cdot EC = PE \cdot EM$$

所以 P, A, M, F 四点共圆.
所以 $\angle MAF = \angle MPF = \angle CAD$.

又因 $\angle AFM = \angle ABC = \angle ADC$,所以
$$\triangle AMF \backsim \triangle ACD$$
所以 $\dfrac{AF}{AD} = \dfrac{MF}{CD}$.

因为 $AF = 2EF, MF = \dfrac{1}{2}BC$,所以
$$\dfrac{2EF}{AD} = \dfrac{\dfrac{1}{2}BC}{CD}$$

即 $AD \cdot BC = 4EF \cdot CD$.

下同证法 12.

证法 14 如图 35.29,联结 PA, PB, AD, BC.

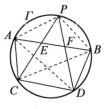

图 35.29

因为 $\dfrac{S_{\triangle PAC}}{S_{\triangle PBC}} = \dfrac{AE}{EB} = \dfrac{1}{2}$,所以
$$\dfrac{\dfrac{1}{2}AC \cdot AP\sin\angle PAC}{\dfrac{1}{2}BC \cdot BP\sin\angle PBC} = \dfrac{1}{2}$$

又 $\angle PAC = 180° - \angle PBC$,所以 $\sin\angle PAC = \sin\angle PBC$.

所以 $\dfrac{AC}{BC} \cdot \dfrac{PA}{PB} = \dfrac{1}{2}$.

同理,$\dfrac{BD}{AD} \cdot \dfrac{PB}{PA} = \dfrac{1}{2}$.

以上两式相乘,得 $\dfrac{AC}{BC} \cdot \dfrac{BD}{AD} = \dfrac{1}{4}$,即 $AD \cdot BC = 4AC \cdot BD$.

下同证法 12.

证法 15 如图 35.30,联结 PA, AD.

在 $\triangle ACD$ 中,由正弦定理得
$$\dfrac{AC}{CD} = \dfrac{\sin\angle ADC}{\sin\angle CAD}$$

因为 $\angle ADC = \angle APE$，$\angle CAD = \angle EPF$，所以

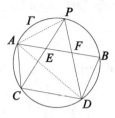

图 35.30

$$\frac{AC}{CD} = \frac{\sin \angle APE}{\sin \angle EPF} \qquad ①$$

由 $S_{\triangle PAE} = S_{\triangle PEF}$ 得

$$\frac{1}{2} PA \cdot PE \sin \angle APE = \frac{1}{2} PE \cdot PF \sin \angle EPF$$

所以

$$\frac{\sin \angle APE}{\sin \angle EPF} = \frac{PF}{PA} \qquad ②$$

由式①②得 $\dfrac{AC}{CD} = \dfrac{PF}{PA}$.

又由 $\triangle PAF \backsim \triangle BDF$ 得 $\dfrac{PF}{PA} = \dfrac{BF}{BD}$.

所以 $\dfrac{AC}{CD} = \dfrac{BF}{BD}$.

因为 $BF = EF$，所以 $\dfrac{AC}{CD} = \dfrac{EF}{BD}$，即 $EF \cdot CD = AC \cdot BD$.

证法 16 如图 35.30，在 $\triangle PAE$ 和 $\triangle PEF$ 中，由正弦定理，得

$$\frac{PE}{AE} = \frac{\sin \angle PAE}{\sin \angle APE}, \frac{PE}{EF} = \frac{\sin \angle PFE}{\sin \angle EPF}$$

因为 $AE = EF$，所以

$$\frac{\sin \angle PAE}{\sin \angle APE} = \frac{\sin \angle PFE}{\sin \angle EPF}$$

又 $\angle PAE = \angle BDF$，$\angle APE = \angle ADC$，$\angle PFE = \angle BFD$，$\angle EPF = \angle CAD$

所以

$$\frac{\sin \angle BDF}{\sin \angle ADC} = \frac{\sin \angle BFD}{\sin \angle CAD}$$

即

$$\frac{\sin \angle CAD}{\sin \angle ADC} = \frac{\sin \angle BFD}{\sin \angle BDF}$$

所以 $\dfrac{CD}{AC} = \dfrac{BD}{BF}$，即 $BF \cdot CD = AC \cdot BD$.

因为 $BF = EF$，所以 $EF \cdot CD = AC \cdot BD$.

证法 17 如图 35.31，联结 PA, PB，设圆 Γ 的半径为 R，记 $\angle APC = \angle 1$，$\angle CPD = \angle 2, \angle DPB = \angle 3, \angle PAB = \angle 4, \angle PFE = \angle 5$.

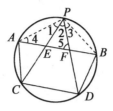

图 35.31

由正弦定理，得
$$AC = 2R\sin\angle 1, CD = 2R\sin\angle 2, BD = 2R\sin\angle 3, PB = 2R\sin\angle 4$$
所以
$$AC \cdot BD = 4R^2 \sin\angle 1 \cdot \sin\angle 3 \qquad ①$$

在 $\triangle PAE, \triangle PEF$ 和 $\triangle PFB$ 中，由正弦定理，得
$$\dfrac{AE}{PE} = \dfrac{\sin\angle 1}{\sin\angle 4}, \dfrac{PE}{EF} = \dfrac{\sin\angle 5}{\sin\angle 2}, \dfrac{BF}{PB} = \dfrac{\sin\angle 3}{\sin\angle 5}$$

以上三式相乘，并注意到 $AE = EF = BF$，得
$$\dfrac{EF}{PB} = \dfrac{\sin\angle 1 \cdot \sin\angle 3}{\sin\angle 2 \cdot \sin\angle 4}$$

将 $PB = 2R\sin\angle 2$ 代入，得
$$EF = \dfrac{2R\sin\angle 1 \cdot \sin\angle 3}{\sin\angle 2}$$

所以
$$EF \cdot CD = 4R^2 \sin\angle 1 \cdot \sin\angle 3 \qquad ②$$

由式①②得
$$EF \cdot CD = AC \cdot BD$$

证法 18 如图 35.32，联结 PB, BC，记 $\angle ACP = \angle ABP = \angle 1, \angle AEC = \angle PFE = \angle 2, \angle CPD = \angle CBD = \angle 3, \angle BCD = \angle BPD = \angle 4$.

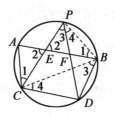

图 35.32

在 $\triangle ACE$ 和 $\triangle BCD$ 中,由正弦定理,得

$$\frac{AE}{AC}=\frac{\sin\angle 1}{\sin\angle 2},\frac{CD}{BD}=\frac{\sin\angle 3}{\sin\angle 4}.$$

以上两式相乘,得

$$\frac{AE\cdot CD}{AC\cdot BD}=\frac{\sin\angle 1\cdot\sin\angle 3}{\sin\angle 2\cdot\sin\angle 4}. \qquad ①$$

在 $\triangle PEF$ 和 $\triangle PBF$ 中,由正弦定理,得

$$\frac{EF}{PF}=\frac{\sin\angle 3}{\sin\angle 2},\frac{PF}{BF}=\frac{\sin\angle 1}{\sin\angle 4}.$$

以上两式相乘,并注意到 $EF=BF$,得

$$\frac{\sin\angle 1\cdot\sin\angle 3}{\sin\angle 2\cdot\sin\angle 4}=1. \qquad ②$$

由式①②得 $\dfrac{AE\cdot CD}{AC\cdot BD}=1.$

因为 $AE=EF$,所以 $EF\cdot CD=AC\cdot BD.$

证法 19 (由江苏的潘彩给出) 如图 35.33,过点 P 作 $PQ\parallel AB$ 与圆 Γ 交于点 Q. 联结 AQ,BQ,CQ,DQ,AD,BC.

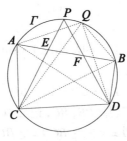

图 35.33

考虑直线 PQ 和 AB 交于无穷远点(记为 ∞).

由题意不难得到:(∞,A,E,F) 以及 (∞,E,F,B) 成两组调和点列.

因此,直线束(PQ,PA,PE,PF)和直线束(PQ,PE,PF,PB)分别为调和线束.

因为P,Q,A,C,D,B六点共圆,所以,四边形$QACD$和四边形$QCDB$均为调和四边形.

由调和四边形的性质和托勒密定理知

$$AQ \cdot CD = AC \cdot DQ = \frac{1}{2} CQ \cdot AD$$

$$CD \cdot BQ = DB \cdot CQ = \frac{1}{2} DQ \cdot BC$$

两式相乘得$AC \cdot BD = \frac{1}{4} AD \cdot BC$.

由托勒密定理得

$$AB \cdot CD + AC \cdot BD = BC \cdot AD$$

结合$AB = 3EF$,得$EF \cdot CD = AC \cdot BD$.

试题 B 如图 35.34,在锐角$\triangle ABC$中,已知$AB > AC$,$\angle BAC$的角平分线与边BC交于点D,点E,F分别在边AB,AC上,使得B,C,F,E四点共圆.证明:$\triangle DEF$的外心与$\triangle ABC$的内心重合的充分必要条件是$BE + CF = BC$.

证明 如图 35.34,在$\angle BAC$的角平分线AD上取$\triangle ABC$的内心I,联结BI,CI,EI,FI.

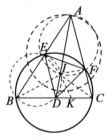

图 35.34

充分性 若$BC = BE + CF$,则可在边BC上取一点K,使得$BK = BE$,从而$CK = CF$.联结KI,因BI,CI分别平分$\angle ABC,\angle ACB$,所以,$\triangle BIK$与$\triangle BIE$以及$\triangle CIK$与$\triangle CIF$分别关于BI,CI对称.

从而$\angle BEI = \angle BKI = \pi - \angle CKI = \pi - \angle CFI = \angle AFI$,即知$A,E,I,F$四点共圆.

结合B,E,F,C四点共圆,知$\angle AIE = \angle AFE = \angle ABC$.

于是,B,E,I,D四点共圆.

又I是$\angle EAF$的角平分线与$\triangle AEF$外接圆的交点,故$IE = IF$.

同理$IE = ID$.

于是，$ID = IE = IF$，即$\triangle ABC$的内心I也是$\triangle DEF$的外心．

必要性 若$\triangle ABC$的内心I是$\triangle DEF$的外心，由于$AE \neq AF$(事实上，由B，E，F，C四点共圆知$AE \cdot AB = AF \cdot AC$．而$AB > AC$，故$AE < AF$)，则$I$是$\angle EAF$的角平分线与$EF$中垂线的交点，即$I$在$\triangle AEF$的外接圆上．

因为BI平分$\angle ABC$，可在射线BC上取点E关于BI的对称点K，所以
$$\angle BKI = \angle BEI = \angle AFI > \angle ACI = \angle BCI$$
即点K在BC边上．

进而$\angle IKC = \angle IFC$，又$\angle ICK = \angle ICF$，则$\triangle ICK \cong \triangle IFC$．

因此，$BC = BK + CK = BE + CF$．

试题C 如图35.35，设锐角$\triangle ABC$的外心为O，点A在边BC上的射影为H_A，AO的延长线与$\triangle BOC$的外接圆交于点A'，点A'在直线AB，AC上的射影分别是D，E，$\triangle DEH_A$的外心为O_A．类似定义点H_B、O_B及H_C，O_C．证明：$O_A H_A$，$O_B H_B$，$O_C H_C$三线共点．

证法1 设T是点A关于BC的对称点，A'在边BC上的射影为点F，T在直线AC上的射影点为M．

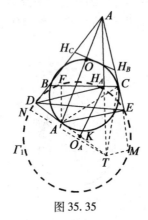

图35.35

由$AC = CT$，知$\angle TCM = 2\angle TAM$．

又$\angle TAM = \dfrac{\pi}{2} - \angle ACB = \angle OAB$，则
$$\angle TCM = 2\angle OAB = \angle A'OB = \angle A'CF$$
且
$$\angle TCH_A = \angle A'CF + \angle A'CT = \angle TCM + \angle A'CT = \angle A'CE$$

注意到$\angle CH_A T$，$\angle CMT$，$\angle CEA'$，$\angle CFA'$均为直角，则
$$\frac{CH_A}{CM} = \frac{CH_A}{CT} \cdot \frac{CT}{CM}$$

$$= \frac{\cos \angle TCH_A}{\cos \angle TCM} = \frac{\cos \angle A'CE}{\cos \angle A'CF} = \frac{CE}{CA'} \cdot \frac{CA'}{CF} = \frac{CE}{CF}$$

即 $CH_A \cdot CF = CM \cdot CE$,从而 H_A, F, M, E 共圆于 Γ_1.

同理,设 T 在直线 AB 上的射影为 N,则 H_A, F, N, D 点共圆于 Γ_2.

由于四边形 $A'FH_AT$ 及四边形 $A'EMT$ 均为直角梯形,知线段 H_AF 与 EM 的中垂线交于线段 $A'T$ 的中点 K,即圆 Γ_1 的圆心为 K,半径为 KF.

同理,圆 Γ_2 的圆心也为 K,半径也为 KF.

故圆 Γ_1 与 Γ_2 重合,即 D, N, F, H_A, E, M 六点共圆,从而 O_A 即为线段 $A'T$ 的中点 K.

因此 $O_AH_A /\!/ AA'$.(三角形中位线性质)

由 $\angle H_CAO + \angle AH_CH_B = \dfrac{\pi}{2} - \angle ACB + \angle ACB = \dfrac{\pi}{2}$,知 $AA' \perp H_BH_C$. 故 $O_AH_A \perp H_BH_C$.

同理,$O_AH_B \perp H_AH_C, O_CH_C \perp H_AH_B$,即知 O_AH_A, O_BH_B, O_CH_C 三线共点于 $\triangle H_AH_BH_C$ 的垂心.

证法 2 注意到 AA' 与 AH_A 为等角线. 设其角为 α,如图 35.36. 又设点 T 是 A 关于 BC 的对称点. 点 M 为点 T 在直线 AC 上的射影,F 为点 A' 在 BC 上的射影.

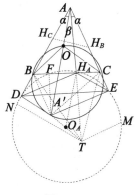

图 35.36

联结 $A'C, TC$,则
$$\angle TCM = 2\alpha = \angle BOA' = \angle FCA'$$
于是由 $\text{Rt}\triangle CH_AT \backsim \text{Rt}\triangle CEA', \text{Rt}\triangle CFA' \backsim \text{Rt}\triangle CTM$ 有
$$\frac{CH_A}{CE} = \frac{CT}{CA'} = \frac{CM}{CF}$$
即
$$CH_A \cdot CF = CM \cdot CE$$

从而知 F,H_A,E,M 四点共圆,且其圆心为 $A'T$ 的中点.

同样,设 N 为点 T 在直线 AB 上的射影,令 $\angle OAH_A=\beta$,则
$$\angle TBN=2\angle BAT=2(\alpha+\beta)=\angle A'OC=\angle A'BC$$
于是,由 $Rt\triangle BFA'\backsim Rt\triangle BNT$,$Rt\triangle BH_AT\backsim Rt\triangle BDA'$,有
$$\frac{BF}{BN}=\frac{BA'}{BT}=\frac{BD}{BH_A}$$
即 $BF\cdot BH_A=BD\cdot BN$,亦即知 N,D,F,H_A 四点共圆,且其圆心为 $A'T$ 的中点,从而知圆 $FEMH_A$ 与圆 $NDFH_A$ 重合,故知 $A'T$ 的中点即为 $\triangle DEH_A$ 的外心.①

从而 $H_AO_A // AA'$,由等角线性质知 $AA'\perp H_CH_B$,故 $O_AH_A\perp H_CH_B$.

同理,$O_BH_B\perp H_AH_C$,$O_CH_C\perp H_AH_B$. 故 O_AH_A,O_BH_B,O_CH_C 三线共点于 $\triangle H_AH_BH_C$ 的垂心.

试题 D1   在凸四边形 $ABCD$ 中,已知 $\angle ABC=\angle CDA=90°$,点 H 是 A 向 BD 引的垂线的垂足,点 S,T 分别在边 AB,AD 上,使得 H 在 $\triangle SCT$ 的内部,且
$$\angle CHS-\angle CSB=90°$$
$$\angle THC-\angle DTC=90°$$
证明:直线 BD 与 $\triangle TSH$ 的外接圆相切.

证明   如图 35.37,设过点 C 且垂直于直线 SC 的直线与 AB 交于点 Q,则

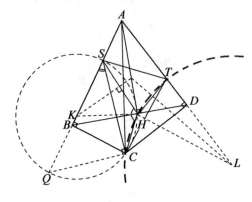

图 35.37

---

① 注:(1)若证得 F,H_A,E,M 四点共圆,且其圆心为 $A'T$ 的中点. 再由等角线性质3,知 N,D,E,M 四点共圆,且圆心为 $A'T$ 中点,亦推知 $A'T$ 的中点即为 $\triangle DEH_A$ 的外心.

(2)若证得 F,H_A,E,M 四点共圆,同理 N,D,F,H_A 四点共圆. 又由等角线性质3,知 N,D,E,M 四点共圆,则可运用戴维斯定理得六点共圆.

$$\angle SQC = 90° - \angle BSC = 180° - \angle SHC$$

因此,C,H,S,Q 四点共圆.

由于 SQ 为此圆直径,于是,$\triangle SHC$ 的外心 K 在 AB 上.

同理,$\triangle CHT$ 的外心 L 在 AD 上.

要证明 BD 与 $\triangle SHT$ 的外接圆相切,只需证明 HS 与 HT 的中垂线的交点在 AH 上,而上述两条线段的中垂线恰为 $\angle AKH,\angle ALH$ 的平分线.

由内角平分线定理,只需证明

$$\frac{AK}{KH} = \frac{AL}{LH} \qquad ①$$

下面给出式①的两种证法.

证法1 如图 35.38,设直线 KL 与 HC 交于点 M.

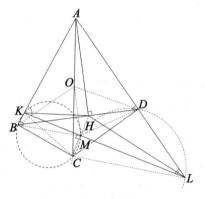

图 35.38

因为 $KH = KC, LH = LC$,所以,点 H,C 关于直线 KL 对称.

因此,M 为边 HC 的中点.

设 O 为四边形 $ABCD$ 的外接圆圆心,则 O 为 AC 的中点.

故 $OM // AH$,进而,$OM \perp BD$.

结合 $OB = OD$,知 OM 为 BD 的中垂线.

因此,$BM = DM$.

又 $CM \perp KL$,则 B,C,M,K 四点共圆,且该圆以 KC 为直径.

同理,L,C,M,D 四点共圆,且该圆以 LC 为直径.

由正弦定理得

$$\frac{AK}{AL} = \frac{\sin \angle ALK}{\sin \angle AKL} = \frac{DM}{CL} \cdot \frac{CK}{BM} = \frac{CK}{CL} = \frac{KH}{LH}$$

即知式①成立,命题得证.

证法2 若 A, H, C 三点共线,则
$$AK = AL, KH = LH$$
从而,式①成立.

接下来假设 A, H, C 三点不共线,考虑过这三点的圆 Γ.

因为四边形 $ABCD$ 为圆内接四边形,所以
$$\angle BAC = \angle BDC = 90° - \angle ADH = \angle HAD$$

设 N(异于点 A)为圆 Γ 与 $\angle CAH$ 的平分线的另一个交点,则 AN 也为 $\angle BAD$ 的平分线.

又由于点 H, C 关于直线 KL 对称,且 $HN = NC$,从而,点 N、圆 Γ 的中心均在直线 KL 上.这表明,圆 Γ 为过点 K, L 的一个阿波罗尼斯圆,由此即得式①.

注 本题有如下推广:

在凸四边形 $ABCD$ 中,点 H 满足 $\angle BAC = \angle DAH$,点 S, T 分别在边 AB, AD 上,使得点 H 在 $\triangle SCT$ 内部,且
$$\angle CHS - \angle CSB = 90°, \angle THC - \angle DTC = 90°$$
则 $\triangle TSH$ 的外接圆圆心在 AH 上(且 $\triangle SCT$ 的外心在 AC 上).

试题 D2 设点 P, Q 在锐角 $\triangle ABC$ 的边 BC 上,满足 $\angle PAB = \angle BCA$,且 $\angle CAQ = \angle ABC$,点 M, N 分别在直线 AP, AQ 上,使得 P 为 AM 的中点,且 Q 为 AN 的中点.证明:直线 BM 与 CN 的交点在 $\triangle ABC$ 的外接圆上.

证明 如图 35.39,设直线 BM 与 CN 交于点 S.记
$$\angle QAC = \angle ABC = \beta, \angle PAB = \angle ACB = \gamma$$

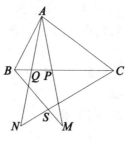

图 35.39

于是
$$\triangle ABP \backsim \triangle CAQ$$
故
$$\frac{BP}{PM} = \frac{BP}{PA} = \frac{AQ}{QC} = \frac{NQ}{QC}$$

又由 $\angle BPM = \beta + \gamma = \angle CQN$,知
$$\triangle BPM \backsim \triangle NQC \Rightarrow \angle BMP = \angle NCQ$$

故 $\triangle BPM \backsim \triangle BSC \Rightarrow \angle CSB = \angle BPM = \beta + \gamma = 180° - \angle BAC$

注 本题至少有十种不同的证法,留给读者自行证明.

第1节 三角形共轭中线的性质及应用①(一)

北方赛试题2涉及了三角形共轭中线的问题(参见例5).

定义1 三角形的一个顶点与对边中点的连线称为三角形的中线,这条中线关于这个顶角平分线对称的线称为三角形的共轭中线(或陪位中线).

显然,直角三角形斜边上的高线就是斜边上的共轭中线.

为了讨论问题的方便,将三角形边的中点,看作边的内中点,则三角形的中线可称为三角形的内中线,其共轭中线也称为内共轭中线.三角形的三条内共轭中线的交点称为内共轭重心(或共轭重心,这可由性质1(1)及塞瓦定理的逆定理推证).

无穷远点可看作线段的外中点,于是,我们有:

定义2 过三角形的一个顶点且平行于对边的直线称为三角形的外中线,任两条外中线的交点称为三角形的旁重心.

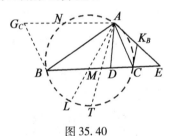

图 35.40

显然,三角形的一个顶点处的外中线、内中线、两条边组成调和线束,且过这个顶点的圆截这四条射线的交点组成调和四边形四顶点.

定义3 三角形的外中线在这个顶点处关于顶角平分线对称的直线称为三角形的外共轭中线,任两条外共轭中线的交点称为旁共轭重心.

显然,三角形的外共轭中心就是在三角形顶点处的外接圆的切线.

如图 35.40,设 M 为 $\triangle ABC$ 的边 BC 的中点,AT 为 $\angle BAC$ 的平分线,若 AD 关于 AT 与 AM 对称,则 AD 为内共轭中线,若 $AN // BC$ 交圆 ABC 于点 N,则 AN 为 $\triangle ABC$ 的外中线,若 AE 关于 AT 与 AN 对称,则 AE 为外共轭中线. 注意到

---

① 沈文选.三角形共轭中线的性质及应用[J].中等数学,2016(2):2-9.

$\angle BAM = \angle CAD$,则 $\angle BAN = \angle CAE$,即有 $\angle CAE = \angle ABC$,从而 AE 为圆 ABC 的切线. 反之,若 AE 为圆 ABC 的切线,则推知 AE 关于 $\angle BAC$ 的平分线 AT 对称的直线为外中线 AN.

图 35.40 中,AN, AM, AB, AC 为调和线束. 若 AM 交外接圆于 L,则四边形 $NBLC$ 为调和四边形. 图 35.40 中的点 G_C, K_B 分别为 $\triangle ABC$ 的一个旁重心、旁共轭重心.

三角形的内、外共轭中线有如下性质:

性质 1 在 $\triangle ABC$ 中,点 D 在 BL 边上,点 E 在 BC 边的延长线上,则:

(1) AD 为 $\triangle ABC$ 的内共轭中线的充要条件是 $\dfrac{AB^2}{AC^2} = \dfrac{BD}{DC}$;

(2) AE 为 $\triangle ABC$ 的外共轭中线的充要条件是 $\dfrac{AB^2}{AC^2} = \dfrac{BE}{EC}$.

证明 (1)如图 35.41,设 M 为 BC 边的中点,则 $BM = MC$. 过 A, M, D 三点的圆交 AB 于 B_1,交 AC 于 C_1,则

AD 为 $\triangle ABC$ 的内共轭中线 $\Leftrightarrow \angle BAM = \angle CAD$

$\Leftrightarrow \overset{\frown}{B_1M} = \overset{\frown}{DC_1} \Leftrightarrow B_1C_1 \parallel BC \Leftrightarrow \dfrac{AB}{AC} = \dfrac{BB_1}{CC_1}$

$\Leftrightarrow \dfrac{AB^2}{AC^2} = \dfrac{BB_1 \cdot AB}{CC_1 \cdot AC} = \dfrac{BM \cdot BD}{CM \cdot CD} = \dfrac{BD}{DC}$

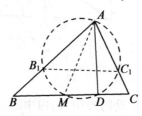

图 35.41

(2)如图 35.42,作 $\triangle ABC$ 的外中线 AN,交圆 ABC 于点 N,则 $\angle NAB = \angle ABC$.

AE 为 $\triangle ABC$ 的外共轭中线 $\Leftrightarrow \angle NAT = \angle TAE$

$\Leftrightarrow \angle NAB = \angle CAE$

$\Leftrightarrow \angle CBA = \angle CAE$

$\Leftrightarrow \triangle BAE \sim \triangle ACE$

$\Leftrightarrow \dfrac{BA}{AC} = \dfrac{AE}{CE} = \dfrac{BE}{AE}$

$$\Leftrightarrow \frac{AB^2}{AC^2} = \frac{AE \cdot BE}{CE \cdot AE} = \frac{BE}{EC}$$

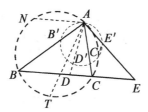

图 35.42

推论 1 三角形的一个顶点处的内共轭中线、外共轭中线、两条边组成调和线束,且过这个顶点的圆截这四条射线的交点组成调和四边形的四顶点.

事实上,如图 35.42,由 $\frac{BD}{DC} = \frac{AB^2}{AC^2} = \frac{BE}{EC}$ 即知 B, C, D, E 为调和点列,亦即知 AD, AE, AB, AC 为调和线束. 若过顶点 A 的圆与 AD, AE, AB, AC 分别交于点 D', E', B', C',则 $B'D'C'E'$ 为调和四边形.

显然,在图 35.42 中,点 E 为边 BC 延长线上一点,AE 为 $\triangle ABC$ 的外共轭中线的充要条件是 $AE^2 = EB \cdot EC$.

性质 2 在锐角 $\triangle ABC$ 中,点 D 在边 BC 内,点 K_A 为顶点 A 所对应的旁共轭重心(即点 B, C 处切线的交点),则 AD 为 $\triangle ABC$ 的内共轭中线的充要条件是 A, D, K_A 三点共线.

证明 充分性 如图 35.43,当 A, D, K_A 三点共线时,设直线 AD 交圆 ABC 于点 X,联结 BX, XC,则由 $\triangle K_A BX \sim \triangle K_A AB$ 及 $\triangle K_A CX \sim \triangle K_A AC$,有

$$\frac{BX}{AB} = \frac{K_A B}{K_A A} = \frac{K_A C}{K_A A} = \frac{CX}{AC}$$

亦有

$$AB \cdot CX = AC \cdot BX \qquad ①$$

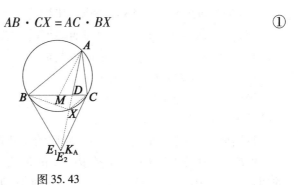

图 35.43

设 M 为 BC 的中点,联结 AM,在四边形 $ABXC$ 中应用托勒密定理,有
$$AB \cdot CX + AC \cdot BX = BC \cdot AX$$
即有
$$2AB \cdot CX = 2BM \cdot AX$$
亦即 $\dfrac{AB}{BM} = \dfrac{AX}{XC}$.

注意到 $\angle ABM = \angle ABC = \angle AXC$,知 $\triangle ABM \sim \triangle AXC$,则有 $\angle BAM = \angle XAC$,从而 AD 为锐角 $\triangle ABC$ 的内共轭中线.

必要性 如图 35.43,当 AD 为锐角 $\triangle ABC$ 的共轭中线时,即 M 为 BC 中点时,有 $\angle BAM = \angle CAD$. 设直线 AD 交圆 ABC 于点 X,联结 BX, XC,则由
$$\triangle ABM \sim \triangle AXC \text{ 及 } \triangle ABX \sim \triangle AMC$$
有
$$AB \cdot XC = AX \cdot BM, AC \cdot BX = AX \cdot MC$$
注意到 $BM = MC$,则有 $AB \cdot XC = AC \cdot BX$,即
$$\dfrac{AB}{BX} = \dfrac{AC}{CX} \qquad ②$$

设过点 B 的圆 ABC 的切线与直线 AX 交于点 E_1,过点 C 的圆 ABC 的切线与直线 AX 交于点 E_2,则由性质 1(2),有 $\dfrac{BA^2}{BX^2} = \dfrac{AE_1}{E_1X}, \dfrac{CA^2}{CX^2} = \dfrac{AE_2}{E_2X}$.

此时注意到式②,有 $\dfrac{AE_1}{E_1X} = \dfrac{AE_2}{E_2X} \Leftrightarrow \dfrac{AX}{E_1X} = \dfrac{AX}{E_2X}$.

从而,E_1 与 E_2 重合于点 K_A. 故 A, D, K_A 三点共线.

注 A, D, K_A 共线时,由式①及性质 1(1) 可推知 DX 也为钝角 $\triangle BXC$ 的内共轭中线.

由式①,即知四边形 $ABXC$ 为调和四边形. 因而,可推证出如下结论:

推论 2 圆内接四边形为调和四边形的充要条件是其一条对角线为另一条对角线分该四边形所成三角形的内共轭中线.

由性质 2,立即有如下结论:

推论 3 三角形的任两条外共轭中线与第三条内共轭中线交于一点(即一旁共轭重心).

特别地,直角三角形的直角顶点对应的旁共轭重心为无穷远点.

性质 3 在 $\triangle ABC$ 中,点 E 在边 BC 的延长线上,过点 E 作 $\triangle ABC$ 外接圆的切线,切于点 X,联结 AX 交 BC 于点 D,则 AE 为 $\triangle ABC$ 的外共轭中线的充要

条件是 AD 为其内共轭中线.

证明 事实上,由推论 1 及调和线束的特性即可得上述结论. 我们另证如下:

充分性 如图 35.44,当 AD 为 $\triangle ABC$ 的内共轭中线时,由性质 2 的必要性证明中的式②,有 $\dfrac{AB}{AC}=\dfrac{BX}{CX}$.

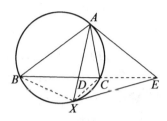

图 35.44

又由性质 1(1),对 $\triangle ABC$ 有 $\dfrac{AB^2}{AC^2}=\dfrac{BD}{DC}$.

由性质 1(2),对 $\triangle BXC$,由 XE 为其外共轭中线,有
$$\dfrac{BX^2}{CX^2}=\dfrac{BE}{EC}.$$

从而 $\dfrac{AB^2}{AC^2}=\dfrac{BX^2}{CX^2}=\dfrac{BE}{EC}$.

再运用性质 1(2),对 $\triangle ABC$,知 AE 为其外共轭中线.

必要性 如图 35.44,当 AE 为 $\triangle ABC$ 的外共轭中线时,此时有 $\dfrac{AB^2}{AC^2}=\dfrac{BE}{EC}$.

注意到 XE 为 $\triangle BXC$ 的外共轭中线,有 $\dfrac{BX^2}{CX^2}=\dfrac{BE}{EC}$. 从而,有 $\dfrac{AB}{AC}=\dfrac{BX}{CX}$.

于是 $\dfrac{BD}{DC}=\dfrac{S_{\triangle ABX}}{S_{\triangle ACX}}=\dfrac{AB\cdot BX}{AC\cdot OX}=\dfrac{AB^2}{AC^2}$. 即知 AD 为 $\triangle ABC$ 的内共轭中线.

注 在图 35.44 中,AX 为 $\triangle ABC$ 的内共轭中线的充要条件是点 A,X 处的切线的交点 E 与 B,C 三点共线. 由性质 2 知 BC 为 $\triangle ABX$ 的内共轭中线的充要条件也是 B,C,E 三点共线. 由此,又推证了推论 2.

下面看如上性质及推论应用的例子:

例 1 (2003 年全国高中联赛题)$\angle APB$ 内有一内切圆与边切于 A,B 两点,PCD 是任一割线交圆于 C,D 两点,点 Q 在 CD 上,且 $\angle QAD=\angle PBC$. 证明: $\angle PAC=\angle QBD$.

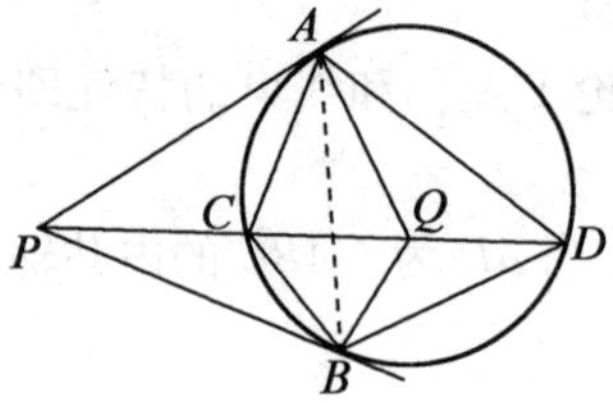

图 35.45

证明 如图 35.45,联结 AB,则由性质 3,知 AB 为 $\triangle ACD$ 的内共轭中线.由 $\angle QAD = \angle PBC = \angle CAB$ 知,点 Q 为 CD 的中点.于是,对 $\triangle BCD$,有 $\angle QBD = \angle CBA = \angle PAC$,其中注意到 AB 也为 $\triangle BCD$ 的内共轭中线.

例 2 (2006 年福建省竞赛题)如图 35.46,圆 O 为 $\triangle ABC$ 的外接圆,AM,AT 分别为中线和角平分线,过点 B,C 的圆 O 的切线相交于点 P,联结 AP 与 BC 和圆 O 分别交于点 D,E. 求证:点 T 是 $\triangle AME$ 的内心.

证明 如图 35.46,联结 BE,EC. 由性质 2,知 AE 为 $\triangle ABC$ 的内共轭中线,有 $\angle BAM = \angle CAE$,注意 AT 为 $\angle BAC$ 的平分线,从而知 AT 平分 $\angle MAE$.

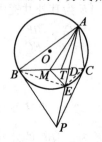

图 35.46

此时 DE 也为 $\triangle BCE$ 的内共轭中线,有 $\angle BEM = \angle AEC$.
注意到 $\angle EBM = \angle EAC$,知 $\triangle BME \backsim \triangle ACE$,即有
$$\angle BME = \angle ACE$$
又由 $\triangle AMB \backsim \triangle ACE$,有 $\angle AMB = \angle ACE$.
从而知 $\angle AMT = \angle EMT$. 即 MT 平分 $\angle AME$,故 T 为 $\triangle AME$ 的内心.

例 3 (2009 年全国高中联赛题)如图 35.47,M,N 分别为锐角 $\triangle ABC$($\angle A < \angle B$)的外接圆 Γ 上 $\overset{\frown}{BC}$,$\overset{\frown}{AC}$ 的中点,过点 C 作 $PC \parallel MN$ 交圆 Γ 于点 P,I 为 $\triangle ABC$ 的内心,联结 PI 并延长交圆 Γ 于点 T. (1) 求证:$MP \cdot MT = NP \cdot NT$;(2)在 $\overset{\frown}{AB}$(不含点 C)上任取一点 $Q(Q \neq A, T, B)$,记 $\triangle AQC$,$\triangle QCB$ 的内心分别为 I_1,I_2. 求证:Q,I_1,I_2,T 四点共圆.

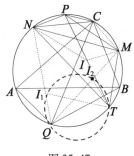

图 35.47

证明 (1) 联结 NI, MI, MC, 由内心性质知 $IN = NC, IM = MC$. 由 $PC // NM$ 知 $NMCP$ 为等腰梯形. 由此推知 $IMPN$ 为平行四边形, 从而直线 PI 过 NM 的中点. 此时, PC, PT 为 $\triangle PNM$ 的外中线与内中线. 于是 PC, PT 和 PM, PN 为调和线束, 即知 $CMTN$ 为调和四边形, 于是有

$$CN \cdot MT = CM \cdot NT \qquad ③$$

注意到 $NP = CM, CN = PM$. 故 $MP \cdot MT = NP \cdot NT$.

(2) 由式③并注意内心性质, 有 Q, I_1, M 及 Q, I_2, N 分别三点共线, 且

$$CM \cdot NT = MT \cdot NC \Leftrightarrow \frac{CM}{NC} = \frac{MT}{NT}$$

$$\Leftrightarrow \frac{I_2 M}{I_1 N} = \frac{MT}{NT}$$

$$\Leftrightarrow \frac{I_1 N}{NT} = \frac{I_2 M}{MT}$$

$$\Leftrightarrow \triangle I_1 NT \sim \triangle I_2 MT \Leftrightarrow \angle I_1 TN = \angle I_2 TM$$

$$\Leftrightarrow \angle I_1 TI_2 = \angle NTM = \angle NQM = \angle I_1 QI_2$$

$$\Leftrightarrow Q, I_1, I_2, T \text{ 四点共圆}$$

例 4 (2011 年全国高中联赛题) 设 P, Q 分别是圆内接四边形 $ABCD$ 的对角线 AC, BD 的中点. 若 $\angle BPA = \angle DPA$, 证明: $\angle AQB = \angle CQB$.

证明 如图 35.48, 延长 DP 交圆于点 F, 则 $\angle CPF = \angle DPA = \angle BPA$.

注意到 P 为 AC 的中点, 由圆的对称性知 $\overset{\frown}{AB} = \overset{\frown}{FC}$, 从而 $BF // AC$.

联结 AF, FC, 即知 FB, FD 为 $\triangle AFC$ 的外中线和内中线, 从而知 FB, FD, FA, FC 为调和线束, 于是四边形 $ABCD$ 为调和四边形.

由推论 2, 知 AC 为 $\triangle BCD$ (或 $\triangle ABD$) 的内共轭中线. 此时, 又由性质 3 知, A, C 处的圆的切线交点 E 在直线 BD 上.

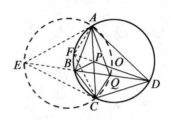

图 35.48

设 $ABCD$ 的外接圆圆心为 O,注意到 Q 为 BD 中点,则知 A,E,C,Q,O 五点共圆.在此圆中,由 $EA=EC$,则知 $\angle AQB=\angle CQB$.

例5 (2013年北方数学奥林匹克题)如图 35.49, A,B 是圆 O 上的两个定点, C 是优弧 $\overparen{AB}$ 的中点, D 是劣弧 $\overparen{AB}$ 上任一点,过点 D 作圆 O 的切线与圆 O 在 A,B 处的切线分别交于点 E,F, CE,CF 与弦 AB 分别交于点 G,H. 求证:线段 GH 的长为定值.

证明 如图 35.49,联结 AC,AD,联结 CD 交 AB 于点 K,过点 C 作圆 O 的切线 TS,由于 C 为优弧 $\overparen{AB}$ 的中点,则知 $TS \parallel AB$.

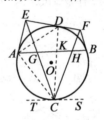

图 35.49

由性质2,知 CE,CT 分别为 $\triangle CDA$ 的内共轭中线和外共轭中线.又由推论1,知 CT,CE,CA,CD 组成调和线束,注意到 $AK \parallel CT$,则由调和线束的性质:调和线束中的一射线的任一平行线被其他三条射线截出相等的线段.从而知 G 为 AK 的中点.

同理, H 为 KB 的中点.故 $GH=\dfrac{1}{2}AB$ 为定值.

练习题及解答提示

1.(2012年陕西竞赛题)锐角 $\triangle ABC$ 内接于圆 O,过圆心 O 且垂直于半径 OA 的直线分别交边 AB,AC 于点 E,F.该圆 O 在 B,C 两点处的切线交于点 P. 求证:直线 AP 平分线段 EF.

提示:由性质 2 及推论 1,类似于例 5 即证.

2.(2006 年罗马尼亚国家集训队测试题)在凸四边形 ABCD 中,记 O 为 AC 与 BD 的交点. 如果 BO 为 △ABC 的陪位中线,DO 为 △ADC 的陪位中线. 证明: AO 为 △ABD 的陪位中线.

提示:由推论 2 即证.

3.(2007 年中国国家集训队测试题)锐角 △ABC 的外接圆在 A 和 B 处的切线相交于点 D,M 是 AB 的中点. 证明:∠ACM = ∠BCD.

提示:由性质 2 即证.

4.(《数学教学》2014(2)数学问题 931)已知两圆内切,P 为大圆上一点,大圆的两条弦 PA 和 PB 切小圆于点 E 和 F. 证明:$EF^2 = 4AE \cdot BF$.

提示:如图 35.50,设两圆内切于点 T,取 EF 的中点 Q.

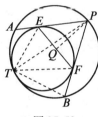

图 35.50

由性质 2 知,∠ETP = ∠QTF. 注意 TF 平分 ∠BTP.

推知 △BFT ∽ △QET,有

$$\frac{BF}{FT} = \frac{QE}{EF}$$ ①

由 △AET ∽ △QFT,有

$$\frac{AE}{ET} = \frac{QF}{FT} = \frac{QE}{FT}$$ ②

再由式①②有 $AE \cdot BF = QE^2 = \frac{1}{4}EF^2$ 即证.

5.(2003 年土耳其数学奥林匹克题)已知一个圆与 △ABC 的边 AB,BC 相切,也和 △ABC 的外接圆相切于 T. 若 I 是 △ABC 的内心,证明:∠ATI = ∠CTI.

提示:如图 35.51,已知圆 AB,BC 切于点 P,Q,则由曼海姆定理知,I 为 PQ 的中点. 延长 TQ 交 △ABC 外接圆于 M,则 M 为 $\overparen{BC}$ 中点,即知 A,I,M 三点共线. 联结 BT,由性质 2,知 ∠PTI = ∠BTQ = ∠PAI. 即知 P,A,T,I 四点共圆,有 ∠ATI = ∠BPQ. 同理有 ∠CTI = ∠BQP.

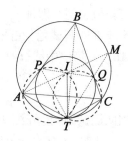

图 35.51

注意 △BPQ 为等腰三角形即得结论.

6. (2006 年江西数学竞赛题) 如图 35.52, 在 △ABC 中, $AB = AC$, M 是 BC 边的中点, D, E, F 分别是边 BC, CA, AB 上的点, 且 $AE = AF$, △AEF 的外接圆交线段 AD 于点 P. 若点 P 满足 $PD^2 = PE \cdot PF$. 试证明: $\angle BPM = \angle CPD$.

提示: 如图 35.52, 由 $AE = AF$ 及 A, F, P, E 共圆, 知 AP 平分 $\angle EPF$, 即有 $\angle DPF = \angle EPD$. 由 $PD^2 = PE \cdot PF$ 即 $\dfrac{DP}{PF} = \dfrac{EP}{PD}$ 知 △DPF ∽ △EPD.

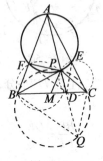

图 35.52

又由 $\angle APE = \angle APF = \dfrac{1}{2}(180° - \angle A) = \angle FBD = \angle ECD$, 知 B, D, P, F 及 D, C, E, P 分别四点共圆. 从而推知 $\angle PBD = \angle PCE$, $\angle PCD = \angle PBF$, 即 AC, AB 分别与 △PBC 的外接圆相切.

延长 AD 交 △PBC 的外接圆于点 Q, 则由性质 2, 知 PQ 为 △BQC 的内共轭中线, 亦即为 △PBC 的内共轭中线, 故 $\angle BPM = \angle CPD$.

7. (1997 年全国高中联赛题) 已知两个半径不等的圆 O_1 与圆 O_2 相交于 M, N 两点, 且圆 O_1、圆 O_2 分别与圆 O 内切于点 S, T. 求证: $OM \perp MN$ 的充要条件是 S, N, T 三点共线.

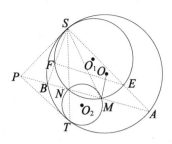

图 35.53

提示:如图 35.53,设直线 NM 交圆 O 于 B,A,由根心定理知 S,T 处圆 O 的切线与直线 NM 共点于 P.

AS,BS 分别交圆 O_1 于点 E,F,由 $\angle SAB = \angle PSB = \angle SEF$ 知 $EF \parallel MN$,有 $\angle ASM = \angle BSN$. 又由性质3,知 ST 为 $\triangle SBA$ 的内共轭中线,则 $OM \perp MN \Leftrightarrow M$ 为 AB 中点 $\Leftrightarrow \angle BST = \angle ASM = \angle BSN \Leftrightarrow S,N,T$ 三点共线.

第2节 三角形共轭中线的性质及应用[①](二)

三角形的内共轭中线还有如下几条优美性质(接上节排序):

性质4 在 $\triangle ABC$ 中,点 D 在 BC 边上,作 $DE \parallel BA$ 交 AC 于点 E,作 $DF \parallel CA$ 交 AB 于点 F,则 AD 为 $\triangle ABC$ 的内共轭中线的充要条件是 B,C,E,F 四点共圆.

证明 如图 35.54,由 $DE \parallel BA, DF \parallel CA$,知 $AF = DE = AB \cdot \dfrac{CD}{BC}, AE = FD = AC \cdot \dfrac{BD}{BC}.$

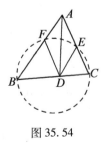

图 35.54

---

① 沈文选.三角形共轭中线的性质及应用[J].中等数学,2016(2):2-9.

于是,由性质1(1)知

AD 为 $\triangle ABC$ 的内共轭中线

$\Leftrightarrow \dfrac{AB^2}{AC^2} = \dfrac{BD}{DC} \Leftrightarrow AB^2 = AC^2 \cdot \dfrac{BD}{DC}$

$\Leftrightarrow AB^2 \cdot \dfrac{CD}{BC} = AC^2 \cdot \dfrac{BD}{DC} \cdot \dfrac{CD}{BC} = AC^2 \cdot \dfrac{BD}{BC}$

$\Leftrightarrow AB \cdot AB \cdot \dfrac{CD}{BC} = AC \cdot AC \cdot \dfrac{BD}{BC}$

$\Leftrightarrow AB \cdot AF = AC \cdot AE$

$\Leftrightarrow B, C, E, F$ 四点共圆.

推论4 在直角三角形中,斜边上高线垂足在两直角边上的射影、斜边两端点这四点共圆.

性质5 在锐角 $\triangle ABC$ 中,点 D 在边 BC 上,过 A,B 两点且与 AC 切于点 A 的圆 O_1 与过 A,C 两点且与 AB 切于点 A 的圆 O_2 的公共弦为 AQ,则 AD 为 $\triangle ABC$ 的内共轭中线的充要条件是 AD 与 AQ 重合.(或 A,Q,D 三点共线)

证明 如图35.55,作 $\triangle ABC$ 的外接圆.

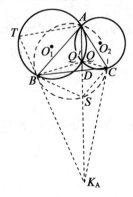

图 35.55

充分性 当直线 AD 与 AQ 重合时,设此重合的直线与圆 ABC 交于点 S',联结 BS, CS, BQ, CQ,则由题设,知

$\angle ABQ = \angle CAQ = \angle CBS, \angle BCS = \angle BAQ = \angle ACQ$

从而 $\triangle ABQ \sim \triangle CAQ \sim \triangle CBS$.

于是 $\dfrac{AQ}{CS} = \dfrac{AB}{CB}, \dfrac{AQ}{BS} = \dfrac{CA}{CB}$.

上述两式相除,有 $\dfrac{BS}{CS} = \dfrac{AB}{AC}$.

所以 $\dfrac{BD}{DC} = \dfrac{S_{\triangle BAS}}{S_{\triangle ACS}} = \dfrac{AB \cdot BS}{AC \cdot CS} = \dfrac{AB^2}{AC^2}$.

由性质 1(1) 知,AD 为 $\triangle ABC$ 的内共轭中线.

必要性　当 AD 为 $\triangle ABC$ 的内共轭中线时,由性质 2 知,在圆 ABC 中,B,C 两点处的切线的交点 K_A 在直线 AD 上.

设直线 $K_A B$ 交圆 O_1 于点 T,直线 AD 与圆 O_1 交于另一点 Q',联结 BQ',$Q'C$,AT,则 $\angle BQ'K_A = \angle BTA = \angle BAC = \angle BCK_A$,即知 B,K_A,C,Q' 四点共圆.

注意到 $K_A B = K_A C$,有 $\angle BQ'K_A = \angle CQ'K_A$,亦有 $\angle BQ'A = \angle AQ'C$.

又由 $\angle ABQ' = \angle CAQ'$,从而知 $\angle BAQ' = \angle ACQ'$.

于是,由弦切角定理的逆定理知,过点 A,Q',C 的圆与 AB 切于点 A,此圆即为圆 O_2.

从而 Q' 与 Q 重合,故圆 O_1 与圆 O_2 的公共弦 AQ 与直线 AD 重合.

对性质 5,钝角三角形也有上述结论(证明留给读者). 又由性质 5,我们可得如下结论:

推论 5　在 $\triangle ABC$ 中,点 D 在边 BC 上,点 Q 在线段 AD 上,则 AD 为 $\triangle ABC$ 的内共轭中线的充要条件是 $\angle BQA = \angle AQC$ 且 $\triangle ABQ \backsim \triangle CAQ$.

性质 6　在 $\triangle ABC$ 中,点 D 在边 BC 上,在 AB,AC 上分别取点 E,F,使 $EF \parallel BC$,令 BF 与 CE 交于点 P. 记完全四边形 $AEBPCF$ 的密克尔点为 M,则 AD 为 $\triangle ABC$ 的内共轭中线的充要条件是 A,D,M 三点共线(或直线 AD 与 AM 重合).

证明　首先注意到完全四边形的密克尔点的性质:密克尔点与完全四边形中每类四边形的一组对边组成相似三角形. 如图 35.56,有 $\triangle MEA \backsim \triangle MPF$,$\triangle MBE \backsim \triangle MFC$,这可由 A,B,M,F 和 A,E,M,C 及 P,M,C,F 分别四点共圆,有 $\angle BAM = \angle BFM$,即

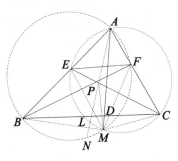

图 35.56

及
$$\angle EAM = \angle PFM$$
知
$$\angle AEM = 180° - \angle MCF = \angle FPM$$
由
$$\triangle MEA \sim \triangle MPF$$
及
$$\angle EBM = \angle CFM$$
知
$$\angle BEM = \angle FCM$$
$$\triangle MBE \sim \triangle MFC$$

于是由这两对相似三角形有

$$\frac{AE}{FP} = \frac{ME}{MP}, \frac{BE}{FC} = \frac{ME}{MC}$$

即

$$AE = \frac{ME}{MP} \cdot FP, BE = \frac{ME}{MC} \cdot FC \qquad ①$$

由 $EF \parallel BC$ 知 $BCFE$ 为梯形，由梯形性质知 AP 直线分别过 EF, BC 的中点，从而直线 AP 为 $\triangle ABC$ 的 BC 边上的内中线所在直线. 此时，还有

$$\frac{AE}{EB} = \frac{AF}{FC} \qquad ②$$

将式①代入式②，有 $\dfrac{MC \cdot FP}{MP \cdot FC} = \dfrac{AF}{FC}$，亦即有 $\dfrac{CM}{MP} = \dfrac{AF}{FP}$.

注意到 $\angle CMP = \angle AFP(P, M, C, F$ 共圆)，则 $\triangle CMP \sim \triangle AFP$，有 $\angle MCP = \angle FAP$.

于是

AD 为 $\triangle ABC$ 的内共轭中线

$\Leftrightarrow \angle BAP = \angle CAD$

$\Leftrightarrow \angle BAD = \angle CAP = \angle FAP = \angle MCP = \angle MAE = \angle BAM$

$\Leftrightarrow$ 直线 AD 与直线 AM 重合(或 A, D, M 三点共线)

注 在性质6中，我们给出的完全四边形 $AEBPCF$ 有两条对角线平行，即 $EF \parallel BC$. 其实，对于一般的完全四边形 $AEBPCF$，若设 M 为其密克尔点，则有 $\angle BAM = \angle CAP \Leftrightarrow EF \parallel BC$.

事实上，$\angle BAM = \angle CAP \Leftrightarrow \angle PCM = \angle ECM = \angle BAM = \angle CAP = \angle PAF$，注意有 $\angle CMP = \angle AFP \Leftrightarrow \triangle CMP \sim \triangle AFP \Leftrightarrow \dfrac{CM}{MP} = \dfrac{AF}{FP} \overset{\text{式①代入}}{\Leftrightarrow} \dfrac{\frac{ME}{BE} \cdot FC}{\frac{ME}{AE} \cdot FP} = \dfrac{AF}{FP} \Leftrightarrow \dfrac{AE}{EB} = \dfrac{AF}{FC} \Leftrightarrow EF \parallel BC$.

又在图 35.56 中,若直线 AP 交圆 ABF 于点 N,交圆 AEC 于点 L,则:

$NM/\!/BF \Leftrightarrow \angle BFM$ 与 $\angle FMN$ 相补(或相等) $\Leftrightarrow \angle BAM = \angle FAN \Leftrightarrow EF/\!/BC$;

$LM/\!/EC \Leftrightarrow \angle ECM$ 与 $\angle CML$ 相补(或相等) $\Leftrightarrow \angle EAM = \angle CAP \Leftrightarrow EF/\!/BC$.

于是,我们有:

推论 6 在 $\triangle ABC$ 中,点 E,F 分别在 AB,AC 边上,BF 与 CE 交于点 P. 设完全四边形 $AEBPCF$ 的密克尔点为 M,直线 AP 交圆 ABF 于点 N,交圆 AEC 于点 L,则 AM 所在直线为 $\triangle ABC$ 的内共轭中线所在直线的充要条件是下述三条件之一:

(1) $EF/\!/BC$;(2) $NM/\!/BF$;(3) $LM/\!/EC$.

下面给出上述性质及推论应用的例子.

例 6 (2010 年第 1 届陈省身杯数学奥林匹克题)在 $\triangle ABC$ 中,D,E 分别为 AB,AC 边的中点,BE 与 CD 交于点 G,$\triangle ABE$ 的外接圆与 $\triangle ACD$ 的外接圆交于点 $P(P \neq A)$,AG 的延长线与 $\triangle ACD$ 的外接圆交于点 $L(L \neq A)$. 求证:$PL/\!/CD$.

证明 如图 35.57,联结 DE,由 D,E 分别为边 AB,AC 的中点知,$DE/\!/BC$. 显然 P 为完全四边形 $ADBGCE$ 的密克尔点.

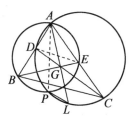

图 35.57

从而由性质 6 知,AP 为 $\triangle ABC$ 的内共轭中线,由推论 6(3) 即知 $PL/\!/CD$.

例 7 (2010 年中国国家集训队选拔赛题)在锐角 $\triangle ABC$ 中,$AB > AC$,M 是边 BC 的中点,P 是 $\triangle ABC$ 内一点,使得 $\angle MAB = \angle PAC$. 设 $\triangle ABC$,$\triangle ABP$,$\triangle ACP$ 的外心分别为 O,O_1,O_2. 证明:直线 AO 平分线段 O_1O_2.

证明 如图 35.58,由 $\angle MAB = \angle PAC$ 及 M 为边 BC 的中点,知 AP 为 $\triangle ABC$ 的内共轭中线. 于是,由性质 5 知,存在过 A,B 且与 AC 切于点 A 的圆 O'_1 和过 A,C 且与 AB 切于点 A 的圆 O'_2,这两圆的公共弦 AQ 与直线 AP 重合. 此时 O_1,O'_1,O 及 O_2,O'_2,O 分别三点共线,且 $O_1O_2 \perp AP$,$O'_1O'_2 \perp AQ$,从而 $O_1O_2 /\!/ O'_1O'_2$.

注意到 $O'_1A \perp AC$,$OO'_2 \perp AC$,知 $O'_1A /\!/ OO'_2$. 同理 $AO'_2 /\!/ O'_1O$.

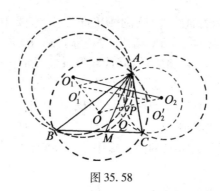

图 35.58

于是四边形 $OO'_2AO'_1$ 为平行四边形,有 AO 平分 $O'_1O'_2$,即 AO 为 $\triangle OO'_1O'_2$ 的中线.

从而 AO 也为 $\triangle OO_1O_2$ 的中线,故 AO 平分线段 O_1O_2.

例 8 (2005 年中国国家集训队测试题)设锐角 $\triangle ABC$ 的外接圆为 ω,过点 B,C 作圆 ω 的两条切线相交于点 P,联结 AP 交 BC 于点 D,点 E,F 分别在边 AC,AB 上,使得 $DE \parallel BA$,$DF \parallel CA$. (1) 求证: F,B,C,E 四点共圆;(2) 若记过 F,B,C,E 的圆的圆心为 A_1,类似地定义 B_1,C_1,则直线 AA_1,BB_1,CC_1 共点.

证明 (1) 如图 35.59(1),由性质 2 知,AD 为 $\triangle ABC$ 的内共轭中线. 再由性质 4,即知 F,B,C,E 四点共圆.

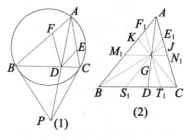

图 35.59

(2) 如图 35.59(2),因 AD 为 $\triangle ABC$ 的一条内共轭中线,设 $\triangle ABC$ 的另外两条内共轭中线 BJ,CK 交于点 G,则由性质 1(1) 及塞瓦定理的逆定理知,AD 也过点 G(内共轭重心). 过点 G 分别作 $M_1N_1 \parallel BC$,$F_1T_1 \parallel AC$,$S_1E_1 \parallel BA$,其交点如图 35.59(2)所示.

由于 $\triangle AM_1N_1$ 与 $\triangle ABC$ 位似,由(1) 知在 $\triangle ABC$ 中有 B,C,E,F 四点共圆,从而在 $\triangle AM_1N_1$ 中,有 M_1,N_1,E_1,F_1 四点共圆.

类似地,有 F_1,T_1,S_1,M_1 及 E_1,S_1,T_1,N_1 分别四点共圆.

由戴维斯定理知，F_1,M_1,S_1,T_1,N_1,E_1 六点共圆. 设该圆圆心为 O，注意到圆 A 与圆 O 的位似中心是 A，从而知直线 AA_1 过点 O.

同理，直线 BB_1，CC_1 也过点 O. 故直线 AA_1，BB_1，CC_1 共点.

例 9 （2010 年中国国家集训队测试题）如图 35.60，设凸四边形 $ABCD$ 的两组对边的延长线分别交于点 E,F，$\triangle BEC$ 的外接圆与 $\triangle CFD$ 的外接圆交于点 C,P. 求证：$\angle BAP = \angle CAD$ 的充分必要条件是 $BD \parallel EF$.

证明 如图 35.60，注意到 P 为完全四边形 $ABECFD$ 的密克尔点，显然，可类似于性质 6 证明后的注而证. 这里，我们另证如下：

设过 A,E,D 三点的圆的圆心为 O_1，过 A,B,F 三点的圆的圆心为 O_2，则由完全四边形密克尔定理知，圆 O_1 与圆 O_2 相交于点 A,P，即 AP 为其公共弦，且 $O_1O_2 \perp AP$.

设 O 为 $\triangle ABC$ 的外心，记过点 A,E 且与 AF 切于点 A 的圆为圆 O_3，过点 A,F 且与 AB 切于点 A 的圆为圆 O_4，则由性质 5，知这两圆的公共弦 AQ 是 $\triangle AEF$ 的内共轭中线，且 $O_3O_4 \perp AQ$.

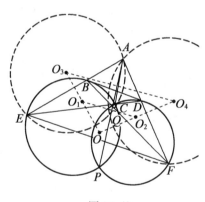

图 35.60

此时，O,O_1,O_3 及 O,O_2,O_4 分别三点共线（均分别在 AE,AF 的中垂线上）. 注意到

$$\frac{OO_1}{O_1O_3} = \frac{\frac{1}{2}(FA-DA)}{\frac{1}{2}DA} = \frac{FD}{DA}, \frac{OO_2}{O_2O_4} = \frac{\frac{1}{2}(EA-BA)}{\frac{1}{2}BA} = \frac{EB}{BA}$$

于是

$$\angle BAP = \angle CAD \Leftrightarrow AP \text{ 与 } AQ \text{ 重合} \Leftrightarrow O_1O_2 \parallel O_3O_4$$

$$\Leftrightarrow \frac{OO_1}{O_1O_3} = \frac{OO_2}{O_2O_4} \Leftrightarrow \frac{EB}{BA} = \frac{FD}{DA} \Leftrightarrow BD // EF$$

练习题及解答提示

1. (《中等数学》2010(11)数学奥林匹克问题284)圆 O_1 与圆 O_2 交于点 M,N, MA 是圆 O_2 的切线交圆 O_1 于点 A, MB 是圆 O_1 的切线交圆 O_2 于点 B, 直线 AB 分别交圆 O_1、圆 O_2 于点 C,D, MN 交 AB 于点 P. 求证: $\dfrac{AP}{BP} = \dfrac{AD}{BC}$.

提示:由性质5,知 MP 是 $\triangle MAB$ 的内共轭中线,由性质1(1)有 $\dfrac{MA^2}{MB^2} = \dfrac{AP}{PB}$.

再注意到切割线定理即证,即 $\dfrac{AP}{BP} = \dfrac{MA^2}{MB^2} = \dfrac{AD \cdot AB}{BC \cdot BA} = \dfrac{AD}{BC}$.

2. (2009年巴尔干地区数学奥林匹克题)在 $\triangle ABC$ 中,点 M,N 分别在边 AB, AC 上,且 $MN // BC$, BN 与 CM 交于点 P, $\triangle BMP$ 与 $\triangle CNP$ 的外接圆的另一个交点为 Q. 证明:$\angle BAQ = \angle CAP$.

提示:由性质6即证.

3. (2007年陕西竞赛题改编)如图35.61,在 $\triangle ABC$ 中,$AB > AC$,过点 A 作 $\triangle ABC$ 的外接圆的切线交 BC 延长线于点 D, E 为 AD 的中点,联结 BE 交 $\triangle ABC$ 的外接圆于点 F,若 M 为 CD 的中点,则 $\angle CAF = \angle DAM$.

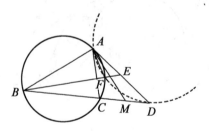

图35.61

提示:由 $ED^2 = EA^2 = EF \cdot EB$,推知 $\triangle DEF \backsim \triangle BED$,有 $\angle FDA = \angle DBE = \angle FAC$,即知存在过 A,F,D 的圆与 AC 切于点 A. 由性质5,知 AF 为 $\triangle ACD$ 的内共轭中线,故 $\angle CAF = \angle DAM$.

4. (2008年陕西竞赛题)如图35.62, AB 是半圆圆 O 的直径, C 是 $\overparen{AB}$ 的中点, M 是弦 AC 的中点, $CH \perp BM$, 垂足为 H. 求证: $CH^2 = AH \cdot OH$.

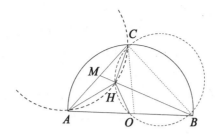

图 35.62

提示:显然 O,B,C,H 四点共圆,且与 AC 切于点 C. 由 $AM^2 = MC^2 = MH \cdot MB$,推知 $\triangle AMH \backsim \triangle BMA$,有 $\angle MAH = \angle MBA = \angle HCO$,即知存在过 C,H,A 三点的圆且与 CO 切于点 C. 由性质 5,知 CH 为 $\triangle CAO$ 的内共轭中线,由推论 5,知 $\triangle AHC \backsim \triangle CHO$,故 $CH^2 = AH \cdot OH$.

第 3 节 相切问题的证明思路[①]

试题 D1 涉及了直线与圆相切的问题.

平面几何中的相切问题,一般是指直线与圆相切和圆与圆相切的问题.

证明相切问题,一般是按其定义,证明图形通过所给条件推导符合定义,或通过作出辅助图证明其符合某种特殊图形有相切的特性. 具体说来,常有如下的一些思路.

1. 证明直线垂直于半径(或直径)且过半径(或直径)的端点或者反之而证得直线与圆相切.

例 1 如图 35.63,$\triangle ABC$ 内接于圆 O,$\angle A < 90°$,过 B,C 分别作圆 O 的切线 XB,YC. 从 O 作 $OP /\!/ AB$ 交 XB 于点 P,作 $OQ /\!/ AC$ 交 YC 于点 Q. 证明:直线 PQ 与圆 O 相切.

证明 如图 35.63,作 $OD \perp PQ$ 于点 D,下证 OD 为圆 O 的半径.

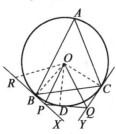

图 35.63

---

① 沈文选. 平面几何中相切问题的证明思路[J]. 中等数学,2017(3):2-6.

在 PB 的延长线上取点 R,使 $BR=CQ$,联结 OR,OB,OC.

易知 $\triangle OBR \cong \triangle OCQ$,即知 $OR=OQ$,$\angle BOR=\angle COQ$.

注意到
$$\angle POR = \angle POB + \angle BOR = \angle POB + \angle COQ$$
$$\angle POQ = \angle BOC - \angle POB - \angle COQ = \angle BOC - \angle POR$$

而 $\angle POQ = \angle BAC = \dfrac{1}{2}\angle BOC$,从而 $\angle POQ = \angle POR$.

又 PO 为公共边,则知 $\triangle POR \cong \triangle POQ$.

于是,$\triangle POQ$ 的 PQ 边上的高线 OD 等于 $\triangle POR$ 的 RP 边上的高线 OB,即知 OD 为圆 O 的半径. 故直线 PQ 与圆 O 相切.

2. 证明直线与圆的另一条切线关于过圆心的割直线对称证得直线与圆相切.

例1 另证 如图 35.64,设 OP 交 BC 于点 E,OQ 交 BC 于点 F,联结 OB,OC. 由 $\angle CBX = \angle BAC = \angle POQ$,知 B,P,F,O 四点共圆,有 $\angle OPF = \angle OBF$.

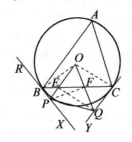

图 35.64

同理,$\angle OQE = \angle OCE$.

而 $\angle OBF = \angle OCE$,则 $\angle OPF = \angle OQE$.

于是,知 P,Q,F,E 四点共圆,在射线 PB 上取点 R,从而
$$\angle EPQ = \angle CFQ = \angle OFE = \angle ACB = \angle ABR = \angle OPB$$

即知直线 PQ 与直线 PB 关于直线 PO 对称.

而 PB 为圆 O 的切线,故直线 PQ 与圆 O 相切.

3. 利用弦切角定理的逆定理证明直线与圆相切.

例2 (2015年土耳其国家队选拔考试) 如图 35.65,在 $\triangle ABC$ 中,$AB=AC$,D,E 分别为 $\triangle ABC$ 的外接圆的劣弧 $\widehat{AB}$,$\widehat{AC}$ 上的点(不同于弧的端点),直线 AD 与 BC 交于点 F,直线 AE 与 $\triangle DEF$ 的外接圆的第二个交点为 G. 证明:AC 与 $\triangle CEG$ 的外接圆相切.

证明 如图 35.65,联结 DB,DE. 由 $AB=AC$,可令 $\angle ABC=\angle ACB=\alpha$,又令 $\angle ABD=\beta$,则由四点共圆,知
$$\angle FDB=\angle ACB=\alpha,\angle AED=\angle ABD=\beta$$

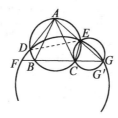

图 35.65

从而,$\angle DFB=\angle DBC-\angle FDB=\beta+\alpha-\alpha=\beta=\angle AED.$

设直线 AE 与直线 FC 交于点 G',则由上可知 F,D,E,G' 四点共圆.

这说明点 G' 既在圆 DEF 上,又在直线 AE 上.

由题设 F,D,E,G 四点共圆,且 G 也在直线 AE 上.

因直线与圆的交点是唯一的,从而知 G' 与 G 重合,亦即 F,C,G 三点共线.

于是,$\angle ACE=\angle ADE=\angle EGC.$

由弦切角定理的逆定理,知直线 AC 与 $\triangle CEG$ 的外接圆切于点 C.

4. 利用切割线定理的逆定理证明直线与圆相切.

对于例 2,证得 $\angle ACE=\angle EGC$ 后,注意 $\triangle ACE$ 与 $\triangle AGC$ 的 $\angle CAE$ 公用,则知 $\triangle ACE \backsim \triangle AGC$,有 $\dfrac{AC}{AG}=\dfrac{AE}{AC}$,即 $AC^2=AE\cdot AG$,由切割线定理,知 AC 与 $\triangle CEG$ 的外接圆相切. 这说明采用弦切角定理的逆定理证的问题也可运用切割线定理的逆定理来证.

例 3 如图 35.66,在锐角 $\triangle ABC$ 中,已知 M 为边 AB 的中点,$AP\perp BC$ 于点 P,$\triangle BMP$ 的外接圆与边 AC 切于点 S,延长 MS,BC 交于点 T. 证明:直线 BT 与 $\triangle MAT$ 的外接圆切于点 T.

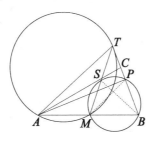

图 35.66

证明 如图 35.66,联结 MP,BS,由 $AP \perp BC$,M 为 AB 的中点,则在 Rt$\triangle APB$ 中,有 $AM = BM = PM$.

在圆内接四边形 $MSPB$ 中,可令
$$\angle MBP = \angle MPB = \angle MSB = \beta$$
$$\angle MBS = \angle ASM = \angle TSC = \gamma$$

又令 $\angle CAB = \alpha$,则在 $\triangle ASB$ 中,有 $\alpha + \beta + 2\gamma = 180°$.

注意到 $\angle SMB$ 是 $\angle AMS$ 的外角,则 $\angle SMB = \alpha + \beta$.

于是,$\angle MTB = 180° - (\alpha + \gamma) - \beta = \gamma$. 即有 $\angle TSC = \gamma = \angle MTB$,从而 $CS = CT$.

在 $\triangle ACB$ 中,对截线 MST 应用梅涅劳斯定理,有 $\dfrac{AM}{MB} \cdot \dfrac{BT}{TC} \cdot \dfrac{SC}{SA} = 1$.

所以 $BT = SA$.

由切割线定理,有 $SA^2 = AM \cdot AB$. 于是,有 $BT^2 = AM \cdot AB = BM \cdot BA$.

故由切割线定理的逆定理,知 BT 与 $\triangle AMT$ 的外接圆切于点 T.

5. 通过直接计算推导证明直线与圆相切.

例4 在 $\triangle ABC$ 中,M,N 分别是边 AC,BC 的中点,证明:当且仅当 $AB = \dfrac{AC + BC}{\sqrt{2}}$ 时,$\triangle CMN$ 的外接圆与边 AB 相切.

证明 如图 35.67,设 $\triangle CMN$ 的外接圆为圆 O,其半径为 r,联结 AO,BO 分别与圆 O 交于点 P,Q,过 O 作 $OH \perp AB$ 于点 H. 设 $BC = a,AC = b,AB = c$, $AP = x,BQ = y,OH = m$.

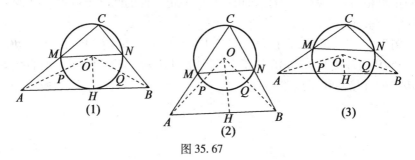

图 35.67

显然,圆 O 与边 AB 切于点 $H \Leftrightarrow OH = r$.

易知,$c = AB = AH + BH$,由割线定理,知

$$\begin{cases} AM \cdot AC = AP \cdot (AP + 2r) \\ BN \cdot BC = BQ \cdot (BQ + 2r) \end{cases} \Rightarrow \begin{cases} b \cdot \dfrac{b}{2} = x(x + 2r) \\ a \cdot \dfrac{a}{2} = y(y + 2r) \end{cases}$$

在 Rt△AOH 和 Rt△BOH 中,结合上述方程组,可得

$$c = \sqrt{(x+r)^2 - m^2} + \sqrt{(y+r)^2 - m^2}$$
$$= \sqrt{x(x+2r) + r^2 - m^2} + \sqrt{y(y+2r) + r^2 - m^2}$$
$$= \sqrt{\dfrac{1}{2}a^2 + r^2 - m^2} + \sqrt{\dfrac{1}{2}b^2 + r^2 - m^2}$$

由上式可知,若 $m > r$,则 $c < \dfrac{a+b}{\sqrt{2}}$;若 $m < r$,则 $c > \dfrac{a+b}{\sqrt{2}}$.

故当且仅当 $m = r$ 时,有 $c = \dfrac{a+b}{\sqrt{2}}$,即△CMN 的外接圆与边 AB 相切.

6. 运用同一法作出与圆相切的直线再证明其符合条件证明直线与圆相切.

例 5 (第 31 届伊朗数学奥林匹克题)在圆内接四边形 ABCD 中,已知 $BC = CD$,圆 C 与直线 BD 相切,I 为△ABD 的内心. 证明:过点 I 且与 AB 平行的直线与圆 C 相切.

证明 如图 35.68,设直线 m 与四边形 ABCD 的外接圆 Γ 切于点 D. 由 $BC = CD$,知 C 为 $\overparen{BD}$ 的中点,记 $\angle(CD, m)$ 表示直线 CD 与 m 的夹角(下同),则由弦切角定理,知 $\angle(CD, m) = \angle CAD = \angle BAC = \angle BDC$.

由思路 2(m 与 DB 关于 DC 对称)知直线 m 与圆 C 相切.

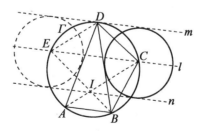

图 35.68

同理,设点 E 平分劣弧 $\overparen{AD}$,作圆 E 与直线 AD 相切,则直线 m 也与圆 E 相切.

如图 35.68,作圆 E、圆 C 的外公切线 n,则 n 与 m 关于直线 EC 对称. 下证 I 在 n 上且 n∥AB.

联结 AC,BE 交于点 I,则由内心性质知 $IC = CD, IE = ED$,从而 I 与 D 关于直线 EC 对称,即知点 I 在直线 n 上.

由 $\angle(n,IC) = \angle(CD,m) = \angle CAD = \angle BAC$,知直线 $n /\!/ AB$.

这就证明了过点 I 且与 AB 平行的直线与圆 C 相切.

7. 运用特殊图形中的直线与圆相切的结论来证直线与圆相切.

特殊图形中的直线与圆相切的结论常有如下一些:

结论 1 三角形的外共轭中线是其顶点处的外接圆的切线.

结论 2 过三角形的顶点且与其对边逆平行的直线是该三角形外接圆的切线.

结论 3 三角形的边上其内切圆切点关于边的中点对称的点是其旁切圆切点.

结论 4 若(凸、凹、折)四边形的对边之和相等,则有其内切圆或旁切圆(四边形也可退化成三角形).

结论 5 调和四边形(对边乘积相等的圆内接四边形)其对点处的外接圆切线与另一条对角线所在直线,这三条直线要么共点,要么相互平行.

例 6 设 M 为 $\triangle ABC$ 的边 BC 的中点,点 N 在 MC 上,满足 $\angle BAM = \angle CAN$. 延长 AN 交 $\triangle ABC$ 的外接圆于点 D,过点 D 作 $\triangle ABC$ 的外接圆的切线与直线 BC 交于点 P,联结 AP. 证明:AP 切 $\triangle ABC$ 的外接圆于点 A.

证明 先证明结论 5,如图 35.69,设 $ABDC$ 为调和四边形,过 A,D 分别作圆的切线且交于点 P,联结 AD 交 BC 于点 G,延长 AC 交 DP 于点 E,延长 DC 交 AP 于点 F,下证点 P 在直线 BC 上(若过 A,D 的切线平行,则与 BC 平行,留给读者自证).

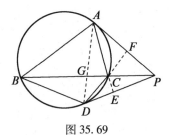

图 35.69

此时,$\angle DAF = \angle EDA$. 由 $ABDC$ 为调和四边形,即有 $AB \cdot DC = BD \cdot AC$. 由正弦定理有 $\sin\angle ACB \cdot \sin\angle CAD = \sin\angle BCD \cdot \sin\angle ADC$.

于是

$$\frac{AG}{GD} \cdot \frac{DF}{FC} \cdot \frac{CE}{EA} = \frac{S_{\triangle CAG}}{S_{\triangle CGD}} \cdot \frac{S_{\triangle ADF}}{S_{\triangle AFC}} \cdot \frac{S_{\triangle DCE}}{S_{\triangle DEA}}$$

$$= \frac{\sin\angle ACG}{\sin\angle GCD} \cdot \frac{\sin\angle DAF}{\sin\angle FAC} \cdot \frac{\sin\angle CDE}{\sin\angle EDA}$$

$$= \frac{\sin\angle ACB}{\sin\angle BCD} \cdot \frac{\sin\angle CAD}{\sin\angle ADC} = 1$$

对 $\triangle ACD$ 应用塞瓦定理的逆定理,知 AF,CG,DE 三直线共点,且共点于 P. 故点 P 在直线 BC 上.

下面回到原题的证明. 如图 35.70,联结 DC,则

$$\angle ABM = \angle ABC = \angle ADC$$

又 $\angle BAM = \angle CAN = \angle DAC$,则

$$\triangle ABM \backsim \triangle ADC$$

有 $\dfrac{AB}{AD} = \dfrac{BM}{DC}$,亦即

$$AB \cdot DC = BM \cdot AD$$

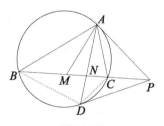

图 35.70

联结 BD 在四边形 $ABDC$ 中应用托勒密定理,有

$$AB \cdot DC + BD \cdot AC = BC \cdot AD = 2BM \cdot AD = 2AB \cdot DC$$

于是, $BD \cdot AC = AB \cdot DC$,即四边形 $ABDC$ 为调和四边形.

从而,由结论 5. 即知 AP 切 $\triangle ABC$ 的外接圆于点 A.

8. 计算两圆半径的和(或差)比较圆心间距离来证明两圆相切.

例 7 (2013 年德国数学奥林匹克题) 如图 35.71,圆 O_1 与圆 O_2 交于两点,设其中一个交点为 Q,圆 O_2 上一点 P 在圆 O_1 内,直线 PQ 与 O_1 交于点 X (不同于点 Q),过点 X 作圆 O_1 的切线与圆 O_2 交于 A,B 两点,过点 P 作 AB 的平行线 l. 证明:过点 A,B 且与直线 l 相切的圆 O 与圆 O_1 相切.

证明 如图 35.71,由于圆 O_2 与圆 O 交于 A,B 两点,则知 OO_2 与 AB 垂直相交于 AB 的中点 M.

设 $OA = R, AB = 2t$,直线 l 与 AB 的距离为 h 则在 Rt$\triangle OAM$ 中,由

$$R^2 = t^2 + (R-h)^2$$

即有 $t^2 + h^2 = 2Rh$，亦有 $R = \dfrac{t^2 + h^2}{2h}$。

设圆 O_1 的半径为 R_1，如果能够证得 $O_1O = R_1 + R$，则可证得圆 O 与圆 O_1 相切。

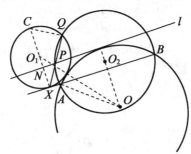

图 35.71

故 $(R_1 + R)^2 = (O_1X + OM)^2 + XM^2$

$\Leftrightarrow (R_1 + R)^2 = (R_1 + R - h)^2 + \left(\dfrac{XA + XB}{2}\right)^2$

$\Leftrightarrow h^2 - 2h(R_1 + R) + \left(\dfrac{XA + XB}{2}\right)^2 = 0$

$\Leftrightarrow R_1 + R = \dfrac{h^2 + \dfrac{1}{4}(XA + XB)^2}{2h}$

$\Leftrightarrow R_1 + \dfrac{t^2 + h^2}{2h} = \dfrac{h^2 + \dfrac{1}{4}(XA + XB)^2}{2h}$

$\Leftrightarrow R_1 = \dfrac{\dfrac{1}{4}(XA + XB)^2 - t^2}{2h}$

注意到，$t = \dfrac{1}{2}(XB - XA)$，则上式 $\Leftrightarrow 2R_1h = XA \cdot XB$。

设 XO_1 与直线 l 交于点 N，与圆 O_1 交于点 C（不同于点 X），则 $\angle XNP = \angle XQC = 90°$。

从而，$2R_1h = XC \cdot XN = XP \cdot XQ = XA \cdot XB$。

于是，有 $(R_1 + R)^2 = (O_1X + OM) + XM^2$ 成立，故有 $R_1 + R = OO_1$。结论获证。

9. 证明两圆在同一点切于同一条直线来证得两圆相切。

例8 （2012年第29届巴尔干地区数学奥林匹克题）设圆 O 上的三点 A，

B,C 满足 $\angle ABC>90°$,过点 C 作 AC 的垂线与 AB 的延长线交于点 D,过 D 作 AO 的垂线与 AC 交于点 E,与圆 O 交于点 F,且 F 在 D,E 之间. 证明:$\triangle BFE$ 的外接圆与 $\triangle CFD$ 的外接圆切于点 F.

证明 如图 35.72,延长 AO 与圆 O 交于点 G,联结 CG,BG.

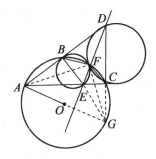

图 35.72

因为 AG 为直径,则 $\angle ACG=90°$,又 $DC\perp AC$,则 D,C,G 三点共线.

因此,E 为 $\triangle DAG$ 的垂心.

由 $\angle CDF=\angle GAC=\angle GFC$,由弦切角定理的逆定理,知 GF 与 $\triangle CFD$ 的外接圆切于点 F.

又 $\angle FBE=\angle FAG=\angle GFE$,由弦切角定理的逆定理,知 GF 与 $\triangle BFE$ 的外接圆切于点 F.

故 $\triangle BFE$ 的外接圆与 $\triangle CFD$ 的外接圆切于点 F.

10. 运用位似等几何变换证明两圆相切.

例9 (2014 年保加利亚国家队选拔考试题)已知 $\triangle ABC$ 的内切圆 Γ 与边 BC,CA 分别切于点 P,Q,$\angle C$ 内的旁心为 I_C,$\triangle I_CBP$ 与 $\triangle I_CAQ$ 的外接圆的第二个交点为 T. 证明:$\triangle ABT$ 的外接圆与圆 Γ 相切.

证明 如图 35.73,设圆 Γ 与 AB 切于点 R. 令 $\triangle ABC$ 的三个内角 $\angle A,\angle B,\angle C$ 的大小分别为 α,β,γ,则

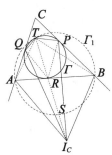

图 35.73

$$\angle PTI_C = 180° - \angle PBI_C = 180° - (90° + \frac{\beta}{2}) = 90° - \frac{\beta}{2} = \angle PRB$$

$$\angle QTI_C = 180° - \angle QAI_C = 90° - \frac{\alpha}{2} = \angle QRA$$

从而 $\angle PTQ = \angle PTI_C + \angle QTI_C = 180° - (\frac{\alpha}{2} + \frac{\beta}{2}) = 180° - \angle PRQ$

因此,点 T 在圆 Γ 上.

由 $\angle PTR = \angle PRB = \angle PTI_C$,即知 T, R, I_C 三点共线.

设 $\triangle ABT$ 的外接圆为圆 Γ_1,TR 的延长线与圆 Γ_1 交于点 S.

显然,$\triangle CPI_C \cong \triangle CQI_C$,则 $\angle ATI_C = \angle AQI_C = \angle BPI_C = \angle BTI_C$,即知 S 为 $\overset{\frown}{AB}$ 的中点.

由于以 T 为位似中心的位似变换 h 将点 R 变为 S,则变换 h 将圆 Γ 变为圆 Γ_1.

从而,这两个圆切于点 T.

练习题及解答提示

1. 在 $\triangle ABC$ 中,$AB = AC$,I 为 $\triangle ABC$ 的内心,联结 AI 并延长与 $\triangle ABC$ 的外接圆交于点 D,过点 I 作边 BC 的平行线,分别交 AB, AC 于点 E, F. 证明:AB, AC 均与 $\triangle EFD$ 的外接圆相切.

提示:设 $\triangle EFD$ 的外心为 O',则 O' 在 AD 上. 推证 $O'F \perp AC$,即证得 AC 与圆 O' 相切,同理证 AB 与圆 O' 相切.

2. (2013~2014 年匈牙利数学奥林匹克题) 在 $\triangle ABC$ 中,已知过点 A 作 $\angle ABC$ 平分线的垂线,过点 B 作 $\angle CAB$ 平分线的垂线,垂足分别为 D, E. 证明:直线 DE 与边 AC, BC 的交点为 $\triangle ABC$ 内切圆圆 I 与 AC, BC 的切点.

提示:设直线 DE 与 AC, BC 分别交于点 P, Q,下证 $IP \perp AC$. 由 A, B, E, D 四点共圆,有 $\angle BDE = \angle BAE = \angle CAE = \angle PAI$,知 A, I, D, P 四点共圆,即有 $IP \perp AC$. 即证得 P 为圆 I 与 AC 的切点. 类似地,Q 为圆 I 与 BC 的切点.

3. (2012 年德国数学奥林匹克题) 已知 $\triangle ABC$ 与圆 Γ 满足下列条件:(1) 圆 Γ 过点 A, B 且与 AC 相切;(2) 圆 Γ 在点 B 处的切线与 AC 交于点 X(与点 C 不重合);(3) $\triangle BXC$ 的外接圆 Γ_1 与圆 Γ 交于点 Q(与点 B 不重合);(4) 圆 Γ_1 在点 X 处的切线与 AB 交于点 Y. 证明:$\triangle BQY$ 的外接圆与 XY 相切.

提示:由 $\angle YXB + \angle XYB = \angle XBA = \angle BQA = \angle BQX + \angle AQX$ 及 $\angle YXB = \angle XQB$,知 $\angle XYB = \angle XQA$. 即有 X, Y, Q, A 四点共圆. 从而 $\angle YQB + \angle XQB = $

$\angle XQY = \angle XAB = \angle XBA = \angle BXY + \angle BYX$,又$\angle XQB = \angle BYX$,则$\angle BYX = \angle YQB$.由弦切角定理的逆定理知结论成立.

4.(2012 年爱尔兰数学奥林匹克题)已知圆 O 上依次排列四点 A,B,C,D,满足 $AB \perp BC, BC \perp CD, X$ 是 $\overset{\frown}{AC}$ 上的一点,延长 AX 与 CD 交于点 E,延长 DX 与 BA 交于点 F.证明:$\triangle AXF$ 的外接圆与 $\triangle DXE$ 的外接圆相切,且过切点的公切线经过点 O.

提示:由 $FB \parallel EC$ 有 $\angle AFX = \angle FDX$.由 A,X,D,C 四点共圆有 $\angle FDE = \angle XAC$,从而 $\angle AFX = \angle XAC$,知 AO 与 $\triangle AXF$ 的外接圆切于点 A.由 $OA = OX$ 即知 OX 为圆 AXF 的切线.同理 OX 也是圆 DXE 的切线,且 OX 为其公切线,从而过点 O.

5.(2010 年伊朗国家队选拔考试题)已知 M 为 $\triangle ABC$ 的边 BC 上任一点,圆 Γ 与线段 AB,BM 分别切于点 T,K,与 $\triangle AMC$ 的外接圆外切于点 P.证明:若 $TK \parallel AM$,则 $\triangle APT$ 的外接圆与 $\triangle KPC$ 的外接圆相切.

提示:由 $\angle B$ 的平分线垂直于 TK,也垂直于 AM,有 $BM = BA$,且 $\triangle AMC$ 的外心在 $\angle B$ 的平分线上,从而圆 Γ 的圆心、点 P 及 $\triangle AMC$ 的外心均在 $\angle B$ 的平分线上.由 $\angle BAP = \angle BMP = 180° - \angle PMC = \angle PAC$ 知 P 为 $\triangle ABC$ 的内心.故 $\angle TRK = \angle BTK = 90° - \frac{1}{2}\angle B = \frac{1}{2}\angle A + \frac{1}{2}\angle C = \angle TAP + \angle KCP$.过点 P 作圆 ATP 的切线 PX,则 $\angle TPX = \angle TAP$,从而 $\angle XPK = \angle KCP$,即 XP 切 $\triangle KCP$ 的外接圆于点 P.由此即证得结论.

第 4 节 一组对角相等的四边形的性质及应用

一组对角相等的平面四边形有一系列有趣的结论,下面,我们将这些结论作为性质介绍如下:

显然,一组对角相等且一组对边平行的四边形为平行四边形.

在这里,我们讨论的是一组对角相等的非平行四边形.这类四边形有如下几条有趣的性质:

性质 1 一组对角相等的凸四边形中,另一组对角的平分线相互平行.

证明 如图 35.74,在四边形 $ABCD$ 中,$\angle A = \angle C$,$\angle B$ 的平分线交 AD 于点 M,$\angle D$ 的平分线交 BC 于 N.

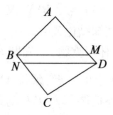

图 35.74

注意到 $\angle A + \angle B + \angle C + \angle D = 360°$,则
$$2\angle A + \angle B + \angle D = 360° \quad ①$$
在 $\triangle ABM$ 中,由 $\angle A + \frac{1}{2}\angle B + \angle AMB = 180°$,有
$$2\angle A + \angle B + 2\angle AMB = 360° \quad ②$$
由式①②有 $\angle D = 2\angle AMB$,但 $2\angle ADN = \angle D$.
从而 $\angle AMB = \angle ADN$. 故 $BM /\!/ DN$.

性质 2 对边不平行的(凸、凹、折)四边形,一组对角相等的充要条件是这组对角的顶点、两组对边或其延长线交点这四点共圆.

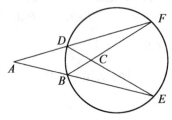

图 35.75

事实上,如图 35.75,对于凸四边形 $ABCD$, $\angle ABC = \angle ADC$;对于凹四边形 $AECF$, $\angle AEC = \angle AFC$;对于折四边形 $BEDF$, $\angle BED = \angle BFD$ 的充要条件均为 B, E, F, D 四点共圆.

性质 3 在凸四边形中,一组对角相等的充要条件是两对角线的中点、两条邻边的中点这四点组成的凸四边形内接于圆.

证明 如图 35.76,在凸四边形 $ABCD$ 中,E, F 分别为对角线 AC, BD 的中点,不失一般性,设 AD, CD 的中点分别为 G, H,则命题为 $\angle ABC = \angle ADC \Leftrightarrow E, F, G, H$ 四点共圆.

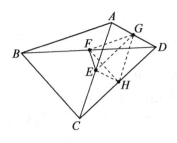

图 35.76

事实上,联结 EG,EH,FG,FH,EH,则
$$FG \parallel BA, FH \parallel BC$$
有 $\angle GFH = \angle ABC$.

注意到 $EH \parallel AD, EG \parallel CD$,知四边形 $DGEH$ 为平行四边形,则 $\angle GEH = \angle ADC$.

于是,$\angle ABC = \angle ADC \Leftrightarrow \angle GFH = \angle GEH \Leftrightarrow E, F, G, H$ 四点共圆.

推论 1 一组对角相等的四边形中,和两对角线中点四点共圆的两邻边中点连线平行的对角线与对角线中点连线所成的角,等于这条对角线分对应顶点处的两角之差.

事实上,如图 35.76,由于 E, F, G, H 四点共圆,有 $GH \parallel AC$,且 $\angle GEF = \angle GHF = \angle ACB$,及 $EG \parallel CD$ 有 $\angle AEG = \angle ACD$.

性质 4 对于凸(或凹)四边形 $ABCD$,一组对边 AB, CD 所在直线交于点 E,则一组对角 $\angle ABC = \angle ADC$ 的充要条件是另两顶点的对角线 AC 的长度满足 $AC^2 = AB \cdot AE - EC \cdot CD$.(若对边 AD, BC 所在直线交于点 F,则条件式为 $AC^2 = AD \cdot AF - FC \cdot CB$.)

证明

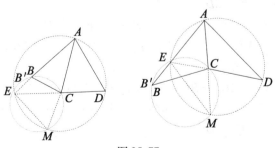

图 35.77

必要性 如图 35.77,当 $\angle ABC = \angle ADC$ 时,作 $\triangle AED$ 的外接圆与 AC 的延

长线交于点 M.

联结 EM,则有 $\angle AME = \angle ADC$,即 $\angle AME = \angle ABC$,从而 B,E,C,M 四点共圆.

于是,有 $AB \cdot AE = AC \cdot AM$. 注意 $EC \cdot CD = AC \cdot CM$,此两式相减,有

$$AB \cdot AE - EC \cdot CD = AC \cdot AM - AC \cdot CM = AC \cdot (AM - CM) = AC^2$$

充分性 如图 35.77,在射线 AB 上取点 B',使 $\angle AB'C = \angle ADC$,则由必要性,得

$$AB' \cdot AE - EC \cdot CD = AC^2$$

又由充分性条件有 $AB \cdot AE - EC \cdot CD = AC^2$,从而 $AB' = AB$,即知点 B' 与 B 重合. 故 $\angle ABC = \angle ADC$.

推论 2 在完全四边形 $ABECFD$ 中,B,E,F,D 四点共圆的充要条件是 $AC^2 = AB \cdot AE - EC \cdot CD$ 或 $AC^2 = AD \cdot AF - FC \cdot CB$.

证明 如图 35.78,B,E,F,D 四点共圆 $\Leftrightarrow \angle ABC = \angle ADC$ 或 $\angle AEC = \angle AFC \Leftrightarrow AC^2 = AB \cdot AE - EC \cdot CD$ 或 $AC^2 = AD \cdot AF - FC \cdot CB$.

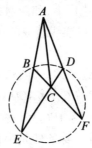

图 35.78

推论 3 当 B,C,D 三点共线时,$\angle ABC = \angle ADC$(或 $AB = AD$)的充分必要条件是 $AC^2 = AB^2 - BC \cdot CD$.

证明 如图 35.79,此时点 E 与点 B 重合. 也可另证如下:

必要性 过点 A 作 $AL \perp BD$ 于点 L,则由 $AB = AD$ 知 $BL = LD$,注意 $AB^2 = AL^2 + BL^2$,$AC^2 = AL^2 + CL^2$.

则 $$AB^2 - AC^2 = BL^2 - CL^2 = (BL - CL)(BL + CL)$$
$$= BC \cdot (CL + LD) = BC \cdot CD$$

故 $AC^2 = AB^2 - BC \cdot CD$.

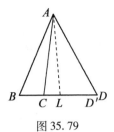

图 35.79

充分性 由 $AB > AC$,在直线 CD 上取一点 D',使 $AD' = AD$.则由必要性知
$$AC^2 = AB^2 - BC \cdot CD'$$
而由充分性条件有 $AC^2 = AB^2 - BC \cdot CD$,知 $CD' = CD$.
即 D' 与 D 重合,故 $AB = AD$.

推论 4 锐角三角形垂心与一顶点线段的平方等于这条线段在一边上的射影与这边的乘积减去过该顶点的边上的高线被垂心分成的两段之乘积.

证明 如图 35.80,H 为 $\triangle ABC$ 的垂心,BE,CF 分别为边 AC,AB 上的高线,E,F 为垂足,此时 $\angle AFH = \angle AEH = 90°$,且 $\angle ABH = \angle ACH$. 在四边形 $AFHE$ 或 $ABHC$ 中,应用性质 4,有
$$AF \cdot AB - BH \cdot HE = AH^2 = AB \cdot AF - FH \cdot HC$$

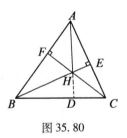

图 35.80

或者延长 AH 交 BC 于点 D,则
$$AF \cdot AB = AH \cdot AD$$
又 $$BH \cdot HE = AH \cdot HD = BH \cdot HE$$
则 $$AF \cdot AB - BH \cdot HE = AH \cdot AD - AH \cdot HD = AH^2$$
或 $$AB \cdot AF - FH \cdot HC = AH \cdot AD - AH \cdot HD = AH^2$$

性质 5 在凸四边形 $ABCD$(或凹四边形 $AECF$)中,$\angle ABC = \angle ADC$(或 $\angle AEC = \angle AFC$)直线 AC 与过 B,E,F,D 的圆交于 G,H,则 $\dfrac{AG}{GC} = \dfrac{AH}{HC}$.(即 G,H

调和分割 AC 或 $\dfrac{1}{AG}+\dfrac{1}{AH}=\dfrac{2}{AC}$)

证明 如图 35.81,由性质 4,知 $AC^2 = AB \cdot AE - EC \cdot CD$.

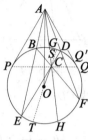

图 35.81

注意到 $AB \cdot AE = AG \cdot AH$, $EC \cdot CD = GC \cdot CH$,从而
$$AG \cdot AH = AC^2 + GC \cdot CH = AC^2 + (AC-AG)(AH-AC)$$
$$= AC \cdot AH - AG \cdot AH + AG \cdot AC$$

即 $2AG \cdot AH = AC \cdot AH + AG \cdot AC$,亦即 $\dfrac{1}{AG}+\dfrac{1}{AH}=\dfrac{2}{AC}$.

于是 $\dfrac{AC}{AG}+\dfrac{AC}{AH}=2=\dfrac{AG}{AG}+\dfrac{AH}{AH}$,即 $\dfrac{AC-AG}{AG}=\dfrac{AH-AC}{AH}$.

故 $\dfrac{AG}{GC}=\dfrac{AH}{HC}$.

性质 6 在凸四边形 $ABCD$(或凹四边形 $AECF$)中,$\angle ABC = \angle ADC$(或 $\angle AEC = \angle AFC$),从 A 向过 B,E,F,D 的圆引切线 AP,AQ,其中 P,Q 为切点,则 P,C,Q 三点共线.

证明 如图 35.81,联结 AC,过点 C 作过这四点的圆的弦 PQ',联结 AQ'.

由性质 4,知 $AC^2 = AB \cdot AE - EC \cdot CD$.

注意到 $AP^2 = AB \cdot AE$, $EC \cdot CD = PC \cdot CQ'$,则 $AC^2 = AP^2 - PC \cdot CQ'$.

于是,由推论 3,知 $AP = AQ'$. 而由题设 $AP = AQ$,即知 Q' 与 Q 重合.

故 P,C,Q 三点共线.

性质 7 在凸四边形 $ABCD$(或凹四边形 $AECF$)中,$\angle ABC = \angle ADC$(或 $\angle AEC = \angle AFC$),设过 B,E,F,D 四点共圆的圆心为 O,其半径为 R,则 $OA^2 + OC^2 - AC^2 = 2R^2$.

证明 如图 35.81,过 A 作圆 O 的切线 AQ,Q 为切点,联结 OQ,则 $OQ = R$,且 $AQ \perp OQ$. 从而 $AQ^2 = AD \cdot AF = AO^2 - R^2$.

过点 C 作圆 O 的直径 ST,则 $FC \cdot CB = SC \cdot CT = (R-OC)(R+OC) = R^2 - OC^2$.

由性质 4,知 $AC^2 = AD \cdot AF - FC \cdot CB = AO^2 - R^2 - (R^2 - OC^2) = AO^2 + OC^2 - 2R^2$.

故 $OA^2 + OC^2 - AC^2 = 2R^2$.

例 1 (2004 年第 7 届香港数学奥林匹克题的推广) 如图 35.82,凸四边形 $ABDF$ 的两组对边的延长线分别交于点 $C,E,\angle ABE = \angle AFC$,过点 B 作 $BS \perp AB$ 交 CD 于点 S,过点 F 作 $FR \perp AC$ 交 DE 于点 R.设直线 BS 与 FR 交于点 T,则 $AT \perp CE$,且 $SR /\!/ CE$.

证明 由 $\angle ABE = \angle AFC$,应用性质 2,知 B,C,E,F 四点共圆.

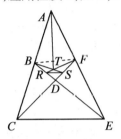

图 35.82

又由题设知 A,B,T,F 四点共圆. 联结 BF,则 $\angle ATF = \angle ABF = \angle AEC$. 注意 $\angle ATF$ 与 $\angle TAF$ 互余,知 $\angle AEC$ 与 $\angle TAF$ 互余.

故推知 $AT \perp CE$.

又由 $\angle SBR = \angle ABE - 90° = \angle AFC - 90° = \angle SFR$,知 B,R,S,F 四点共圆. 从而 $\angle RSD = \angle RBF$,而 $\angle RBF = \angle EBF = \angle ECF$.

于是 $\angle RSD = \angle ECF$,故 $SR /\!/ CE$.

例 2 如图 35.83,过圆 O 外的点 P 作圆 O 的两条切线 PA,PB,A,B 是切点,再过点 P 作圆 O 的两条割线 PCD 和 PEF,分别交圆 O 于点 C,D,E,F. 弦 AB 与 CF 交于点 G. 求证:$\dfrac{CD}{EF} = \dfrac{DG}{FG}$.

证明 如图 35.83,联结 PG,过点 G 作圆 O 的弦 ED'.

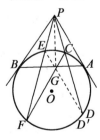

图 35.83

注意到 $PA = PB$,应用推论 3,得 $PG^2 = PA^2 - AG \cdot GB$.

又 $PA^2 = PE \cdot PF, AG \cdot GB = FG \cdot GC$,则
$$PG^2 = PE \cdot PF - FG \cdot GC$$

于是,由性质 2,知 $\angle PEG = \angle PCG$.

从而 $\angle FED' = \angle FCD$,即 $\overset{\frown}{FD'} = \overset{\frown}{FD}$,亦即知 D' 与 D 重合.

因此 E,G,D 三点共线,显然 $\triangle CDG \sim \triangle EFG$,故 $\dfrac{CD}{EF} = \dfrac{DG}{FG}$.

例 3 (蝴蝶定理)如图 35.84,过圆 O 的弦 AB 的中点 M 引任意两条弦 CD 和 EF,CF,DE 分别交 AB 于点 P,Q,则 $PM = MQ$.

证明 如图 35.84,令 $AM = MB = a, PM = x, MQ = y$.

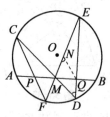

图 35.84

过点 Q 作 $QN \parallel FC$ 交 ME 于点 N,则
$$\angle QNM = \angle PFM = \angle QDM$$

于是,由性质 4,有
$$y^2 = MN \cdot ME - EQ \cdot QD$$

易知
$$MN = \dfrac{y \cdot MF}{x}, ME = \dfrac{a^2}{MF}$$

则
$$MN \cdot ME = \dfrac{y \cdot a^2}{x}$$

又
$$EQ \cdot QD = AQ \cdot QB = (a+y)(a-y) = a^2 - y^2$$

从而 $y^2 = \dfrac{y \cdot a^2}{x} - (a^2 - y^2)$,故 $x = y$,即 $PM = MQ$.

例 4 (2001 年湖南省高中数学夏令营试题)如图 35.85,过圆外一点 P 作圆的两条切线 PE,PF,切点为 E,F,过 P 作圆的割线交圆于 A,B,此割线与 EF 交于点 C,求证:$\dfrac{1}{PC} = \dfrac{1}{2}\left(\dfrac{1}{PA} + \dfrac{1}{PB}\right)$.

证法 1 如图 35.85,由 $PE = PF$,应用推论 3,有
$$PC^2 = PE^2 - EC \cdot CF$$

注意到 $PE^2 = PA \cdot PB, EC \cdot CF = AC \cdot CB$,则
$$PC^2 = PA \cdot PB - AC \cdot CB$$
于是
$$\begin{aligned}2PA \cdot PB &= 2PC^2 + 2AC \cdot CB = 2PC^2 + 2(PC - PA)(PB - PC)\\&= 2PC^2 + 2PC \cdot PB - 2PC^2 - 2PA \cdot PB + 2PA \cdot PC\\&= 2PC(PA + PB) - 2PA \cdot PB\end{aligned}$$

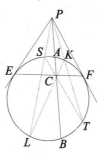

图 35.85

从而 $4PA \cdot PB = 2PC(PA + PB)$,故 $\dfrac{1}{PC} = \dfrac{1}{2}\left(\dfrac{1}{PA} + \dfrac{1}{PB}\right)$.

证法 2 如图 35.85,过点 C 作弦 ST,联结 PS 并延长交圆于点 L,联结 PT 交圆于点 K,由于 C 为 ST 与 EF 的交点,则由性质 6,知 ST 与 KL 的交点在 EF 上. 从而即为点 C,又由性质 5,知有 $\dfrac{1}{PA} + \dfrac{1}{PB} = \dfrac{2}{PC}$,故 $\dfrac{1}{PC} = \dfrac{1}{2}\left(\dfrac{1}{PA} + \dfrac{1}{PB}\right)$.

例 5 (2005 年中国国家队集训题)已知 E,F 是 △ABC 的边 AB,AC 的中点,CM,BN 是边 AB,AC 上的高,联结 EF,MN 交于点 P. 又设 O,H 分别为 △ABC 的外心、垂心,联结 $AP \cdot OH$. 求证:$AP \perp OH$.

证明 如图 35.86,设 O_1, H_1 分别为 AO, AH 的中点,注意到 AO 为圆 $AEOF$ 的直径,AH 为圆 $AMHN$ 的直径,则 $O_1E = O_1F, H_1M = H_1N$.

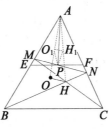

图 35.86

分别在 $\triangle O_1EF$，$\triangle H_1MN$ 应用推论 3，有
$$O_1P^2 = O_1F^2 - FP \cdot PE, H_1P^2 = H_1M^2 - MP \cdot PN \quad (*)$$
由 $\angle AMP = \angle ACB = \angle AFP$，$\angle AEP = \angle ABC = \angle ANP$，分别在四边形 $AMPF$，$AEPN$ 中应用性质 4（或由 M,E,N,F 共圆）有
$$AM \cdot AE - EP \cdot PF = AP^2 = AE \cdot AM - MP \cdot PN.$$
亦即 $EP \cdot PF = MP \cdot PN$.

注意到 $O_1F = AO_1$，$H_1M = AH_1$，则由式（*）两式相减，有
$$O_1P^2 - H_1P^2 = O_1A^2 - FP \cdot PE - (H_1A^2 - MP \cdot PN) = O_1A^2 - H_1A^2$$
于是，由定差幂线定理，有 $AP \perp O_1H_1$，又 $O_1H_1 /\!/ OH$，故 $AP \perp OH$.

例 6 （《中等数学》2004(6)数学奥林匹克题（高）142 题）如图 35.87，过圆外一点 P 引该圆的两条割线 PAB 和 PCD，分别交圆于 A,B,C,D，弦 AD 和弦 BC 交于点 Q，割线 PEF 过点 Q 交圆于点 E,F，证明：$\dfrac{1}{PE} + \dfrac{1}{PF} = \dfrac{2}{PQ}$.

证明 由推论 2 知 $PQ^2 = PA \cdot PB - BQ \cdot QC$.

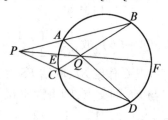

图 35.87

又 $PA \cdot PB = PE \cdot PF$，$BQ \cdot QC = QE \cdot QF$，从而
$$PE \cdot PF = PQ^2 + QE \cdot QF = PQ^2 + (PQ - PE)(PF - PQ)$$
$$= PQ \cdot PF - PE \cdot PF + PE \cdot PQ$$
即 $PQ \cdot PF + PE \cdot PQ = 2PE \cdot PF$. 故 $\dfrac{1}{PE} + \dfrac{1}{PF} = \dfrac{2}{PQ}$.

例 7 （《中等数学》2008(9)数学奥林匹克问题（初）231 题）如图 35.88，动点 P 在圆 O 外，圆 O 的半径为 R，过 P 任作圆 O 的两条割线 PAB，PCD，分别交圆 O 于点 A,B,C,D，弦 AD 与 BC 交于点 P. 求证：不论点 P 与割线 PAB，PCD 的位置怎样变化，$OP^2 + OQ^2 - PQ^2$ 恒为定值.

证明 如图 35.88，过点 P 作 PT 切圆 O 于点 T，联结 OT，则 $OT = R$，$PT \perp OT$，从而 $PT^2 = PA \cdot PB = OP^2 - R^2$.

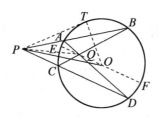

图 35.88

过点 Q 作圆 O 的直径 EF,则
$$BQ \cdot QC = EQ \cdot QF = (R-OQ)(R+OQ) = R^2 - OQ^2$$
由推论 2,知 $PQ^2 = PA \cdot PB - BQ \cdot QC$. 从而
$$PQ^2 = (OP^2 - R^2) - (R^2 - OQ^2) = OP^2 + OQ^2 - 2R^2$$
故 $OP^2 + OQ^2 - PQ^2 = 2R^2$ 为定值.

例 8 (《中等数学》2008(3)数学奥林匹克问题高 220 题)如图 35.89,从圆 O 外一点 P 引圆 O 的两条切线 PA, PB,切点为 A, B,再从点 P 引圆 O 的两条割线 PCD, PEF,与圆 O 分别交于点 C, D, E, F. 弦 CF, DE 交于点 G,求证:A, G, B 三点共线.

证明 如图 35.89,联结 PG,过点 G 作圆 O 的弦 BA',联结 PA'. 由推论 1 或者易知 $\angle PEG = \angle PCG$,由性质 4,得
$$PG^2 = PE \cdot PF - FG \cdot GC$$

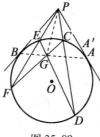

图 35.89

注意到 $BP^2 = PE \cdot PF, FG \cdot GC = BG \cdot GA'$. 于是
$$PG^2 = PB^2 - BG \cdot GA'$$
由推论 3,知 $PB = PA'$. 而由题设 $PB = PA$,知 A' 与 A 重合,故 A, G, B 三点共线.

第5节 具有几何条件 $AB = AE + BC$ 的图形问题

试题B涉及具有几何条件 $BC = BE + CF$ 的图形问题. 对于这个问题,转换角度,我们可得如下命题:

命题1 (三角形旁心的性质)设 AD 为 $\triangle ABC$ 的内角平分线,点 D 在边 BC 上,点 E,F 分别在边 AB,AC 上,且 B,C,F,E 四点共圆. 若 D 为 $\triangle AEF$ 的旁心,则 $BC = BE + CF$.

证明 如图 35.90,在 BC 上取点 K,使得 $BK = BE$,则由 B,C,F,E 四点共圆,得

$$\angle BKE = \frac{1}{2}(180° - \angle B) = \frac{1}{2}\angle EFC = \angle EFD$$

知 E,D,K,F 四点共圆.

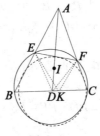

图 35.90

从而
$$\begin{aligned}
\angle CFK &= \angle DKF - \angle C \\
&= (180° - \angle DEF) - (180° - \angle BEF) \\
&= -\angle DEF + 2\angle DEF \\
&= \angle DEF = \angle CKF
\end{aligned}$$

即有 $KC = FC$. 故 $BC = BK + KC = BE + CF$.

注 (1)由 $BC = BE + CF$ 可截取作出等腰三角形.

(2)此命题与1985年IMO试题密切相关:已知圆内接四边形 $ABCD$,有一圆圆心在边 AB 上,且与其余三边相切. 试证: $AD + BC = AB$.

从试题B的证明中也可看到,试题B隐含了下述命题:

命题2 (三角形内心的性质)设 AD 为 $\triangle ABC$ 的内角平分线,点 D 在边 BC 上,点 E,F 分别在边 AB,AC 上,且 B,C,F,E 四点共圆. 若 $\triangle ABC$ 的内心为 I,则 I 为 $\triangle ABC$ 关于点 D,E,F 的密克尔点的充要条件是 $BC = BE + CF$.

下面,我们继续介绍具有几何条件 $AB = AE + BC$ 的图形问题.

命题 3 (2010 年 IMO51 预选题)已知凸五边形 $ABCDE$ 满足 $BC/\!/AE$,$AB = BC + AE$,$\angle ABC = \angle CDE$,M 是边 CE 的中点,O 是 $\triangle BCD$ 的外心,且 $\angle DMO = 90°$. 证明:$2\angle BDA = \angle CDE$.

证明 如图 35.91,设 T 为射线 AE 上的点,且满足 $AT = AB$,联结 BE,CT.

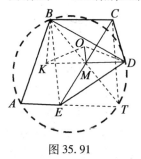

图 35.91

由 $AE/\!/BC$ 知
$$\angle CBT = \angle ATB = \angle ABT$$
从而,BT 是 $\angle ABC$ 的平分线.

由 $ET = AT - AE = AB - AE = BC$,知四边形 $BCET$ 为平行四边形,从而 EC 的中点 M 也是边 BT 的中点.

设点 D 关于 M 的对称点为 K,联结 BK,CK,MK,则 OM 是 DK 的中垂线. 于是 $OD = OK$. 从而点 K 在 $\triangle BCD$ 的外接圆上.

又因为 $\angle BKC$ 与 $\angle TDE$ 关于点 M 对称,所以
$$\angle TDE = \angle BKC = \angle BDC$$
由
$$\angle BDT = \angle BDE + \angle EDT = \angle BDE + \angle BDC$$
$$= \angle CDE = \angle ABC = 180° - \angle BAT$$
知 A,B,D,T 四点共圆. 于是
$$2\angle BDA = 2\angle ATB = \angle ABC = \angle CDE$$

注 由 $AB = AE + BC$ 可补长作出等腰三角形.

命题 4 (2011~2012 年度第 29 届伊朗数学奥林匹克题)设直线 l 与 AB,AC 的延长线分别交于点 D,E,l 关于 BC 的中垂线对称的直线 l' 与 AB,AC 的延长线分别交于点 D',E'. 证明:若 $BD + CE = DE$,则 $BD' + CE' = D'E'$.

证明 如图 35.92,设 BC 的中垂线 a 与 BC 交于点 M,与 l 交于点 X,Y 是线段 DE 上一点,且满足 $EY = EC$.

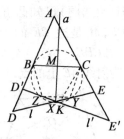

图 35.92

令 $\angle MXE = \alpha$,$\angle ABC = \beta$,$\angle BCA = \gamma$. 由题设知 $DY = DB$.

设 Y 关于直线 a 的对称点为 Z,则 Z 在直线 l' 上.

于是,四边形 $BCYZ$ 是等腰梯形,因此有外接圆.

设这个圆与 l' 交于点 K(若 l' 与圆 $BCYZ$ 不相切,K 与 Z 不重合,若 l' 与圆 $BCYZ$ 相切,则 K 与 Z 重合).

由
$$\angle CED = 360° - (\angle MCE + \angle CMX + \angle MXE)$$
$$= 360° - (180° - \gamma + 90° + \alpha) = 90° + \gamma - \alpha$$

则
$$\angle CYE = \frac{1}{2}(180° - \angle CED)$$
$$= \frac{1}{2}[180° - (90° + \gamma - \alpha)]$$
$$= 45° - \frac{\gamma}{2} + \frac{\alpha}{2}$$

因 $\triangle XYZ$ 是等腰三角形,则 $\angle XYZ = 90° - \angle MXE = 90° - \alpha$,即
$$\angle CYZ = 180° - \angle CYE - \angle XYZ$$
$$= 180° - (45° - \frac{\gamma}{2} + \frac{\alpha}{2}) - (90° - \alpha)$$
$$= 45° + \frac{\gamma}{2} + \frac{\alpha}{2}$$

故 $\angle CKZ = \angle CYZ = 45° + \frac{\gamma}{2} + \frac{\alpha}{2}$,$\angle CKE' = 180° - \angle CKZ = 135° - \frac{\gamma}{2} - \frac{\alpha}{2}$.

又
$$\angle CE'K = 360° - (\angle MCE' + \angle XMC + \angle MXE')$$
$$= 360° - (180° - \gamma + 90° + 180° - \alpha)$$
$$= \gamma + \alpha - 90°$$

则
$$\angle KCE' = 180° - (\angle CKE' + \angle CE'K)$$

$$= 180° - \left(135° - \frac{\gamma}{2} - \frac{\alpha}{2} + \gamma + \alpha - 90°\right)$$

$$= 135° - \frac{\alpha}{2} - \frac{\gamma}{2} = \angle CKE'.$$

于是 $CE' = KE'$. 同理 $BD' = KD'$.

从而 $D'E' = D'K + KE' = BD' + CE'$.

注 由 $DE = DB + EC$ 可截取作出等腰三角形.

命题 5 （2015 年《中等数学》增刊联赛模拟卷（9）题）如图 35.93，在 $\triangle ABC$ 中，已知 $\angle BAC$ 的平分线与 $\triangle ABC$ 的外接圆交于另一点 D，边 AB,AC 上各有一点 E,F，满足 $EF = EB + FC$，$\triangle AEF$ 的内切圆与边 EF 切于点 L，过 D 作 AL 的平行线，与 EF 交于点 M. 证明：$ME = MF$.

证明 如图 35.93，延长 AC 至点 P，使得 $CP = BE$. 联结 BD, DF, DC, DP.

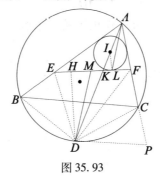

图 35.93

由 AD 平分 $\angle BAC$ 及 A, B, D, C 四点共圆，知 $BD = CD$，$\angle ABD = \angle DCP$. 从而

$$\triangle DBE \cong \triangle DCP$$

有 $DE = DP$.

又 $EF = EB + FC = CP + FC = PF$，则 $\triangle DEF \cong \triangle DPF$，知 FD 平分 $\angle EFC$. 从而，知 D 为 $\triangle AEF$ 的 $\angle A$ 内旁切圆圆心.

令 H 为 $\triangle AEF$ 的 $\angle A$ 内旁切圆在 EF 上的切点，联结 DH，则

$$EH = FL = \frac{1}{2}(EF + FA - AE)$$

又在 AD 上取 $\triangle AEF$ 的内心 I，则 $IL \perp EF$，$DH \perp EF$，即 $IL \parallel HD$.

设 AD 与 EF 交于点 K，记 $AI = u$，$IK = v$，$KD = w$，$LK = x$，$KM = y$，$MH = z$.

由内、外角平分线性质（或调和点列）有

$$\frac{u}{v} = \frac{AI}{IK} = \frac{AF}{FK} = \frac{AD}{DK} = \frac{u+v+w}{w} \qquad (*)$$

又 $AL\parallel DM, IL\parallel HD$,分别有

$$\frac{y}{x} = \frac{MK}{KL} = \frac{DK}{KA} = \frac{w}{u+v}$$

$$\frac{z+y}{x} = \frac{HK}{KL} = \frac{DK}{KI} = \frac{w}{v}$$

故 $\dfrac{z-y-x}{x} = \dfrac{z+y}{x} - \dfrac{2y}{x} - 1 = \dfrac{w}{v} - \dfrac{2w}{u+v} - 1$

$$= \frac{w(u+v) - 2wv - v(u+v)}{v(u+v)}$$

$$= \frac{wu - v(u+v+w)}{v+(u+v)} \overset{(*)}{=} 0$$

即 $MH = z = x + y = ML$.

从而 $ME = MH + EH = ML + FL = MF$.

注 由 $EF = EB + FC$ 可补长作出等腰三角形.

第36章 2014～2015年度试题的诠释

从这一年开始中国东南地区数学奥林匹克又分高一、高二.

(第11届)东南赛(高一)试题1 如图36.1,在钝角△ABC中,AB>AC,点O为其外心,边BC,CA,AB的中点分别为D,E,F,中线AD与OF,OE所在直线分别交于点M,N,直线BM与CN交于点P.证明:OP⊥AP.

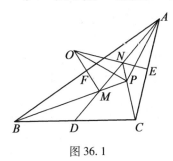

图 36.1

证法1 由已知得
$$BM = AM, CN = AN$$
$$\angle AMP = 2\angle BAM, \angle PND = 2\angle CAM$$
联结OB,OC,由于O为△ABC的外心,则
$$\angle BOC = 2\angle BAC = 2\angle BAM + 2\angle CAM$$
$$= \angle AMP + \angle PND = \angle BPC$$

因此,B,O,P,C四点共圆.

故 $\angle BPO = \angle BCO = \angle CBO = \angle OPN$.

对△BCP及截线DMN应用梅涅劳斯定理得
$$\frac{BD}{DC} \cdot \frac{CN}{NP} \cdot \frac{PM}{MB} = 1 \Rightarrow \frac{PM}{PN} = \frac{MB}{NC} = \frac{AM}{AN}$$

即 PA 为 ∠MPN 的外角平分线.

又 PO 为 ∠MPN 的平分线,从而, OP⊥AP.

证法2 先证 AP 是 ∠NPM 的外角平分线,再证 OP 是 ∠NPM 的内角平分线,即证得 OP⊥AP.

如图36.1,分别在$\triangle BMD$,$\triangle DCN$,$\triangle PMN$中应用正弦定理,有

$$\frac{BM}{\sin\angle BDM}=\frac{BD}{\sin\angle BMD} \qquad ①$$

$$\frac{CN}{\sin\angle CDN}=\frac{CD}{\sin\angle CND} \qquad ②$$

$$\frac{PM}{PN}=\frac{\sin\angle PNM}{\sin\angle PMN} \qquad ③$$

由①÷②比对③并利用$BD=CD$,及$\sin\angle BDM=\sin\angle CDN$,有

$$\frac{PM}{PN}=\frac{\sin\angle PNM}{\sin\angle PMN}=\frac{\sin\angle CND}{\sin\angle BMD}=\frac{BM}{CN}.$$

注意到OM垂直平分AB,ON垂直平分AC,则

$$\frac{PM}{PN}=\frac{BM}{CN}=\frac{AM}{AN}.$$

由外角平分线的判定知AP是$\angle NPM$的外角平分线.

又对$\triangle OMP$,$\triangle ONP$,$\triangle OAN$,$\triangle OBM$分别应用正弦定理,有

$$\frac{OM}{\sin\angle OPM}=\frac{OP}{\sin\angle OMB},\frac{ON}{\sin\angle OPN}=\frac{OP}{\sin\angle ONA},$$

$$\frac{OA}{\sin\angle ONA}=\frac{ON}{\sin\angle OAN},\frac{OB}{\sin\angle OMB}=\frac{OM}{\sin\angle OBM}.$$

前两式、后两式分别相除得

$$\frac{OM\cdot\sin\angle OPN}{ON\cdot\sin\angle OPM}=\frac{\sin\angle ONA}{\sin\angle OMB},\frac{\sin\angle ONA}{\sin\angle OMB}=\frac{OM\cdot\sin\angle OAN}{ON\cdot\sin\angle OBM}=\frac{OM}{ON}.$$

由上述两式,有$\dfrac{\sin\angle OPN}{\sin\angle OPM}=1$,即有$\angle OPN$与$\angle OPM$相等或互补.

注意到$\angle NPM$不为平角,则$\angle OPN=\angle OPM$,故OP平分$\angle NPM$.

因此$OP\perp AP$.

东南赛(高一)试题2 如图36.2,已知P为定圆圆O上的一个动点.以P为圆心作半径小于圆O半径的圆Γ,与圆O交于点T,Q.设TR为圆Γ的直径,分别以R和P为圆心,RQ为半径作圆,设两圆与点Q在直线PR同侧的交点为M,以M为圆心,MR为半径的圆与圆Γ交于点R,N.证明:以T为圆心,TN为半径的圆过点O.

证法1 设$\angle QTR=\alpha$,由题意知$\overset{\frown}{TP}=\overset{\frown}{PQ}$.

故$\angle TOP=2\angle TQP=2\angle QTR=2\alpha$.

设$QR=x,TP=r$,则

$$\frac{x}{2r} = \frac{QR}{TR} = \sin\alpha = \frac{\frac{TP}{2}}{OT} = \frac{\frac{r}{2}}{OT} \Rightarrow OT = \frac{r^2}{x}$$

如图 36.2,作 $PK \perp TN$ 于点 K,$ML \perp TR$ 于点 L,则

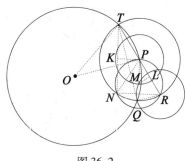

图 36.2

$$\angle TPK = \angle KPN \quad ①$$

注意到,$NM = PM = RM = QR = x$.

于是,$\triangle PNM \cong \triangle PRM$. 因此

$$\angle NPM = \angle RPM \quad ②$$

由式①②知 $\angle KPN + \angle NPM = 90°$.

而 $\angle PML + \angle NPM = \angle PML + \angle RPM = 90°$,故

$$\angle KPN = \angle PML$$

则

$$\frac{\frac{TN}{2}}{r} = \sin\angle KPN = \sin\angle PML = \frac{\frac{r}{2}}{x}$$

从而,$TN = \frac{r^2}{x} = OT$,即以 T 为圆心,TN 为半径的圆过点 O.

证法2 采用消点法(由西安的金磊给出).

(1)如图 36.2,画出精确图. 弄清楚已知、求证和各元素生成的先后顺序.

(2)希望尽可能地消去圆,每个点由两个条件决定,显然,M 为 $\triangle PRN$ 的外心,点 N,Q 在圆 P 上,且 $RQ = RM$.

欲证 $TO = TN$,即证 TN 为 $\triangle TPQ$ 的外接圆半径,这样就能消去三个小圆和圆 O,得到图 36.3.

(3)在图 36.3 中,已知点 N,Q 在以 TR 为直径的圆 $\varGamma$ 上,且 $RQ = RM = PM = NM = a$,设圆 $\varGamma$ 的半径为 R. 需要证明 $\triangle TQP$ 的外接圆半径 $r = TN$.

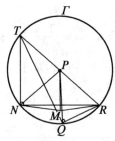

图 36.3

而
$$r = \frac{PQ}{2\sin\angle RTQ} = \frac{R}{2 \times \dfrac{a}{2R}} = \frac{R^2}{a}.$$

由 $PM \perp NR$,知 $PM \parallel TN$.

则 $\angle TNP = \angle MPN$.

故等腰 $\triangle TNP \backsim$ 等腰 $\triangle PNM$.

从而,$TN = \dfrac{R^2}{a} = r$.

东南赛(高二)试题 3 如图 36.4,在锐角 $\triangle ABC$ 中,$AB > AC$,M 为边 BC 的中点,I 为内心,MI 与边 AC 交于点 D,BI 与 $\triangle ABC$ 的外接圆交于另一点 E. 证明:$\dfrac{ED}{EI} = \dfrac{IC}{IB}$.

证法 1 记 BE 与 AC 交于点 F,联结 AI,CE.

对 $\triangle BCF$ 与截线 MID 应用梅涅劳斯定理得
$$\frac{BM}{MC} \cdot \frac{CD}{DF} \cdot \frac{FI}{IB} = 1.$$

又 $BM = MC$,于是,$\dfrac{CD}{DF} = \dfrac{IB}{FI}$.

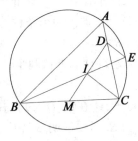

图 36.4

由 AI 平分 $\angle BAC$,知 $\dfrac{IB}{FI}=\dfrac{AB}{AF}$.

由 A,B,C,E 四点共圆知
$$\angle ABE=\angle ACE$$

故 $\triangle ABF \backsim \triangle ECF \Rightarrow \dfrac{AB}{AF}=\dfrac{EC}{EF}.$

注意到
$$\angle EBC=\angle EBA=\angle ECA \qquad ①$$

则
$$\angle EIC=\angle EBC+\angle BCI$$
$$=\angle ECA+\angle ICA=\angle ECI$$

从而,$EC=EI$.

由上述结论得 $\dfrac{CD}{DF}=\dfrac{IB}{FI}=\dfrac{AB}{AF}=\dfrac{EC}{EF}=\dfrac{EI}{EF}.$

故 $ED \parallel IC$.

从而,$\angle BCI=\angle ICD=\angle CDE.$

又由式①得 $\triangle BCI \backsim \triangle CDE$.

因此,$\dfrac{IC}{IB}=\dfrac{ED}{EC}=\dfrac{ED}{EI}.$

证法 2 联结 CE,设 BE 与 AC 交于点 F,如图 36.5,因 M 为边 BC 的中点,MID 为 $\triangle BCF$ 的截线,由梅涅劳斯定理得

$$\dfrac{BM}{MC}\cdot\dfrac{CD}{DF}\cdot\dfrac{FI}{IB}=1 \Rightarrow \dfrac{CD}{DF}=\dfrac{IB}{IF} \qquad ①$$

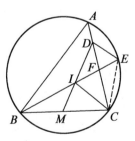

图 36.5

又 I 为内心,点 E 在 $\triangle ABC$ 的外接圆上,则 $\triangle BCF$ 中

$$\dfrac{BC}{CF}=\dfrac{IB}{IF} \qquad ②$$

及
$$\angle BCI=\angle ACI,\angle ABE=\angle EBC=\angle ACE$$

又 $\angle BEC = \angle CEF$，则

$$\triangle BCE \backsim \triangle FCE \Rightarrow \frac{BC}{CF} = \frac{EC}{EF} \qquad ③$$

又因为 $\angle EIC = \angle IBC + \angle ICB = \angle ACE + \angle ICA = \angle ECI$，知 $\triangle EIC$ 为等腰三角形

$$EC = EI \qquad ④$$

结合式①②③④得

$$\frac{CD}{DF} = \frac{EC}{EF} = \frac{EI}{EF} \Rightarrow CI /\!/ DE \Rightarrow \angle CDE = \angle ICA = \angle BCI$$

在 $\triangle CDE$ 中，由正弦定理得 $\frac{ED}{EC} = \frac{ED}{EI} = \frac{\sin\angle DCE}{\sin\angle CDE}$，同理 $\triangle BIC$ 中，$\frac{IC}{IB} = \frac{\sin\angle IBC}{\sin\angle ICB}$，故 $\frac{ED}{EI} = \frac{IC}{IB}$.

证法 3 如图 36.5，过点 E 作平行于 IC 的直线交 AC 于点 D'，下证 D' 与 D 重合.

为此，只需对 $\triangle AEI$，由塞瓦定理的角元形式，只需证

$$\frac{\sin\angle EAC}{\sin\angle IAC} \cdot \frac{\sin\angle AID}{\sin\angle DIE} \cdot \frac{\sin\angle IED'}{\sin\angle D'EA} = 1$$

即可.

由 $ED' /\!/ CI$，有

$$\angle IED' = \angle EIC = 90° - \frac{1}{2}\angle A$$

$$\angle D'EA = \angle AEI - \angle IED' = \angle C - 90° + \frac{1}{2}\angle A$$

由题设，有

$$\angle EAC = \frac{1}{2}\angle B, \quad \angle IAC = \frac{1}{2}\angle A$$

于是由内错角相等及正弦定理，有

$$\frac{\sin\angle AID}{\sin\angle DIE} = \frac{\sin\angle MIF}{\sin\angle BIM} = \frac{MF \cdot \frac{\sin\angle IFM}{IM}}{MB \cdot \frac{\sin\angle IBM}{IM}} = \frac{MF \cdot \sin(\angle C + \frac{1}{2}\angle A)}{MB \cdot \sin\frac{1}{2}\angle B}$$

将以上各式代入到要证的塞瓦定理的角元形式中，则只需证

$$\frac{MF}{MB} = \frac{\tan\frac{1}{2}\angle A}{-\tan(\angle C + \frac{1}{2}\angle A)}$$

（由 $\angle C + \frac{1}{2}\angle A = 90° + \frac{1}{2}(\angle C - \angle B)$，知 $\angle C + \frac{1}{2}\angle A$ 是钝角）

由角平分线性质推算，有

$$\frac{MF}{MB} = \frac{AB - AC}{AB + AC} = \frac{\sin\angle C - \sin\angle B}{\sin\angle C + \sin\angle B}$$

$$= \frac{2\sin\frac{1}{2}(\angle C - \angle B) \cdot \cos\frac{1}{2}(\angle C + \angle B)}{2\sin\frac{1}{2}(\angle C + \angle B) \cdot \cos\frac{1}{2}(\angle C - \angle B)}$$

$$= \tan\frac{1}{2}\angle A \cdot \tan\frac{1}{2}(\angle C - \angle B)$$

又注意到 $-\frac{1}{2}(\angle C - \angle B) + (\angle C + \frac{1}{2}\angle A) = 90°$，则

$$\frac{MF}{MB} = \tan\frac{1}{2}\angle A \cdot \tan\frac{1}{2}(\angle C - \angle B) = \frac{\tan\frac{1}{2}\angle A}{-\tan(\angle C + \frac{1}{2}\angle A)}$$

成立.

从而 D' 与 D 重合.

下面回到原题. 由 $\angle EDC = \angle ACI = \angle BCI$ 及

$$\angle ECD = \angle ECA = \angle EBA = \angle EBC = \angle IBC$$

知 $\triangle EDC \backsim \triangle ICB$. 故由内心性质有 $\frac{ED}{EI} = \frac{ED}{EC} = \frac{IC}{IB}$.

注 此题中的"锐角"条件多余，一般三角形即可.

（第 13 届）女子赛试题 1 如图 36.6，圆 O_1 与圆 O_2 交于 A,B 两点，延长 O_1A 与圆 O_2 交于点 C，延长 O_2A 与圆 O_1 交于点 D，过点 B 作 $BE // O_2A$，与圆 O_1 交于另一点 E. 若 $DE // O_1A$，证明：$DC \perp CO_2$.

证法 1 辅助线如图 36.6 所作.

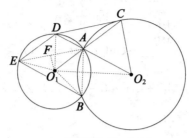

图 36.6

由 $\angle O_1DA = \angle O_1AD = \angle O_2AC = \angle O_2CA$，知 O_1，O_2，C，D 四点共圆.

故 $\angle DO_1O_2 + \angle DCO_2 = 180°$.

因为 $BE /\!/ AD$，所以 $AB = DE$.

于是，$\angle EDO_1 = \angle O_1AB$.

又 $DE /\!/ O_1A$，故

$$\angle DO_1A = \angle EDO_1 = \angle O_1AB$$

从而，$DO_1 /\!/ AB$.

而 $AB \perp O_1O_2$，则 $DO_1 \perp O_1O_2$，即 $\angle DO_1O_2 = 90°$.

因此，$\angle DCO_2 = 90°$，即 $DC \perp CO_2$.

证法 2 （由山东的李耀文给出）

如图 36.6，联结 AB，AE，BO_2，EO_1，过点 O_1 作 $O_1F \perp AE$ 于点 F.

由 $AD /\!/ BE$，$DE /\!/ O_1A$，则

$$AB = DE, \angle ADE = \angle DAB = \angle DAC$$

又 $\angle DAC + \angle CAO_2 = 180°$，$\angle DAB + \angle BAO_2 = 180°$，则

$$\angle ACO_2 = \angle CAO_2 = \angle BAO_2 = \angle EBA = \frac{1}{2}\angle AO_1E$$

又 $O_2A = O_2B = O_2C$，于是

$$AB = AC = DE$$

因此，四边形 $ACDE$ 为平行四边形.

从而，$\angle DCA = \angle EAO_1$.

故 $\angle DCA + \angle ACO_2 = \angle EAO_1 + \frac{1}{2}\angle AO_1E = 90°$.

于是，$DC \perp CO_2$.

女子赛试题 2 在锐角 $\triangle ABC$ 中，$AB > AC$，D，E 分别为边 AB，AC 的中点.

△ADE 的外接圆与 △BCE 的外接圆交于点 P(异于点 E), △ADE 的外接圆与 △BCD 的外接圆交于点 Q(异于点 D). 证明:AP = AQ.

证法 1 如图 36.7,联结 DE,PD,QE,PB,QC,PE,QD.

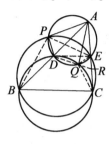

图 36.7

设 QD 与 AC 交于点 R. 由圆周角定理得

$$\angle APD = \pi - \angle AED = \pi - \angle ACB$$

$$\angle BPD = \angle BPE - \angle EPD$$
$$= (\pi - \angle ACB) - \angle BAC = \angle ABC$$

$$\angle AQE = \angle ADE = \angle ABC$$

$$\angle CQE = \angle CQR + \angle RQE$$
$$= \angle ABC + \angle DAE = \pi - \angle ACB$$

故 $\angle APB = \angle APD + \angle BPD = \angle AQE + \angle CQE = \angle AQC.$

另一方面,在 △APB 中

$$\frac{AP}{BP} = \frac{AP}{AD} \cdot \frac{BD}{BP} = \frac{\sin\angle ADP}{\sin\angle APD} \cdot \frac{\sin\angle BPD}{\sin\angle BDP}$$

$$= \frac{\sin\angle BPD}{\sin\angle APD} = \frac{\sin\angle ABC}{\sin(\pi - \angle ACB)}$$

类似地,在 △CQA 中

$$\frac{CQ}{AQ} = \frac{\sin\angle ABC}{\sin(\pi - \angle ACB)}$$

因此,$\frac{AP}{BP} = \frac{CQ}{AQ}$.

结合 $\angle APB = \angle AQC$,知 △APB ∽ △CQA.

由于 D,E 分别为这两个相似三角形对应边的中点,故 △APD ∽ △CQE.

于是,$\angle ADP = \angle CEQ = \angle ADQ$.

因此，$AP = AQ$.

证法 2 （由江西的陈就给出）

如图 36.8，由已知得 B, C, E, P 和 C, B, D, Q 分别四点共圆.

则
$$AP = AQ \Leftrightarrow \angle APQ = \angle AQP$$
$$\Leftrightarrow \angle ADQ = \angle AEP$$
$$\Leftrightarrow \angle BCQ = \angle CBP$$

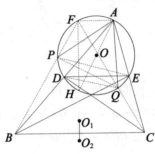

图 36.8

为此，只需证直线 BP 与 CQ 的交点为 F 在 BC 的垂直平分线上.

如图 36.8，延长 BP, CQ，交于点 F. 联结 AO 并延长，与圆 O 交于点 H，联结 FH, FA. 设 $\triangle BCE$ 与 $\triangle CBD$ 的外心分别为 O_1, O_2，则 O_1O_2 垂直平分线段 BC.

故只需证点 F 在直线 O_1O_2 上.

注意到，$\dfrac{AD}{AB} = \dfrac{AE}{AC} = \dfrac{AO}{AH} = \dfrac{1}{2}$.

于是，$\triangle ADE$ 通过以 A 为位似中心，$1:2$ 为位似比的位似变换得到 $\triangle ABC$.

由 O 为 $\triangle ADE$ 的外心，知 H 为 $\triangle ABC$ 的外心.

则点 H 在 O_1O_2 所在直线上.

只需证 $FH \perp BC$ 即可得到点 F 在直线 O_1O_2 上.

而 $\angle FAB = \angle FAD = \angle FQD = \angle CBD = \angle CBA$，则 $AF \parallel BC$.

又 $\angle AFH = 90°$，知 $AF \perp FH$.

因此，$FH \perp BC$.

从而，$AP = AQ$.

证法 3 （由浙江的洪裕祥给出）

辅助线如图 36.9 所作.

易知，$\triangle ADE$ 外接圆、$\triangle BCD$ 外接圆、$\triangle BCE$ 外接圆的三条根轴 PE, DQ，

BC 交于同一点 F(根心).

由
$$DE /\!/ BC \Rightarrow \angle DFB = \angle EDQ$$
$$\Rightarrow \angle QFC = \angle QAE = \angle QAC$$
$$\Rightarrow Q,C,F,A \text{ 四点共圆}$$

由
$$DE /\!/ BC$$
$$\Rightarrow \angle PFB = \angle PED = \angle PAD = \angle PAB$$
$$\Rightarrow P,B,F,A \text{ 四点共圆}$$

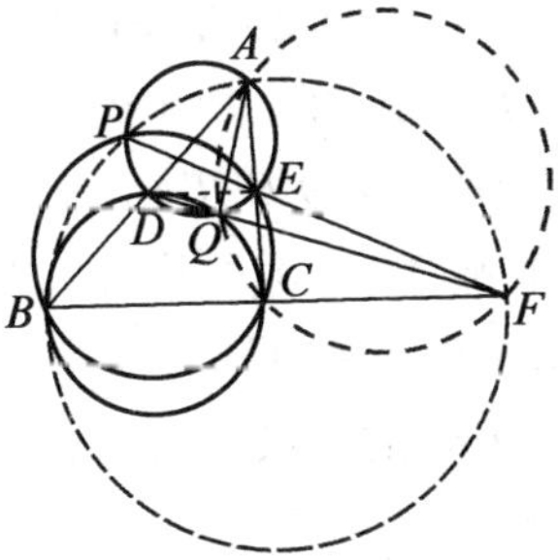

图 36.9

又 $\angle AQE = \angle ADE = \angle ABC = \angle FQC$，则

$$\triangle QAE \sim \triangle QFC$$
$$\Rightarrow \frac{AQ}{FQ} = \frac{AE}{CF}$$
$$\Rightarrow AQ \cdot CF = \frac{1}{2} FQ \cdot AC = QC \cdot AF$$
$$\Rightarrow \text{四边形 } QCFA \text{ 为调和四边形}$$

又 $\dfrac{AF}{QF} = \dfrac{AE}{QC}$，易得

$$\triangle FAE \sim \triangle FQC$$
$$\Rightarrow \angle FEA = \angle FCQ = \angle BDQ$$
$$\Rightarrow \angle AEP = \angle ADQ$$
$$\Rightarrow \angle AQP = \angle APQ$$
$$\Rightarrow AP = AQ$$

证法 4 如图 36.10，以点 A 为反演中心，任意反演半径进行反演变换，设点 B',C',D',E',P',Q' 分别是此变换下点 B,C,D,E,P,Q 的像. 由反演变换的性质，知 $B'C'$ 是 $\triangle AD'E'$ 的中线，点 P',Q' 在直线 $D'E'$ 上，点 P' 在 $\triangle B'C'E'$ 的外接圆上，点 Q' 在 $\triangle B'C'D'$ 的外接圆上.

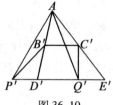

图 36.10

由 $B'C' \parallel D'E'$,知 $B'C'Q'D'$ 和 $B'C'E'P'$ 都是等腰梯形. 于是
$$C'Q' = B'D' = B'A, C'A = C'E' = B'P'.$$
又 $\angle AB'P' = \pi - \angle D'B'P' = \pi - (\angle P'B'C' - \angle D'B'C')$
$$= \pi - (\angle E'C'B' - \angle Q'C'B') = \pi - \angle Q'C'E' = \angle Q'C'A.$$
于是 $\triangle AB'P' \cong \triangle Q'C'A$. 故 $AP' = AQ'$. 因此 $AP = AQ$.

证法 5 如图 36.11,由题设条件可知 $\triangle ADE$ 与 $\triangle ABC$ 位似,且位似中心为 A,所以 $\triangle ADE$ 的外接圆与 $\triangle ABC$ 的外接圆切于点 A,过点 A 作这两圆的公切线 AM,则 AM 是这两个圆的根轴.

由根心定理知,当 $AB > AC$ 时,直线 BC, DQ, AM 交于一点,直线 BC, DQ, PE 交于一点,所以直线 BC, DQ, PE, AM 交于一点,不妨设此点为 M.

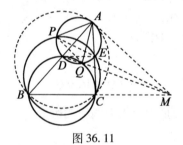

图 36.11

由切线性质可得 $\angle CAM = \angle ABM$,所以 $\triangle ACM \sim \triangle BAM$.

因此,$\dfrac{BM}{AM} = \dfrac{AB}{AC} = \dfrac{BD}{AE}$.

又因为 $\angle DBM = \angle EAM$,所以 $\triangle BDM \sim \triangle AEM$. 因此,$\angle AME = \angle BMD$.

又 $DE \parallel BC$,则 $\angle BMD = \angle MDE = \angle QPE$,从而 $\angle AME = \angle QPE$,有 $PQ \parallel AM$.

于是,$\angle PQA = \angle QAM = \angle APQ$. 故 $AP = AQ$.

(第 14 届)西部赛试题 1 如图 36.12,已知 AB 为半圆圆 O 的直径,C, D 为 $\overset{\frown}{AB}$ 上两点,P, Q 分别为 $\triangle OAC, \triangle OBD$ 的外心. 证明:$CP \cdot CQ = DP \cdot DQ$.

证法1 联结 OP, OQ, AP, AD, BQ, BC. 设 $\angle BAD = \alpha, \angle ABC = \beta$, 由题意知

$$\angle OAP = \angle AOP = \frac{1}{2}\angle AOC = \angle ABC = \beta$$

$$\angle OBQ = \angle BOQ = \frac{1}{2}\angle BOD = \angle BAD = \alpha$$

故

$$\angle PAD = \angle OAP - \angle OAD = \beta - \alpha$$
$$= \angle OBC - \angle OBQ = \angle QBC$$

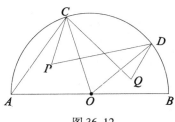

图 36.12

又

$$\frac{AD}{AP} = \frac{AD}{AB} \cdot \frac{AB}{AO} \cdot \frac{AO}{AP}$$
$$= \cos\alpha \times 2 \times 2\cos\beta$$
$$= 4\cos\alpha \cdot \cos\beta$$

同理，$\dfrac{BC}{BQ} = 4\cos\beta \cdot \cos\alpha$.

所以，$\dfrac{AD}{AP} = \dfrac{BC}{BQ}$.

从而，$\triangle APD \backsim \triangle BQC \Rightarrow \dfrac{AP}{DP} = \dfrac{BQ}{CQ}$.

因此，$CP \cdot CQ = AP \cdot CQ = DP \cdot BQ = DP \cdot DQ$.

证法2 设半圆 O 的半径为 R. 由外心的性质，易知 $OP \perp AC, BC \perp AC$，$OQ \perp BD, AD \perp BD$，则

$$OP // BC, OQ // AD$$

即有 $\triangle OQD \backsim \triangle DOA, \triangle OPC \backsim \triangle BOC$，亦即 $\dfrac{OQ}{R} = \dfrac{R}{DA}, \dfrac{OP}{R} = \dfrac{R}{BC}$，从而 $OQ \cdot DA = OP \cdot BC$，亦即 $\dfrac{OP}{DA} = \dfrac{OQ}{BC}$，亦即 $\dfrac{PA}{AD} = \dfrac{QB}{BC}$.

又 $\angle QBC = \angle OBC - \angle QBO = \angle POA - \angle QOB = \angle PAO - \angle OAD = \angle PAD$，于是 $\triangle PAD \backsim \triangle QBC$，故有 $CP \cdot CQ = DP \cdot DQ$.

证法3 注意到外心的性质，有

$$PC = PO, QD = QO$$

$$CP \cdot CQ = DP \cdot DQ \Leftrightarrow \frac{DQ}{CQ} = \frac{CP}{DP}$$

而
$$\frac{OQ}{CQ} = \frac{DQ}{CQ}, \frac{CP}{DP} = \frac{OP}{DP}$$

即
$$\frac{\sin \angle OCQ}{\sin \angle COQ} = \frac{\sin \angle DCQ}{\sin \angle CDQ}, \frac{\sin \angle CDP}{\sin \angle DCP} = \frac{\sin \angle ODP}{\sin \angle DOP}$$

注意到
$$\angle CDQ + \angle DOP = (\angle CDO + \angle ODQ) + (\angle POC + \angle COD)$$
$$= (90° - \frac{1}{2}\angle COD + 90° - \angle B) + (90° - \angle A + \angle COD)$$
$$= 270° - \angle A - \angle B + \frac{1}{2}\angle COD = 180°$$

同理
$$\angle PCD + \angle COQ = 180°$$

于是
$$\frac{\sin \angle DCQ}{\sin \angle OCQ} = \frac{\sin \angle CDQ}{\sin \angle COQ} = \frac{\sin \angle DOP}{\sin \angle PCD} = \frac{\sin \angle ODP}{\sin \angle CDP}$$

令 $\angle DCQ = \alpha, \angle ODP = \beta, \angle OCD = \angle ODC = \theta$,则有
$$\frac{\sin \alpha}{\sin(\theta - \alpha)} = \frac{\sin \beta}{\sin(\theta - \beta)} \Rightarrow \alpha = \beta, 即 \angle DCQ = \angle ODP$$

故
$$\frac{DQ}{CQ} = \frac{\sin \angle DCQ}{\sin \angle QDC} = \frac{\sin \angle ODP}{\sin \angle DOP} = \frac{OP}{DP} = \frac{CP}{DP}$$

西部赛试题 2 如图 36.13,在平面上,已知 O 为正 $\triangle ABC$ 的中点,点 P, Q 满足 $\overrightarrow{OQ} = 2\overrightarrow{PO}$. 证明
$$PA + PB + PC \leqslant QA + QB + QC$$

证法 1 设 BC, CA, AB 的中点分别为 A_1, B_1, C_1.

由于 $\triangle ABC$ 与 $\triangle A_1 B_1 C_1$ 关于点 O 位似,位似比为 $-\frac{1}{2}$,故在此变换下,$P \to Q$,则
$$QA + QB + QC = 2(PA_1 + PB_1 + PC_1)$$

在四边形 PA_1BC_1 中,由托勒密不等式知
$$PB \cdot A_1 C_1 \leqslant PC_1 \cdot A_1 B + PA_1 \cdot BC_1$$

注意到,△ABC 为正三角形,则
$$PB \leqslant PA_1 + PC_1$$
同理,$PC \leqslant PA_1 + PB_1, PA \leqslant PB_1 + PC_1$.

以上三式相加得
$$PA + PB + PC \leqslant 2(PA_1 + PB_1 + PC_1)$$
故 $PA + PB + PC \leqslant QA + QB + QC$.

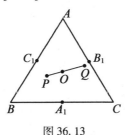

图 36.13

证法 2 只需证明 $QA + QB \geqslant 2PC$.

现记 $w = e^{i\frac{2}{3}\pi}$,则 $\overrightarrow{OB} = w\overrightarrow{OA}, \overrightarrow{OC} = w^2\overrightarrow{OA}, \overrightarrow{OQ} = -2\overrightarrow{OP}$.

从而
$$QA + QB \geqslant 2PC \Leftrightarrow |\overrightarrow{OA} - \overrightarrow{OQ}| + |\overrightarrow{OB} - \overrightarrow{OQ}| \geqslant 2|\overrightarrow{OC} - \overrightarrow{OP}|$$
$$\Leftrightarrow |\overrightarrow{OA} + 2\overrightarrow{OP}| + |w\overrightarrow{OA} + 2\overrightarrow{OP}| \geqslant 2|w^2\overrightarrow{OA} - \overrightarrow{OP}|$$
$$\Leftrightarrow |\overrightarrow{OA} + 2\overrightarrow{OP}| + |\overrightarrow{OA} + 2w^2\overrightarrow{OP}| \geqslant 2|\overrightarrow{OA} - w\overrightarrow{OP}|$$

事实上,由三角形不等式,有
$$|\overrightarrow{OA} + 2\overrightarrow{OP}| + |\overrightarrow{OA} + 2w^2\overrightarrow{OP}| \geqslant |\overrightarrow{OA} + 2\overrightarrow{OP} + \overrightarrow{OA} + 2w^2\overrightarrow{OP}|$$
$$= 2|\overrightarrow{OA} + (1 + w^2)\overrightarrow{OP}| = 2|\overrightarrow{OA} - w\overrightarrow{OP}|$$

故 $QA + QB \geqslant 2PC$.

同理,$QB + QC \geqslant 2PA, QC + QA \geqslant 2PB$.

以上三式相加,有 $PA + PB + PC \leqslant QA + QB + QC$.

西部赛预选题 已知圆 P 与圆 Q 分别与圆 O 内切于 A, B 两点,且圆 P 与圆 Q 外切,两圆的内公切线与 AB 交于点 C. 证明:OC 平分 PQ.

证明 过点 O 作与 PQ 平行的直径 MN. 设圆 P 与圆 Q 外切于点 R.

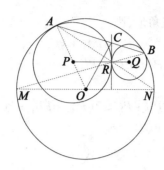

图 36.14

由 $\triangle APR \backsim \triangle AON$,知 A,R,N 三点共线.

类似地,B,R,M 三点共线.

延长 MA,NB 交于点 D,则 R 为 $\triangle MND$ 的垂心.

故点 D 在圆 P 与圆 Q 的内公切线上.

于是,D,A,R,B 四点共圆,其圆心为 DR 的中点 S.

从而,$SP \perp AR$,$SP \parallel DM$.

类似地,$SQ \parallel DN$.

由位似知,DS,MP,NQ 三线交于一点 C'.

再对 $PMRNQO$ 用帕普斯定理得 A,B,C' 三点共线,故点 C 与 C' 重合.

因此,C,P,M 和 C,Q,N 分别三点共线,故 OC 平分 PQ.

(第10届)北方赛试题1 如图 36.15,在 $\triangle ABC$ 中,已知 $\angle B,\angle C$ 为锐角,$AD \perp BC,DE \perp AC,M$ 为 DE 的中点.若 $AM \perp BE$ 于点 F,证明:$\triangle ABC$ 为等腰三角形.

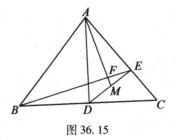

图 36.15

证法1 由 $AD \perp BC,AM \perp BE$,知 A,B,D,F 四点共圆.

联结 DF,则 $\angle ABD = \angle DFM$.

在 $Rt\triangle AME$ 中,由射影定理知

$$ME^2 = MF \cdot AM$$

又 $DM = ME$,故
$$DM^2 = MF \cdot AM$$
所以,$\triangle DMF \backsim \triangle AMD$.
于是,$\angle ADM = \angle DFM = \angle ABD$.
因为 $\angle ADM = \angle ACD$,所以
$$\angle ACD = \angle ABD$$
从而,$\triangle ABC$ 为等腰三角形.

证法 2 (由山东的李耀文给出)

如图 36.15,联结 BM.

设 $\angle ABC = \alpha, \angle ACB = \theta, AB = x$.

则
$$\angle ADE = \angle ACB = \theta$$
$$\angle DAE = 90° - \theta$$
$$AD = x\sin\alpha$$
$$BD = x\cos\alpha$$
$$AE = AD\sin\theta = x\sin\alpha \cdot \sin\theta$$
$$\begin{aligned} DM &= ME = \frac{1}{2}DE \\ &= \frac{1}{2}AD\sin\angle DAE \\ &= \frac{1}{2}x\sin\alpha \cdot \sin(90° - \theta) \\ &= \frac{1}{2}x\sin\alpha \cdot \cos\theta \end{aligned}$$

在 $\triangle BDM$ 中,由余弦定理得
$$BM^2 = BD^2 + DM^2 - 2BD \cdot DM\cos(90° + \theta)$$
故 $BM^2 - ME^2$
$$= x^2\cos^2\alpha - 2x\sin\alpha \cdot \frac{1}{2}x\sin\alpha \cdot \cos\theta(-\sin\theta)$$
$$= x^2(\cos^2\alpha + \cos\alpha \cdot \sin\alpha \cdot \cos\theta \cdot \sin\theta)$$

又
$$\begin{aligned} AB^2 - AE^2 &= x^2 - x^2\sin^2\alpha \cdot \sin^2\theta \\ &= x^2(1 - \sin^2\alpha \cdot \sin^2\theta) \end{aligned}$$

及 $AM \perp BE$

则 $BM^2 - ME^2 = AB^2 - AE^2$
$$\Rightarrow x^2(\cos^2\alpha + \cos\alpha \cdot \sin\alpha \cdot \cos\theta \cdot \sin\theta) = x^2(1 - \sin^2\alpha \cdot \sin^2\theta)$$

$$\Rightarrow 1-\cos^2\alpha-\sin^2\alpha\cdot\sin^2\theta=\cos\alpha\cdot\sin\alpha\cdot\cos\theta\cdot\sin\theta$$
$$\Rightarrow \sin^2\alpha\cdot\cos^2\theta=\cos\alpha\cdot\sin\alpha\cdot\cos\theta\cdot\sin\theta$$

因为 α,θ 均为锐角,所以
$$\sin\alpha\cdot\cos\theta=\cos\alpha\cdot\sin\theta$$
$$\Rightarrow \sin(\alpha-\theta)=0 \Rightarrow \alpha=\theta$$
$$\Rightarrow \triangle ABC \text{ 为等腰三角形}$$

证法 3 （由钟自强、朱碧荣给出）

如图 36.16,取 AD 的中点 N,联结 MN.

则 MN 为 $\text{Rt}\triangle ADE$ 的中位线.

于是, $MN \perp DE$.

由已知 $AD \perp BC, AF \perp BE$,得
$$\angle DBE = \angle DAF$$

由已知 $AD \perp BC, AF \perp BE$,得
$$\angle FAE = \angle FEM$$

故
$$\triangle BDE \backsim \triangle ANM$$
$$\Rightarrow \frac{BD}{DE}=\frac{AN}{NM}=\frac{AD}{AE}=\frac{CD}{DE}$$
$$\Rightarrow BD=DC$$

再由 $AD \perp BC$,知 $AB=AC$,即 $\triangle ABC$ 为等腰三角形.

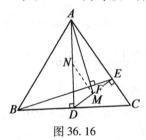

图 36.16

证法 4 如图 36.17,联结 DF.

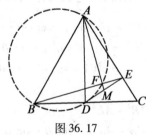

图 36.17

由 $\angle ADB = \angle AFB = 90°$,知 A,B,D,F 四点共圆,设为圆 Γ.
则 $\angle FDC = \angle BAF$.
在 $Rt\triangle AME$ 中,由射影定理知
$$EM^2 = MF \cdot MA$$
因为 $EM = DM$,所以
$$DM^2 = MF \cdot MA$$
因此,MD 与圆 Γ 相切.
故 $\angle ACB = \angle ADE = \angle ABD \Rightarrow AB = AC$,即 $\triangle ABC$ 为等腰三角形.
经探索,可作如下引申.

证法 5 (由安徽的阚政平给出)
因为 M 为 DE 的中点,所以
$$2\overrightarrow{AM} = \overrightarrow{AD} + \overrightarrow{AE}$$
且
$$\overrightarrow{BE} = \overrightarrow{AE} - \overrightarrow{AB}$$
由 $BE \perp AM \Rightarrow \overrightarrow{AM} \cdot \overrightarrow{BE} = 0$
$$\Rightarrow (\overrightarrow{AD} + \overrightarrow{AE}) \cdot (\overrightarrow{AE} - \overrightarrow{AB}) = 0$$
$$\Rightarrow \overrightarrow{AE}^2 + \overrightarrow{AD} \cdot \overrightarrow{AE} - \overrightarrow{AE} \cdot \overrightarrow{AB} - \overrightarrow{AD} \cdot \overrightarrow{AB} = 0 \qquad ①$$
又由 $DE \perp AC, AD \perp BC$,得
$$\overrightarrow{AE}^2 = \overrightarrow{AD} \cdot \overrightarrow{AE}$$
$$\overrightarrow{AD} \cdot \overrightarrow{AB} = \overrightarrow{AD}^2 = \overrightarrow{AD} \cdot \overrightarrow{AC}$$
$$= |\overrightarrow{AE}||\overrightarrow{AC}| = \overrightarrow{AE} \cdot \overrightarrow{AC}$$
结合式①得
$$\overrightarrow{AD} \cdot \overrightarrow{AE} - \overrightarrow{AE} \cdot \overrightarrow{AB} + \overrightarrow{AD} \cdot \overrightarrow{AE} - \overrightarrow{AC} \cdot \overrightarrow{AE} = 0$$
$$\Rightarrow \overrightarrow{AE} \cdot (\overrightarrow{AD} - \overrightarrow{AB}) + \overrightarrow{AE} \cdot (\overrightarrow{AD} - \overrightarrow{AC}) = 0$$
$$\Rightarrow \overrightarrow{AE} \cdot (\overrightarrow{BD} + \overrightarrow{CD}) = 0$$
由于 $\overrightarrow{BD}, \overrightarrow{DC}$ 与 $\overrightarrow{BC}$ 共线,$\angle C$ 为锐角,$|\overrightarrow{AE}| \neq 0$,于是,由向量的数量积定义和
$$\overrightarrow{BD} + \overrightarrow{CD} = \mathbf{0} \Rightarrow D \text{ 为 } BC \text{ 的中点}$$
$$\Rightarrow \triangle ABC \text{ 为等腰三角形}$$

北方赛试题 2 在 $\Box ABCD$ 中,已知 I 为 $\triangle BCD$ 的内心,H 为 $\triangle IBD$ 的垂

心. 证明：$\angle HAB = \angle HAD$.

证明 如图 36.18，联结 DH, BH，延长 DI，分别与直线 BH, AB 交于点 F, E.

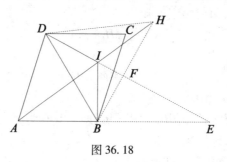

图 36.18

由 I 为 $\triangle BCD$ 的内心，且 $AE \parallel DC$，得
$$\angle BDE = \angle CDE = \angle AED$$

又 H 为 $\triangle BDI$ 的垂心，知 $DE \perp BF$.

于是，$\angle DBH = \angle EBH$，即 HB 为 $\triangle ABD$ 中 $\angle ABD$ 的外角平分线.

同理，DH 为 $\angle ADB$ 的外角平分线.

从而，H 为 $\triangle ABD$ 的旁心.

因此，$\angle HAB = \angle HAD$.

试题 A 如图 36.19，在锐角 $\triangle ABC$ 中，$\angle BAC \neq 60°$，过点 B, C 分别作 $\triangle ABC$ 的外接圆的切线 BD, CE，且满足 $BD = CE = BC$，直线 DE 与 AB, AC 的延长线分别交于点 F, G, CF 与 BD 交于点 M, CE 与 BG 交于点 N. 证明：$AM = AN$.

证法 1 如图 36.19，设两条切线 BD 与 CE 交于点 K，则 $BK = CK$.

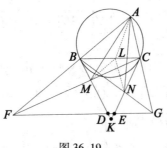

图 36.19

结合 $BD = CE$，知 $DE \parallel BC$.

作 $\angle BAC$ 的平分线 AL 与 BC 交于点 L，联结 LM, LN.

由 $DE \parallel BC$，知
$$\angle ABC = \angle DFB, \angle FDB = \angle DBC = \angle BAC$$

故 $\triangle ABC \backsim \triangle DFB$.

再结合 $DE /\!/ BC, BD = BC$ 及内角平分线定理可得
$$\frac{MC}{MF} = \frac{BC}{FD} = \frac{BD}{FD} = \frac{AC}{AB} = \frac{LC}{LB}$$

因此,$LM /\!/ BF$.

同理,$LN /\!/ CG$.

由此推出
$$\angle ALM = 180° - \angle BAL = 180° - \angle CAL = \angle ALN$$

由 $BC /\!/ FG$ 及内角平分线定理得
$$\frac{LM}{LN} = \frac{LM}{BF} \cdot \frac{BF}{CG} \cdot \frac{CG}{LN} = \frac{CL}{BC} \cdot \frac{AB}{AC} \cdot \frac{BC}{BL} = \frac{CL}{BL} \cdot \frac{AB}{AC} = 1 \Rightarrow LM = LN$$

故由 $AL = AL, \angle ALM = \angle ALN, LM = LN$,得
$$\triangle ALM \cong \triangle ALN$$

从而,$AM = AN$.

证法 2 由 BD 与 EC 均为 $\triangle ABC$ 外接圆的切线,知
$$\angle DBC = \angle BAC = \angle ECB$$

由 $BD = CE$,得四边形 $BCED$ 为等腰梯形.

从而,$DE /\!/ BC$.

又 $\angle BFD = \angle ABC, \angle FDB = \angle DBC = \angle BAC$,故
$$\triangle DFB \backsim \triangle ABC$$

设 $\triangle ABC$ 的三条边长分别为 $BC = a, CA = b, AB = c$.

由 $\triangle DFB \backsim \triangle ABC \Rightarrow \frac{FD}{c} = \frac{BD}{b} = \frac{a}{b} \Rightarrow FD = \frac{ac}{b}$.

由 $BC /\!/ FD \Rightarrow \frac{BM}{MD} = \frac{BC}{FD} = \frac{b}{c}$.

故由 $BD = a$,得
$$BM = \frac{ab}{b+c} \qquad ①$$

在 $\triangle ABM$ 中,由 $\angle ABM = \angle ABC + \angle BAC$,及余弦定理得
$$\begin{aligned}
AM^2 &= c^2 + \frac{a^2b^2}{(b+c)^2} - \frac{2abc}{b+c}\cos(A+B) \\
&= c^2 + \frac{a^2b^2}{(b+c)^2} + \frac{2abc}{b+c} \cdot \frac{a^2+b^2-c^2}{2ab}
\end{aligned}$$

$$= \frac{1}{(b+c)^2}[c^2(b+c)^2 + a^2b^2 + c(a^2+b^2-c^2)(b+c)]$$

$$= \frac{1}{(b+c)^2}(b^2c^2 + 2bc^3 + c^4 + a^2b^2 + a^2bc + a^2c^2 + b^3c + b^2c^2 - bc^3 - c^4)$$

$$= \frac{1}{(b+c)^2}(2b^2c^2 + bc^3 + b^3c + a^2b^2 + a^2c^2 + a^2bc) \qquad ②$$

用同样方法计算 CN 和 AN^2 时，只需在上述 BM 与 AM^2 的表达式①②中将 b,c 交换.

而由式②知 AM^2 的表达式关于 b,c 对称,故
$$AN^2 = AM^2 \Rightarrow AM = AN$$

证法 3 （由湖南的万喜人、徐伯儒给出）

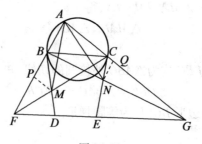

图 36.20

如图 36.20,作 $MP/\!/AG$,与 AF 交于点 P;作 $NQ/\!/AF$,与 AG 交于点 Q.

由 $BD = CE = BC$, $\angle DBC = \angle ECB$,得
$$BC/\!/FG$$
$$\Rightarrow \angle DFB = \angle ABC, \angle FDB = \angle DBC = \angle BAC$$
$$\Rightarrow \triangle DFB \sim \triangle ABC$$
$$\Rightarrow \frac{PM}{AC} = \frac{FM}{FC}$$
$$\Rightarrow \frac{PM}{AC - PM} = \frac{FM}{MC} = \frac{FD}{BC} = \frac{FD}{BD} = \frac{AB}{AC}$$
$$\Rightarrow PM = \frac{AB \cdot AC}{AB + AC}$$

又 $\dfrac{AP}{PF} = \dfrac{CM}{MF} = \dfrac{BC}{FD} = \dfrac{BD}{FD} = \dfrac{AC}{AB}$,故
$$AP = \frac{AF \cdot AC}{AB + AC}$$

类似地，$QN = \dfrac{AB \cdot AC}{AB + AC}, AQ = \dfrac{AG \cdot AB}{AB + AC}.$

由 $\quad BC /\!/ FG \Rightarrow AF \cdot AC = AG \cdot AB$

$\quad\quad\quad\quad \Rightarrow PM = QN, AP = AQ$

又 $\angle MPA = 180° - \angle BAC = \angle NQA,$ 于是

$\quad\quad\quad\quad \triangle APM \cong \triangle AQN \Rightarrow AM = AN$

证法 4（由陕西的吕建恒，湖南的陈钦品给出）

如图 36.21, 由 $BD = CE = BC,$ 知

$\quad\quad BC /\!/ FG$

$\Rightarrow \angle BDF = \angle DBC = \angle BAC = \angle BCE = \angle CEG$

$\Rightarrow \triangle DFB \backsim \triangle ABC \backsim \triangle ECG$

$\Rightarrow \dfrac{BM}{MD} = \dfrac{BC}{FD} = \dfrac{BD}{FD} = \dfrac{AC}{AB} = \dfrac{EG}{EC} = \dfrac{EG}{BC} = \dfrac{EN}{NC}$

$\Rightarrow \dfrac{BM}{MD} = \dfrac{EN}{NC} \Rightarrow \dfrac{BD}{MD} = \dfrac{CE}{NC}$

$\Rightarrow MD = NC, MB = EN$

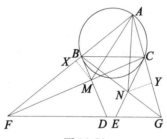

图 36.21

又 $\quad \dfrac{MB}{MD} = \dfrac{CM}{MF} = \dfrac{AC\sin(\angle BAC - \angle BAM)}{AF\sin \angle BAM}$

$\quad\quad \dfrac{EN}{NC} = \dfrac{GN}{NB} = \dfrac{AG\sin \angle NAY}{AB\sin(\angle BAC - \angle NAY)}$

故 $\quad \dfrac{AC\sin(\angle BAC - \angle BAM)}{AF\sin \angle BAM} = \dfrac{AG\sin \angle NAY}{AB\sin(\angle BAC - \angle NAY)}$

再由 $\dfrac{AB}{AF} = \dfrac{AC}{AG},$ 得

$\quad \dfrac{\sin \angle BAM}{\sin(\angle BAC - \angle BAM)} = \dfrac{\sin \angle NAY}{\sin(\angle BAC - \angle ANY)} \Rightarrow \angle BAM = \angle NAY$

如图 36.21, 过点 M, N 分别作 AF, AG 的垂线，垂足分别为 $X, Y,$ 则

$$MX = BM\sin\angle FBD = BM\sin\angle ACB$$
$$NY = CN\sin\angle GCE = DM\sin\angle ABC$$

故 $\dfrac{MX}{NY} = \dfrac{BM\sin\angle ACB}{DM\sin\angle ABC} = \dfrac{AC}{AB} \cdot \dfrac{AB}{AC} = 1 \Rightarrow MX = NY$.

则 $\triangle AMX \cong \triangle ANY \Rightarrow AM = AN$.

证法 5 （由上海的谭越，广东的黄龙威给出）

如图 36.22，作 $\angle BAC$ 的平分线 AH，与 FG 交于点 H，联结 HM, HN.

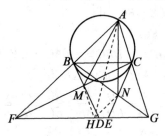

图 36.22

由 $BD = CE = BC$，且 BD, CE 为切线知 $BC \parallel DE$.
故
$$\triangle BMC \backsim \triangle DMF,\ \triangle BNC \backsim \triangle GNE$$
$$\triangle ABC \backsim \triangle DFB \backsim \triangle ECG$$

则 $\dfrac{FM}{MC} = \dfrac{AB}{AC} = \dfrac{FH}{HG} \Rightarrow MH \parallel AC$.

类似地，$NH \parallel AB$.

于是
$$\angle MHA = \dfrac{1}{2}\angle BAC = \angle NHA$$
$$MH = \dfrac{FH}{FG} \cdot CG = \dfrac{GH}{GF} \cdot FB = NH$$

从而，$\triangle AHM \cong \triangle AHN \Rightarrow AM = AN$.

证法 6 （证法 6~9 均由陕西的吕建恒、谷欣宇给出）

如图 36.23，在 FA, GA 的延长线上分别截取
$$AK = AG, AL = AF$$

联结 KC, LB.

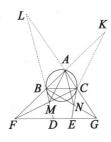

图 36.23

因为 $FG\parallel BC$，$\triangle DFB\backsim\triangle ABC$，$BD=BC$，所以

$$\frac{FA}{AK}=\frac{AF}{AG}=\frac{AB}{AC}=\frac{FD}{BD}=\frac{FD}{BC}=\frac{FM}{MC}$$

可得 $AM\parallel KC$.

同理，$AN\parallel LB$.

则

$$\frac{AM}{KC}=\frac{FA}{FK}=\frac{FA}{AF+AG},\ \frac{AN}{LB}=\frac{GA}{GL}=\frac{GA}{AF+AG}$$

从而

$$\frac{AM}{AN}=\frac{AF\cdot KC}{AG\cdot LB}=\frac{AL\cdot KC}{AK\cdot LB}$$

易证 $\triangle ABL\backsim\triangle ACK$，所以

$$\frac{AL}{AK}=\frac{LB}{KC}$$

即

$$AL\cdot KC=AK\cdot LB$$

综上，得 $\dfrac{AM}{AN}=1$，即 $AM=AN$.

证法 7 如图 36.24，在 BA，CA 的延长线上分别截取 $AK=AC$，$AL=AB$，联结 KG，LF.

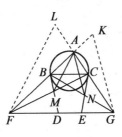

图 36.24

因为 $\triangle ABC\backsim\triangle ECG$，$CE=BC$，$BC\parallel EG$，所以

$$\frac{BA}{AK} = \frac{BA}{AC} = \frac{CE}{EG} = \frac{BC}{EG} = \frac{BN}{NG}$$

得 $AN \parallel KG$.

同理，$AM \parallel LF$.

则有
$$\frac{AM}{LF} = \frac{CA}{CL} = \frac{CA}{AB+AC}, \frac{AN}{KG} = \frac{BA}{BK} = \frac{BA}{AB+AC}$$

$$\frac{AM}{AN} = \frac{AC \cdot LF}{AB \cdot KG} = \frac{AK \cdot LF}{AL \cdot KG}$$

又
$$\frac{AF}{AG} = \frac{AB}{AC} = \frac{AL}{AK}, \angle LAF = \angle KAG$$

则 $\triangle ALF \backsim \triangle AKG$，故 $\frac{AL}{AK} = \frac{LF}{KG}$，即 $AK \cdot LF = AL \cdot KG$.

综上，得 $\frac{AM}{AN} = 1$，即 $AM = AN$.

证法 8 同证法 7，得 $AM \parallel LF, AN \parallel KG, \triangle ALF \backsim \triangle AKG$，如图 36.24，所以
$$\angle BAM = \angle AFL = \angle AGK = \angle CAN$$

因为 $BC \parallel FG, \triangle DFB \backsim \triangle ABC \backsim \triangle ECG, BD = CE = BC$，所以

$$\frac{BM}{MD} = \frac{BC}{FD} = \frac{BD}{FD} = \frac{AC}{AB} = \frac{EG}{EC} = \frac{EG}{BC} = \frac{EN}{NC}$$

$$\frac{BM}{BM+MD} = \frac{EN}{EN+NC}$$

即 $\frac{BM}{BD} = \frac{EN}{EC}$.

因为 $BD = EC$，所以 $BM = EN$，从而 $DM = CN$.

在 $\triangle ABM$ 和 $\triangle ACN$ 中，由正弦定理，得
$$AM = \frac{BM \cdot \sin \angle ABM}{\sin \angle BAM} = \frac{BM \cdot \sin \angle ACB}{\sin \angle BAM}$$

$$AN = \frac{CN \cdot \sin \angle ACN}{\sin \angle CAN} = \frac{CN \cdot \sin \angle ABC}{\sin \angle CAN}$$

又 $\frac{BM}{CN} = \frac{BM}{DN} = \frac{BC}{FD} = \frac{BD}{FD} = \frac{AC}{AB} = \frac{\sin \angle ABC}{\sin \angle ACB}$，故

$$BM \cdot \sin \angle ACB = CN \cdot \sin \angle ABC$$

故 $AM = AN$.

证法 9 如图 36.25，联结 AD, AE.

设 $BC = a, CA = b, AB = c$，则 $BD = CE = BC = a$.

因为 $\dfrac{BM}{MD} = \dfrac{BC}{FD} = \dfrac{BD}{FD} = \dfrac{AC}{AB} = \dfrac{b}{c}$，所以 $\dfrac{BM}{BD} = \dfrac{b}{b+c}, \dfrac{MD}{BD} = \dfrac{c}{b+c}$.

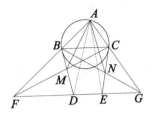

图 36.25

在 △ABD 中，由余弦定理，得

$$AD^2 = BA^2 + BD^2 - 2BA \cdot BD\cos\angle ABD$$
$$= c^2 + a^2 + 2ca\cos C$$
$$= c^2 + a^2 + 2ca \cdot \dfrac{a^2 + b^2 - c^2}{2ab}$$
$$= \dfrac{1}{b}(a^2 b + b^2 c + bc^2 + ca^2 - c^3)$$

在 △ABD 中，由斯特瓦尔特定理，得

$$AM^2 = \dfrac{MD}{BD} \cdot AB^2 + \dfrac{BM}{BD} \cdot AD^2 - \dfrac{BM}{BD} \cdot \dfrac{DM}{BD} \cdot BD^2$$
$$= \dfrac{c}{b+c} \cdot c^2 + \dfrac{b}{b+c} \cdot \dfrac{1}{b}(a^2 b + b^2 c + bc^2 + ca^2 - c^3) - \dfrac{bc}{(b+c)^2} \cdot a^2$$
$$= a^2 + bc - \dfrac{a^2 bc}{(b+c)^2}$$

在 △ACE 中，用同样的方法求得

$$\dfrac{CN}{CE} = \dfrac{c}{b+c}, \dfrac{NE}{CE} = \dfrac{b}{b+c}, AN^2 = a^2 + cb - \dfrac{a^2 cb}{(c+b)^2}$$

综上，得 $AM^2 = AN^2$，即 $AM = AN$.

注 事实上，在 △ABD 和 △ACE 中，$BD = CE = a$，AM^2 与 AN^2 的表达式关于 b, c 对称.

证法 10 如图 36.25，由 $BD = CE$，知 $BC \parallel FG$，从而 $\angle BDF = \angle DBC = \angle BAC$，即知 D, B, A, G 四点共圆，于是有

$$FD \cdot FG = FB \cdot FA \qquad ①$$

同理

$$GE \cdot GF = GC \cdot GA \qquad ②$$

由式①÷②并注意 $BC /\!/ FG$，有
$$\frac{FD}{GE} = \frac{FB \cdot FA}{GC \cdot GA} = \frac{AB^2}{AC^2} \qquad ③$$

令 $\angle FAM = \alpha, \angle MAN = \beta, \angle NAG = \gamma$，则
$$\frac{FD}{GE} = \frac{FD}{BC} \cdot \frac{BC}{GE} = \frac{FM}{MC} \cdot \frac{BN}{NG} = \frac{FA \cdot \sin\alpha}{AC \cdot \sin(\beta+\gamma)} \cdot \frac{AB \cdot \sin(\alpha+\beta)}{AG \cdot \sin\gamma}$$
$$= \frac{AB^2}{AC^2} \cdot \frac{\sin\alpha \cdot \sin(\alpha+\beta)}{\sin(\beta+\gamma) \cdot \sin\gamma} \qquad ④$$

由式③④有
$$\frac{\sin\alpha}{\sin\gamma} = \frac{\sin(\beta+\gamma)}{\sin(\alpha+\beta)}$$

由等角线的施坦纳定理的三角形式知 $\alpha = \gamma$.

又对 $\triangle ABG$，$\triangle AFC$ 应用张角公式，有
$$\frac{\sin(\alpha+\beta+\gamma)}{AN} = \frac{\sin(\beta+\alpha)}{AG} + \frac{\sin\gamma}{AB}$$
$$\frac{\sin(\alpha+\beta+\gamma)}{AM} = \frac{\sin\alpha}{AC} + \frac{\sin(\beta+\gamma)}{AF}$$

故要证 $AM = AN$，即需证
$$\sin(\alpha+\beta)\left(\frac{1}{AG} - \frac{1}{AF}\right) = \sin\alpha\left(\frac{1}{AC} - \frac{1}{AB}\right)$$
$$\Leftrightarrow \frac{\sin\alpha}{\sin(\alpha+\beta)} = \frac{AB \cdot AC(AF-AG)}{AG \cdot AF(AB-AC)}$$
$$= \frac{AB \cdot AC(AF-AG)}{AB \cdot AG(AF-AG)} = \frac{AC}{AG} = \frac{AB}{AF} \qquad (*)$$

而
$$\frac{\sin\alpha}{\sin(\alpha+\beta)} = \frac{FM}{MC} \cdot \frac{AC}{AF} = \frac{FD}{BC} \cdot \frac{AC}{AF}$$
$$= \frac{AB}{AC} \cdot \frac{AC}{AF} = \frac{AB}{AF}$$

从而式（*）获证. 故 $AM = AN$.

证法 11 如图 36.25，由 $BD = BC = CE$，知 $BC /\!/ DE$，有
$$\frac{CM}{CF} = \frac{BC}{BC+DF}, \frac{MF}{CF} = \frac{DF}{DF+BC}$$

且 $\angle BDF = \angle DBC = \angle BAC$，即 D, B, A, G 四点共圆.

同理，A, B, D, G 四点共圆.

由 $\angle CGE = \angle FBD$ 知 $\triangle CEG \backsim \triangle FDE$，有

$$\frac{EC}{CG} = \frac{DF}{FB}$$

即 $$DF = \frac{EC \cdot FB}{CG} = \frac{EC \cdot AB}{AC} = \frac{AB \cdot BC}{AC}$$

同理,$EG = \frac{AC \cdot BC}{AB}$.

在 $\triangle AFC$ 和 $\triangle ABG$ 中分别应用斯特瓦尔特定理,有

$$AM^2 = AN^2 \Leftrightarrow AF^2 \cdot \frac{CM}{CF} + AC^2 \cdot \frac{FM}{CF} - CM \cdot MF$$

$$= AG^2 \cdot \frac{BN}{BG} + AB^2 \cdot \frac{NG}{BG} - BN \cdot NG$$

$$\Leftrightarrow AF^2 \cdot \frac{BC}{BC + DF} + AC^2 \frac{DF}{BC + DF} - CM \cdot MF$$

$$= AG^2 \cdot \frac{BC}{BC + EG} + AB^2 \cdot \frac{EG}{BC + EG} - BN \cdot NG$$

$$\Leftrightarrow AF^2 \cdot \frac{AC}{AB + AC} + AC^2 \cdot \frac{AB}{AB + AC} - CM \cdot MF$$

$$= AG^2 \cdot \frac{AB}{AB + AC} + AB^2 \cdot \frac{AC}{AB + AC} - BN \cdot NG$$

$$\Leftrightarrow (CM \cdot MF - BN \cdot NG)(AB + AC)$$

$$= AF^2 \cdot AC + AC^2 \cdot AB - AG^2 \cdot AB - AB^2 \cdot AC \quad (*)$$

若令 $\frac{AF}{AB} = \frac{AG}{AC} = k$,注意

$$CM \cdot MF = \frac{BC \cdot DF}{(BC + DF)^2} \cdot CF^2$$

$$= \frac{BC^2 \cdot AB}{AC\left(BC + \frac{AB \cdot BC}{AC}\right)^2} \cdot CF^2$$

$$= \frac{AB \cdot AC}{(AC + AB)^2} \cdot CF^2$$

以及 $$BN \cdot NG = \frac{AB \cdot AC}{(AB + AC)^2} \cdot BG^2$$

式 $(*) \Leftrightarrow CF^2 - BG^2 = (AB^2 - AC^2)(k^2 - 1)$

又在 $\triangle AFG$ 中对 FC 应用斯特瓦尔特定理,有

$$CF^2 = AF^2 \cdot \frac{CG}{AG} + FG^2 \cdot \frac{AC}{AG} - AC \cdot CG$$

$$= k^2 \cdot AB^2 \cdot \left(1 - \frac{1}{k}\right) + k^2 \cdot BC \cdot \frac{1}{k} - AC^2(k-1)$$
$$= k(k-1)AB^2 + k \cdot BC - (k-1)AC^2$$

同理 $\quad BG^2 = k(k-1)AC^2 + k \cdot BC - (k-1)AB^2$

故有 $\quad CF^2 - BG^2 = (k^2-1)(AB^2 - AC^2)$

从而有 $\quad AM = AN$

试题 B 设 A,B,D,E,F,C 依次为一个圆上的六个点,满足 $AB = AC$. 直线 AD 与 BE 交于点 P,直线 AF 与 CE 交于点 R,直线 BF 与 CD 交于点 Q,直线 AD 与 BF 交于点 S,直线 AF 与 CD 交于点 T. 点 K 在线段 ST 上,使得 $\angle SKQ = \angle ACE$. 证明: $\dfrac{SK}{KT} = \dfrac{PQ}{QR}$.

证法 1 如图 36.26,联结 BC, RP, DF.

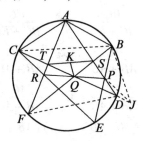

图 36.26

由 $AB = AC$,知 $\angle ADC = \angle AFB$.

所以,S, D, F, T 四点共圆.

于是,$\angle QSK = \angle TDF = \angle RAC$.

结合 $\angle SKQ = \angle ACE$,得

$$\triangle QSK \backsim \triangle RAC$$

类似地,$\triangle QTK \backsim \triangle PAB$.

从而,$\dfrac{SK}{KQ} = \dfrac{AC}{CR}$,$\dfrac{KQ}{KT} = \dfrac{BP}{BA}$. 故

$$\dfrac{SK}{KT} = \dfrac{SK}{KQ} \cdot \dfrac{KQ}{KT} = \dfrac{AC}{CR} \cdot \dfrac{BP}{BA} = \dfrac{BP}{CR} \qquad ①$$

由帕斯卡定理知 P, Q, R 三点共线.

设点 J 在射线 CD 上,使 $\triangle BCJ \backsim \triangle BAP$,联结 PJ.

由 $\dfrac{BP}{BJ} = \dfrac{AB}{CB}$,及

$$\angle ABC = \angle PBA - \angle PBC$$
$$= \angle JBC - \angle PBC = \angle JBP$$

得 $\triangle BPJ \backsim \triangle BAC$.

结合 $AB = AC$, 知 $PB = PJ$.

又 $\angle DPE = \angle BPA = \angle BJC$, 则 B,J,D,P 四点共圆.

故 $\angle PJQ = \angle DBE = \angle DCE$.

从而, $PJ \parallel CR$. 于是

$$\frac{BP}{CR} = \frac{PJ}{CR} = \frac{PQ}{QR} \qquad ②$$

由式①②知命题成立.

证法 2 （由湖南的万喜人、徐伯儒给出）

如图 36.27, 作 $TH \parallel KQ$, 与 BF 交于点 H, 联结 RH, CF, FD.

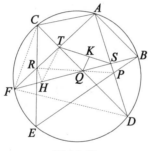

图 36.27

由帕斯卡定理知 P,Q,R 三点共线.

由 $AB = AC \Rightarrow \angle AFB = \angle ADC$

$\Rightarrow S,D,F,T$ 四点共圆

$\Rightarrow \angle TSF = \angle CDF = \angle CAF$

又 $AB = AC \Rightarrow \angle TFS = \angle CFA$.

故 $\triangle FTS \backsim \triangle FCA$.

由 $\angle STH = \angle SKQ = \angle ACR$, 则 H,R 为上述相似三角形的对应点.

故 $\frac{FH}{FS} = \frac{FR}{FA} \Rightarrow RH \parallel AP$

$$\Rightarrow \frac{SK}{KT} = \frac{SQ}{QH} = \frac{PQ}{QR}$$

试题 C 如图 36.28, 在等腰 $\triangle ABC$ 中, $AB = AC > BC$, D 为 $\triangle ABC$ 内一点, 满足 $DA = DB + DC$. 边 AB 的中垂线与 $\angle ADB$ 的外角平分线交于点 P, 边 AC 的

中垂线与 $\angle ADC$ 的外角平分线交于点 Q. 证明: B, C, P, Q 四点共圆.

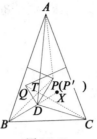

图 36.28

证法 1 先证明: A, B, D, P 四点共圆.

事实上,如图 36.28,取 $\overparen{ADB}$ 的中点 P',则 P' 在线段 AB 的中垂线上.

任取 BD 延长线上一点 X,则由 $P'A = P'B$ 及 A, B, D, P' 四点共圆,知
$$\angle P'DA = \angle P'BA = \angle P'AB = \angle P'DX$$

即点 P' 在 $\angle ADB$ 的外角平分线上.

故点 P' 与 P 重合,即 A, B, D, P 四点共圆.

接下来,由托勒密定理得
$$AB \cdot DP + BD \cdot AP = AD \cdot BP$$

结合 $PA = PB$ 及 $AD = BD + CD$,知
$$AB \cdot DP = AD \cdot BP - BD \cdot AP$$
$$= AP(AD - BD) = AP \cdot CD$$
$$\Rightarrow \frac{AP}{DP} = \frac{AB}{CD}$$

记 BP 与 AD 的交点为 T.

注意到, $\angle BAP + \angle BDP = 180°$. 故
$$\frac{AT}{TD} = \frac{S_{\triangle ABP}}{S_{\triangle DBP}} = \frac{\frac{1}{2} AB \cdot AP \sin \angle BAP}{\frac{1}{2} BD \cdot DP \sin \angle BDP}$$
$$= \frac{AB}{DB} \cdot \frac{AP}{DP} = \frac{AB}{DB} \cdot \frac{AB}{CD} = \frac{AB^2}{BD \cdot CD}$$

类似地, A, C, D, Q 四点共圆,且若记 CQ 与 AD 的交点为 T',则
$$\frac{AT'}{T'D} = \frac{AC^2}{BD \cdot CD}$$

又 $AB=AC$,于是, $\dfrac{AT'}{T'D}=\dfrac{AT}{TD}$.

因此,点 T' 与 T 重合.

由圆幂定理得
$$TB \cdot TP = TA \cdot TD = TC \cdot TQ$$

从而,B,C,P,Q 四点共圆.

证法 2 (由陕西的杨运新给出)

如图 36.29,延长 DB 到 B_1,使 $BB_1=DC$,延长 DC 至 C_1,使 $CC_1=DB$,则
$$DA=DB_1, DA=DC_1$$

由证法 1,知 A,B,D,P 四点共圆.

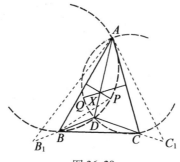

图 36.29

注意到圆弧中点的性质,推知等腰 $\triangle ADB_1 \backsim$ 等腰 $\triangle APB$,且 $\triangle APD \backsim \triangle ABB_1$. 则 PB 分线段 DA 的比值为

$$\frac{DX}{XA} = \frac{S_{\triangle DPB}}{S_{\triangle APB}} = \frac{DB}{BA} \cdot \frac{DP}{PA} = \frac{DB}{BA} \cdot \frac{B_1B}{BA}$$
$$= \frac{DB \cdot DC}{AB^2}$$

类似地,QC 分线段 DA 的比为
$$\frac{DX'}{X'A} = \frac{DB \cdot DC}{AC^2}$$

注意 $AB=AC$,即知 X' 与 X 重合,即知 PB,QC,AD 三线共点于 X.

由相交弦定理,有 $PX \cdot XB = AX \cdot XD = QX \cdot XC$.

故 B,C,P,Q 四点共圆.

注 这道试题中的条件 $DA=DB+DC$ 是有深刻背景的,下面我们可以从如下的两个命题中看到这个背景.

命题 1 (2013 年第 53 届乌克兰数学奥林匹克题)已知 O 是 $\triangle ABC$ 的外心,点 E,F 分在线段 OB,OC 上,且 $BE=OF$,M,N 分别是 $\triangle AOE$,$\triangle AOF$ 外接圆上对应 $\overparen{AOE}$,$\overparen{AOF}$ 的中点,证明:$\angle ENO+\angle FMO=2\angle ABC$.

证法 1 如图 36.30,取点 A 关于直线 BC 的对称点 D,则 $\angle AOC=2\angle ABC=\angle ABD$,$OA=OC$,$BA=BD$,因此 $\triangle AOC\backsim\triangle ABD$.

同理,$\angle AOB=\angle ACD$,且 $\triangle AOB\backsim\triangle ACD$.

在 BD,CD 上取点 P,Q,使得
$$\angle APB=\angle AFO,\quad \angle AQC=\angle AEO$$

因 $\angle ABP=\angle AOF$,则 $\triangle ABP\backsim\triangle AOF$.

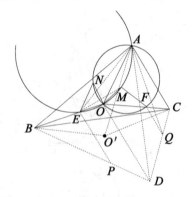

图 36.30

即有 $\dfrac{BP}{BD}=\dfrac{BP}{BA}=\dfrac{OF}{OA}=\dfrac{BE}{BO}$,因此,$PE\parallel DO$.

同理 $QF\parallel DO$.

又由圆弧中点性质,知等腰 $\triangle AME\backsim$ 等腰 $\triangle AOB$,且 $\triangle BAE\backsim\triangle OAM$,则
$$\dfrac{OM}{BE}=\dfrac{AO}{AB},\quad \angle AOM=\angle ABE$$

又 $\triangle AOF\backsim\triangle ABP$,有 $\dfrac{OA}{BA}=\dfrac{OF}{BP}$,$\angle AOF=\angle ABP$,则
$$\dfrac{OM}{BE}=\dfrac{OF}{BP}$$

且 $\angle MOF=\angle AOF-\angle AOM=\angle ABP-\angle ABE=\angle EBP$

从而 $\triangle MOF\backsim\triangle EBP$.

同理,$\triangle EON\backsim\triangle QCF$.

故 $\angle ENO + \angle FMO = \angle QFC + \angle PEB$
$= \angle DOC + \angle DOB$
$= \angle BOC = 2\angle BAC.$

证法2 由圆弧中点性质,知等腰 $\triangle AOB \backsim$ 等腰 $\triangle AME$,且 $\triangle AMO \backsim \triangle AEB$. 其对应边夹角等于 $\angle BAO$. 于是 $OM \parallel BA$,且 $\dfrac{OM}{OF} = \dfrac{OM}{BE} = \dfrac{AO}{AB} = \dfrac{OC}{BA}.$

注意到 $\dfrac{OC}{BA} = \dfrac{OM}{OF}$ 及 $OM \parallel BA$,据此可构造 $\triangle MOF \backsim \triangle O'BA$,只需平移 OC 到 BO' 即可. 因此,$\angle OMF = \angle BO'A$. 显然 O' 与点 O 关于 BC 对称.

此时,$\triangle NOE \backsim \triangle O'CA$,从而,$\angle ENO = \angle AO'C$.

故 $\angle ENO + \angle FMO = \angle BO'C = \angle BOC = 2\angle BAC.$

命题2 (2007年第24届伊朗数学奥林匹克题)已知 O 是 $\triangle ABC$ 内一点,满足 $OA = OB + OC$,点 B',C' 分别是 $\overset{\frown}{AOC}$,$\overset{\frown}{AOB}$ 的中点. 求证:$\triangle COC'$ 和 $\triangle BOB'$ 的外接圆相切.

证法1 如图36.31,设 X,Y 分别是射线 OB,OC 上的点,使得 $OX = OY = OA$,P,Q 分别使得 $\triangle AXP \backsim \triangle AOC$,$\triangle AYQ \backsim \triangle AOB$ 的点,D 是 A 关于 XY 的对称点,则有 $\triangle AC'B \backsim \triangle AOX$.

图36.31

于是,$\triangle ABX \backsim \triangle AC'O$.

又 $\triangle AXP \backsim \triangle AOC$,则四边形 $AXPB \backsim$ 四边形 $AOCC'$,所以 $\triangle OCC' \backsim \triangle XPB$.

又 O 为 $\triangle AXY$ 的外心,则 $\angle AXP = \angle AOC = 2\angle AXY = \angle AXD$,即知点 P 在

XD 上.

而 $\dfrac{XP}{XD} = \dfrac{XP}{XA} = \dfrac{OC}{OA} = \dfrac{XB}{XO}$,于是,$\triangle OCC' \backsim \triangle XPB \backsim \triangle XDO$.

类似地,$\triangle OBB' \backsim \triangle YDO$.

从而 $\angle BB'O + \angle CC'O = \angle DOY + \angle DOX = \angle BOC$

因此,$\triangle COC'$ 和 $\triangle BOB'$ 的外接圆相切.

证法2 如图 36.32,设 X,Y 分别是射线 OB,OC 上的点,使得 $OX = OY = OA$,联结 AX,AY,XY.

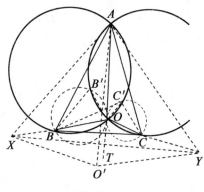

图 36.32

由圆弧中点性质,知等腰 $\triangle AOX \backsim$ 等腰 $\triangle AC'B$,且 $\triangle AC'O \backsim \triangle ABX$,其对应边夹角等于 $\angle XAO$.

于是 $OC' /\!/ XA$,且 $\dfrac{OC'}{OC} = \dfrac{OC'}{XB} = \dfrac{AO}{AX} = \dfrac{OY}{XA}$.

注意到 $\dfrac{OY}{XA} = \dfrac{OC'}{OC}$ 及 $OC' /\!/ XA$,据此可构造 $\triangle C'OC \backsim \triangle O'XA$,只需平移 OY 到 XO' 即可.

因此,$\angle O'C'C = \angle XO'A$,显然 O' 与 O 关于 XY 对称.

此时,$\triangle B'OB \backsim \triangle O'YA$,从而,$\angle BB'O = \angle AO'Y$.

从而 $\angle BB'O + \angle CC'O = \angle XO'Y = \angle BOC$.

过 O 作直线 OT,使得 $\angle TOB = \angle BB'O$,即 OT 为圆 BOB' 的切线.

此时,$\angle TOC = \angle CC'O$,即知 OT 与圆 COC' 相切.

因此,$\triangle COC'$ 和 $\triangle BOB'$ 的外接圆相切.

试题 D1 在锐角 $\triangle ABC$ 中,$AB > AC$. 设 $\varGamma$ 为其外接圆,H 为垂心,F 为由

顶点 A 处所引高的垂足, M 为边 BC 的中点, Q,K 为圆 Γ 上的点, 使得 $\angle HQA = \angle HKQ = 90°$. 若点 A,B,C,K,Q 互不相同, 且按此顺序排列在圆 Γ 上, 证明: $\triangle KQH$ 的外接圆与 $\triangle FKM$ 的外接圆相切.

证法 1 如图 36.33, 延长 QH, 与圆 Γ 交于点 A'.

由 $\angle AQH = 90°$, 知 AA' 为圆 Γ 的直径.

由于 $A'B \perp AB$, 故 $A'B \parallel CH$.

类似地, $A'C \parallel BH$.

于是, 四边形 $BA'CH$ 为平行四边形.

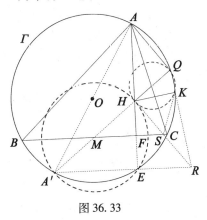

图 36.33

从而, M 为 $A'H$ 的中点.

延长 AF, 与圆 Γ 交于点 E.

由于 $A'E \perp AE$, 故 $A'E \parallel BC$.

于是, MF 为 $\triangle HA'E$ 的中位线, F 为 HE 的中点.

设直线 $A'E$ 与 QK 交于点 R.

根据圆幂定理得

$$RK \cdot RQ = RE \cdot RA'$$

注意到, $\triangle HKQ$ 的外接圆 Γ_1, $\triangle HEA'$ 的外接圆 Γ_2 分别是以 HQ, HA' 为直径的圆, 这两个圆为外切于点 H. 而 R 为这两个圆的等幂点, 于是, 点 R 在这两个圆的根轴上, 即 RH 为这两圆的公切线.

故 $RH \perp A'Q$.

设直线 MF 与 HR 交于点 S, 则 S 为 HR 的中点.

由于 $\triangle RHK$ 为直角三角形, S 为斜边 RH 的中点, 故 $SH = SK$.

再由 SH 为圆 Γ_1 的切线, 知 SK 也为圆 Γ_1 的切线.

在 Rt△SHM 中，由 HF 为斜边上的高，知
$$SF \cdot SM = SH^2 = SK^2$$
故 SK 也为 △KMF 的外接圆的切线.

于是，SK 与 △KQH 的外接圆与 △FKM 的外接圆均切于点 K 处.

因此，这两个圆也在点 K 处相切.

证法 2 （参见本章第 6 节）

试题 D2 已知圆 O 为 △ABC 的外接圆，以 A 为圆心的一个圆 $\varGamma$ 与线段 BC 交于 D, E 两点，使得点 B, D, E, C 互不相同，且按此顺序排列在直线 BC 上. 设 F, G 为圆 O 与圆 $\varGamma$ 的两个交点，且使得点 A, F, B, C, G 按此顺序排列在圆 O 上. 设 K 为 △BDF 的外接圆与线段 AB 的另一个交点，L 为 △CGE 的外接圆与线段 CA 的另一个交点. 若直线 FK 与 GL 不相同，且交于点 X，证明：点 X 在直线 AO 上.

证明 如图 36.34，由于 AF = AG，而 AO 为 ∠FAG 的内角平分线，故点 F, G 关于直线 AO 对称.

要证明点 X 在直线 AO 上，只需证明
$$\angle AFK = \angle AGL$$
首先，注意到
$$\angle AFK = \angle DFG + \angle GFA - \angle DFK$$
由 D, F, G, E 和 A, F, B, G 及 D, B, F, K 分别四点共圆得
$$\angle DFG = \angle CEG$$
$$\angle GFA = \angle GBA$$
$$\angle DFK = \angle DBK$$

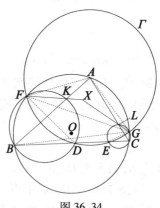

图 36.34

故 $\angle AFK = \angle CEG + \angle GBA - \angle DBK$
$= \angle CEG - \angle CBG$

再由 C, E, L, G 和 C, B, A, G 分别四点共圆得
$$\angle CEG = \angle CLG$$
$$\angle CBG = \angle CAG$$

故 $\angle AFK = \angle CLG - \angle CAG = \angle AGL$.

第1节 相交两圆的性质及应用(五)

女子赛试题1与试题2、试题C,D1,D2等均涉及了相交两圆.

下面,我们继续介绍相互两圆如性质及应用.[①]

性质28 若圆 O_1 与圆 O_2 相交于 P,Q 两点,过点 Q 的直线 AB,CD 分别交圆 O_1、圆 O_2 于点 A,B 和 C,D. 设直线 AC 与 BD 交于点 S,则:

(1) $\angle ASB$ 为定值;

(2) A,P,B,S 和 C,P,D,S 分别四点共圆;

(3) $\triangle PAC \sim \triangle PBD$.

证明 (1)如图36.35,联结 PQ,则
$$\angle ASB = 360° - \angle SCQ - \angle SBQ - \angle BQC$$
$$= 360° - \angle APQ - \angle DPQ - (\angle AQP + \angle DQP)$$
$$= (180° - \angle APQ - \angle AQP) + (180° - \angle DPQ - \angle DQP)$$
$$= \angle PAQ + \angle PDQ \quad (定值)$$

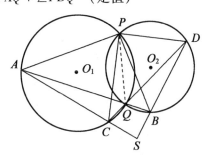

图 36.35

(2)因

[①] 沈文选. 两圆相交的几个结论[J]. 中学数学教学参考,2011(5):49-53.

$$\angle ASB = \angle PAQ + \angle PDQ = \angle PAQ + \angle PBQ = 180° - \angle APB$$

则 A,P,B,S 四点共圆.

同理, C,P,D,S 四点共圆.

(3) 由 A,P,B,S 和 C,P,D,S 分别四点共圆, 有
$$\angle PAC = \angle PBD, \angle PCA = \angle PDB$$

从而 $\triangle PAC \backsim \triangle PBD$.

若过点 Q 的两条直线 AB,CD 重合, 则有:

推论 1 若圆 O_1 与圆 O_2 相交于 P,Q 两点, 过点 Q 的直线分别交圆 O_1、圆 O_2 于点 A,B. 设两圆在点 A,B 处的切线交于点 S, 则:

(1) $\angle ASB$ 为定值;

(2) A,P,B,S 四点共圆.

推论 2 若圆 O_1 与圆 O_2 相交于 P,Q 两点, 过点 Q 的直线 AB,CD 分别交圆 O_1、圆 O_2 于 A,B 和 C,D. 设两圆在点 A,B 处的切线交于点 S, 在 C,D 处的切线交于点 R, 则 $PS = PR$ 的充要条件是 $AB = CD$.

证明 如图 36.36, 设直线 AC 与 BD 交于点 T, 由性质 28 和推论 1 知, A,P,B,S 和 A,P,B,T 分别四点共圆. 从而, A,P,B,T,S 五点共圆, 则 $\angle PSB = \angle PTB = \angle PTD$.

又 $\angle PBS = \angle PDB = \angle PDT$, 则
$$\triangle PBS \backsim \triangle PTD$$

有
$$\frac{PS}{PT} = \frac{PB}{PD}$$

同理, $\dfrac{PR}{PT} = \dfrac{PC}{PA}$.

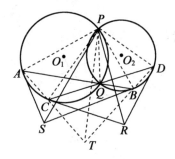

图 36.36

又由性质 28 知, $\triangle PAC \backsim \triangle PBD$, 有 $\dfrac{PC}{PA} = \dfrac{PD}{PB}$.

从而 $\dfrac{PS}{PT} = \dfrac{PB}{PD} = \dfrac{PA}{PC} = \dfrac{PT}{PR}$.

由 $\triangle PAB \backsim \triangle PCD$,有 $\dfrac{PA}{PC} = \dfrac{AB}{CD}$.

于是 $\dfrac{PS}{PT} = \dfrac{PA}{PC} = \dfrac{AB}{CD} = \dfrac{PT}{PR}$.

故 $PS = PR \Leftrightarrow PS = PT \Leftrightarrow AB = CD$.

性质 29 若圆 O_1 与圆 O_2 相交于 P,Q 两点,过点 Q 的直线分别交圆 O_1、圆 O_2 于点 A,B,直线 PA,PB 分别交圆 O_2、圆 O_1 于点 C,D. 设 $\triangle PCD$ 的外心为 O,则 $OQ \perp AB$.

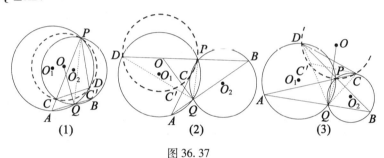

图 36.37

证明 如图 36.37(1)(2)(3),联结 PQ,首先证明 AB 平分 $\angle CQD$ 的外角.

对于图 36.37(1),$\angle AQC = \angle CPD = \angle BQD$;

对于图 36.37(2),$\angle AQD = \angle APD = \angle BQC$;

对于图 36.37(3),$\angle AQD = \angle APD = \angle BPC = \angle BQC$.

其次,作点 C 关于过点 Q 的直线 AB 的垂线的对称点 C',则 $CC' \parallel AB$,且点 C' 在 QD 上,$QC' = QC$,于是

$$\angle CC'Q = \angle BQC(或 180° - \angle BQC')$$
$$= \angle AQD = \angle APD(或 180° - \angle APB)$$

所以,点 C' 在 $\triangle PCD$ 的外接圆上,从而 $OC' = OC$.

又 $QC' = QC$,故 $OQ \perp CC'$,即 $OQ \perp AB$.

性质 30 若圆 O_1 与圆 O_2 相交于 P,Q 两点,过点 P 的直线分别交圆 O_1、圆 O_2 于点 A,B,直线 BQ 交圆 O_1 于点 C,直线 AC 交圆 O_2 于 D,E 两点,则:

(1)AC 为定值(不依赖于点 A 的位置);

(2)$BD = BE$,且 $BO_2 \perp AC$.

证明 如图 36.38(1)(2),联结 PQ,AQ,PD,QD.

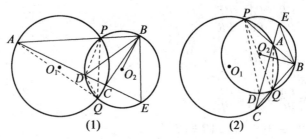

图 36.38

(1)因为 $\triangle QAB$ 的两个内角 $\angle QAB, \angle QBA$ 为定值,所以 $\angle AQC$ 为定值,故 AC 的长为定值.

(2)对于图 36.38(1),有
$$\angle BDE = \angle DAB + \angle DBA = \angle PQC + PQD$$
$$= \angle BQD = \angle BED$$

对于图 36.38(2),有
$$\angle BDE = \angle DCB + \angle DBC = \angle QPA + \angle QPD$$
$$= \angle BPD = \angle BED$$

则 $BD = BE$,从而 $BO_2 \perp DE$,即 $BO_2 \perp AC$.

性质 31 若圆 O_1 与圆 O_2 相交于 P,Q 两点,点 A 在圆 O_1 上,AP,AQ 的延长线分别交圆 O_2 于点 C,D;点 B 在圆 O_2 上,直线 BP,BQ 分别交圆 O_1 于点 E, F,直线 AF 与 BD 交于点 M,直线 AE 与 BC 交于点 N,则 $\angle AMP = \angle ANQ$,$\angle BMP = \angle BNQ$.

证明 如图 36.39,联结 PQ, PD, PF, QE,则 $\angle QBC = \angle APQ = \angle QFM$,所以 $AM \parallel BC$. 于是 $\angle BQE = \angle FAE = 180° - \angle ENB$,所以 B, Q, E, N 四点共圆,从而 $\angle ANQ = \angle EBQ = \angle PBF$.

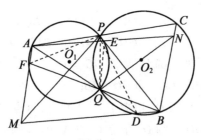

图 36.39

由性质 28 知,F, M, B, P 四点共圆,从而
$$\angle AMP = \angle PBF = \angle ANQ$$

又 $\angle APF = \angle AQF = \angle BQD = \angle BPD$,则
$$\angle APD = \angle APF + \angle FPD = \angle BPD + \angle FPD = \angle FPB$$
由性质 28 知,A,M,D,P 四点共圆,则
$$\angle AMD = 180° - \angle APD = 180° - \angle FPB$$
$$= 180° - \angle FPE = 180° - \angle FAE$$
则 $AN \parallel MB$,即四边形 $AMBN$ 为平行四边形.

从而 $\angle AMB = \angle ANB$,即 $\angle AMP + \angle BMP = \angle ANQ + \angle BNQ$.

又 $\angle AMP = \angle ANQ$,故 $\angle BMP = \angle BNQ$.

性质 32 若圆 O_1 与圆 O_2 相交于 P,Q 两点,一条直线分别切圆 O_1、圆 O_2 于 A,D,直线 AP,DP 分别交圆 O_2、圆 O_1 于点 B,C. 设 M,N 分别为 AC,BD 的中点,则 $\angle PQM = \angle PQN$.

证明 如图 36.40,延长 QP 交 AD 于点 T,则 $TA^2 = TP \cdot TQ = TD^2$,所以 T 为 AD 的中点,联结 TN 交 PD 于点 E,则 $TN \parallel AB$,从而 $\angle DNT = \angle DBA = \angle ADP$,所以 $\triangle TDE \backsim \triangle TND$,有 $TD^2 = TE \cdot TN$. 又 $TD^2 = TP \cdot TQ$,所以 P,Q,N,E 四点共圆.

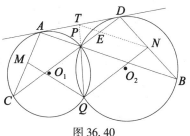

图 36.40

于是 $\angle PQN = \angle DEN = \angle DPB$.

同理,$\angle PQM = \angle APC$.

又 $\angle APC = \angle DPB$,则 $\angle PQM = \angle PQN$.

性质 33 若圆 O_1 与圆 O_2 相交于 P,Q 两点,过点 P 的直线 AB,CD 分别交圆 O_1、圆 O_2 于点 A,B 和 C,D,且 A,B,D,C 四点共圆于圆 O. 设过点 P 的直线分别交圆 O_1、圆 O_2 于点 E,F,交圆 O 于点 G,H,则 $EG = FH$.

证明 如图 36.41(1)(2),设过圆心 O 且垂直于 GH 的直线为 l,点 A,D 关于 l 的对称点 A',D' 均在 l 上,则 $AA' \parallel GH \parallel DD'$.

对于图 36.41(1),$\angle DA'A = \angle DBA = \angle DBP = \angle DFP$;

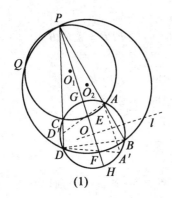
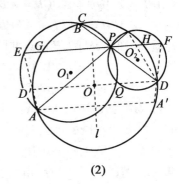

(1)　　　　　　　　　(2)

图 36.41

对于图 36.41（2），$\angle DA'A = 180° - \angle DBA = 180° - \angle DBP = 180° - \angle DFP$.

因 $A'A \parallel PF$，则 D, F, A' 三点共线.

同理，D', E, A 三点共线.

注意到 E, F 分别为 $AD', A'D$ 与直线 EF 的交点，所以点 E, F 关于直线 l 对称.

又点 G, H 也关于直线 l 对称，故 $EG = FH$.

性质 34　若圆 O_1 与圆 O_2 相交于 P, Q 两点，过点 P 的直线 AB, CD 分别交圆 O_1、圆 O_2 于点 A, B 和 C, D. 点 M, N 分别在线段 AC, BD 上，且满足 $\dfrac{AM}{BN} = \dfrac{AC}{BD} = \lambda$. 设直线 MN 分别交 PC, PB 于点 S, T，则 P, S, Q, T 四点共圆.

证明　如图 36.42，有 $\angle QAC = \angle QPC = \angle QBD$，$\angle AQC = \angle APC = \angle DPB = \angle DQB$.

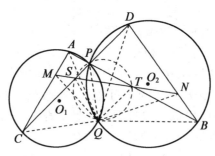

图 36.42

从而 $\triangle QAC \sim \triangle QBD$,则 $\dfrac{QA}{QB} = \dfrac{AC}{BD} = \lambda$,且 $\angle QAM = \angle QBN$.

于是 $\dfrac{QM}{QN} = \lambda$,且 $\angle AQM = \angle BQN$.

从而 $\triangle MQN \sim \triangle AQB \sim \triangle CQD$,则 $\angle QNM = \angle QBA = \angle QDC$.

则 Q,C,M,S 四点共圆,Q,M,A,T 四点共圆.

所以 $\angle QSC = \angle QMC = \angle QTP$,故 P,S,Q,T 四点共圆.

性质 35 若圆 O_1 与圆 O_2 相交于 P,Q 两点,过点 Q 的直线 AB,CD 分别交圆 O_1、圆 O_2 于点 A,B 和 C,D. E,F 分别是 AC,BD 延长线上的点,且满足 $\dfrac{CE}{AC} = \dfrac{DF}{BD}$,则 $\triangle PCE$ 与 $\triangle PDF$ 的外接圆的另一个交点为直线 CD 与 EF 的交点 T.

证明 如图 36.43,联结 PQ,PA,PB,则 $\angle PAC = \angle PQD = \angle PBD$,$\angle PCA = \angle PQA = \angle PDB$,则 $\triangle PAC \sim \triangle PBD$,所以 $\dfrac{PC}{PD} = \dfrac{AC}{BD}$. 结合已知条件,有 $\dfrac{PC}{PD} = \dfrac{CE}{DF}$.

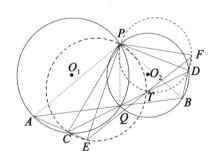

图 36.43

因 $\angle PCE = 180° - \angle PCA = 180° - \angle PDB = \angle PDF$,则
$$\triangle PCE \sim \triangle PDF, \dfrac{PC}{PD} = \dfrac{PE}{PF}$$
且 $\angle CPE = \angle DPF$.

又 $\angle CPD = \angle CPE + \angle EPD = \angle DPF + \angle EPD = \angle EPF$,则
$$\triangle PCD \sim \triangle PEF$$
即 $\angle PCT = \angle PET$,$\angle PDT = \angle PFT$.

于是 P,C,E,T 和 P,F,D,T 分别四点共圆.

故 $\triangle PCE$ 与 $\triangle PDF$ 的外接圆的另一个交点为直线 CD 与 EF 的交点 T.

性质36 若圆 O_1 与圆 O_2 相交于 P,Q 两点,过点 Q 的直线分别交圆 O_1、圆 O_2 于 A,B,且 Q 为 AB 的中点.以 AB 为直径的半圆分别交圆 O_1、圆 O_2 于点 C,D.设直线 AB 与 CD 交于点 S,则 $SP\perp PQ$.

证明 如图 36.44(1)(2),延长 QO_1,QO_2 分别交圆 O_1、圆 O_2 于点 M,N.由于 O_1O_2 垂直且平分 PQ,且 O_1O_2 是 $\triangle QMN$ 的中位线,所以直线 MN 过点 P,且 $MN\perp PQ$. 下面只需证 M,N,S 三点共线即可.

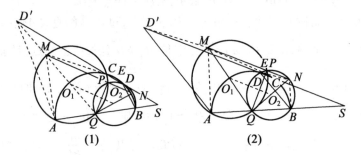

图 36.44

易知 MA,MC,NB,ND 均与半圆 Q 相切,且 $MA/\!/NB$.

设 MC 与 ND 交于点 E,作 $AD'/\!/BD$ 交直线 CD 于点 D',则

$$\angle AD'C = \angle BDS = \angle BND \pm \angle NDS$$
$$= \angle BDN \pm \angle EDC$$
$$= \frac{1}{2}\angle BQD \pm \frac{1}{2}\angle DQC$$
$$= \frac{1}{2}\angle BQC = \angle BAC = \frac{1}{2}\angle AMC.$$

因 $MA = MC$,则 M 为 $\triangle D'AC$ 的外心.

于是,$D'M = MC$,$\angle MD'C = \angle D'CM = \angle DCM$(或 $= 180° - \angle DCM$)$= \angle EDC = \angle NDS$,所以 $D'M/\!/DN$.

注意到 $MA/\!/NB$,$AD'/\!/BD$,且 A,B,S 和 D',D,S 分别三点共线,所以 $\triangle AD'M$ 与 $\triangle BDN$ 为位似形,位似中心为 S,故 M,N,S 三点共线.

性质37 若圆 O_1 与圆 O_2 相交于 P,Q 两点,过点 Q 的直线 $AB\perp PQ$,且分别交圆 O_1、圆 O_2 于点 A,B,点 C,D 分别在劣弧 $\overset{\frown}{AQ},\overset{\frown}{BQ}$ 上,且 AB 为 $\angle CQD$ 的外角平分线,又直线 CQ,DQ 分别交 PB,PA 于点 F,E. 设 M,N 分别为 CD,EF 的中点,则 P,N,M 三点共线.

证明 如图 36.45,延长 DE,CF 分别交圆 O_1、圆 O_2 于点 X,Y. 由题设知

AP,BP 分别为圆 O_1、圆 O_2 的直径. 由 AB 平分 $\angle CQE$ 知,PC 与 PX 关于 PA 对称,PD 与 PY 关于 PB 对称.

令 $\angle PQE = \angle PQF = \alpha$,$\angle APQ = \angle BPQ = \beta$,则

$$\frac{QE}{EX} = \frac{S_{\triangle APQ}}{S_{\triangle AXP}} = \frac{AQ \cdot QP}{AX \cdot XP} = \frac{\sin\beta \cdot \sin(90° - \beta)}{\sin(90° - \alpha) \cdot \sin\alpha}$$

同理,$\dfrac{QF}{FY} = \dfrac{\sin(90° - \beta) \cdot \sin\beta}{\sin\alpha \cdot \sin(90° - \alpha)}$. 所以 $\dfrac{QE}{EX} = \dfrac{QF}{FY}$. 于是,$XY /\!/ EF$.

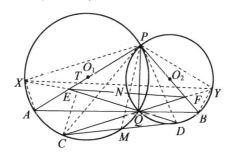

图 36.45

设 XY 交 AP 于点 T,则

$$\angle CTE = \angle XTE = \angle YTP = \angle FEP = \angle EPN$$

从而 $TC /\!/ PN$,有

$$\angle CPN = \angle TCP = \angle TXP = \angle PXY$$

同理,$\angle DPN = \angle PYX$.

所以

$$\frac{\sin\angle CPN}{\sin\angle DPN} = \frac{\sin\angle PXY}{\sin\angle PYX} = \frac{PY}{PX} = \frac{PD}{PC}.$$

又 M 为 CD 的中点,则由

$$\frac{PC \cdot \sin\angle CPM}{PD \cdot \sin\angle DPM} = \frac{S_{\triangle PCM}}{S_{\triangle PDM}} = 1$$

有 $\dfrac{PD}{PC} = \dfrac{\sin\angle CPM}{\sin\angle DPM}$. 于是

$$\frac{\sin\angle CPN}{\sin\angle DPN} = \frac{\sin\angle CPM}{\sin\angle DPM}$$

故 P,N,M 三点共线.

性质 38 若圆 O_1 与圆 O_2 相交于 P,Q 两点,且 $\angle O_1QO_2 = 90°$,过点 Q 的直线分别交圆 O_1、圆 O_2 于点 A,B,使点 O_1,O_2 分别在 $\angle AQP,\angle BQP$ 的平分线

上，与 Q_1 的距离等于 O_1 到 AQ 的距离的直线 l_1 交圆 O_1 于点 C,E（点 C 在 $\overparen{AE}$ 上），与 O_2 的距离等于 O_2 到 QB 的距离的直线 l_2 交圆 O_2 于点 D,F（点 D 在 $\overparen{BF}$ 上），则 CA,PQ,DB 三线共点.

证明 设直线 l_1,l_2,AB 两两交于点 X,Y,Z，联结 XQ，由题设知 O_1,O_2 分别为 $\triangle XYQ,\triangle XZQ$ 的内心，且 $CE=AQ$，CE,AQ 的中点 M,N 分别为 $\triangle XYQ$ 内切圆的切点. 于是

$$XC = XM + ME = XM + QN$$
$$= \frac{1}{2}(XQ + XY - YQ) + \frac{1}{2}(XQ + YQ - XY) = XQ$$

同理，$XD = XQ$.

所以 $\triangle XCD$ 为等腰三角形.

进而，$\triangle YAC, \triangle ZBD$ 均为等腰三角形.

于是 $\angle ACD = 180° - \left(90° - \frac{1}{2}\angle X\right) - \left(90° - \frac{1}{2}\angle Y\right) = 90° - \frac{1}{2}\angle Z$，又

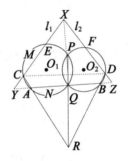

图 36.46

$$\angle ABD = 180° - \angle DBZ = 90° + \frac{1}{2}\angle Z$$

则 A,B,D,C 四点共圆.

设直线 CA 与 DB 交于点 R，则 $RA \cdot RC = RB \cdot RD$.

从而点 R 在圆 O_1 与圆 O_2 的根轴上.

故 CA,PQ,DB 三线共点.

练习题及解答提示

1. 若圆 O_1 与圆 O_2 相交于 P,Q 两点，过点 P 的直线 AB,CD 分别交圆 O_1、圆 O_2 于点 A,B 和 C,D. 设直线 AC 与 BD 交于点 S，求证：$QA \cdot QD = QB \cdot QC =$

$QP \cdot QS$.

提示:应用性质28(2)(3).

2. (2009 年土耳其数学竞赛题)已知圆 Γ 和直线 l 不相交,P,Q,R,S 为圆 Γ 上的点,PQ 与 RS,PS 与 QR 分别交于点 A,B,且 A,B 在直线 l 上.试确定所有以 AB 为直径的圆的公共点.

提示:令圆 Γ 的圆心为 O,半径为 r,作 $\triangle APS$ 的外接圆交 AB 于点 K.应用性质29和圆幂定理,以 AB 为直径的圆过直线 OK 上的两点,其到直线 l 的距离为 $\sqrt{OK^2 - r^2}$.

3. 若圆 O_1 与圆 O_2 相交于 P,Q 两点,过点 P 的直线分别交圆 O_1、圆 O_2 于 P,Q 两点,过点 P 的直线分别交圆 O_1、圆 O_2 于点 A,B,两圆在 A,B 处的切线交于点 S,直线 SQ 交 $\triangle O_1 O_2 Q$ 的外接圆于另一点 T.求证:ST 等于 $\triangle O_1 O_2 Q$ 的外接圆的直径.

提示:应用性质28的推论1(1)(2).

4. (第46届 IMO 试题)给定凸四边形 $ABCD$,$BC = AD$,且 BC 与 AD 不平行,设点 E,F 分别在边 BC,AD 的内部,满足 $BE = DF$,直线 AC 与 BD 交于点 P,直线 EF 与 BD,AC 分别交于点 Q,R.证明:当点 E,F 变动时,$\triangle PQR$ 的外接圆经过点 P 外的另一个定点.

提示:应用性质34,并取 $\lambda = 1$.

5. (2006 年美国数学竞赛题)设 E,F 分别是凸四边形 $ABCD$ 的边 AD,BC 上的点,满足 $\dfrac{AE}{ED} = \dfrac{BF}{FC}$,射线 FE 分别与射线 BA,CD 交于点 S,T.证明:$\triangle SAE$,$\triangle SBF$,$\triangle TCF$ 和 $\triangle TDE$ 的外接圆有一个公共点.

提示:应用性质35.

6. (1997 年伊朗数学竞赛题)设 AB 是圆 O 的直径,一直线与圆 O 交于点 C,D,与直线 AB 交于点 M.$\triangle AOC$ 的外接圆与 $\triangle BOD$ 的外接圆交于点 $N(N \neq O)$.证明:$ON \perp MN$.

提示:应用性质36.

7. (2009 年越南数学竞赛题)设以 AB 为直径的圆为圆 O,M 为圆 O 内的动点,$\angle AMB$ 的平分线与圆 O 交于点 N,$\angle AMB$ 的外角平分线与 NA,NB 分别交于点 P,Q,AM,BM 分别与以 NQ,NP 为直径的圆交于点 R,S.证明:$\triangle NRS$ 中过点 N 的中线过一定点.

提示:应用性质37.

8. (2009 年哥伦比亚数学竞赛题)在 $\triangle ABC$ 中,P 是边 BC 上一点,I_1, I_2 分

别是 $\triangle APB$,$\triangle APC$ 的内心,圆 $\varGamma_1$,$\varGamma_2$ 分别是以 I_1,I_2 为圆心且过点 P 的圆. 设 Q 是圆 $\varGamma_1$,$\varGamma_2$ 不同于点 P 的交点,X_1,Y_1 分别是圆 $\varGamma_1$ 与 AB,BC 靠近点 B 的交点,X_2,Y_2 分别是圆 $\varGamma_2$ 与 AC,BC 靠近点 C 的交点. 证明:X_1Y_1,X_2Y_2,PQ 三线共点.

提示:应用性质 38.

第 2 节 圆弧中点的性质及应用(二)

我们在第 32 章第 5 节中介绍了圆弧中点的 5 条性质及应用.

本章中的试题 B,C 运用圆弧中点的性质给出了简捷的解法,下面,我们把这几条圆弧中点的性质罗列如下:

性质 6 如图 36.47,设 M 为圆弧 $\overparen{AB}$ 的中点,点 C,D 和点 M 在弦 AB 异侧的圆弧(C 在 A 与 D 之间)上,AD 与 MC 交于点 E,BC 与 MD 交于点 F. 则:

(1) C,D,F,E 四点共圆;

(2) $\triangle CAM \backsim \triangle CEF$,$\triangle DBM \backsim \triangle DFE$.

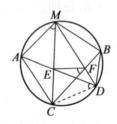

图 36.47

证明 (1) 如图 36.47,由于 M 为 $\overparen{AB}$ 的中点,则知 MC 平分 $\angle ACB$,从而 $\angle ECF = \angle MCB = \angle MCA = \angle ADM = \angle EDF$,即知 C,D,F,E 四点共圆.

(2) 如图 36.47,由 C,D,F,E 四点共圆,知 $\angle EFC = \angle EDC = \angle ADC = \angle AMC$,而 $\angle ECF = \angle ACM$,于是 $\triangle CEF \backsim \triangle CAM$.

同理,有 $\triangle DBM \backsim \triangle DFE$.

性质 7 如图 36.48,设 M 为 $\overparen{BC}$ 的中点,过 B,M 的圆交 MC 于点 A. N 为 $\overparen{BMA}$ 的中点,则等腰 $\triangle BMC \backsim$ 等腰 $\triangle BNA$,且 $\triangle BNM \backsim \triangle BAC$ 及 $NM /\!/ BC$.

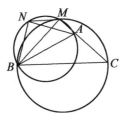

图 36.48

证明 由 B,A,M,N 共圆,知 $\triangle BMC \backsim \triangle BNA$,且

$$\angle BNM = \angle BAC$$

及 $\angle NBM = \angle ABC$ 知

$$\triangle BNM \backsim \triangle BAC$$

由 $\angle NMB = \angle NAB = \angle NBA = \angle MBC$ 知

$$NM \parallel BC$$

性质 8 三角形的顶点是与另外两顶点在对边所在直线上的射影连线的平行线交其外接圆所截得的弧的中点.

证明 如图 36.49,设 O 为 $\triangle ABC$ 外接圆圆心,顶点 B,C 在对边所在直线上的射影分别为 E,F. 过点 A 作圆 O 的切线 ST,则 $\angle TAC = \angle ABC = \angle AEF$(注意 B,C,E,F 四点共圆),即 $ST \parallel FE$. 于是与 EF 平行的弦 PQ 也与 ST 平行.

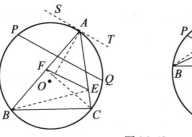

图 36.49

由于 $ST \perp AO$,则 $PQ \perp AO$. 故 A 为 $\overarc{PQ}$ 的中点.

推论 三角形的顶点与另外两顶点处的外接圆切线交点的连线,平分这两顶点在对边所在直线上射影连线的平行线段.

证明 如图 36.50,过点 B,C 处切线的交点 D,作 MN 平行于 B,C 在对边所在直线上射影 E,F 的连线,交射线 AB,AC 于 M,N.

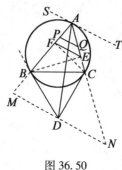
图 36.50

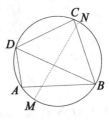
图 36.51

过点 A 作外接圆的切线 ST,则由性质8知 $ST/\!/EF$,也平行 PQ,从而 $ST/\!/MN$.

于是 $\angle DBM = \angle SAB = \angle DMB, \angle DCN = \angle TAC = \angle DNC$.

即知 $DM = DB = DC = DN$,亦即知 AD 为 $\triangle AMN$ 的中线.

故 AD 平分 PQ.

性质9 圆内接四边形的一条对角线所分两弧中点的连线垂直平分这条对角线.

证明 如图 36.51,BD 为圆内接四边形 $ABCD$ 的一条对角线,M,N 分别为圆弧 $\overset{\frown}{DAB},\overset{\frown}{BCD}$ 的中点.

注意圆弧 $\overset{\frown}{DAB}$ 与 $\overset{\frown}{BCD}$ 的和是整个圆,则推知 MN 为圆的直径,从而 MN 垂直平分 BD.

第3节 四边形中对边对应线段成比例条件的问题求解

试题B涉及了四边形中对边对应线段成比例的问题,具有这种几何条件的问题在求解时,应充分利用各种信息搭建起这个条件的联系.

例1 (2006年IMO47预选题)已知梯形 $ABCD$ 的上、下底边满足 $AB > CD$,点 K,L 分别在边 AB,CD 上,且满足 $\dfrac{AK}{KB} = \dfrac{DL}{LC}$. 设在线段 KL 上存在点 P,Q,满足 $\angle APB = \angle BCD, \angle CQD = \angle ABC$. 证明:$P,Q,B,C$ 四点共圆.

证法1 由 $AB/\!/CD, \dfrac{AK}{KB} = \dfrac{DL}{LC}$,知 AD,BC,KL 交于一点 S.

如图 36.52,设 SK 与 $\triangle ABP,\triangle CDQ$ 的外接圆的另一个交点分别为 X,Y.

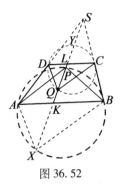

图 36.52

则
$$\angle AXB = 180° - \angle APB$$
$$= 180° - \angle BCD - \angle ABC$$

从而,BC 与 $\triangle ABP$ 的外接圆切于点 B.

同理,BC 与 $\triangle CDQ$ 的外接圆切于点 C.

于是,$SP \cdot SX = SB^2$.

由于 S 是 $\triangle CDQ$ 的外接圆与 $\triangle BAX$ 的外接圆的位似中心,则

$$\frac{SQ}{SX} = \frac{SC}{SB} \Rightarrow SP \cdot SQ = SB \cdot SC$$

故 P, Q, B, C 四点共圆.

注 (1) 设直线 AD 与直线 KL 交于点 S_1,直线 KL 与直线 BC 交于点 S_2. 注意 $AB /\!/ CD$,有

$$\frac{S_1 K}{S_1 L} = \frac{AK}{DL} = \frac{KB}{LC} = \frac{S_2 K}{S_2 L}$$

从而 S_1 与 S_2 重合,即知直线 BC, KL, AD 交于一点 S.

(2) 由条件 $\angle APB = \angle BCD$ 得 $\angle AXB = \angle ABC$. 由弦切角定理的逆定理即得结论.

证法 2 如图 36.53,设 AD, KL, BC 交于点 S, AP, DQ 交于点 E, BP, CQ 交于点 F. 则

$$\angle EPF + \angle FQE = \angle BCD + \angle ABC = 180°$$

故 P, E, Q, F 四点共圆.

分别将 DQ, CQ 视为 $\triangle ASP, \triangle BSP$ 的梅涅劳斯线,由梅涅劳斯定理分别得

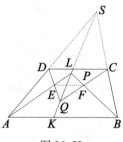

图 36.53

$$\frac{AD}{DS} \cdot \frac{SQ}{QP} \cdot \frac{PE}{EA} = 1$$

$$\frac{BC}{CS} \cdot \frac{SQ}{QP} \cdot \frac{PF}{FB} = 1$$

由于 $AB \mathbin{/\mkern-6mu/} CD$,则 $\dfrac{AD}{DS} = \dfrac{BC}{CS}$.

于是,$\dfrac{PE}{EA} = \dfrac{PF}{FB}$. 从而,$EF \mathbin{/\mkern-6mu/} AB$.

又 $\angle BCD = \angle BCF + \angle FCD = \angle BCQ + \angle EFQ = \angle BCQ + \angle EPQ$,且

$$\angle BCD = \angle APB = \angle EPQ + \angle QPF$$

则 $\angle BCQ = \angle QPF$.

无论点 Q 在 P, K 之间,还是点 P 在 Q, K 之间,均有 P, Q, B, C 四点共圆.

例2 (2006 年第 35 届美国数学奥林匹克题) 在四边形 $ABCD$ 中,点 E 和 F 分别在边 AD 和 BC 上,且 $\dfrac{AE}{ED} = \dfrac{BF}{FC}$,射线 FE 分别交线段 BA 和 CD 的延长线于点 S 和 T. 求证: $\triangle SAE$, $\triangle SBF$, $\triangle TCF$ 和 $\triangle TDE$ 的外接圆有一个公共点.

证法 1 如图 36.54,设 P 为 $\triangle TCF$ 和 $\triangle TDE$ 的外接圆的另一交点,由 P, E, D, T 四点共圆有 $\angle PET = \angle PDT$.

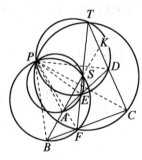

图 36.54

由 P,F,C,T 四点共圆,有 $\angle PFE = \angle PFT = \angle PCT = \angle PCD$.

从而 $\triangle PEF \backsim \triangle PDC$(相交两圆的内接三角形相似). 即有 $\dfrac{PF}{PE} = \dfrac{PC}{PD}$,且 $\angle FPE = \angle CPD$.

注意到 $\angle FPC = \angle FPE + \angle EPC = \angle CPD + \angle EPC = \angle EPD$,则 $\triangle EPD \backsim \triangle FPC$,有 $\dfrac{PF}{PE} = \dfrac{ED}{FC}$. ①

由题设 $\dfrac{AE}{ED} = \dfrac{BF}{FC}$ 即 $\dfrac{AE}{BF} = \dfrac{ED}{FC}$,从而 $\dfrac{PF}{PE} = \dfrac{AE}{BF}$.

在 $\triangle PAE$ 和 $\triangle PBF$ 中,$\angle AEP = 180° - \angle PED = 180° - \angle PFC = \angle PFB$,则 $\triangle PAE \backsim \triangle PBF$,即有 $\dfrac{PF}{PE} = \dfrac{PB}{PA}$,$\angle BPF = \angle APE$. 从而 $\angle BPA = \angle FPE$.

于是,$\triangle BPA \backsim \triangle FPE$,②即有 $\angle PBA = \angle PFE$,由此知 P,B,F,S 四点共圆. 同理,P,A,E,S 四点共圆. 故结论获证.

证法 2 如图 36.54,延长 BS 交直线 TC 于点 K,对 $\triangle TED$ 及截线 ASK,对 $\triangle TFC$ 及截线 BSK 分别应用梅涅劳斯定理,有

$$\dfrac{TS}{SE} \cdot \dfrac{EA}{AD} \cdot \dfrac{DK}{KT} = 1, \dfrac{TS}{SF} \cdot \dfrac{FB}{BC} \cdot \dfrac{CK}{KT} = 1$$

上述两式相除,得

$$\dfrac{EA}{AD} \cdot \dfrac{DK}{SE} = \dfrac{FB}{BC} \cdot \dfrac{CK}{SF} \quad (*)$$

由题设 $\dfrac{AE}{ED} = \dfrac{BF}{FC}$,即 $\dfrac{AE}{AD} = \dfrac{BF}{BC}$.

于是,由式 $(*)$ 有 $\dfrac{DK}{SE} = \dfrac{CK}{SF}$,亦即有 $\dfrac{DK}{SK} = \dfrac{SE}{SF}$,亦有

$$\dfrac{KD}{DC} = \dfrac{SE}{EF} \quad (**)$$

设 $\triangle TCF$ 和 $\triangle TDE$ 的外接圆的另一交点为 P,则由三圆两两相交(切)其公共弦的性质知 S,K,T,P 四点共圆. 此时,圆 $SKTP$ 与圆 $EDTP$ 交于点 T,P,即知 P 为完全四边形 $DKTSAE$ 的密克尔点,从而 A,E,S,P 四点共圆.

又圆 $SKTP$ 与圆 $FCTP$ 交于点 T,P,即知 P 也为完全四边形 $CKTSBF$ 的密

---

① 若点 E,F 分别在 AD,BC 的同向延长线上,也可类似证明有此结论.

② 由相交两圆的内接三角形相似即有此结论.

克尔点,从而 B, F, S, P 四点共圆. 故结论获证.

注 (1)注意到三圆两两相交(切)其公共弦的性质,由 $\dfrac{KD}{DC} = \dfrac{SE}{EF}$ 有 $\dfrac{DK}{SE} = \dfrac{CK}{SF}$,再注意到式(*),有 $\dfrac{EA}{AD} = \dfrac{FB}{BC}$,即有 $\dfrac{AE}{ED} = \dfrac{FB}{FC}$,从而知上述命题的逆命题也是成立的. 于是,有结论:

(2)在凸四边形 $ABCD$ 中,点 E, F 分别同时在边 AD, BD 上(或延长线上),射线 FE 分别交直线 BA 和 CD 于点 S, T,则 $\triangle SAE, \triangle SBF, \triangle TCF, \triangle TDE$ 的外接圆有一个公共点的充要条件是 $\dfrac{AE}{ED} = \dfrac{BF}{FC}$.

例3 如图 36.55,在 $\triangle ABC$ 中,AD, BE, CF 分别为边 BC, CA, AB 上的高,作以 AD 为直径的圆 Γ 分别与 AC, AB 交于点 M, N. 过点 M, N 作圆 Γ 的切线交于点 P, PM, PN 交 BC 分别于点 S, T,则:

(1)S, T 分别为 CD, BD 的中点;

(2)$\triangle PTS \backsim \triangle DEF$;

(3)记 AD 与 EF 交于点 K, O 为 $\triangle ABC$ 的外心,直线 AO 交 EF 于点 G,交 BC 于点 Q 时,有 $\dfrac{EG}{GF} = \dfrac{BD}{DC}$,且 $KQ \parallel DP$.

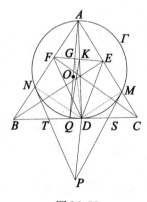

图 36.55

证明 (1)联结 MD, ND,则知在 $\mathrm{Rt}\triangle DMC, \mathrm{Rt}\triangle DNC$ 中,$SM = SD, TD = TN$,则知 S, T 分别为 CD, BD 的中点.

(2)注意到 AO, AD 为 $\angle A$ 的等角线,BE, CF 为 $\triangle ABC$ 的高,则知 $AG \perp EF$,且

$$\triangle AEF \backsim \triangle ABC \qquad (*)$$

于是 $\angle DEF = \angle BEF + \angle BED = 90° - \angle AEF + 90° - \angle DEC$
$= 180° - 2\angle ABC = \angle BTN = \angle PTS$

同理,$\angle DFE = \angle PST$. 故 $\triangle PTS \backsim \triangle DEF$.

(3) 由式(*)及 $AD \perp BC$,即有 $\dfrac{EG}{GF} = \dfrac{BD}{DC}$.

或者由 $\dfrac{EG}{GF} = \dfrac{\tan \angle CAQ}{\tan \angle BAQ} = \dfrac{\tan \angle BAD}{\tan \angle CAD} = \dfrac{BD}{DC}$

亦有 $\dfrac{EG}{GF} = \dfrac{BD}{DC}$.

于是,在 $\triangle DEF$ 与 $\triangle PTS$ 中,由 $\dfrac{FG}{GE} = \dfrac{CD}{BD} = \dfrac{DS}{DT}$,知 $\angle DGE = \angle PDT$.

注意到 D,Q,G,K 四点共圆,有 $\angle DQK = \angle DGK = \angle DGE$.

故 $\angle DQK = \angle PDT$,从而 $KQ \parallel DP$.

注 凸四边形对边逆平行与三角形等角线交点所得对应线段成比例.

当四边形退化为三角形时,请看下面的问题:

例 4 (2014 年第 24 届日本数学奥林匹克题) 已知 $\triangle ABC$ 内接于圆 Γ,直线 l 为圆在点 A 处的切线,点 D,E 分别在边 AB,AC 上,满足 $\dfrac{BD}{DA} = \dfrac{AE}{EC}$,直线 DE 与圆 Γ 交于 F,G 两点,过 D 且平行于 AC 的直线与 l 交于点 H,过 E 且平行于 AB 的直线与 l 交于点 I. 证明:F,G,I,H 四点共圆,且直线 BC 为该圆的一条切线.

证明 如图 36.56,延长 HD 与 BC 交于点 X,由 $\dfrac{BX}{XC} = \dfrac{BD}{DA} = \dfrac{AE}{EC}$ 知 $EX \parallel AB$,即知 I,E,X 三点共线.

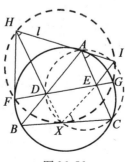

图 36.56

由于直线 IA 与圆 Γ 切于点 A,所以 $\angle IAC = \angle ABC$.

又 $IX \parallel AB$,于是 $\angle ABC = \angle IXC$.

因此 $\angle IAC = \angle IXC$,即 A,I,C,X 四点共圆.

注意到相交弦定理,有
$$AE \cdot EC = IE \cdot EX, AE \cdot EC = FE \cdot EG$$

从而 $IE \cdot EX = FE \cdot EG$,故知 I,G,X,F 四点共圆.

类似地,H,F,X,G 四点共圆. 因此 F,H,I,G,X 五点共圆.

又 $AC \parallel HX$,有 $\angle IHX = \angle IAC = \angle IXC$.

由弦切角定理的逆定理,知直线 BC 与过 H,I,G,F 的圆相切于点 X.

注 圆中有以 DE 为对角线的平行四边形.

由上述问题,我们可得如下结论:

结论 在 $\triangle ABC$ 中,点 D,E 分别在 AB,AC 上,且满足 $\dfrac{BD}{DA} = \dfrac{AE}{EC}$,取 DE 的中点 M,直线 AM 交 BC 于点 N,则 $ADNE$ 为平行四边形.

证明 如图 36.57 过点 D 作 $DN' \parallel AC$ 交 BC 于点 N',联结 $N'E$.

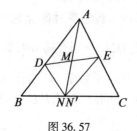

图 36.57

于是,由 $\dfrac{AE}{EN} = \dfrac{BD}{DA} = \dfrac{BN'}{N'C}$,知 $EN' \parallel AB$. 从而,知 $ADN'E$ 为平行四边形,AN' 过 DE 的中点 M.

又 AM 交直线 BC 于点 N,则 N' 与 N 重合. 故 $ADNE$ 为平行四边形.

注 D,E 为分割点,满足 $\dfrac{BD}{DA} = \dfrac{AE}{EC}$,则有以 DE 为对角线的平行四边形.

例5 (2011年第19届土耳其数学奥林匹克题)设 D 是 $\triangle ABC$ 的边 BC 上一点,E 是 CD 的中点,过 E 且垂直于 BC 的直线与边 AC 交于点 F,并满足 $AF \cdot BC = AC \cdot EC$,$\triangle ADC$ 的外接圆与 AB 的第二个交点为 G. 证明:过 F 与 $\triangle AGF$ 的外接圆相切的直线也与 $\triangle BGE$ 的外接圆相切.

证明 如图 36.58,EF 是 $\triangle AGF$ 和 $\triangle BGE$ 的外接圆的公切线,只需证 $\angle GBE = \angle GEF, \angle GAF = \angle GFE$.

设 H 为 AB 上的点,且 $HF \parallel BC$,则

$$\triangle AHF \backsim \triangle ABC \Rightarrow \frac{AF}{AC} = \frac{HF}{BC}$$

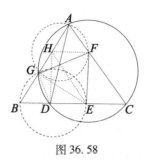

图 36.58

由题设 $\dfrac{AF}{AC} = \dfrac{EC}{DC}$,则 $HF = EC = ED$.

于是,四边形 $HFCE$ 是平行四边形,四边形 $HFED$ 是矩形.

注意 A, C, D, G 四点共圆,且 $FC \parallel HE$,则 $\angle BGD = \angle ACB = \angle HED$,即知 H, E, D, G 四点共圆. 进而 H, G, D, E, F 五点共圆,有 $\angle BGE = 90°$.

于是,$\angle GBE = 90° - \angle GED = \angle GEF$,$\angle BAC = 180° - \angle GDE = \angle GFE$.

注 由 $AF \cdot BC = AC \cdot EC$ 知有 E, F 满足 $\dfrac{CE}{EB} = \dfrac{AF}{FC}$,从而有以 EF 为对角线的平行四边形.

第 4 节 数学竞赛中的四点共圆问题

试题 C 涉及了四点共圆.

数学竞赛中的四点共圆问题通常以证"四点共圆"为目标或以证"四点共圆"为手段,为进一步解决问题做准备.[①]

1. 以证"四点共圆"为目标

例 1 如图 36.59,在 $\square ABCD$ 中,圆 O 过 A, B, C 三点,E 为 BC 上一点,记 $\triangle ABE$ 的外接圆为圆 P,$PF \perp BC$,PF 与 AB 交于点 F,CF 与圆 O 交于点 G. 证明:G, E, C, D 四点共圆.

解析 如图 36.59,延长 EF,与圆 P 交于点 H,联结 HG, HA.

---

① 黄志军. 高中数学竞赛中的几道四点共圆题[J]. 中等数学,2014(7):2-6.

因为 $PF \perp BC$,所以,由对称性知

$$AH /\!/ BE$$

$\Rightarrow H, A, D$ 三点共线 $\Rightarrow EH = BA = CD$

$\Rightarrow$ 四边形 $HECD$ 为等腰梯形

$\Rightarrow H, E, C, D$ 四点共圆

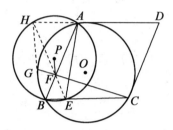

图 36.59

由相交弦定理知

$$FH \cdot FE = FA \cdot FB = FG \cdot FC$$

因此,H, G, E, C 四点共圆.

从而,H, G, E, C, D 五点共圆.

于是,G, E, C, D 四点共圆.

例 2 (2010 年中国西部数学奥林匹克题)如图 36.60,已知 AB 是圆 O 的直径,C, D 是圆周上异于点 A, B 且在 AB 同侧的两点,分别过点 C, D 作圆的切线,其交于点 E,线段 AD 与 BC 的交点为 F,直线 EF 与 AB 交于点 M. 证明:E, C, M, D 四点共圆.

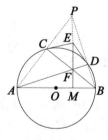

图 36.60

解析 如图 36.60,联结 AC, BD 并延长交于点 P,联结 PF.

由 AB 是圆 O 的直径有

$$BC \perp AP, AD \perp BP$$

故 F 是 $\triangle ABP$ 的垂心,有 $PF \perp AB$. 所以
$$\angle PFC = 90° - \angle CPF = \angle PAM$$
又 $\angle ECF = \angle CAB = \angle PAM$,故
$$\angle ECF = \angle PFC$$
在 $Rt\triangle PCF$ 中,由 $\angle ECF = \angle PFC$,知 CE 平分线段 PF.

同理,DE 平分线段 PF.

因此,E 是线段 PF 的中点.

于是,$EM \perp AB$,则点 M 在以 OE 为直径的圆上.

又易知点 C,D 也在以 OE 为直径的圆上,从而,E,C,M,D 四点共圆.

例3 如图 36.61,锐角 $\triangle ABC$ 的垂心为 H,E 是线段 CH 上的任意一点,延长 CH 到点 F,使 $HF=CE$,作 $FD \perp BC$,$EG \perp BH$,D,G 为垂足,M 是线段 CF 的中点,O_1,O_2 分别为 $\triangle ABC$,$\triangle BCH$ 的外接圆圆心,圆 O_1、圆 O_2 的另一交点为 N. 证明:

(1) A,B,D,G 四点共圆;

(2) O_1,O_2,M,N 四点共圆.

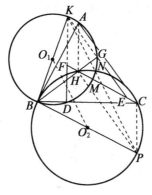

图 36.61

解析 (1) 如图 36.61,设 EG 与 DF 交于点 K,联结 AH.

由 $AC \perp BH$,$EK \perp BH$,$AH \perp BC$,$KF \perp BC$,得
$$CA \parallel EK,\quad AH \parallel KF,\quad CH = EF$$
所以,$\triangle CAH \cong \triangle EKF$,$AH \underline{\underline{\parallel}} KF$.

则 $AK \parallel HF$.

故 $\angle KAB = 90° = \angle KDB = \angle KGB$.

因此,A,B,D,G 四点共圆.

(2)据(1),知 BK 为圆 O_1 的直径.

作圆 O_2 的直径 BP,联结 CP, KP, HP, O_1O_2.

则 $\angle BCP = \angle BHP = 90°$.

所以,$CP // AH, HP // AC$.

从而,四边形 $AHPC$ 为平行四边形.

于是,$PC \underline{\underline{//}} KF$.

因此,$\square KFPC$ 的对角线 KP 与 CF 互相平分于点 M.

故 O_1, O_2, M 是 $\triangle KBP$ 三边的中点,$KM // O_1O_2$.

而由 $\angle KNB = 90°, O_1O_2 \perp BN$,得 $KN // O_1O_2$.

所以,M, N, K 三点共线.

因此,$MN // O_1O_2$.

又由 $\triangle KBP$ 的中位线知 $MO_2 = O_1B = O_1N$.

故四边形 O_1O_2MN 是等腰梯形,其顶点共圆.

例 4 如图 36.62,在锐角 $\triangle ABC$ 中,$AC > BC$. 设 O, H 分别是 $\triangle ABC$ 的外心、垂心,$CF \perp AB$ 于点 F. 令 P 是直线 AB 上一点(P 不与点 A 重合),满足 $AF = PF$. 记 G 是边 AC 的中点,直线 PH 与 BC 交于点 X,OG 与 FX,OF 与 AC 分别交于点 Y, Z. 证明:F, G, Z, Y 四点共圆.

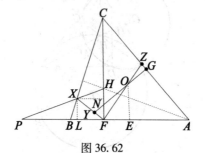

图 36.62

解析 如图 36.62,要证明 F, G, Z, Y 四点共圆,由
$$\angle YGZ = \angle OGZ = 90°$$
知只需证 $\angle OFX = 90°$.

作 $OE \perp AB$ 于点 E,则 $CH = 2OE$.

由题设有 $PB = PF - BF = AF - BF = 2EF$.

另一方面,由 $\angle HPB = \angle HAB = \angle HCB$,知 P, B, H, C 四点共圆.

因此,$\triangle PXB \backsim \triangle CXH$.

作 $XL \perp AB$ 于点 $L, XN \perp CF$ 于点 N,则

$$\frac{XL}{LF} = \frac{XL}{XN} = \frac{PB}{CH} = \frac{2EF}{2OE} = \frac{EF}{OE}$$

又 $\angle XLF = \angle FEO$,故 $\triangle XLF \backsim \triangle FEO$.

从而,$\angle XFL = \angle FOE$.

则 $\angle XFO = 180° - \angle XFL - \angle OFE$
$= 180° - \angle FOE - \angle OFE = 90°$

例5 如图36.63,在 $\triangle ABC$ 中,D,E,F 分别为 BC,CA,AB 的中点,G 为 $\triangle ABC$ 的重心,$\triangle BCF$ 外接圆圆 O 与 BE 交于点 M,$\triangle ABE$ 外接圆圆 O' 与 AD 交于点 N,MD 与 FN 交于点 L. 证明:L,N,M,G 四点共圆.

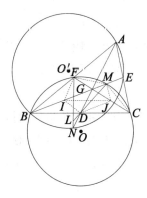

图 36.63

解析 根据重心性质知 $AG = 2DG, BG = 2EG, CG = 2FG$.

如图36.63,取 I,J 分别为 BG,CG 的中点,则

$IJ \parallel BC$

$\Rightarrow \angle GIJ = \angle GBC = \angle GFM$

$\Rightarrow F,I,J,M$ 四点共圆

接下来证明 $\triangle MDJ \backsim \triangle FNG$.

由

F,I,J,M 四点共圆

$\Rightarrow \dfrac{MJ}{FI} = \dfrac{GJ}{GI}$

$\Rightarrow MJ = \dfrac{GJ \cdot FI}{GI} = \dfrac{GF \cdot AG}{GB}$

$$\Rightarrow \frac{MJ}{FG} = \frac{AG}{BG}.$$

又 A,B,N,E 四点共圆

$$\Rightarrow \frac{DJ}{NG} = \frac{1}{2} \cdot \frac{BG}{NG} = \frac{1}{2} \cdot \frac{AG}{EG} = \frac{AG}{BG}.$$

从而, $\dfrac{MJ}{FG} = \dfrac{DJ}{NG}.$

由 $\angle MJD = 180° - \angle GMI = 180° - \angle GFI = \angle FGN$, 得

$$\triangle MDJ \backsim \triangle FNG$$

$$\Rightarrow \angle LND = \angle MDJ = \angle GMD$$

$$\Rightarrow L, N, M, G \text{ 四点共圆}.$$

2. 以证"四点共圆"为手段

例 6 如图 36.64, 已知四边形 $ABCD$ 是圆内接四边形, 其对角线 AC 与 BD 互相垂直. 点 F 在边 BC 上, 直线 $EF \parallel AC$, 并与 AB 交于点 E, 直线 $FG \parallel BD$, 并与 CD 交于点 G. 设点 E 在 CD 上的射影为 P, 点 F 在 DA 上的射影为 Q, 点 G 在 AB 上的射影为 R. 证明: QF 平分 $\angle PQR$.

证明 联结 GR, 与直线 FQ 交于点 M.

下面证明: 点 M 在 AC 上.

事实上, 由 $AC \perp BD, FG \parallel BD$, 知 $FG \perp AC$.

结合 $FQ \perp AD$ 及 A,B,C,D 四点共圆, 得

$$\angle QFC = 360° - 90° - \angle ADC - \angle DCF$$
$$= (180° - \angle ADC - \angle ACD) + (90° - \angle ACF)$$
$$= \angle CAD + \angle CFG$$
$$= \angle CBD + \angle CFG$$
$$= 2\angle CFG.$$

因此, $\angle CFG = \angle QFG$.

同理, $\angle CFG = \angle RGF$.

于是, $\triangle CFG \cong \triangle MFG$.

由四边形 $CFMG$ 是筝形, 知其对角线 CM 与 FG 垂直.

故 C,M,A 三点共线.

注意到,$\angle MRA = \angle MQA = 90°$.

因此,A,R,M,Q 四点共圆.

于是,$\angle FQR = \angle MQR = \angle MAR = \angle CAB$.

同理,FQ,EP,BD 交于一点 N,且 D,P,N,Q 四点共圆.

类似得 $\angle FQP = \angle CDB$.

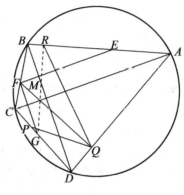

图 36.64

又 A,B,C,D 四点共圆,故 $\angle CAB = \angle CDB$.

从而,$\angle FQR = \angle FQP$.

例 7 已知四边形 $ABCD$ 内接于圆 O,对边 AB 与 DC 交于点 P,AD 与 BC 交于点 Q,过点 A,B 的圆与直线 PQ 分别切于点 M,N. 证明:直线 MB 与 ND 的交点在圆 O 上.

解析 如图 36.65,在 PQ 上取点 K,使得 P,K,C,B 四点共圆.

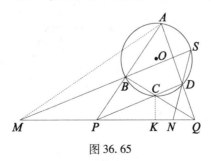

图 36.65

则 $\angle PKC = \angle ABC = \angle CDQ$.

于是,C,K,D,Q 四点共圆.

由割线定理得
$$PB \cdot PA + QD \cdot QA = PC \cdot PD + QC \cdot QB$$
$$= PK \cdot PQ + QK \cdot QP = PQ^2$$

由切割线定理得 $PM^2 = PN^2 = PB \cdot PA$.

故
$$QD \cdot QA = PQ^2 - PB \cdot PA = PQ^2 - PM^2$$
$$= (PQ + PM)(PQ - PN) = NQ \cdot QM.$$

于是，M, N, D, A 四点共圆.

则 $\angle DNQ = \angle MAQ$.

由 $PM^2 = PA \cdot PB \Rightarrow \dfrac{PM}{PB} = \dfrac{PA}{PM}$.

又 $\angle BPM = \angle MPA$，得
$$\triangle PBM \backsim \triangle PMA \Rightarrow \angle BMP = \angle MAP.$$

因此，$\angle DNQ - \angle BMP = \angle MAQ - \angle MAP$，即 $\angle S = \angle BAD$.

所以，直线 MB, ND 的交点在圆 O 上.

例8 已知凸四边形 $ABCD$ 内接于圆 O，对角线 AC 与 BD 交于点 P，过 P 分别作直线 AB, BC, CD, DA 的垂线，垂足分别为 E, F, G, H. 证明：EH, BD, FG 三线共点或互相平行.

解析 如图 36.66，联结 EF, GH.

由 $PE \perp AB, PF \perp BC$，知 P, E, B, F 四点共圆.

同理，P, E, A, H 四点共圆.

则 $\angle PEH = \angle PAH = \angle DBC = \angle PEF$.

这表明，PE 平分 $\angle HEF$.

同理，PF 平分 $\angle EFG$，PC 平分 $\angle HGF$.

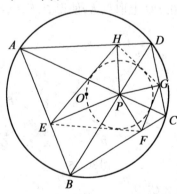

图 36.66

故点 P 到 EF,FG,GH,HE 四边的距离相等.

从而,P 为四边形 $EFGH$ 的内切圆圆心,作四边形 $EFGH$ 的内切圆圆 P.

记 $\angle AHE = \alpha_1, \angle ADB = \beta_1, \angle CGF = \alpha_2, \angle CDB = \beta_2$.

由 $PE \perp AB, PH \perp AD$,知 P,E,A,H 四点共圆.

故 $\angle APE = \angle AHE = \alpha_1$.

同理,$\angle ACB = \angle ADB = \beta_1, \angle FPC = \angle CGF = \alpha_2, \angle CAB = \angle CDB = \beta_2$.

由 $PE \perp AB \Rightarrow \angle APE + \angle PAE = 90° = \alpha_1 + \beta_2$.

同理,$\alpha_2 + \beta_1 = 90°$.

于是,$\alpha_1 - \beta_1 = \alpha_2 - \beta_2$.

则 EH, FG 与 BD 的夹角相等.

又 EH, FG 均为圆 P 的切线,则点 P 在 BD 上.

所以,EH, BD, FG 三直线共点或互相平行.

例9 在等腰 $\triangle ABC$ 中,以底边 BC 的中点 O 为圆心作圆 O,分别与两腰 AB, AC 切于点 E, F,D 是圆 O 下半圆弧上的任意一点,过点 D 作圆 O 的切线,与 AB, AC 的延长线分别交于点 M, N.过点 M 作平行于 AC 的直线,与 FE 的延长线交于点 P.证明:P, B, N 三点共线.

解析 如图 36.67,用同一法.

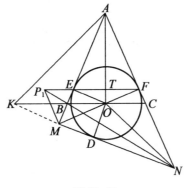

图 36.67

设直线 NB 与 FE 交于点 P_1.

由于 O 是 $\triangle AMN$ 的内心,若记

$$\alpha = \frac{1}{2}\angle A, \beta = \frac{1}{2}\angle AMN, \gamma = \frac{1}{2}\angle ANM$$

则

$$\alpha + \beta + \gamma = \frac{\pi}{2}, \angle AOM = \frac{\pi}{2} + \gamma$$

作 $MK \perp AM$，与 BC 交于点 K，则 A,O,M,K 四点共圆．

故 $\angle AKM = \pi - \angle AOM = \dfrac{\pi}{2} - \gamma = \angle NOF$．

而 $\angle KBM = \angle OBE = \angle OCF$，于是
$$\triangle AMK \backsim \triangle NFO, \triangle BMK \backsim \triangle CFO$$
$$\triangle ABK \backsim \triangle NCO$$

由此得 $\dfrac{AM}{MB} = \dfrac{NF}{FC}$．

又由 $BC // P_1F \Rightarrow \dfrac{NF}{FC} = \dfrac{NP_1}{P_1B}$．

因此，$\dfrac{AM}{MB} = \dfrac{NP_1}{P_1B}$．

于是，$\dfrac{AB}{MB} = \dfrac{NB}{P_1B}$．

故 $MP_1 // NA$．

而由条件知 $MP // NA$，且点 P 在 EF 上，于是，点 P 与 P_1 重合．

所以，P,B,N 三点共线．

练习题及解答提示

1. 如图 36.68，已知 AB,CD 是圆 O 的两条直径，P 是圆周上任一点，作 $PM \perp AB$，$PN \perp CD$，$AH \perp CD$．证明：$MN = AH$．

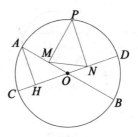

图 36.68

提示：先证 P,M,O,N 四点共圆，并在以 OP 为直径的圆上．又 $\triangle AOH$ 和 $\triangle PMN$ 的外接圆半径相等，故 $AH = MN$．

2. 如图 36.69，已知四边形 $ABCD$ 是圆内接四边形，AC 是圆的直径，$BD \perp AC$，AC 与 BD 交于点 E，点 F 在 DA 延长线上，联结 BF．点 G 在 BA 延长线上，使 $DG // BF$，H 在 GF 的延长线上，$CH \perp GF$．证明：B,E,F,H 四点共圆．

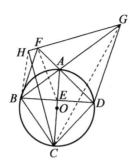

图 36.69

提示:　　　　C,B,H,G 四点共圆

$\Rightarrow \angle BHC = \angle BGC = \angle AEF$

$\Rightarrow \angle BHF + \angle BEF = 180°$

$\Rightarrow B,H,F,E$ 四点共圆.

3. 如图 36.70,两圆 Γ_1,Γ_2 交于点 A,B,过点 B 的一条直线分别与圆 Γ_1, Γ_2 交于点 C,D,过点 B 的另一条直线分别与圆 Γ_1,Γ_2 交于点 E,F,直线 CF 分别与圆 Γ_1,Γ_2 交于点 P,Q. 设 M,N 分别是 $\overset{\frown}{PB},\overset{\frown}{QB}$ 的中点. 若 $CD = EF$,证明:C, F,M,N 四点共圆.

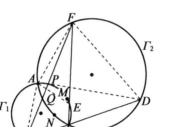

图 36.70

提示:先证 BA,CM,FN 分别为 $\triangle BCF$ 的角平分线,交于内心 I.

在圆 Γ_1,Γ_2 中,由圆幂定理得

$$CI \cdot IM = AI \cdot IB, AI \cdot IB = NI \cdot IF$$

$$NI \cdot IF = CI \cdot IM$$

从而,C,F,M,N 四点共圆.

4. 如图 36.71,PA,PB 分别与圆 O 切于点 A,B,C 为 $\overset{\frown}{AB}$ 上一点,过 C 作 $DE \perp PC$,分别与 $\angle AOC,\angle BOC$ 的平分线交于点 D,E. 证明:$CD = CE$.

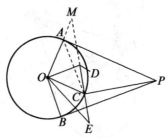

图 36.71

提示:设直线 DE 与 OA 交于点 M,则 P,C,A,M 四点共圆.

易知,$\triangle PAC \backsim \triangle MOD \Rightarrow \dfrac{PC}{PA} = \dfrac{MD}{MO}$.

故由 OD 平分 $\angle AOC \Rightarrow \dfrac{CD}{CO} = \dfrac{MD}{MO} = \dfrac{PC}{PB}$.

因为 $PA = PB$,所以 $CD = CE$.

5. 已知 $\triangle A_1B_1C_1$ 的三个顶点 A_1,B_1,C_1 分别是 $\triangle ABC$ 三边所在直线 BC,CA,AB 上的点,且满足 $\triangle A_1B_1C_1 \backsim \triangle ABC$. 证明:$\triangle A_1B_1C_1$ 的垂心 H 与 $\triangle ABC$ 的外心重合.

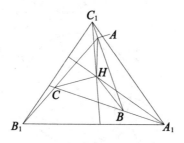

图 36.72

提示:先证 A_1,B,H,C_1 四点共圆,有 $\angle HBA = \angle HA_1C_1$,且点 H 不在 $\triangle A_1C_1B$ 的内部.

同理,点 H 不在 $\triangle A_1B_1C_1$,$\triangle AB_1C_1$ 的内部.

故 H 必在 $\triangle ABC$ 的内部.

因此,$\angle HAB = \angle HBA \Rightarrow HA = HB$.

同理,$HA = HC$.

从而,H 为 $\triangle ABC$ 的外心.

第5节 面积坐标及应用

试题 A 也可以运用面积坐标方法给出证明(参见例4).

下面,我们介绍面积坐标的概念、特性及其应用.[①]

定义1 在平面上任取一个三角形△ABC,称其为坐标三角形,对于这个平面内的任意一点 P,将下列三角形的有向面积(顶点字母按逆时针方向排列时,规定为正,否则为负)的比值

$$\overline{S}_{\triangle PBC} : \overline{S}_{\triangle PCA} : \overline{S}_{\triangle PAB} = x_0 : y_0 : z_0$$

叫作点 P 的面积坐标,记为 $P = (x_0 : y_0 : z_0)$.

由上述定义可知:

小三角形的面积是有向面积,这样,点 P 的坐标分量 x_0, y_0, z_0 都是可正可负的. 当点 P 在△ABC 内或边界上时,这些值均为非负的;当点 P 在△ABC 外时,坐标分量中有些为正,有些为负,这就看上述三角形顶点字母是按逆时针方向排列,还是顺时针方向排列,按前者为正,按后者为负. 这些分量值也可以相差同一个非零的常数因子 k,即 $P = (kx_0 : ky_0 : kz_0)$. 因此,为了讨论问题的方便,我们仅讨论一种特殊的坐标分量,即令

$$x = \frac{x_0}{x_0 + y_0 + z_0}, y = \frac{y_0}{x_0 + y_0 + z_0}, z = \frac{z_0}{x_0 + y_0 + z_0}$$

此时 $x + y + z = 1(x_0 + y_0 + z_0 \neq 0)$,$k = \frac{1}{x_0 + y_0 + z_0}$.

定义2 对于点 P 的面积坐标 $(x_0 : y_0 : z_0)$,若令 $x = \frac{x_0}{x_0 + y_0 + z_0}$,$y = \frac{y_0}{x_0 + y_0 + z_0}$,$z = \frac{z_0}{x_0 + y_0 + z_0}(x_0 + y_0 + z_0 \neq 0)$,有 $x + y + z = 1$,则称有序数组 (x, y, z) 为点 P 的规范面积坐标.

注意到有向面积也可以看作为一种矢量,因此,面积坐标也可以利用三角形三顶点的向量表示(理论根据为平面向量基本定理及其几何意义[②]):

---

① 沈文选,杨清桃. 从高维 Pythagoras 定理谈起——单形论漫谈[M]. 哈尔滨:哈尔滨工业大学出版社,2016:77-96.

② 沈文选,杨清桃. 从 Stewart 定理的表示谈起——向量理论漫谈[M]. 哈尔滨:哈尔滨工业大学出版社,2016:31-44.

定义 3 平面上给定 $\triangle ABC$ 及点 O,对平面上任意一点 P,若存在唯一的实数组 (x,y,z),使得
$$x+y+z=1$$
且 $\overrightarrow{OP}=x\overrightarrow{OA}+y\overrightarrow{OB}+z\overrightarrow{OC}$,则称 (x,y,z) 为点 P 的面积坐标.

由上述定义,则可得如下结论:

(1) 设点 $P_i(x_i,y_i,z_i)(i=1,2)$,点 P 在直线 P_1P_2 上,且 $\overrightarrow{P_1P}=\lambda\overrightarrow{PP_2}$,则
$$P=(x_1+\lambda x_2 : y_1+\lambda y_2 : z_1+\lambda z_2).$$

(2) 设点 $P_i(x_i,y_i,z_i)(i=1,2,3)$,则
$$\frac{\overline{S}_{\triangle P_1P_2P_3}}{\overline{S}_{\triangle ABC}}=\begin{vmatrix} x_1 & y_1 & z_1 \\ x_2 & y_2 & z_2 \\ x_3 & y_3 & z_3 \end{vmatrix}.$$

由此,知 P_1,P_2,P_3 三点共线的充分必要条件为
$$\begin{vmatrix} x_1 & y_1 & z_1 \\ x_2 & y_2 & z_2 \\ x_3 & y_3 & z_3 \end{vmatrix}=0.$$

(3) 在面积坐标系下,直线的方程为
$$ux+vy+wz=0 \quad (x,y,z\in\mathbb{R}).$$
例如,$z=0$ 表示直线 AB,$vy+wz=0$ 表示过点 A 的直线.

(4) 设点 $P(x_1:y_1:z_1)$ 不同于顶点 A,则直线 AP 上的点有形式
$$(t:y_1:z_1) \quad (t\in\mathbb{R},t+y_1+z_1\neq 0)$$

(5) 过两点 $P_i(x_i,y_i,z_i)(i=1,2)$ 的直线方程为
$$\begin{vmatrix} x & y & z \\ x_1 & y_1 & z_1 \\ x_2 & y_2 & z_2 \end{vmatrix}=0.$$

(6) 两条直线 $u_ix+v_iy+w_iz=0(i=1,2)$ 平行的充分必要条件为
$$\begin{vmatrix} 1 & 1 & 1 \\ u_1 & v_1 & w_1 \\ u_2 & v_2 & w_2 \end{vmatrix}=0.$$

(7) 三条直线 $u_ix+v_iy+w_iz=0(i=1,2,3)$ 共点(或两两平行)的充分必要条件为

$$\begin{vmatrix} u_1 & v_1 & w_1 \\ u_2 & v_2 & w_2 \\ u_3 & v_3 & w_3 \end{vmatrix} = 0$$

(8)对于点 $P(p_1,p_2,p_3),Q(q_1,q_2,q_3)$,则向量 $\overrightarrow{PQ}$ 的面积坐标为
$$(q_1-p_1,q_2-p_2,q_3-p_3)$$

因为 $p_1+p_2+p_3=q_1+q_2+q_3=1$,所以 $\overrightarrow{PQ}$ 的面积坐标的三个分量之和为 0. 由于点的面积坐标与点 O 的选择无关,这里特别选定 $\triangle ABC$ 的外接圆圆心为 O.

记 $\triangle ABC$ 的三边长为 a,b,c,外接圆半径为 R.

利用向量知识得
$$\overrightarrow{OA}^2 = R^2, \overrightarrow{OA} \cdot \overrightarrow{OB} = R^2 - \frac{1}{2}c^2$$

(9)设 P,Q 为任意两点,$\overrightarrow{PQ}$ 的面积坐标为 (x,y,z),则
$$|\overrightarrow{PQ}|^2 = -a^2yz - b^2zx - c^2xy$$

(10)在面积坐标系下,利用距离公式可得圆的方程为
$$-a^2yz - b^2zx - c^2xy + (ux+vy+wz)(x+y+z) = 0 \quad (x,y,z \in \mathbf{R})$$

特别地,$\triangle ABC$ 外接圆的方程为
$$-a^2yz - b^2zx - c^2xy = 0$$

(11)设圆 Γ 为
$$-a^2yz - b^2zx - c^2xy + (ux+vy+wz)(x+y+z) = 0$$

则点 $P(x,y,z)$ 对圆 Γ 的幂为
$$\text{Pow}_\Gamma(P) = -a^2yz - b^2zx - c^2xy + (ux+vy+wz)(x+y+z)$$

特别地,这里要求 $x+y+z=1$.

(12)设两个圆的方程为
$$-a^2yz - b^2zx - c^2xy + (u_1x+v_1y+w_1z)(x+y+z) = 0$$
$$-a^2yz - b^2zx - c^2xy + (u_2x+v_2y+w_2z)(x+y+z) = 0$$

则两圆根轴的方程为
$$(u_1-u_2)x + (v_1-v_2)y + (w_1-w_2)z = 0$$

(13)设向量 $\overrightarrow{MN},\overrightarrow{PQ}$ 的面积坐标分别为 $(x_1,y_1,z_1),(x_2,y_2,z_2)$. 则
$$\overrightarrow{MN} \perp \overrightarrow{PQ} \Leftrightarrow a^2(z_1y_2+y_1z_2) + b^2(x_1z_2+z_1x_2) + c^2(y_1x_2+x_1y_2) = 0$$

设 $\triangle ABC$ 的三边长为 a,b,c,外接圆半径为 R,内切圆半径为 r,外心、内心、

重心、重心、旁心分别为 O,I,G,H,I_A（相对于点 A）.

(14) 一些特殊点的面积坐标为
$$A(1,0,0), B(0,1,0), C(0,0,1)$$
$$G(1:1:1), I(a:b:c), I_A(-a:b:c)$$
$$H(\tan A:\tan B:\tan C)$$
$$O(\sin 2A:\sin 2B:\sin 2C)$$

点 G 的等角共轭点 $K(a^2:b^2:c^2)$.

(15) 边 BC 的中垂线方程为
$$a^2(z-y)+x(c^2-b^2)=0$$

$\triangle ABC$ 的外接圆在点 A 处的切线方程为
$$b^2 z + c^2 y = 0$$

(16) 为了后面的计算,引入记号
$$P_A=\frac{b^2+c^2-a^2}{2}, P_B=\frac{c^2+a^2-b^2}{2}, P_C=\frac{a^2+b^2-c^2}{2}$$

"$\sum$" 表示轮换对称和.

P_A, P_B, P_C 的一些简单性质
$$P_A+P_B=c^2, \sum P_A P_B = S^2_{\triangle ABC}$$
$$a^2 P_A + b^2 P_B - c^2 P_C = 2 P_A P_B$$

O,H 用边可表示为 $O(a^2 P_A:b^2 P_B:c^2 P_C), H(P_B P_C:P_C P_A:P_A P_B)$ 等.

应用举例:①

例1 （塞瓦定理）在 $\triangle ABC$ 中,设 D,E,F 分别为边 BC,CA,AB 上的点,则直线 AD,BE,CF 共点的充分必要条件为
$$\frac{BD}{DC}\cdot\frac{CE}{EA}\cdot\frac{AF}{FB}=1$$

证明 设 $D(0,d,1-d), E(1-e,0,e), F(f,1-f,0)$,其中,$d,e,f\in(0,1)$.

则
$$l_{AD}:dz=(1-d)y, l_{BE}:ex=(1-e)z, l_{CF}:fy=(1-f)x$$

故

AD,BE,CF 三线共点

---

① 李朝晖. 基于重心坐标系的平面几何证明的探讨[J]. 中等数学, 2017(2):2-8.

$$\Leftrightarrow \begin{vmatrix} 0 & d-1 & d \\ e & 0 & e-1 \\ f-1 & f & 0 \end{vmatrix} = efd - (1-e)(1-f)(1-d)$$

$$\Leftrightarrow \frac{BD}{DC} \cdot \frac{CE}{EA} \cdot \frac{AF}{FB} = 1$$

例 2 (帕斯卡定理)如图 36.73,设 A,B,C,D,E,F 为圆 Γ 上六个不同的点. 证明:直线 AB 与 DE,BC 与 EF,CD 与 FA 的交点共线.

证明 设 $a = CE, b = EA, c = AC$,且

$A(1,0,0), C(0,1,0), E(0,0,1), B(x_1:y_1:z_1), D(x_2:y_2:z_2), F(x_3:y_3:z_3)$

由于圆 Γ 即为 $\triangle ACE$ 的外接圆,故其方程为

$$-a^2 yz - b^2 zx - c^2 xy = 0$$

由点 B, D, F 在圆 Γ 上得

$$-a^2 y_i z_i - b^2 z_i x_i - c^2 x_i y_i = 0 \quad (i = 1,2,3)$$

又 $l_{AB}: z_1 y - y_1 z = 0, l_{ED}: y_2 x - x_2 y = 0$,则 AB 与 ED 交于点 $P\left(\dfrac{x_2}{y_2}:1:\dfrac{z_1}{y_1}\right)$.

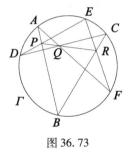

图 36.73

类似地,CD 与 AF 交于点 $Q\left(\dfrac{x_2}{z_2}:\dfrac{y_3}{z_3}:1\right)$,$EF$ 与 CB 交于点 $R\left(1:\dfrac{y_3}{x_3}:\dfrac{z_1}{x_1}\right)$.

由

$$-a^2 y_i z_i - b^2 z_i x_i - c^2 x_i y_i = 0$$

$$\Rightarrow a^2 \cdot \frac{1}{x_i} + b^2 \cdot \frac{1}{y_i} + c^2 \cdot \frac{1}{z_i} = 0$$

$\Rightarrow$ 关于 x, y, z 的三元一次方程组

$$\begin{cases} x\cdot\dfrac{1}{x_1}+y\cdot\dfrac{1}{y_1}+z\cdot\dfrac{1}{z_1}=0,\\ x\cdot\dfrac{1}{x_2}+y\cdot\dfrac{1}{y_2}+z\cdot\dfrac{1}{z_2}=0,\\ x\cdot\dfrac{1}{x_3}+y\cdot\dfrac{1}{y_3}+z\cdot\dfrac{1}{z_3}=0 \end{cases}$$

有非零解(a^2,b^2,c^2)

$$\Rightarrow \begin{vmatrix} \dfrac{1}{x_1} & \dfrac{1}{y_1} & \dfrac{1}{z_1} \\ \dfrac{1}{x_2} & \dfrac{1}{y_2} & \dfrac{1}{z_2} \\ \dfrac{1}{x_3} & \dfrac{1}{y_3} & \dfrac{1}{z_3} \end{vmatrix}=0 \Rightarrow \begin{vmatrix} 1 & \dfrac{y_3}{x_3} & \dfrac{z_1}{x_1} \\ \dfrac{x_2}{y_2} & 1 & \dfrac{z_1}{y_1} \\ \dfrac{x_2}{z_2} & \dfrac{y_3}{z_3} & 1 \end{vmatrix}=0$$

$\Rightarrow P,Q,R$ 三点共线

例 3 (2013 年欧洲女子数学奥林匹克题) 如图 36.74, 在 $\triangle ABC$ 中, 延长边 BC 至点 D, 使得 $CD=CB$, 延长边 CA 至点 E, 使得 $AE=2AC$. 证明: 若 $AD=BE$, 则 $\triangle ABC$ 为直角三角形.

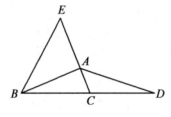

图 36.74

证明 设 $A(1,0,0),B(0,1,0),C(0,0,1)$, 则

$D(0,-1,2),E(3,0,-2),\overrightarrow{AD}=(-1,-1,2),\overrightarrow{BE}=(3,-1,-2)$

由 $\qquad AD=BE$

$\Rightarrow -a^2(-1)(2)-b^2(2)(-1)-c^2(-1)(-1)$

$= -a^2(-1)(-2)-b^2(-2)(3)-c^2(3)(-1)$

$\Rightarrow a^2=b^2+c^2$

$\Rightarrow \triangle ABC$ 为直角三角形

例 4 (2014 年全国高中数学联合竞赛题) 如图 36.75, 在锐角 $\triangle ABC$ 中, $\angle BAC\neq 60°$, 过点 B,C 分别作 $\triangle ABC$ 外接圆的切线 BD,CE, 且满足 $BD=CE=$

BC. 直线 DE 与 AB,AC 的延长线分别交于点 F,G. 设 CF 与 BD 交于点 M, CE 与 BG 交于点 N. 证明: $AM = AN$.

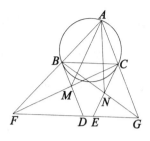

图 36.75

证明 设 $A(1,0,0), B(0,1,0), C(0,0,1)$, 则
$$l_{BD}: a^2 z + c^2 x = 0, \quad l_{CE}: a^2 y + b^2 x = 0$$
利用 $|BD| = |CE| = a$, 及点 D, E 相对于顶点 A 的位置得
$$D = (a^2 : c^2 - bc - a^2 : -c^2)$$
$$E = (a^2 : b^2 : b^2 - bc - a^2)$$
设 $F(k, 1-k, 0)$, 由 D, E, F 三点共线得
$$\begin{vmatrix} a^2 & c^2 - bc - a^2 & -c^2 \\ a^2 & -b^2 & b^2 - bc - a^2 \\ k & 1-k & 0 \end{vmatrix} = 0 \Rightarrow k = -\frac{a^2}{bc}$$

由点 M 在直线 BD 上, 设 $M(a^2 : s : -c^2)$.

由 M, C, F 三点共线得
$$\begin{vmatrix} 0 & 0 & 1 \\ a^2 & s & -c^2 \\ k & 1-k & 0 \end{vmatrix} = 0 \Rightarrow s = \frac{1-k}{k} a^2 = -(a^2 + bc)$$

又 $M\left(\dfrac{a^2}{a^2 + s - c^2}, \dfrac{s}{a^2 + s - c^2}, \dfrac{-c^2}{a^2 + s - c^2} \right), A(1,0,0)$, 则
$$\overrightarrow{AM} = \left(\dfrac{c^2 - s}{a^2 + s - c^2}, \dfrac{s}{a^2 + s - c^2}, \dfrac{-c^2}{a^2 + s - c^2} \right)$$
$$= \dfrac{1}{a^2 + s - c^2} (c^2 - s, s, -c^2)$$

故 $|\overrightarrow{AM}|^2 = \dfrac{-1}{(a^2 + s - c^2)^2} (-a^2 s c^2 + b^2 (s - c^2) c^2 + c^2 s (c^2 - s))$
$$= \dfrac{-c^2}{(-bc - c^2)^2} (-a^2 s + b^2 (s - c^2) + s(c^2 - s))$$

$$= \frac{-1}{(b+c)^2}(a^2(a^2+bc)+b^2(-a^2-bc-c^2)-(a^2+bc)(a^2+c^2+bc))$$

$$= \frac{1}{(b+c)^2}(a^2(b^2+bc+c^2)+bc(b+c)^2)$$

用同样的方法计算 $|\overrightarrow{AN}|^2$ 时,只需将上述运算过程中的 b,c 对调. 由于 $|\overrightarrow{AM}|^2$ 的表达式关于 b,c 对称,于是,$|\overrightarrow{AM}|^2 = |\overrightarrow{AN}|^2$,即 $AM = AN$.

例 5 (第 37 届美国数学奥林匹克题)设 $\triangle ABC$ 为不等边的锐角三角形,M,N,P 分别为边 BC,CA,AB 的中点. 边 AB,AC 的中垂线分别与 AM 交于点 D, E,直线 BD 与 CE 交于点 F(在 $\triangle ABC$ 内). 证明:A,N,F,P 四点共圆.

证明 如图 36.76,设 $A(1,0,0),B(0,1,0),C(0,0,1)$,则

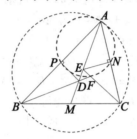

图 36.76

$$P\left(\frac{1}{2},\frac{1}{2},0\right), M\left(0,\frac{1}{2},\frac{1}{2}\right), N\left(\frac{1}{2},0,\frac{1}{2}\right)$$

由 $l_{AM}: y-z=0$,可设 $D(1-2t,t,t)$. 故

$$\overrightarrow{DP} = \left(2t-\frac{1}{2},\frac{1}{2}-t,-t\right), \overrightarrow{AB} = (-1,1,0)$$

由 $\qquad \overrightarrow{DP} \perp \overrightarrow{AB}$

$$\Rightarrow a^2(-t)+b^2(t)+c^2\left(t-\frac{1}{2}+2t-\frac{1}{2}\right)=0$$

$$\Rightarrow t = \frac{c^2}{3c^2+b^2-a^2}$$

类似地,设 $E(1-2k,k,k)\left(k=\frac{b^2}{3b^2+c^2-a^2}\right)$.

由 $B(0,1,0),D(1-2t,t,t) \Rightarrow l_{BD}: tx-(1-2t)z=0$;由 $C(0,0,1),E(1-2k,k,k) \Rightarrow l_{CE}: kx-(1-2k)y=0$.

设 $F(p,q,r)$,则

$$p + q + r = 1$$
$$\frac{r}{p} = \frac{c^2}{c^2 + b^2 - a^2}$$
$$\frac{q}{p} = \frac{b^2}{b^2 + c^2 - a^2}$$

记 $S_a = b^2 + c^2 - a^2$. 故

$$\frac{1}{p} = 1 + \frac{r}{p} + \frac{q}{p} = 2 + \frac{a^2}{S_a}$$

延长 AF 至点 F', 使得 $FA = FF'$, 则

$$F'(2p - 1, 2q, 2r)$$

下面证明: 点 F' 在 $\triangle ABC$ 的外接圆上. $\triangle ABC$ 的外接圆方程为

$$a^2 yz + b^2 zx + c^2 xy = 0$$

计算得

$$a^2(2q)(2r) + b^2(2r)(2p-1) + c^2(2q)(2p-1)$$
$$= p^2\left(4a^2 \frac{r}{p} \cdot \frac{q}{p} + \left(2 - \frac{1}{p}\right)\left(2b^2 \frac{r}{p} + 2c^2 \frac{q}{p}\right)\right)$$
$$= p^2\left(4a^2 \frac{c^2}{s_a} \cdot \frac{b^2}{s_a} + \left(-\frac{a^2}{s_a}\right)\left(2b^2 \frac{c^2}{s_a} + 2c^2 \frac{b^2}{s_a}\right)\right)$$
$$= 0$$

进而, 点 F' 在 $\triangle ABC$ 的外接圆上.

因此, 点 F 在 $\triangle ANP$ 的外接圆上, 即 A, N, F, P 四点共圆.

例 6 (2016 年美国数学奥林匹克题) 设点 O, I_B, I_C 分别为锐角 $\triangle ABC$ 的外接圆圆心, $\angle B$ 内的旁切圆圆心, $\angle C$ 内的旁切圆圆心. 在边 AC 上取点 E, Y, 使得 $\angle ABY = \angle CBY, BE \perp AC$. 在边 AB 上取点 F, Z, 使得 $\angle ACZ = \angle BCZ, CF \perp AB$. 直线 $I_B F$ 与 $I_C E$ 交于点 P. 证明: $PO \perp YZ$.

证明 设 $A(1, 0, 0), B(0, 1, 0), C(0, 0, 1), Y\left(\frac{a}{a+c}, 0, \frac{c}{a+c}\right)$, $Z\left(\frac{a}{a+b}, \frac{b}{a+b}, 0\right)$.

故 $\overrightarrow{YZ} = \left(\frac{a}{a+b} - \frac{a}{a+c}, \frac{b}{a+b}, \frac{-c}{a+c}\right) = \frac{1}{(a+b)(a+c)}(ac - ab, ba + bc, -ca - cb)$.

设过外心 O 且垂直于 YZ 的直线为 l, 在 l 上取一点 $M(x, y, z)$, 则

$$\overrightarrow{OM} = (x, y, z)$$

由 $\overrightarrow{OM} \perp \overrightarrow{YZ}$,得
$$a^2((ab+cb)z - (ac+bc)y) +$$
$$b^2((ac-ab)z - (ac+bc)x) +$$
$$c^2((ac-ab)y + (ab+bc)x) = 0$$

即直线
$$l: bc(c-b)(a+b+c)x -$$
$$ac(a+c)(a+b-c)y +$$
$$ab(a+b)(a+c-b)z = 0$$

设 $E(k,0,1-k), F(l,1-l,0), B(0,1,0), C(0,0,1)$,则
$$\overrightarrow{BE} = (k,-1,1-k), \overrightarrow{CF} = (l,1-l,-1)$$
$$\overrightarrow{AC} = (-1,0,1), \overrightarrow{AB} = (-1,1,0)$$

由 $\overrightarrow{BE} \perp \overrightarrow{AC}, \overrightarrow{CF} \perp \overrightarrow{AB}$

$\Rightarrow a^2(-1) + b^2(2k-1) + c^2(1) = 0, a^2(-1) + b^2(1) + c^2(2l-1) = 0$

$\Rightarrow k = \dfrac{p_C}{b^2}, l = \dfrac{p_B}{c^2}$

$\Rightarrow 1-k = \dfrac{p_A}{b^2}, 1-l = \dfrac{p_A}{c^2}$

$\Rightarrow E(p_C:0:p_A), F(p_B:p_A:0)$

又 $I_C(a:b:-c), I_B(a:-b:c)$,故
$$l_{I_C E}: -bp_A x + (ap_A + cp_C)y + bp_C z = 0$$
$$l_{I_B F}: cp_A x - cp_B y - (ap_A + bp_B)z = 0$$

下面证明:$l, I_C E, I_B F$ 三线共点,即直线 l 过点 P.

计算
$$D_0 = \begin{vmatrix} bcu & -acv & abw \\ -bp_A & ap_A + cp_C & bp_C \\ cp_A & -cp_B & -(ap_A + bp_B) \end{vmatrix}$$

其中,$u = (c-b)(a+b+c), v = (a+c)(a+b-c), w = (a+b)(a+c-b)$.

则
$$\dfrac{D_0}{-abcp_A}$$
$$= u(ap_A + bp_B + cp_C) - v(ap_A + bp_B - cp_C) + w(ap_A + cp_C - bp_B)$$
$$= 2ap_A(ac - ab + c^2 - b^2) - 2bp_B(bc + ab + a^2 - c^2) + 2cp_C(bc + ac + a^2 - b^2)$$

$$= 2p_A((a+c-b)p_B - (a+b-c)p_C) -$$
$$2p_B((a+c-b)p_A - (a+b+c)p_C) +$$
$$2p_C((a+b-c)p_A - (a+b+c)p_B)$$
$$= 0$$

$\Rightarrow D_0 = 0 \Rightarrow l, I_C E, I_B F$ 三线共点

$\Rightarrow$ 直线 l 过点 $P \Rightarrow PO \perp YZ$

练习题与解答提示

1. 在锐角 $\triangle ABC$ 中,$AB \neq AC$,H,G 分别为 $\triangle ABC$ 的垂心、重心. 已知
$$\frac{1}{S_{\triangle HAB}} + \frac{1}{S_{\triangle HAC}} = \frac{2}{S_{\triangle HBC}}$$

证明:$\angle AGH = 90°$.

提示:$G(1:1:1)$,$A(1,0,0)$,$H(S_{\triangle HBC} : S_{\triangle HCA} : S_{\triangle HAB}) = (p_B p_C : p_C p_A : p_A p_B)$.
已知条件可化为
$$p_B + p_C = 2p_A \Rightarrow 2a^2 = b^2 + c^2$$

又 $\overrightarrow{AG} = \frac{1}{3}(-2,1,1)$,$\overrightarrow{GH} = \left(\frac{p_B p_C}{\sum p_A p_B} - \frac{1}{3}, \frac{p_C p_A}{\sum p_A p_B} - \frac{1}{3}, \frac{p_A p_B}{\sum p_A p_B} - \frac{1}{3}\right)$,

利用向量垂直的充分必要条件计算可证 $\overrightarrow{AG} \perp \overrightarrow{GH}$.

2. (第 53 届 IMO 试题) 设 J 为 $\triangle ABC$ 顶点 A 所对旁切圆的圆心,该旁切圆与边 BC 切于点 M,与直线 AB,AC 分别切于点 K,L. 直线 LM 与 BJ 交于点 F,直线 KM 与 CJ 交于点 G,S 为直线 AF 与 BC 的交点,T 为直线 AG 与 BC 的交点. 证明:M 为线段 ST 的中点.

提示:记 $s = \frac{1}{2}(a+b+c)$.

设 $A(1,0,0)$,$B(0,1,0)$,$C(0,0,1)$,$J(-a:b:c)$,$M(0:s-b:s-c)$.

由 $BK = s - c \Rightarrow K(-(s-c):s:0)$.

由点 G 在 CJ 上,可设 $G(-a:b:t)$.

利用 G,M,K 三点共线得
$$0 = \begin{vmatrix} -a & b & t \\ 0 & s-b & s-c \\ c-s & s & 0 \end{vmatrix} \Rightarrow t = \frac{b(s-c)-sa}{s-b}$$

$$\Rightarrow G = (-a(s-b):b(s-b):b(s-c)-as)$$

由点 T 为直线 AG 与 BC 的交点知

$$T(0:b(s-b):b(s-c)-as) = \left(0, -\frac{b}{a}, 1+\frac{b}{a}\right)$$

对 $\overrightarrow{CT} = \left(0, -\frac{b}{a}, \frac{b}{a}\right)$, 计算得

$$|\overrightarrow{CT}|^2 = -a^2\left(-\frac{b}{a}\right)\left(\frac{b}{a}\right) = b^2 \Rightarrow |\overrightarrow{CT}| = b$$

类似地, $|\overrightarrow{BS}| = c$. 又 $BM = s-c, CM = s-b$, 则 $MT = MS$.

3. (第 55 届 IMO 试题) 已知点 P,Q 在锐角 $\triangle ABC$ 的边 BC 上, 满足 $\angle PAB = \angle BCA, \angle CAQ = \angle ABC$. 点 M,N 分别在直线 AP,AQ 上, 使得 P 为 AM 的中点, Q 为 AN 的中点. 证明: 直线 BM 与 CN 的交点在 $\triangle ABC$ 的外接圆上.

提示: 由条件得

$$\triangle BAP \backsim \triangle BCA \Rightarrow PB = \frac{c^2}{a}$$

设 $A(1,0,0), B(0,1,0), C(0,0,1)$, 则 $P\left(0, 1-\frac{c^2}{a^2}, \frac{c^2}{a^2}\right)$.

故 $M\left(-1, 2-\frac{2c^2}{a^2}, \frac{2c^2}{a^2}\right) = (-a^2 : 2a^2 - 2c^2 : 2c^2)$.

类似地, $N(-a^2 : 2b^2 : 2a^2 - 2b^2)$, 直线 BM 与 CN 的交点为 $S(-a^2 : 2b^2 : 2c^2)$.

又 $\triangle ABC$ 的外接圆方程为

$$-a^2 yz - b^2 zx - c^2 xy = 0$$

代入计算得

$$-a^2(2b^2)(2c^2) - b^2(2c^2)(-a^2) - c^2(-a^2)(2b^2) = 0$$

因此, 点 S 在 $\triangle ABC$ 的外接圆上.

4. 平面上两个圆 Γ_1, Γ_2 交于点 A, M, 设 BC 为两个圆的一条公切线, B,C 为切点. $\triangle ABC$ 的外接圆在顶点 B,C 处的切线交于点 S, H 为点 M 关于 BC 的对称点. 证明: A, H, S 三点共线.

提示: 计算知 $S(a^2 : -b^2 : -c^2)$.

设 AM 与 BC 交于点 N, 则 $NB = NC$, 即 $N(0:1:1)$.

设 $M(t:1:1)$, 代入圆 Γ_1 有

$$-a^2 yz - b^2 zx - c^2 xy + a^2 z(x+y+z) = 0$$

得 $t = \frac{a^2}{2p_A}$.

由点 M, H 关于直线 $l_{BC}: x = 0$ 对称得 $H(-a^2 : 2b^2 : 2c^2)$.

又 $A(1,0,0)$，计算得

$$\begin{vmatrix} 1 & 0 & 0 \\ a^2 & -b^2 & -c^2 \\ -a^2 & 2b^2 & 2c^2 \end{vmatrix} = 0$$

知 A,H,S 三点共线.

5. 过锐角 $\triangle ABC$ 的顶点 A,B 作该三角形外接圆的切线,分别与过点 C 的 $\triangle ABC$ 外接圆的切线交于点 D,E,直线 AE 与 BC 交于点 P,直线 BD 与 AC 交于点 R,点 Q,S 分别为 AP,BR 的中点. 证明: $\angle ABQ = \angle BAS$.

提示:设 AE 与 BD 交于点 K,可证 K 为重心 G 的等角共轭点,$K(a^2:b^2:c^2)$,$P(0:b^2:c^2)$,$R(a^2:0:c^2)$,$Q\left(\dfrac{1}{2},\dfrac{b^2}{2b^2+2c^2},\dfrac{c^2}{2b^2+2c^2}\right)$,$S\left(\dfrac{a^2}{2a^2+2c^2},\dfrac{1}{2},\dfrac{c^2}{2a^2+2c^2}\right)$,则

$$l_{BQ}: c^2 x - (b^2+c^2)y = 0$$
$$l_{AS}: -c^2 y + (a^2+c^2)z = 0$$

线段 AB 的中垂线

$$l: c^2(y-x) + z(b^2-a^2) = 0$$

要证 $\angle ABQ = \angle BAS$,只需证明 BQ,AS,l 三线共点. 因此,只要计算它们的系数构成的三阶行列式即可.

第6节 三角形的垂心与一边中点的关系问题

试题 D1 涉及了三角形的垂心与一边中点的关系.

下面,从三个方面介绍三角形的垂心与一边中点的关系问题:

1. 三角形的垂心与一边中点的性质

性质 1 三角形的垂心关于边中点的对称点在三角形的外接圆上,且为相应顶点的对径点(这一点,垂心与相应边的两端点构成平行四边形四个顶点).

证明 设 H 为 $\triangle ABC$ 的垂心,M 为 BC 的中点.

当 $\triangle ABC$ 为直角三角形时,结论显然成立.

当 $\triangle ABC$ 为非直角三角形时,如图 36.77,延长 HM 至 A',使 $MA' = HM$,即 A' 为 H 关于 M 的对称点. 此时 $BA'CH$ 为平行四边形,$\angle BA'C = \angle BHC = 180° - \angle BAC$,即知 A' 在 $\triangle ABC$ 的外接圆上.

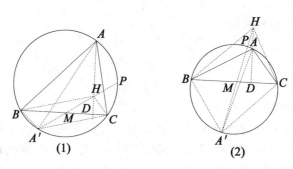

图 36.77

注意到 BA' ∥ HC, $HC \perp BA$, 有 $BA' \perp BA$, 故 AA' 为△ABC 的外接圆直径, 即 A' 为 A 的对径点.

推论 1 三角形的垂心与一边中点的连线所在直线与三角形外接圆相交, 这两交点与相应顶点构成直角三角形的三顶点.

推论 2 如图 36.77(1), 设 M 为△ABC 的边 BC 的中点, 垂心 H 与 M 的连线交△ABC 的外接圆于 P(非对径点), 点 A 在边 BC 上的射影为 D, 则 M, D, P, A 四点共圆.

推论 3 如图 36.77(2), 在△ABC 中, A' 为 A 的对径点, P 为直线 MH 与外接圆的另一交点, D 为 A 在边 BC 上的射影, 则过点 A', D, A 三点的圆与 HP 的交点 N 为 HP 的中点.

事实上, 由推论 2, 有 $HM \cdot HP = HA \cdot HD = HA' \cdot HN = 2HM \cdot HN$, 即 $HP = 2HN$.

故知 N 为 HP 的中点.

推论 4 如图 36.78, O 是△ABC 的外心, H 是△ABC 的垂心, 以 AH 为直径的圆 I 与圆 O 的另一个交点为 Q, 则直线 QH 平分 BC.

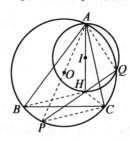

图 36.78

证明 设直线 QH 与圆 O 的另一个交点为 P, 联结 QA, PA, PB, PC, 由 AH

为圆 I 的直径,即知 $\angle HQA = 90°$,从而知 PA 为圆 O 的直径,于是 $PB \perp AB$,$PC \perp AC$. 联结 HB,HC,注意到 H 是 $\triangle ABC$ 的垂心,即知 $CH \perp AB,BH \perp AC$,从而知 $PB // CH,BH // PC$,故四边形 $HBPC$ 为平行四边形,HP 与 BC 互相平分,于是直线 QH 平分 BC.

性质 2 设 H 为 $\triangle ABC$ 的垂心,以 AH 为直径的圆交 $\triangle ABC$ 的外接圆于点 P.

(1) 若直线 PH 交 BC 于点 M,则 AM 为 $\triangle ABC$ 的中线;

(2) 设 A 在 BC 边上的射影为 D,直线 PD 交 $\triangle ABC$ 的外接圆于点 N,则 AN 为 $\triangle ABC$ 的共轭中线.

证明 如图 36.79,当 $\triangle ABC$ 为直角三角形时,垂心与直角顶点重合,此时两个结论均易知成立. 下面考虑 $\triangle ABC$ 不是直角三角形的情形.

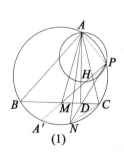
(1)
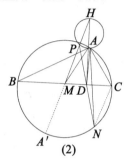
(2)

图 36.79

(1) 注意到 $AP \perp PH$,延长 PM 交 $\triangle ABC$ 的外接圆于点 A',则 A' 为 A 的对径点,于是 $A'B \perp BA$. 又 $CH \perp BA$,有 $A'B // CH$.

同理,$BH // A'C$. 从而 $BA'CH$ 为平行四边形.

由平行四边形性质,知 M 为 BC 的中点,即 AM 为 $\triangle ABC$ 的中线.

(2) 由推论 2 知,M,D,P,A 四点共圆,有
$$\angle AMB = \angle APD(或 180° - \angle APD) = \angle ACN$$
而 $\angle ABM = \angle ANC$,从而 $\triangle BAM \backsim \triangle NAC$.

于是 $\angle BAM = \angle NAC$,即 AN 为 $\triangle ABC$ 的共轭中线.

推论 5 在性质 2 的条件下,有 $\angle A'AM = \angle DAN$.

事实上,AA' 过 $\triangle ABC$ 的外心 O,而 O 与 H 是 $\triangle ABC$ 的一对特殊等角共轭点. 由性质 2(2) 即知结论成立.

推论 6 在性质 2 的条件下,$ABNC$ 为调和四边形.

事实上,由 $\triangle BAM \backsim \triangle NAC$,有 $\dfrac{AM}{BM} = \dfrac{AC}{NC}$. 由 $\triangle ACM \backsim \triangle ANB$,有 $\dfrac{AM}{CM} = \dfrac{AB}{NB}$.

注意 $BM=MC$,从而 $\dfrac{AB}{NB}=\dfrac{AC}{NC}$,即 $AB\cdot NC=AC\cdot NB$.故 $ABNC$ 为调和四边形.

2. 试题 D1 的背景探讨与另证

探讨试题 D1 的背景,我们可以发现,这道试题是在推论 4 的基础上演化而来的.

如图 36.80(在图 36.78 的基础上),延长 AH 交 BC 于点 F,则 $AF\perp BC$.注意到 $\mathrm{Rt}\triangle HFM\backsim\mathrm{Rt}\triangle HQA$,有 $\dfrac{HF}{HQ}=\dfrac{HM}{HA}$,故 $HM\cdot HQ=HA\cdot HF$.

设过 A,P,F 三点的圆与 HQ 交于点 N,则由相交弦定理,得 $HA\cdot HF=HP\cdot HN=HM\cdot 2HN$,故 $HQ=2HN$,即 N 是 HQ 的中点.联结 FN,易知 $\triangle HPA\backsim\triangle HFN$,故 $\dfrac{AP}{NF}=\dfrac{HP}{HF}$.

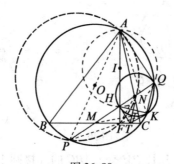

图 36.80

设以 N 为圆心,HQ 为直径的圆与圆 O 的另一个交点为 K,联结 KH,KQ,KP,KA,即知 $\angle HKQ=\angle PKA=90°$,从而知

$$\angle PKH=90°-\angle HKA=\angle AKQ$$

再注意到

$$\angle HPK=\angle QPK=\angle QAK$$

即有 $\triangle HPK\backsim\triangle QAK$,故 $\dfrac{HP}{QA}=\dfrac{PK}{AK}=\dfrac{HK}{QK}$.

由 $\angle HKQ=\angle PKA=90°$,$\dfrac{PK}{AK}=\dfrac{HK}{QK}$,知 $\triangle HKQ\backsim\triangle PKA$,故 $\dfrac{HQ}{AP}=\dfrac{HK}{PK}$.过点 H 作 $HT\perp PQ$ 交射线 FC 于点 T,易知 $\mathrm{Rt}\triangle TFH\backsim\mathrm{Rt}\triangle HQA$,故 $\dfrac{TF}{HQ}=\dfrac{HF}{QA}$.由

$$\dfrac{TF}{HQ}=\dfrac{HF}{QA},\dfrac{AP}{NF}=\dfrac{HP}{HF}$$

知
$$\frac{TF}{NF} = \frac{HP}{QA} \cdot \frac{HQ}{AP}$$

再结合
$$\frac{HP}{QA} = \frac{PK}{AK}, \frac{HQ}{AP} = \frac{HK}{PK}$$

即知
$$\frac{TF}{NF} = \frac{HK}{AK}$$

注意到 $\angle TFH = \angle HKQ = 90°$, $\angle AFN = \angle APN = \angle APQ = \angle AKQ$ 有 $\angle TFN = \angle HKA$, 联结 TN 交 HK 于点 D, 即知 $\triangle TFN \backsim \triangle HKA$, 从而知 $\angle FTN = \angle KHA$, 故 T, F, H, D 四点共圆, $\angle TDH = \angle TFH = 90°$, TN 垂直且平分 HK. 联结 TK, 即知 $TK^2 = TH^2 = TF \cdot TM$, 联结 KM, KF, 即知 $\triangle KQH$ 和 $\triangle FKM$ 的外接圆都与直线 TK 相切于点 K, 故 $\triangle KQH$ 和 $\triangle FKM$ 的外接圆相切于点 K.

通过对原题的逐步引申, 即可得到在泰国清迈市举行的第 56 届 (2015 年) 国际数学奥林匹克竞赛的第 3 题:

试题 D1 如图 36.81, 在锐角 $\triangle ABC$ 中, $AB > AC$, 设 Γ 是它的外接圆, H 是它的垂心, F 是由顶点 A 所引出高的垂足, M 是边 BC 的中点, Q 是 Γ 上一点, 使得 $\angle HQA = 90°$, K 是 Γ 上一点, 使得 $\angle HKQ = 90°$. 已知点 A, B, C, K, Q 互不相同, 且按此顺序排列在 Γ 上, 求证: $\triangle KQH$ 和 $\triangle FKM$ 的外接圆相切.

证明 如图 36.81, 由性质 1, 延长 QH 与圆 Γ 交于点 A', 知 AA' 为圆 Γ 的直径, 且 M 为 $A'H$ 的中点.

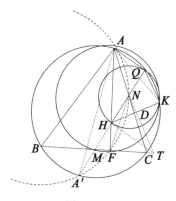

图 36.81

由 $\text{Rt}\triangle HFM \backsim \text{Rt}\triangle HQA$, 有 $HM \cdot HQ = HA \cdot HF$.

设过点 A, A', F 的圆与 HQ 交于点 N, 则由相交弦定理, 有
$$HA \cdot HF = HA' \cdot HN = 2HM \cdot HN$$

从而 $HQ = 2HN$, 即 N 为 HQ 的中点, 亦即知 N 为 $\triangle KQH$ 外接圆的圆心 (因

$\angle HKQ = 90°$).

此时由 $\triangle HA'A \backsim \triangle HFN$,有
$$\frac{AA'}{NF} = \frac{HA'}{HF} \qquad ①$$

注意到 $\angle HKQ = 90° = \angle A'KA$,有
$$\angle A'KH = 90° - \angle HKA = \angle AKQ$$

又 $\angle HA'K = \angle QA'K = \angle QAK$,则
$$\triangle HA'K \backsim \triangle QAK$$

即有
$$\frac{HA'}{QA} = \frac{A'K}{AK} = \frac{HK}{QK} \qquad ②$$

由 $\angle HKQ = 90° = \angle A'KA$,$\frac{A'K}{AK} = \frac{HK}{QK}$ 知 $\triangle HKQ \backsim \triangle A'KA$,有
$$\frac{HQ}{AA'} = \frac{HK}{A'K} \qquad ③$$

过点 H 作 $HT \perp A'Q$ 交射线 FC 于点 T,易知 $Rt\triangle TFH \backsim Rt\triangle HQA$,有
$$\frac{TF}{HQ} = \frac{FH}{QA} \qquad ④$$

由式 ① × ④ 得
$$\frac{TF}{NF} = \frac{HA'}{QA} \cdot \frac{HQ}{AA'} \qquad ⑤$$

将式 ②③ 代入式 ⑤ 得
$$\frac{TF}{NF} = \frac{HK}{AK}$$

注意 $\angle TFH = 90° = \angle HKQ$,有
$$\angle AFN = \angle AA'N = \angle AA'Q = \angle AKQ$$

从而
$$\angle TFN = \angle HKA$$

从而 $\triangle TFN \backsim \triangle HKA$,于是 $\angle FTN = \angle KHA$.

联结 TN 交 HK 于点 D,则知 T,F,H,D 四点共圆,即知 $\angle TDH = \angle TFH = 90°$.

所以 TN 垂直平分 HK,此时,即知 TK 为 $\triangle QHK$ 外接圆的切线.

且 $TK^2 = TH^2 = TF \cdot TM$,此即知 TK 为 $\triangle FKM$ 的外接圆的切线.

故圆 KQH 与圆 FKM 切于点 K.

3. 与三角形垂心、一边的中点有关的竞赛试题

例1 （2004年四川省竞赛题）如图36.82，O,H 分别为锐角 $\triangle ABC$ 的外心和垂心，D 是边 BC 的中点，由 H 向 $\angle A$ 及其外角的平分线作垂线，垂足分别为 E,F. 证明：D,E,F 三点共线.

证明 联结 OA,OD，并延长 OD 交 $\triangle ABC$ 的外接圆于 M，则 $OD \perp BC$，$\overset{\frown}{BM} = \overset{\frown}{MC}$，故 A,E,M 三点共线.

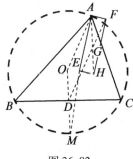

图 36.82

又 AE,AF 分别为 $\triangle ABC$ 的 $\angle A$ 及外角的平分线，则 $AE \perp AF$.

因 $HE \perp AE, HF \perp AF$，则四边形 $AEHF$ 为矩形. 因此 AH 与 EF 互相平分，设其交点为 G，则
$$AG = \frac{1}{2}AH = \frac{1}{2}EF = EG$$

而 $OA = OM$，且 $OD \parallel AH$，则 $\angle OAM = \angle OMA = \angle MAG = \angle GEA$，从而
$$EG \parallel OA \qquad ①$$

由于 O,H 分别是 $\triangle ABC$ 的外心和垂心，且 $OD \perp BC$，则 $OD = \frac{1}{2}AH = AG$.

联结 DG，则四边形 $AODG$ 为平行四边形，从而
$$DG \parallel OA \qquad ②$$

由式①②知 D,E,G 三点共线，又 F 在 EG 上. 故 D,E,F 三点共线.

例2 过 $\triangle ABC$ 的垂心 H 与边 BC 的中点 M 的直线交 $\triangle ABC$ 的外接圆圆 O 于 A_1, A_2 两点. 求证：$\triangle ABC, \triangle A_1BC, \triangle A_2BC$ 的垂心 H, H_1, H_2 构成一个直角三角形的三个顶点.

证明 略. （参见第37章第3节例6）

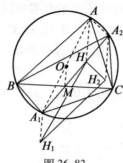

图 36.83

例3 (2009 年中国西部地区数学奥林匹克题)设 H 为锐角 $\triangle ABC$ 的垂心,D 为边 BC 的中点,过点 H 的直线分别交边 AB,AC 于点 F,E,使得 $AE=AF$. 射线 DH 与 $\triangle ABC$ 的外接圆交于点 P. 求证:P,A,E,F 四点共圆.

证明 如图 36.84,由 H 为垂心及 $AE=AF$,推知

$$\triangle BFH \backsim \triangle CEH$$

有 $\dfrac{BF}{BH}=\dfrac{CE}{CH}$

由性质 1,知 $BA'CH$ 为平行四边形,从而上式变为

$$\dfrac{BF}{A'C}=\dfrac{CE}{A'B} \qquad ①$$

又由 $S_{\triangle PBA'}=S_{\triangle PCA'}$,有 $BP \cdot BA' = CP \cdot CA'$,即

$$\dfrac{BP}{AC}=\dfrac{CP}{A'B} \qquad ②$$

由式①②有 $\dfrac{BF}{BP}=\dfrac{CE}{CP}$. 注意 $\angle FBP=\angle ECP$,知 $\triangle FBP \backsim \triangle ECP$.

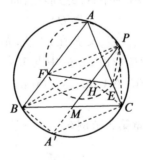

图 36.84

于是 $\angle BFP = \angle CEP$,即有 $\angle AFP = \angle AEP$. 故 P,A,E,F 四点共圆.

例 4 (2006 年瑞士国家队选拔赛题) 在锐角 $\triangle ABC$ 中, $AB \neq AC$, H 为 $\triangle ABC$ 的垂心, M 为 BC 边的中点, D,E 分别为 AB,AC 上的点, 且 $AD = AE$, D,H,E 三点共线. 求证: $\triangle ABC$ 的外接圆与 $\triangle ADE$ 的外接圆的公共弦垂直于 HM.

证明 如图 36.85, 由性质 1 或推论 1 知 $\angle APM = 90°$.

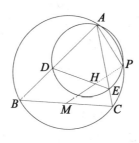

图 36.85

又由上例知 A,D,E,P 四点共圆, 故知结论成立.

例 5 (2012 年亚太地区数学奥林匹克题) 在锐角 $\triangle ABC$ 中, 已知 $AD \perp BC$ 于 D, M 为 BC 的中点, H 为垂心, E 为 $\triangle ABC$ 的外接圆圆 O 与射线 MH 的交点, F 是 ED 的延长线与圆 O 的交点. 证明: $\dfrac{BF}{CF} = \dfrac{AB}{AC}$.

事实上, 由推论 6 即知结论成立.

例 6 (2014 年第二届"学数学"数学奥林匹克题) 在 $\triangle ABC$ 中 ($AB \neq AC$), AT 是 $\angle BAC$ 的平分线, M 是边 BC 的中点, H 是垂心, HM 与 AT 相交于点 D, 过点 D 作 $DE \perp AB$, $DF \perp AC$, 垂足分别为点 E,F. 求证: E,H,F 三点共线.

证法 1 如图 36.86, 延长线段 HM 到点 Q, 使得 $QM = MH$, 则四边形 $BQCH$ 是平行四边形, 于是 $\angle BQC = \angle BHC = 180° - \angle A$, 从而点 Q 在 $\triangle ABC$ 的外接圆上.

又由 $BH \perp AC$, $CH \perp AB$ 可知 $\angle ABQ = \angle ACQ = 90°$, 因此 Q 是 A 的对径点.

记射线 MH 与 $\triangle ABC$ 的外接圆相交于点 P, 则 $\angle APQ = 90°$. 又 $DE \perp AB$, $DF \perp AC$, 所以, P,A,E,D,F 五点共圆.

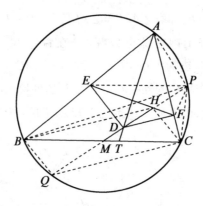

图 36.86

由
$$\angle PEB = 180° - \angle PEA = 180° - \angle AFP = \angle PFC,$$
$$\angle PBE = \angle PBA = \angle PCA = \angle PCF$$
知 $\triangle PEB \backsim \triangle PFC$,从而
$$\frac{PB}{PC} = \frac{BE}{CF} \qquad \qquad ①$$

由点 M 是 BC 中点,知 $S_{\triangle BPQ} = S_{\triangle CPQ}$,即
$$\frac{1}{2}PB \cdot BQ\sin\angle PBQ = \frac{1}{2}PC \cdot CQ\sin\angle PCQ$$

由 $\angle PBQ + \angle PCQ = 180°$,知
$$\sin\angle PBQ = \sin\angle PCQ$$

因此
$$PB \cdot BQ = PC \cdot CQ$$
即
$$\frac{PB}{PC} = \frac{BQ}{CQ} \qquad \qquad ②$$

由四边形 $BQCH$ 是平行四边形,知
$$BQ = CH, CQ = BH$$

结合式①②可知
$$\frac{BE}{CF} = \frac{BH}{CH}$$

又 $\angle ABH = \angle ACH = 90° - \angle A$,故
$$\triangle BEH \backsim \triangle CFH$$

从而，$\angle BEH = \angle CFH$，即 $\angle AEH = \angle AFH$.

假设 E,H,F 不共线，则由四边形 $AEDF$ 的对称性可知 H 在角平分线 AT 上，则 $\triangle ABC$ 必为等腰三角形，与已知条件矛盾. 于是只可能 E,H,F 三点共线，证毕.

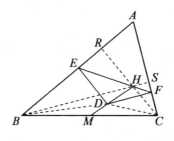

图 36.87

证法 2 改为证等价命题：如图 36.87，在 $\triangle ABC$ 中 $(AB \neq AC)$，H 是垂心，过点 H 作直线 EF，与 AB,AC 分别相交于点 E,F，且使得 $AE = AF$，过点 E,F 分别作 AB,AC 垂线相交于点 D，HD 与 BC 相交于点 M，则 M 是 BC 的中点. 为此作高 BS,CR，则

$$S_{\triangle BDH} = \frac{1}{2}BH \cdot SF, \quad S_{\triangle CDH} = \frac{1}{2}CH \cdot RE$$

容易证明

$$\triangle BEH \sim \triangle CFH, \quad \text{Rt}\triangle EHR \sim \text{Rt}\triangle FHS$$

所以

$$\frac{BH}{CH} = \frac{HR}{HS} = \frac{RE}{SF}$$

因此 $S_{\triangle BDH} = S_{\triangle CDH}$，即 M 是 BC 中点.

证法 3 如图 36.88，作 $\triangle ABC$ 的外接圆圆 O，延长 AO 交圆 O 于点 N，联结 NB,NC. 因为 $NB \perp AB$，$CH \perp AB$，所以 $CH \parallel NB$. 同理可知 $BH \parallel NC$，所以，四边形 $BHCN$ 为平行四边形，H,M,N 三点共线.

延长 BH，交 AC 于点 P，延长 CH，交 AB 于点 Q. 联结 HA,HE,HF，易知 AD 平分 $\angle HAN$，且

$$\triangle AHQ \sim \triangle ANC$$

所以

$$\frac{HQ}{HB} = \frac{HQ}{NC} = \frac{AH}{AN} = \frac{DH}{DN} = \frac{EQ}{EB}$$

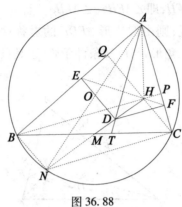

图 36.88

所以 EH 平分 $\angle BHQ$. 同理可知 FH 平分 $\angle CHP$, 所以 $\angle EHQ = \angle FHC$, 因此, E, H, F 三点共线.

证法 4 如图 36.89, 延长 BH, 交 AC 于点 P, 延长 CH, 交 AB 于点 Q, 则 B, C, P, Q 四点共圆, 且圆心为 M. 过点 H, 作 $JK \perp HM$, 分别与 AB, AC 相交于点 J, K, 根据蝴蝶定理知 $HJ = HK$, 所以 $DJ = DK$. 注意到 AD 平分 $\angle JAK$, 所以 A, J, D, K 四点共圆. 根据西姆松定理知 E, H, F 三点共线.

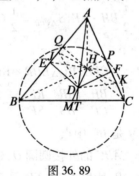

图 36.89

注 本解答由合肥一中刘邦亚同学给出.

证法 5 如图 36.90, 延长 AT 交圆 O 于 N, 则 O, M, N 共线.
设 R 为圆 O 的半径, 易知

$$AH = 2R\cos A$$
$$OM = R\cos A$$
$$AN = \frac{b+c}{2\cos\frac{A}{2}}$$

$$AD = \frac{AH}{AH + MN} \cdot AN$$

$$= \frac{2\cos A}{1 + \cos A} \cdot \frac{b + c}{2\cos \frac{A}{2}}$$

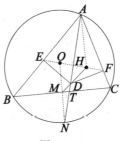

图 36.90

$$AE = AF = AD\cos \frac{A}{2}$$

$$= \frac{(b + c)\cos A}{1 + \cos A}$$

由张角公式,只要证明

$$\frac{\sin A}{AH} = \frac{\cos B}{AF} + \frac{\cos C}{AE} = \frac{\cos B + \cos C}{AE}$$

即证 $$\frac{AE}{AH} = \frac{(b + c)\cos A}{1 + \cos A} \cdot \frac{1}{R\cos A}$$

$$= \frac{\sin B + \sin C}{1 + \cos A} = \frac{\cos B + \cos C}{\sin A}$$

即证 $\cos A\cos B - \sin A\sin B + \cos C\cos A - \sin C\sin A + \cos B + \cos C = 0$

即证 $\cos(A + B) + \cos(C + A) + \cos B + \cos C = 0$

该式显然成立.

第37章 2015～2016年度试题的诠释

（第12届）东南赛试题1 在$\triangle ABC$中，$AB>AC$，I为$\triangle ABC$的内心. 用Γ表示以AI为直径的圆. 设圆Γ与$\triangle ABC$的外接圆交于点A，D，且D在不含点B的$\overparen{AC}$上，过点A作BC的平行线，与圆Γ交于A及另一点E，如图37.1，若DI平分$\angle CDE$，且$\angle ABC=33°$，求$\angle BAC$的度数.

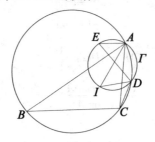

图37.1

解 联结AD，由条件得

$$\angle IDC = \angle IDE = \angle IAE$$
$$= \angle IAB + \angle BAE$$
$$= \frac{\angle BAC}{2} + \angle ABC \qquad ①$$

注意到，$\angle IDA=90°$，则

$$\angle IDC = \angle ADC - \angle ADI$$
$$= (180° - \angle ABC) - 90°$$
$$= 90° - \angle ABC \qquad ②$$

比较式①②得

$$\frac{\angle BAC}{2} + \angle ABC = 90° - \angle ABC$$
$$\Rightarrow \angle BAC = 2(90° - 2\angle ABC) = 48°$$

东南赛试题2 在$\triangle ABC$中，三边长$BC=a$，$CA=b$，$AB=c$满足$c<b<a<2c$. P，Q为$\triangle ABC$边上的两点，且直线PQ将$\triangle ABC$分成面积相等的两部分. 求

线段 PQ 长度的最小值.

解 先考虑点 P,Q 在 AB,AC 上的情形,不妨设点 P 在 AB 上,点 Q 在 AC 上.

设 $AP = x, AQ = y$. 由

$$S_{\triangle APQ} = \frac{1}{2} S_{\triangle ABC}$$

$$\Rightarrow xy\sin A = \frac{1}{2}bc\sin A \Rightarrow xy = \frac{1}{2}bc$$

由余弦定理知

$$\begin{aligned}|PQ|^2 &= x^2 + y^2 - 2xy\cos A \\ &\geq 2xy - 2xy\cos A \\ &= bc(1-\cos A) = 2bc\sin^2\frac{A}{2}\end{aligned}$$

又 $c < b < a < 2c$,知 $\sqrt{\dfrac{bc}{2}} < c < b$.

故当 $x = y = \sqrt{\dfrac{bc}{2}}$ 时,点 P,Q 分别在边 AB,AC 的内部,且此时 PQ^2 取到最小值

$$d(a) = 2bc\sin^2\frac{A}{2}$$

记 R 为 $\triangle ABC$ 的外接圆半径,因为 $a = 2R\sin A$,所以

$$d(a) = 2bc\sin^2\frac{A}{2} = \frac{abc}{R\sin A}\sin^2\frac{A}{2}$$

$$= \frac{abc}{2R}\tan\frac{A}{2}$$

由 $c < b < a < 2c$,得

$$\sqrt{\frac{ca}{2}} < c < a, \sqrt{\frac{ab}{2}} < b < a$$

类似地,当 l 与边 AB,BC 相交时, PQ^2 的最小值为

$$d(b) = \frac{abc}{2R}\tan\frac{B}{2}$$

当 l 与边 AC,BC 相交时, PQ^2 的最小值为

$$d(c) = \frac{abc}{2R}\tan\frac{C}{2}$$

因为正切函数在区间 $\left(0, \frac{\pi}{2}\right)$ 上单调递增，且 $0 < \angle C < \angle B < \angle A < \pi$，所以
$$d(c) < d(b) < d(a)$$

因此，线段 PQ 长度的最小值为
$$\sqrt{d(c)} = \sqrt{2ab} \sin \frac{C}{2}$$

注 本题答案亦可为
$$\sqrt{\frac{c^2 - (a-b)^2}{2}}, \sqrt{\frac{1}{2}(a+c-b)(b+c-a)}$$
等形式.

东南赛试题 3 在 $\triangle ABC$ 中，$AB > AC > BC$. $\triangle ABC$ 的内切圆与边 AB, BC, CA 分别切于点 D, E, F，线段 DE, EF, FD 的中点分别为 L, M, N. 直线 NL, LM, MN 分别与射线 AB, BC, AC 交于点 P, Q, R. 证明：$PA \cdot QB \cdot RC = PD \cdot QE \cdot RF$.

证明 如图 37.2，设直线 DE 与 AR 交于点 S.

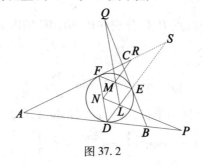

图 37.2

由梅涅劳斯定理知
$$\frac{AD}{DB} \cdot \frac{BE}{EC} \cdot \frac{CS}{SA} = 1$$

又 $AD = AF, DB = BE, EC = CF$，则
$$\frac{CS}{CF} = \frac{SA}{AF} \quad \text{①}$$

注意到，M, N 分别为 EF, FD 的中点. 于是，R 为 FS 的中点.

故 $CS - CF = 2RC, SA - AF = 2RF$

结合式①知
$$\frac{2RC}{CF} = \frac{CS - CF}{CF} = \frac{SA - AF}{AF} = \frac{2RF}{AF}.$$

$$\Rightarrow \frac{RC}{CF} = \frac{RF}{AF}$$

$$\Rightarrow \frac{RC}{RF} = \frac{RC}{RC+CF} = \frac{RF}{RF+AF} = \frac{RF}{RA}$$

$$\Rightarrow RF^2 = RC \cdot RA$$

类似地,$PD^2 = PA \cdot PB, QE^2 = QB \cdot QC.$

所以,P,Q,R 均为 $\triangle ABC$ 的内切圆、外接圆的等幂点.

从而,P,Q,R 三点共线.

由梅涅劳斯定理得

$$\frac{AP}{PB} \cdot \frac{BQ}{QC} \cdot \frac{CR}{RA} = 1$$

故

$$\frac{AP^2}{PD^2} \cdot \frac{BQ^2}{QE^2} \cdot \frac{CR^2}{RF^2}$$

$$= \frac{AP^2}{PA \cdot PB} \cdot \frac{BQ^2}{QB \cdot QC} \cdot \frac{CR^2}{RC \cdot RA}$$

$$= \frac{AP}{PB} \cdot \frac{BQ}{QC} \cdot \frac{CR}{RA} = 1$$

得到

$$PA \cdot QB \cdot RC = PD \cdot QE \cdot RF$$

东南赛试题 4 如图 37.3, E,F 分别为线段 AB, AD 上的点, BF 与 DE 交于点 C. 若 $AE + EC = AF + FC$, 证明: $AB + BC = AD + DC$.

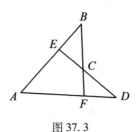

图 37.3

证明 如图 37.4, 作 $\angle BEC, \angle DFC$ 的平分线,交于点 J. 在 AE, AF 的延长线上分别取点 C_1, C_2, 使得 $EC_1 = EC, FC_2 = FC$.

由条件知

$$AC_1 = AE + EC_1 = AE + EC$$
$$= AF + FC = AF + FC_2 = AC_2$$

联结 AJ, CJ, C_1J, C_2J, 由点 C_1, C 关于 EJ 对称, 点 C_2, C 关于 FJ 对称, 知

$$JC_1 = JC = JC_2$$

①

故 $\triangle AJC_1 \cong \triangle AJC_2 \Rightarrow AJ$ 平分 $\angle EAF$.

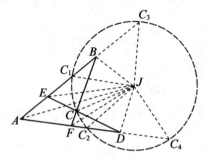

图 37.4

从而,J 同时为 $\triangle ADE$ 与 $\triangle ABF$ 中 $\angle A$ 所对的旁心.

在 AB,AD 的延长线上分别取点 C_3,C_4,使得 $BC_3 = BC, DC_4 = DC$,联结 BJ, DJ, C_3J, C_4J.

由于 J 为 $\triangle ABF$ 与 $\triangle ADE$ 中 $\angle A$ 所对的旁心,则 BJ, DJ 分别平分 $\angle FBC_3$, $\angle EDC_4$.

从而,点 C_3, C 关于 BJ 对称,点 C_4, C 关于 DJ 对称.

因此
$$JC_3 = JC = JC_4 \qquad ②$$

结合式①②,知以 $\angle EAF$ 平分线上一点 J 为圆心、JC 为半径的圆与射线 AE 交于点 C_1, C_3,与射线 AF 交于点 C_2, C_4.

又注意到
$$AC_3 = AB + BC > AE + EC = AC_1$$
$$AC_4 = AD + DC > AF + FC = AC_2$$

从而,根据对称性知 $AC_3 = AC_4$,即
$$AB + BC = AD + DC$$

女子赛试题 1 如图 37.5,在锐角 $\triangle ABC$ 中,$AB > AC$,O 为外心,D 为边 BC 的中点.以 AD 为直径作圆,与边 AB, AC 分别交于点 E, F.过点 D 作 $DM \parallel AO$,与 EF 交于点 M.证明:$EM = MF$.

证法 1 如图 37.5,联结 DE, DF,过点 O 作 $OW \perp AB$,与 AB 交于点 W.

由题意知 $DE \perp AB$, $DF \perp AC$.从而,$OW \parallel DE$.因为 $DM \parallel AO$,所以, $\angle EDM = \angle AOW$.

又 O 为 $\triangle ABC$ 外心,则
$$\angle AOW = \angle ACB$$

从而, $\angle EDM = \angle ACB$.

类似地, $\angle FDM = \angle ABC$.

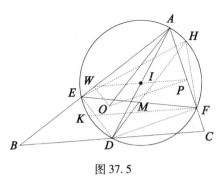

图 37.5

在 $\triangle EDF$ 中, 有

$$\frac{EM}{MF} = \frac{DE\sin\angle EDM}{DF\sin\angle FDM}$$

$$= \frac{DE\sin\angle ACB}{DF\sin\angle ABC}$$

$$= \frac{DB\sin\angle ABC \cdot \sin\angle ACB}{DC\sin\angle ACB \cdot \sin\angle ABC} = 1$$

得 $EM = MF$.

证法 2 (由江西的王建荣给出)

设 I, W, P 分别为 AD, AB, AC 的中点, 则

$$PW \parallel BC, OW \perp AB, OP \perp AC$$

联结 DF, 故 $DF \parallel OP$.

作 $FK \parallel BC$, 与圆 I 交于点 K.

由 A, W, O, P 四点共圆 $\Rightarrow \angle WAO = \angle WPO = \angle KFD = \angle FDC$.

延长 DM, 与圆 I 交于点 H, 联结 HE, HF.

由 $\angle EAD = \angle EFD$

$\Rightarrow \angle OAD = \angle ADH = \angle AFH = \angle EFK$

$\Rightarrow \angle ACB = \angle HFE$

再结合 $\angle EAF = \angle EHF$, 知

$$\triangle ABC \backsim \triangle HEF$$

$$\Rightarrow \frac{S_{\triangle HEM}}{S_{\triangle HFM}} = \frac{HE\sin\angle EHM}{HF\sin\angle FHM} = \frac{AB\sin\angle BAD}{AC\sin\angle CAD} = 1$$

$$\Rightarrow EM = MF$$

证法 3 （由安徽的阚政平给出）

如图 37.6, 作 $\triangle ABC$ 的边 AB,AC 上的高线 CH,BG, 联结 HG,DE,DF.

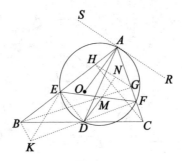

图 37.6

设 N 为边 HG 的中点. 由 D 为边 BC 的中点知
$$DH = \frac{1}{2}BC = DG$$
则 $DN \perp HG$.

过点 A 作圆 O 的切线 SR, 则 $AO \perp SR$.

又 $\angle RAC = \angle ABC$, 且 B,C,G,H 四点共圆, 则
$$\angle AGH = \angle ABC$$
故 $\angle RAC = \angle AGH \Rightarrow RS // GH \Rightarrow AO \perp HG$.

又 $DM // AO$, 则
$$DM \perp HG \Rightarrow D,M,N \text{ 三点共线}$$
故
$$DE \perp AB, DF \perp AC$$
$$\Rightarrow D,F,G,N \text{ 四点共圆}$$
$$\Rightarrow \angle AGH = \angle NDF$$

又 $\angle AGH = \angle ABC$, 于是
$$\angle ABC = \angle NDF$$

延长 FD 至点 K, 使得 $FD = DK$, 联结 BK,EK, 易证
$$\triangle FDC \cong \triangle KDB \Rightarrow \angle BKD = \angle DFC = 90°$$

又 $\angle BED = 90°$, 故
$$B,E,D,K \text{ 四点共圆} \Rightarrow \angle ABC = \angle EKD$$

又 $\angle ABC = \angle NDF$, 则
$$\angle EKD = \angle NDF \Rightarrow EK // DM$$

由 D 为 FK 的中点,知 M 为 EF 的中点.

从而,$EM = MF$.

女子赛试题 2 如图 37.7,两圆 Γ_1,Γ_2 外离,它们的一条外公切线与圆 Γ_1,Γ_2 分别切于点 A,B,一条内公切线与圆 Γ_1,Γ_2 分别切于点 C,D. 设 E 为直线 AC 与 BD 的交点,F 为圆 Γ_1 上一点,过 F 作圆 Γ_1 的切线与线段 EF 的中垂线交于点 M,过 M 作切线 MG 与圆 Γ_2 切于点 G. 证明:$MF = MG$.

证法 1 如图 37.7,设圆 Γ_1,Γ_2 的圆心分别为 O_1,O_2,直线 AB 与 CD 交于点 H,联结 HO_1,HO_2. 设 J,K 分别为线段 AB,CD 的中点,联结 JE,KE.

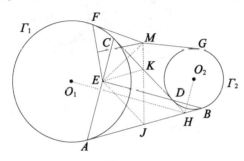

图 37.7

由 HA,HC 为圆 O_1 的切线,知 HO_1 平分 $\angle AHC$,且 $AC \perp HO_1$.

类似地,HO_2 平分 $\angle BHD$,且 $BD \perp HO_2$.

因为 HO_1,HO_2 分别为 $\angle AHC$ 的内角平分线、外角平分线,所以,$HO_1 \perp HO_2$.

结合 $AC \perp HO_1, BD \perp HO_2$,知
$$AC \perp BD$$

显然,$JE = JA = JB, KE = KC = KD$.

考虑圆 O_1、圆 O_2 及点圆 E,由 $JE = JA = JB$,知点 J 到这三个圆的幂相等.

由 $KE = KC = KD$,知点 K 到这三个圆的幂也相等.

显然,J,K 为两个不同的点.

因此,这三个圆必然有一条公共的根轴.

因为点 M 在 EF 的中垂线上,所以
$$MF = ME$$

结合 MF 为圆 O_1 的切线,知点 M 在这三个圆的公共根轴上.

又 MG 为圆 O_2 的切线,故 $MF = MG$.

证法 2 (由广西的卢圣、黄伦溪给出)

先证一个引理.

引理 1 如图 37.8,设两个外离的圆的圆心分别为 O_1, O_2,AB 为两圆的外公切线,CD 为两圆的内公切线,则 O_1O_2, AC, BD 三线共点.

事实上,如图 37.8,延长 CD,与 AB 交于点 T,联结 O_1A, O_1C, O_2B, O_2D. 设直线 AC 与 BD 交于点 E.

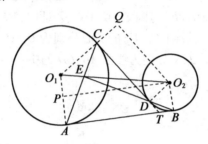

图 37.8

过点 O_2 作 O_1A 的垂线,垂足为 P,过点 O_2 作 O_1C 延长线的垂线,垂足为 Q、则四边形 $PABO_2$、四边形 $QCDO_2$ 均为矩形.

由相切知

$$\angle CDE = \angle BDT = \angle DBT = \frac{1}{2}\angle CTA$$

$$\angle TCA = \angle TAC$$

$$\Rightarrow \angle CDE + \angle ECD = \angle ABE + \angle EAB = 90°$$

$$\Rightarrow \frac{AE}{CE} = \frac{AB\sin\angle ABE}{CD\sin\angle CDE} = \frac{AB}{CD}$$

设 O_1O_2 与 AC 交于点 E_1,则

$$\frac{AE_1}{CE_1} = \frac{S_{\triangle O_1AE_1}}{S_{\triangle O_1CE_1}} = \frac{\sin\angle AO_1E_1}{\sin\angle CO_1E_1}$$

$$= \frac{O_1O_2\sin\angle AO_1O_2}{O_1O_2\sin\angle CO_1O_2} = \frac{PO_2}{QO_2} = \frac{AB}{CD}$$

于是,点 E_1 与 E 重合,即 O_1O_2, AC, BD 三线共点.

回到原题.

如图 37.9,设圆 Γ_1, Γ_2 的圆心分别为 O_1, O_2. 过点 M 作 O_1O_2 的垂线,垂足为 J. 在线段 JO_2 上取点 K 使 J 为 EK 的中点,联结辅助线如图所示.

由引理知,点 E 在 O_1O_2 上,且 $AE \perp BE$.

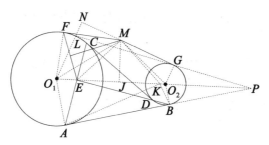

图 37.9

由题设及辅助线作图知
$$MF = ME = MK$$
故
$$O_1J^2 + JM^2 = O_1M^2 = MF^2 + O_1F^2$$
$$= ME^2 + O_1F^2 = JM^2 + EJ^2 + O_1F^2$$
$$\Rightarrow O_1J^2 = O_1F^2 + EJ^2 = O_1A^2 + (O_1J - O_1E)^2$$
$$\Rightarrow O_1A^2 = O_1E(2O_1J - O_1E)$$
$$= O_1E(O_1J + JK) = O_1E \cdot O_1K$$
$$\Rightarrow \triangle O_1AK \sim \triangle O_1EA$$
$$\Rightarrow \angle O_1KA = \angle O_1AE$$
$$= 90° - \angle EAB = \angle EBA$$
$$\Rightarrow E,A,B,K \text{ 四点共圆}$$
$$\Rightarrow \angle O_2EB = \angle KAB = 90° - \angle KBA = \angle O_2BK$$
$$\Rightarrow \triangle O_2EB \sim \triangle O_2BK$$
$$\Rightarrow O_2B^2 = O_2K \cdot O_2E = O_2K(2O_2J - O_2K)$$
$$= 2O_2J \cdot O_2K - O_2K^2$$
$$\Rightarrow O_2J^2 - O_2B^2 = O_2J^2 + O_2K^2 - 2O_2J \cdot O_2K$$
$$= (O_2J - O_2K)^2 = JK^2 = JE^2 = O_1J^2 - O_1F^2$$
$$\Rightarrow \text{点 } J \text{ 对圆 } \Gamma_1, \Gamma_2 \text{ 的幂相等}$$
$$\Rightarrow \text{直线 } JM \text{ 为圆 } \Gamma_1, \Gamma_2 \text{ 的根轴}$$
$$\Rightarrow MF = MG$$

证法 3 同证法 1 得 $AC \perp BD$,设 Γ_1, Γ_2 的半径分别为 r_1, r_2,则由勾股定理可知,$JO_1^2 - JE^2 = r_1^2 + JA^2 - JE^2 = r_1^2$. 同理,有 $KO_1^2 - KE^2 = r_1^2, MO_1^2 - ME^2 = r_1^2$.

因此,$JO_1^2 - JE^2 = KO_1^2 - KE^2 = MO_1^2 - ME^2$. 由定差幂线定理知 $JK \perp O_1E$, $KM \perp O_1E$.

由于过平面上一点有且仅有一条直线与已知直线垂直,所以 J, K, M 三点共线.

可推知 $JO_2^2 - JE^2 = r_2^2 + JB^2 - JE^2 = r_2^2$. 同理 $KO_2^2 - KE^2 = r_2^2$, 由此可得 $JO_2^2 - JE^2 = KO_2^2 - KE^2$. 由定差幂线定理知 $JK \perp O_2E$. 故 $JM \perp O_2E$.

因此, $MO_2^2 - ME^2 = JO_2^2 - JE^2 = r_2^2$, 结合 $MO_2^2 = MG^2 + r_2^2$ 得 $MG = ME$. 故 $MG = MF$.

西部赛试题 1 如图 37.10, 圆 Γ_1, Γ_2 内切于点 T, M, N 为圆 Γ_1 上不同于 T 的两点, 圆 Γ_2 的两条弦 AB, CD 分别过点 M, N. 若线段 AC, BD, MN 交于同一点 K, 证明: TK 平分 $\angle MTN$.

证法 1 如图 37.10, 分别延长 TM, TN, 与圆 Γ_2 交于点 E, F, 联结 EF.

图 37.10

从而, $MN \parallel EF$.

于是, $\dfrac{TM}{TN} = \dfrac{ME}{NF}$.

结合相交弦定理知

$$\frac{TM^2}{TN^2} = \frac{TM}{TN} \cdot \frac{ME}{NF} = \frac{AM \cdot MB}{DN \cdot NC} \qquad ①$$

在 $\triangle AMK$ 和 $\triangle DNK$ 中, 由正弦定理知

$$\frac{AM}{\sin \angle AKM} = \frac{MK}{\sin \angle MAK}$$

$$\frac{DN}{\sin \angle DKN} = \frac{KN}{\sin \angle KDN}$$

注意到

$$\angle MAK = \angle BAC = \angle BDC = \angle KDN$$

则

$$\frac{AM}{DN} = \frac{MK \sin \angle AKM}{NK \sin \angle DKN}.$$

类似地，$\dfrac{MB}{NC} = \dfrac{MK\sin\angle MKB}{NK\sin\angle NKC}$. 故
$$\dfrac{AM \cdot MB}{DN \cdot NC} = \dfrac{MK^2}{NK^2} \qquad ②$$

由式①②知
$$\dfrac{TM^2}{TN^2} = \dfrac{MK^2}{NK^2} \Rightarrow \dfrac{TM}{TN} = \dfrac{MK}{NK}$$
$$\Rightarrow TK \text{ 平分 } \angle MTN$$

证法 2（由江西的王建荣给出）

如图 37.10，分别延长 TM, TN 与圆 Γ_2 交于点 E, F，联结 EF.

由圆 Γ_1 与圆 Γ_2 内切 $\Rightarrow MN \parallel EF$.

又 $TM \cdot ME = AM \cdot MB$，$TN \cdot NF = DN \cdot NC$，则
$$\dfrac{TM}{TN} = \dfrac{EM}{FN} \Rightarrow \left(\dfrac{TM}{TN}\right)^2 = \dfrac{AM \cdot MB}{DN \cdot NC}$$

由
$$\dfrac{MB}{\sin\angle MKB} = \dfrac{MK}{\sin\angle MBK}$$

$$\dfrac{NC}{\sin\angle NKC} = \dfrac{KN}{\sin\angle KCN}$$

$$\dfrac{AM}{\sin\angle AKM} = \dfrac{MK}{\sin\angle MAK}$$

$$\dfrac{DN}{\sin\angle DKN} = \dfrac{KN}{\sin\angle KDN}$$

故
$$\left(\dfrac{MK}{KN}\right)^2 = \dfrac{AM \cdot MB}{DN \cdot NC}$$

因此，TK 平分 $\angle MTN$.

西部赛试题 2 设凸四边形 $ABCD$ 的面积为 S，$AB = a$，$BC = b$，$CD = c$，$DA = d$. 证明：对 a, b, c, d 的任意一个排列 (x, y, z, w) 有 $S \leqslant \dfrac{1}{2}(xy + zw)$.

证明 注意到，凸四边形 $ABCD$ 的边长 a, b, c, d 的排列有 $4! = 24$ 种.

事实上，由边长 x, y 是否相邻，只要考虑如下两种情形.

（i）若 x, y 为凸四边形 $ABCD$ 相邻的两边长，不失一般性，只要证
$$S \leqslant \dfrac{1}{2}(ab + cd)$$

注意到

$$S_{\triangle ABC} = \frac{1}{2}AB \cdot BC\sin\angle ABC \leq \frac{1}{2}ab$$

$$S_{\triangle CDA} = \frac{1}{2}CD \cdot DA\sin\angle CDA \leq \frac{1}{2}cd$$

故 $S = S_{\triangle ABC} + S_{\triangle CDA} \leq \frac{1}{2}(ab+cd)$.

(ⅱ)若 x,y 为凸四边形 $ABCD$ 两相对边的长,只要证

$$S \leq \frac{1}{2}(ac+bd)$$

设点 A 关于 BD 的中垂线的对称点为 A',则

$$S_{四边形ABCD} = S_{四边形A'BCD}$$
$$= S_{\triangle A'BC} + S_{\triangle CDA'}$$
$$\leq \frac{1}{2}A'B \cdot BC + \frac{1}{2}CD \cdot DA'$$
$$= \frac{1}{2}AD \cdot BC + \frac{1}{2}CD \cdot AB$$
$$= \frac{1}{2}(ac+bd)$$

由情形(ⅰ)(ⅱ)知原问题成立.

注 当 x,y 为凸四边形 $ABCD$ 的两相对边的长时,可用托勒密不等式证明结论成立.

事实上

$$S = S_{四边形ABCD} = \frac{1}{2}AC \cdot BD\sin\theta$$
$$\leq \frac{1}{2}AC \cdot BD \leq \frac{1}{2}(AB \cdot CD + BC \cdot DA)$$
$$= \frac{1}{2}(ac+bd)$$

西部赛预选题 如图 37.11,已知 A,B,C 为圆 Γ 上的点,圆 Γ 在点 B,C 处的切线交于点 D,AB 与 CD 交于点 E,AC 与 BD 交于点 F,AD 与 EF 交于点 G,GC 与圆 Γ 交于点 H(异于点 C).证明:FH 为圆的切线.

证明 联结 AH,BC.

由 EC 为圆 Γ 的切线知

$$\angle HAC = \angle ECG$$

在 $\triangle AHC$ 中,由正弦定理得

$$\frac{AH}{HC} = \frac{\sin \angle ACH}{\sin \angle HAC} = \frac{\sin \angle FCG}{\sin \angle ECG}$$

在 $\triangle ECG, \triangle FCG$ 中,分别由正弦定理得

$$\frac{EG}{EC} = \frac{\sin \angle ECG}{\sin \angle EGC}, \frac{FG}{FC} = \frac{\sin \angle FCG}{\sin \angle FGC}$$

$$\Rightarrow \frac{FG \cdot EC}{EG \cdot FC} = \frac{\sin \angle FCG}{\sin \angle ECG}$$

$$\Rightarrow \frac{AH}{HC} = \frac{FG \cdot EC}{EG \cdot FC}$$

再对 $\triangle AEF$ 及点 D 利用塞瓦定理得

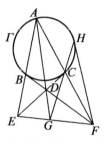

图 37.11

$$\frac{FG}{GE} \cdot \frac{EB}{BA} \cdot \frac{AC}{CF} = 1$$

$$\Rightarrow \frac{FG}{GE} = \frac{BA \cdot CF}{BE \cdot AC}$$

$$\Rightarrow \frac{AH}{HC} = \frac{BA}{BE} \cdot \frac{EC}{AC} = \frac{BA}{AC} \cdot \frac{EC}{BE}$$

再由 $\triangle EAC \backsim \triangle ECB \Rightarrow \frac{EC}{BE} = \frac{AC}{CB}$.

于是,$\frac{AH}{HC} = \frac{AB}{BC}$.

由 $\triangle FBA \backsim \triangle FCB$

$$\Rightarrow \frac{AB}{BC} = \frac{AF}{BF} = \frac{FB}{FC}$$

$$\Rightarrow \frac{AF}{FC} = \left(\frac{AB}{BC}\right)^2$$

过 H 作圆 Γ 的切线,与 AC 交于点 F'.

类似地,$\frac{AF'}{F'C} = \left(\frac{AH}{CH}\right)^2$.

从而,$\dfrac{AF'}{F'C}=\dfrac{AF}{FC}$,即点 F' 与 F 重合.

因此,结论成立.

从这一年开始,中国北方数学奥林匹克又分高一、高二.

(第 11 届)北方赛试题 1 已知 AB 为 $\triangle ABC$ 外接圆圆 O 的直径,过点 B,C 作圆 O 的切线交于点 P,过点 A 垂直于 PA 的直线与 BC 的延长线交于点 D,延长 DP 到点 E,使得 $PE=PB$. 若 $\angle ADP=40°$,求 $\angle E$ 的度数.

解 事实上,只要证明:$AP /\!/ BE$.

如图 37.12,设直线 DA 与 EB 交于点 F,联结 PO,与 BC 交于点 M,则 $PO \perp BC$,联结 AM.

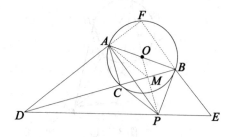

图 37.12

由 $PA \perp AD$,$PM \perp MD$,知 D,A,M,P 四点共圆.

于是,$\angle AMC = \angle APD$. 又
$$\angle BMP = \angle ACM, \angle MBP = \angle CAB$$
则
$$\triangle PBM \backsim \triangle PAB \Rightarrow \dfrac{BM}{AC} = \dfrac{BP}{AB}$$

又 $BM = CM$,则 $\dfrac{CM}{BP} = \dfrac{AC}{AB}$.

因为 $\angle ACM = \angle ABP$,所以
$$\triangle ACM \backsim \triangle ABP$$
$$\Rightarrow \angle AMC = \angle APB$$
$$\Rightarrow \angle APD = \angle APB$$

由 $PB = PE$,知
$$\angle PBE = \angle E = \dfrac{1}{2} \angle DPB = \angle APB \Rightarrow AP /\!/ BE$$

又 $AP \perp DA$,$DF \perp EF$,即 $\angle DFE = 90°$.

因此，$\angle E = 50°$.

北方赛试题 2   如图 37.13，已知点 D,E,F 分别在锐角 $\triangle ABC$ 的边 AB，BC,CA 上. 若
$$\angle EDC = \angle CDF, \angle FEA = \angle AED, \angle DFB = \angle BFE$$
证明：CD,AE,BF 为 $\triangle ABC$ 的三条高.

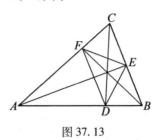

图 37.13

证明   注意到
$$\frac{BE}{EC} = \frac{S_{\triangle BDE}}{S_{\triangle CDE}} = \frac{BD\sin\angle BDE}{CD\sin\angle CDE}$$
$$\frac{AF}{FC} = \frac{S_{\triangle ADF}}{S_{\triangle CDF}} = \frac{AD\sin\angle ADF}{CD\sin\angle CDF}$$
故
$$\frac{BE}{EC} \cdot \frac{FC}{AF} = \frac{AD}{DB} \cdot \frac{\sin\angle BDE}{\sin\angle ADF} \qquad ①$$
因为 CD,AE,BF 为 $\triangle DEF$ 的三条内角平分线交于一点，所以，由塞瓦定理得
$$\frac{BE}{EC} \cdot \frac{CF}{FA} \cdot \frac{AD}{DB} = 1 \qquad ②$$
由式①②得
$$\sin\angle BDE = \sin\angle ADF$$
又 $\qquad 0 < \angle BDE, \angle ADF < \pi, \angle BDE + \angle ADF < \pi$
则 $\angle BDE = \angle ADF$.

故 $\qquad \angle BDE + \angle CDE = \angle ADF + \angle CDF = 90° \Rightarrow CD \perp AB$
类似地，$AE \perp BC, BF \perp CA$.

北方赛试题 3   如图 37.14，一个半径为 1 的圆过 $\triangle ABC$ 的顶点 A，且与边 BC 切于点 D，与边 AB,AC 分别交于点 E,F. 若 EF 平分 $\angle AFD$，且 $\angle ADC = 80°$，问：是否存在满足条件的三角形，使得 $\dfrac{AB+BC+CA}{AD^2}$ 为无理数，且该无理数为一

个整系数一元二次方程的根？若不存在，请证明；若存在，请找到一个满足条件的点，并求出数值.

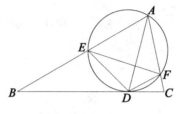

图 37.14

解 存在. 易知
$\angle AED = \angle ADC = 80°$, $\angle AFD = 100°$, $\angle BAD = \angle EFD = 50°$, $\angle ABD = 30°$ 且 $AD = 2\sin 80°$. 设 $\angle ACD = \alpha$, 则 $20° < \alpha < 80°$.

由
$$\frac{AB}{AD} = \frac{\sin 100°}{\sin 30°} = 2\sin 100°$$

$$\frac{AC}{AD} = \frac{\sin 80°}{\sin \alpha}$$

$$\frac{BC}{AD} = \frac{BD}{AD} + \frac{DC}{AD} = 2\sin 50° + \frac{\sin(80° + \alpha)}{\sin \alpha}$$

知

$$\frac{AB + BC + CA}{AD} = 2\sin 100° + \frac{\sin 80°}{\sin \alpha} + 2\sin 50° + \frac{\sin 80° \cdot \cos \alpha}{\sin \alpha} + \cos 80°$$

$$= 2\sin 100° + 2\sin 50° + \cos 80° + \sin 80° \cdot \frac{1 + \cos \alpha}{\sin \alpha}$$

令 $\alpha = 60°$, 则

$$\frac{AB + BC + CA}{AD}$$

$$= 2\sin 100° + 2\sin 50° + \cos 80° + \sqrt{3}\sin 80°$$

$$= 2\sin 100° + 2\sin 50° + 2\sin 110°$$

$$2\sin 80° + 4\sin 80° \cdot \cos 30° = 2(1 + \sqrt{3})\sin 80°$$

故
$$\frac{AB + BC + CA}{AD^2} = 1 + \sqrt{3} \quad (\text{无理数})$$

试题 A 如图 37.15, $\triangle ABC$ 内接于圆 O, P 为 $\overset{\frown}{BC}$ 上一点, 点 K 在线段 AP 上, 使得 BK 平分 $\angle ABC$. 过 K, P, C 三点的圆 Γ 与边 AC 交于点 D, 联结 BD 交圆 Γ 于点 E, 联结 PE 并延长与边 AB 交于点 F. 证明: $\angle ABC = 2\angle FCB$.

证法 1 设 CF 与圆 Γ 交于点 L(异于 C),联结 PB,PC,BL,KL. 此时,C,D,L,K,E,P 六点均在圆 Γ 上. 结合 A,B,P,C 四点共圆知
$$\angle FEB = \angle DEP = 180° - \angle DCP = \angle ABP = \angle FBP$$

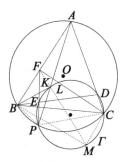

图 37.15

故 $\triangle FBE \backsim \triangle FPB \Rightarrow FB^2 = FE \cdot FP$.

又由圆幂定理知 $FE \cdot FP = FL \cdot FC \Rightarrow FB^2 = FL \cdot FC$.

从而,$\triangle FBL \backsim \triangle FCB$,则
$$\angle FLB = \angle FBC = \angle APC = \angle KPC = \angle FLK$$

即 B,K,L 三点共线.

再根据 $\triangle FBL \backsim \triangle FCB$,得
$$\angle FCB = \angle FBL = \angle FBE = \frac{1}{2}\angle ABC \Rightarrow \angle ABC = 2\angle FCB$$

证法 2 如图 37.15,设 CF 与圆 Γ 交于点 L(异于点 C),联结 PB,PC,BL.

注意到 C,D,E,P 四个点都在圆 Γ 上,结合 A,B,P,C 四点共圆,可知
$$\angle BEP = 180° - \angle PED = \angle PCD = \angle PCA = 180° - \angle ABP$$

所以
$$\angle BEF = 180° - \angle BEP = \angle ABP$$

因此 $\triangle FBE \backsim \triangle FPB$,故
$$FB^2 = FE \cdot FP$$

又由圆幂定理知
$$FE \cdot FP = FL \cdot FC$$

所以 $FB^2 = FL \cdot FC$,从而 $\triangle FBL \backsim \triangle FCB$.

因此,$\angle FLB = \angle FBC = \angle ABC = \angle APC$.

设 BL 与圆 Γ 交于点 Q,则 Q,L,C,P 四个点都在圆 Γ 上,所以 $\angle FLB = \angle FLQ = \angle QPC$.

又 $\angle APC = \angle FLB$,所以 $\angle APC = \angle QPC$,所以 A,Q,P 三点共线.
又 K 为 AP 与圆 Γ 的交点,所以点 K 与点 Q 重合,所以 B,K,L 三点共线.
再根据 $\triangle FBL \backsim \triangle FCB$ 得
$$\angle FCB = \angle FBL = \angle FBK = \frac{1}{2}\angle ABC$$
即 $\angle ABC = 2\angle FCB$.

证法 3 如图 37.15,联结 PB,PC,注意到 C,D,E,P 四点共圆及 A,B,P,C 四点共圆,在过 P,E,B 三点的圆的 $\overparen{BP}$ 上取一点 Q,则
$$180° - \angle BQP = \angle BEP = 180° - \angle PED$$
$$= \angle PCD = \angle PCA$$
$$= 180° - \angle ABP$$

从而 $\angle BQP = \angle ABP$.
所以 FB 为 $\triangle BEP$ 的外接圆的切线,故 $FB^2 = FE \cdot FP$.
而 E,P 为 $\triangle BEP$ 的外接圆和圆 Γ 的两交点,所以 EP 为两圆的公共弦,即为根轴.
又 F,E,P 三点共线,所以 F 到两圆的幂相等.
设 FC 交圆 Γ 于 L,则有
$$FE \cdot FP = FL \cdot FC$$
所以 $FB^2 = FL \cdot FC$,从而 $\triangle FBL \backsim \triangle FCB$,因此 $\angle FLB = \angle FBC$.
又 C,L,K,P 四个点都在圆 Γ 上,结合 A,B,P,C 四点共圆,可知
$$\angle FLK = \angle KPC = \angle APC = \angle ABC = \angle FBC$$
所以 $\angle FLB = \angle FLK$,所以 B,K,L 三点共线.
再根据 $\triangle FBL \backsim \triangle FCB$ 得
$$\angle FCB = \angle FBL = \angle FBK = \frac{1}{2}\angle ABC$$
即 $\angle ABC = 2\angle FCB$.

证法 4 设 CF 与圆 Γ 交于点 L(异于 C).
对圆内接广义六边形 $DCLKPE$ 应用帕斯卡定理,知 DC 与 KP 的交点 A 和 CL 与 PE 的交点 F 及 LK 与 ED 的交点 B' 三点共线.
因此,B' 为 AF 与 ED 的交点,即点 B' 与 B 重合.
于是,B,K,L 三点共线.
由 A,B,P,C 和 L,K,P,C 分别四点共圆得
$$\angle ABC = \angle APC = \angle FLB$$

$$= \angle FCB + \angle LBC$$

又由 BK 平分 $\angle ABC$ 知

$$\angle LBC = \frac{1}{2}\angle ABC \Rightarrow \angle ABC = 2\angle FCB$$

证法 5 如图 37.15,联结 PB,PC,注意到 C,D,E,P 四点共圆及 A,B,P,C 四点共圆,可知

$$\angle BEF = \angle PED = 180° - \angle PCD = 180° - \angle PCA = \angle ABP$$

而 $\angle BFP = \angle EFB$,故 $\triangle FBE \backsim \triangle FPB$,故 $FB^2 = FE \cdot FP$.

延长 FK 与圆 Γ 交于点 M,联结 BM,CM,则由圆幂定理知

$$FE \cdot FP = FK \cdot FM$$

所以 $FB^2 = FK \cdot FM$,从而 $\triangle BFK \backsim \triangle MFB$,故 $\angle FBK = \angle FMB$.

又 C,M,P,K 四个点都在圆 Γ 上,结合 A,B,P,C 四点共圆,可知

$$\angle CMF = \angle CMK = \angle CPK = \angle CPA = \angle CBA = \angle CBF$$

所以 C,F,B,M 四点共圆.

故 $\angle FCB = \angle FMB = \angle FBK = \frac{1}{2}\angle ABC$,即 $\angle ABC = 2\angle FCB$.

证法 6 如图 37.16,设 BC 与圆 Γ 交于点 G,联结 KG,因为 C,K,G,P 四点共圆及 A,B,P,C 四点共圆,所以 $\angle GKP = \angle GCP = \angle BAP$,因此 $GK \parallel AB$,故 $\angle KGC = \angle ABC$.

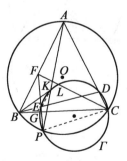

图 37.16

设 CF 与圆 Γ 交于点 L(异于点 C),联结 KL,PC.
由 C,L,K,P 四点共圆及 A,B,P,C 四点共圆,可知

$$\angle FLK = \angle KPC = \angle APC = \angle ABC$$

所以 $\angle KGC = \angle FLK$,因此 $\angle KLC = \angle BGK$.

因为 BK 平分 $\angle ABC$,$GK \parallel AB$,所以

$$\angle GBK = \angle BKG = \frac{1}{2}\angle ABC$$

因为
$$\angle BCP = \angle BAP, \angle BCL = \angle BKG$$

所以
$$\angle PCL = \angle BCP + \angle BCL$$
$$= \angle BAP + \angle BKG$$
$$= \angle GKP + \angle BKG = \angle BKP$$

所以
$$\angle PKL = 180° - \angle PCL = 180° - \angle BKP$$

所以 B, K, L 三点共线.

所以
$$\angle FLB = \angle LBC + \angle BCL = \angle LBC + \angle BKG = \angle ABC$$

即 $\angle ABC = 2\angle FCB$.

证法 7 如图 37.17,设 CF 交圆 $\varGamma$ 于点 L,记过 B, L, C 三点的圆为 $\varGamma_1$,过 B, P, E 三点的圆为 $\varGamma_2$,则 LC, EP 分别为圆 $\varGamma$ 与 $\varGamma_1, \varGamma_2$ 的根轴,且 F 为根心.

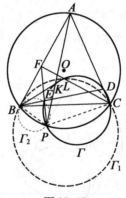

图 37.17

同证法 1 或证法 2 或证法 3,知 FB 为圆 $\varGamma_2$ 的切线. 又圆 $\varGamma_1, \varGamma_2$ 有公共点 B,则知 BF 为圆 $\varGamma_1, \varGamma_2$ 的根轴,于是可知 $\varGamma B$ 为圆 $\varGamma_1$ 的切线. 从而 $\angle FCB = \angle FBL = \frac{1}{2}\angle ABC$.

故 $\angle ABC = 2\angle FCB$.

注 若设直线 BK 与圆 $\varGamma$ 交于另一点 L,作 $\triangle BLC$ 的外接圆为 $\varGamma_1$,$\triangle BPE$ 的外接圆为 $\varGamma_2$. 如果能先证明 $\angle LCB = \angle ABL$,则可推知 AB 与圆 $\varGamma_1$ 相切于点 B.

由 $\angle PED = 180° - \angle PCD = \angle ABP$，知圆 Γ_2 与 AB 切于点 B.

根据蒙日定理，知圆 $\Gamma, \Gamma_1, \Gamma_2$ 两两的根轴交于一点，即 AB, PE, CL 交于一点，故 F, L, C 三点共线.

由 A, B, P, C 及 L, K, P, C 分别四点共圆得
$$\angle ABC = \angle APC = \angle FLK = \angle FCB + \angle LBC$$

又由 BK 平分 $\angle ABC$ 知 $\angle LBC = \dfrac{1}{2}\angle ABC$，故 $\angle ABC = 2\angle FCE$.

这个证法由浙江的王剑明，河南的刘杰给出.

证法 8（湖南的万喜人，江苏的凌惠明给出）

联结 PC，设 AP 与 CF, BD 分别交于点 X, Y, CF 与 BD 交于点 Z, CF 与圆 Γ 交于点 L（异于点 C）.

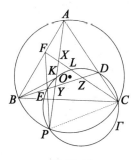

图 37.18

注意到，直线 ADC, PEF, AFB 均为 $\triangle XYZ$ 的截线.

由梅涅劳斯定理得
$$\dfrac{XA}{AY} \cdot \dfrac{YD}{DZ} \cdot \dfrac{ZC}{CX} = 1$$

$$\dfrac{XP}{PY} \cdot \dfrac{YE}{EZ} \cdot \dfrac{ZF}{FX} = 1$$

$$\dfrac{YA}{AX} \cdot \dfrac{XF}{FZ} \cdot \dfrac{ZB}{BY} = 1$$

三式相乘得
$$\dfrac{YD \cdot YE}{DZ \cdot EZ} \cdot \dfrac{XP}{CX} \cdot \dfrac{ZC \cdot ZB}{PY \cdot BY} = 1 \quad ①$$

由圆幂定理得
$$YD \cdot YE = YK \cdot YP$$
$$DZ \cdot EZ = ZC \cdot LZ$$

$$XL \cdot CX = KX \cdot XP$$

代入式①整理得 $\dfrac{XL}{LZ} \cdot \dfrac{ZB}{BY} \cdot \dfrac{YK}{KX} = 1$.

对 $\triangle XYZ$, 由梅涅劳斯定理的逆定理, 知 B, K, L 三点共线.

由
$$\angle ABC = \angle APC = \angle FLK$$
$$= \angle FCB + \angle LBC$$
$$\angle LBC = \dfrac{1}{2} \angle ABC$$

知 $\angle ABC = 2\angle FCB$.

证法 9 (由山东的刘远昊给出)

如图 37.19, 联结 DK 并延长, 与线段 AB 交于 Q, 联结 PQ.

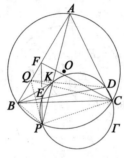

图 37.19

由 E, P, C, D 四点共圆得
$$\angle QKP = \angle DCP = \pi - \angle QBP$$
$$\Rightarrow B, P, K, Q \text{ 四点共圆}$$
$$\Rightarrow \angle QPK = \angle QBK = \dfrac{1}{2} \angle ABC$$
$$\angle AQD = \angle BPA$$

又 $\angle BPA = \angle ACB$, 则
$$\angle AQD = \angle ACB$$
$$\Rightarrow B, C, D, Q \text{ 四点共圆}$$
$$\Rightarrow \angle CQD = \angle CBD$$

由
$$\angle FQC = \angle FQD + \angle CQD$$
$$= \angle ACB + \angle CBD = \angle ADB$$

又 P, C, D, E 四点共圆得
$$\angle FPC = \angle ADB$$

$$\Rightarrow \angle FQC = \angle EPC$$
$$\Rightarrow P,C,F,Q \text{ 四点共圆}$$
$$\Rightarrow \angle PCF = \angle BQP$$
$$\Rightarrow \angle BCF + \angle BCP = \angle QPK + \angle BAP$$

结合 $\angle BCP = \angle BAP$，得
$$\angle BCF = \angle QPK = \frac{1}{2}\angle ABC \Rightarrow \angle ABC = 2\angle FCB$$

试题 B1 如图 37.20，在凸四边形 $ABCD$ 中，K,L,M,N 分别为边 AB,BC，CD,DA 上的点，满足
$$\frac{AK}{KB} = \frac{DA}{BC}, \frac{BL}{LC} = \frac{AB}{CD}, \frac{CM}{MD} = \frac{BC}{DA}, \frac{DN}{NA} = \frac{CD}{AB}$$

延长 AB,DC 交于点 E，延长 AD,BC 交于点 F. 设 $\triangle AEF$ 的内切圆在边 AE，AF 上的切点分别为 S,T，$\triangle CEF$ 的内切圆在边 CE,CF 上的切点分别为 U,V. 证明：若 K,L,M,N 四点共圆，则 S,T,U,V 四点共圆.

证法 1 如图 37.20，设 $AB = a, BC = b, CD = c, DA = d$.

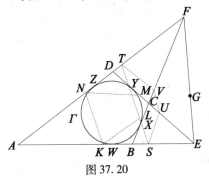

图 37.20

由已知得
$$AK = \frac{ad}{b+d}, BK = \frac{ab}{b+d}, BL = \frac{ab}{a+c}, CL = \frac{bc}{a+c}$$
$$CM = \frac{bc}{b+d}, DM = \frac{cd}{b+d}, DN = \frac{cd}{a+c}, AN = \frac{ad}{a+c}$$

若 $a + c > b + d$，则
$$AK > AN \Rightarrow \angle AKN < \angle KNA$$

类似地，$\angle BKL < \angle KLB, \angle CML < \angle MLC, \angle DMN < \angle MND$.
由此推出
$$2\pi - \angle AKN - \angle BKL - \angle CML - \angle DMN$$

$$>2\pi - \angle KNA - \angle KLB - \angle MLC - \angle MND$$
$$\Rightarrow \angle NML + \angle NKL > \angle MNK + \angle MLK$$

这与 K, L, M, N 四点共圆矛盾.

故 $a + c > b + d$ 不成立.

类似地, $a + c < b + d$ 也不成立.

因而, $a + c = b + d$, 故四边形 $ABCD$ 有内切圆 Γ.

如图 37.20, 设圆 Γ 与边 AB, BC, CD, DA 分别切于点 W, X, Y, Z, 则
$$AE - AF = WE - ZF = EY - FX = EC - CF$$

设 $\triangle AEF$ 的内切圆, $\triangle CEF$ 的内切圆在边 EF 上的切点分别为 G, H, 则
$$2(FG - FH)$$
$$= (EF + AF - AE) - (EF + CF - CE)$$
$$= (AF - AE) - (CF - CE) = 0$$

因此, $\triangle AEF$ 的内切圆, $\triangle CEF$ 的内切圆与边 EF 切于同一点, 仍记为 G.

由 $ES = EG = EU$ 及 $FT = FG = FV$, 知
$$\angle EUS = \frac{\pi - \angle UES}{2} = \frac{\angle A + \angle ADC}{2}$$

$$\angle FTV = \frac{\pi - \angle TFV}{2} = \frac{\angle A + \angle ABC}{2}$$

而 $\angle ATS = \dfrac{\pi - \angle A}{2}$, $\angle CUV = \dfrac{\pi - \angle BCD}{2}$, 故

$$\angle VTS + \angle VUS$$
$$= (\pi - \angle FTV - \angle ATS) + (\angle CUV + \pi - \angle EUS)$$
$$= \left(\pi - \frac{\angle A + \angle ABC}{2} - \frac{\pi - \angle A}{2}\right) + \left(\frac{\pi - \angle BCD}{2} + \pi - \frac{\angle A + \angle ADC}{2}\right)$$
$$= \pi$$

从而, S, T, V, U 四点共圆.

证法 2 (由深圳的徐嘉纬给出)

如图 37.21, 由已知得
$$\frac{AN}{ND} = \frac{AB}{CD} = \frac{BL}{LC}$$
$$\Rightarrow \frac{AN}{BL} = \frac{ND}{LC} = \frac{AN + ND}{BL + LC} = \frac{AD}{BC} = \frac{AK}{KB}$$
$$\Rightarrow \frac{AN}{AK} = \frac{BL}{BK}$$

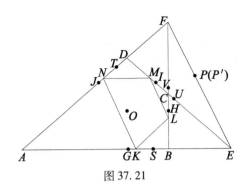

图 37.21

类似地，$\dfrac{BK}{BL} = \dfrac{CM}{CL}, \dfrac{CL}{CM} = \dfrac{DN}{DM}, \dfrac{DM}{DN} = \dfrac{AK}{AN}$.

设 $\dfrac{AM}{AK} = t$，则

$$AN = AK \cdot t, BL = BK \cdot t$$
$$CL = CM \cdot t, DN = DM \cdot t$$

下证：$t = 1$.

由

K, L, M, N 四点共圆

$\Rightarrow \angle NKL + \angle NML = \pi = \angle MNK + \angle MLK$

$\Rightarrow \angle NKA + \angle LKB + \angle DMN + \angle CML = \angle MND + \angle KNA + \angle MLC + \angle KLB$

若 $t > 1$，则

$$\angle NKA > \angle KNA, \angle LKB > \angle KLB$$
$$\angle LMC > \angle MLC, \angle NMD > \angle MND$$

四式相加得

$$\angle NKA + \angle LKB + \angle DMN + \angle CML > \angle MND + \angle KNA + \angle MLC + \angle KLB$$

矛盾.

类似地，$0 < t < 1$ 时亦推出矛盾.

从而，$t = 1$，代入知 $AB + CD = AD + BC$.

故四边形 $ABCD$ 有内切圆.

设内切圆圆 O 在边 AB, BC, CD, DA 上的切点分别为 G, H, I, J.

设 $\triangle AEF$ 的内切圆在 FE 上的切点为 P，$\triangle CEF$ 的内切圆在 FE 上的切点为 P'.

接下来证明点 P 与 P' 重合.

由内切圆性质知
$$AF + CE = AJ + JF + IE - IC$$
$$= AG + FH + GE - CH = AE + CF$$
$$\Rightarrow FT + VE = SE + UF$$
$$\Rightarrow FP + P'E = PE + P'F$$
$$\Rightarrow PE - PF = P'E - P'F$$
$$\Rightarrow 点 P 与 P' 重合$$

又 $TF = PF = VF, \angle TFO = \angle VFO, OF = OF$

于是,$OT = OV$.

类似地,$OU = OS$.

易知,$OT = OS$,故 S, T, U, V 四点共圆.

试题 B2 在平面中,对任意给定的凸四边形 $ABCD$,证明:存在正方形 $A'B'C'D'$(其顶点可以按顺时针或逆时针标记),使得点 A' 与 A,点 B' 与 B,点 C' 与 C,点 D' 与 D 分别不重合,且直线 AA', BB', CC', DD' 经过同一个点.

证明 当四边形 $ABCD$ 为矩形时,在 $\angle BAD$ 的平分线上取一点 A',使得 A' 在射线 AB, AD 上的投影分别为 B', D',满足点 B' 与 B、点 D' 与 D 分别不重合.

再令点 C' 与 A 重合. 此时,如图 37.22,四边形 $A'B'C'D'$ 为正方形,且 AA', BB', CC', DD' 经过点 A.

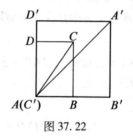

图 37.22

当四边形 $ABCD$ 不为矩形时,四个内角中必有锐角,不妨设 $\angle BAD$ 为锐角,点 C 在 $\angle BAD$ 内.

如图 37.23,在 AC 延长线上取一点 C',使得 C' 在 AB, AD 上的投影 H, J 分别在 AB, AD 的延长线上. 设 HC' 与 AJ 的延长线交于点 K, JC' 与 AH 的延长线交于点 L. 分别延长 AL, AK 至点 B', D',使得

$$LB' = KC', KD' = LC'.$$

又注意到,$\angle B'LC' = 90° + \angle LAK = \angle C'KD'$,则

$$\triangle B'LC' \cong \triangle C'KD' \Rightarrow B'C' = C'D'.$$

$$\angle B'C'D' = 180° - \angle KC'D' - \angle B'C'H$$
$$= 180° - \angle LB'C' - (90° - \angle LB'C') = 90°$$

于是,存在以 B', C', D' 为三个顶点的正方形 $A'B'C'D'$,其中,点 A' 在 $\angle B'C'D'$ 内.

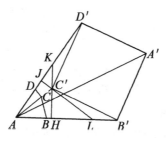

图 37.23

故点 A' 与 A 不重合. 此时,直线 AA', BB', CC', DD' 经过点 A.

试题 C 如图 37.24,在圆内接四边形 $ABCD$ 中,$AB > BC, AD > DC, I, J$ 分别为 $\triangle ABC, \triangle ADC$ 的内心. 以 AC 为直径的圆与线段 IB 交于点 X,与 JD 的延长线交于点 Y. 证明:若 B, I, J, D 四点共圆,则点 X, Y 关于 AC 对称.

证法 1 如图 37.24,延长 BI, DJ,设其交点为 K,且与四边形 $ABCD$ 的外接圆圆 O 分别交于点 M, N,联结 MN.

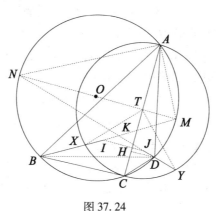

图 37.24

显然,M, N 分别为 $\overparen{ADC}, \overparen{ABC}$ 的中点.

于是,MN 为垂直于弦 AC 的直径,垂足即为 AC 的中点 T.

结合 $AB > BC, AD > DC$,知 B, D 与点 C 位于 MN 的同侧.

由 B, I, J, D 四点共圆得

$$\angle MIJ = \angle JDB = \angle NDB = \angle NMB$$

于是,$IJ \parallel MN$.

由内心的性质知
$$NA = NJ, MA = MI$$

故
$$\frac{NT}{TY} = \frac{NT}{TA} = \cot \angle ANM = \frac{NA}{AM} = \frac{NJ}{MI} = \frac{NK}{KM}$$

从而,由正弦定理得
$$\frac{\sin \angle TYN}{\sin \angle TNY} = \frac{NT}{TY} = \frac{NK}{KM} = \frac{\sin \angle KMN}{\sin \angle KNM}$$

又 $\angle TNY = \angle KNM$,则
$$\sin \angle TYN = \sin \angle KMN$$

显然,$\angle KMN = \angle BMN < 90°$.

又由点 Y, N 在直线 AC 两侧知
$$\angle TYN = \angle MTY - \angle TNY < 90°$$

于是,$\angle TYN = \angle KMN$.

从而,T, K, Y, M 四点共圆.

类似地,T, K, X, N 四点共圆. 故
$$\angle MTY = \angle MKY = \angle NKX = \angle NTX$$

注意到,点 X, Y 位于 AC 的两侧,且在 MN 的同侧.

于是,射线 TX, TY 关于 AC 对称.

此外,点 X, Y 也在以 AC 为直径的圆周上,从而,点 X, Y 关于 AC 对称.

证法2 (由石家庄二中的卢梓潼给出)

如图 37.25,作 $DH \perp AC$ 于点 H,设 BI 与 YJ 交于点 M,IJ 与 AC 交于点 N.

由
$$\angle MJI = \angle MBD = \frac{1}{2}\angle ABC - \angle CBD$$
$$= 90° - \angle CAD - \frac{1}{2}\angle ADC = \angle JDH \Rightarrow IJ \parallel DH \Rightarrow IJ \perp AC$$

由内切圆性质得
$$AN - NC = AB - BC = AD - DC$$
$$\Rightarrow AB + DC = AD + BC$$
$$\Rightarrow 四边形 ABCD 为双心四边形$$

如图 37.25,过点 P 作 $Y_1 X_1 \perp AC$,与 OD, OB 分别交于点 Y_1, X_1.

由 $IJ \parallel X_1Y_1$,及 I,J,D,B 四点共圆

$\Rightarrow Y_1,D,X_1,B$ 四点共圆

$\Rightarrow AP \cdot PC = PB \cdot PD = PX_1 \cdot PY_1$

$\Rightarrow A,X_1,C,Y_1$ 四点共圆

$\Rightarrow \dfrac{X_1P}{PY_1} = \dfrac{\sin \angle X_1OP}{\sin \angle Y_1OP} \cdot \dfrac{OX_1}{OY_1}$

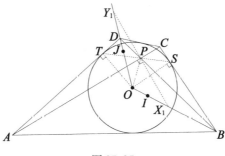

图 37.25

又 $\dfrac{BP}{PD} = \dfrac{\sin \angle BOP}{\sin \angle DOP} \cdot \dfrac{BO}{OD}, \dfrac{OX_1}{OY_1} = \dfrac{OD}{OB} \Rightarrow \dfrac{X_1P}{PY_1} = \dfrac{BP}{PD} \cdot \dfrac{DO^2}{OB^2}$

分别取 AD,BC 上的切点 T,S。由牛顿定理,知 T,P,S 三点共线.

由 $\triangle OBS \backsim \triangle DOT$

$\Rightarrow \dfrac{BO}{DO} = \dfrac{BS}{OT} = \dfrac{OS}{DT} \Rightarrow \dfrac{BO^2}{OD^2} = \dfrac{BS}{DT}$

$\Rightarrow \dfrac{BS}{PB} = \dfrac{\sin \angle BPS}{\sin \angle PSB} = \dfrac{\sin \angle TPD}{\sin \angle PSC}$

$= \dfrac{\sin \angle TPD}{\sin \angle PTD} = \dfrac{TD}{PD}$

从而,$\dfrac{X_1P}{PY_1} = 1$.

则 AC 为四边形 Y_1AX_1C 的外接圆直径.

故点 X_1 与 X,点 Y_1 与 Y 分别重合.

因此,点 X,Y 关于 AC 对称.

试题 D 在 $\triangle BCF$ 中,$\angle B$ 为直角,在直线 CF 上取点 A,使得 $FA = FB$,且 F 在点 A 和 C 之间,取点 D,使得 $DA = DC$,且 AC 为 $\angle DAB$ 的平分线;取点 E,使得 $EA = ED$,且 AD 为 $\angle EAC$ 的平分线. 设 M 为线段 CF 的中点,取点 X 使得 $AMXE$ 为平行四边形,$AM \parallel EX,AE \parallel MX$. 证明:直线 BD,FX,ME 三线共点.

证法 1 如图 37.26,由题设条件中的等腰三角形及角平分线,知
$$\angle FAB = \angle FBA = \angle DAC = \angle DCA = \angle EAD = \angle EDA = \alpha$$

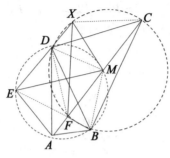

图 37.26

由 $\triangle ABF \backsim \triangle ACD$,有
$$\frac{AB}{AC} = \frac{AF}{AD} \Rightarrow \triangle ABC \backsim \triangle AFD$$

又 $EA = ED$,有
$$\angle AFD = \angle ABC = 90° + \alpha = 180° - \frac{1}{2}\angle AED$$

于是,点 F 在以 E 为圆心、EA 为半径的圆周上.

从而 $EF = EA = ED$.

由 $\angle EFA = \angle EAF = 2\alpha = \angle BFC$,知 B,F,E 三点共线.

由 $\angle EDA = \angle MAD$,知 $ED \parallel AM$,从而 E,D,X 三点共线.

注意到 M 为 $Rt\triangle CBF$ 斜边 CF 的中点,知 $MF = MB$.

在等腰 $\triangle EFA$、等腰 $\triangle MFB$ 中,由 $\angle EFA = \angle MFB, AF = BF$,知
$$\triangle AEF \cong \triangle BMF$$

于是 $BM = AE = XM, BE = BF + FE = AF + FM = AM = EX$.

从而,$\triangle EMB \cong \triangle EMX$.

又 $EF = ED$,点 D 与 F,点 X 与 B 分别关于 EM 对称,于是,直线 BD 与 XF 关于 EM 对称,由此,BD,FX,ME 三线共点.

证法 2 如图 37.26,由题设条件知 $\angle EAD = \angle EDA = \angle DAC = \angle BAF = \angle ABF = \alpha$,即知 $ED \parallel AC$. 注意 $AM \parallel EX$,则知 E,D,X 三点共线.

由 $DA = DC$,于是
$$\angle AED = \angle ADC = 180° - 2\alpha, \angle ABC = 90° + \alpha$$

在 $\triangle ABC$ 的外接圆的 $\overset{\frown}{AC}$(不含点 B)上任取一点 S,则

$$\angle ASC = 180° - \angle ABC = 90° - \alpha = \frac{1}{2}\angle ADC$$

从而知 D 为 $\triangle ABC$ 的外心.

于是 $DA = DB = DC$. 注意 $DM = DM, BM = FM = CM$, 从而 $\triangle BDM \cong \triangle CDM$.

推知 $\angle ACB = \angle AFB - 90° = 90° - 2\alpha, \angle BCD = \angle CBD = 90° - \alpha$.

则有 $\angle BDM = \angle CDM = \alpha$, 即有 $BM = CM = DM$, 从而 M 为 $\triangle BDC$ 的外心.

结合 $\angle BAM = \angle BDM$, 知 A, B, M, D 四点共圆.

又 $\angle ADE = \angle DAE = \angle CDM = \angle DCM$, 则 $\triangle EAD \cong \triangle MDC$, 有 $ED \underline{\underline{\parallel}} MC$, 即有 $EM /\!/ DC$.

于是 $\angle AME = \angle ACD = \angle ADE$, 则推知 A, B, M, D, E 五点共圆.

从而, 有 $\angle EBA = \angle EDA = \angle FBA = \alpha$, 推知 E, F, B 三点共线.

因 $AMXE$ 为平行四边形, 则 $\angle EXM = \angle EAC = \angle MDX = 2\alpha$.

所以 $MB = MC = MX = MD = ME$, 则 D, F, B, C, X 五点共圆, 且圆心为 M.

从而 $\angle BME = \angle BAM = \angle DBE = \angle DAE = \angle DBM = \angle DAM = \alpha$, 于是, EM, BD, XF 分别平分 $\angle BEX, \angle EBM, \angle MXE$. 由对称性, 知 ME, FX, BD 三线共点.

证法 3 如图 37.26, 联结 MD, CX. 由题设条件中的等腰三角形及角平分线, 可设 $\angle ABF = \angle BAF = \angle DAC = \angle ACD = \angle EAD = \angle EDA = \alpha$.

令 $FM = BM = CM = a, BF = b$.

易知 $\triangle EAD, \triangle DAC, \triangle FAB$ 均为底角为 α 的等腰三角形, 且 $ED /\!/ AC$.

注意 $EX /\!/ AM$, 则知 E, D, X 三点共线.

由 $\angle BFC = 2\alpha, BM = MF = a$, 推知

$$b = BF = FC \cdot \cos\angle BFC = 2a \cdot \cos 2\alpha$$

从而

$$AD = \frac{1}{2}AC \cdot \frac{1}{\cos\alpha} = \frac{2a+b}{2\cos\alpha}$$

$$AE = \frac{1}{2}AD \cdot \frac{1}{\cos\alpha}$$

$$= \frac{2a(1+\cos 2\alpha)}{4\cos^2\alpha}$$

$$= \frac{2a(1+\cos 2\alpha)}{2(1+\cos 2\alpha)} = a$$

且

$$MC = ED = AE = a$$

于是, 由 $EX = AM$, 知

$$DX = AF = BF = b$$

即有 $AFXD, CMED$ 均为平行四边形, 亦即知

$\angle FXD = \alpha = 2\alpha - \alpha = \angle MXF = \angle XFM, \angle MXD = \angle BFM = 2\alpha$

所以 $\triangle MXD \cong \triangle MFB$.

所以 $MD = BM = a, \angle DMX = \angle BMF = 180° - 4\alpha$.

又可推知 $AEDM$ 为等腰梯形,知 $\angle EMD = \angle EAD = \alpha = \angle FME$.

再由 $MB = MF = MD = MX = MC$, 知 B, F, D, X, C 五点共圆. 又 $\overparen{BF} = \overparen{DX}$, 有

$$\angle DFX = \angle BCF = 90° - 2\alpha, \angle BDF = \angle BCF = 90° - 2\alpha$$

因 $\angle MDX = 2\alpha = \angle AMD$, 则 $\angle AME = 2\alpha - \alpha = \alpha$, 有 $\angle BDM = \alpha$.

于是 $\dfrac{\sin \angle FME}{\sin \angle EMD} \cdot \dfrac{\sin \angle BDM}{\sin \angle BDF} \cdot \dfrac{\sin \angle DFX}{\sin \angle XFM} = \dfrac{\sin \alpha}{\sin \alpha} \cdot \dfrac{\sin \alpha}{\cos 2\alpha} \cdot \dfrac{\cos 2\alpha}{\sin \alpha} = 1.$

所以,对 $\triangle MDF$ 运用塞瓦定理的角元形式的逆定理知 BD, FX, ME 三线共点.

证法 4 如图 37.26, 联结 MD, CX.

由题设, 可令 $\angle ABF = \angle BAF = \angle DAC = \angle ACD = \angle EAD = \angle EDA = \alpha$, $FM = BM = CM = a, BF = b$.

注意到 $\triangle AED, \triangle ADC, \triangle AFB$ 均是底角为 α 的等腰三角形, 且 $ED \parallel AC$, 由 $EX \parallel AM$, 知 E, D, X 三点共线.

于是, 由 $\angle BFC = 2\alpha, BM = MF = a$, 有 $b = 2a \cdot \cos 2\alpha$, 即有 $AD = \dfrac{2a + b}{2\cos \alpha}$.

从而 $AE = ED = \dfrac{2a(1 + \cos 2\alpha)}{4\cos^2 \alpha} = \dfrac{2a(1 + \cos 2\alpha)}{2(1 + \cos 2\alpha)} = a.$

这样有 $CM = ED = a, AF = XD = b$.

于是, 知四边形 $AFXD$、四边形 $CMED$ 均为平行四边形, 即有 $\angle FXD = \alpha = 2\alpha - \alpha = \angle MXF$.

又 $MX = AE = MF = a, XD = BF, \angle MXD = \angle BFM = 2\alpha$, 则 $\triangle MXD \cong \triangle MFB$, 有 $MD = BM = a, \angle DMX = \angle BMF = 180° - 4\alpha$.

结合 $AE = MD = a, ED \parallel AM$, 知四边形 $AEDM$ 为等腰梯形.

从而, $\angle EMD = \angle EAD = \alpha$.

再由 $MF = MB = MC = MX = MD$, 知 C, X, D, F, B 五点共圆.

又 $\overparen{BF} = \overparen{DX}$, 则 $\angle DFX = \angle BCF = 90° - 2\alpha, \angle BDF = \angle BCF = 90° - 2\alpha$.

因为 $\angle MDX = 2\alpha = \angle AMD$, 所以 $\angle AME = 2\alpha - \alpha = \alpha$.

从而 $\angle BDM = \alpha$, 即有 $\dfrac{\sin \angle FME}{\sin \angle EMD} \cdot \dfrac{\sin \angle BDM}{\sin \angle BDF} \cdot \dfrac{\sin \angle DFX}{\sin \angle XFM} = 1$.

由塞瓦定理的角元形式, 知 BD, FX, ME 三线共点.

注 上述试题 D 可由如下熟知的根心定理演变而来:

根心定理 圆心不共线的三圆两两相交所得的三条根轴共点.

设圆 O_1 与圆 O_2 相交于 E,M,圆 O_1 与圆 O_3 相交于 F,X,圆 O_2 与圆 O_3 相交于 B,D.

令 BD 与 ME 相交于点 P,联结 FP 并延长交圆 O_1 于点 X_1,交圆 O_3 于点 X_2. 由相交弦定理,有

$$PF \cdot PX_1 = PM \cdot PE = PB \cdot PD = PF \cdot PX_2$$

即知 $PX_1 = PX_2$,故 X_1 与 X_2 重合. 于是,知直线 BD,FX,ME 三线共点(三条根轴共点于根心).

演变 如图 37.27,令圆 O_1 与圆 O_2 为等圆,M 与 O_3 重合,且 D,F 在圆心线 O_1O_2 上.

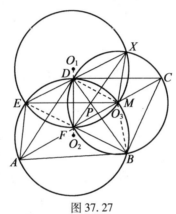

图 37.27

此时,四边形 $EFMD$ 为菱形,直线 DP 与 FP 关于 EM 对称(直线 BD,FX,ME 三线共点于 P).

联结 $BF,FE,DM,MB,DE,BE,EX,DX,MF,MX$,则

$$\angle BEM = \angle BDM = \angle DBM = \angle DEM = \angle FEM$$

即知 E,F,B 三点共线.

$\angle XEM = \angle XFM = \angle FXM = \angle FEM = \angle DEM$,即知 E,D,X 三点共线.

设直线 FM 交圆 O_2 于点 A,交圆 O_3 于点 C. 联结 AE,AD,AB,BC,CD.

则 $\angle EAD = \angle DAM = \angle DAC = \angle CAB$(其中由 $\angle MDB = \angle MBD$ 知 $\stackrel{\frown}{DM} = \stackrel{\frown}{MB}$),即知 AD 平分 $\angle EAC$,AC 平分 $\angle DAB$.

此时,四边形 $EBMD,XEFM,AMDE$ 均为等腰梯形. 从而 $EA = ED$,$AMXE$ 为平行四边形,且 $\angle FBC = 90°$. 于是,有 $DA = EM = DC$,$DA = EM = DB$,于是 AD 与

DB 关于 DF 对称,有 $FA = FB$.

从而生成 IMO57 试题,即如上试题 D.

第 1 节 由变式得推广

女子赛试题 1 可以有两个变式:①

变式 1 如图 37.28,在锐角 $\triangle ABC$ 中, $AC > AB$, O 为外心, D 为边 BC 的中点. 以 AD 为直径作圆,与边 AB, AC 分别交于点 E, F. 过点 D 作 $DM \mathbin{/\mkern-6mu/} AO$,与 EF 交于点 M. 证明: $EM = FM$.

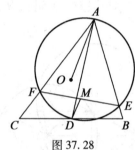

图 37.28

变式 2 如图 37.29,在 $\triangle ABC$ 中, $\angle BAC$ 为钝角, $AB \neq AC$, O 为外心, D 为边 BC 的中点. 以 AD 为直径作圆,与边 AB, AC 分别交于点 E, F. 过点 D 作 $DM \mathbin{/\mkern-6mu/} AO$,与 EF 交于点 M. 证明: $EM = FM$.

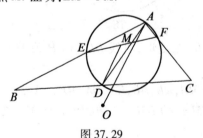

图 37.29

对照图形,变式 1 与原赛题只是交换了 $\triangle ABC$ 中两个顶点 B, C 的位置, $\triangle ABC$ 的外心 O 及 DM 与 EF 的交点 M 相对于边 BC 上的中线的位置不变. 其证明过程与原赛题的证明过程一字不差.

同样,对于变式 2,当 $AB > AC$ 时,相对于原赛题,只是 $\triangle ABC$ 的外心 O 在

---

① 陈宇. 从变式看一道竞赛题的推广[J]. 数学通讯, 2016(12): 57-58.

△ABC 外(边 BC 下方)(原赛题中△ABC 的外心 O 在△ABC 内),其证明过程与原赛题的证明过程同样一字不差.

再看与原赛题相关的两个特例.

特例 1 在△ABC 中,当∠BAC 为直角时,原赛题其余条件不变.此时,如图 37.30,△ABC 的外心 O 与边 BC 的中点 D 重合.进而可知,当 DM∥AO 时,点 M 在中线 AD 上.由于 DE⊥AB,DF⊥AC,从而得四边形 AEDF 为矩形.而 M 为矩形 AEDF 两条对角线的交点,从而有 EM = FM.(当 AC > AB 时,结论亦如变式 1.)

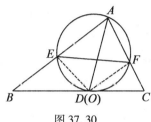

图 37.30

特例 2 在△ABC 中,当 AB = AC 时,原赛题其余条件不变.此时,如图 37.31,△ABC 的外心 O 在边 BC 的中线上.由 DM∥AO 易得,点 M 在中线 AD 上.由于 DE⊥AB,DF⊥AC,从而得 ED = FD,进而得 BE = CF,则 EF∥BC.从而有 EM = FM.

从上述两个变式及特例看出,其结论也都包含于原赛题的结论中.可见,原赛题的条件"锐角△ABC"之"锐角"及"AB > AC"似有多余之嫌——可以考虑去除.实际只需"∠ABC,∠ACB 均为锐角".

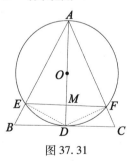

图 37.31

至此,原赛题可表示(也可看作推广)为:

推广 1 在△ABC 中,∠ABC,∠ACB 均为锐角,O 为外心,D 为边 BC 的中点.以 AD 为直径作圆,与边 AB,AC 分别交于点 E,F.过点 D 作 DM∥AO,与 EF 交于点 M.证明:EM = FM.

其证明只需分为三类:(1) $\angle ABC$, $\angle ACB$ 均为锐角, $\angle BAC$ 非直角, $AB \neq AC$;(2)当 $\angle BAC$ 为直角时;(3)当 $AB = AC$ 时.

证明过程亦如上,不再赘述.

在特例1的基础上,进一步,还可得出:

变式3 在 $\triangle ABC$ 中, $\angle ABC$(或 $\angle ACB$)为直角,O 为外心.D 为边 BC 的中点.以 AD 为直径作圆,与边 AB,AC 或延长线分别交于点 E,F.过点 D 作 $DM \parallel AO$,与 EF 交于点 M.证明: $EM = FM$.

证明 如图37.32,设 $\angle ABC$ 为直角,由题意知,$\triangle ABC$ 的外心 O 为斜边 AC 的中点.以 AD 为直径的圆过 $\triangle ABC$ 的直角顶点 B,则有点 B,E 重合.由 $DM \parallel AO$,及 D 为边 BC 的中点,立得 $EM = FM$.

当 $\angle ACB$ 为直角时,同理可证.

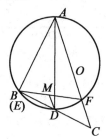

图37.32

在变式2的基础上,进一步,还可得出:

变式4 在 $\triangle ABC$ 中, $\angle ABC$(或 $\angle ACB$)为钝角.O 为外心,D 为边 BC 的中点.以 AD 为直径作圆,与边 AB,AC 或延长线分别交于点 E,F.过点 D 作 $DM \parallel AO$,与 EF 交于点 M.证明: $EM = FM$.

证明 当 $\angle ACB$ 为钝角时,如图37.33,联结 DE,DF,过点 O 作 $ON \perp AC$,交 AC 于点 N.

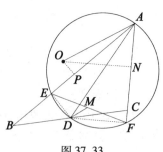

图37.33

由题意知 $DE \perp AB, DF \perp AC$,从而 $ON /\!/ DF$.

因为 $DM /\!/ AO$,所以 $\angle FDM = \angle AON$.

又 O 为 $\triangle ABC$ 的外心,则 $\angle AON = \angle ABC$,从而 $\angle FDM = \angle ABC$.

类似地,$\angle EDM = \angle ACB$.

作 $OP \perp AB$ 于点 P,因为 OP 与 ED 同向,DM 与 AO 反向,所以 $\angle EDM = 180° - \angle AOP$.

因此 $\angle EDM = \angle ACB = 180° - \angle AOP$.

又在直角 $\triangle CDF$ 中,$\angle DCF = 180° - \angle ACB$.

在 $\triangle EDF$ 中,有

$$\frac{EM}{FM} = \frac{DE\sin\angle EDM}{DF\sin\angle FDM} = \frac{DE\sin\angle ACB}{DF\sin\angle ABC}$$

$$= \frac{DB\sin\angle ABC \cdot \sin\angle ACB}{DC\sin(180° - \angle ACB) \cdot \sin\angle ABC} = 1$$

得
$$EM = FM$$

当 $\angle ABC$ 为钝角时,则有
$$\angle EDM = \angle ACB = 180° - \angle AON$$

及 $\angle FDM = \angle ABC$,其余证明过程与 $\angle ACB$ 为钝角时相同(也与原赛题证明过程相同).

当 $AB = AC$ 时,在 $\triangle ABC$ 中,不存在 $\angle ABC, \angle ACB$ 有一个为直角或钝角的情况.

至此,原赛题可进一步推广为:

推广2 在 $\triangle ABC$ 中,O 为外心,D 为边 BC 的中点. 以 AD 为直径作圆,与边 AB, AC(或延长线)分别交于点 E, F. 过点 D 作 $DM /\!/ AO$,与 EF 交于点 M. 证明:$EM = FM$.

证明时同样需分类处理,过程略.

第2节 借助相切处理问题

试题 A 的证法 7 借助于直线与圆相切获得简捷证明,该题还可以借助相切给出另一种证明(见本节例 7).

借助相切处理有关平面几何问题,是指发掘题设条件中隐含给出的相切关系,从而来处理.

借助相切是处理有关平面几何问题的一种重要思路,它建立了一种新型的

几何关系,它联系了条件与结论,它沟通了推导过程中的思维节点.

借助相切常可从如下几个方面着手:作出相切的辅助图,分析题设条件已存在的相切关系,提示题设条件中可以存在的相切图形.

1. 作出相切的辅助图

例 1 (2011 年全国高中联赛题)如图 37.34,P,Q 分别是圆内接四边形 $ABCD$ 的对角线 AC,BD 的中点,若 $\angle BPA = \angle DPA$,证明:$\angle AQB = \angle CQB$.

证明 如图 37.34,过点 B 作已知圆的切线与 CA 的延长线交于点 V,又过点 V 作已知圆的另一条切线,切点为 D'. 设已知圆圆心为 O,注意到 P 为 AC 中点,则由垂径定理知 $OP \perp AC$.

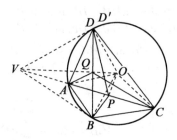

图 37.34

从而 B,V,D',O,P 五点共圆,则有
$$\angle D'PA = \angle D'OV = \angle BOV = \angle BPA = \angle DPA$$
于是,知点 D' 与 D 重合.

联结 VO,则知 Q 在 VO 上,且 $VO \perp BD$ 于 Q.

注意直角三角形射影定理及切割线定理,有
$$VQ \cdot VO = VB^2 = VA \cdot VC$$
从而,O,Q,A,C 四点共圆,有
$$\angle VQA = \angle OCA = \angle OAC = \angle OQC$$
而 $BQ \perp VQ$,故 $\angle AQB = \angle CQB$.

例 2 (2010 年中国国家队选拔考试题)如图 37.35,在锐角 $\triangle ABC$ 中,$AB > AC, M$ 是边 BC 的中点,P 是 $\triangle AMC$ 内一点,使得 $\angle MAB = \angle PAC$. 设 $\triangle ABC$,$\triangle ABP$,$\triangle ACP$ 的外心分别为 O,O_1,O_2. 证明:直线 AO 平分线段 O_1O_2.

证明 如图 37.35,作出 $\triangle ABC$,$\triangle ABP$,$\triangle ACP$ 的外接圆.

过点 A 作圆 O 的切线与圆 O_1、圆 O_2 分别交于点 E,F.

延长 AP 交圆 O 于点 D,联结 BD,则由 $\triangle AMC \sim \triangle ABD$ 有 $\dfrac{AB}{BD} = \dfrac{AM}{MC}$.

注意到 $\angle BDP = \angle BAE, \angle BPD = \angle BEA$,知 $\triangle PDB \backsim \triangle EAB$,有 $\dfrac{AB}{BD} = \dfrac{AE}{DP}$.

从而,有 $\dfrac{AM}{MC} = \dfrac{AE}{DP}$,即 $AE = \dfrac{AM \cdot DP}{MC}$.

同理,$AF = \dfrac{AM \cdot DP}{MB}$,而 $MB = MC$,从而 $AE = AF$.

又作 $O_1E' \perp AE$ 于点 E',作 $O_2F' \perp AF$ 于点 F',则 E', F' 分别为 AE, AF 的中点. 从而 A 为 $E'F'$ 的中点.

在直角梯形 $O_1E'F'O_2$ 中,OA 即中位线所在直线,故 AO 平分 O_1O_2.

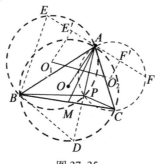

图 37.35

上述两例,通过作出相切的辅助图,应用相切关系的一般特性沟通了条件和结论的联系,有时,作出相切的辅助图后,还需发掘相切关系的特殊结论,以此作为引理来处理问题.

例 3 (IMO35 试题)设 $\triangle ABC$ 是一个等腰三角形,$AB = AC$. 假如 (ⅰ) M 是 BC 的中点,O 是直线 AM 上的点,使得 OB 垂直于 AB;(ⅱ) Q 是线段 BC 上不同于 B 和 C 的一个任意点;(ⅲ) E 在直线 AB 上,F 在直线 AC 上,使得 E, Q 和 F 是不同的三个共线点. 求证:OQ 垂直于 EF 当且仅当 $QE = QF$.

证明 我们首先看如下引理:圆 O 切 $\angle BAC$ 的两边分别于点 B, C, Q 为 BC 上任一点,过点 Q 作直线交圆 O 于 C, D 两点,与直线 AB, AC 分别交于点 E, F. 如图 37.36,则

$$\dfrac{1}{QE} - \dfrac{1}{QF} = \dfrac{1}{QC} - \dfrac{1}{QD}$$

事实上,设 B', C' 分别是 B, C 关于 CD 的中垂线的对称点,则 B', C' 均在圆 O 上,且 $BB' \parallel CD \parallel C'C$.

设 $BC', B'C$ 分别交 CD 于 I, J,则 $CI = JD$.

由

$$\angle EBC = \angle BB'C = \angle EJC, \angle FCB = \angle BC'C = \angle FIB$$

知 B,E,C,J 及 B,I,C,F 分别四点共圆.

于是,有 $QE \cdot QJ = QB \cdot QC = QI \cdot QF, QB \cdot QC = QC \cdot QD$.

即有 $QI \cdot QF = QJ \cdot QE = QC \cdot QD$,并令这个乘积值为 k.

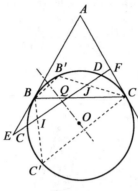

图 37.36

注意 $CI = JD$,有 $QC - QI = QD - QJ$,即

$$\frac{k}{QD} - \frac{k}{QF} = \frac{k}{QC} - \frac{k}{QE}$$

故有 $\dfrac{1}{QE} - \dfrac{1}{QF} = \dfrac{1}{QC} - \dfrac{1}{QD}$.

下面回到原题,如图 37.37,由题设知 $OC \perp AC$.

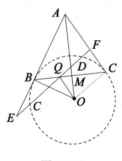

图 37.37

以 O 为圆心,以 OB 为半径作圆,则由题设知圆 O 分别与 AB,AC 切于 B, C. 又设圆 O 与 EF 交于 C,D 两点.

于是,由引理,知 $\dfrac{1}{QE} - \dfrac{1}{QF} = \dfrac{1}{QC} - \dfrac{1}{QD}$.

从而,$OQ \perp EF \Leftrightarrow QC = QD \Leftrightarrow QE = QF$.

2. 分析题设条件已存在相切关系

例 4 (2013 年俄罗斯数学奥林匹克题)在锐角 $\triangle ABC$ 中,已知边 AC 的中垂线分别与直线 AB,BC 交于点 B_1,B_2,边 AB 的中垂线分别与直线 AC,BC 交于点 C_1,C_2. 而 $\triangle BB_1B_2$ 的外接圆与 $\triangle CC_1C_2$ 的外接圆交于点 P,Q. 证明:$\triangle ABC$ 的外心 O 在直线 PQ 上.

证明 显然,当 $AB = AC$ 时结论成立.

不妨设 $AB > AC$,如图 37.38,要证点 O 在这两个圆的根轴上,且 $OB = OC$,需要证 OB,OC 分别是这两个圆的切线.

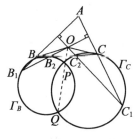

图 37.38

由图 37.38 知,$\angle B_2B_1A = \angle OB_1A = 90° - \angle A$.

又 $\triangle BOC$ 为等腰三角形,有

$$\angle B_2BO = \angle CBO = 90° - \frac{1}{2}\angle BOC = 90° - \angle A$$

于是,$\angle B_2B_1A = \angle B_2BO$. 由弦切角定理的逆定理知 OB 与圆 BB_1B_2 即 Γ_B 相切.

同理,OC 与圆 CC_1C_2 即 Γ_C 相切.

下面证明直线 OP 确是过点 Q.

假若不然,则直线 OP 分别与圆 Γ_B,Γ_C 交于不同的点 Q_B,Q_C,由切割线定理,有 $OQ_B \cdot OP = OB^2 = OC^2 = OQ_C \cdot OP$. 注意到 Q_B,Q_C 均在直线 OP 上,有 $OQ_B = OQ_C$.

又 Q_B,Q_C 均与 P 在 O 的同一侧,从而 Q_B 与 Q_C 重合于点 Q.

当 $AB < BC$ 时,可同样证得结论成立.

例 5 (第 22 届伊朗数学奥林匹克题)如图 37.39,$\triangle ABC$ 的外心为 O,A' 是边 BC 的中点,AA' 与圆 O 交于点 A'',$A'Q_a \perp AO$ 于点 Q_a,过点 A'' 的外接圆的切线与 $A'Q_a$ 相交于点 P_a. 用同样的方式,可构造点 P_b 和 P_c. 证明:P_a,P_b,P_c 三

点共线.

证明 如图 37.39,注意到题设条件有三边的中点,因而可能与中点所在圆有关,与位似有关. 设 B', C' 分别为 AC, AB 的中点.

$\triangle ABC$ 可位似变换到 $\triangle A'B'C'$, $\triangle ABC$ 的重心为位似中心,位似比为 $-\dfrac{1}{2}$.

设 N 为 $\triangle A'B'C'$ 的外心,即为九点圆圆心.

在上述位似变换下,AO 变成了 $A'N$,则 $A'N \parallel AO$ 且 $A'P_a \perp A'N$. 由此知 $A'P_a$ 是圆 N 的切线.

易知 $\angle OAB + \angle C = 90°$,则当 $AB \leq AC$ 时($AB > AC$ 可类似证)
$$\angle BAA' + \angle A'AO + \angle C = 90°.$$
又 $\angle P_aA''A' = \angle BAA' + \angle C$, $\angle P_aA'A'' = 90° - \angle A'AO$,则
$$\angle P_aA''A' = \angle P_aA'A''.$$
从而 $A'P_a = A''P_a$,即知 P_a 在圆 O 与圆 N 的根轴上.

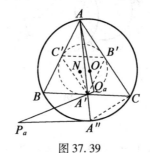

图 37.39

同理,P_b, P_c 也在圆 O 与圆 N 的根轴上. 故 P_a, P_b, P_c 三点共线.

3. 揭示题设条件中可以存在的相切图形

例6 (2006年江西省竞赛题)如图 37.40,$\triangle ABC$ 中,$AB = AC$,M 是 BC 的中点,D, E, F 分别是边 BC, CA, AB 上的点,且 $AE = AF$,$\triangle AEF$ 的外接圆交线段 AD 于点 P. 若点 P 满足 $PD^2 = PE \cdot PF$,证明:$\angle BPM = \angle CPD$.

证明 如图 37.40,在 $\triangle AEF$ 的外接圆中,由 $AE = AF$,则
$$\angle APE = \angle APF = \dfrac{1}{2}\angle EPF = \dfrac{1}{2}(180° - \angle A) = \angle ABC = \angle ACB$$

因而,P, D, B, F 及 P, D, C, E 分别四点共圆.

联结 DE, DF, PB, PC,由题设
$$PD^2 = PE \cdot PF$$
即 $\dfrac{PE}{PD} = \dfrac{PD}{PF}$,及 $\angle APE = \angle APF$,知 $\triangle DPE \sim \triangle FPD$.

于是,$\angle ECP = \angle EDP = \angle DFP = \angle DBP$.

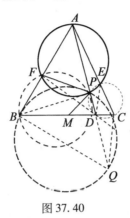

图 37.40

由弦切角定理的逆定理,知 AC 与圆 PBC 切于点 C.

同理,AB 与圆 PBC 切于点 B.

延长 AD 交圆 PBC 于点 Q,联结 BQ,CQ,由
$$\triangle ABP \backsim \triangle AQB, \triangle ACP \backsim \triangle AQC$$

有
$$\frac{BP}{QB} = \frac{AB}{AQ} = \frac{AC}{AQ} = \frac{CP}{QC}$$

即有
$$BP \cdot QC = CP \cdot QB$$

在四边形 $BQCP$ 中应用托勒密定理,有
$$BP \cdot QC + CP \cdot QB = BC \cdot PQ$$

从而
$$2BP \cdot QC = BC \cdot PQ = 2BM \cdot PQ$$

即有
$$\frac{BP}{QP} = \frac{BM}{QC}$$

注意到 $\angle PBM = \angle PBC = \angle PQC$,知 $\triangle BPM \backsim \triangle QPC$. 故 $\angle BPM = \angle CPD$.

例 7 (2015 年全国高中联赛题) 如图 37.41,$\triangle ABC$ 内接于圆 O,P 为 $\overset{\frown}{BC}$ 上一点,点 K 在线段 AP 上. 使得 BK 平分 $\angle ABC$,过 K,P,C 三点的圆 Γ 与边 AC 交于点 D. 联结 BD 与圆 Γ 交于点 E,联结 PE 并延长与边 AB 交于点 F. 证明: $\angle ABC = 2\angle FCB$.

证明 如图 37.41,设 Q 为 $\triangle BEP$ 的外接圆 Γ_1 上 $\overset{\frown}{BP}$ 中任一点,联结 BQ, QP,BP,PC,则
$$180° - \angle BQP = \angle BEP = 180° - \angle PED = \angle PCD = \angle PCA = 180° - \angle ABP$$
即有 $\angle BQP = \angle ABP$. 由弦切角定理的逆定理,知圆 Γ_1 与 BF 切于点 B.

从而,有
$$FB^2 = FE \cdot FP \qquad ①$$

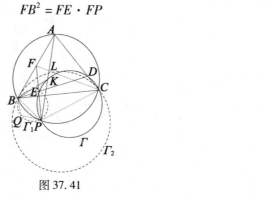

图 37.41

注意到 E,P 为圆 Γ_1 与圆 Γ 的两交点,知 EP 为这两圆的根轴.
又 F,E,P 三点共线,即知 F 到这两个圆的幂相等.
设 FC 交圆 Γ 于点 L,即有 $FE \cdot FP = FL \cdot FC$.
由式①则有
$$FB^2 = FL \cdot FC \qquad ②$$
注意 $\angle BFL$ 公用,知 $\triangle FBL \backsim \triangle FCB$,有
$$\angle FLB = \angle FBC \qquad ③$$
又可推知
$$\angle FLK = \angle KPC = \angle APC = \angle ABC = \angle FBC \qquad ④$$
由式③④,知 B,K,L 三点共线.
由 $\triangle FBL \backsim \triangle FCB$,有
$$\angle FCB = \angle FBL = \angle FBK = \frac{1}{2}\angle ABC$$
故 $\angle ABC = 2\angle FCB$.

例8 (2011 年 CMO 试题)如图 37.42,设 D 是锐角 $\triangle ABC$ 的外接圆 Γ 上 $\overset{\frown}{BC}$ 的中点,点 X 在 $\overset{\frown}{BD}$ 上,E 是 $\overset{\frown}{ABX}$ 的中点,S 是 $\overset{\frown}{AC}$ 上一点,直线 SD 与 BC 交于点 R,SE 与 AX 交于点 T. 证明:若 $RT /\!/ DE$,则 $\triangle ABC$ 的内心在直线 RT 上.

证明 如图 37.42,记 $\triangle RST$ 的外接圆为 Γ_1,过点 S 作圆 Γ 的切线 LY.
由 $RT /\!/ DE$,有 $\angle RTS = \angle DES = \angle DSL$,由弦切角定理的逆定理,知圆 Γ_1 与 LS 切于点 S. 同理,圆 Γ_1 与 SY 切于点 S. 即知圆 Γ_1 与 Γ 切于点 S.
过点 E 作圆 Γ 的切线 EZ,由于 E 为 $\overset{\frown}{ABX}$ 的中点,知 $EZ /\!/ XA$.
于是,$\angle STA = \angle SEZ = \angle EDS = \angle TRS$,亦即知圆 Γ_1 与 XA 切于点 T.

同理,圆 Γ_1 与 BC 切于点 R.

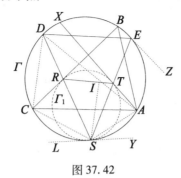

图 37.42

联结 AD 交 RT 于点 I,联结 SI,由
$$\angle ASE = \angle ADE = \angle AIT$$
知 A,T,I,S 四点共圆,有
$$\angle AIS = \angle ATS = \angle SRT$$
从而 $\angle DIS = \angle DRT$,即有 $\triangle DIS \backsim \triangle DRI$,亦有
$$DI^2 = DR \cdot DS$$
联结 DC,CS,由 $\angle DCR = \angle DSC$ 知 $\triangle DCR \backsim \triangle DSC$,有
$$DC^2 = DR \cdot DS = DI^2$$
即有 $DI = DC$,而 AD 平分 $\angle BAC$,从而知 I 为 $\triangle ABC$ 的内心. 故结论获证.

注 也可不证 Γ_1 与 BC 切于点 R.

练习题及解答提示

1. (2012 年全国高中联赛题)在锐角 $\triangle ABC$ 中,$AB > AC$,M,N 是边 BC 不同的两点,使得 $\angle BAM = \angle CAN$. 设 $\triangle ABC$,$\triangle AMN$ 的外心分别为 O_1,O_2. 证明:O,O_1,A 三点共线.

提示:过点 A 作 AO_1 的垂线 AP 与 BC 的延长线交于点 P,则 AP 是圆 O_1 的切线,有 $\angle B = \angle PAC$.

由 $\angle BAM = \angle CAN$,有 $\angle AMP = \angle B + \angle BAM = \angle PAC + \angle CAN = \angle PAN$. 即知 AP 为圆 O_2 的切线.

故 $AP \perp AO_2$,即 O_1,O_2,A 三点共线.

2. (1990 年全国高中联赛题)四边形 $ABCD$ 内接于圆 O,对角线 AC 与 BD 相交于 P. 设 $\triangle ABP$,$\triangle BCP$,$\triangle CDP$ 和 $\triangle DAP$ 的外接圆圆心分别是 O_1,O_2,O_3,O_4. 求证:OP,O_1O_3,O_2O_4 三直线共点.

提示:过点 P 作 $TP \perp O_3P$,则 TP 与圆 O_3 切于点 P,则 $\angle TPD = \angle PCD = \angle PBA$,有 $TP \parallel AB$,亦有 $O_3P \perp AB$,又 $OO_1 \perp AB$,则 $OO_1 \parallel O_3P$. 同理 $OO_3 \parallel O_1P$,于是知 O_1PO_3O 为平行四边形,有 O_1O_3 平分 OP. 同理 O_2O_4 平分 OP. 故 OP, O_1O_3, O_2O_4 三线共点.

3. (2007年中国国家集训队测试题)凸四边形 $ABCD$ 内接于圆 Γ,与边 BC 相交的一个圆与圆 Γ 内切,且分别与 BD, AC 相切于点 P, Q. 求证:$\triangle ABC$ 的内心与 $\triangle DBC$ 的内心皆在直线 PQ 上.

提示:设两圆内切于点 T,直线 TP, TQ 分别交圆 Γ 于点 E, F,则 E, F 分别为 $\overparen{BAD}, \overparen{ADC}$ 的中点,知 TF 平分 $\angle ATC$,CE 平分 $\angle BCD$,且有 $EB^2 = EP \cdot ET$. 设直线 CE 交 PQ 于点 I,由
$$\angle PQT = \angle EFT = \angle ECT = \angle ICT$$
知 T, C, Q, I 四点共圆. 即有
$$\angle QTI = \angle QCI = \angle ACE = \angle ATE$$
注意 $\angle FTC = \angle ATF$,有
$$\angle EIP = \angle QIC = \angle QTC = \angle ATQ = \angle ATI + \angle QTI = \angle ATI + \angle ATE = \angle ETI$$
由弦切角定理的逆定理知 EI 与圆 PIT 切于点 I,有 $EI^2 = EP \cdot ET$,故 $EI = EB$. 由此知 I 为 $\triangle DBC$ 内心.

同理可证 $\triangle ABC$ 的内心在直线 PQ 上.

4. (2007年CMO试题)已知 AB 是圆 O 的弦,M 是 $\overparen{AB}$ 的中点,C 是圆 O 外任一点,过点 C 作圆 O 的切线 CS, CT. 联结 MS, MT 分别交 AB 于点 E, F. 过点 E, F 作 AB 的垂线,分别交 OS, OT 于点 X, Y. 再过点 C 任作圆 O 的割线,交圆 O 于点 P, Q,联结 MP 交 AB 于点 R,设 Z 是 $\triangle PQR$ 的外心. 求证:X, Y, Z 三点共线.

提示:由垂径定理知 $\triangle XES$ 与 $\triangle OMS$ 位似. 于是 $\triangle XES$ 是等腰三角形,故可以 X 为圆心,XE 和 XS 为半径作圆,该圆同时与 AB 及 CS 相切. 再作 $\triangle PQR$ 的外接圆,则
$$MR \cdot MP = MA^2 = ME \cdot MS \qquad ①$$
又由切割线定理有
$$CQ \cdot CP = CS^2 \qquad ②$$
由式①②,知点 M, C 关于圆 Z、圆 X 的幂相等,即 MC 为此两圆根轴,故 $ZX \perp MC$. 同理 $ZY \perp MC$,由此即证结论.

第3节 与三角形的垂心图有关的几道竞赛题

北方赛试题 2 涉及了三角形的垂心图问题. 下面, 我们介绍几道与三角形的垂心图有关的竞赛题:

例 1 如图 37.43, 设 $\triangle DEF$ 为锐角 $\triangle ABC$ 的垂心 H 的垂足三角形, M 为 BH 上一点, 过 M 与 BH 垂直的直线交 $\triangle BDF$ 的外接圆于 P, Q, 求证: $\angle PDE + \angle QDF = 180°$.

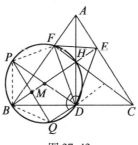

图 37.43

证明 显然, 点 H 在 $\triangle BDF$ 的外接圆上, 且 BH 为圆 BDF 的直径, 联结 BP, BQ, 则由对称性知 $\angle PBH = \angle QBH$.

由 $\triangle DEF$ 为 H 的垂足三角形, 则知 H 为 $\triangle DEF$ 的内心, 从而 $\angle HDE = \angle HDF$.

联结 PF, 则

$$\angle PDE = \angle PDH + \angle HDE = \angle PBH + \angle HDF$$
$$= \angle QBH + \angle HBF = \angle QBF = \angle QPF = 180° - \angle QDF$$

故 $\angle PDE + \angle QDF = 180°$.

注 由 $\angle PDE + \angle QDF = 180°$, 知 PD 与 QD 为 $\angle FDE$ 的等角线, 同理 PF, QF 也为 $\angle EFD$ 的等角线, 从而 P, Q 为 $\triangle DEF$ 的一对等角共轭点.

例 2 (2007 年第 15 届土耳其数学奥林匹克题) 设 AA_1, BB_1, CC_1 是 $\triangle ABC$ 的三条高. 一圆通过 B_1, C_1 且与 $\triangle ABC$ 的外接圆的 $\overparen{BC}$ (不含点 A) 相切于点 A_2. 点 B_2, C_2 类似定义. 求证: AA_2, BB_2, CC_2 三线共点.

证明 如图 37.44, 设直线 BC 与 B_1C_1 交于点 D, 显然由 B, C, B_1, C_1 四点共圆, 直线 B_1C_1 是圆 BCB_1C_1 与圆 $B_1C_1A_2$ 的根轴, 直线 BC 是圆 ABC 与圆 BCB_1C_1 的根轴. 所以点 D 是这三圆的根心, 因此直线 DA_2 与圆 ABC 相切于点 A_2.

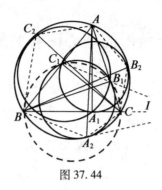

图 37.44

于是 $\dfrac{BA_2}{A_2C} = \dfrac{DA_2}{DC} = \dfrac{\sqrt{DB \cdot DC}}{DC} = \sqrt{\dfrac{DB}{DC}}$.

对 $\triangle ABC$ 及截线 DB_1C_1 应用梅涅劳斯定理,有

$$\dfrac{BD}{DC} \cdot \dfrac{CB_1}{B_1A} \cdot \dfrac{AC_1}{C_1B} = 1$$

即

$$\dfrac{DB}{DC} = \dfrac{B_1A}{CB_1} \cdot \dfrac{C_1B}{AC_1}$$

从而

$$\dfrac{BA_2}{A_2C} = \sqrt{\dfrac{B_1A}{CB_1} \cdot \dfrac{C_1B}{AC_1}}.$$

同理

$$\dfrac{CB_2}{B_2A} = \sqrt{\dfrac{C_1B}{AC_1} \cdot \dfrac{A_1C}{BA_1}}, \dfrac{AC_2}{C_2B} = \sqrt{\dfrac{A_1C}{BA_1} \cdot \dfrac{B_1A}{CB_1}}$$

故有

$$\dfrac{BA_2}{A_2C} \cdot \dfrac{CB_2}{B_2A} \cdot \dfrac{AC_2}{C_2B} = 1$$

由塞瓦定理角元形式的推论,知 AA_2, BB_2, CC_2 三线共点.

例 3 (IMO37 预选题)在锐角 $\triangle ABC$ 中, $BC > AC$, O 是它的外心, H 是它的垂心, F 是高 CH 的垂足,过 F 作 OF 的垂线交边 CA 于点 P. 证明: $\angle FHP = \angle BAC$.

证明 如图 37.45,由题设 $OF \perp FP$,则可延长 CF 交圆 O 于点 D,设直线 FP 交圆 O 于点 M, N. 联结 BD 与 MF 交于点 Q,则由垂心的对称性知 F 为 DH 的中点.

由 $OF \perp FP$,知 F 为 MN 的中点. 又由蝴蝶定理,知 F 为 PQ 的中点. 此时 $DQ \parallel PH$.

于是,$\angle FHP = \angle BDC = \angle BAC$.

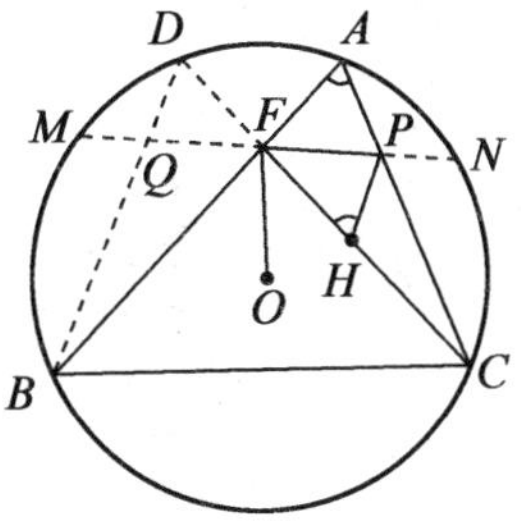

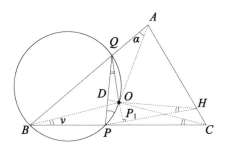

图 37.45

例 4 （2011 年第 37 届俄罗斯奥林匹克题）△ABC 是一个锐角三角形，过顶点 B 和外心 O 的一个圆分别交边 BC 和 BA 于点 P(≠B) 和 Q(≠B). 求证：△POQ 的垂心位于直线 AC 上.

证明 如图 37.46，联结 AO, BO, CO. 令 ∠OBA = ∠OAB = α, ∠OBC = ∠OCB = γ，则

图 37.46

$$\angle ACB = \frac{1}{2}\angle AOB = 90° - \alpha$$

由 B, P, O, Q 四点共圆，则 ∠OPQ = α, ∠OQP = γ.

设 DO 为 △OPQ 的高线，D 为垂足，DO 与 AC 交于点 H，则

$$\angle POH = 180° - \angle DOP = 180° - (90° - \alpha)$$
$$= 180° - \angle ACB = 180° - \angle HCB$$

从而 O, P, C, H 四点共圆，即有 ∠PHO = ∠PCO = γ.

设 P_1 是直线 OQ 与 PH 的交点，则

$$\angle OP_1H = \angle QPH + \angle PQO = \angle QPH + \angle PHD = \angle HDQ = 90°$$

从而 PH⊥QO.

故 H 为 △OPQ 的垂心.

例 5 如图 37.47，过 △ABC 的垂心 H 与边 BC 的中点 M 的直线交 △ABC

的外接圆圆 O 于 A_1,A_2 两点. 求证: $\triangle ABC$, $\triangle A_1BC$, $\triangle A_2BC$ 的垂心 H,H_1,H_2 构成一个直角三角形的三个顶点.

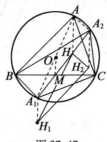

图 37.47

证明 如图 37.47, 显然由卡诺定理知 A,O,A_1 共线, 且
$$AH \underline{\underline{=}} 2OM, A_1H_1 \underline{\underline{=}} 2OM, A_2H_2 \underline{\underline{=}} 2OM$$
则
$$AA_2 \underline{\underline{=}} HH_2, AA_1 \underline{\underline{=}} HH_1, A_2A_1 \underline{\underline{=}} H_2H_1$$
于是, $\triangle HH_1H_2 \cong \triangle AA_1A_2$.

而 $\triangle AA_1A_2$ 为直角三角形, 故 $\triangle HH_1H_2$ 为直角三角形.

例 6 (其中必要性为 2006 年德国国家队选拔考试题) 设 AD,BE,CF 为锐角 $\triangle ABC$ 的三条高, P,Q 分别在线段 DF 与 EF 上. 求证: $\angle PAQ = \angle DAC$ 的充分必要条件是 AP 平分 $\angle QPF$.

证明 如图 37.48, 由条件知 AD,BE,CF 共点于 $\triangle ABC$ 的垂心 H, 且 CF 为 $\angle DFE$ 的平分线.

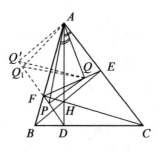

图 37.48

作 Q 关于直线 AB 的对称点 Q', 则 Q' 在直线 FD 上, $QQ' \perp AB$, $AQ' = AQ$. 于是 $Q'Q \parallel FC$, 从而由 A,F,D,C 四点共圆知
$$\angle DAC = \angle DFC = \angle PQ'Q$$

必要性 设 $\angle PAQ = \angle DAC$, 则 $\angle PAQ = \angle PQ'Q$, 所以 A,Q',P,Q 四点共

圆,再由 $AQ'=AQ$,即知 AP 平分 $\angle QPQ'$,即 AP 平分 $\angle QPF$.

充分性 设 AP 平分 $\angle QPF$,再作 Q 关于直线 AP 的对称点 Q_1,则 Q_1 在直线 PD 上,$\angle PQ_1A = \angle AQP$,且
$$PQ_1 = PQ < PF + FQ = PF + FQ' = PQ'$$
所以 Q_1 在 PQ' 上. 因此
$$\angle PQ'A = 180° - \angle PQ_1A = 180° - \angle AQP$$
所以 A,Q',P,Q 四点共圆,于是 $\angle PQ'Q = \angle PAQ$. 故 $\angle PAQ = \angle DAC$.

注 三角形的垂心是其垂足三角形的内心,且垂足三角形的两邻边关于一条高线对称.

例 7 (IMO51 预选题)设锐角 $\triangle ABC$ 的边 BC,CA,AB 上的高的垂足分别为 D,E,F,直线 EF 与 $\triangle ABC$ 的外接圆的一个交点为 P,直线 BP 与 DF 交于点 Q. 证明:$AP = AQ$.

证法 1 如图 37.49,注意到 A,P,B,C 及 A,F,D,C 四点共圆,有
$$\angle QPA = \angle BCA = \angle BFD = \angle QFA$$

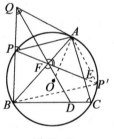

图 37.49

从而,知 Q,P,F,A 四点共圆.

于是,$\angle AQP = \angle AFE = \angle BFD = \angle AFQ = \angle APQ$.

故 $AP = AQ$.

证法 2 注意到三角形垂心图的对称性,设 $\triangle ABC$ 的外心为 O,如图 37.49,则 $AO \perp EF$,延长 FE 交 $\odot O$ 于点 P',则知 P 与 P' 关于 AO 对称,有 $AP = AP'$,即 A 为 $\overset{\frown}{PP'}$ 的中点. 有 AB 平分 $\angle PBP'$,故 BQ 与 BP' 关于 BA 对称.

由垂心图的对称性知 FQ 与 FP' 关于 BA 对称,从而 $\triangle BFQ \cong \triangle BFP'$.

于是,$AQ = AP'$. 故 $AP = AQ$.

例 8 (IMO31 预选题)$\triangle ABC$ 中,O 为外心,H 是垂心,$\triangle CHB$,$\triangle CHA$ 和 $\triangle AHB$ 的外心分别为 A_1,B_1,C_1. 求证:$\triangle ABC \cong \triangle A_1B_1C_1$,且这两个三角形的九点圆重合.

证明 如图 37.50,由垂心组 H,A,B,C 的性质知,$\triangle BHC$ 与 $\triangle ABC$ 的外接圆是等圆. 从而这两个三角形的外心关于公共弦 BC 对称,即 A_1 与 O 关于 BC 对称.

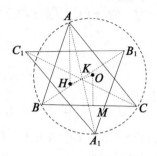

图 37.50

设 M 为 BC 的中点,由卡诺定理,知
$$AH = 2OM = 2MA_1$$
又 $AH \parallel OA_1$,则 AA_1 与 OH 互相平分于点 K.

同理,BB_1,CC_1 也过点 K 且被它平分.

由此,知 $\triangle A_1 B_1 C_1$ 与 $\triangle ABC$ 关于点 K 成中心对称.

故 $\triangle ABC \cong \triangle A_1 B_1 C_1$.

注意到 K 是 $\triangle ABC$ 的九点圆圆心,因此,这个圆关于 K 作中心对称时不变. 它也是 $\triangle A_1 B_1 C_1$ 的九点圆. 故这两个三角形的九点圆重合.

例 9 (2011 年第 37 届俄罗斯数学奥林匹克题)在平行四边形 $ABCD$($\angle A < 90°$)的边 BC 上取点 T,使得 $\triangle ATD$ 是锐角三角形. 令 O_1,O_2 和 O_3 分别为 $\triangle ABT$,$\triangle DAT$ 和 $\triangle CDT$ 的外心. 求证:$\triangle O_1 O_2 O_3$ 的垂心位于直线 AD 上.

证明 如图 37.51,由题设知,$O_1 O_2$ 和 $O_3 O_2$ 分别是线段 AT,DT 的中垂线,于是

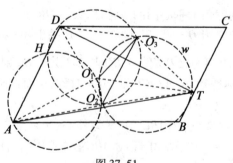

图 37.51

$$\angle AO_1O_2 = \angle TO_1O_2 = 180° - \angle TBA = \angle TCD$$
$$\angle DO_3O_2 = \angle TO_3O_2 = \angle TCD$$

即 $\angle TO_1O_2 = \angle TO_3O_2$,从而知 T, O_1, O_2, O_3 四点共圆,此圆记为 ω.

由对称性,即 $\angle O_1TO_2 = \angle O_1AO_2$($O_1O_2$ 为对称轴),$\angle DO_3O_2 = \angle TO_3O_2$($O_3O_2$ 为对称轴),可知圆 AO_1O_2、圆 DO_2O_3 与 ω 均为等圆.

由垂心性质①知,$\triangle O_1O_2O_3$ 的垂心是圆 AO_1O_2 与圆 DO_2O_3 的一个交点 H.

设 H' 是圆 AO_1O_2 与直线 AD 的另一个交点,则 $\angle AH'O_2 = \angle AO_1O_2 = \angle DO_3O_2$,因此,$H'$ 在圆 DO_2O_3 上,即 H' 与 H 重合.故 H 在 AD 上.

注 由重心的性质可证明如下:如图 37.52,可设直线 BH 交 AC 于点 E,直线 CH 交 AB 于点 F.

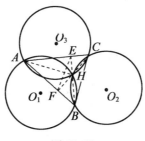

图 37.52

由 $\angle ABH = \angle ACH$,知 B, C, E, F 四点共圆.

由 $\angle BAH = \angle BCH = \angle FEH$,知 A, F, H, E 四点共圆.

于是,$\angle AFH = \angle BEC = \angle BFH = \frac{1}{2} \times 180° = 90°$.

即知 $CF \perp AB$. 同理 $BE \perp AC$,故 H 为 $\triangle ABC$ 的垂心.

即 H, A, B, C 为一垂心组.

例10 (2001 年第 64 届莫斯科数学奥林匹克题)在一个顶点为 M 的角内标出一个点 A,由点 A 发出一个球,它先到达角的一边上的一点 B,然后被反射到另一条边上的点 C,又被弹回了点 A(反射角 = 入射角). 证明:$\triangle BCM$ 的外心位于直线 AM 上.

证法1 如图 37.53,作 $\triangle MBC$ 的外接圆圆 O,点 M 的对径点记为 H,注意半圆上圆周角是直角,则 $HB \perp MB, HC \perp MC$. 由于反射角 = 入射角,即知 BH 是

---

① 垂心的性质:三个等圆有一个公共点,两两相交的两圆还有另一个交点,该四点构成垂心组.

∠ABC 的平分线,HC 是 ∠ACB 的平分线. 从而 H 为 △ABC 的内心.

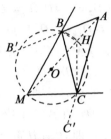

图 37.53

设点 B' 在射线 AB 上,点 C' 在射线 AC 上,易知点 M 就是 $\angle B'BC$ 的平分线与 $\angle BCC'$ 的平分线的交点. 因此,点 M 是 △ABC 的在 ∠A 内的旁切圆的旁心.

于是它在 $\angle BAC$ 的平分线上. 这表明直径 HM 及点 O 都在 $\angle BAC$ 的平分线 AM 上.

证法 2 如图 37.54,记 △BCM 的外心为 O,则

$$\angle BMO = 90° - \frac{1}{2}\angle MOB = 90° - \angle BCM \qquad ①$$

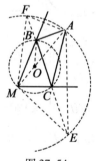

图 37.54

设点 A 关于 MB 的对称点为 F,关于 MC 的对称点为 E.

由对称性知,$MA = MF,MA = ME$,所以点 A,E 和 F 都在同一个以点 M 为圆心的圆上. 又由"反射角=入射角"推知,E,C,B,F 四点共线. 于是有

$$\angle BAM = \frac{1}{2}\angle FMA = \angle AEF = \angle AEC = 90° - \angle BCM \qquad ②$$

比较式①②得 $\angle BMO = \angle BMA$.

上式表明 M,O,A 三点共线.

证法 3 如图 37.55,作以 △ABC 为垂心的垂足三角形记为 △MNL,则 △MBC 的外心 O 在 △MNL 的高线 AM 上,△ABC 的内心 H 即 △MNL 的垂心,

显然 M,O,H,A 四点共线. 由此即知结论成立.

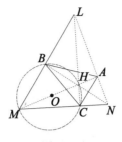

图 37.55

例 11 （2015 年爱沙尼亚国家队选拔赛题,2015 年乌克兰数学奥林匹克题）如图 37.56, 已知 AD,BE 为锐角 $\triangle ABC$ 的两条高线且交于点 H, 以 HE 为半径作圆 H, 过点 C 作圆 H 的切线, 切点为 P, 以 BE 为半径作圆 B, 过点 C 作圆 B 的切线, 切点为 Q. 证明: D,P,Q 三点共线.

证法 1 若 $AC=BC$, 则点 D 与 P 重合, 不妨设 $AC \neq BC$.

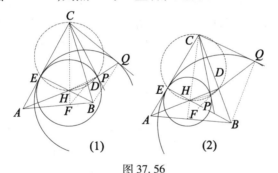

图 37.56

据题意, 知点 E 关于 CH 的对称点为 P, 点 Q 与 E 关于 CB 对称, 则
$$CP = CE = CQ, \angle ECH = \angle PCH, \angle ECB = \angle QCB$$
又 $\triangle PCQ$ 为等腰三角形, 且
$$\angle PCQ = \angle ECQ - \angle ECP$$
故 $\angle CPQ = 90° - \frac{1}{2}\angle PCQ = 90° - \frac{1}{2}(\angle ECQ - \angle ECP)$
$$= 90° - (\angle ECD - \angle ECH) = 90° - \angle HCD$$
因 $\angle HDC = 90° = \angle HPC$, 知点 C,H,D,P 均在以 CH 为直径的圆上.

（i）若 $AC > BC$, 如图 37.56(1), 由 C,H,D,P 四点共圆, 有 $\angle HPD = \angle HCD$, 且
$$\angle HPD + \angle HPC + \angle CPQ = \angle HCD + 90° + (90° - \angle HCD) = 180°$$

故 D,P,Q 三点共线.

(ⅱ)若 $AC<BC$,如图 37.56(2),由 C,H,D,P 四点共圆,有
$$\angle HPD=180°-\angle HCD$$
$$\angle CPD=\angle HPD-\angle HPC=(180°-\angle HCD)-90°=\angle CPQ$$
故 D,P,Q 三点共线.

证法 2 如图 37.56,延长 CH 交 AB 于点 F,由 A,E,H,F 四点共圆,有
$$\angle BAC=180°-\angle FHE=\angle EHC$$
由 $\triangle EHC \cong \triangle PHC$,知 $\angle BAC=\angle CHP$.

由 $\angle HDC=\angle HPC=\angle AFC=90°$,知 H,D,P,C 及 A,F,D,C 分别四点共圆,从而
$$180°-\angle FDC=\angle BAC=\angle CHP$$
$$=\angle CDP \quad (或 180°-\angle CDP(对图 37.57(2)))$$

于是,知 F,D,P 三点共线.

又 B,D,H,F 四点共圆,则 $\angle HFD=\angle HBD$. 联结 BQ,此时 CB 为对称轴,则可注意到有 $\angle DBQ=\angle HBD$,从而 $\angle CFD=\angle HFD=\angle DBQ=\angle CBQ$.

由 C,F,B,Q 四点共圆,有 $\angle CBQ=\angle QFC$. 故 $\angle CFD=\angle CFQ$.

于是,知 F,D,Q 三点共线.

又点 F 与点 D 不同,则 F,D,P,Q 四点共线. 故 D,P,Q 三点共线.

例 12 (2011 年日本数学奥林匹克题)设 H 是锐角 $\triangle ABC$ 的垂心,M 是边 BC 的中点,过点 H 作 AM 的垂线,垂足为 P. 证明:$AM \cdot PM = BM^2$.

证法 1 如图 37.57,设直线 BH 与 AC 交于点 X,AH 的中点为 N,则由 $\angle AXH=90°=\angle APH$,知点 P,X 在以 AH 为直径的圆上(若 $AB=AC$,则与 H 重合,X 也在以 AH 为直径的圆上).

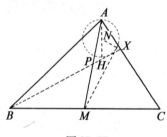

图 37.57

于是,$\angle AXN=\angle XAN$.

又因为 $\angle BXC=90°$,所以,点 X 在以 BC 为直径的圆上.

易知，$\angle CXM = \angle XCM$，且 $XM = BM$.

由
$$\angle NXM = 180° - (\angle AXN + \angle CXM)$$
$$= 180° - (\angle XAN + \angle XCM) = 90°$$

则 MX 与以 AH 为直径的圆切于点 X. 于是
$$AM \cdot PM = MX^2 = BM^2$$

证法 2 注意到垂心可作为一个三角形的外心，如图 37.58，分别过点 A，B，C 作对边的平行线得 $\triangle A_1 B_1 C_1$，则 H 为 $\triangle A_1 B_1 C_1$ 的垂心，联结 PB，延长 MA 交圆 H 于点 A_2，显然，A_1 在直线 AM 上，联结 $A_2 C_1$. 注意到，P 为 $A_1 A_2$ 的中点，$PB \parallel A_2 C_1$，则
$$\angle BPM = \angle C_1 A_2 A_1 = \angle C_1 B_1 A_1 = \angle B$$

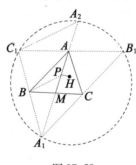

图 37.58

从而 $\triangle BPM \sim \triangle ABM$，有 $\dfrac{PM}{BM} = \dfrac{BM}{AM}$.

故 $AM \cdot PM = BM^2$.

注 （1）证得 $PB \parallel A_2 C_1$ 后，则
$$\angle PBM = \angle A_2 C_1 B_1 = \angle A_2 A_1 B_1 = \angle PA_1 C$$
于是，C, P, B, A_1 四点共圆，由相交弦定理有 $BM \cdot MC = PM \cdot MA_1$.
因 $BM = MC$，$AM = AM$，故 $AM \cdot PM = BM^2$.

（2）证得 $PB \parallel A_2 C_1$ 后，则
$$\angle BPM = \angle C_1 A_2 A_1 = \angle C_1 B_1 A_1 = \angle MCA_1$$
$$\angle PMB = \angle CMA_1$$

而

有 $\triangle BPM \sim \triangle A_1 CM$，即
$$\frac{PM}{CM} = \frac{BM}{A_1 M}$$

有

$$BM \cdot CM = PM \cdot A_1M$$

注意，$CM = BM, A_1M = AM$. 故 $AM \cdot PM = BM^2$.

例 13 （2014 年美国数学奥林匹克题）设 $\triangle ABC$ 的垂心为 H，$\angle BAC$ 的平分线与 $\triangle AHC$ 的外接圆的另一交点为 P，$\triangle APB$ 的外心为 X，$\triangle APC$ 的垂心为 Y. 证明：线段 XY 与 $\triangle ABC$ 的外接圆半径相等.

证明 如图 37.59，设 H' 为 H 关于边 AC 的对称点，则知 H' 在 $\triangle ABC$ 的外接圆圆 O 上，$\triangle AH'C$ 与 $\triangle AHC$ 关于 AC 对称，这两个三角形的外接圆圆 O 与圆 O' 关于 AC 对称，即为等圆有 $OC = O'C$.

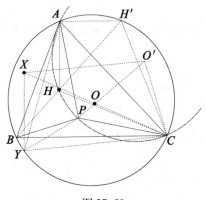

图 37.59

又 A, H, P, C 四点共圆，且 H, Y 分别为 $\triangle ABC, \triangle APC$ 的垂心，则

$$\angle ABC = 180° - \angle AHC = 180° - \angle APC = \angle AYC$$

即知 Y 在圆 O 上. 记 R 为圆 O 的半径，则

$$OC = OY = R \qquad ①$$

另一方面，注意到直线 $OX, O'X, O'O$ 分别垂直平分 AB, AP, AC，则

$$\angle OXO' = \angle BAP = \angle PAC = \angle XO'O$$

即知

$$OO' = OX \qquad ②$$

又 XO', YC 均与 AP 垂直，则 $XO' \parallel YC$.

由式①②知，四边形 $XYCO'$ 为等腰梯形. 故 $XY = O'C = OC = R$.

注 （1）若在 $\triangle ABC$ 中，$\angle A = 90°$，则 X 为 AB 中点，Y 为 AC 中点，故 $XY = \frac{1}{2}BC = R$.

（2）角的两边对应垂直的两个角相等或相补.

(3) YC 与 AP 垂直是因 Y,A,P,C 为垂心组.

第4节 完全四边形的优美性质(八)

试题 C,B 的证明中分别给出了完全四边形的如下两条优美性质:

性质 38 完全四边形 $ABCDEF$ 中的折四边形 $BCFE$ 的四顶点共圆的充分必要条件是 $\dfrac{AB}{BE}=\dfrac{AF}{FC}$.

证明 如图 37.60，B,C,E,F 四点共圆

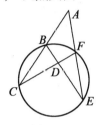

图 37.60

$$\Leftrightarrow \angle AEB = \angle ACF$$
$$\Leftrightarrow \frac{\sin\angle AEB}{\sin\angle BAE}=\frac{\sin\angle ACF}{\sin\angle CAF}$$
$$\Leftrightarrow \frac{AB}{BE}=\frac{AF}{FC}$$

性质 39 完全四边形 $ABCDEF$ 中的凸四边形 $ABDF$ 有内切圆的充分必要条件是 $\triangle ACE$ 的内切圆与 $\triangle DCE$ 的内切圆相切.

证明 如图 37.61，设凸四边形 $ABDF$ 的内切圆分别与边 AB,BD,DF,FA 切于点 W,X,Y,Z，则由

$$AC - AE = (AW+WC)-(AZ+ZE)$$
$$= WC - ZE = CY - EX$$
$$= (CD+DY)-(DX+DE)=CD-ED$$

设 $\triangle ACE$ 的内切圆，$\triangle DCE$ 的内切圆在 CE 边上的切点分别为 G,H，则

$$2(EG-EH)=2EG-2EH=(CE+AE-AC)-(CE+ED-DC)$$
$$=(AE-AC)-(ED-DC)=0$$

因此，G 与 H 重合.

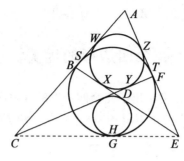

图 37.61

故 $\triangle ACE$ 的内切圆与 $\triangle DCE$ 的内切圆相切.

注 (1)完全四边形 $ABCDEF$ 的凸四边形 $ABDF$ 有内切圆的充要条件是满足下述三个条件之一:

$BC + BE = FC + FE$;

$AC + DE = AE + CD$;

$AB + DF = BD + AF$(性质 34).

(2)完全四边形 $ABCDEF$ 的折四边形 $BCFE$ 有旁切圆的充要条件是满足下述三个条件之一:

$AB + BD = AF + FD$;

$AC + CD = AE + ED$;

$BC + CF = BE + EF$(性质 36).

为了介绍下面的性质 40,首先从牛顿定理(第 29 章第 5 节)的推广谈起,即讨论牛顿定理中的四边形变型及切点连线的交点在形外的问题.①

圆的外切四边形可以是凸四边形,也可以是凹四边形和折四边形.

命题 1 若凹四边形 $ACDE$ 外切于圆,边 AC,DE,CD,EA 所在直线上的切点分别为 P,Q,R,S,则直线 AD,CE,PQ,SR 交于一点.

证明 如图 37.62,设直线 DE 交 AC 于点 B,直线 CD 交 AE 于点 F,直线 PQ 交 CE 于点 M,直线 SR 交 CE 于点 M'. 下证 M' 与 M 重合.

对 $\triangle CEB$ 及截线 PQM,对 $\triangle CEF$ 及截线 SRM' 分别应用梅涅劳斯定理,得

$$\frac{CM}{ME} \cdot \frac{EQ}{QB} \cdot \frac{BP}{PC} = 1$$

$$\frac{CM'}{M'E} \cdot \frac{ES}{SF} \cdot \frac{FR}{RC} = 1$$

---

① 沈文选.牛顿定理的证明、应用及其他[J].中学教研(数学),2010(4):26-29.

注意到 $BP=BQ, FS=FR, CP=CR, EQ=ES$，得
$$\frac{CM}{ME}=\frac{PC}{EQ}=\frac{RC}{ES}=\frac{CM'}{M'E}$$

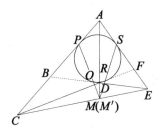

图 37.62

再由合比定理，即知点 M' 与 M 重合，从而直线 PQ,SR 与 CE 交于一点.

同理，对 $\triangle ABD$ 及截线 PQ，对 $\triangle ADF$ 及截线 SR 应用梅涅劳斯定理，可证得直线 PQ,SR 与 AD 交于一点，故直线 AD,CE,PQ,SR 交于一点.

命题 2 若折四边形 $BCFE$ 外切于圆（或折四边形 $BCFE$ 有旁切圆），边 BC,CF,FE,EB 所在直线上的切点分别为 P,R,S,Q，则直线 BF,CE,PS,QR 或者相互平行或者共点.

证明 (1)若对角线 BF 与 CE 平行，$BC\parallel FE$，且折四边形 $BCFE$ 外切于圆，则四边形 $BCEF$ 必为矩形，此时 4 条直线 BF,CE,PS,QR 相互平行.

(2)若对角线 BF 与 CE 平行，且直线 BC 与 FE 交于点 A，如图 37.63，则由圆的外切四边形对边的和相等可推知 $BCEF$ 为等腰梯形，$\triangle ABF$ 和 $\triangle DBF$ 均为等腰三角形. 此时，直线 BF,CE,PS,QR 相互平行.

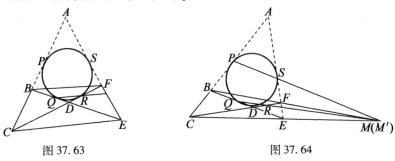

图 37.63　　　　　　　图 37.64

(3)若对角线 BF 与 CE 不平行，如图 37.64 和图 37.65，且直线 CB,EF 交于点 A. 设 BE 与 CF 交于点 D，直线 BF 与 QR 交于点 M，直线 BF 与 PS 交于点 M'. 对 $\triangle BDF$ 及截线 QRM，对 $\triangle ABF$ 及截线 PSM' 分别应用梅涅劳斯定理，得

$$\frac{BQ}{QD}\cdot\frac{DR}{RF}\cdot\frac{FM}{MB}=1, \frac{AP}{PB}\cdot\frac{BM'}{M'F}\cdot\frac{FS}{SA}=1$$

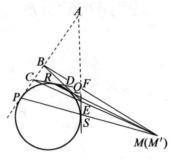

图 37.65

注意到 $DQ=DR, AP=AS, BQ=BP, FR=FS$，则

$$\frac{FM}{MB}=\frac{RF}{BQ}=\frac{FS}{PB}=\frac{FM'}{M'B}$$

再由合比定理，可知点 M' 与 M 重合，从而直线 PS, QR 与 BF 交于一点. 同理，对 $\triangle CED$ 及截线 QR，对 $\triangle ACE$ 及截线 PS 分别应用梅涅劳斯定理，可证得直线 PS, QR 与 CE 交于一点，故直线 BF, CE, PS, QR 相交于一点.

(4) 如图 37.66, 若对角线 BF 与 CE 不平行，且直线 $CB \parallel EF$. 设直线 BF 与直线 PS 交于点 M，下面证明 Q, R, M 三点共线. 由 $BC \parallel FB$，得

$$\frac{FM}{MB}=\frac{FS}{BP}=\frac{FR}{BQ}$$

即

$$1=\frac{FM}{MB}\cdot\frac{BQ}{RF}=\frac{FM}{MB}\cdot\frac{BQ}{QD}\cdot\frac{DR}{RF}$$

对 $\triangle BDF$ 应用梅涅劳斯定理的逆定理，知 Q, R, M 三点共线，即直线 PS, QR 与 BF 交于一点. 同理，直线 PS, QR 与 CE 交于一点，故直线 BF, CE, PS, QR 交于一点.

命题 3 已知一圆切 $\triangle ABC$ 的 CA, AB 分别于点 Y, Z，自 B, C 另作该圆的切线相交于点 X，求证：AX, BY, CZ 三线共点或互相平行.

证明 如图 37.67，自点 B, C 作圆的切线，切点分别为 G, H，且分别交 AC, AB 于点 E, F. 因为折四边形 $ECFB$ 有旁切圆，所以由命题 2，知直线 ZY, GH, BC, FE 共点于 S. 在 $\triangle AYZ, \triangle XBC$ 中，其对应边的交点 E, F, S 共线. 由戴沙格定理的逆定理知，其对应顶点的连线 AX, BY, CZ 或共点或相互平行.

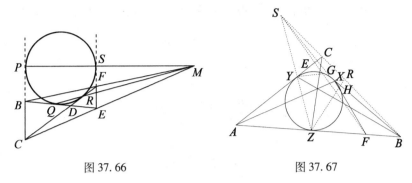

图 37.66 图 37.67

命题 4 圆上四点两两相连组成一个完全四边形(4 条直线两两相交且不共点,相交于六点所得图形),又过每点作圆的切线交成一个完全四边形,则这两四边形必有共同的对角三角形(或极点三角形).

证明 如图 29.91,在完全四边形 SPTQWR 中,设 G 为对角线 SQ 与 PR 的交点,则 △GTW 为其对角三角形(或极点三角形). 在完全四边形 ABCDEF 中:

(1)凸四边形 ABDF 有内切圆,由牛顿定理知,AD,BF,PR,QS 共点于 G;

(2)折四边形 BCFE 有旁切圆,由命题 2 知,直线 BF,CE,PS,QR 共点于 T;

(3)凹四边形 ACDE 有内切圆,由命题 1 知,直线 AD,CE,PQ,SR 共点于 W.

由(1)(3)知,A,G,D,W 四点共线;由(1)(2)知,F,G,B,T 四点共线;由(2)(3)知,T,C,W,E 四点共线. 所以,G,T,W 是 3 条对角线 AD,BF,CE 两两的交点,故 △GTW 为完全四边形 ABCDEF 的对角三角形.

由上述结论,我们便获得了如下性质:

性质 40 当完全四边形中的凸四边形有内切圆时,其 3 条对角线中的 2 条与四切点每两切点所在直线中的 2 条,组成 3 组每组 4 条直线或相互平行或共点于完全四边形对角线直线的交点.

性质 41 在完全四边形 ABECFD 中,I 为折四边形 BEDF 的旁切圆圆心. $\triangle IAB,\triangle IBC,\triangle ICD,\triangle IDA,\triangle IAE,\triangle IEC,\triangle ICF,\triangle IFA$ 的外心分别为 $P_1,P_2,P_3,P_4,Q_1,Q_2,Q_3,Q_4$,则:

(1)P_1,P_2,P_3,P_4 四点共圆,Q_1,Q_2,Q_3,Q_4 四点共圆;

(2)若(1)中的两个圆的圆心分别为 O_1,O_2,则 O_1,O_2,I 三点共线.

证明 如图 37.68,(1)先证点 P_1,P_3 在直线 IF 上,点 P_2,P_4 在直线 IE 上.

由 $\angle AP_1B = 2\angle BIA = 2(\angle EBI - \angle BAI) = \angle EBF - \angle BAF = \angle AFB$

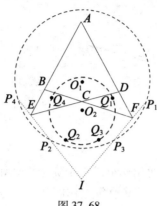

图 37.68

知 A, P_1, F, B 四点共圆.

由 $\angle BP_1F = \angle BAF = 2\angle BAI = \angle BP_1I$

知 P_1, F, I 三点共线.

同理,点 P_3 在直线 IF 上,点 P_2, P_4 在直线 IE 上.

设圆 $P_i(i = 1, 2, 3, 4)$ 的半径为 R_i,则

$$2R_1 \sin\angle ABI = AI = 2R_4 \sin\angle ADI$$
$$2R_2 \sin\angle CBI = CI = 2R_3 \sin\angle CDI$$

由

$$\angle ABI + \angle CBI = \angle ABI + \angle EBI = 180°$$
$$\angle ADI + \angle CDI = \angle ADI + \angle FDI = 180°$$

知

$$\frac{R_1}{R_4} = \frac{\sin\angle ADI}{\sin\angle ABI} = \frac{\sin\angle CDI}{\sin\angle CBI} = \frac{R_2}{R_3}$$

即 $IP_1 \cdot IP_3 = IP_2 \cdot IP_4$. 因此,$P_1, P_2, P_3, P_4$ 四点共圆.

类似地,由点 Q_2, Q_4 在 BI 上,点 Q_1, Q_3 在 DI 上,得 Q_1, Q_2, Q_3, Q_4 四点共圆.

(2) 因为 $\angle AQ_4F = 2\angle AIF = \angle ABF$,所以,$A, B, Q_4, F$ 四点共圆.

从而,A, B, Q_4, F, P_1 五点共圆.

由 $\angle AP_1Q_4 = \angle EBQ_4 = \angle EBI = \dfrac{\angle AP_1I}{2} = \angle AP_1P_4$,知点 Q_4 在直线 P_1P_4 上.

用类似的方法得 P_1, Q_1, Q_4, P_4 及 P_2, Q_2, Q_3, P_3 分别四点共线.

设这两条直线交于点 G, P_1P_2 与 P_3P_4, Q_1Q_2 与 Q_3Q_4 分别交于点 S, R,则 I

关于圆 O_1 的极线为 GS,I 关于圆 O_2 的极线为 GR.

因为 GP_1,GS,GP_3,GI 为调和线束,GQ_1,GR,GQ_3,GI 也为调和线束,所以,G,S,R 三点共线.

由 $IO_1 \perp GS$,$IO_2 \perp GR$,知 O_1,O_2,I 三点共线.

注 （1）此性质即为 2012 年第 20 届土耳其数学奥林匹克题：

设 B,D 分别为线段 AE,AF 上的点,且 $\triangle ABF$ 和 $\triangle ADE$ 中 $\angle A$ 内的旁切圆是同一个圆,其圆心为 I,记 BF 与 DE 交于点 C,$\triangle IAB$,$\triangle IBC$,$\triangle ICD$,$\triangle IDA$,$\triangle IAE$,$\triangle IEC$,$\triangle ICF$,$\triangle IFA$ 的外心分别为 P_1,P_2,P_3,P_4,Q_1,Q_2,Q_3,Q_4. 证明：

（ⅰ）P_1,P_2,P_3,P_4 四点共圆,Q_1,Q_2,Q_3,Q_4 四点共圆；

（ⅱ）若（ⅰ）中的两个圆的圆心分别为 O_1,O_2,则 O_1,O_2,I 三点共线.

（2）在上述性质中,前四个三角形是对凸四边形 $ABCD$ 的四条边与 I 组成的三角形. 后四个三角形是对凹四边形 $AECF$ 的四边与 I 组成的四个三角形. 若考虑对折四边形 $BEDF$ 的四条边与 I 组成的四个三角形 $\triangle IBE$,$\triangle IED$,$\triangle IDF$,$\triangle IFB$ 的外心 R_1,R_2,R_3,R_4,也可推证 R_1,R_2,R_3,R_4 也四点共圆,且还可推证：

（ⅰ）P_1,Q_4,R_4 在 $\triangle ABF$ 的外接圆上；

P_2,Q_2,R_1 在 $\triangle BEC$ 的外接圆上；

P_3,Q_3,R_3 在 $\triangle CFD$ 的外接圆上；

P_4,Q_3,R_2 在 $\triangle AED$ 的外接圆上.

（ⅱ）P_1,P_3 在直线 FI 上；Q_1,Q_3 在直线 DI 上；

R_2,R_4 在直线 AI 上；R_3,R_1 在直线 CI 上；

Q_4,Q_2 在直线 BI 上；P_4,P_2 在直线 EI 上.

（ⅲ）P_1,Q_1,Q_4,P_4 四点共线；

P_2,Q_2,Q_3,P_3 四点共线.

这些结论的证明也可参见作者另著的《平面几何图形特性新析》（哈尔滨工业大学出版社出版,2018 年）.

第38章 2016～2017年度试题的诠释

(第13届)东南赛试题1 (高一、高二同题)如图38.1,PAB,PCD 为圆 O 的两条割线,AD 与 BC 交于 Q,T 为线段 BQ 上一点,线段 PT 与圆 O 交于点 K,直线 QK 与线段 PA 交于点 S.证明:若 $ST//PQ$,则 B,S,K,T 四点共圆.

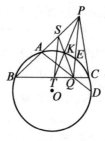

图 38.1

证明 联结 AK,由 $ST//PQ$,有

$$\frac{SK}{KQ} = \frac{TK}{KP} \qquad ①$$

注意到

$$\frac{SK}{KQ} = \frac{S_{\triangle ASK}}{S_{\triangle AKQ}} = \frac{AS \cdot \sin\angle SAK}{AQ \cdot \sin\angle KAQ}$$

由

$$\angle SAK = \angle TCK, \angle KAQ = \angle PCK$$

则

$$\frac{SK}{KQ} = \frac{AS \cdot \sin\angle TCK}{AQ \cdot \sin\angle PCK} \qquad ②$$

又注意到

$$\frac{TK}{KP} = \frac{S_{\triangle CTK}}{S_{\triangle CKP}} = \frac{CT \cdot \sin\angle TCK}{CP \cdot \sin\angle PCK}$$

结合式①②知

$$\frac{AS}{AQ} = \frac{CT}{CP}$$

又 $\angle SAQ = 180° - \angle BAD = 180° - \angle BCD = \angle TCP$,从而 $\triangle ASQ \backsim \triangle CTP$,即有 $\angle ASK = \angle CTK$.

因此,B,S,K,T 四点共圆.

东南赛试题 2 (高一、高二同题) 如图 38.2, $\triangle ABC$ 的内切圆圆 I 与边 BC,CA,AB 分别切于点 D,E,F,直线 BI,CI,DI 分别与 EF 交于点 M,N,K,直线 BN 与 CM 交于点 P,直线 AK 与 BC 交于点 G,过点 I 垂直于 PG 的直线与过点 P 垂直于 PB 的直线交于点 Q. 证明:直线 BI 平分线段 PQ.

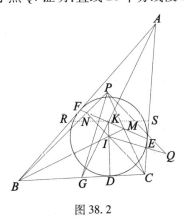

图 38.2

证明 过点 K 作平行于 BC 的直线,分别与 AB,AC 交于点 R,S,则 $IK \perp RS$.

又 $IF \perp AB$,则 I,K,F,R 四点共圆.

类似地,I,K,S,E 四点共圆.

故 $\angle IRK = \angle IFK = \angle IEK = \angle ISK \Rightarrow KR = KS$.

因为 $RS // BC$,所以 G 为 BC 的中点.

由
$$\angle CNE = \angle AEF - \angle ECN$$
$$= 90° - \frac{\angle BAC}{2} - \frac{\angle ACB}{2}$$
$$= \frac{\angle ABC}{2} = \angle FBI$$

知 B,I,N,F 四点共圆.

又 B,D,I,F 四点共圆,于是,B,D,I,N,F 五点共圆. 从而,$IN \perp BN$.

类似地,$IM \perp CM$.

所以,I 为 $\triangle PBC$ 的垂心,进而,$PI \perp BC$.

因此,P,I,D 三点共线.

设 BI 与 PQ 交于点 T.

由 D,C,M,I 四点共圆知 $\angle PIM = \angle PCB$.

又 $\angle TPI = 90° - \angle BPD = \angle PBC \Rightarrow \triangle TPI \backsim \triangle PBC$.

取线段 PI 的中点 L, 联结 LT, 则

$$\triangle TPL \backsim \triangle PBG \Rightarrow \angle PTL = \angle BPG$$
$$\Rightarrow \angle PTL + \angle GPT = \angle BPG + \angle GPT = \angle BPQ = 90°$$
$$\Rightarrow TL // QI$$

因此, $PT = TQ$, 即 BI 平分 PQ.

注 在上述证明中, 实际上涉及了三角形内切圆的性质 6(第 27 章), 性质 13(第 33 章)并给出了证明.

女子赛试题 1 设 $\triangle ABC$ 三条边的长度为 $BC = a, AC = b, AB = c$, $\varGamma$ 为 $\triangle ABC$ 的外接圆.

(1) 若圆 $\varGamma$ 的 $\overset{\frown}{BC}$(不含点 A)上有唯一的点 P(P 与 B, C 均不重合)满足 $PA = PB + PC$, 求 a, b, c 应满足的充分必要条件.

(2) 设 P 是(1)中所述的唯一的点. 证明: 若 AP 平分线段 BC, 则 $\angle BAC < 60°$.

解 (1) 若题述条件成立, 设 P 是所述的唯一点, 由托勒密定理得
$$aPA = bPB + cPC$$

结合 $PA = PB + PC$, 得
$$(b-a)PB + (c-a)PC = 0$$

若 $b = a$, 显然 $c = a$. 此时, $\triangle ABC$ 为等边三角形.

由托勒密定理, 知圆 $\varGamma$ 的 $\overset{\frown}{BC}$(不含点 A)上任意一点 Q 均满足 $QA = QB + QC$, 这与点 P 的唯一性相矛盾. 于是, $b \neq a$.

类似地, $c \neq a$.

由 $(b-a)PB + (c-a)PC = 0$ 及 $PB > 0, PC > 0$, 知 $b < a < c$ 或 $c < a < b$.

反之, 若 $b < a < c$ 或 $c < a < b$, 由托勒密定理, 知对圆 $\varGamma$ 的 $\overset{\frown}{BC}$(不含点 A)上任意一点 P, 知
$$PA = PB + PC$$
$$\Leftrightarrow (b-a)PB + (c-a)PC = 0$$
$$\Leftrightarrow \frac{PB}{PC} = \frac{c-a}{a-b} \quad \left(\frac{c-a}{a-b} > 0\right)$$

设 AP 与 BC 交于点 K, 则
$$\frac{BK}{CK} = \frac{S_{\triangle ABP}}{S_{\triangle ACP}} = \frac{AB \cdot BP}{AC \cdot CP} = \frac{c}{b} \cdot \frac{PB}{PC}$$

故
$$\frac{PB}{PC}=\frac{c-a}{a-b} \Leftrightarrow \frac{BK}{CK}=\frac{c(c-a)}{b(a-b)}$$

因为 $\frac{c(c-a)}{b(a-b)}>0$, 所以, 点 K 存在且唯一. 从而, 点 P 存在且唯一.

综上, 所求的充分必要条件为 $b<a<c$ 或 $c<a<b$.

(2) 由条件知 $BK=CK$. 再结合(1)的结论知
$$c(c-a)=b(a-b) \Rightarrow a(b+c)=b^2+c^2$$

故
$$\cos\angle BAC = \frac{b^2+c^2-a^2}{2bc} = \frac{ab+ac-a^2}{2bc}$$
$$= \frac{1}{2} + \frac{(b-a)(a-c)}{2bc} > \frac{1}{2}$$
$$\Rightarrow \angle BAC < 60°$$

女子赛试题 2 在 $\triangle ABC$ 中, $AB>AC$, I 为内心, D 为 I 在边 BC 上的垂足. 过点 A 作 $AH \perp BC$, 与直线 BI, CI 分别交于点 P, Q. 设 O 为 $\triangle IPQ$ 的外心, 延长 AO, 与边 BC 交于点 L. 设点 N 为直线 BC 与 $\triangle AIL$ 的外接圆的第二个交点. 证明: $\frac{BD}{CD} = \frac{BN}{CN}$.

证明 如图 38.3, 设 I 在边 AC, AB 上的射影分别为 E, F, 联结 DE, EF, FD, 延长 FE 交 BC 的延长线于点 N', 联结 IN'.

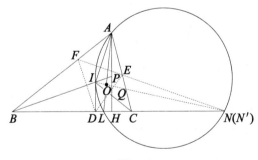

图 38.3

易知, D, E, F 为 $\triangle ABC$ 内切圆在三边上的切点.

故 $ID=IE=IF$, $BF=BD$, $CD=CE$, $AE=AF$.

注意到
$$\angle DFE = \pi - \angle DFB - \angle EFA$$
$$= \pi - \frac{\pi - \angle ABC}{2} - \frac{\pi - \angle BAC}{2}$$

$$= \frac{\pi - \angle ACB}{2} = \frac{\pi}{2} - \angle ICB$$

$$= \angle CQH = \angle IQP$$

类似地，$\angle DEF = \angle IPQ$.

于是，$\triangle DEF \backsim \triangle IPQ$.

由
$$\angle AIP = \angle IAB + \angle IBA$$

$$= \frac{\angle BAC + \angle ABC}{2}$$

$$= \frac{\pi - \angle ACB}{2} = \angle IQP$$

知 AI 为 $\triangle IPQ$ 的外接圆在点 I 处的切线. 从而，A 为 $\triangle IPQ$ 的外接圆在点 I 处的切线与直线 PQ 的交点.

又由 $ID \perp BC$，知 BC 为 $\triangle DEF$ 的外接圆在点 D 处的切线，从而，N' 为 $\triangle DEF$ 的外接圆在点 D 处的切线与直线 EF 的交点.

由 O, I 分别为 $\triangle IPQ, \triangle DEF$ 的外心，知 $\angle IAO = \angle DN'I$. 故 A, I, L, N' 四点共圆.

注意到，一条直线与一个圆最多只有两个交点.

从而，点 N 与 N' 重合.

由梅涅劳斯定理知
$$\frac{AF}{FB} \cdot \frac{BN}{NC} \cdot \frac{CE}{EA} = 1$$

$$\Rightarrow \frac{BN}{NC} = \frac{AE}{EC} \cdot \frac{BF}{FA} = \frac{BF}{EC} = \frac{BD}{DC}$$

(第 12 届)北方赛试题 1　如图 38.4，在等腰 $\triangle ABC$ 中，$\angle CAB = \angle CBA = \alpha$，点 P, Q 分别位于线段 AB 的两侧，且 $\angle CAP = \angle ABQ = \beta$，$\angle CBP = \angle BAQ = \gamma$. 证明：$P, C, Q$ 三点共线.

证明　如图 38.4，联结 PC，分别与 AQ, BQ, AB 交于点 Q_2, Q_1, D.

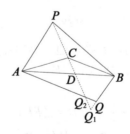

图 38.4

注意到
$$\frac{CD \cdot PQ_2}{PC \cdot DQ_2} = \frac{S_{\triangle ACD} \cdot S_{\triangle APQ_2}}{S_{\triangle APC} \cdot S_{\triangle ADQ_2}}$$
$$= \frac{\sin \alpha \cdot \sin(\alpha + \beta + \gamma)}{\sin \beta \cdot \sin \gamma}$$
$$\frac{CD \cdot PQ_1}{PC \cdot DQ_1} = \frac{S_{\triangle BCD} \cdot S_{\triangle BPQ_1}}{S_{\triangle BPC} \cdot S_{\triangle BDQ_1}}$$
$$= \frac{\sin \alpha \cdot \sin(\alpha + \beta + \gamma)}{\sin \beta \cdot \sin \gamma}$$

故
$$\frac{CD \cdot PQ_1}{PC \cdot DQ_1} = \frac{CD \cdot PQ_2}{PC \cdot DQ_2} \Rightarrow \frac{PQ_1}{DQ_1} = \frac{PQ_2}{DQ_2}$$

于是,点 Q_1 与 Q_2 重合.

从而,P,C,Q 三点共线.

北方赛试题 2 如图 38.5,直线 AB 上依次有四点 B,E,A,F,直线 CD 上依次有四点 C,G,D,H,且满足 $\dfrac{AE}{EB} = \dfrac{AF}{FB} = \dfrac{DG}{GC} = \dfrac{DH}{HC} = \dfrac{AD}{BC}$. 证明:$FH \perp EG$.

证明 如图 38.5,联结 CF,过点 G 作 $GJ // FH$,与 CF 交于点 J,过点 D 作 $DI // FH$,与 CF 交于点 I,联结 EJ,AI,过点 A 作 $AK \perp DI$ 于点 K.

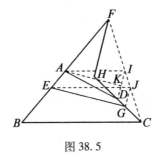

图 38.5

由 $DI // FH$,知 $\dfrac{FI}{FC} = \dfrac{HD}{HC} = \dfrac{FA}{FB}$.

于是,$AI // BC$.

类似地,$EJ // BC$.

从而,$\angle AIK = \angle EJG$.

由 $\dfrac{AI}{BC} = \dfrac{AF}{BF} = \dfrac{AD}{BC}$,得 $AI = AD$,$DI = 2KI$.

因为 $\dfrac{HD}{HC} = \dfrac{DG}{CG}$,所以

又
$$HC \cdot DG = HD \cdot CG$$
$$HG \cdot CD = (HD + DG)(CG + DG)$$
$$= HD \cdot CG + (HD + DG + CG)DG$$
$$= 2HD \cdot CG$$

则
$$\frac{KI}{GJ} = \frac{DI}{2GJ} = \frac{CD}{2CG} = \frac{DH}{GH} = \frac{FI}{FJ} = \frac{AI}{EJ}$$

结合 $\angle AIK = \angle EJG$,知
$$\triangle AIK \backsim \triangle EJG \Rightarrow \angle JGE = \angle IKA = 90°$$
$$\Rightarrow JG \perp EG \Rightarrow FH \perp EG$$

北方赛试题 3 如图 38.6,$\triangle ABC$ 内接于圆 O,$\angle ABC$ 的平分线与圆 O 交于点 D. 分别过点 B,C 引圆 O 的两条切线 PB,PC 交于点 P. 联结 PD,与 AC 交于点 E,与圆 O 交于点 F,设 BC 的中点为 M. 证明:M,F,C,E 四点共圆.

证明 如图 38.6,设 BD 与 AC 交于点 X,延长 BD,与 PC 的延长线交于点 Y,与 AC 的延长线交于点 Z.

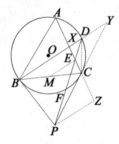

图 38.6

联结 ME,DC,由梅涅劳斯定理知
$$\frac{XD}{DY} \cdot \frac{YP}{PC} \cdot \frac{CE}{EX} = 1 \qquad ①$$

由题意有
$$\angle YCD = \angle CBD = \angle ABD = \angle ACD$$

则 CD 平分 $\angle XCY$.

于是
$$\frac{XD}{DY} = \frac{CX}{CY} \qquad ②$$

又 $PZ \parallel BD \Rightarrow \triangle PCZ \backsim \triangle YCX$
$$\Rightarrow \frac{CX}{CY} = \frac{CZ}{CP} = \frac{ZC + CX}{PC + CY} = \frac{ZX}{PY} \qquad ③$$

由式①②③知
$$\frac{ZX}{PC} \cdot \frac{CE}{EX} = 1 \qquad ④$$

下面证明:$PC = ZX = PB$.

注意到
$$\angle PBD = \angle PBC + \frac{1}{2}\angle ABC$$
$$\angle BXZ = \angle A + \frac{1}{2}\angle ABC$$

由 PB 为切线知 $\angle PBC = \angle BAC$.

于是,四边形 $PBXZ$ 为等腰梯形,得
$$ZX = PB = PC$$

代入式④得 $CE = EX$.

从而,ME 为 $\triangle BCX$ 的中位线,$ME \parallel BD$.

故 $\angle MEF = \angle BDF = \angle PCB$.

因此,M,F,C,E 四点共圆.

西部赛试题 1 如图 38.7,设圆 O_1 与圆 O_2 交于点 P,Q,它们的一条外公切线分别与圆 O_1、圆 O_2 切于点 A,B,过点 A,B 的圆 Γ 分别与圆 O_1、圆 O_2 交于点 D,C. 证明:$\dfrac{CP}{CQ} = \dfrac{DP}{DQ}$.

证明 如图 38.7,联结 AD,PQ,BC,AP,AQ,BP,BQ.

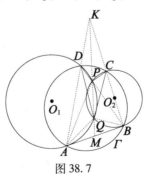

图 38.7

由蒙日定理,知 AD,QP,BC 交于一点,设为 K.

由 $\triangle KPD \backsim \triangle KAQ \Rightarrow \dfrac{DP}{AQ} = \dfrac{KP}{KA}$.

由 $\triangle KPA \backsim \triangle KDQ \Rightarrow \dfrac{AP}{DQ} = \dfrac{KA}{KQ}$.

于是，$\dfrac{AP \cdot DP}{AQ \cdot DQ} = \dfrac{KP}{KQ}$.

类似地，$\dfrac{BP \cdot CP}{BQ \cdot CQ} = \dfrac{KP}{KQ}$.

从而
$$\dfrac{AP \cdot DP}{AQ \cdot DQ} = \dfrac{BP \cdot CP}{BQ \cdot CQ} \qquad ①$$

延长 PQ，与 AB 交于点 M.

由
$$\triangle AQM \backsim \triangle PAM$$
$$\Rightarrow \dfrac{AQ}{AP} = \dfrac{AM}{PM} = \dfrac{QM}{AM}$$
$$\Rightarrow \left(\dfrac{AQ}{AP}\right)^2 = \dfrac{AM}{PM} \cdot \dfrac{QM}{AM} = \dfrac{QM}{PM}$$

类似地，$\left(\dfrac{BQ}{BP}\right)^2 = \dfrac{QM}{PM}$.

从而
$$\dfrac{AQ}{AP} = \dfrac{BQ}{BP} \qquad ②$$

由式①②，知 $\dfrac{DP}{DQ} = \dfrac{CP}{CQ}$.

西部赛试题 2　如图 38.8，在圆内接四边形 $ABCD$ 中，$\angle BAC = \angle DAC$. 设圆 I_1、圆 I_2 分别为 $\triangle ABC$，$\triangle ADC$ 的内切圆. 证明：圆 I_1 与圆 I_2 的某一条外公切线与 BD 平行.

证法 1　如图 38.8，设 I 为 $\triangle ABD$ 的内心，联结 BI. 过 I 作圆 I_1 的一条切线，切点为 E，与 AB 交于点 M.

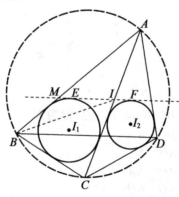

图 38.8

由内心的性质及圆外切四边形对边长度之和相等,知
$$CI = CB, CI + MB = CB + MI$$
$$\Rightarrow MB = MI \Rightarrow \angle MBI = \angle MIB$$
注意到,I 为 $\triangle ABD$ 的内心.则
$$\angle MBI = \angle DBI \Rightarrow \angle MIB = \angle DBI \Rightarrow IE /\!/ BD$$
类似地,过点 I 作圆 I_2 的一条切线,切点为 F,有 $IF /\!/ BD$.

因此,E,I,F 三点共线,即圆 I_1 与圆 I_2 的一条外公切线 EF 与 BD 平行.

证法 2 先看一条引理:如图 38.9,作出两个相交的圆的外位似中心 W,则 $\triangle WGC \backsim \triangle WBF$(其中直线 WGF, WCB 交两圆分别于 G 与 F,C 与 B).

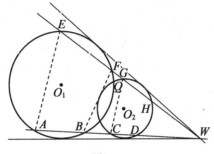

图 38.9

事实上,可先作出相交两圆的外公切线,并令交于点 W,则 W 为其外位似中心.过点 W 任意引两条直线,一条与圆 O_1 交于点 A,B,与圆 O_2 交于点 C,D,另一条与圆 O_1 交于点 E,F,与圆 O_2 交于点 G,H,联结 BF,CG,AE.

由位似性质,得 $AE /\!/ CG$.

从而 $\angle CGW = \angle AEW = \angle WBF$.

又 $\angle CWG = \angle BWF$.

于是,$\triangle WGC \backsim \triangle WBF$.引理得证,下面证明原题:

如图 38.10,延长 AB 与 O_1O_2 交于点 W,则 W 为两圆的外位似中心.联结 WD 并延长与圆 O_1 交于点 D', G.

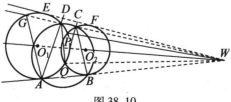

图 38.10

注意到 W 为两圆的外位似中心,及 AB 为圆 O_1 的切线,知 $CB//AG$.

从而 $\angle BCW = \angle AGW = \angle WAD'$.

于是,知 A,B,C,D' 四点共圆.

而 A,B,C,D 四点共圆,且点 D 在圆 O_1 上,因此,点 D 与 D' 重合.

从而 D,C,W 三点共线.

由引理知,$\triangle WCP \sim \triangle WPD$,$\triangle WCQ \sim \triangle WQD$.

则 $\dfrac{CP}{DP} = \dfrac{WC}{WP}$,$\dfrac{CQ}{DQ} = \dfrac{WC}{WQ}$.

注意 $WP = WQ$,则 $\dfrac{CP}{PD} = \dfrac{CQ}{DQ}$. 故 $\dfrac{CP}{CQ} = \dfrac{DP}{DQ}$.

希望联盟赛试题 1 A,B 为圆 $O: x^2 + y^2 = 1$ 上两动点,$\overset{\frown}{AB}$(A 到 B 呈逆时针方向)所对圆心角为 $90°$. 已知点 $P(2,0)$,$Q(0,2)$,直线 PA 与 QB 的交点为 M,且 M 在圆 O 的内部,过点 M 引圆 O 的两条切线,切点分别为 T_1,T_2,求 $\overrightarrow{MT_1} \cdot \overrightarrow{MT_2}$ 的取值范围.

解 如图 38.11,易知

$$\triangle POA \cong \triangle QOB$$
$$\Rightarrow \angle PAO = \angle QBO$$
$$\Rightarrow A,O,B,M \text{ 四点共圆} \Rightarrow \angle AMB = 90°$$
$$\Rightarrow \angle PMQ = 90°$$

所以,动点 M 在以 PQ 为直径的圆上.

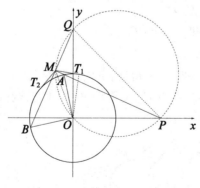

图 38.11

依几何条件,知点 M 应在过点 P 向单位圆引的两条切线之间,且在过点 Q 向单位圆引的两条切线之间.

设 $|MO|=d$,则
$$\cos\angle T_1MT_2 = 1-2\sin^2\angle OMT_1 = 1-\frac{2}{d^2}$$

故
$$\overrightarrow{MT_1}\cdot\overrightarrow{MT_2} = |\overrightarrow{MT_1}|^2\cos\angle T_1MT_2$$
$$= (d^2-1)\left(1-\frac{2}{d^2}\right) = d^2+\frac{2}{d^2}-3$$

显然,$d>1$.

当动点 M 在由点 P 向单位圆所引的切线上时,$|MO|$ 最大,此时
$$\angle MPO = 30°, |MO| = \sqrt{2} \Rightarrow 1 < d^2 \leq 2$$

注意到,函数 $x+\frac{2}{x}$ 在区间 $(1,\sqrt{2})$ 内递减,在区间 $(\sqrt{2},2]$ 内递增.

于是,$2\sqrt{2} \leq d^2+\frac{2}{d^2} \leq 3$.

故 $\overrightarrow{MT_1}\cdot\overrightarrow{MT_2}$ 的取值范围是 $[2\sqrt{2}-3,0]$.

希望联盟赛试题2 如图38.12,圆 Γ 的弦 FP,EA 交于弦 BC 的中点 M,在直线 AE 上取一点 D,使得 $MD=MA$,直线 FD 与圆 Γ 的另一个交点为 G,EP 与 CB 交于点 Q,联结 QG,QD.证明:$QD=QG$.

证明 如图38.12,设 AF 与 BC 交于点 N,GQ 与圆 Γ 交于另一点 R,AR 与 FP 交于点 S.

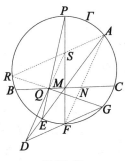

图38.12

由于 M 为 BC 的中点,由蝴蝶定理知 M 也为 NQ 的中点.
考虑六边形 $AEPFGR$,由帕斯卡定理知 D,Q,S 三点共线.
由于 M 为 AD 的中点,且为 NQ 的中点,于是,$DQ/\!/AF$.
故四边形 $ASDF$ 为平行四边形

$$\Rightarrow AR \parallel FG$$
$$\Rightarrow \angle QGF = \angle AFG = \angle QDG$$
$$\Rightarrow QD = QG$$

希望联盟赛试题 3 如图 38.13,四边形 $ABCD$ 为圆 O 的内接四边形, AC 不是圆 O 的直径, E 为线段 AC 上一点,满足 $AC = 4AE$,过点 E 作 OE 的垂线,分别与 AB, AD 交于点 P, Q. 证明: $\angle POQ = \angle BAD$ 的充分必要条件是 $AB \cdot CD = AD \cdot BC$.

图 38.13

证明 分别取 AB, AC, AD 的中点 M, K, N,则 E 为 AK 的中点.
显然, O, E, P, M; O, E, Q, N 分别四点共圆.
故
$$\angle POQ = \angle POE + \angle QOE$$
$$= \angle EMP + \angle ENQ = \angle MEN - \angle MAN$$
$$\Rightarrow \angle POQ = \angle BAD$$
$$\Leftrightarrow \angle MEN = 2\angle BAD = \angle BOD$$
由 $BK \parallel ME$, $DK \parallel NE \Rightarrow \angle MEN = \angle BKD$,故
$$\angle POQ = \angle BAD \Leftrightarrow \angle BKD = \angle BOD$$
$$\Leftrightarrow O, B, D, K \text{ 四点共圆}$$
设点 B, D 处的切线交于点 R. 显然, R, B, O, D 四点共圆.
则 O, B, D, K 四点共圆 $\Leftrightarrow O$, B, R, D, K 五点共圆.
注意到, $OK \perp AC$.
若 O, B, R, D, K 五点共圆,则 K, R, C 三点共线. 故 $ABCD$ 为调和四边形,有 $AB \cdot CD = AD \cdot BC$.
反之,若上式成立,则 $ABCD$ 为调和四边形, K, R, C 三点共线, O, B, R, D, K 五点共圆.
故 $\angle POQ = \angle BAD \Leftrightarrow AB \cdot CD = AD \cdot BC$.

试题 A　如图 38.13 所示,在 $\triangle ABC$ 中,X,Y 是直线 BC 上两点(X,B,C,Y 顺次排列),使得 $BX \cdot AC = CY \cdot AB$. 设 $\triangle ACX$,$\triangle ABY$ 的外心分别为 O_1,O_2,直线 O_1O_2 与 AB,AC 分别交于点 U,V. 证明:$\triangle AUV$ 是等腰三角形.

证法 1　如图 38.14,设圆 O_1 和圆 O_2 的另一交点为 P,联结 AP,交 BC 于点 Q.

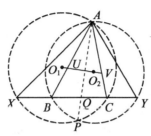

图 38.14

在圆 O_1 和圆 O_2 中,由相交弦定理,可得
$$XQ \cdot CQ = AQ \cdot PQ, YQ \cdot BQ = AQ \cdot PQ$$
所以　　　　　　　　$XQ \cdot CQ = YQ \cdot BQ$
即　　　　　　　$(BX + BQ) \cdot CQ = (CQ + CY) \cdot BQ$
所以　　　　　　　　$BX \cdot CQ = CY \cdot BQ$
又已知 $BX \cdot AC = CY \cdot AB$,故
$$\frac{AB}{AC} = \frac{BX}{CY} = \frac{BQ}{CQ}$$
即 $\frac{AB}{AC} = \frac{BQ}{CQ}$,所以 AQ 平分 $\angle BAC$,故 AP 平分 $\angle BAC$.

又因为 $O_1O_2 \perp AP$ 且直线 O_1O_2 与 AB,AC 分别交于点 U,V,所以 $AU = AV$,即 $\triangle AUV$ 是等腰三角形.

证法 2　如图 38.14,作 $\angle BAC$ 的平分线,交 BC 于点 Q. 设 $BC = a, AB = c, AC = b$.

由角平分线定理可得 $\frac{BQ}{CQ} = \frac{AB}{AC} = \frac{c}{b}$,于是可得 $BQ = \frac{ac}{b+c}, CQ = \frac{ab}{b+c}$.

又已知 $BX \cdot AC = CY \cdot AB$,故 $\frac{BX}{CY} = \frac{AB}{AC} = \frac{c}{b}$,故可设 $BX = kc, CY = kb$,则
$$QX = BX + BQ = kc + \frac{ac}{b+c} = (k + \frac{a}{b+c})c$$
$$QY = CY + CQ = kb + \frac{ab}{b+c} = (k + \frac{a}{b+c})b$$

于是可得 $QX \cdot CQ = QY \cdot BQ$，故 Q 对圆 O_1 和圆 O_2 的幂相等，所以，点 Q 在圆 O_1 和圆 O_2 的根轴上．

于是 $O_1O_2 \perp AQ$，这表明点 U,V 关于直线 AQ 对称，从而 $\triangle AUV$ 是等腰三角形．

注 得到

$$\frac{BQ}{CQ} = \frac{AB}{AC}$$

并由条件 $BX \cdot AC = CY \cdot AB$ 得到

$$\frac{BX}{CY} = \frac{AB}{AC}$$

后，也可直接利用比例的性质进行推导，得

$$\frac{QX}{QY} = \frac{BX + BQ}{CY + CQ} = \frac{AB}{AC} = \frac{BQ}{CQ}$$

即得 $QX \cdot CQ = QY \cdot BQ$，于是，有如下证法：

证法3 如图 38.14，作 $\angle BAC$ 的平分线，与 BC 交于点 Q．设 $\triangle ACX$，$\triangle ABY$ 的外接圆分别为 Γ_1,Γ_2．

由内角平分线的性质知 $\dfrac{BQ}{CQ} = \dfrac{AB}{AC}$．

由条件得 $\dfrac{BX}{CY} = \dfrac{AB}{AC}$．

故

$$\frac{QX}{QY} = \frac{BX + BQ}{CY + CQ} = \frac{AB}{AC} = \frac{BQ}{CQ} \Rightarrow QC \cdot QX = BQ \cdot QY$$

则点 Q 对圆 Γ_1,Γ_2 的幂相等．从而，点 Q 在圆 Γ_1,Γ_2 的根轴上．

于是，$AQ \perp O_1O_2$．这表明，点 U,V 关于直线 AQ 对称．

因此，$\triangle AUV$ 为等腰三角形．

证法4 如图 38.15，设圆 O_1 和圆 O_2 的另一交点为 P，延长 AC 交圆 O_2 于点 F．

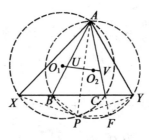

图 38.15

易知 $\triangle ABC \backsim \triangle YFC$，所以 $\dfrac{AC}{CY} = \dfrac{AB}{YF}$，即 $YF \cdot AC = CY \cdot AB$.

又由条件知 $BX \cdot AC = CY \cdot AB$，所以 $BX = YF$.

又 $\angle APX = \angle ACX = \angle ACB$，$\angle APY = \angle ABY = \angle ABC$，所以
$$\angle XPY = \angle APX + \angle APY = \angle ACB + \angle ABC = 180° - \angle BAC$$

又 P, B, A, F 四点共圆，所以
$$\angle BPF = 180° - \angle BAC$$

故 $\angle XPY = \angle BPF$，从而
$$\angle BPX = \angle XPY - \angle BPY = \angle BPF - \angle BPY = \angle YPF$$

又 P, B, F, Y 四点共圆，所以 $\angle YFP = \angle XBP$.

因此，$\triangle XBP \cong \triangle YFP$，所以 $BP = PF$，注意到 BP 和 PF 都是圆 O_2 的弦，可得 $\angle BAP = \angle FAP$，故 AP 平分 $\angle BAC$.

又因为 $O_1O_2 \perp AP$ 且直线 O_1O_2 与 AB, AC 分别交于点 U, V，所以 $AU = AV$，即 $\triangle AUV$ 是等腰三角形.

证法 5 如图 38.16，设圆 O_1 和圆 O_2 的另一交点为 P，延长 AB 交圆 O_1 于点 E，延长 AC 交圆 O_2 于点 F.

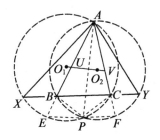

图 38.16

易知 $\triangle ABX \backsim \triangle CBE$，$\triangle ACY \backsim \triangle BCF$，所以可得
$$\dfrac{AB}{BX} = \dfrac{BC}{BE}, \dfrac{AC}{CY} = \dfrac{BC}{CF}$$

又由 $BX \cdot AC = CY \cdot AB$ 可得
$$\dfrac{AB}{BX} = \dfrac{AC}{CY}$$

所以 $BE = CF$.

又 P, E, A, C 四点共圆，P, B, A, F 四点共圆，故可得
$$\angle PEB = \angle PCF, \angle PBE = \angle PFC$$

所以 $\triangle PBE \cong \triangle PFC$，所以 $PE = PC$，注意到 PE 和 PC 都是圆 O_1 的弦，可

得 $\angle EAP = \angle CAP$,故 AP 平分 $\angle BAC$.

又因为 $O_1O_2 \perp AP$ 且直线 O_1O_2 与 AB,AC 分别交于点 U,V,所以 $AU = AV$,即 $\triangle AUV$ 是等腰三角形.

证法 6 如图 38.16,设圆 O_1 和圆 O_2 的另一交点为 P.

因为 A,X,P,C 四点共圆,A,B,P,Y 四点共圆,所以
$$\angle XAP = \angle XCP, \quad \angle BAP = \angle BYP$$

所以
$$\angle XAB = \angle XAP - \angle BAP = \angle XCP - \angle BYP = \angle CPY$$

同理可得 $\angle CAY = \angle BPX$.

因为 $BX \cdot AC = CY \cdot AB$,所以 $\dfrac{BX}{AB} = \dfrac{CY}{AC}$,结合正弦定理可得
$$\frac{\sin\angle XAB}{\sin\angle AXB} = \frac{\sin\angle CAY}{\sin\angle AYC}$$

又由 $\angle AXB = \angle APC, \angle AYC = \angle APB$,所以
$$\frac{\sin\angle CPY}{\sin\angle APC} = \frac{\sin\angle BPX}{\sin\angle APB} \qquad ①$$

又由正弦定理可得
$$\sin\angle CPY = CY \cdot \frac{\sin\angle CYP}{CP} = CY \cdot \frac{\sin\angle BYP}{CP}$$

$$\sin\angle APC = AC \cdot \frac{\sin\angle CAP}{CP}$$

$$\sin\angle BPX = BX \cdot \frac{\sin\angle BXP}{BP}, \quad \sin\angle APB = AB \cdot \frac{\sin\angle BAP}{BP}$$

代入式①,整理得
$$\frac{CY}{AC} \cdot \frac{\sin\angle BYP}{\sin\angle CAP} = \frac{BX}{AB} \cdot \frac{\sin\angle BXP}{\sin\angle BAP}$$

注意到 $\dfrac{BX}{AB} = \dfrac{CY}{AC}$,所以
$$\frac{\sin\angle BYP}{\sin\angle CAP} = \frac{\sin\angle BXP}{\sin\angle BAP}$$

又 $\angle BYP = \angle BAP, \angle BXP = \angle CAP$,所以可得 $\angle BAP = \angle CAP$,即 AP 平分 $\angle BAC$.

又因为 $O_1O_2 \perp AP$ 且直线 O_1O_2 与 AB,AC 分别交于点 U,V,所以 $AU = AV$,即 $\triangle AUV$ 是等腰三角形.

证法 7 如图 38.17,设 $\triangle ABC$ 的外心为 O,联结 OO_1, OO_2. 过点 O, O_1, O_2 分别作直线 BC 的垂线,垂足分别为 D, D_1, D_2. 作 $O_1K \perp OD$ 于点 K.

下面证明:$OO_1 = OO_2$.

在 $Rt\triangle OKO_1$ 中

$$OO_1 = \frac{O_1K}{\sin \angle O_1 OK}$$

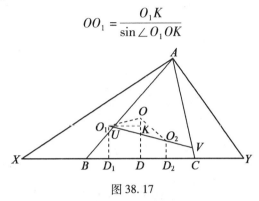

图 38.17

由外心的性质,知 $OO_1 \perp AC$.

又 $OD \perp BC$,故 $\angle O_1 OK = \angle ACB$.

而 D, D_1 分别为 BC, CX 的中点,则

$$DD_1 = CD_1 - CD = \frac{1}{2}CX - \frac{1}{2}BC = \frac{1}{2}BX$$

$$\Rightarrow OO_1 = \frac{O_1K}{\sin \angle O_1 OK} = \frac{DD_1}{\sin \angle ACB}$$

$$= \frac{\frac{1}{2}BX}{\frac{AB}{2R}} = R \cdot \frac{BX}{AB}$$

其中,R 为 $\triangle ABC$ 的外接圆半径.

类似地,$OO_2 = R \cdot \frac{CY}{AC}$.

由已知条件得

$$\frac{BX}{AB} = \frac{CY}{AC} \Rightarrow OO_1 = OO_2$$

由 $OO_1 \perp AC \Rightarrow \angle AVU = 90° - \angle OO_1 O_2$.

类似地,$\angle AUV = 90° - \angle OO_2 O_1$.

又因为 $OO_1 = OO_2$,所以

$$\angle OO_1O_2 = \angle OO_2O_1 \Rightarrow \angle AUV = \angle AVU \Rightarrow AU = AV$$

因此，$\triangle AUV$ 为等腰三角形．

证法 8　如图 38.18，设 $\triangle ABC$ 的外心为 O，则

$$\angle AOB = 2\angle ACB = \angle AO_1X$$

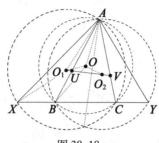

图 38.18

又 $AO = BO, AO_1 = XO_1$，所以

$$\triangle AOB \backsim \triangle AO_1X$$

所以

$$\angle OAB = \angle O_1AX, \frac{AO}{AO_1} = \frac{AB}{AX}$$

所以

$$\angle OAO_1 = \angle BAX$$

所以

$$\triangle OAO_1 \backsim \triangle BAX$$

所以

$$\frac{OO_1}{OA} = \frac{BX}{BA}$$

同理可得 $\dfrac{OO_2}{OB} = \dfrac{CY}{CA}$．

又由 $BX \cdot AC = CY \cdot AB$ 可得 $\dfrac{BX}{AB} = \dfrac{CY}{AC}$，且 $OA = OB$，所以 $OO_1 = OO_2$，因此 $\angle OO_1O_2 = \angle OO_2O_1$．

因为 $OO_1 \perp AC, OO_2 \perp AB$，所以

$$\angle AVU = 90° - \angle OO_1O_2, \angle AUV = 90° - \angle OO_2O_1$$

所以 $\angle AVU = \angle AUV$，即 $\triangle AUV$ 是等腰三角形．

证法 9　（由湖南的万喜人给出）如图 38.19，设 O 为 $\triangle ABC$ 的外心，O_1O 垂直平分边 AC 于点 E，O_2O 垂直平分边 AB 于点 F，联结 AO, AO_1, AO_2．

故 $\angle AO_1O = \angle X, \angle AOE = \angle ABC \Rightarrow \angle AOO_1 = \angle ABX$．

于是，$\triangle AOO_1 \backsim \triangle ABX$．

类似地，$\triangle AOO_2 \backsim \triangle ACY$．

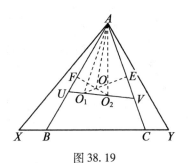

图 38.19

又 $BX \cdot AC = CY \cdot AB$,故

$$\frac{OO_1}{AO} = \frac{BX}{AB} = \frac{CY}{AC} = \frac{OO_2}{AO}$$

$\Rightarrow OO_1 = OO_2 \Rightarrow \angle OO_1O_2 = \angle OO_2O_1$

$\Rightarrow \angle AVU = \angle AUV$

$\Rightarrow \triangle AUV$ 为等腰三角形

证法 10 作 $\angle BAC$ 的平分线 AO,交 BC 于点 O,问题转化为证明 $O_1O_2 \perp AO$,对于垂直问题,可考虑用解析法来证明.

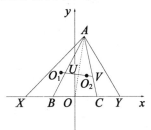

图 38.20

由角平分线定理可得 $\frac{AB}{AC} = \frac{BO}{CO}$,结合 $BX \cdot AC = CY \cdot AB$,可得 $\frac{BX}{BO} = \frac{CY}{CO}$.

如图 38.20,以 O 为坐标原点,OC 为 x 轴正方向建立直角坐标系. 设 $BO = a, CO = b, \frac{BX}{BO} = t, A(x_0, y_0), O_1(x_1, y_1), O_2(x_2, y_2)$,则 $B(-a, 0), C(b, 0), X(-(t+1)a, 0), Y((t+1)b, 0)$,所以,线段 CX, BY, AC, AB 的中垂线的方程分别为:$l_1: x = \frac{b-(t+1)a}{2}, l_2: x = \frac{(t+1)b-a}{2}, l_3: y = \frac{x_0-b}{y_0}(x - \frac{x_0+b}{2}) + \frac{y_0}{2}$,

$l_4: y = -\frac{x_0+a}{y_0}(x - \frac{x_0-a}{2}) + \frac{y_0}{2}$.

联立 l_1 和 l_3 的方程解得
$$x_1 = \frac{b-(t+1)a}{2}, y_1 = \frac{1}{2y_0}\{x_0^2+y_0^2+[(t+1)a-b]x_0-(t+1)ab\}$$
联立 l_2 和 l_4 的方程解得
$$x_2 = \frac{(t+1)b-a}{2}, y_2 = \frac{1}{2y_0}\{x_0^2+y_0^2-[(t+1)b-a]x_0-(t+1)ab\}$$
所以
$$x_2-x_1 = \frac{(a+b)t}{2}, y_2-y_1 = -\frac{(a+b)tx_0}{2y_0}$$
所以直线 O_1O_2 的斜率
$$k_{O_1O_2} = \frac{y_2-y_1}{x_2-x_1} = -\frac{x_0}{y_0}$$
又因为 $k_{OA} = \frac{y_0}{x_0}$，所以 $k_{O_1O_2} \cdot k_{OA} = -1$，所以 $O_1O_2 \perp OA$.

又直线 O_1O_2 与 AB, AC 分别交于点 U, V，所以 $AU = AV$，即 $\triangle AUV$ 是等腰三角形.

证法 11　如图 38.21，以 A 为原点、直线 XY 的垂线为 y 轴建立直角坐标系.

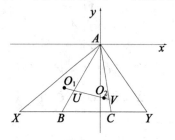

图 38.21

设 $X(p, y_0), B(b, y_0), C(c, y_0), Y(q, y_0)(p < b < c < q)$，则边 AC 的垂直平分线方程为
$$c\left(x-\frac{c}{2}\right)+y_0\left(y-\frac{y_0}{2}\right)=0$$
设 XC 的垂直平分线方程为 $x = \frac{p+c}{2}$.

于是，$O_1\left(\frac{p+c}{2}, \frac{y_0^2-cp}{2y_0}\right)$.

类似地，$O_2\left(\frac{b+q}{2}, \frac{y_0^2-bq}{2y_0}\right)$.

故 $\overrightarrow{O_1O_2} = \left(\dfrac{q+b-p-c}{2}, \dfrac{cp-bq}{2y_0}\right).$

令 $|AB|=m, |AC|=n$, 由已知

$$|BX||AC|=|CY||AB| \Rightarrow n=\dfrac{q-c}{b-p}m$$

从而, $\angle BAC$ 的平分线的方向向量为

$$\begin{aligned}\vec{d} &= \dfrac{\overrightarrow{AB}}{|\overrightarrow{AB}|}+\dfrac{\overrightarrow{AC}}{|\overrightarrow{AC}|} = \dfrac{(b,y_0)}{m}+\dfrac{(c,y_0)}{n}\\ &= \dfrac{(b,y_0)}{m}+\dfrac{(b-p)(c,y_0)}{(q-c)m}\\ &= \dfrac{1}{(q-c)m}(bq-cp,(b+q-c-p)y_0)\end{aligned}$$

则

$$\vec{d}\cdot\overrightarrow{O_1O_2} = \dfrac{1}{(q-c)m}\left[(bq-cp)\dfrac{b+q-p-c}{2}+(b+q-c-p)y_0\dfrac{cp-bq}{2y_0}\right]=0$$

即 $\vec{d} \perp \overrightarrow{O_1O_2}$, 亦即 $\vec{d} \perp \overrightarrow{UV}$. 因此, $\triangle AUV$ 为等腰三角形.

试题 B 如图 38.22, 在锐角 $\triangle ABC$ 中, $AB>AC$, 圆 O、圆 I 分别为 $\triangle ABC$ 的外接圆、内切圆, 圆 I 与边 BC 切于点 D, 直线 AO 与边 BC 交于点 X, AY 为边 BC 上的高, 圆 O 在点 B,C 处的切线交于点 L, PQ 为过点 I 的圆 O 直径. 证明: A,D,L 三点共线当且仅当 P,X,Y,Q 四点共圆.

证法 1 如图 38.22, 记 $a=BC, b=CA, c=AB, p=\dfrac{1}{2}(a+b+c)$ 为 $\triangle ABC$ 的半周长.

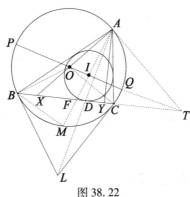

图 38.22

于是, $BD=p-b, CD=p-c$.

首先，A,D,L 三点共线 $\Leftrightarrow \dfrac{S_{\triangle ABL}}{S_{\triangle ACL}} = \dfrac{BD}{CD}$.

注意到
$$\dfrac{BD}{CD} = \dfrac{p-b}{p-c} = \dfrac{a-b+c}{a+b-c}$$

$$\dfrac{S_{\triangle ABL}}{S_{\triangle ACL}} = \dfrac{\dfrac{1}{2}AB\cdot BL\sin\angle ABL}{\dfrac{1}{2}AC\cdot CL\sin\angle ACL}$$
$$= \dfrac{c}{b}\cdot\dfrac{\sin\angle ABL}{\sin\angle ACL} = \dfrac{c}{b}\cdot\dfrac{\sin\angle ACB}{\sin\angle ABC} = \dfrac{c^2}{b^2}$$

只要证 $\dfrac{c^2}{b^2} = \dfrac{a-b+c}{a+b-c}$.

再由 $b<c$，化简得 $b^2+c^2 = a(b+c)$.

故 A,D,L 三点共线 $\Leftrightarrow b^2+c^2 = a(b+c)$.

过点 A 作圆 O 的切线，与 BC 的延长线交于点 T. 延长 AI，与 BC 交于点 F.
下面证明
$$O,I,T \text{ 三点共线} \Leftrightarrow b^2+c^2 = a(b+c)$$

由梅涅劳斯定理知
$$O,I,T \text{ 三点共线} \Leftrightarrow \dfrac{AO}{OX}\cdot\dfrac{XT}{TF}\cdot\dfrac{FI}{IA} = 1 \qquad ①$$

记 $\angle ATX = \theta$，$\angle BAC = \alpha$，$\angle ABC = \beta$，$\angle ACB = \gamma$，则
$$\theta = \angle ACB - \angle CAT = \gamma - \beta$$

由面积比与正弦定理知
$$\dfrac{AO}{OX} = \dfrac{S_{\triangle AOB}+S_{\triangle AOC}}{S_{\triangle BOC}} = \dfrac{\sin 2\beta+\sin 2\gamma}{\sin 2\alpha}$$
$$= \dfrac{2\sin(\beta+\gamma)\cdot\cos(\beta-\gamma)}{2\sin\alpha\cdot\cos\alpha} = \dfrac{\cos\theta}{\cos\alpha}$$

取 $\overparen{BC}$ 的中点 M，由 $\triangle AFC \backsim \triangle ABM$，结合弦切角定理有
$$\angle TAF = \angle ABM = \angle AFC \Rightarrow TF = TA$$

故 $\dfrac{XT}{TF} = \dfrac{XT}{TA} = \dfrac{1}{\cos\theta}$.

由角平分线定理及比例性质得
$$\dfrac{FI}{IA} = \dfrac{BF}{c} = \dfrac{CF}{b} = \dfrac{BF+CF}{b+c} = \dfrac{a}{b+c}$$

于是,式①左边为
$$\frac{AO}{OX} \cdot \frac{XT}{TF} \cdot \frac{FI}{IA} = \frac{\cos\theta}{\cos\alpha} \cdot \frac{1}{\cos\theta} \cdot \frac{a}{b+c}$$
$$= \frac{1}{\cos\alpha} \cdot \frac{a}{b+c} = \frac{2abc}{(b+c)(b^2+c^2-a^2)}$$

由 $(b+c)(b^2+c^2-a^2) - 2abc = (a+b+c)(b^2+c^2-a(b+c))$ 知式①成立等价于 $b^2+c^2 = a(b+c)$.

所以,A,D,L 三点共线当且仅当 O,I,T 三点共线.

当 O,I,T 三点共线时,点 T 也在直线 PQ 上.

由圆幂定理以及 $\mathrm{Rt}\triangle XAT$ 中的射影定理有
$$TQ \cdot TP = TA^2 = TY \cdot TX$$

故 P,X,Y,Q 四点共圆.

反之,若 P,X,Y,Q 四点共圆,考虑 $\triangle ABC$ 的外接圆 Γ_1,点 P,X,Y,Q 所在圆周 Γ_2 以及 $\triangle AXY$ 的外接圆 Γ_3.

由
$$\angle BAX = \frac{\pi}{2} - \gamma = \angle CAY$$
$$\Rightarrow \angle TAY = \angle TAC + \angle CAY$$
$$= \beta + \angle BAX = \angle AXC$$

从而,TA 也为圆 Γ_3 的切线,圆 Γ_1 与 Γ_3 切于点 A.

注意到,圆 Γ_1 与 Γ_3,圆 Γ_1 与 Γ_2,圆 Γ_2 与 Γ_3 的根轴分别为直线 AT,PQ,XY.

由蒙日定理,知 AT,PQ,XY 三线共点,即 O,I,T 三点共线.

从而,A,D,L 三点共线当且仅当 O,I,T 三点共线,当且仅当 P,X,Y,Q 四点共圆.

注 上述解答由几个相对独立的部分组合而成.

(ⅰ)A,D,L 三点共线 $\Leftrightarrow b^2+c^2 = a(b+c)$.

这个解答中利用

$$A,D,L \text{ 三点共线} \Leftrightarrow \frac{S_{\triangle ABL}}{S_{\triangle ACL}} = \frac{BD}{CD}$$

再用正弦定理计算.

也可在(ⅰ)中设 AD 的延长线与 $\triangle ABC$ 的外接圆交于点 E,则

A,D,L 三点共线

$\Leftrightarrow ABEC$ 为调和四边形

$$\Leftrightarrow \frac{AB}{AC} = \frac{EB}{EC} = \frac{\sin \angle BAD}{\sin \angle CAD}$$

再由正弦定理得 $b^2 + c^2 = a(b+c)$.

(ⅱ) P, X, Y, Q 四点共圆 $\Leftrightarrow P, Q, O, I, T$ 五点共线.

这里, T 为外接圆在点 A 处的切线与 BC 的交点.

在这个解答中考虑三个圆并用根心定理.

(ⅲ) O, I, T 三点共线 $\Leftrightarrow b^2 + c^2 = a(b+c)$.

在解答中利用梅涅劳斯定理证明:

O, I, T 三点共线 $\Leftrightarrow \dfrac{AO}{OX} \cdot \dfrac{XT}{TF} \cdot \dfrac{FI}{IA} = 1$, 再通过计算获证.

在 (ⅲ) 中也可以作 $OO' \perp BC, II' \perp BC$, 利用

$$O, I, T \text{ 三点共线} \Leftrightarrow \frac{OO'}{II'} = \frac{O'T}{I'T}$$

再通过计算获证.

证法 2 如图 38.23, 设过点 A 的切线与直线 BC 交于点 T, 联结 AL, 则知 AL, AT 分别为 $\triangle ABC$ 的内共轭中线与外共轭中线, 从而 AB, AC, AL, AT 为调和线束, 设 AL 交 BC 于点 D', 则 B, C, D', T 为调和点列, 且 D' 为 $\triangle ABC$ 的内切圆圆 I 与 BC 的切点, 即 D' 与 D 重合.

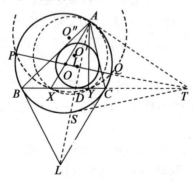

图 38.23

设直线 AL 与圆 O 交于点 S, 则过 S 的圆 O 的切线过 T.

设过 A, X, Y 三点的圆为圆 O', 由题设 AO 交 BC 于点 $X, AY \perp BC$ 于 Y, 则 AX, AY 为一双等角线 $\Leftrightarrow$ 圆 O 与圆 O' 在点 A 有共同的切线. 于是, P, Q, Y, X 四点共圆于圆 $O'' \Leftrightarrow$ 根轴 XY, PQ, 点 A 处的切线共点于 $T \Leftrightarrow AB, AC, AL, AT$ 为调和线束 $\Leftrightarrow A, D, L$ 三点共线.

试题 C 设凸四边形 $ABCD$ 的顶点不共圆. 记点 A 在直线 BC, BD, CD 上的

射影分别为 P,Q,R,其中,点 P,Q 分别在线段 BC,BD 内,点 R 在 CD 的延长线上;记点 D 在直线 AC,BC,AB 上的射影分别为 X,Y,Z,其中 X,Y 分别在线段 AC,BC 内,点 Z 在 BA 的延长线上,设 $\triangle ABD$ 的垂心为 H. 证明:$\triangle PQR$ 的外接圆与 $\triangle XYZ$ 的外接圆的公共弦平分线段 BH.

证明 如图 38.24,由题设条件知,点 A,Z,R,D,X,Q 在以 AD 为直径的圆 Γ 上,点 D,X,Y,C 在以 CD 为直径的圆 Γ' 上,延长 AR,XD 交于 $\triangle ACD$ 的垂心 H'. 令 ZX 与 RQ 交于点 K,延长 RZ 与 QX 交于点 L(若 $RY /\!/ QX$,则 $RZ /\!/ QX /\!/ AD$,由此 $AD /\!/ BC$,且 $AB = CD$,与 A,B,C,D 不共圆矛盾).

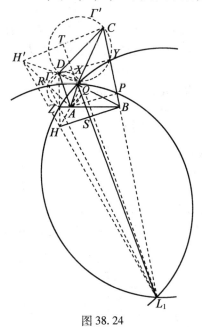

图 38.24

对于圆内接六边形 $AZRDQX$ 应用帕斯卡定理,知 L,B,C 三点共线.

由 $\angle LZX = \angle RDX = \angle XYC$,知 L,Z,X,L 四点共圆.

类似地,L,P,Q,R 四点共圆.

从而,L 为 $\triangle XYZ$ 的外接圆与 $\triangle PQR$ 的外接圆的交点.

而 $KQ \cdot KR = KX \cdot KZ$,于是,知点 K 在两圆的根轴上.

下面证明:LK 平分 BH.

事实上,对于圆内接六边形 $ARQDXZ$、六边形 $AQRDZX$、六边形 $AQXDZR$ 分别应用帕斯卡定理,知 $H',K,B;H,K,C;H',L,H$ 分别三点共线.

设直线 LK 与 $HB,H'C$ 分别交于点 S,T. 由 $HB \perp AD,H'C \perp AD$,知 $HB /\!/ H'C$.

于是,$\dfrac{H'H}{HL} = \dfrac{BC}{LB}$.

对 $\triangle H'LC$ 应用塞瓦定理,有 $\dfrac{H'H}{HL} \cdot \dfrac{LB}{BC} \cdot \dfrac{CT}{TH'} = 1$,从而有 $CT = TH'$.

因此 $\dfrac{HS}{SB} = \dfrac{H'T}{TC} = 1$,即 LK 平分 BH.

试题 D 设 R, S 为圆 $\varGamma$ 上互异的两点,且 RS 不为直径. 设 l 为圆 $\varGamma$ 在点 R 处的切线. 平面上一点 T 满足 S 为线段 RT 的中点,J 为圆 $\varGamma$ 的劣弧 $\overset{\frown}{RS}$ 上一点,使得 $\triangle JST$ 的外接圆 $\varGamma_1$ 与 l 交于两个不同点. 记圆 $\varGamma_1$ 与 l 的交点接近 R 的点为 A,直线 AJ 与圆 $\varGamma$ 交于另一点 K. 证明:直线 KT 与圆 $\varGamma_1$ 相切.

证明 如图 38.25,注意到 R, K, S, J 及 S, J, A, T 分别四点共圆,有
$$\angle KRS = \angle KJS = \angle STA.$$

由 AR 与圆 $\varGamma$ 相切得 $\angle RKS = \angle TRA$.

从而 $\triangle RKS \backsim \triangle TRA$,有 $\dfrac{RK}{RS} = \dfrac{TR}{TA}$.

又 S 为线段 RT 的中点,则 $RS = ST$.

于是 $\dfrac{RK}{TS} = \dfrac{RT}{TA}$.

再结合 $\angle KRT = \angle STA$,有 $\triangle KRT \backsim \triangle STA$.

从而 $\angle SAT = \angle STK$. 由弦切角定理的逆定理知,直线 KT 与圆 $\varGamma_1$ 相切.

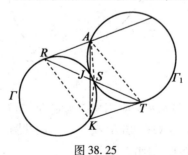

图 38.25

第 1 节 调和点列与调和四边形的性质及应用

本年度有好几道试题都涉及了调和点列的问题与调和四边形.

女子赛试题 2 要证明的结论为 $\dfrac{BD}{CD} = \dfrac{BN}{CN}$,此即为 D, N 调和分割 BC,或者说

B,C,D,N 为调和点列.

北方赛试题 2 中给出了条件 $\dfrac{AE}{EB}=\dfrac{AF}{FB}=\dfrac{DG}{GC}=\dfrac{DH}{HC}=\dfrac{AD}{BC}$,这又给出了 B,A,E,F 及 C,D,G,H 均为调和点列.

希望联盟试题 3 和试题 B 中也涉及了调和四边形.

我们在第 28,29,31 章分别给出了调和点列和调和四边形的性质及应用. 在此,我们给出调和点列与调和四边形的密切关系,以及又给出几条调和四边形的性质及应用.

1. 调和点列与调和四边形的密切关系

注意到调和点列的角元形式:若 A,B,C,D 为调和点列,线段 AC,CB,BD 对某点 P 的张角 $\angle APC=\alpha$,$\angle CPB=\beta$,$\angle BPD=\gamma$,则

$$AC\cdot BD=CB\cdot AD\Leftrightarrow\sin\alpha\cdot\sin\gamma=\sin\beta\cdot\sin(\alpha+\beta+\gamma)$$

由上述角元形式不仅可以推得调和线束的一条重要性质:

一直线 l 与调和线束 PA,PB,PC,PD 相交于点 A',B',C',D',则 A',B',C',D' 为调和点列,即

$$AC\cdot BD=CB\cdot AD\Leftrightarrow\sin\alpha\cdot\sin\gamma=\sin\beta\cdot\sin(\alpha+\beta+\gamma)$$
$$\Leftrightarrow A'C'\cdot B'D'=C'B'\cdot A'D'$$

上述角元形式还可推得调和点列与调和四边形的密切关系:

结论 1 设调和四边形一对顶点处的切线交于点 P,则 P 在调和四边形的一条对角线所在直线上,令调和四边形对角线的交点为 Q,则 P,Q 调和分割这条对角线.

证明 如图 38.26,设调和四边形 $ABCD$ 的对顶点 A,C 处的切线交于点 P.

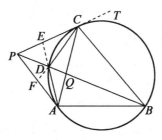

图 38.26

因 $AB\cdot CD=BC\cdot DA$,由正弦定理,有

$$\sin\angle ADB\cdot\sin\angle DBC=\sin\angle BDC\cdot\sin\angle DBA \qquad (*)$$

联 AC 交 BD 于点 Q,延长 AD 交 PC 于点 E,延长 CD 交 PA 于点 F,则

$\angle CAF = \angle ECA$.

此时

$$\frac{AQ}{QC} \cdot \frac{CF}{FD} \cdot \frac{DE}{EA} = \frac{S_{\triangle DAQ}}{S_{\triangle DQC}} \cdot \frac{S_{\triangle ACF}}{S_{\triangle AFD}} \cdot \frac{S_{\triangle CDE}}{S_{\triangle CEA}}$$

$$= \frac{AD \cdot \sin\angle ADQ}{CD \cdot \sin\angle QDC} \cdot \frac{AC \cdot \sin\angle CAF}{AD \cdot \sin\angle FAD} \cdot \frac{CD \cdot \sin\angle DCE}{AC \cdot \sin\angle ECA}$$

$$= \frac{\sin\angle ADQ}{\sin\angle QDC} \cdot \frac{\sin\angle DCE}{\sin\angle FAD} = \frac{\sin\angle ADB \cdot \sin\angle DBC}{\sin\angle QDC \cdot \sin\angle DBA} = 1$$

对 $\triangle ACD$ 应用塞瓦定理的逆定理,知 AF,QD,CE 三线共点.

故过 A,C 处的两切线、直线 DB 共点于 P.

延长 PC 至 T,则 $\angle BDC = \angle BCT = 180° - \angle PCB$.

又由式$(*)$,即

$$\sin\angle ADB \cdot \sin\angle DBC = \sin\angle BDC \cdot \sin\angle DBA$$
$$\Leftrightarrow \sin\angle QCB \cdot \sin\angle PCQ = \sin\angle PCB \cdot \sin\angle DCQ$$
$$\Leftrightarrow QB \cdot PD = PB \cdot DQ$$

即 P,Q 调和分割 DB.

结论 2 调和四边形的 4 个顶点与圆上一点 P 的连线交调和四边形所得交点成调和点列.

证明 如图 38.27,设点 P 在调和四边形 $ABCD$ 的外接圆上,P 与四顶点的连线所得四交点为 A,B',C',D,则由

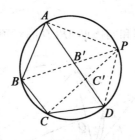

图 38.27

$$AB \cdot CD = BC \cdot DA \Leftrightarrow \sin\angle APB' \cdot \sin\angle C'PD = \sin\angle B'PC' \cdot \sin\angle APD$$
$$\Leftrightarrow AB' \cdot C'D = B'C' \cdot AD$$

即 A,C',B',D 为调和点列.

注 由调和点列也可得到调和四边形,即有如下结论:

结论 3 过调和线束顶点的圆交调和线束四交点即得调和四边形四顶点.

证明 如图 38.28,设有调和线束 PA,PC,PB,PD,一圆过点 P 且分别与 PA,PC,PB,PD 交于点 A,C,B,D,设该圆的半径为 R.

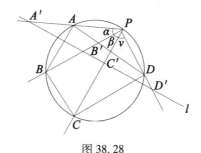

图 38.28

设直线 l 分别与射线 PA,PB,PC,PD 交于点 A',B',C',D'. 令 $\angle APB=\alpha$, $\angle BPC=\beta$, $\angle CPD=\gamma$,则

PA,PC,PB,PD 为调和线束
$\Leftrightarrow A',C',B',D'$ 为调和点列 $\Leftrightarrow \sin\alpha\cdot\sin\gamma=\sin\beta\cdot\sin(\alpha+\beta+\gamma)$
$\Leftrightarrow 2R\cdot\sin\alpha\cdot 2R\cdot\sin\gamma\Leftrightarrow 2R\cdot\sin\beta\cdot 2R\cdot\sin(\alpha+\beta+\gamma)$
$\Leftrightarrow AB\cdot CD=BC\cdot AD\Leftrightarrow ABCD$ 为调和四边形.

2. 调和四边形的性质及应用(三)

我们在第 31 章分 2 节给出了调和四边形的 12 条性质,下面接着继续给出.

性质 13 设 M,N 分别为调和四边形 $ACBD$ 的两条对角线 AB,CD 的中点,则 $AN+NB=CM+MD$.

证明 如图 38.29,因 $ACBD$ 为调和四边形,则 $AD\cdot BC=AC\cdot BD$.

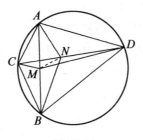

图 38.29

又由托勒密定理,有
$$AD\cdot BC+AC\cdot BD=AB\cdot CD$$
于是,有

$$2AC \cdot BD = 2BM \cdot CD$$

即 $\dfrac{AC}{CD} = \dfrac{MB}{BD}$. 注意到 $\angle ACD = \angle MBD$.

知 $\triangle ACD \backsim \triangle MBD$,即有

$$\dfrac{AD}{MD} = \dfrac{AC}{MB} \qquad ①$$

同理,由 $\triangle ACD \backsim \triangle MCB$,有

$$\dfrac{AC}{MC} = \dfrac{AD}{MB} \qquad ②$$

由式①②两式相乘,有

$$MC \cdot MD = MB^2 = \dfrac{1}{4} AB^2 \qquad ③$$

联结 MN,由三角形中线长公式,有

$$MC^2 + MD^2 = 2(MN^2 + \dfrac{1}{4} CD^2) \qquad ④$$

由式③×2+④得

$$(MC + MD)^2 = 2MN^2 + \dfrac{1}{4}(AB^2 + CD^2) \qquad ⑤$$

同理

$$(NA + NB)^2 = 2MN^2 + \dfrac{1}{4}(AB^2 + CD^2) \qquad ⑥$$

由式⑤⑥,即知 $AN + NB = MC + MD$.

性质 14 设 M,N 分别为调和四边形 $ACBD$ 的两条对角线 AB,CD 的中点,则 AB 平分 $\angle CMD$,CD 平分 $\angle ANB$.

证明 如图 38.29,因 $ACBD$ 为调和四边形,有 $AD \cdot BC = AC \cdot BD$. 又由托勒密定理,有 $AD \cdot BC + AC \cdot BD = AB \cdot CD$,于是,有

$$2AD \cdot BC = 2CD \cdot BM$$

即有 $\dfrac{CB}{BM} = \dfrac{CD}{DA}$.

注意到 $\angle CBM = \angle CDA$,知 $\triangle CMB \backsim \triangle CAD$,从而 $\angle CMB = \angle CAD$.

同理,由 $2AC \cdot BD = 2CD \cdot BM$,有 $\angle DMB = \angle DAC$.

于是,$\angle CMB = \angle DMB$,故 $\angle CMA = \angle DMA$,即 AB 平分 $\angle CMD$.

同理,CD 平分 $\angle ANB$.

注 从上述两条性质的证明中,由 $AD \cdot BC = AC \cdot BD$ 及托勒密定理得到

了两个式子
$$2AC \cdot BD = 2BM \cdot CD, 2AD \cdot BC = 2CD \cdot BM$$
从而得到了两对相似的三角形.

其实还可以得到 6 个式子,亦得到 6 对相似的三角形:
$$2AC \cdot BD = 2AM \cdot CD, 2AC \cdot BD = 2AB \cdot CN, 2AC \cdot BD = 2AB \cdot ND;$$
$$2AD \cdot BC = 2AM \cdot CD, 2AD \cdot BC = 2AB \cdot CN, 2AD \cdot BC = 2AB \cdot ND.$$

性质 15 在调和四边形 $ABCD$ 中,$\angle ADC$ 的平分线交 AC 于 T,O_1 为 $\triangle BDT$ 的外心. 若四边形 $ABCD$ 的外接圆圆心为 O,则 $O_1D \perp DO$,$O_1B \perp BO$.

证明 如图 38.30,由性质 1 知,BT 平分 $\angle ABC$,联结 O_1O.

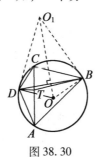

图 38.30

于是 $\angle DTB = \angle DAB + \angle ADT + \angle ABT$
$$= \angle DAB + \frac{1}{2}\angle ADC + \frac{1}{2}\angle ABC = 90° + \angle DAB$$

从而 $\angle DO_1O = \frac{1}{2}\angle DO_1B = 180° - \angle DTB = 90° - \angle DAB$

又 $\angle BDO = 90° - \frac{1}{2}\angle BOD = 90° - \angle DAB$,则
$$\angle DO_1O = \angle BDO$$

注意到 $O_1O \perp DB$,则 $\angle O_1DO = 90°$.

故 $O_1D \perp DO$. 同理 $O_1B \perp BO$.

注 (1) 由 $\angle OBD = 90° - \frac{1}{2}\angle BOD = 90° - \angle DAB$,又 $\angle DTB = 90° + \angle DAB$,于是 $\angle OBD + \angle DTB = 180°$.

注意到弦切角定理的逆定理,知 OB 是 $\triangle DTB$ 外接圆的切线.

(2) 由调和四边形性质 1,可推知点 B,D 处的切线的交点即为 $\triangle BDT$ 外接圆的圆心.

例 1 (2011 年全国高中联赛题)设 P,Q 分别是圆内接四边形 $ABCD$ 的对

角线 AC,BD 的中点. 若 $\angle BPA = \angle DPA$, 证明: $\angle AQB = \angle CQB$.

证明 如图 38.31, 设 $ABCD$ 的外接圆圆心为 O. 注意到 P 为 AC 中点, 则 $OP \perp AC$.

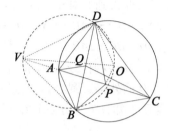

图 38.31

由 $\angle BPA = \angle DPA$, 知 AP 平分 $\angle BPD$, 亦即 OP 为 $\angle BPD$ 的外角平分线, 从而线束 PO,PA,PD,PB 为调和线束.

设直线 PA 与过点 B,O,D 三点的圆交于点 V, 则四边形 $VBOD$ 为调和四边形, 且 VO 为这个调和四边形的外接圆直径.

从而 $OB \perp VB, OD \perp VD$, 即圆 $VBOD$ 与 CD, CB 分别切于点 B, D. 于是得 $ABCD$ 为调和四边形.

从而, 由性质 14, 知 $\angle AQB = \angle CQB$.

由例 1 中证明, 我们又可得如下结论:

性质 16 设 M, N 分别为圆内接四边形 $ACBD$ 的两条对角线 AB, CD 的中点, 则 $ACBD$ 为调和四边形的充分必要条件是 AB 平分 $\angle CMD$ 或 CD 平分 $\angle ANB$.

例 2 (2001 年第 50 届保加利亚数学奥林匹克题) 非等腰 $\triangle ABC$ 的内切圆圆心为 O, 其与 AB, BC 和 CA 分别相切于点 C_1, A_1 和 B_1, AA_1, BB_1 交圆于 $A_2, B_2, \triangle A_1B_1C_1$ 的 $\angle C_1A_1B_1$ 和 $\angle C_1B_1A_1$ 的平分线分别交 B_1C_1 和 A_1C_1 于点 A_3, B_3. 证明: (1) A_2A_3 是 $\angle B_1A_2C_1$ 的平分线; (2) 如果 P 和 Q 是 $\triangle A_1A_2A_3$ 和 $\triangle B_1B_2B_3$ 的两外接圆交点, 则点 O 在直线 PQ 上.

证明 (1) 如图 38.32, 由性质 1 (第 31 章第 2 节) 即证.

(2) 如图 38.32, 设 $\triangle A_1A_2A_3, \triangle B_1B_2B_3$ 的外接圆圆心分别为 O_1, O_2. 联结 A_2O_1, OA_2, 则由性质 15, 知 $OA_2 \perp A_2O_1$.

即有 $OO_1^2 = OA_2^2 + AO_1^2$.

而点 O 对圆 O_1 的幂为 $OO_1^2 - O_1A_2^2 = OA_2^2$.

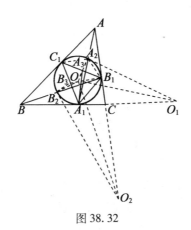

图 38.32

同理,点 O 对圆 O_2 的幂为 $OO_2^2 - O_2B_2^2 = OB_2^2$.

因 $OA_2 = OB_2$,则知点 O 对圆 O_1 与圆 O_2 的幂相等,故点 O 在这两圆的根轴 PQ 上. 故点 O 在直线 PQ 上.

由例 2 及性质 15 可推得如下结论:

推论 1 在例 2 的条件下,O,P,Q 三点共线.

事实上,由性质 15,知 OA_1 为 $\triangle A_1A_2A_3$ 的外接圆的切线,OB_2 为 $\triangle B_1B_2B_3$ 外接圆的切线.

设 OP 与 $\triangle A_1A_2A_3$ 及 $\triangle B_1B_2B_3$ 的外接圆分别交于点 Q_1 和 Q_2,则

$$OP \cdot OQ_1 = OA_1^2 = OB_2^2 = OP \cdot OQ$$

即有 $OQ_1 = OQ_2$.

从而 Q_1 与 Q_2 重合于点 Q. 故 O,P,Q 三点共线.

例 3 设 A,B 是圆 O 内两点,且 O 为线段 AB 的中点,P 是圆 O 上一点,直线 PA,PB 与圆 O 的另一交点分别为 C,D. 圆 O 在 C,D 两点处的切线交于点 Q,M 为 PQ 的中点. 求证:$OM \perp AB$.

证明 如图 38.33,作 $PE \parallel AB$ 交圆 O 于点 E,联结 PO 并延长交圆 O 于点 F,注意到 O 为 AB 中点,则知 PE,PF,PA,PB 为调和线束,从而知四边形 $ECFD$ 为调和四边形. 于是推知 E,F,Q 三点共线.

又 $\angle FEP = 90°$,则 $QF \perp PE$,从而 $QF \perp AB$. 注意到 O,M 分别为 PF,PQ 的中点,则 $OM \parallel QF$. 故 $OM \perp AB$.

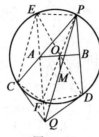

图 38.33

例 4 （2008 年蒙古国家队选拔赛题）已知梯形 $ABCD$ 内接于圆 Γ，两底 BC, AD 满足 $BC < AD$. 过点 C 的切线与 AD 交于点 P，过点 P 的切线切圆 Γ 于异于 C 的另一点 E，BP 与圆 Γ 交于点 K，过 C 作 AB 的平行线分别与 AK, AE 交于点 M, N. 证明：M 为 CN 的中点.

证法 1 如图 38.34，由 $CM = ME \Leftrightarrow S_{\triangle NAM} = S_{\triangle CAM} \Leftrightarrow \dfrac{AN}{AC} = \dfrac{\sin \angle CAM}{\sin \angle NAM}$.

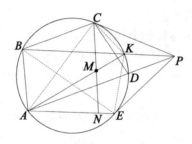

图 38.34

注意到四边形 $CBEK$ 为调和四边形，则
$$\frac{AN}{AC} = \frac{\sin \angle ACN}{\sin \angle ANC} = \frac{\sin \angle BAC}{\sin \angle BAN} = \frac{BC}{BE} = \frac{CK}{EK} = \frac{\sin \angle CAM}{\sin \angle NAM}.$$

由此即证.

证法 2 注意到四边形 $CBEK$ 为调和四边形，从而知 AE, AC, AK, AB 为调和线束. 又直线 CN 截调和线束且与 AB 平行，由调和线束性质知 $CM = ME$.

注 此例中的条件梯形 $ABCD$ 应改为一般四边形.

例 5 （第七届陈省身杯全国高中数学奥林匹克题）如图 38.35，设 $\triangle ABC$ 的外接圆为 Γ，在点 B, C 处分别作圆 Γ 的切线，两条切线交于点 D. 由 $\triangle ABC$ 的边 AB, CA 分别向外作正方形 $BAGH$、正方形 $ACEF$，设 EF 与 HG 交于点 X. 证明：X, A, D 三点共线.

证明 如图 38.35，设 AD 与圆 Γ 交于点 I，联结 BI, CI, GF. 由 BD, CD 与圆

Γ 分别切于点 B,C,知四边形 $ABIC$ 为调和四边形.

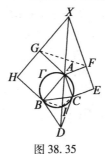

图 38.35

故 $AB \cdot CI = AC \cdot BI$.

又 $AB = AG, AC = AF$,则

$$\frac{AB}{AC} = \frac{AG}{AF} = \frac{BI}{CI}$$

由 A,B,I,C 四点共圆得

$$\angle BIC + \angle BAC = 180°$$

又 $\angle BAC + \angle GAF = 180°$,从而

$$\angle GAF = \angle BIC$$

故 $\triangle BIC \backsim \triangle GAF \Rightarrow \angle IBC = \angle IAC = \angle AGF = \angle AXF$.

由 $\qquad \angle AXF + \angle XAF = 90°$

$\Rightarrow \angle DAC + \angle XAF + \angle CAF = 180°$

$\Rightarrow X,A,D$ 三点共线

例 6 如图 38.36,点 O 为锐角 $\triangle ABC$ 的外心,$AB < AC$,点 Q 为 $\angle BAC$ 的外角平分线与 BC 的交点,点 P 在 $\triangle ABC$ 的内部,且 $\triangle BPA \backsim \triangle APC$. 证明:$\angle QPA + \angle OQB = 90°$.

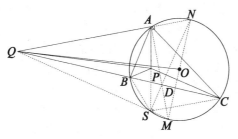

图 38.36

证明 设 AP 与圆 O 交于点 S.

由 $\qquad \triangle BPA \backsim \triangle APC$

$$\Rightarrow \angle BCS = \angle BAS = \angle BAP = \angle ACP$$
$$\angle CBS = \angle CAS = \angle CAP = \angle ABP$$
$$\Rightarrow \triangle BPA \backsim \triangle APC \backsim \triangle BSC$$
$$\Rightarrow \frac{SB}{SC} = \frac{PA}{PC} = \frac{AB}{AC}$$
$\Rightarrow$ 四边形 $ABSC$ 为调和四边形

从而，知 CB 为 $\triangle ACS$ 的共轭中线.

又 $\angle SCB = \angle PCA$，故 P 为 AS 的中点.

设 $\angle BAC$ 的内角平分线与 BC 交于点 D，与圆 O 交于点 M，则 M 为 $\overparen{BSC}$ 的中点.

由于 $\frac{SB}{SC} = \frac{AB}{AC} = \frac{BD}{CD}$，故 SD 平分 $\angle BSC$.

设 SD 与圆 O 交于点 N，则 N 为 $\overparen{BAC}$ 的中点.

于是，M,O,N 三点共线，且 $MN \perp BC$，$\angle NAM = 90°$.

由于 AD,AQ 分别为 $\angle BAC$ 的内、外角平分线，故 $\angle QAD = 90°$.

进而，N,A,Q 三点共线.

注意到，D 为 $\triangle MNQ$ 的垂心，则 $ND \perp MQ$.

而 $ND \perp MS$，故 Q,S,M 三点共线.

注意到，$\triangle QAS \backsim \triangle QMN$，且 P,O 分别为 AS,MN 的中点.

于是，$\angle QPA = \angle QOM$.

又由于 $QD \perp MN$，故
$$\angle QPA + \angle OQB = \angle QOM + \angle OQD = 90°$$

例7 （2013年亚太地区数学奥林匹克题）如图 38.37，PB,PD 为圆 O 的切线，PCA 为圆 O 的割线，C 关于圆 O 的切线分别与 PD,AD 交于点 Q,R，AQ 与圆 O 的另一个交点为 E. 证明：B,E,R 三点共线.

证明 如图 38.37，设 K 为 AD 延长线上的点，满足 $AD = DK$.

由于 QD,QC 为圆 O 的切线，故四边形 $EDAC$ 为调和四边形.

进而，$\frac{EC}{CA} = \frac{ED}{DA} = \frac{ED}{DK}$.

又 $\angle ECA = \angle EDK$，则
$$\triangle ECA \backsim \triangle EDK$$
$$\Rightarrow \angle ECR = \angle EAC = \angle EKD = \angle EKR$$
$$\Rightarrow E,C,K,R \text{ 四点共圆}$$

$$\Rightarrow \angle CER + \angle CKR = 180° \qquad ①$$

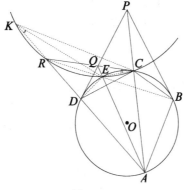

图 38.37

由于 PB, PD 为圆 O 的切线,故四边形 $CDAB$ 为调和四边形.

进而,$\dfrac{CB}{BA} = \dfrac{CD}{DA} = \dfrac{CD}{DK}$.

又 $\angle CBA = \angle CDK$,则

$$\triangle CBA \backsim \triangle CDK \Rightarrow \angle CKR = \angle CKD = \angle CAB = \angle CEB \qquad ②$$

由式①②知

$$\angle CER + \angle CEB = 180° \Rightarrow B, E, R \text{ 三点共线}$$

例 8 如图 38.38,在 $\triangle ABC$ 中,M 为 BC 的中点,以 AM 为直径的圆分别与 AC, AB 交于点 E, F,过点 E, F 作以 AM 为直径的圆的切线,交点为 P. 证明:$PM \perp BC$.

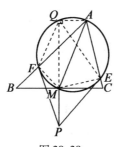

图 38.38

证明 如图 38.38,过点 A 作 BC 的平行线,与以 AM 为直径的圆交于点 Q.

由 M 为 BC 的中点

$\Rightarrow AQ, AM; AB, AC$ 为调和线束

$\Rightarrow AQ, AM; AF, AE$ 为调和线束

⇒ 四边形 $QFME$ 为调和四边形

又 PE,PF 是以 AM 为直径的圆的切线,故由性质 2 知 P,M,Q 三点共线.

注意到,$\angle AQM = 90°$,且 $AQ \parallel BC$.

故 $PM \perp BC$.

例 9 如图 38.39,在 $\triangle ABC$ 中,$AB < AC$,点 A 关于点 B 的对称点为点 D,CD 的中垂线与 $\triangle ABC$ 的外接圆圆 O 交于点 E,F,AE,AF 分别与 BC 交于点 U,V. 证明:B 为 UV 的中点.

证明 如图 38.39,过点 A 作 BC 的平行线,与圆 O 交于点 K.

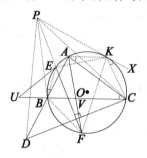

图 38.39

故 $\qquad BU = BV \Leftrightarrow AU, AV, AB, AK$ 为调和线束

$\Leftrightarrow AE, AF, AB, AK$ 为调和线束

$\Leftrightarrow$ 四边形 $EBFK$ 为调和四边形

分别过点 K,B 作圆 O 的切线,交于点 P.

于是,只要证 E,F,P 三点共线.

因 EF 为 CD 的中垂线,故只要证 $PC = PD$.

易知,四边形 $ABCK$ 为等腰梯形.

设点 X 在 PK 的延长线上,则

$$\angle PBD = 180° - \angle ABP$$
$$= 180° - \angle ACB = 180° - \angle KAC$$
$$= 180° - \angle CKX = \angle PKC$$

又 $PB = PK, BD = AB = KC$,故

$$\triangle PBD \cong \triangle PKC \Rightarrow PC = PD$$

例 10 如图 38.40,已知 $\triangle ABC$ 内接于圆 O,三条高线 AD,BE,CF 交于 H,过点 B,C 作圆 O 的切线交于点 P,PD 与 EF 交于点 K,M 为 BC 的中点. 证明:K,H,M 三点共线.

分析 此题中 K 为 PD 与 EF 的交点,要证明 K,H,M 三点共线. 换个角度思考点 K,可以将结论等价为证 PD,MH,EF 三线共点. 再进一步,由于直线 MH 性质是熟悉的,可考虑重新定义 K 为 MH 与 EF 的交点,于是,只要证 K,D,P 三点共线.

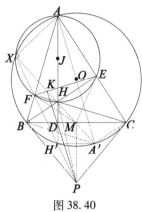

图 38.40

证明 如图 38.40,重新定义点 K.

设 MH 与 EF 交于点 K.

于是,只要证 K,D,P 三点共线.

延长 MH,与圆 O 交于点 X;延长 HM,与圆 O 交于点 A'. 由垂心性质知 H, A' 关于点 M 对称.

则四边形 $HBA'C$ 为平行四边形 $\Rightarrow A'C \parallel BH$.

而 $BH \perp AC$,故

$$\angle ACA' = 90° \Rightarrow A,O,A' \text{ 三点共线}$$

$$\Rightarrow \angle AXH = \angle AFH = \angle AEH = 90°$$

$$\Rightarrow A,X,F,H,E \text{ 五点共圆,且 } AH \text{ 为其直径,记为圆 } J$$

由垂心性质,知 ME,MF 为圆 J 的切线. 故 M,K,H,X 为调和点列.

进而,PM,PK,PH,PX 为调和线束.

设 AD 与圆 O 交于点 H',由垂心性质知点 H,H' 关于 BC 对称.

故

$$DM \text{ 为 } \triangle HH'A' \text{ 的中位线}$$

$$\Rightarrow H'A' \parallel BC$$

$$\Rightarrow \text{四边形 } BH'A'C \text{ 为等腰梯形}$$

$$\Rightarrow \frac{XB \cdot BA'}{XC \cdot CA'} = \frac{S_{\triangle XBA'}}{S_{\triangle XCA'}} = \frac{BM}{MC} = 1$$

$\Rightarrow XB \cdot BA' = XC \cdot CA'$

$\Rightarrow XB \cdot CH' = XC \cdot BH'$

$\Rightarrow$ 四边形 $XBH'C$ 为调和四边形

$\Rightarrow P, H', X$ 三点共线

由于 D 为 HH' 的中点,且 $HH' \parallel PM$,故 PM, PD, PH, PH' 为调和线束,即 PM, PD, PH, PX 为调和线束.

由 PM, PK, PH, PX 及 PM, PD, PH, PX 均为调和线束,知 $PD \equiv PK$. 于是,P, D, K 三点共线,即命题得证.

第 2 节 与三角形内一点有关的三角形面积问题

我们从如下三个方面介绍与三角形内一点有关的三角形面积问题:

1. 塞瓦点型

结论 1 给出 $\triangle ABC$ 内部一点 P,直线 AP, BP, CP 分别交对边 BC, CA, AB 于点 D, E, F 和 AD, BE, CF 分别交 EF, DF, DE 于点 H, N, M.

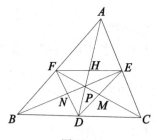

图 38.41

设 $S_{\triangle PBC} = x, S_{\triangle PAC} = y, S_{\triangle PAB} = z$,则有如下一些结论成立:

(1) $\dfrac{S_{\triangle AEF}}{S_{\triangle ABC}} = \dfrac{yz}{(z+x)(x+y)}, \dfrac{S_{\triangle BDF}}{S_{\triangle ABC}} = \dfrac{zx}{(x+y)(y+z)}, \dfrac{S_{\triangle CDE}}{S_{\triangle ABC}} = \dfrac{xy}{(y+z)(z+x)}.$

(2) $\dfrac{S_{\triangle DEF}}{S_{\triangle ABC}} = \dfrac{2xyz}{(x+y)(y+z)(z+x)}.$

(3) $S_{\triangle PEF} = \dfrac{xyz}{(x+y)(x+z)}, S_{\triangle PFD} = \dfrac{xyz}{(x+y)(y+z)}, S_{\triangle PDE} = \dfrac{xyz}{(y+z)(z+x)}.$

证明 如图 38.41,注意到共边比例定理和共角比例定理.

(1) 由 $\dfrac{AF}{FB} = \dfrac{S_{\triangle APC}}{S_{\triangle BPC}} = \dfrac{y}{x}$,有 $\dfrac{AF}{AB} = \dfrac{y}{x+y}.$

同理, $\dfrac{AE}{AC} = \dfrac{z}{z+x}$.

从而 $\dfrac{S_{\triangle AEF}}{S_{\triangle ABC}} = \dfrac{AF \cdot AE}{AB \cdot AC} = \dfrac{yz}{(x+y)(z+x)}$.

同理, 有其余两式.

(2) 由(1)即知

$$\dfrac{S_{\triangle DEF}}{S_{\triangle ABC}} = 1 - \dfrac{S_{\triangle AEF}}{S_{\triangle ABC}} - \dfrac{S_{\triangle BDF}}{S_{\triangle ABC}} - \dfrac{S_{\triangle CDE}}{S_{\triangle ABC}}$$

$$= 1 - \dfrac{yz}{(z+x)(x+y)} - \dfrac{zx}{(x+y)(y+z)} - \dfrac{xy}{(y+z)(z+x)} = \dfrac{2xyz}{(x+y)(y+z)(z+x)}$$

(3) 由 $\dfrac{S_{\triangle APE}}{S_{\triangle ABP}} = \dfrac{EP}{PE} = \dfrac{S_{\triangle CPE}}{S_{\triangle CBP}}$, 有 $\dfrac{EP}{PE} = \dfrac{y}{x+z}$.

同理, $\dfrac{FP}{PC} = \dfrac{z}{x+y}$.

从而 $\dfrac{S_{\triangle PEF}}{S_{\triangle PBC}} = \dfrac{PE \cdot PF}{PB \cdot PC} = \dfrac{yz}{(x+z)(x+y)}$.

故 $S_{\triangle PEF} = \dfrac{yz \cdot S_{\triangle PBC}}{(x+z)(x+y)} = \dfrac{xyz}{(x+y)(x+z)}$.

同理, 有其余两式.

注 由(1)(3)的证明或类似于(1)(3)的证明可得如下公式:

(Ⅰ) $\dfrac{AF}{FB} = \dfrac{y}{x}$, $\dfrac{BD}{DC} = \dfrac{z}{y}$, $\dfrac{AE}{EC} = \dfrac{z}{x}$.

(Ⅱ) $\dfrac{AP}{PD} = \dfrac{y+z}{x}$, $\dfrac{BP}{PE} = \dfrac{z+x}{y}$, $\dfrac{CP}{PF} = \dfrac{x+y}{z}$.

运用(1)(2)的结论, 有:

(Ⅲ) $\dfrac{AH}{HD} = \dfrac{S_{\triangle AEF}}{S_{\triangle DEF}} = \dfrac{S_{\triangle AEF}}{S_{\triangle ABC}} \cdot \dfrac{S_{\triangle ABC}}{S_{\triangle DEF}} = \dfrac{y+z}{2x}$.

同理, 有 $\dfrac{BN}{NE} = \dfrac{z+x}{2y}$, $\dfrac{CM}{MF} = \dfrac{x+y}{2z}$.

又由 $\dfrac{AH}{HP} = \dfrac{S_{\triangle AEF}}{S_{\triangle PEF}} = \dfrac{S_{\triangle AEF}}{S_{\triangle APF}} \cdot \dfrac{S_{\triangle APF}}{S_{\triangle PEF}} = \dfrac{BE}{BP} \cdot \dfrac{AC}{CE} = \dfrac{S_{\triangle BCE}}{S_{\triangle BCP}} \cdot \dfrac{S_{\triangle ABC}}{S_{\triangle BCE}} = \dfrac{S_{\triangle ABC}}{S_{\triangle BCP}} = \dfrac{AD}{DP}$. 从而有:

(Ⅳ) $\dfrac{AH}{HP} = \dfrac{AD}{DP}$ (即 H, D 调和分割 AP).

同理,有 $\frac{BN}{NP} = \frac{BE}{EP}, \frac{CM}{MP} = \frac{CF}{FP}$.

(此结论亦可参见第 1 章第 3 节性质 4)

由 $\frac{AH}{HP} = \frac{AD}{DP}$ 有

$$AH \cdot DP = AD \cdot HP$$

从而

$$AH \cdot (AD - AP) = AD \cdot (AP - AH)$$

即

$$2AH \cdot AD = AP \cdot (AH + AD)$$

从而有

$$\frac{2}{AP} = \frac{AH + AD}{AH \cdot AD} = \frac{1}{AD} + \frac{1}{AH}$$

即 AP 为 AD, AH 的调和平均值.

这就给出了线段调和分割的几何意义.

若注意到塞瓦定理,有

$$1 = \frac{AF}{FB} \cdot \frac{BD}{DC} \cdot \frac{CE}{EA} = \lambda_1 \cdot \lambda_2 \cdot \lambda_3$$

又对 $\triangle BFC$ 及直线 APD 运用梅涅劳斯定理,有

$$\frac{BA}{AF} \cdot \frac{FP}{PC} \cdot \frac{CD}{DB} = 1$$

则

$$\frac{CP}{PF} = \frac{CD}{DB} \cdot \frac{BA}{AF} = \frac{1}{\lambda_2} \cdot \frac{1+\lambda_1}{\lambda_1} = \frac{1+\lambda_1}{\lambda_1 \lambda_2} = \lambda_3(1+\lambda_1)$$

同理

$$\frac{AP}{PD} = \frac{1+\lambda_2}{\lambda_2 \lambda_3} = \lambda_1(1+\lambda_2), \frac{BP}{PE} = \frac{1+\lambda_3}{\lambda_1 \lambda_3} = \lambda_2(1+\lambda_3)$$

所以

$$\frac{AP}{PD} + \frac{BP}{PE} + \frac{CP}{PF}$$
$$= \lambda_1(1+\lambda_2) + \lambda_2(1+\lambda_3) + \lambda_3(1+\lambda_1)$$
$$= \lambda$$

从而

$$\frac{AD}{PD} \cdot \frac{BP}{PE} \cdot \frac{CP}{PF} = \lambda_1 \lambda_2 \lambda_3 (1+\lambda_1)(1+\lambda_2)(1+\lambda_3)$$

$$= \lambda_1 + \lambda_2 + \lambda_3 + \lambda_1\lambda_2 + \lambda_2\lambda_3 + \lambda_3\lambda_1 + 2$$
$$= \lambda + 2$$

从而有：

(Ⅴ) $\dfrac{AP}{PD} \cdot \dfrac{BP}{PE} \cdot \dfrac{CP}{PF} = \dfrac{AP}{PD} + \dfrac{BP}{PE} + \dfrac{CP}{PF} + 2.$

此时，注意到结论1(2)及公式(Ⅱ)(Ⅴ)，则有：

(Ⅵ) $\dfrac{S_{\triangle DEF}}{S_{\triangle ABC}} = \dfrac{2xyz}{(x+y)(y+z)(z+x)}$

$$= 2 \cdot \dfrac{x}{y+z} \cdot \dfrac{y}{z+x} \cdot \dfrac{z}{x+y}$$

$$= 2 \cdot \dfrac{PD \cdot PE \cdot PF}{PA \cdot PB \cdot PC}$$

$$= \dfrac{2}{\lambda + 2}.$$

又由公式(Ⅳ)知 $\dfrac{AH}{HP} = \dfrac{AD}{DP}$，即 $\dfrac{PH}{AH} = \dfrac{PD}{AD}.$

又 $\dfrac{PD}{AD} = \dfrac{S_{\triangle PBC}}{S_{\triangle ABC}}$，所以 $\dfrac{PH}{AH} = \dfrac{S_{\triangle PBC}}{S_{\triangle ABC}}.$

同理 $\dfrac{PN}{BN} = \dfrac{S_{\triangle PAC}}{S_{\triangle ABC}}$，$\dfrac{PM}{CM} = \dfrac{S_{\triangle PAB}}{S_{\triangle ABC}}$，所以

$$\dfrac{PH}{AH} + \dfrac{PN}{BN} + \dfrac{PM}{CM} = \dfrac{S_{\triangle PAC}}{S_{\triangle ABC}} + \dfrac{S_{\triangle PBC}}{S_{\triangle ABC}} + \dfrac{S_{\triangle PAB}}{S_{\triangle ABC}} = 1.$$

从而有：

(Ⅶ) $\dfrac{PH}{AH} + \dfrac{PN}{BN} + \dfrac{PM}{CM} = 1.$

由公式(Ⅳ)知

$$\dfrac{AH}{HP} = \dfrac{AD}{DP}$$

则 $HA \cdot PD = AD \cdot HP.$

又 $AD \cdot HP = (AH + DH) \cdot (DH - PD)$
$$= AH \cdot DH - AH \cdot PD + DH^2 - PD \cdot DH$$

所以 $2HA \cdot PD = AH \cdot DH + DH^2 - PD \cdot DH$
$$= DH \cdot (AH + DH - PD)$$
$$= DH \cdot AP$$

于是,有:

(Ⅷ) $\dfrac{DH}{HA} \cdot \dfrac{AP}{PD} = 2$.

若设 $S_{\triangle PBC} = x, S_{\triangle PAC} = y, S_{\triangle PAB} = z$,则由公式(Ⅲ)知 $\dfrac{AH}{HD} = \dfrac{y+z}{2x}$,又 $\dfrac{AP}{PD} = \dfrac{y+z}{x}$,则也可得 $\dfrac{DH}{HA} \cdot \dfrac{AP}{PD} = 2$.

2. 斜投影型

结论2 自 $\triangle ABC$ 所在平面内一点 P 向三角形三边作同向等角 θ 的射线,分别交 BC, CA, AB 边于点 A_1, B_1, C_1. 设 $\triangle ABC$ 外接圆 O 的半径为 $R, OP = d$,则

$$\dfrac{S_{\triangle A_1 B_1 C_1}}{S_{\triangle ABC}} = \dfrac{|R^2 - d^2|}{4R^2 \sin^2 \theta}.$$

证明 如图38.42,当点 P 在 $\triangle ABC$ 内,$\angle PA_1 B = \angle PB_1 C = \angle PC_1 A = \theta$,延长 CP 交圆 O 于 D,联结 AD, AP.

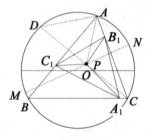

图38.42

由题意知点 A, C_1, P, B_1 共圆,由正弦定理得

$$B_1 C_1 = \dfrac{PA \sin A}{\sin \theta}$$

同理

$$A_1 B_1 = \dfrac{PC \sin C}{\sin \theta}$$

又 $\angle BAD = \angle BCP = \angle A_1 B_1 P, \angle PB_1 C_1 = \angle PAC_1$,则

$$\angle A_1 B_1 C_1 = \angle A_1 B_1 P + \angle PB_1 C_1 = \angle BAD + \angle PAC_1 = \angle PAD$$

在 $\triangle PAD$ 中

$$PA \cdot \sin \angle PAD = PD \cdot \sin D$$

而 $\angle D = \angle B$,从而

$$PA \cdot \sin \angle PAD = PD \cdot \sin B$$

故
$$S_{\triangle A_1B_1C_1} = \frac{1}{2}A_1B_1 \cdot B_1C_1 \cdot \sin\angle A_1B_1C_1$$
$$= \frac{PA \cdot PC}{2\sin^2\theta}\sin A\sin C \cdot \sin\angle PAD$$
$$= \frac{PC \cdot PD}{2\sin^2\theta}\sin A\sin B\sin C$$

设 MN 为过 O,P 的直径,则
$$PC \cdot PD = PN \cdot PM = (R-d)(R+d) = R^2 - d^2$$
又因 $S_{\triangle ABC} = 2R^2\sin A\sin B\sin C$,则
$$\frac{S_{\triangle A_1B_1C_1}}{S_{\triangle ABC}} = \frac{R^2 - d^2}{4R^2\sin^2\theta}$$

当点 P 在 $\triangle ABC$ 的外部时,如图 38.43 所示,类似地可证得
$$\frac{S_{\triangle A_1B_1C_1}}{S_{\triangle ABC}} = \frac{d^2 - R^2}{4R^2\sin^2\theta}$$

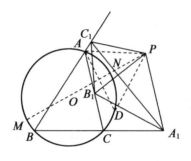

图 38.43

于是,结论 2 得证.

推论 1 当 $\theta = 90°$ 时,有 $\dfrac{S_{\triangle A_1B_1C_1}}{S_{\triangle ABC}} = \dfrac{|R^2 - d^2|}{4R^2}$.

推论 2 当 P 与 O 重合时,有 $\dfrac{S_{\triangle A_1B_1C_1}}{S_{\triangle ABC}} = \dfrac{1}{4\sin^2\theta}$.

3. 正投影型

结论 3 设 P 为 $\triangle ABC$ 内部任一点,过 P 作 BC,CA,AB 的垂线,垂足分别为 A_1,B_1,C_1,设 $\triangle ABC$ 的外接圆半径为 R,则
$$S_{\triangle PBC} \cdot PA^2 + S_{\triangle PCA} \cdot PB^2 + S_{\triangle PAB} \cdot PC^2 = 4R^2 \cdot S_{\triangle A_1B_1C_1}$$

证明 如图 38.44,设 $\triangle ABC$ 的三边长分别为 a,b,c,$PA_1 = u$,$PB_1 = v$,

$PC_1 = w$,由正弦定理
$$\frac{a}{2R} = \sin A = \frac{B_1 C_1}{PA}$$
则 $a \cdot PA = 2R \cdot B_1 C_1$,同理有
$$b \cdot PB = 2R \cdot C_1 A_1, c \cdot PC = 2R \cdot A_1 B_1$$
于是
$$S_{\triangle PBC} \cdot PA^2 + S_{\triangle PCA} \cdot PB^2 + S_{\triangle PAB} \cdot PC^2$$
$$= \frac{1}{2} au \cdot PA^2 + \frac{1}{2} bv \cdot PB^2 + \frac{1}{2} cw \cdot PC^2$$
$$= R(u \cdot PA \cdot B_1 C_1 + v \cdot PB \cdot C_1 A_1 + w \cdot PC \cdot A_1 B_1)$$

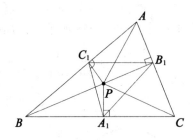

图 38.44

因点 A, C_1, P, B_1 共圆,则
$$PA \cdot B_1 C_1 = w \cdot AB_1 + v \cdot AC_1$$
从而 $\quad u \cdot PA \cdot B_1 C_1 = wu \cdot AB_1 + uv \cdot AC_1$
同理 $\quad v \cdot PB \cdot C_1 A_1 = wv \cdot BA_1 + uv \cdot BC_1$
$\quad w \cdot PC \cdot A_1 B_1 = wu \cdot B_1 C + wv \cdot A_1 C$
于是 $\quad u \cdot PA \cdot B_1 C_1 + v \cdot PB \cdot C_1 A_1 + w \cdot PC \cdot A_1 B_1$
$$= wv \cdot (BA_1 + A_1 C) + wu \cdot (AB_1 + B_1 C) + uv \cdot (AC_1 + C_1 B)$$
$$= wv \cdot a + wu \cdot b + uv \cdot c$$
所以 $S_{\triangle PBC} \cdot PA^2 + S_{\triangle PCA} \cdot PB^2 + S_{\triangle PAB} \cdot PC^2 = R(wv \cdot a + wu \cdot b + uv \cdot c)$.
又因 $\quad S_{\triangle A_1 B_1 C_1} = \frac{1}{2} wu \sin B + \frac{1}{2} wv \sin A + \frac{1}{2} uv \sin C$
$$= \frac{1}{4R}(wv \cdot a + wu \cdot b + uv \cdot c)$$
故 $S_{\triangle PBC} \cdot PA^2 + S_{\triangle PCA} \cdot PB^2 + S_{\triangle PAB} \cdot PC^2 = 4R^2 \cdot S_{\triangle A_1 B_1 C_1}$.

推论 3 当 P 为 $\triangle ABC$ 的外心时,则

$$\frac{S_{\triangle A_1B_1C_1}}{S_{\triangle ABC}} = \frac{1}{4}$$

例1 (《数学通报》第 1760 号问题)如图 38.45,锐角 $\triangle ABC$ 的外接圆圆心为 P,半径为 R,直线 AP,BP,CP 分别交对边 BC,CA,AB 于点 D,E,F,证明: $PD + PE + PF \geqslant \frac{3}{2}R$.

证法1 设 $S_{\triangle PBC} = x, S_{\triangle PAC} = y, S_{\triangle PAB} = z$,则由公式(Ⅱ),有 $\frac{PD}{PA} = \frac{x}{y+z}$,所以 $PD = \frac{x}{y+z}R$.

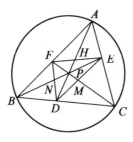

图 38.45

同理可得: $PE = \frac{y}{z+x}R, PF = \frac{z}{x+y}R$.

于是,结合柯西不等式可得

$$\begin{aligned} PD + PE + PF &= \left(\frac{x}{y+z} + \frac{y}{z+x} + \frac{z}{x+y}\right)R \\ &= \left[(x+y+z)\left(\frac{1}{x+y} + \frac{1}{y+z} + \frac{1}{z+x}\right) - 3\right]R \\ &\geqslant \left[(x+y+z) \cdot \frac{9}{2(x+y+z)} - 3\right]R = \frac{3}{2}R \end{aligned}$$

当且仅当 $x = y = z$ 时取等号,即当 P 为 $\triangle ABC$ 的垂心时取等号.

证法2 设 DE,EF,FD 分别交 PC,PA,PB 于 M,H,N.

设 $\frac{PH}{AH} = \lambda_1, \frac{PN}{BN} = \lambda_2, \frac{PM}{CM} = \lambda_3$,由公式(Ⅶ),知 $\lambda_1 + \lambda_2 + \lambda_3 = 1$.

由公式(Ⅴ),知 $\frac{AH}{HP} = \frac{AD}{DP}$,所以 $\frac{AD}{PD} = \frac{1}{\lambda_1}$,所以

$$PD = \lambda_1 AD = \lambda_1(PA + PD)$$

因此

$$PD = \frac{\lambda_1}{1-\lambda_1}PA = \frac{\lambda_1}{1-\lambda_1}R$$

同理 $PE = \frac{\lambda_2}{1-\lambda_2}R, PF = \frac{\lambda_3}{1-\lambda_3}R$,所以

$$PD + PE + PF = \frac{\lambda_1}{1-\lambda_1}R + \frac{\lambda_2}{1-\lambda_2}R + \frac{\lambda_3}{1-\lambda_3}R$$

$$= (\frac{\lambda_1}{1-\lambda_1} + \frac{\lambda_2}{1-\lambda_2} + \frac{\lambda_3}{1-\lambda_3})R$$

设 $1-\lambda_1 = a, 1-\lambda_2 = b, 1-\lambda_3 = c$,则 $a+b+c=2, \lambda_1 = 1-a, \lambda_2 = 1-b, \lambda_3 = 1-c$,所以

$$PD + PE + PF = (\frac{1-a}{a} + \frac{1-b}{b} + \frac{1-c}{c})R$$

$$= (\frac{1}{a} + \frac{1}{b} + \frac{1}{c} - 3)R$$

而 $\frac{1}{a} + \frac{1}{b} + \frac{1}{c} = \frac{1}{2}(a+b+c)(\frac{1}{a} + \frac{1}{b} + \frac{1}{c})$

$$= \frac{1}{2}(3 + \frac{b}{a} + \frac{a}{b} + \frac{c}{b} + \frac{b}{c} + \frac{a}{c} + \frac{c}{a}) \geq \frac{9}{2}$$

所以

$$PD + PE + PF \geq \frac{3}{2}R$$

当且仅当 $a = b = c = \frac{2}{3}$,即 $\lambda_1 = \lambda_2 = \lambda_3 = \frac{1}{3}$ 时取等号,亦即当 P 为 $\triangle ABC$ 的重心时取等号.

例2 (《数学通报》2011 年第 6 期数学问题 2006)如图 38.46,已知 D, E, F 分别是锐角 $\triangle ABC$ 三边 BC, CA, AB 上的点,且 AD, BE, CF 相交于点 $P, AP = BP = CP = 6$,设 $PD = x, PE = y, PF = z$,若 $xy + yz + zx = 28$. 求证:$\frac{S_{\triangle DEF}}{S_{\triangle ABC}} = \frac{2}{9}$.

证明 由公式(V)知

$$\frac{PA}{PD} \cdot \frac{PB}{PE} \cdot \frac{PC}{PF} = \frac{PA}{PD} + \frac{PB}{PE} + \frac{PC}{PF} + 2$$

即 $\frac{216}{xyz} = \frac{6}{x} + \frac{6}{y} + \frac{6}{z} + 2$,所以

$$xyz = 108 - 3(xy + yz + zx) = 24$$

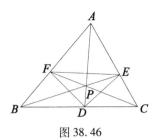

图 38.46

所以,由公式(Ⅵ),知 $\dfrac{S_{\triangle DEF}}{S_{\triangle ABC}} = \dfrac{2PD \cdot PE \cdot PF}{PA \cdot PB \cdot PC} = \dfrac{xyz}{108} = \dfrac{2}{9}$.

例3（《数学通报》2012年第10期数学问题2086）如图38.47,设 H 为锐角 $\triangle ABC$ 的三条高线 AD, BE, CF 的交点,AH, BH, CH 分别与 EF, FD, DE 交于点 A_1, B_1, C_1. 试证明:$\triangle A_1B_1C_1$ 的面积不大于 $\triangle ABC$ 面积的 $\dfrac{1}{16}$.

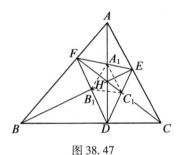

图 38.47

证明 由公式(Ⅴ),知

$$\dfrac{S_{\triangle A_1B_1C_1}}{S_{\triangle DEF}} = \dfrac{2HA_1 \cdot HB_1 \cdot HC_1}{HD \cdot HE \cdot HF}, \dfrac{S_{\triangle DEF}}{S_{\triangle ABC}} = \dfrac{2HD \cdot HE \cdot HF}{HA \cdot HB \cdot HC}$$

所以

$$\dfrac{S_{\triangle A_1B_1C_1}}{S_{\triangle ABC}} = \dfrac{4HA_1 \cdot HB_1 \cdot HC_1}{HA \cdot HB \cdot HC}$$

设 $\triangle HBC, \triangle HAC, \triangle HAB$ 的面积分别为 x, y, z,则由结论1(1),知

$$\dfrac{S_{\triangle AEF}}{S_{\triangle ABC}} = \dfrac{AE \cdot AF}{AB \cdot AC} = \dfrac{yz}{(z+x)(x+y)}$$

则 $S_{\triangle AEF} = \dfrac{yz(x+y+z)}{(x+y)(x+z)}$.

由结论1(3),知

$$S_{\triangle HEF} = \dfrac{xyz}{(x+y)(x+z)}$$

所以
$$\frac{HA_1}{AA_1} = \frac{S_{\triangle HEF}}{S_{\triangle AEF}} = \frac{x}{x+y+z}$$

所以 $\frac{HA_1}{HA} = \frac{x}{2x+y+z}$,同理

$$\frac{HB_1}{HB} = \frac{y}{x+2y+z}, \frac{HC_1}{HC} = \frac{z}{x+y+2z}$$

所以
$$\frac{S_{\triangle A_1B_1C_1}}{S_{\triangle ABC}} = \frac{4xyz}{(2x+y+z)(x+2y+z)(x+y+2z)}$$

由四元基本不等式易知

$$2x+y+z = x+x+y+z \geq 4\sqrt[4]{x^2yz}$$
$$x+2y+z = x+y+y+z \geq 4\sqrt[4]{xy^2z}$$
$$x+y+2z = x+y+z+z \geq 4\sqrt[4]{xyz^2}$$

所以 $(2x+y+z)(x+2y+z)(x+y+2z) \geq 64xyz$,故 $\frac{S_{\triangle A_1B_1C_1}}{S_{\triangle ABC}} \leq \frac{1}{16}$.

即 $\triangle A_1B_1C_1$ 的面积不大于 $\triangle ABC$ 面积的 $\frac{1}{16}$.

例4 (《数学通报》2013 年第 5 期数学问题 2122)如图 38.48,P 是 $\triangle ABC$ 内的一点,D,E,F 分别是 C,B,A 与 P 的连线和对边的交点,AF,BE,CD 分别与 DE,DF,EF 交于点 G,H,I,过 D,G,E 分别作 BC 的垂线且垂足分别为 K,M,N.
证明:$\frac{1}{FK} + \frac{1}{EN} = \frac{2}{GM}$.

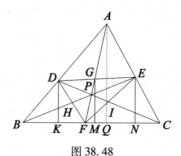

图 38.48

证明 设 $S_{\triangle PBC} = x, S_{\triangle PAC} = y, S_{\triangle PAB} = z$. 由结论 1(1),得

$$S_{\triangle AEF} = \frac{yz(x+y+z)}{(z+x)(x+y)}$$

同理 $S_{\triangle BDF} = \dfrac{zx(x+y+z)}{(x+y)(y+z)}, S_{\triangle CDE} = \dfrac{xy(x+y+z)}{(y+z)(z+x)}$

所以
$$S_{\triangle DEF} = S_{\triangle ABC} - (S_{\triangle AEF} + S_{\triangle BDF} + S_{\triangle CDE}) = \dfrac{2xyz(x+y+z)}{(x+y)(y+z)(z+x)}$$

因此 $\dfrac{S_{\triangle AEF}}{S_{\triangle DEF}} = \dfrac{y+z}{2x}$,又

$$\dfrac{S_{\triangle PAC} + S_{\triangle PAB}}{2S_{\triangle PBC}} = \dfrac{y+z}{2x}$$

所以
$$\dfrac{S_{\triangle PAC}}{2S_{\triangle PBC}} + \dfrac{S_{\triangle PAB}}{2S_{\triangle PBC}} = \dfrac{S_{\triangle AEF}}{S_{\triangle DFE}}$$

从而
$$\dfrac{AF}{2FB} + \dfrac{AE}{2EC} = \dfrac{AG}{GD}$$

变形得 $\dfrac{AB}{2FB} + \dfrac{AC}{2EC} = \dfrac{AD}{GD}$.

过 A 作 BC 的垂线 AQ,垂足为 Q,则
$$\dfrac{AB}{FB} = \dfrac{AQ}{FK}, \dfrac{AC}{EC} = \dfrac{AQ}{EN}, \dfrac{AD}{GD} = \dfrac{AQ}{GM}$$

所以 $\dfrac{AQ}{2FK} + \dfrac{AQ}{2EN} = \dfrac{AQ}{GM}$,故 $\dfrac{1}{FK} + \dfrac{1}{EN} = \dfrac{2}{GM}$.

例 5（2005 年爱尔兰奥赛题）如图 38.49,已知 $\triangle ABC$ 的三边 BC,CA,AB 上各有一点 D,E,F,且满足 AD,BE,CF 交于一点 P. 若 $\triangle APE, \triangle CPD, \triangle BPF$ 的面积相等. 证明:P 是 $\triangle ABC$ 的重心.

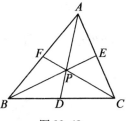

图 38.49

证明 设 $S_{\triangle PBC} = x, S_{\triangle PAC} = y, S_{\triangle PAB} = z$,则由共边比例定理,有

$$\dfrac{S_{\triangle BPF}}{S_{\triangle PAB}} = \dfrac{BF}{AB} = \dfrac{x}{x+y}$$

所以 $S_{\triangle BPF} = \dfrac{zx}{x+y}$.

同理可得

$$S_{\triangle CPD} = \dfrac{xy}{y+z},\ S_{\triangle APE} = \dfrac{yz}{z+x}$$

由题意知 $\dfrac{yz}{z+x} = \dfrac{xy}{y+z} = \dfrac{zx}{x+y}$,化简得

$$x(z+x) = y(x+y) = z(y+z)$$

设 $x(z+x) = y(x+y) = z(y+z) = t$,则

$$z+x = \dfrac{t}{x},\ x+y = \dfrac{t}{y},\ y+z = \dfrac{t}{z}$$

不妨设 $x = \max\{x,y,z\}$,则

$$\dfrac{t}{x} \leq \dfrac{t}{z} \Rightarrow z+x \leq y+z \Rightarrow x \leq y$$

又 $x \geq y$,所以 $x = y$,于是 $z+x = x+y \Rightarrow y = z$,故 $x = y = z$,故 P 是 $\triangle ABC$ 的重心.

例6 设 $\triangle ABC$ 的外接圆圆心为 O,半径为 R,内切圆圆心为 I,半径为 r,则有

$$OI^2 = R^2 - 2Rr$$

证明 如图 38.50,由题意可得

$$S_{\triangle A_1B_1C_1} = S_{\triangle IB_1C_1} + S_{\triangle IC_1A_1} + S_{\triangle IA_1B_1}$$

$$= \dfrac{1}{2}r^2(\sin A + \sin B + \sin C)$$

$$= \dfrac{1}{2}r^2 \times \dfrac{a+b+c}{2R}$$

$$= \dfrac{1}{2}r(a+b+c) \cdot \dfrac{r}{2R} = S_{\triangle ABC} \times \dfrac{r}{2R}$$

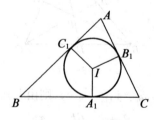

图 38.50

从而 $\dfrac{S_{\triangle A_1B_1C_1}}{S_{\triangle ABC}} = \dfrac{r}{2R}$.

由结论 2 的推论 1,知

$$\dfrac{r}{2R} = \dfrac{R^2 - d^2}{4R^2}$$

所以 $d^2 = R^2 - 2Rr$,即

$$OI^2 = R^2 - 2Rr$$

这就是著名的欧拉定理.

例7 (西姆松定理)P 是 $\triangle ABC$ 外接圆上一点,过点 P 向三角形三边作垂线,垂足分别为 A_1, B_1, C_1,求证 A_1, B_1, C_1 共线.

证明 由题意知点 P 在 $\triangle ABC$ 的外接圆上,则 $d = R$,由结论 2 的推论 1,知 $\dfrac{S_{\triangle A_1B_1C_1}}{S_{\triangle ABC}} = 0$,所以 $S_{\triangle A_1B_1C_1} = 0$,故 A_1, B_1, C_1 共线.

例8 $\triangle ABC$ 的外心为 O,外接圆半径为 R,垂心为 H,$\triangle ABC$ 三边长为 a, b, c,求证:$OH^2 = 9R^2 - (a^2 + b^2 + c^2)$.

证明 如图 38.51,A_1, B_1, C_1 为垂足,在 $Rt\triangle AA_1C$ 中,$A_1C = b\cos C$,在 $Rt\triangle HA_1C$ 中

$$\tan \angle CHA_1 = \dfrac{A_1C}{HA_1} = \tan B$$

则 $\quad HA_1 = \dfrac{A_1C}{\tan B} = \dfrac{b\cos C\cos B}{\sin B} = 2R\cos B\cos C$

同理可得 $\quad HB_1 = 2R\cos A\cos C, HC_1 = 2R\cos A\cos B$

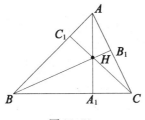

图 38.51

从而 $S_{\triangle A_1B_1C_1} = \dfrac{1}{2}HB_1 \cdot HC_1 \sin A + \dfrac{1}{2}HC_1 \cdot HA_1 \sin B + \dfrac{1}{2}HA_1 \cdot HB_1 \sin C$

$= R^2 \cos A\cos B\cos C(\sin 2A + \sin 2B + \sin 2C)$

$= 4R^2 \cos A\cos B\cos C\sin A\sin B\sin C$

$$= 2\cos A\cos B\cos C \cdot S_{\triangle ABC}$$

所以
$$\frac{S_{\triangle A_1B_1C_1}}{S_{\triangle ABC}} = 2\cos A\cos B\cos C$$

由结论 2 推论 1,知
$$2\cos A\cos B\cos C = \frac{R^2 - d^2}{4R^2}$$

故
$$d^2 = R^2(1 - 8\cos A\cos B\cos C)$$
$$= R^2(9 - 4\sin^2 A - 4\sin^2 B - 4\sin^2 C)$$
$$= 9R^2 - (a^2 + b^2 + c^2)$$

即
$$OH^2 = 9R^2 - (a^2 + b^2 + c^2)$$

例 9 $\triangle ABC$ 的外心为 O,垂心为 G,外接圆半径为 R,三边长分别为 a,b,c. 求证:$OG^2 = R^2 - \frac{1}{9}(a^2 + b^2 + c^2)$.

证明 如图 38.52,过重心 G 作边 AB,BC,AC 的垂线,垂足为 C_1,A_1,B_1,设 $\triangle ABC$ 在 AB,BC,CA 边长的高分别为 h_c,h_a,h_b,则

$$S_{\triangle A_1B_1C_1} = \frac{1}{2}GA_1 \cdot GB_1\sin C + \frac{1}{2}GB_1 \cdot GC_1\sin A + \frac{1}{2}GC_1 \cdot GA_1\sin B$$

$$= \frac{1}{2} \cdot \frac{1}{3}h_a \cdot \frac{1}{3}h_b \cdot \sin C + \frac{1}{2} \cdot \frac{1}{3}h_b \cdot \frac{1}{3}h_c\sin A + \frac{1}{2} \cdot \frac{1}{3}h_c \cdot \frac{1}{3}h_a\sin B$$

$$= \frac{2}{9ab}S_{\triangle ABC}^2 \cdot \sin C + \frac{2}{9bc}S_{\triangle ABC}^2\sin A + \frac{2}{9ac}S_{\triangle ABC}^2\sin B$$

$$= \frac{2}{9}S_{\triangle ABC}^2\left(\frac{\sin C}{ab} + \frac{\sin A}{bc} + \frac{\sin C}{ac}\right)$$

$$= \frac{1}{9R}S_{\triangle ABC}^2\left(\frac{c}{ab} + \frac{a}{bc} + \frac{b}{ac}\right)$$

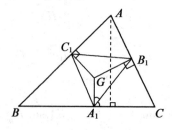

图 38.52

由结论 2 的推论 1,知

$$\frac{R^2-d^2}{4R^2}=\frac{1}{9R}S_{\triangle ABC}\left(\frac{c}{ab}+\frac{a}{bc}+\frac{b}{ac}\right)$$

故

$$\frac{R^2-d^2}{4R^2}=\frac{1}{9R}\times\frac{abc}{4R}\left(\frac{c}{ab}+\frac{a}{bc}+\frac{b}{ac}\right)$$

整理得

$$d^2=R^2-\frac{1}{9}(a^2+b^2+c^2)$$

即

$$OG^2=R^2-\frac{1}{9}(a^2+b^2+c^2)$$

例 10 设三角形外心为 O,重心为 G,垂心为 H,求证:$OH=3OG$.

该例可由例 8 和例 9 直接推出.

例 11 G 为 $\triangle ABC$ 的重心,a,b,c 为 $\triangle ABC$ 三边长,求证:$GA^2+GB^2+GC^2=\frac{1}{3}(a^2+b^2+c^2)$.

证明 如图 38.53,因 G 是 $\triangle ABC$ 的重心,则

$$S_{\triangle BGC}=S_{\triangle AGC}=S_{\triangle ABG}=\frac{1}{3}S_{\triangle ABC}$$

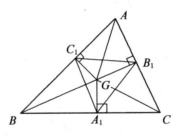

图 38.53

由结论 3 知

$$S_{\triangle BAC}\cdot GA^2+S_{\triangle AGC}\cdot GB^2+S_{\triangle ABG}\cdot GC^2=4R^2 S_{\triangle A_1B_1C_1}$$

由例 5 知

$$S_{\triangle A_1B_1C_1}=\frac{1}{9R}S_{\triangle ABC}^2\cdot\left(\frac{c}{ab}+\frac{a}{bc}+\frac{b}{ac}\right)$$

从而

$$\frac{1}{3}S_{\triangle ABC}(GA^2+GB^2+GC^2)=4R^2\cdot\frac{1}{9R}S_{\triangle ABC}^2\cdot\frac{a^2+b^2+c^2}{abc}$$

故

$$GA^2+GB^2+GC^2=\frac{4R}{3}\cdot\frac{abc}{4R}\cdot\frac{a^2+b^2+c^2}{abc}$$

即
$$GA^2 + GB^2 + GC^2 = \frac{1}{3}(a^2 + b^2 + c^2)$$

例12 I 为 $\triangle ABC$ 的内心，三角形三边长为 a, b, c，求证：$\dfrac{IA^2}{bc} + \dfrac{IB^2}{ac} + \dfrac{IC^2}{ab} = 1$.

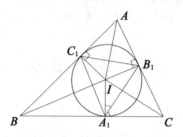

图 38.54

证明 如图 38.54，设 r 为 $\triangle ABC$ 的内切圆半径，由结论 3 知
$$S_{\triangle IBC} \cdot IA^2 + S_{\triangle ICA} \cdot IB^2 + S_{\triangle IAB} \cdot IC^2 = 4R^2 S_{\triangle A_1B_1C_1}$$
即
$$\frac{1}{2}ar \cdot IA^2 + \frac{1}{2}br \cdot IB^2 + \frac{1}{2}cr \cdot IC^2 = 4R^2 S_{\triangle A_1B_1C_1}$$

由结论 2 的推论 1 及例 1 可得
$$S_{\triangle A_1B_1C_1} = \frac{R^2 - (R^2 - 2Rr)}{4R^2} \cdot S_{\triangle ABC} = \frac{r}{8R^2} \cdot abc$$

从而 $\dfrac{1}{2}ar \cdot IA^2 + \dfrac{1}{2}br \cdot IB^2 + \dfrac{1}{2}cr \cdot IC^2 = 4R^2 \cdot \dfrac{r}{8R^2} abc$

故 $a \cdot IA^2 + b \cdot IB^2 + c \cdot IC^2 = abc$

即 $\dfrac{IA^2}{bc} + \dfrac{IB^2}{ac} + \dfrac{IC^2}{ab} = 1$

例13 （第 4 届 IMO 试题）等腰三角形的外接圆半径为 R，内切圆半径为 r，证明该两圆圆心间的距离 $d = \sqrt{R(R - 2r)}$.

该题实际是例 6 的特例，证明略.

例14 在 $\triangle ABC$ 中，求证：$\sin\dfrac{A}{2}\sin\dfrac{B}{2}\sin\dfrac{C}{2} < \dfrac{1}{4}$.

证明 因 $\sin\dfrac{A}{2}\sin\dfrac{B}{2}\sin\dfrac{C}{2} = \dfrac{r}{4R}$，由例 6 知 $OI^2 = R^2 - 2Rr \geq 0$，则 $\dfrac{r}{R} \leq \dfrac{1}{2}$，故 $\sin\dfrac{A}{2}\sin\dfrac{B}{2}\sin\dfrac{C}{2} \leq \dfrac{1}{8} < \dfrac{1}{4}$.

显然三角形三半角的正弦积能满足更强的不等式.

例 15 在 $\triangle ABC$ 中,求证: $\sin^2 A + \sin^2 B + \sin^2 C \leqslant \dfrac{9}{4}$.

证明 由例 8 知
$$OH^2 = 9R^2 - (a^2 + b^2 + c^2) \geqslant 0$$
则
$$a^2 + b^2 + c^2 \leqslant 9R^2$$
即
$$4R^2(\sin^2 A + \sin^2 B + \sin^2 C) \leqslant 9R^2$$
故
$$\sin^2 A + \sin^2 B + \sin^2 C \leqslant \dfrac{9}{4}$$

第3节 三角形内切圆的性质

东南赛试题 2、西部赛试题 2 等均涉及了三角形的内切圆.

关于三角形的内切圆还有如下一些有趣的结论:

性质 18 设 $\triangle ABC$ 的内切圆切三边 BC, CA, AB 于点 D, E, F,则直线 AD, BE, CF 共点.

证法 1 如图 38.55,由切线长定理知 $AE = AF, BD = BF, CE = CD$.

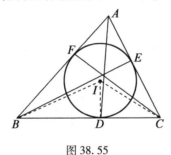

图 38.55

从而 $\dfrac{AF}{FB} \cdot \dfrac{BD}{DC} \cdot \dfrac{CE}{EA} = 1$.

由塞瓦定理的逆定理,知直线 AD, BE, CF 共点.

证法 2 如图 38.55,设 I 为 $\triangle ABC$ 的内心,联结 ID, IB, IC,设圆 I 的半径为 r,则
$$BD = r \cdot \cot \dfrac{B}{2}, DC = r \cdot \cot \dfrac{C}{2}$$

从而
$$\frac{BD}{DC} = \frac{\cot\frac{B}{2}}{\cot\frac{C}{2}}$$

同理
$$\frac{CE}{EA} = \frac{\cot\frac{C}{2}}{\cot\frac{A}{2}}, \frac{AF}{FB} = \frac{\cot\frac{A}{2}}{\cot\frac{B}{2}}$$

从而
$$\frac{BD}{DC} \cdot \frac{CE}{EA} \cdot \frac{AF}{FB} = 1$$

由塞瓦定理的逆定理,知直线 AD,BE,CF 共点.

性质 19 在锐角 $\triangle ABC$ 中,I,O 分别为其内心、外心,其内切圆、外接圆半径分别为 r,R,圆 I 分别切边 BC,CA,AF 于点 D,E,F,直线 AI,BI,CI 分别交圆 O 于点 A_1,B_1,C_1,则:

(1) $\dfrac{S_{\triangle DEF}}{S_{\triangle ABC}} = \dfrac{r}{2R}$,(2) $\dfrac{S_{\triangle A_1B_1C_1}}{S_{\triangle ABC}} = \dfrac{R}{2r}$.

证明

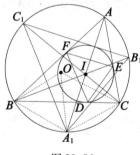

图 38.56

(1) 如图 38.56,易知
$$\angle DIE = 180° - \angle C, \angle EIF = 180° - \angle A, \angle FID = 180° - \angle B$$

从而
$$S_{\triangle DEF} = S_{\triangle IDE} + S_{\triangle EIF} + S_{\triangle FID}$$
$$= \frac{r^2}{2}[\sin(180° - \angle C) + \sin(180° - \angle A) + \sin(180° - \angle B)]$$
$$= \frac{r^2}{2}(\sin C + \sin A + \sin B)$$

$$= \frac{r}{2R} \cdot r \cdot \frac{1}{2}(AB + BC + CA)$$

$$= \frac{r}{2R} \cdot S_{\triangle ABC}$$

故 $\dfrac{S_{\triangle DEF}}{S_{\triangle ABC}} = \dfrac{r}{2R}$.

(2)如图 38.56,注意到 A_1, B_1, C_1 分别为 $\overset{\frown}{BC}, \overset{\frown}{CA}, \overset{\frown}{AB}$ 的中点,则 $A_1B = A_1C$, $B_1C = B_1A, C_1A = C_1B$. 从而 OA_1 垂直平分 BC, OB_1 垂直平分 AC, OC_1 垂直平分 AB. 于是

$$S_{\text{六边形} AC_1BA_1CB_1} = S_{\text{四边形} OAB_1C} + S_{\text{四边形} OBC_1A} + S_{\text{四边形} OCA_1B}$$

$$= \frac{1}{2}(OB_1 \cdot AC + OC_1 \cdot AB + OA_1 \cdot BC)$$

$$= \frac{R}{2}(AC + AB + BC) = \frac{R \cdot S_{\triangle ABC}}{r}$$

又由内心性质知 $IA_1 = BA_1, IC_1 = BC_1$,知 A_1IC_1B 为筝形,则

$$S_{\text{四边形} BC_1IA_1} = \frac{1}{2}BI \cdot A_1C_1 = 2S_{\triangle A_1IC_1}$$

同理 $S_{\text{四边形} AB_1IC_1} = 2S_{\triangle B_1IC_1}, S_{\text{四边形} CA_1IB_1} = 2S_{\triangle A_1IB_1}$

从而 $S_{\text{六边形} AC_1BA_1CB_1} = S_{\text{四边形} BC_1IA_1} + S_{\text{四边形} AB_1IC_1} + S_{\text{四边形} CA_1IB_1}$

$$= 2S_{\triangle A_1IC_1} + 2S_{\triangle B_1IC_1} + 2S_{\triangle A_1IB_1} = 2S_{\triangle A_1B_1C_1}$$

于是由 $2S_{\triangle A_1B_1C_1} = \dfrac{R}{r}S_{\triangle ABC}$,知 $\dfrac{S_{\triangle A_1B_1C}}{S_{\triangle ABC}} = \dfrac{R}{2r}$. 证毕.

对于图 38.56,圆 O 内切于 $\triangle ABC$,切点分别为 D, E, F,$\triangle DEF$ 为 $\triangle ABC$ 的切点三角形. 设 $\triangle ABC, \triangle AEF, \triangle BDF, \triangle CDE$ 的面积分别为 $\triangle, \triangle_A, \triangle_B, \triangle_C$,外接圆和内切圆半径分别为 $R, R_A, R_B, R_C, r, r_A, r_B, r_C$,$\triangle ABC$ 的三边长分别为 $BC = a, AC = b, AB = c$,s 为 $\triangle ABC$ 的半周长,即 $s = \dfrac{1}{2}(a+b+c)$,$s - a = s_a$,等等. $\sum$ 表示循环和,则有:

推论 1 在 $\triangle ABC$ 中,有 $AF = AE = s_a, BF = BD = s_b, CD = CE = s_c$.

推论 2 在 $\triangle ABC$ 中,有如下恒等式

$$s_a s_b s_c = sr^2 \qquad ①$$

$$\sin\frac{A}{2}\sin\frac{B}{2}\sin\frac{C}{2} = \frac{r}{4R} \qquad ②$$

$$abc = 4Rrs \qquad ③$$

$$(a+b)(b+c)(c+a) = 2s(s^2 + 2Rr + r^2) \quad ④$$

$$\sum (b+c)s_b s_c = 4rs(R+r) \quad ⑤$$

$$\sum a^2 = 2(s^2 - 4Rr - r^2) \quad ⑥$$

推论3 切点三角形的面积公式

$$S_{\triangle DEF} = \frac{2s_a s_b s_c \triangle}{abc}$$

事实上,由 $R = \dfrac{abc}{4\triangle}$,$r = \sqrt{\dfrac{s_a s_b s_c}{s}}$ 以及性质 19(1),易得上式.

推论4 $R_A R_B R_C = \dfrac{1}{2} Rr^2$.

事实上,联结 OA 交 EF 于点 M,则 $OA \perp EF$. 由推论1可知,在 $Rt \triangle AFM$ 中,有

$$FM = AF \sin \frac{A}{2} = s_a \sin \frac{A}{2}$$

故 $EF = 2s_a \sin \dfrac{A}{2}$.

从而可知

$$R_A = \frac{EF}{2\sin \angle BAC} = \frac{2s_a \sin \dfrac{A}{2}}{2 \cdot \dfrac{a}{2R}} = \frac{2R s_a \sin \dfrac{A}{2}}{a}$$

及 R_B, R_C 的类似表达式.

三式相乘结合式③④⑤即得欲证.

性质20 已知 $\triangle ABC$ 的内切圆圆 I 与三边 AB, BC, CA 的切点分别为 D, E, F,则内切点 $\triangle DEF$ 与原 $\triangle ABC$ 的边有如下关系

$$DF = (b+c-a)\sin \frac{A}{2}$$

$$DE = (a+c-b)\sin \frac{B}{2}$$

$$EF = (a+b-c)\sin \frac{C}{2}$$

证明 如图 38.57,由已知圆 I 分别内切于 $\triangle ABC$ 的三边 AB, BC, CA 于点 D, E, F,有

$$AD = AF = \frac{1}{2}(b+c-a), BD = BE = \frac{1}{2}(a+c-b), CE = CF = \frac{1}{2}(a+b-c)$$

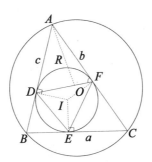

图 38.57

在 $\triangle ADF$ 中,由余弦定理,有

$$DF^2 = AD^2 + AF^2 - 2AD \cdot AF\cos A = \frac{1}{2}(b+c-a)^2(1-\cos A)$$

$$= (b+c-a)^2 \sin^2 \frac{A}{2}$$

则

$$DF = (b+c-a)\sin \frac{A}{2}$$

同理可得,$DE = (a+c-b)\sin \dfrac{B}{2}, EF = (a+b-c)\sin \dfrac{C}{2}$,即性质 20 成立.

性质 21 已知 $\triangle ABC$ 的三内角为 $\angle A, \angle B, \angle C$,且 $\triangle ABC$ 的内切圆圆 I 分别切三边 AB, BC, CA 于点 D, E, F. 则内切点 $\triangle DEF$ 与原 $\triangle ABC$ 的三内角有如下关系

$$\angle DEF = 90° - \frac{\angle A}{2}, \angle DFE = 90° - \frac{\angle B}{2}, \angle EDF = 90° - \frac{\angle C}{2}$$

证明 如图 38.57,在平面四边形 $ADIF$ 中,由已知有 $\angle ADI = \angle AFI = 90°$,则 $\angle A + \angle DIF = 180°$. 而 $\angle DIF$ 与 $\angle DEF$ 分别是同弧 $\overset{\frown}{DF}$ 所对的圆心角与圆周角,所以 $\angle DIF = 2\angle DEF$.

从而 $\angle A + 2\angle DEF = 180°$,所以 $\angle DEF = 90° - \dfrac{\angle A}{2}$. 同理可得

$$\angle DFE = 90° - \frac{\angle B}{2}, \angle EDF = 90° - \frac{\angle C}{2}$$

即性质 21 成立.

由上述性质即可得如下结论:

推论 5 任何三角形的内切点三角形都是锐角三角形.

证明 如图 38.57,$\triangle ABC$ 的内切圆圆 I 分别切三边 AB, BC, CA 于点 D, E,

F,则 $\triangle ABC$ 的内切点三角形为 $\triangle DEF$,由性质 21,有 $\angle DEF = 90° - \dfrac{\angle A}{2}$.

而在 $\triangle ABC$ 中,$90° - \dfrac{\angle A}{2} < 90°$,则 $\angle DEF < 90°$. 同理可证 $\angle DFE < 90°$,$\angle EDF < 90°$.

故 $\triangle ABC$ 的内切点 $\triangle DEF$ 是锐角三角形.

即推论 5 成立.

同理,由性质 20 我们可以容易地推得内切点三角形的如下两个结论(证明从略).

推论 6 等腰三角形的内切点三角形也是等腰三角形.

推论 7 正三角形的内切点三角形也是正三角形.

性质 22 任何三角形的内切点三角形的面积小于或等于原三角形面积的 $\dfrac{1}{4}$,当且仅当原三角形为正三角形时等号成立.

证明 如图 38.57,$\triangle ABC$ 的内切圆圆 I 分别切三边 AB, BC, CA 于点 D, E, F,则 $\triangle ABC$ 的内切点三角形为 $\triangle DEF$. 由性质 19 中的结论,有 $S_{\triangle DEF} = \dfrac{r}{2R} \cdot S_{\triangle ABC}$.

由三角形的欧拉(Euler)不等式:$R \geqslant 2r$(当且仅当 $\triangle ABC$ 为正三角形时等号成立),有 $\dfrac{r}{2R} \leqslant \dfrac{1}{4}$,从而 $S_{\triangle DEF} \leqslant \dfrac{1}{4} S_{\triangle ABC}$(当且仅当 $\triangle ABC$ 为正三角形时等号成立). 即性质 22 成立.

性质 23 任何三角形的内切点三角形的周长小于或等于原三角形周长的 $\dfrac{1}{2}$,当且仅当原三角形为正三角形时等号成立.

证明 如图 38.57,$\triangle ABC$ 的内切圆圆 I 分别切三边 AB, BC, CA 于点 D, E, F,则 $\triangle ABC$ 的内切点三角形为 $\triangle DEF$. 设 $p = \dfrac{a+b+c}{2}$,则由性质 20,有

$$DF = 2(p-a)\sin\dfrac{A}{2}, DE = 2(p-b)\sin\dfrac{B}{2}, EF = 2(p-c)\sin\dfrac{C}{2}$$

则内切点 $\triangle DEF$ 的周长 L 为

$$L = DF + DE + EF = 2(p-a)\sin\dfrac{A}{2} + 2(p-b)\sin\dfrac{B}{2} + 2(p-c)\sin\dfrac{C}{2}$$

不失一般性,在 $\triangle ABC$ 中,不妨设 $c \leqslant b \leqslant a$,则

及
$$\angle C \leqslant \angle B \leqslant \angle A, \sin\frac{C}{2} \leqslant \sin\frac{B}{2} \leqslant \sin\frac{A}{2}$$
$$2(p-a) \leqslant 2(p-b) \leqslant 2(p-c)$$

由切比雪夫不等式,有
$$L = 2(p-a)\sin\frac{A}{2} + 2(p-b)\sin\frac{B}{2} + 2(p-c)\sin\frac{C}{2}$$
$$\leqslant 3 \cdot \frac{2(p-a)+2(p-b)+2(p-c)}{3} \cdot \frac{\sin\frac{A}{2}+\sin\frac{B}{2}+\sin\frac{C}{2}}{3}$$
$$= \frac{1}{3}(a+b+c)(\sin\frac{A}{2}+\sin\frac{B}{2}+\sin\frac{C}{2})$$

而在 $\triangle ABC$ 中,$\sin\frac{A}{2}+\sin\frac{B}{2}+\sin\frac{C}{2} \leqslant \frac{3}{2}$(当且仅当 $\triangle ABC$ 是正三角形时等号成立,证明略).

从而 $L \leqslant \frac{1}{3}(a+b+c) \cdot \frac{3}{2} = \frac{1}{2}(a+b+c)$.

即 $DF+DE+EF \leqslant \frac{1}{2}(a+b+c)$(当且仅当 $\triangle ABC$ 是正三角形时等号成立),故性质 23 成立.

注 切比雪夫不等式:已知 $x_1 \geqslant x_2 \geqslant \cdots \geqslant x_n, y_1 \geqslant y_2 \geqslant \cdots \geqslant y_n$,其中 $n \in \mathbf{N}_+$,则
$$\frac{x_1 y_n + x_2 y_{n-1} + \cdots + x_n y_1}{n} \leqslant \frac{x_1+x_2+\cdots+x_n}{n}$$
$$\frac{y_1+y_2+\cdots+y_n}{n} \leqslant \frac{x_1 y_1 + x_2 y_2 + \cdots + x_n y_n}{n}$$

其中等号当且仅当 $x_1=x_2=\cdots=x_n$ 或 $y_1=y_2=\cdots=y_n$ 时成立.

性质 24 内切点三角形各边的倒数之和大于或等于原三角形各边的倒数之和的 2 倍,当且仅当原三角形为正三角形时等号成立.

证明 如图 38.57,$\triangle ABC$ 的内切圆圆 I 分别切三边 AB,BC,CA 于点 D,E,F,则 $\triangle DEF$ 是 $\triangle ABC$ 的内切点三角形.

在平面四边形 $ADIF$ 中,由已知易得:$\angle ADI = \angle AFI = 90°$,则 $\angle DIF = 180° - \angle A$.

在 $\triangle DIF$ 中,由余弦定理有
$$DF^2 = ID^2 + IF^2 - 2ID \cdot IF \cdot \cos\angle DIF$$

而 $ID = IF = r, \cos\angle DIF = \cos(180° - \angle A)$

则 $DF^2 = r^2 + r^2 - 2r^2 \cdot \cos(180° - \angle A) = 4r^2\cos^2\dfrac{A}{2}$

即 $DF = 2r\cos\dfrac{A}{2}$.

同理可证: $DE = 2r\cos\dfrac{B}{2}, EF = 2r\cos\dfrac{C}{2}$.

从而

$$\dfrac{1}{DF} + \dfrac{1}{DE} + \dfrac{1}{EF} = \dfrac{1}{2r}\left(\dfrac{1}{\cos\dfrac{A}{2}} + \dfrac{1}{\cos\dfrac{B}{2}} + \dfrac{1}{\cos\dfrac{C}{2}}\right) \qquad ①$$

而在 $\triangle ABC$ 中,$\dfrac{A}{2}, \dfrac{B}{2}, \dfrac{C}{2}$ 都是锐角,则

$$\left(\cos\dfrac{A}{2} + \cos\dfrac{B}{2} + \cos\dfrac{C}{2}\right)\left(\dfrac{1}{\cos\dfrac{A}{2}} + \dfrac{1}{\cos\dfrac{B}{2}} + \dfrac{1}{\cos\dfrac{C}{2}}\right) \geq 9 \qquad ②$$

又在 $\triangle ABC$ 中,易证

$\cos\dfrac{A}{2} + \cos\dfrac{B}{2} + \cos\dfrac{C}{2} \leq \dfrac{3\sqrt{3}}{2}$ (当且仅当 $\triangle ABC$ 为正三角形时等号成立)

③

由式①②③,有

$$\dfrac{1}{DF} + \dfrac{1}{DE} + \dfrac{1}{EF} \geq \dfrac{1}{2r} \cdot \dfrac{9}{\cos\dfrac{A}{2} + \cos\dfrac{B}{2} + \cos\dfrac{C}{2}} \geq \dfrac{1}{2r} \cdot 9 \cdot \dfrac{2}{3\sqrt{3}} = \dfrac{\sqrt{3}}{r}$$

即 $\dfrac{1}{DF} + \dfrac{1}{DE} + \dfrac{1}{EF} \geq \dfrac{\sqrt{3}}{r}$. 而在 $\triangle ABC$ 中, 有 $\dfrac{1}{a} + \dfrac{1}{b} + \dfrac{1}{c} \leq \dfrac{\sqrt{3}}{2r}$ (证明略).

故 $\dfrac{1}{DF} + \dfrac{1}{DE} + \dfrac{1}{EF} \geq 2\left(\dfrac{1}{a} + \dfrac{1}{b} + \dfrac{1}{c}\right)$ (当且仅当 $\triangle ABC$ 为正三角形时等号成立).

即性质 24 成立.

性质 25 $\triangle ABC$ 的内切圆圆 I 分别与三边 BC, AC, AB 切于点 D, E, F,l 为过点 I 的任意一条直线. A', B', C' 分别为点 D, E, F 关于 l 的对称点,则 AA', BB', CC' 三线共点.

证明 如图 38.58,设 $d_c(X)$ 为点 X 到直线 AB 的距离,类似地标记 $d_a(X)$, $d_b(X)$.

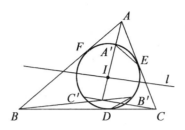

图 38.58

由角元塞瓦定理知

$$AA', BB', CC' \text{三线共点} \Leftrightarrow \frac{d_b(A')}{d_c(A')} \cdot \frac{d_c(B')}{d_a(B')} \cdot \frac{d_a(C')}{d_b(C')} = 1$$

又 $EA' = DB'$ 以及 CB, CA 均与圆 I 相切,则

$$\angle B'DC = \frac{1}{2}\widehat{B'D}° = \frac{1}{2}\widehat{A'E}° = \angle A'EA$$

故 $d_a(B') = DB'\sin\angle B'DC = EA'\sin\angle A'EA = d_b(A')$.

同理,$d_b(C') = d_c(B'), d_c(A') = d_a(C')$.

从而,原命题得证.

性质 26 设 $\triangle ABC$ 的内切圆与三边 BC, CA, AB 相切于点 D, E, F. 由 $\triangle DEF$ 的各顶点向其对边所作垂线的垂足分别为 G, H, K,则 $\triangle GHK$ 的各边平行于 $\triangle ABC$ 的各边.

证明 如图 38.59,因 $\angle EHF = \angle EKF = 90°$,则 F, H, K, E 四点共圆,从而 $\angle DKH = \angle DFE$.

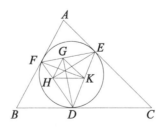

图 38.59

又 DC 是 $\triangle ABC$ 内切圆的切线,所以 $\angle DFE = \angle EDC$,从而 $\angle DKH = \angle EDC$.

于是 $HK \parallel BC$.

同理 $KG \parallel CA, GH \parallel AB$.

性质 27 设 $\triangle ABC$ 的三个旁切圆半径分别为 r_A, r_B, r_C, $\triangle ABC$ 内切圆、外接圆半径分别为 r, R, 则 $r_A + r_B + r_C = r + 4R$.

证明 如图 38.60, 设 I_A, I_B, I_C 分别为 $\triangle ABC$ 的三个旁心, I 为 $\triangle ABC$ 的内心, O 为 $\triangle ABC$ 的外心, 设 E, F, G, H 分别为点 I_B, I_C, I, I_A 在直线 BC 上的射影, 则 $I_B E = r_B, I_C F = r_C, IG = r, I_A H = r_A$. $\triangle ABC$ 的外接圆即为 $\triangle I_A I_B I_C$ 的九点圆. 设 M, N 分别为 $I_B I_C, II_A$ 的中点, 则 M, N 均在 $\triangle I_A I_B I_C$ 的九点圆上, 且 MN 为该九点圆直径, 即 $MN = 2R$.

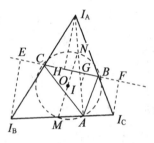

图 38.60

注意到 I_A, I_B, I_C, I 构成一垂心组, 则 $\triangle ABC$ 是该垂心组的垂足三角形. 又注意到三角形内心的性质, 知

$$NC = NB = NI = NI_A$$

于是 $MN \perp BC$. 令 MN 交 BC 于点 H, 则由梯形中位线性质知

$$EI_B + FI_C = 2MH, DI_A - GI = 2NH$$

上述两式相加, 有

$$r_A + r_B + r_C - r = 2(MH + HN) = 2MN = 4R$$

故 $r_A + r_B + r_C = r + 4R$.

性质 28 三角形的外心、内心及内切圆切点三角形的重心三点共线.

事实上, 此性质即为第 31 章第 1 节中性质 8.

性质 29 如图 38.61, $\triangle ABC$ 的内切圆 I 分别切三边 BC, CA, AB 于点 D, E, F, M 是 BC 边的中点, 直线 EF 分别与 BI, CI 的延长线交于点 P, Q, 且与 $\triangle ABC$ 的外接圆 O 交于点 K, L, 则 $\angle PDK = \angle QML$.

证明 如图 38.61, 联结 PC, QB, MP, DQ, ID, 由性质 13 后的推论 6 知, $\angle BPC = \angle BQC = 90°$, 且 $\angle PDI = \angle QDI$, 则点 B, C, P, Q 都在以 BC 为直径的圆上, 其圆心为 M.

所以 $\angle PDQ = 2\angle PDI = 2\angle PCQ = \angle PMQ$.

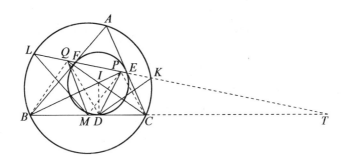

图 38.61

所以 P,Q,M,D 四点共圆.

设直线 LK 与 BC 交于点 T,由 B,C,K,L 和 B,C,P,Q 及 P,Q,M,D 分别四点共圆,且根据圆幂定理,得

$$TK \cdot TL = TB \cdot TC = TP \cdot TQ = TD \cdot TM$$

所以 M,D,K,L 四点共圆,所以 $\angle DKL = \angle BML$.

所以 $\angle PDK = \angle DPQ - \angle DKL = \angle BMQ - \angle BML = \angle QML$.

性质 30 如图 38.62,$\triangle ABC$ 的内切圆 I_1 与三边 BC,CA,AB 分别切于点 D,E,F,圆 I_2 内切圆 I_1 于点 D. 过点 B,C 分别向圆 I_2 引切线,切点分别为 G,H,则 E,F,G,H 四点共圆.

证明 如图 38.62,设直线 EF 与 BC 交于点 T,CG 交 BC 于点 T',BG 与 CH 的延长线交于点 A'.

因为直线 FET 截 $\triangle ABC$,由梅涅劳斯定理,得 $\dfrac{AF}{FB} \cdot \dfrac{BT}{TC} \cdot \dfrac{CE}{EA} = 1$.

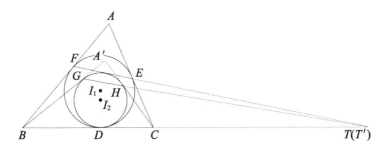

图 38.62

因为 $$AF = AE, BF = BD = BG, CE = CD = CH$$

所以 $\dfrac{TB}{TC} = \dfrac{BG}{CH}$

因为直线 GHT' 截 $\triangle ABC$,同理可得 $\dfrac{T'B}{T'C} = \dfrac{BG}{CH}$.

所以 $\dfrac{T'B}{T'C} = \dfrac{TB}{TC}$,因此点 T' 与 T 重合.

于是,$TE \cdot TF = TD^2 = TH \cdot TG$,故 E,F,G,H 四点共圆.

刘培杰数学工作室
已出版(即将出版)图书目录——初等数学

书　名	出版时间	定　价	编号
新编中学数学解题方法全书(高中版)上卷(第2版)	2018—08	58.00	951
新编中学数学解题方法全书(高中版)中卷(第2版)	2018—08	68.00	952
新编中学数学解题方法全书(高中版)下卷(一)(第2版)	2018—08	58.00	953
新编中学数学解题方法全书(高中版)下卷(二)(第2版)	2018—08	58.00	954
新编中学数学解题方法全书(高中版)下卷(三)(第2版)	2018—08	68.00	955
新编中学数学解题方法全书(初中版)上卷	2008—01	28.00	29
新编中学数学解题方法全书(初中版)中卷	2010—07	38.00	75
新编中学数学解题方法全书(高考复习卷)	2010—01	48.00	67
新编中学数学解题方法全书(高考真题卷)	2010—01	38.00	62
新编中学数学解题方法全书(高考精华卷)	2011—03	68.00	118
新编平面解析几何解题方法全书(专题讲座卷)	2010—01	18.00	61
新编中学数学解题方法全书(自主招生卷)	2013—08	88.00	261
数学奥林匹克与数学文化(第一辑)	2006—05	48.00	4
数学奥林匹克与数学文化(第二辑)(竞赛卷)	2008—01	48.00	19
数学奥林匹克与数学文化(第二辑)(文化卷)	2008—07	58.00	36'
数学奥林匹克与数学文化(第三辑)(竞赛卷)	2010—01	48.00	59
数学奥林匹克与数学文化(第四辑)(竞赛卷)	2011—08	58.00	87
数学奥林匹克与数学文化(第五辑)	2015—06	98.00	370
世界著名平面几何经典著作钩沉——几何作图专题卷(上)	2009—06	48.00	49
世界著名平面几何经典著作钩沉——几何作图专题卷(下)	2011—01	88.00	80
世界著名平面几何经典著作钩沉(民国平面几何老课本)	2011—03	38.00	113
世界著名平面几何经典著作钩沉(建国初期平面三角老课本)	2015—08	38.00	507
世界著名解析几何经典著作钩沉——平面解析几何卷	2014—01	38.00	264
世界著名数论经典著作钩沉(算术卷)	2012—01	28.00	125
世界著名数学经典著作钩沉——立体几何卷	2011—02	28.00	88
世界著名三角学经典著作钩沉(平面三角卷Ⅰ)	2010—06	28.00	69
世界著名三角学经典著作钩沉(平面三角卷Ⅱ)	2011—01	38.00	78
世界著名初等数论经典著作钩沉(理论和实用算术卷)	2011—07	38.00	126
发展你的空间想象力	2017—06	38.00	785
空间想象力进阶	2019—05	68.00	1062
走向国际数学奥林匹克的平面几何试题诠释.第1卷	即将出版		1043
走向国际数学奥林匹克的平面几何试题诠释.第2卷	即将出版		1044
走向国际数学奥林匹克的平面几何试题诠释.第3卷	2019—03	78.00	1045
走向国际数学奥林匹克的平面几何试题诠释.第4卷	即将出版		1046
平面几何证明方法全书	2007—08	35.00	1
平面几何证明方法全书习题解答(第2版)	2006—12	18.00	10
平面几何天天练上卷·基础篇(直线型)	2013—01	58.00	208
平面几何天天练中卷·基础篇(涉及圆)	2013—01	28.00	234
平面几何天天练下卷·提高篇	2013—01	58.00	237
平面几何专题研究	2013—07	98.00	258

刘培杰数学工作室
已出版(即将出版)图书目录——初等数学

书　　名	出版时间	定　价	编号
最新世界各国数学奥林匹克中的平面几何试题	2007—09	38.00	14
数学竞赛平面几何典型题及新颖解	2010—07	48.00	74
初等数学复习及研究(平面几何)	2008—09	58.00	38
初等数学复习及研究(立体几何)	2010—06	38.00	71
初等数学复习及研究(平面几何)习题解答	2009—01	48.00	42
几何学教程(平面几何卷)	2011—03	68.00	90
几何学教程(立体几何卷)	2011—07	68.00	130
几何变换与几何证题	2010—06	88.00	70
计算方法与几何证题	2011—06	28.00	129
立体几何技巧与方法	2014—04	88.00	293
几何瑰宝——平面几何500名题暨1000条定理(上、下)	2010—07	138.00	76,77
三角形的解法与应用	2012—07	18.00	183
近代的三角形几何学	2012—07	48.00	184
一般折线几何学	2015—08	48.00	503
三角形的五心	2009—06	28.00	51
三角形的六心及其应用	2015—10	68.00	542
三角形趣谈	2012—08	28.00	212
解三角形	2014—01	28.00	265
三角学专门教程	2014—09	28.00	387
图天下几何新题试卷.初中(第2版)	2017—11	58.00	855
圆锥曲线习题集(上册)	2013—06	68.00	255
圆锥曲线习题集(中册)	2015—01	78.00	434
圆锥曲线习题集(下册·第1卷)	2016—10	78.00	683
圆锥曲线习题集(下册·第2卷)	2018—01	98.00	853
论九点圆	2015—05	88.00	645
近代欧氏几何学	2012—03	48.00	162
罗巴切夫斯基几何学及几何基础概要	2012—07	28.00	188
罗巴切夫斯基几何学初步	2015—06	28.00	474
用三角、解析几何、复数、向量计算解数学竞赛几何题	2015—03	48.00	455
美国中学几何教程	2015—04	88.00	458
三线坐标与三角形特征点	2015—04	98.00	460
平面解析几何方法与研究(第1卷)	2015—05	18.00	471
平面解析几何方法与研究(第2卷)	2015—06	18.00	472
平面解析几何方法与研究(第3卷)	2015—07	18.00	473
解析几何研究	2015—01	38.00	425
解析几何学教程.上	2016—01	38.00	574
解析几何学教程.下	2016—01	38.00	575
几何学基础	2016—01	58.00	581
初等几何研究	2015—02	58.00	444
十九和二十世纪欧氏几何学中的片段	2017—01	58.00	696
平面几何中考.高考.奥数一本通	2017—07	28.00	820
几何学简史	2017—08	28.00	833
四面体	2018—01	48.00	880
平面几何证明方法思路	2018—12	68.00	913
平面几何图形特性新析.上篇	2019—01	68.00	911
平面几何图形特性新析.下篇	2018—06	88.00	912
平面几何范例多解探究.上篇	2018—04	68.00	910
平面几何范例多解探究.下篇	2018—12	68.00	914
从分析解题过程学解题:竞赛中的几何问题研究	2018—07	68.00	946
从分析解题过程学解题:竞赛中的向量几何与不等式研究(全2册)	2019—06	138.00	1090
二维、三维欧氏几何的对偶原理	2018—12	38.00	990
星形大观及闭折线论	2019—03	68.00	1020
圆锥曲线之设点与设线	2019—05	60.00	1063

刘培杰数学工作室
已出版(即将出版)图书目录——初等数学

书　　名	出版时间	定　价	编号
俄罗斯平面几何问题集	2009—08	88.00	55
俄罗斯立体几何问题集	2014—03	58.00	283
俄罗斯几何大师——沙雷金论数学及其他	2014—01	48.00	271
来自俄罗斯的5000道几何习题及解答	2011—03	58.00	89
俄罗斯初等数学问题集	2012—05	38.00	177
俄罗斯函数问题集	2011—03	38.00	103
俄罗斯组合分析问题集	2011—01	48.00	79
俄罗斯初等数学万题选——三角卷	2012—11	38.00	222
俄罗斯初等数学万题选——代数卷	2013—08	68.00	225
俄罗斯初等数学万题选——几何卷	2014—01	68.00	226
俄罗斯《量子》杂志数学征解问题100选	2018—08	48.00	969
俄罗斯《量子》杂志数学征解问题又100题选	2018—08	48.00	970
463个俄罗斯几何老问题	2012—01	28.00	152
《量子》数学短文精粹	2018—09	38.00	972
谈谈素数	2011—03	18.00	91
平方和	2011—03	18.00	92
整数论	2011—05	38.00	120
从整数谈起	2015—10	28.00	538
数与多项式	2016—01	38.00	558
谈谈不定方程	2011—05	28.00	119
解析不等式新论	2009—06	68.00	48
建立不等式的方法	2011—03	98.00	104
数学奥林匹克不等式研究	2009—08	68.00	56
不等式研究(第二辑)	2012—02	68.00	153
不等式的秘密(第一卷)	2012—02	28.00	154
不等式的秘密(第一卷)(第2版)	2014—02	38.00	286
不等式的秘密(第二卷)	2014—01	38.00	268
初等不等式的证明方法	2010—06	38.00	123
初等不等式的证明方法(第二版)	2014—11	38.00	407
不等式·理论·方法(基础卷)	2015—07	38.00	496
不等式·理论·方法(经典不等式卷)	2015—07	38.00	497
不等式·理论·方法(特殊类型不等式卷)	2015—07	48.00	498
不等式探究	2016—03	38.00	582
不等式探秘	2017—01	88.00	689
四面体不等式	2017—01	68.00	715
数学奥林匹克中常见重要不等式	2017—09	38.00	845
三正弦不等式	2018—09	98.00	974
函数方程与不等式:解法与稳定性结果	2019—04	68.00	1058
同余理论	2012—05	38.00	163
[x]与{x}	2015—04	48.00	476
极值与最值.上卷	2015—06	28.00	486
极值与最值.中卷	2015—06	38.00	487
极值与最值.下卷	2015—06	28.00	488
整数的性质	2012—11	38.00	192
完全平方数及其应用	2015—08	78.00	506
多项式理论	2015—10	88.00	541
奇数、偶数、奇偶分析法	2018—01	98.00	876
不定方程及其应用.上	2018—12	58.00	992
不定方程及其应用.中	2019—01	78.00	993
不定方程及其应用.下	2019—02	98.00	994

— 3 —

刘培杰数学工作室
已出版(即将出版)图书目录——初等数学

书 名	出版时间	定 价	编号
历届美国中学生数学竞赛试题及解答(第一卷)1950—1954	2014—07	18.00	277
历届美国中学生数学竞赛试题及解答(第二卷)1955—1959	2014—04	18.00	278
历届美国中学生数学竞赛试题及解答(第三卷)1960—1964	2014—06	18.00	279
历届美国中学生数学竞赛试题及解答(第四卷)1965—1969	2014—04	28.00	280
历届美国中学生数学竞赛试题及解答(第五卷)1970—1972	2014—06	18.00	281
历届美国中学生数学竞赛试题及解答(第六卷)1973—1980	2017—07	18.00	768
历届美国中学生数学竞赛试题及解答(第七卷)1981—1986	2015—01	18.00	424
历届美国中学生数学竞赛试题及解答(第八卷)1987—1990	2017—05	18.00	769
历届 IMO 试题集(1959—2005)	2006—05	58.00	5
历届 CMO 试题集	2008—09	28.00	40
历届中国数学奥林匹克试题集(第2版)	2017—03	38.00	757
历届加拿大数学奥林匹克试题集	2012—08	38.00	215
历届美国数学奥林匹克试题集:多解推广加强	2012—08	38.00	209
历届美国数学奥林匹克试题集:多解推广加强(第2版)	2016—03	48.00	592
历届波兰数学竞赛试题集.第1卷,1949~1963	2015—03	18.00	453
历届波兰数学竞赛试题集.第2卷,1964—1976	2015—03	18.00	454
历届巴尔干数学奥林匹克试题集	2015—05	38.00	466
保加利亚数学奥林匹克	2014—10	38.00	393
圣彼得堡数学奥林匹克试题集	2015—01	38.00	429
匈牙利奥林匹克数学竞赛题解.第1卷	2016—05	28.00	593
匈牙利奥林匹克数学竞赛题解.第2卷	2016—05	28.00	594
历届美国数学邀请赛试题集(第2版)	2017—10	78.00	851
全国高中数学竞赛试题及解答.第1卷	2014—07	38.00	331
普林斯顿大学数学竞赛	2016—06	38.00	669
亚太地区数学奥林匹克竞赛题	2015—07	18.00	492
日本历届(初级)广中杯数学竞赛试题及解答.第1卷(2000~2007)	2016—05	28.00	641
日本历届(初级)广中杯数学竞赛试题及解答.第2卷(2008~2015)	2016—05	38.00	642
360个数学竞赛问题	2016—08	58.00	677
奥数最佳实战题.上卷	2017—06	38.00	760
奥数最佳实战题.下卷	2017—05	58.00	761
哈尔滨市早期中学数学竞赛试题汇编	2016—07	28.00	672
全国高中数学联赛试题及解答:1981—2017(第2版)	2018—05	98.00	920
20世纪50年代全国部分城市数学竞赛试题汇编	2017—07	28.00	797
国内外数学竞赛题及精解:2017~2018	2019—06	45.00	1092
许康华竞赛优学精选集.第一辑	2018—08	68.00	949
天问叶班数学问题征解100题.Ⅰ,2016—2018	2019—05	88.00	1075
高考数学临门一脚(含密押三套卷)(理科版)	2017—01	45.00	743
高考数学临门一脚(含密押三套卷)(文科版)	2017—01	45.00	744
新课标高考数学题型全归纳(文科版)	2015—05	72.00	467
新课标高考数学题型全归纳(理科版)	2015—05	82.00	468
洞穿高考数学解答题核心考点(理科版)	2015—11	49.80	550
洞穿高考数学解答题核心考点(文科版)	2015—11	46.80	551

刘培杰数学工作室
已出版(即将出版)图书目录——初等数学

书　名	出版时间	定　价	编号
高考数学题型全归纳:文科版.上	2016—05	53.00	663
高考数学题型全归纳:文科版.下	2016—05	53.00	664
高考数学题型全归纳:理科版.上	2016—05	58.00	665
高考数学题型全归纳:理科版.下	2016—05	58.00	666
王连笑教你怎样学数学:高考选择题解题策略与客观题实用训练	2014—01	48.00	262
王连笑教你怎样学数学:高考数学高层次讲座	2015—02	48.00	432
高考数学的理论与实践	2009—08	38.00	53
高考数学核心题型解题方法与技巧	2010—01	28.00	86
高考思维新平台	2014—03	38.00	259
30分钟拿下高考数学选择题、填空题(理科版)	2016—10	39.80	720
30分钟拿下高考数学选择题、填空题(文科版)	2016—10	39.80	721
高考数学压轴题解题诀窍(上)(第2版)	2018—01	58.00	874
高考数学压轴题解题诀窍(下)(第2版)	2018—01	48.00	875
北京市五区文科数学三年高考模拟题详解:2013~2015	2015—08	48.00	500
北京市五区理科数学三年高考模拟题详解:2013~2015	2015—09	68.00	505
向量法巧解数学高考题	2009—08	28.00	54
高考数学万能解题法(第2版)	即将出版	38.00	691
高考物理万能解题法(第2版)	即将出版	38.00	692
高考化学万能解题法(第2版)	即将出版	28.00	693
高考生物万能解题法(第2版)	即将出版	28.00	694
高考数学解题金典(第2版)	2017—01	78.00	716
高考物理解题金典(第2版)	2019—05	68.00	717
高考化学解题金典(第2版)	2019—05	58.00	718
我一定要赚分:高中物理	2016—01	38.00	580
数学高考参考	2016—01	78.00	589
2011~2015年全国及各省市高考数学文科精品试题审题要津与解法研究	2015—10	68.00	539
2011~2015年全国及各省市高考数学理科精品试题审题要津与解法研究	2015—10	88.00	540
最新全国及各省市高考数学试卷解法研究及点拨评析	2009—02	38.00	41
2011年全国及各省市高考数学试题审题要津与解法研究	2011—10	48.00	139
2013年全国及各省市高考数学试题解析与点评	2014—01	48.00	282
全国及各省市高考数学试题审题要津与解法研究	2015—02	48.00	450
高中数学章节起始课的教学研究与案例设计	2019—05	28.00	1064
新课标高考数学——五年试题分章详解(2007~2011)(上、下)	2011—10	78.00	140,141
全国中考数学压轴题审题要津与解法研究	2013—04	78.00	248
新编全国及各省市中考数学压轴题审题要津与解法研究	2014—05	58.00	342
全国及各省市5年中考数学压轴题审题要津与解法研究(2015版)	2015—04	58.00	462
中考数学专题总复习	2007—04	28.00	6
中考数学较难题、难题常考题型解题方法与技巧.上	2016—01	48.00	584
中考数学较难题、难题常考题型解题方法与技巧.下	2016—01	58.00	585
中考数学较难题常考题型解题方法与技巧	2016—09	48.00	681
中考数学难题常考题型解题方法与技巧	2016—09	48.00	682
中考数学中档题常考题型解题方法与技巧	2017—08	68.00	835
中考数学选择填空压轴好题妙解365	2017—05	38.00	759

刘培杰数学工作室
已出版(即将出版)图书目录——初等数学

书　名	出版时间	定　价	编号
中考数学小压轴汇编初讲	2017—07	48.00	788
中考数学大压轴专题微言	2017—09	48.00	846
怎么解中考平面几何探索题	2019—06	48.00	1093
北京中考数学压轴题解题方法突破(第4版)	2019—01	58.00	1001
助你高考成功的数学解题智慧:知识是智慧的基础	2016—01	58.00	596
助你高考成功的数学解题智慧:错误是智慧的试金石	2016—04	58.00	643
助你高考成功的数学解题智慧:方法是智慧的推手	2016—04	68.00	657
高考数学奇思妙解	2016—04	38.00	610
高考数学解题策略	2016—05	48.00	670
数学解题泄天机(第2版)	2017—10	48.00	850
高考物理压轴题全解	2017—04	48.00	746
高中物理经典问题25讲	2017—05	28.00	764
高中物理教学讲义	2018—01	48.00	871
2016年高考文科数学真题研究	2017—04	58.00	754
2016年高考理科数学真题研究	2017—04	78.00	755
2017年高考理科数学真题研究	2018—01	58.00	867
2017年高考文科数学真题研究	2018—01	48.00	868
初中数学、高中数学脱节知识补缺教材	2017—06	48.00	766
高考数学小题抢分必练	2017—10	48.00	834
高考数学核心素养解读	2017—09	38.00	839
高考数学客观题解题方法和技巧	2017—10	38.00	847
十年高考数学精品试题审题要津与解法研究.上卷	2018—01	68.00	872
十年高考数学精品试题审题要津与解法研究.下卷	2018—01	58.00	873
中国历届高考数学试题及解答.1949—1979	2018—01	38.00	877
历届中国高考数学试题及解答.第二卷,1980—1989	2018—10	28.00	975
历届中国高考数学试题及解答.第三卷,1990—1999	2018—10	48.00	976
数学文化与高考研究	2018—03	48.00	882
跟我学解高中数学题	2018—07	58.00	926
中学数学研究的方法及案例	2018—05	58.00	869
高考数学抢分技能	2018—07	68.00	934
高一新生常用数学方法和重要数学思想提升教材	2018—06	38.00	921
2018年高考数学真题研究	2019—01	68.00	1000
高考数学全国卷16道选择、填空题常考题型解题诀窍:理科	2018—09	88.00	971
高中数学一题多解	2019—06	58.00	1087

书　名	出版时间	定　价	编号
新编640个世界著名数学智力趣题	2014—01	88.00	242
500个最新世界著名数学智力趣题	2008—06	48.00	3
400个最新世界著名数学最值问题	2008—09	48.00	36
500个世界著名数学征解问题	2009—06	48.00	52
400个中国最佳初等数学征解老问题	2010—01	48.00	60
500个俄罗斯数学经典老题	2011—01	28.00	81
1000个国外中学物理好题	2012—04	48.00	174
300个日本高考数学题	2012—02	38.00	142
700个早期日本高考数学试题	2017—02	88.00	752
500个前苏联早期高考数学试题及解答	2012—05	28.00	185
546个早期俄罗斯大学生数学竞赛题	2014—03	38.00	285
548个来自美苏的数学好问题	2014—11	28.00	396
20所苏联著名大学早期入学试题	2015—02	18.00	452
161道德国工科大学生必做的微分方程习题	2015—05	28.00	469
500个德国工科大学生必做的高数习题	2015—06	28.00	478
360个数学竞赛问题	2016—08	58.00	677
200个趣味数学故事	2018—02	48.00	857
470个数学奥林匹克中的最值问题	2018—10	88.00	985
德国讲义日本考题.微积分卷	2015—04	48.00	456
德国讲义日本考题.微分方程卷	2015—04	38.00	457
二十世纪中叶中、英、美、日、法、俄高考数学试题精选	2017—06	38.00	783

刘培杰数学工作室
已出版(即将出版)图书目录——初等数学

书 名	出版时间	定 价	编号
中国初等数学研究 2009卷(第1辑)	2009—05	20.00	45
中国初等数学研究 2010卷(第2辑)	2010—05	30.00	68
中国初等数学研究 2011卷(第3辑)	2011—07	60.00	127
中国初等数学研究 2012卷(第4辑)	2012—07	48.00	190
中国初等数学研究 2014卷(第5辑)	2014—02	48.00	288
中国初等数学研究 2015卷(第6辑)	2015—06	68.00	493
中国初等数学研究 2016卷(第7辑)	2016—04	68.00	609
中国初等数学研究 2017卷(第8辑)	2017—01	98.00	712
几何变换(Ⅰ)	2014—07	28.00	353
几何变换(Ⅱ)	2015—06	28.00	354
几何变换(Ⅲ)	2015—01	38.00	355
几何变换(Ⅳ)	2015—12	38.00	356
初等数论难题集(第一卷)	2009—05	68.00	44
初等数论难题集(第二卷)(上、下)	2011—02	128.00	82,83
数论概貌	2011—03	18.00	93
代数数论(第二版)	2013—08	58.00	94
代数多项式	2014—06	38.00	289
初等数论的知识与问题	2011—02	28.00	95
超越数论基础	2011—03	28.00	96
数论初等教程	2011—03	28.00	97
数论基础	2011—03	18.00	98
数论基础与维诺格拉多夫	2014—03	18.00	292
解析数论基础	2012—08	28.00	216
解析数论基础(第二版)	2014—01	48.00	287
解析数论问题集(第二版)(原版引进)	2014—05	88.00	343
解析数论问题集(第二版)(中译本)	2016—04	88.00	607
解析数论基础(潘承洞,潘承彪著)	2016—07	98.00	673
解析数论导引	2016—07	58.00	674
数论入门	2011—03	38.00	99
代数数论入门	2015—03	38.00	448
数论开篇	2012—07	28.00	194
解析数论引论	2011—03	48.00	100
Barban Davenport Halberstam 均值和	2009—01	40.00	33
基础数论	2011—03	28.00	101
初等数论100例	2011—05	18.00	122
初等数论经典例题	2012—07	18.00	204
最新世界各国数学奥林匹克中的初等数论试题(上、下)	2012—01	138.00	144,145
初等数论(Ⅰ)	2012—01	18.00	156
初等数论(Ⅱ)	2012—01	18.00	157
初等数论(Ⅲ)	2012—01	28.00	158

刘培杰数学工作室
已出版(即将出版)图书目录——初等数学

书 名	出版时间	定 价	编号
平面几何与数论中未解决的新老问题	2013—01	68.00	229
代数数论简史	2014—11	28.00	408
代数数论	2015—09	88.00	532
代数、数论及分析习题集	2016—11	98.00	695
数论导引提要及习题解答	2016—01	48.00	559
素数定理的初等证明. 第2版	2016—09	48.00	686
数论中的模函数与狄利克雷级数(第二版)	2017—11	78.00	837
数论:数学导引	2018—01	68.00	849
范式大代数	2019—02	98.00	1016
解析数学讲义.第一卷,导来式及微分、积分、级数	2019—04	88.00	1021
解析数学讲义.第二卷,关于几何的应用	2019—04	68.00	1022
解析数学讲义.第三卷,解析函数论	2019—04	78.00	1023
分析·组合·数论纵横谈	2019—04	58.00	1039
数学精神巡礼	2019—01	58.00	731
数学眼光透视(第2版)	2017—06	78.00	732
数学思想领悟(第2版)	2018—01	68.00	733
数学方法溯源(第2版)	2018—08	68.00	734
数学解题引论	2017—05	58.00	735
数学史话览胜(第2版)	2017—01	48.00	736
数学应用展观(第2版)	2017—08	68.00	737
数学建模尝试	2018—04	48.00	738
数学竞赛采风	2018—01	68.00	739
数学测评探营	2019—05	58.00	740
数学技能操握	2018—03	48.00	741
数学欣赏拾趣	2018—02	48.00	742
从毕达哥拉斯到怀尔斯	2007—10	48.00	9
从迪利克雷到维斯卡尔迪	2008—01	48.00	21
从哥德巴赫到陈景润	2008—05	98.00	35
从庞加莱到佩雷尔曼	2011—08	138.00	136
博弈论精粹	2008—03	58.00	30
博弈论精粹.第二版(精装)	2015—01	88.00	461
数学 我爱你	2008—01	28.00	20
精神的圣徒 别样的人生——60位中国数学家成长的历程	2008—09	48.00	39
数学史概论	2009—06	78.00	50
数学史概论(精装)	2013—03	158.00	272
数学史选讲	2016—01	48.00	544
斐波那契数列	2010—02	28.00	65
数学拼盘和斐波那契魔方	2010—07	38.00	72
斐波那契数列欣赏(第2版)	2018—08	58.00	948
Fibonacci数列中的明珠	2018—06	58.00	928
数学的创造	2011—02	48.00	85
数学美与创造力	2016—01	48.00	595
数海拾贝	2016—01	48.00	590
数学中的美(第2版)	2019—04	68.00	1057
数论中的美学	2014—12	38.00	351

刘培杰数学工作室
已出版(即将出版)图书目录——初等数学

书　　名	出版时间	定　价	编号
数学王者　科学巨人——高斯	2015—01	28.00	428
振兴祖国数学的圆梦之旅:中国初等数学研究史话	2015—06	98.00	490
二十世纪中国数学史料研究	2015—10	48.00	536
数字谜、数阵图与棋盘覆盖	2016—01	58.00	298
时间的形状	2016—01	38.00	556
数学发现的艺术:数学探索中的合情推理	2016—07	58.00	671
活跃在数学中的参数	2016—07	48.00	675
数学解题——靠数学思想给力(上)	2011—07	38.00	131
数学解题——靠数学思想给力(中)	2011—07	48.00	132
数学解题——靠数学思想给力(下)	2011—07	38.00	133
我怎样解题	2013—01	48.00	227
数学解题中的物理方法	2011—06	28.00	114
数学解题的特殊方法	2011—06	48.00	115
中学数学计算技巧	2012—01	48.00	116
中学数学证明方法	2012—01	58.00	117
数学趣题巧解	2012—03	28.00	128
高中数学教学通鉴	2015—05	58.00	479
和高中生漫谈:数学与哲学的故事	2014—08	28.00	369
算术问题集	2017—03	38.00	789
张教授讲数学	2018—07	38.00	933
自主招生考试中的参数方程问题	2015—01	28.00	435
自主招生考试中的极坐标问题	2015—04	28.00	463
近年全国重点大学自主招生数学试题全解及研究.华约卷	2015—02	38.00	441
近年全国重点大学自主招生数学试题全解及研究.北约卷	2016—05	38.00	619
自主招生数学解证宝典	2015—09	48.00	535
格点和面积	2012—07	18.00	191
射影几何趣谈	2012—04	28.00	175
斯潘纳尔引理——从一道加拿大数学奥林匹克试题谈起	2014—01	28.00	228
李普希兹条件——从几道近年高考数学试题谈起	2012—10	18.00	221
拉格朗日中值定理——从一道北京高考试题的解法谈起	2015—10	18.00	197
闵科夫斯基定理——从一道清华大学自主招生试题谈起	2014—01	28.00	198
哈尔测度——从一道冬令营试题的背景谈起	2012—08	28.00	202
切比雪夫逼近问题——从一道中国台北数学奥林匹克试题谈起	2013—04	38.00	238
伯恩斯坦多项式与贝齐尔曲面——从一道全国高中数学联赛试题谈起	2013—03	38.00	236
卡塔兰猜想——从一道普特南竞赛试题谈起	2013—06	18.00	256
麦卡锡函数和阿克曼函数——从一道前南斯拉夫数学奥林匹克试题谈起	2012—08	18.00	201
贝蒂定理与拉姆贝克莫斯尔定理——从一个拣石子游戏谈起	2012—08	18.00	217
皮亚诺曲线和豪斯道夫分球定理——从无限集谈起	2012—08	18.00	211
平面凸图形与凸多面体	2012—10	28.00	218
斯坦因豪斯问题——从一道二十五省市自治区中学数学竞赛试题谈起	2012—07	18.00	196

刘培杰数学工作室
已出版(即将出版)图书目录——初等数学

书 名	出版时间	定 价	编号
纽结理论中的亚历山大多项式与琼斯多项式——从一道北京市高一数学竞赛试题谈起	2012—07	28.00	195
原则与策略——从波利亚"解题表"谈起	2013—04	38.00	244
转化与化归——从三大尺规作图不能问题谈起	2012—08	28.00	214
代数几何中的贝祖定理(第一版)——从一道IMO试题的解法谈起	2013—08	18.00	193
成功连贯理论与约当块理论——从一道比利时数学竞赛试题谈起	2012—04	18.00	180
素数判定与大数分解	2014—08	18.00	199
置换多项式及其应用	2012—10	18.00	220
椭圆函数与模函数——从一道美国加州大学洛杉矶分校(UCLA)博士资格考题谈起	2012—10	28.00	219
差分方程的拉格朗日方法——从一道2011年全国高考理科试题的解法谈起	2012—08	28.00	200
力学在几何中的一些应用	2013—01	38.00	240
高斯散度定理、斯托克斯定理和平面格林定理——从一道国际大学生数学竞赛试题谈起	即将出版		
康托洛维奇不等式——从一道全国高中联赛试题谈起	2013—03	28.00	337
西格尔引理——从一道第18届IMO试题的解法谈起	即将出版		
罗斯定理——从一道前苏联数学竞赛试题谈起	即将出版		
拉克斯定理和阿廷定理——从一道IMO试题的解法谈起	2014—01	58.00	246
毕卡大定理——从一道美国大学数学竞赛试题谈起	2014—07	18.00	350
贝齐尔曲线——从一道全国高中联赛试题谈起	即将出版		
拉格朗日乘子定理——从一道2005年全国高中联赛试题的高等数学解法谈起	2015—05	28.00	480
雅可比定理——从一道日本数学奥林匹克试题谈起	2013—04	48.00	249
李天岩－约克定理——从一道波兰数学竞赛试题谈起	2014—06	28.00	349
整系数多项式因式分解的一般方法——从克朗耐克算法谈起	即将出版		
布劳维不动点定理——从一道前苏联数学奥林匹克试题谈起	2014—01	38.00	273
伯恩赛德定理——从一道英国数学奥林匹克试题谈起	即将出版		
布查特－莫斯特定理——从一道上海市初中竞赛试题谈起	即将出版		
数论中的同余数问题——从一道普特南竞赛试题谈起	即将出版		
范・德蒙行列式——从一道美国数学奥林匹克试题谈起	即将出版		
中国剩余定理:总数法构建中国历史年表	2015—01	28.00	430
牛顿程序与方程求根——从一道全国高考试题解法谈起	即将出版		
库默尔定理——从一道IMO预选试题谈起	即将出版		
卢丁定理——从一道冬令营试题的解法谈起	即将出版		
沃斯滕霍姆定理——从一道IMO预选试题谈起	即将出版		
卡尔松不等式——从一道莫斯科数学奥林匹克试题谈起	即将出版		
信息论中的香农熵——从一道近年高考压轴题谈起	即将出版		
约当不等式——从一道希望杯竞赛试题谈起	即将出版		
拉比诺维奇定理	即将出版		
刘维尔定理——从一道《美国数学月刊》征解问题的解法谈起	即将出版		
卡塔兰恒等式与级数求和——从一道IMO试题的解法谈起	即将出版		
勒让德猜想与素数分布——从一道爱尔兰竞赛试题谈起	即将出版		
天平称重与信息论——从一道基辅市数学奥林匹克试题谈起	即将出版		
哈密尔顿－凯莱定理:从一道高中数学联赛试题的解法谈起	2014—09	18.00	376
艾思特曼定理——从一道CMO试题的解法谈起	即将出版		

刘培杰数学工作室
已出版(即将出版)图书目录——初等数学

书　名	出版时间	定　价	编号
阿贝尔恒等式与经典不等式及应用	2018—06	98.00	923
迪利克雷除数问题	2018—07	48.00	930
糖水中的不等式——从初等数学到高等数学	2019—07	48.00	1093
帕斯卡三角形	2014—03	18.00	294
蒲丰投针问题——从2009年清华大学的一道自主招生试题谈起	2014—01	38.00	295
斯图姆定理——从一道"华约"自主招生试题的解法谈起	2014—01	18.00	296
许瓦兹引理——从一道加利福尼亚大学伯克利分校数学系博士生试题谈起	2014—08	18.00	297
拉姆塞定理——从王诗宬院士的一个问题谈起	2016—04	48.00	299
坐标法	2013—12	28.00	332
数论三角形	2014—04	38.00	341
毕克定理	2014—07	18.00	352
数林掠影	2014—09	18.00	389
我们周围的概率	2014—10	38.00	390
凸函数最值定理:从一道华约自主招生题的解法谈起	2014—10	28.00	391
易学与数学奥林匹克	2014—10	38.00	392
生物数学趣谈	2015—01	18.00	409
反演	2015—01	28.00	420
因式分解与圆锥曲线	2015—01	18.00	426
轨迹	2015—01	28.00	427
面积原理:从常庚哲命的一道CMO试题的积分解法谈起	2015—01	48.00	431
形形色色的不动点定理:从一道28届IMO试题谈起	2015—01	38.00	439
柯西函数方程:从一道上海交大自主招生的试题谈起	2015—02	28.00	440
三角恒等式	2015—02	28.00	442
无理性判定:从一道2014年"北约"自主招生试题谈起	2015—01	38.00	443
数学归纳法	2015—03	18.00	451
极端原理与解题	2015—04	28.00	464
法雷级数	2014—08	18.00	367
摆线族	2015—01	38.00	438
函数方程及其解法	2015—05	38.00	470
含参数的方程和不等式	2012—09	28.00	213
希尔伯特第十问题	2016—01	38.00	543
无穷小量的求和	2016—01	28.00	545
切比雪夫多项式:从一道清华大学金秋营试题谈起	2016—01	38.00	583
泽肯多夫定理	2016—03	38.00	599
代数等式证题法	2016—01	28.00	600
三角等式证题法	2016—01	28.00	601
吴大任教授藏书中的一个因式分解公式:从一道美国数学邀请赛试题的解法谈起	2016—06	28.00	656
易卦——类万物的数学模型	2017—08	68.00	838
"不可思议"的数与数系可持续发展	2018—01	38.00	878
最短线	2018—01	38.00	879
幻方和魔方(第一卷)	2012—05	68.00	173
尘封的经典——初等数学经典文献选读(第一卷)	2012—07	48.00	205
尘封的经典——初等数学经典文献选读(第二卷)	2012—07	38.00	206
初级方程式论	2011—03	28.00	106
初等数学研究(Ⅰ)	2008—09	68.00	37
初等数学研究(Ⅱ)(上、下)	2009—05	118.00	46,47

刘培杰数学工作室
已出版(即将出版)图书目录——初等数学

书　　名	出版时间	定　价	编号
趣味初等方程妙题集锦	2014—09	48.00	388
趣味初等数论选美与欣赏	2015—02	48.00	445
耕读笔记(上卷):一位农民数学爱好者的初数探索	2015—04	28.00	459
耕读笔记(中卷):一位农民数学爱好者的初数探索	2015—05	28.00	483
耕读笔记(下卷):一位农民数学爱好者的初数探索	2015—05	28.00	484
几何不等式研究与欣赏.上卷	2016—01	88.00	547
几何不等式研究与欣赏.下卷	2016—01	48.00	552
初等数列研究与欣赏·上	2016—01	48.00	570
初等数列研究与欣赏·下	2016—01	48.00	571
趣味初等函数研究与欣赏.上	2016—09	48.00	684
趣味初等函数研究与欣赏.下	2018—09	48.00	685
火柴游戏	2016—05	38.00	612
智力解谜.第1卷	2017—07	38.00	613
智力解谜.第2卷	2017—07	38.00	614
故事智力	2016—07	48.00	615
名人们喜欢的智力问题	即将出版		616
数学大师的发现、创造与失误	2018—01	48.00	617
异曲同工	2018—09	48.00	618
数学的味道	2018—01	58.00	798
数学千字文	2018—10	68.00	977
数贝偶拾——高考数学题研究	2014—04	28.00	274
数贝偶拾——初等数学研究	2014—04	38.00	275
数贝偶拾——奥数题研究	2014—04	48.00	276
钱昌本教你快乐学数学(上)	2011—12	48.00	155
钱昌本教你快乐学数学(下)	2012—03	58.00	171
集合、函数与方程	2014—01	28.00	300
数列与不等式	2014—01	38.00	301
三角与平面向量	2014—01	28.00	302
平面解析几何	2014—01	38.00	303
立体几何与组合	2014—01	28.00	304
极限与导数、数学归纳法	2014—01	38.00	305
趣味数学	2014—03	28.00	306
教材教法	2014—04	68.00	307
自主招生	2014—05	58.00	308
高考压轴题(上)	2015—01	48.00	309
高考压轴题(下)	2014—10	68.00	310
从费马到怀尔斯——费马大定理的历史	2013—10	198.00	I
从庞加莱到佩雷尔曼——庞加莱猜想的历史	2013—10	298.00	II
从切比雪夫到爱尔特希(上)——素数定理的初等证明	2013—07	48.00	III
从切比雪夫到爱尔特希(下)——素数定理100年	2012—12	98.00	III
从高斯到盖尔方特——二次域的高斯猜想	2013—10	198.00	IV
从库默尔到朗兰兹——朗兰兹猜想的历史	2014—01	98.00	V
从比勃巴赫到德布朗斯——比勃巴赫猜想的历史	2014—02	298.00	VI
从麦比乌斯到陈省身——麦比乌斯变换与麦比乌斯带	2014—02	298.00	VII
从布尔到豪斯道夫——布尔方程与格论漫谈	2013—10	198.00	VIII
从开普勒到阿诺德——三体问题的历史	2014—05	298.00	IX
从华林到华罗庚——华林问题的历史	2013—10	298.00	X

刘培杰数学工作室
已出版（即将出版）图书目录——初等数学

书　　名	出版时间	定　价	编号
美国高中数学竞赛五十讲.第1卷(英文)	2014—08	28.00	357
美国高中数学竞赛五十讲.第2卷(英文)	2014—08	28.00	358
美国高中数学竞赛五十讲.第3卷(英文)	2014—09	28.00	359
美国高中数学竞赛五十讲.第4卷(英文)	2014—09	28.00	360
美国高中数学竞赛五十讲.第5卷(英文)	2014—10	28.00	361
美国高中数学竞赛五十讲.第6卷(英文)	2014—11	28.00	362
美国高中数学竞赛五十讲.第7卷(英文)	2014—12	28.00	363
美国高中数学竞赛五十讲.第8卷(英文)	2015—01	28.00	364
美国高中数学竞赛五十讲.第9卷(英文)	2015—01	28.00	365
美国高中数学竞赛五十讲.第10卷(英文)	2015—02	38.00	366
三角函数(第2版)	2017—04	38.00	626
不等式	2014—01	38.00	312
数列	2014—01	38.00	313
方程(第2版)	2017—04	38.00	624
排列和组合	2014—01	28.00	315
极限与导数(第2版)	2016—04	38.00	635
向量(第2版)	2018—08	58.00	627
复数及其应用	2014—08	28.00	318
函数	2014—01	38.00	319
集合	即将出版		320
直线与平面	2014—01	28.00	321
立体几何(第2版)	2016—04	38.00	629
解三角形	即将出版		323
直线与圆(第2版)	2016—11	38.00	631
圆锥曲线(第2版)	2016—09	48.00	632
解题通法(一)	2014—07	38.00	326
解题通法(二)	2014—07	38.00	327
解题通法(三)	2014—05	38.00	328
概率与统计	2014—01	28.00	329
信息迁移与算法	即将出版		330
IMO 50 年.第1卷(1959—1963)	2014—11	28.00	377
IMO 50 年.第2卷(1964—1968)	2014—11	28.00	378
IMO 50 年.第3卷(1969—1973)	2014—09	28.00	379
IMO 50 年.第4卷(1974—1978)	2016—04	38.00	380
IMO 50 年.第5卷(1979—1984)	2015—04	38.00	381
IMO 50 年.第6卷(1985—1989)	2015—04	58.00	382
IMO 50 年.第7卷(1990—1994)	2016—01	48.00	383
IMO 50 年.第8卷(1995—1999)	2016—06	38.00	384
IMO 50 年.第9卷(2000—2004)	2015—04	58.00	385
IMO 50 年.第10卷(2005—2009)	2016—01	48.00	386
IMO 50 年.第11卷(2010—2015)	2017—03	48.00	646

刘培杰数学工作室
已出版(即将出版)图书目录——初等数学

书　名	出版时间	定　价	编号
数学反思(2006—2007)	即将出版		915
数学反思(2008—2009)	2019—01	68.00	917
数学反思(2010—2011)	2018—05	58.00	916
数学反思(2012—2013)	2019—01	58.00	918
数学反思(2014—2015)	2019—03	78.00	919
历届美国大学生数学竞赛试题集.第一卷(1938—1949)	2015—01	28.00	397
历届美国大学生数学竞赛试题集.第二卷(1950—1959)	2015—01	28.00	398
历届美国大学生数学竞赛试题集.第三卷(1960—1969)	2015—01	28.00	399
历届美国大学生数学竞赛试题集.第四卷(1970—1979)	2015—01	18.00	400
历届美国大学生数学竞赛试题集.第五卷(1980—1989)	2015—01	28.00	401
历届美国大学生数学竞赛试题集.第六卷(1990—1999)	2015—01	28.00	402
历届美国大学生数学竞赛试题集.第七卷(2000—2009)	2015—08	18.00	403
历届美国大学生数学竞赛试题集.第八卷(2010—2012)	2015—01	18.00	404
新课标高考数学创新题解题诀窍:总论	2014—09	28.00	372
新课标高考数学创新题解题诀窍:必修1~5分册	2014—08	38.00	373
新课标高考数学创新题解题诀窍:选修2—1,2—2,1—1,1—2分册	2014—09	38.00	374
新课标高考数学创新题解题诀窍:选修2—3,4—4,4—5分册	2014—09	18.00	375
全国重点大学自主招生英文数学试题全攻略:词汇卷	2015—07	48.00	410
全国重点大学自主招生英文数学试题全攻略:概念卷	2015—01	28.00	411
全国重点大学自主招生英文数学试题全攻略:文章选读卷(上)	2016—09	38.00	412
全国重点大学自主招生英文数学试题全攻略:文章选读卷(下)	2017—01	58.00	413
全国重点大学自主招生英文数学试题全攻略:试题卷	2015—07	38.00	414
全国重点大学自主招生英文数学试题全攻略:名著欣赏卷	2017—03	48.00	415
劳埃德数学趣题大全.题目卷.1:英文	2016—01	18.00	516
劳埃德数学趣题大全.题目卷.2:英文	2016—01	18.00	517
劳埃德数学趣题大全.题目卷.3:英文	2016—01	18.00	518
劳埃德数学趣题大全.题目卷.4:英文	2016—01	18.00	519
劳埃德数学趣题大全.题目卷.5:英文	2016—01	18.00	520
劳埃德数学趣题大全.答案卷:英文	2016—01	18.00	521
李成章教练奥数笔记.第1卷	2016—01	48.00	522
李成章教练奥数笔记.第2卷	2016—01	48.00	523
李成章教练奥数笔记.第3卷	2016—01	38.00	524
李成章教练奥数笔记.第4卷	2016—01	38.00	525
李成章教练奥数笔记.第5卷	2016—01	38.00	526
李成章教练奥数笔记.第6卷	2016—01	38.00	527
李成章教练奥数笔记.第7卷	2016—01	38.00	528
李成章教练奥数笔记.第8卷	2016—01	48.00	529
李成章教练奥数笔记.第9卷	2016—01	28.00	530

刘培杰数学工作室
已出版(即将出版)图书目录——初等数学

书　名	出版时间	定　价	编号
第19～23届"希望杯"全国数学邀请赛试题审题要津详细评注(初一版)	2014—03	28.00	333
第19～23届"希望杯"全国数学邀请赛试题审题要津详细评注(初二、初三版)	2014—03	38.00	334
第19～23届"希望杯"全国数学邀请赛试题审题要津详细评注(高一版)	2014—03	28.00	335
第19～23届"希望杯"全国数学邀请赛试题审题要津详细评注(高二版)	2014—03	38.00	336
第19～25届"希望杯"全国数学邀请赛试题审题要津详细评注(初一版)	2015—01	38.00	416
第19～25届"希望杯"全国数学邀请赛试题审题要津详细评注(初二、初三版)	2015—01	58.00	417
第19～25届"希望杯"全国数学邀请赛试题审题要津详细评注(高一版)	2015—01	48.00	418
第19～25届"希望杯"全国数学邀请赛试题审题要津详细评注(高二版)	2015—01	48.00	419
物理奥林匹克竞赛大题典——力学卷	2014—11	48.00	405
物理奥林匹克竞赛大题典——热学卷	2014—04	28.00	339
物理奥林匹克竞赛大题典——电磁学卷	2015—07	48.00	406
物理奥林匹克竞赛大题典——光学与近代物理卷	2014—06	28.00	345
历届中国东南地区数学奥林匹克试题集(2004～2012)	2014—06	18.00	346
历届中国西部地区数学奥林匹克试题集(2001～2012)	2014—07	18.00	347
历届中国女子数学奥林匹克试题集(2002～2012)	2014—08	18.00	348
数学奥林匹克在中国	2014—06	98.00	344
数学奥林匹克问题集	2014—01	38.00	267
数学奥林匹克不等式散论	2010—06	38.00	124
数学奥林匹克不等式欣赏	2011—09	38.00	138
数学奥林匹克超级题库(初中卷上)	2010—01	58.00	66
数学奥林匹克不等式证明方法和技巧(上、下)	2011—08	158.00	134,135
他们学什么:原民主德国中学数学课本	2016—09	38.00	658
他们学什么:英国中学数学课本	2016—09	38.00	659
他们学什么:法国中学数学课本.1	2016—09	38.00	660
他们学什么:法国中学数学课本.2	2016—09	28.00	661
他们学什么:法国中学数学课本.3	2016—09	38.00	662
他们学什么:苏联中学数学课本	2016—09	28.00	679
高中数学题典——集合与简易逻辑·函数	2016—07	48.00	647
高中数学题典——导数	2016—07	48.00	648
高中数学题典——三角函数·平面向量	2016—07	48.00	649
高中数学题典——数列	2016—07	58.00	650
高中数学题典——不等式·推理与证明	2016—07	38.00	651
高中数学题典——立体几何	2016—07	48.00	652
高中数学题典——平面解析几何	2016—07	78.00	653
高中数学题典——计数原理·统计·概率·复数	2016—07	48.00	654
高中数学题典——算法·平面几何·初等数论·组合数学·其他	2016—07	68.00	655

刘培杰数学工作室
已出版(即将出版)图书目录——初等数学

书 名	出版时间	定 价	编号
台湾地区奥林匹克数学竞赛试题.小学一年级	2017—03	38.00	722
台湾地区奥林匹克数学竞赛试题.小学二年级	2017—03	38.00	723
台湾地区奥林匹克数学竞赛试题.小学三年级	2017—03	38.00	724
台湾地区奥林匹克数学竞赛试题.小学四年级	2017—03	38.00	725
台湾地区奥林匹克数学竞赛试题.小学五年级	2017—03	38.00	726
台湾地区奥林匹克数学竞赛试题.小学六年级	2017—03	38.00	727
台湾地区奥林匹克数学竞赛试题.初中一年级	2017—03	38.00	728
台湾地区奥林匹克数学竞赛试题.初中二年级	2017—03	38.00	729
台湾地区奥林匹克数学竞赛试题.初中三年级	2017—03	28.00	730
不等式证题法	2017—04	28.00	747
平面几何培优教程	即将出版		748
奥数鼎级培优教程.高一分册	2018—09	88.00	749
奥数鼎级培优教程.高二分册.上	2018—04	68.00	750
奥数鼎级培优教程.高二分册.下	2018—04	68.00	751
高中数学竞赛冲刺宝典	2019—04	68.00	883
初中尖子生数学超级题典.实数	2017—07	58.00	792
初中尖子生数学超级题典.式、方程与不等式	2017—08	58.00	793
初中尖子生数学超级题典.圆、面积	2017—08	38.00	794
初中尖子生数学超级题典.函数、逻辑推理	2017—08	48.00	795
初中尖子生数学超级题典.角、线段、三角形与多边形	2017—07	58.00	796
数学王子——高斯	2018—01	48.00	858
坎坷奇星——阿贝尔	2018—01	48.00	859
闪烁奇星——伽罗瓦	2018—01	58.00	860
无穷统帅——康托尔	2018—01	48.00	861
科学公主——柯瓦列夫斯卡娅	2018—01	48.00	862
抽象代数之母——埃米·诺特	2018—01	48.00	863
电脑先驱——图灵	2018—01	58.00	864
昔日神童——维纳	2018—01	48.00	865
数坛怪侠——爱尔特希	2018—01	68.00	866
当代世界中的数学.数学思想与数学基础	2019—01	38.00	892
当代世界中的数学.数学问题	2019—01	38.00	893
当代世界中的数学.应用数学与数学应用	2019—01	38.00	894
当代世界中的数学.数学王国的新疆域(一)	2019—01	38.00	895
当代世界中的数学.数学王国的新疆域(二)	2019—01	38.00	896
当代世界中的数学.数林撷英(一)	2019—01	38.00	897
当代世界中的数学.数林撷英(二)	2019—01	48.00	898
当代世界中的数学.数学之路	2019—01	38.00	899

刘培杰数学工作室
已出版(即将出版)图书目录——初等数学

书　名	出版时间	定　价	编号
105个代数问题：来自AwesomeMath夏季课程	2019—02	58.00	956
106个几何问题：来自AwesomeMath夏季课程	即将出版		957
107个几何问题：来自AwesomeMath全年课程	即将出版		958
108个代数问题：来自AwesomeMath全年课程	2019—01	68.00	959
109个不等式：来自AwesomeMath夏季课程	2019—04	58.00	960
国际数学奥林匹克中的110个几何问题	即将出版		961
111个代数和数论问题	2019—05	58.00	962
112个组合问题：来自AwesomeMath夏季课程	2019—05	58.00	963
113个几何不等式：来自AwesomeMath夏季课程	即将出版		964
114个指数和对数问题：来自AwesomeMath夏季课程	即将出版		965
115个三角问题：来自AwesomeMath夏季课程	即将出版		966
116个代数不等式：来自AwesomeMath全年课程	2019—04	58.00	967
紫色慧星国际数学竞赛试题	2019—02	58.00	999
澳大利亚中学数学竞赛试题及解答(初级卷)1978～1984	2019—02	28.00	1002
澳大利亚中学数学竞赛试题及解答(初级卷)1985～1991	2019—02	28.00	1003
澳大利亚中学数学竞赛试题及解答(初级卷)1992～1998	2019—02	28.00	1004
澳大利亚中学数学竞赛试题及解答(初级卷)1999～2005	2019—02	28.00	1005
澳大利亚中学数学竞赛试题及解答(中级卷)1978～1984	2019—03	28.00	1006
澳大利亚中学数学竞赛试题及解答(中级卷)1985～1991	2019—03	28.00	1007
澳大利亚中学数学竞赛试题及解答(中级卷)1992～1998	2019—03	28.00	1008
澳大利亚中学数学竞赛试题及解答(中级卷)1999～2005	2019—03	28.00	1009
澳大利亚中学数学竞赛试题及解答(高级卷)1978～1984	2019—05	28.00	1010
澳大利亚中学数学竞赛试题及解答(高级卷)1985～1991	2019—05	28.00	1011
澳大利亚中学数学竞赛试题及解答(高级卷)1992～1998	2019—05	28.00	1012
澳大利亚中学数学竞赛试题及解答(高级卷)1999～2005	2019—05	28.00	1013
天才中小学生智力测验题.第一卷	2019—03	38.00	1026
天才中小学生智力测验题.第二卷	2019—03	38.00	1027
天才中小学生智力测验题.第三卷	2019—03	38.00	1028
天才中小学生智力测验题.第四卷	2019—03	38.00	1029
天才中小学生智力测验题.第五卷	2019—03	38.00	1030
天才中小学生智力测验题.第六卷	2019—03	38.00	1031
天才中小学生智力测验题.第七卷	2019—03	38.00	1032
天才中小学生智力测验题.第八卷	2019—03	38.00	1033
天才中小学生智力测验题.第九卷	2019—03	38.00	1034
天才中小学生智力测验题.第十卷	2019—03	38.00	1035
天才中小学生智力测验题.第十一卷	2019—03	38.00	1036
天才中小学生智力测验题.第十二卷	2019—03	38.00	1037
天才中小学生智力测验题.第十三卷	2019—03	38.00	1038

刘培杰数学工作室
已出版（即将出版）图书目录——初等数学

书　　名	出版时间	定　价	编号
重点大学自主招生数学备考全书：函数	即将出版		1047
重点大学自主招生数学备考全书：导数	即将出版		1048
重点大学自主招生数学备考全书：数列与不等式	即将出版		1049
重点大学自主招生数学备考全书：三角函数与平面向量	即将出版		1050
重点大学自主招生数学备考全书：平面解析几何	即将出版		1051
重点大学自主招生数学备考全书：立体几何与平面几何	即将出版		1052
重点大学自主招生数学备考全书：排列组合.概率统计.复数	即将出版		1053
重点大学自主招生数学备考全书：初等数论与组合数学	即将出版		1054
重点大学自主招生数学备考全书：重点大学自主招生真题.上	2019—04	68.00	1055
重点大学自主招生数学备考全书：重点大学自主招生真题.下	2019—04	58.00	1056
高中数学竞赛培训教程：平面几何问题的求解方法与策略.上	2018—05	68.00	906
高中数学竞赛培训教程：平面几何问题的求解方法与策略.下	2018—06	78.00	907
高中数学竞赛培训教程：整除与同余以及不定方程	2018—01	88.00	908
高中数学竞赛培训教程：组合计数与组合极值	2018—04	48.00	909
高中数学竞赛培训教程：初等代数	2019—04	78.00	1042
高中数学讲座：数学竞赛基础教程（第一册）	2019—06	48.00	1094
高中数学讲座：数学竞赛基础教程（第二册）	即将出版		1095
高中数学讲座：数学竞赛基础教程（第三册）	即将出版		1096
高中数学讲座：数学竞赛基础教程（第四册）	即将出版		1097

联系地址：哈尔滨市南岗区复华四道街 10 号　哈尔滨工业大学出版社刘培杰数学工作室
网　　址：http://lpj.hit.edu.cn/
邮　　编：150006
联系电话：0451—86281378　　13904613167
E-mail:lpj1378@163.com